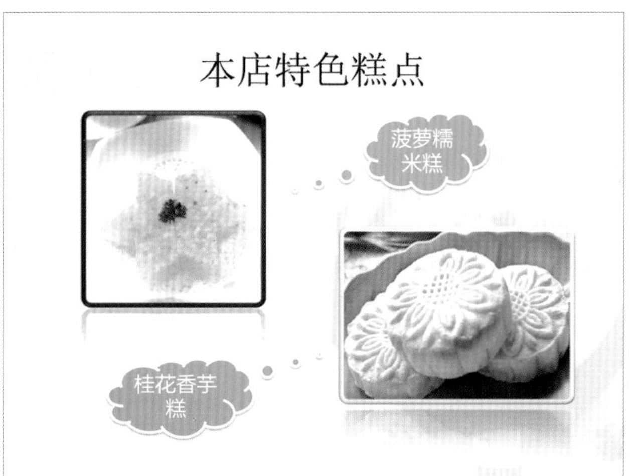

U0390652

本书部分案例

·蜀南竹海

翠甲天下的蜀南竹海，位于四川南部的宜宾市境内，幅员面积120平方公里，核心景区44平方公里，共有八大主景区两大序景区134处景点。景区内共有竹子400余种，7万余亩，是我国最大的集中成片原始“绿竹公园”；植被覆盖率达87%，为我国空气负离子含量极高的天然氧吧。

蜀南竹海景观独特，奇貌异趣的竹景与富集配套的山水、湖泊、瀑布、溶洞、寺庙、气象、地质、民居交融，自然生态与历史人文并重，清风摇曳、竹影婆娑、四季宜游，是休闲度假的理想目的地。先后被批准、公布、评选为中国国家风景名胜区、中国旅游目的地四十佳、中国生物圈保护区、国家首批AAAA级旅游区、世界“绿色环球21”认证景区及中国最美的十大森林。1996年，李鹏同志题词“蜀南竹海天下翠”。

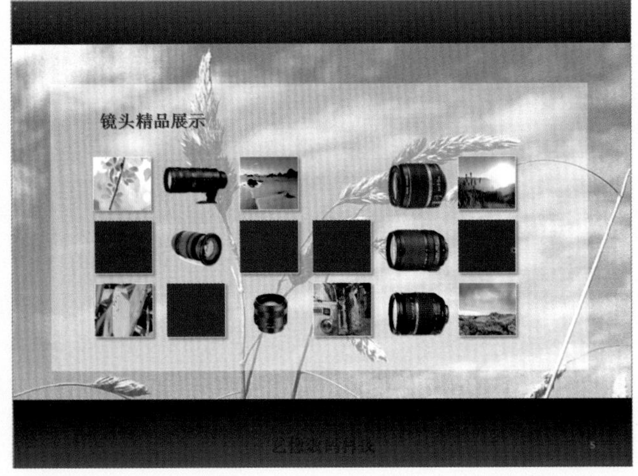

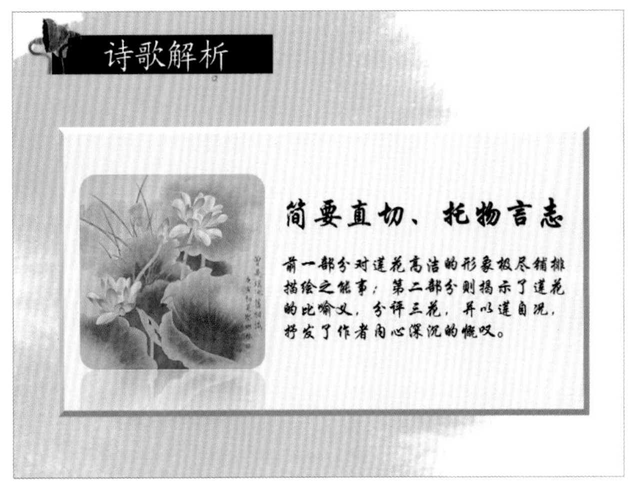
诗歌解析
简要直切、托物言志
前一部分对莲花高洁的形象极尽铺排描绘之能事；第二部分则揭示了莲花的比喻义，分评三花，并以莲自况，抒发了作者内心深沉的慨叹。

天然景观
天然景观是只受到人类间接、轻微或偶尔影响而原有自然面貌未发生明显变化的景观，如极地、高山、大荒漠、大沼泽、热带雨林以及某些自然保护区等。
人文景观，又称文化景观，是人们在日常生活中，为了满足一些物质和精神等方面的需要，在自然景观的基础上，叠加了文化特质而构成的景观。

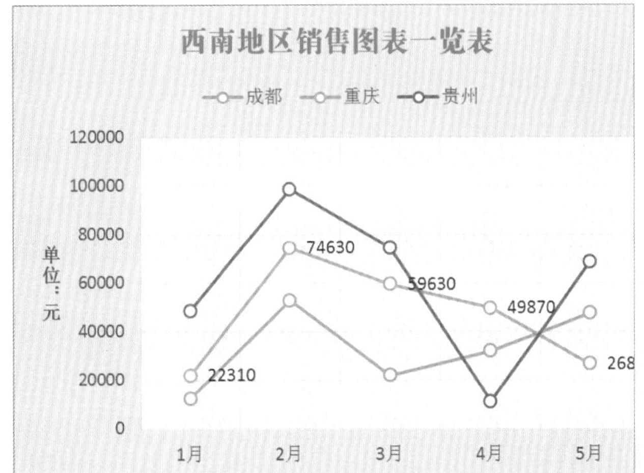
西南地区销售图表一览表
成都
重庆
贵州
单位：元
120000
100000
80000
60000
40000
20000
0
74630
59630
49870
22310
268
1月
2月
3月
4月
5月

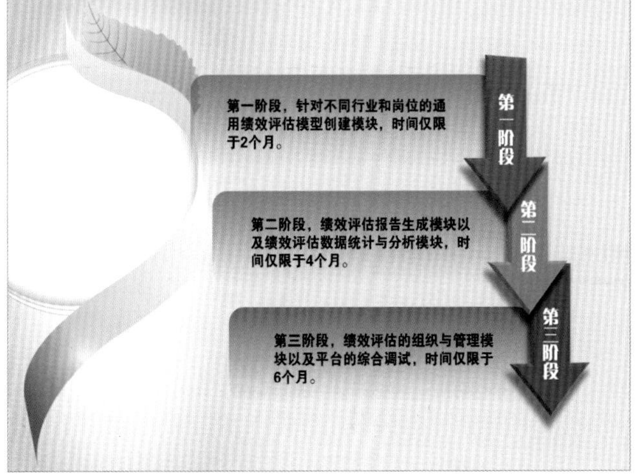
第一阶段，针对不同行业和岗位的通用绩效评估模型创建模块，时间仅限于2个月。
第一阶段
第二阶段，绩效评估报告生成模块以及绩效评估数据统计与分析模块，时间仅限于4个月。
第二阶段
第三阶段，绩效评估的组织与管理模块以及平台的综合调试，时间仅限于6个月。
第三阶段

2014年产品促销活动流程
五一
疯狂五一买就送
买上3000元送三选一
十一
节日促销活动
买200返100
元旦
非常元旦 happy shopping
积分兑奖活动

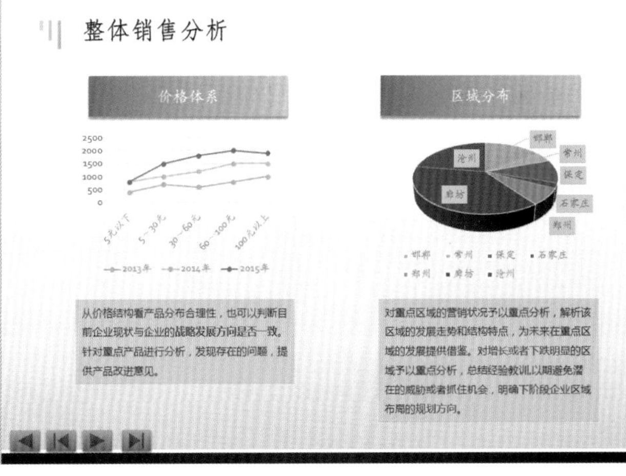
整体销售分析
价格体系
区域分布
从价格结构看产品分布合理性，也可以判断目前企业现状与企业的战略发展方向是否一致。针对重点产品进行分析，发现存在的问题，提供产品改进意见。
对重点区域的营销状况予以重点分析，解析该区域的发展走势和结构特点，为未来在重点区域的发展提供借鉴。对增长或者下跌明显的区域予以重点分析，总结经验教训以期避免潜在的威胁或者抓住机会，明确下阶段企业区域布局的规划方向。

本书部分案例

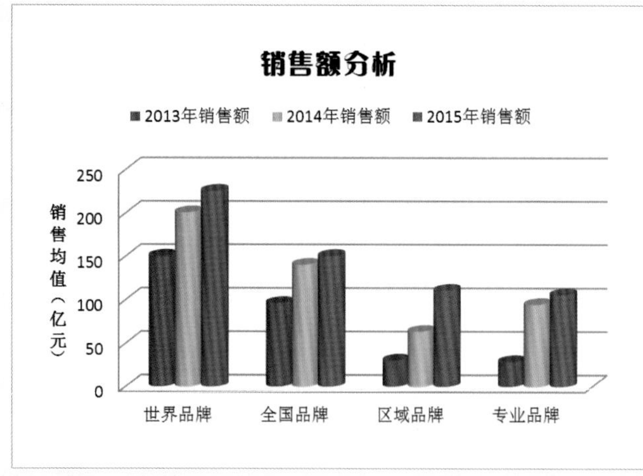
销售额分析
2013年销售额
2014年销售额
2015年销售额
销售均值（亿元）
250
200
150
100
50
0
世界品牌
全国品牌
区域品牌
专业品牌

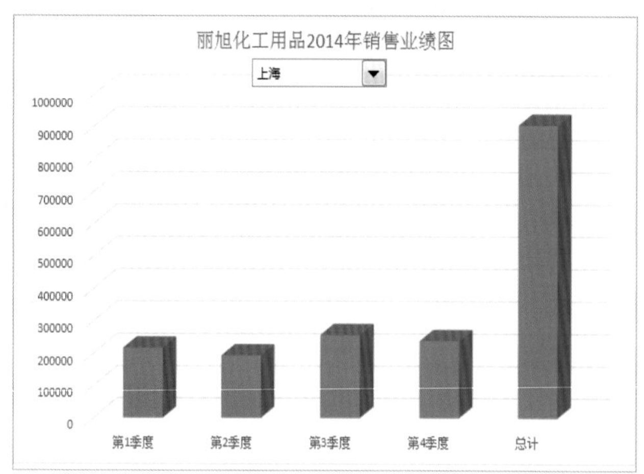
丽旭化工用品2014年销售业绩图
上海
1000000
900000
800000
700000
600000
500000
400000
300000
200000
100000
0
第1季度
第2季度
第3季度
第4季度
总计

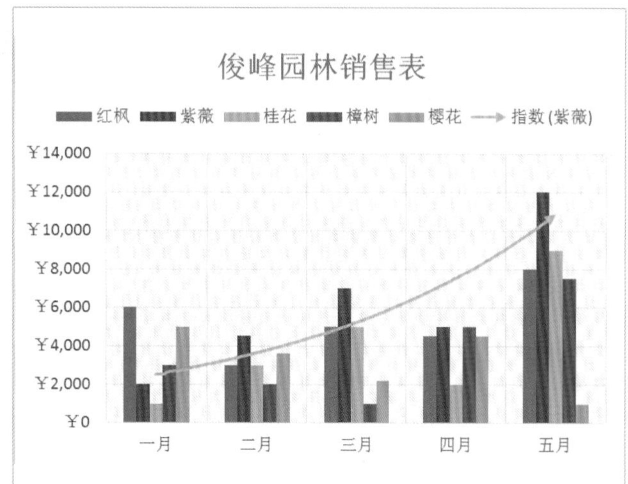
俊峰园林销售表
红枫
紫薇
桂花
樟树
樱花
指数(紫薇)
￥14,000
￥12,000
￥10,000
￥8,000
￥6,000
￥4,000
￥2,000
￥0
一月
二月
三月
四月
五月

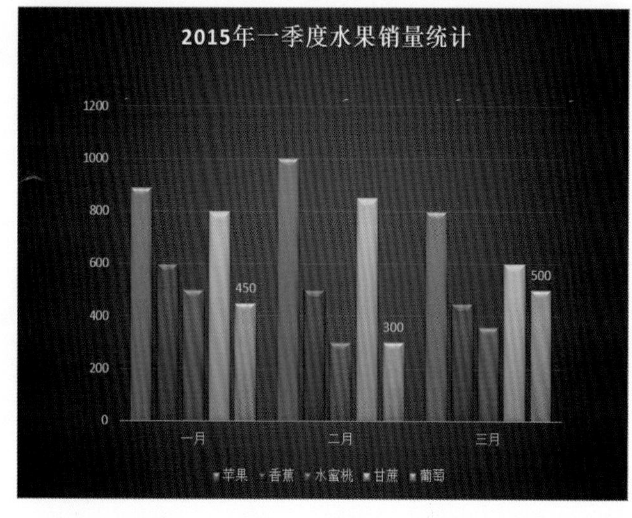
2015年一季度水果销量统计
1200
1000
800
600
400
200
0
450
300
500
一月
二月
三月
苹果
香蕉
水蜜桃
甘蔗
葡萄

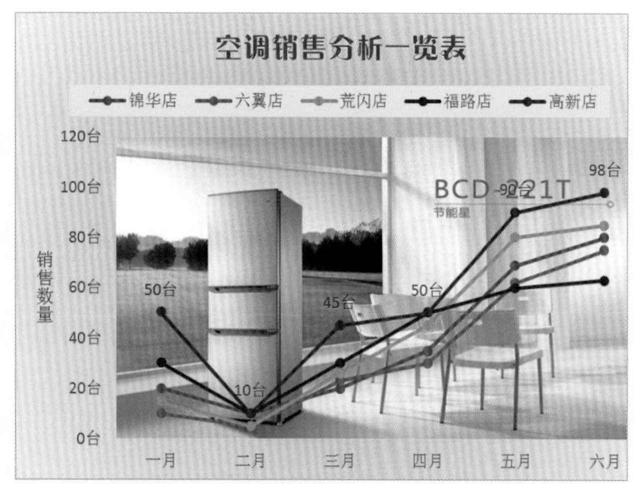
空调销售分析一览表
锦华店
六翼店
荒闪店
福路店
高新店
120台
100台
80台
60台
40台
20台
0台
销售数量
50台
10台
45台
50台
98台
一月
二月
三月
四月
五月
六月

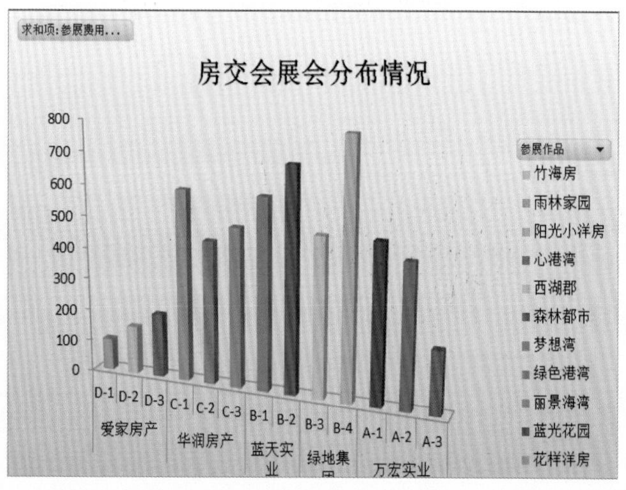
求和项:参展费用...
房交会展会分布情况
800
700
600
500
400
300
200
100
0
D-1
D-2
D-3
C-1
C-2
C-3
B-1
B-2
B-3
B-4
A-1
A-2
A-3
爱家房产
华润房产
蓝天实业
万宏实业
参展作品
竹海房
雨林家园
阳光小洋房
心港湾
西湖郡
森林都市
梦想湾
绿色港湾
丽景海湾
蓝光花园
花样洋房

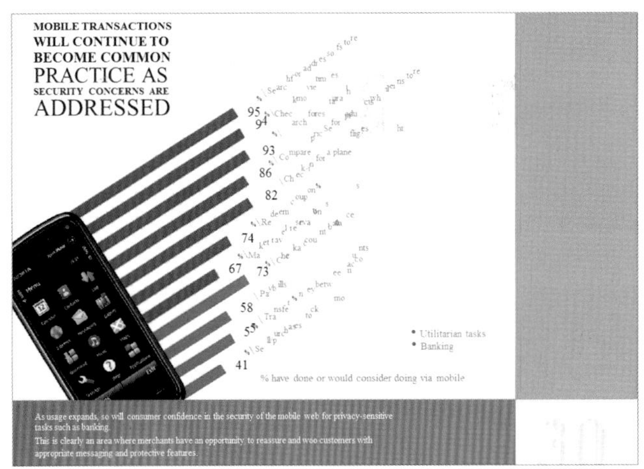
MOBILE TRANSACTIONS
WILL CONTINUE TO
BECOME COMMON
PRACTICE AS
SECURITY CONCERNS ARE
ADDRESSED
• Utilitarian tasks
• Banking
% have done or would consider doing via mobile
As usage expands, so will consumer confidence in the security of the mobile web for privacy-sensitive tasks such as banking.
This is clearly an area where merchants have an opportunity to reassure and woo customers with appropriate messaging and protective features.

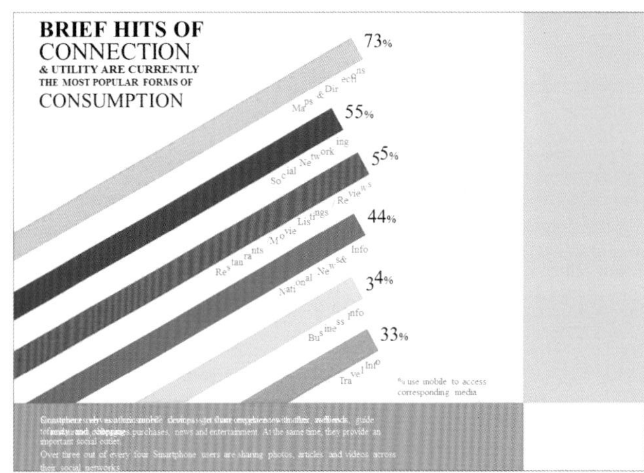
BRIEF HITS OF
CONNECTION
& UTILITY ARE CURRENTLY
THE MOST POPULAR FORMS OF
CONSUMPTION
73%
55%
55%
44%
34%
33%
% use mobile to access corresponding media

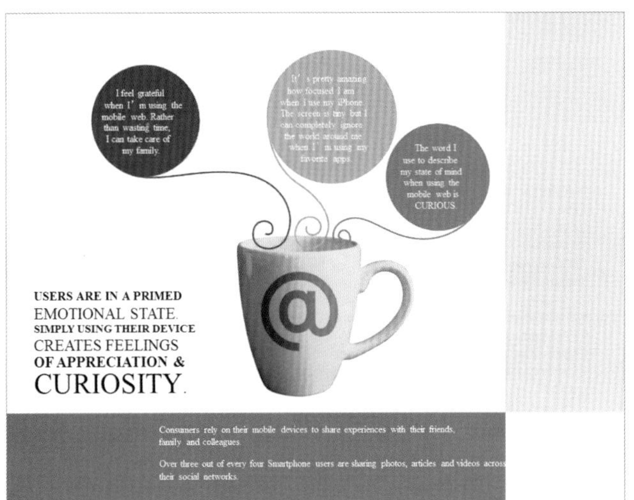
I feel grateful when I'm using the mobile web. Rather than wasting time, I can take care of my family.
The word I use to describe my state of mind when using the mobile web is CURIOUS.
USERS ARE IN A PRIMED
EMOTIONAL STATE.
SIMPLY USING THEIR DEVICE
CREATES FEELINGS
OF APPRECIATION &
CURIOSITY.
Consumers rely on their mobile devices to share experiences with their friends, family and colleagues.
Over three out of every four Smartphone users are sharing photos, articles and videos across their social networks.

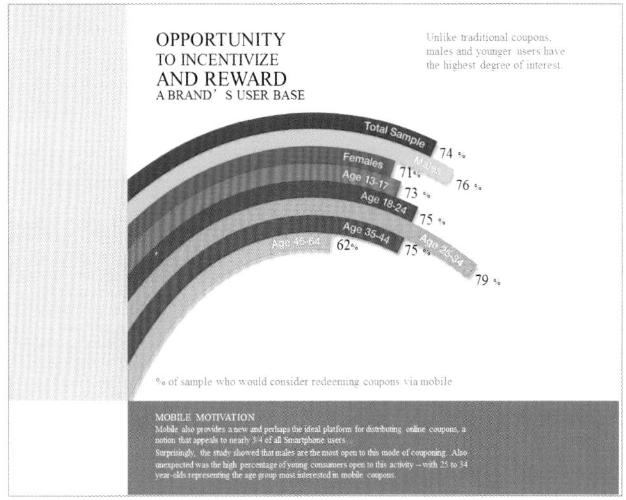
OPPORTUNITY
TO INCENTIVIZE
AND REWARD
A BRAND'S USER BASE
Unlike traditional coupons, males and younger users have the highest degree of interest.
Total Sample 74%
Males 76%
Females 71%
Age 13-17 73%
Age 18-24 75%
Age 35-44 75%
Age 25-34 79%
Age 45-64 62%
% of sample who would consider redeeming coupons via mobile
MOBILE MOTIVATION

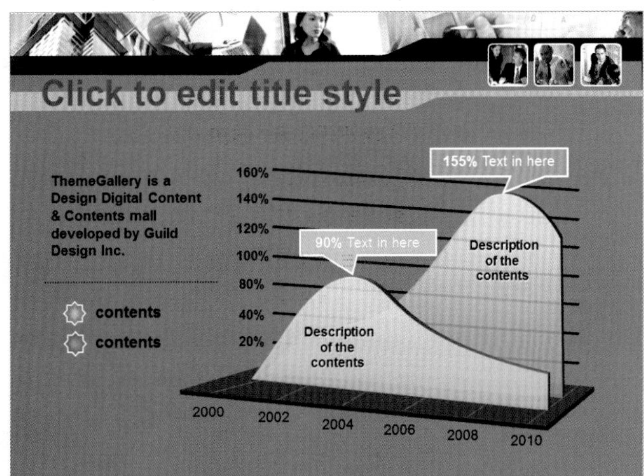
Click to edit title style
ThemeGallery is a Design Digital Content & Contents mall developed by Guild Design Inc.
contents
contents
155% Text in here
90% Text in here
Description of the contents
Description of the contents
160%
140%
120%
100%
80%
40%
20%
2000
2002
2004
2006
2008
2010

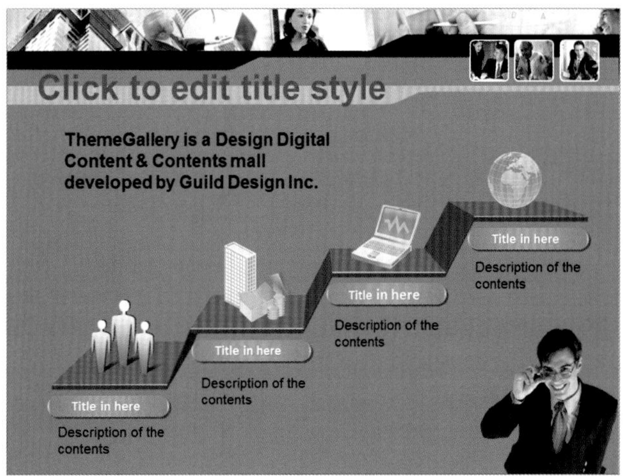
Click to edit title style
ThemeGallery is a Design Digital Content & Contents mall developed by Guild Design Inc.
Title in here
Description of the contents
Title in here
Description of the contents
Title in here
Description of the contents
Title in here
Description of the contents

6 大类

共147个PPT模板

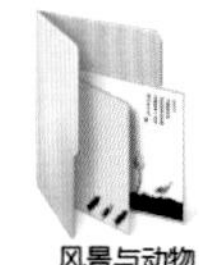
风景与动物

行业商务

计时器

家居生活

其他

图表与图示

5 大类

共69个Word模板

报告总结

合同

简历模板

其他办公模板

人事

5 大类

共168个Excel模板

产品管理类

会计财务类

其他模板

日常办公类

员工管理类

车辆使用管理.xlt
筹资决策分析模型.xlt
电子邮件发送企业产品清单
个税速算.xlt
工作任务分配时间表.xlt
固定资产管理.xlt
国有农牧渔良种场繁殖

办公室电话登记表.xlt
财务分析.xlt
产品订单.xlt
车辆、设备类资产情况明细表.xlt
筹资决策的分析.xlt
单据.xlt
复印文件登记表.xlt
工作安排提醒表.xlt
股票行情.xlt
广告预算分配方案.xlt
会议记录表.xlt
货币换算.xlt
进出口商品网上交易会申请表.xlt
办公用品盘存报告表.xlt
财务业务报价单.xlt
产品分析表.xlt
车辆使用管理.xlt
筹资决策分析模型.xlt
电子邮件发送企业产品清单.xlt
个税速算.xlt
工作任务分配时间表.xlt
固定资产管理.xlt
国有农牧渔良种场繁殖情况调查表.xlt
绘制年度支出比例图.xlt
计件工资.xlt
进销存管理.xlt
报价单.xlt
采购报表.xlt
产品销售额预测分析表.xlt
成本分析.xlt
存货明细表.xlt
房屋贷款计算器.xlt
根据销售动态统计库存及奖金提成.xlt
工作日程安排表.xlt
固定资产卡片.xlt
合作医疗票据统计表.xlt
绘制商品的区域销售图表.xlt
加班记录表.xlt
净现值法投资分析表.xlt
来客记录表.xlt
粮食增产工程项目统计表.xlt
旅行社组团出境旅游情况基层报表.xlt
部门（单位）票据领用情况表.xlt
差旅费报销单.xlt
产品销售分析与预测.xlt
成本预测.xlt
单变量及双变量运算.xlt
访问登记表.xlt
工资管理系统.xlt
公务车使用记录表.xlt
固定资产清查盘点统计表.xlt
回收期法投资分析表.xlt
绘制员工考核图表.xlt
奖励有突出贡献人才资金资助申请书...
境外办事机构及项目基本情况表.xlt
利润表.xlt
领用记录单.xlt
内部报酬率法投资分析表.xlt

拟保留开发区
派驻乡镇机构调
企业客户资料统计表
企业新进员工登记表.xlt
企业原料采购登记表.xlt
人员编制表.xlt
日常费用统计系统.xlt
商品分期付款决策.xlt
商品领出整理日报表模板.xlt
社会团体年度检查报告.xlt
税费负担及社会性支出情况表.xlt
投资决策分析.xlt
往来账款的处理.xlt
现值指数法投资分析表.xlt
销售数据汇总分析.xlt
印制名片申请单.xlt
预算的编制.xlt
员工名片印制申请单据.xlt
原材料库存月报表模板.xlt
月偿还额单变量模拟运算表.xlt
在贷款经营表中运用财务函数.xlt
在住房贷款中运用财务函数.xlt
职工养老保险情况调查表.xlt
资产负债表.xlt
统计表.xlt
申请表.xlt
人员内部调动申请表.xlt
三维旋转图表.xlt
商品管理月报表模板.xlt
商品缺货日报表模板.xlt
涉及二级科目的账务处理.xlt
通讯费年度计划表.xlt
投资收益模拟测算器.XLT
文件目录清单.xlt
销售报表分析.xlt
信函寄发记录表.xlt
应收账款账龄分析.xlt
员工工资数据表.xlt
员工医疗费用统计表.xlt
原材料领用记录表模板.xlt
月偿还额双变量模拟运算表.xlt
在员工季度考核中使用查询函数.xlt
账务处理.xlt
制作股票收益计算器.xlt
年度例行事务会议安排表.xlt
企业产品清单.xlt
企业生产方案选择表.xlt
企业员工差旅费报销单.xlt
企业招聘员工程序表.xlt
人员调离审批表.xlt
商品出货日报表模板.xlt
商品交货日报表模板.xlt
商品收发日报表模板.xlt
市场调查问卷数据管理.xlt
通讯录.XLT
投资指标函数应用.xlt
现金流量表.xlt
销售额预测.xlt
养老金投资计算器.xlt
用DAVERAGE函数计算条目平均值.xlt
员工过往薪资记录表.xlt
原材料管理表模板.x
原物料库存记录模
运用函数建立超链接
在制品存量月报表
招待客户申请单.xlt
主要产品成本分析.x
年度收支预算表.xlt
企业客户交易评估系统.xlt
企业市场调查问卷.xlt
企业员工年假表.xlt
企业重大会议日程安排提醒表.xlt
日常费用统计表.xlt
商品单价调查月报表模板.xlt
商品库存需求分析表.xlt
社会保险工作量测算.xlt
收件登记表.xlt
投资方案.xlt
网上出口商品库登记表.xlt
现有设备情况调查表.xlt
销售记录单的编辑.xlt
业务函件处理表.xlt
有关节假日的计算.xlt
员工离职程序表.xlt
招待情况.xlt

工作年终述职报告
第三届中国XX高峰论坛.dot
个人简历3.dot
个人外部培训申请表.dot
固定资源报废处理单.dot
获奖证书.dot
解除劳动合同.dot
津贴申请单.dot

IT个人简历.dot
变更工资申请表.dot
部属行为意识分析表.dot
档案管理规定.dot
个人简历2.dot
个人简历6.dot
公益媒体节目协议书.dot
会计部门业务能力分析.dot
兼职员工工作合约.dot
金融类简历.dot
劳动合同管理规定.dot
录用员工报到通知书.dot
聘约人员任用核定表.dot
人事管理的程序与规则.dot
试用合同书.dot
协会合伙协议书.dot
员工任免通知书.dot
资金分析报告.dot
按揭购车合同.dot
标准个人简历.dot
财务工作年终述职报告.dot
第三届中国XX高峰论坛.dot
个人简历3.dot
个人外部培训申请表.dot
固定资源报废处理单.dot
获奖证书.dot
解除劳动合同.dot
津贴申请单.dot
离职申请书.dot
旅游门票.dot
气密性试验报告.dot
人员调动申请单.dot
调查报告.dot
应聘人员复试表.dot
员工手册.dot
观摩报告书
绩效考评制度.dot
借款合同.dot
经济合同管理办法.dot
礼品卷制作.dot
名片印制申请表.dot
请购单.dot
试用保证书.dot
团体培训申请表.dot
员工档案.dot
员工在职训练制度.dot
方案.dot
加盟连锁合同书.dot
借款申请单.dot
卡片.dot
礼品清单.dot
年度假日聚会通知.dot
请假单.dot
试用合同书 (2).dot
网页类简历.dot
员工管理考核表.dot
周计划.dot

>>>学电脑从入门到精通

中文版 Office 2013 从入门到精通（全彩版）

九州书源　编著

清华大学出版社
北　京

内容简介

Office 是被广泛应用于办公领域的专业软件，Office 2013 版本容纳了更多与文档处理相关的功能。本书即以 Office 2013 为蓝本，讲解了 Office 2013 三大组件的基本操作和使用方法。全书共 18 章，主要包括 Word 文档的基本编辑，在 Word 中插入并编辑图片、形状，文档版面优化，Word 长文档的编辑，Excel 表格的基本操作，美化表格，Excel 数据计算及分析，PowerPoint 的基本操作，幻灯片、多媒体以及动画的应用和 PowerPoint 的放映演示等内容。

本书知识讲解由浅入深，将所有内容有效地分布在入门篇、实战篇和精通篇中，书中包含大量的实例操作及知识解析，配合光盘的视频演示，让学习变得轻松易行。

本书适合于广大 Office 初学者以及有一定 Office 使用经验的用户，可作为高等院校相关专业的学生和培训机构学员的参考用书，同时也可供读者自学使用。

图书在版编目（CIP）数据

中文版 Office 2013 从入门到精通：全彩版 / 九州书源编著．—北京：清华大学出版社，2016
（学电脑从入门到精通）
ISBN 978-7-302-41975-4

I．①中…　II．①九…　III．①办公自动化－应用软件　IV．① TP317.1

中国版本图书馆 CIP 数据核字（2015）第 263128 号

责任编辑：朱英彪
封面设计：刘洪利
版式设计：牛瑞瑞
责任校对：王　云
责任印制：王静怡

出版发行：清华大学出版社
网　　址：http://www.tup.com.cn，http://www.wqbook.com
地　　址：北京清华大学学研大厦 A 座　　**邮　　编：**100084
社 总 机：010-62770175　　**邮　　购：**010-62786544
投稿与读者服务：010-62776969，c-service@tup.tsinghua.edu.cn
质量反馈：010-62772015，zhiliang@tup.tsinghua.edu.cn
印 装 者：北京嘉实印刷有限公司
经　　销：全国新华书店
开　　本：203mm×260mm　　**印　　张：**24.75　　**插　　页：**3　　**字　　数：**707 千字
（附 DVD 光盘 1 张）
版　　次：2016 年 10 月第 1 版　　**印　　次：**2016 年 10 月第 1 次印刷
印　　数：1 ～ 3500
定　　价：79.80 元

产品编号：058782-01

认识Office 2013三大组件

在日常办公中，很多时候会需要记录各种资料，也会被要求制作各种通知、规章、制度等不同类型的文档，这时就需要用Word来实现。同时也会有各种表格需要制作，许多数据需要录入和管理，例如考勤表、工资表和销售分析表等，这时就可以借助Excel来管理。而当有报告、公开的演讲或者员工培训时，就需要应用Office中的PowerPoint来制作各种类型的演示文稿。Office的三大组件是日常办公中最基础、最常用的软件，能掌握并能熟练地使用它们对每个人都具有十分重大的意义。

本书的内容和特点

本书将所有Office文档制作的相关知识分布到“入门篇”、“实战篇”和“精通篇”中。每篇内容安排及结构设计都考虑读者的需要，所以最终您会发现本书的特点是极其朴实、实用。

{ 入门篇 }

入门篇中讲解了与Office 2013三大组件相关的所有基础知识，包括Word文档的基本操作、在文档中插入并编辑图片和形状、Word的高级应用、Excel的基本操作、表格的数据计算和分析、图表的插入及美化、PowerPoint演示文稿的基本操作、幻灯片、多媒体对象和动画的应用，以及PowerPoint放映演示的介绍等。通过本篇，可让读者对Office的功能有一个整体认识，并会制作常用的各类型办公文档。为帮助读者更好地学习，本篇知识讲解灵活，或以正文描述，或以实例操作，或以项目列举，穿插的“操作解谜”、“技巧秒杀”和“答疑解惑”等小栏目，不仅丰富了版面，还让知识更加全面。

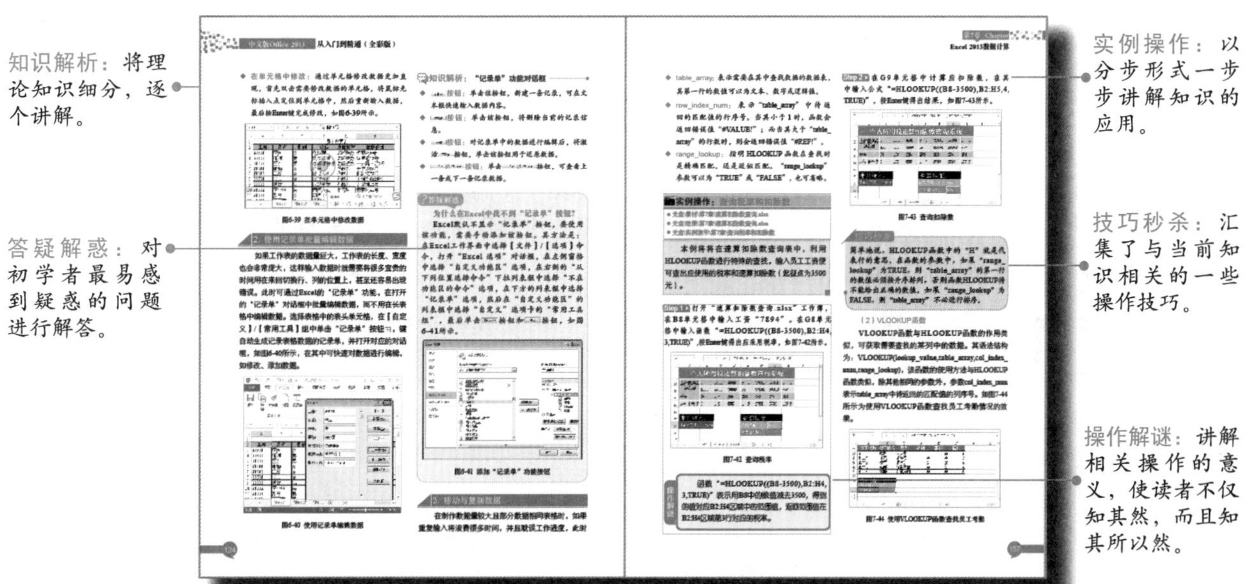

{ 实战篇 }

实战篇是对入门篇知识的灵活运用，它将Office与生活、工作结合起来，利用它可以轻松地制作出日常办公中所需的不同类型的文档、表格以及演示文稿。实战篇分为3章，每章均为一个实战主题，每个主题下又包含多个实例，从而立体地将Office与现实工作应用结合起来，有需要的读者只需稍加修改即可将这些实用的例子应用到现实工作中。实战篇中的实例多样，配以“操作解谜”和“还可以这样做”等小栏目，使读者不仅知道了知识的操作方法，更明白了其操作的含义，以及该效果的多种实现方式，使读者达到提升并学会综合应用的目的。

{ 精通篇 }

精通篇中汇集了Office的高级操作技巧，如Word的高级查找和替换功能、页面设置技巧、Excel中制作动态图表、PowerPoint中立体图形和特效图形设计等，从而让读者感受到Office的奥秘所在，有助于更加灵活地运用各个知识点，以及后期的再次提升。

本书的配套光盘

本书配有多媒体光盘，书盘结合，使学习更加容易。配套光盘中包括如下内容。

- 视频演示：本书所有的实例操作均在光盘中提供了视频演示，并在书中指出了相对应的路径和视频文件名称，打开视频文件即可学习。
- 交互式练习：配套光盘中提供了交互式练习功能，光盘不仅可以“看”，还可以实时操作，检验自己的学习成果。
- 超值设计素材：配套光盘中不仅提供了图书实例需要的素材、效果，还附送了多种类型的笔刷、图案、样式等库文件，以及经常使用的设计素材。

为了更好地使用光盘中的内容，保证光盘内容不丢失，最好将光盘中的内容复制到硬盘中，然后从硬盘中运行。

本书的作者和服务

本书由九州书源组织编写，参加本书编写、排版和校对的工作人员有廖宵、向萍、彭小霞、何晓琴、李星、刘霞、陈晓颖、蔡雪梅、罗勤、包金凤、张良军、曾福全、徐林涛、贺丽娟、简超、张良瑜、朱非、张娟、杨强、王君、付琦、羊清忠、王春蓉、丛威、任亚炫、周洪熙、冯绍柏、杨怡、张丽丽、李洪、林科炯、廖彬宇。

如果您在学习的过程中遇到什么困难或疑惑，可以联系我们，我们会尽快为您解答，联系方式为：

- QQ群：122144955、120241301（注：只选择一个QQ群加入，不要重复加入多个群）。
- 网址：http://www.jzbooks.com。

由于作者水平有限，书中疏漏和不足之处在所难免，希望读者不吝赐教。

九州书源

目录 ·CONTENTS

Introductory 入门篇…

Instance
实战篇…

Proficient
精通篇…

入门篇 Introductory

Office软件中使用最频繁的是Word、Excel、PowerPoint，它们合称为“Office办公三剑客”。本篇主要介绍Word、Excel、PowerPoint的基本操作，包括其在办公领域的应用、安装和卸载方法。通过本篇的学习，读者可以使用Word进行简单的文档编辑，如输入和编辑文本、设置文档格式和页面格式、插入和编辑图像等；可以使用Excel进行数据的统计，如在单元格中输入和编辑数据、对单元格和工作表进行操作等；还可以使用PowerPoint进行幻灯片设计，如幻灯片的基本操作、编辑演示文稿内容、应用表格和图表等，初步了解Office 2013三大组件的功能和应用范围。

>>>

01 02 03 04 05 06 07 08 09 10 11 12 ......

Office 2013一见倾心

本章导读

Office 2013是一款被广泛应用于办公领域的专业软件，它可以帮助公司和个人完成日常的文档处理工作，满足绝大部分办公需求。本章将主要介绍Office 2013中Word、Excel和PowerPoint三大组件的应用领域、安装和卸载方法、工作界面以及三者之间共性操作等知识。通过本章的学习，使用户快速掌握Office办公三大组件的基本操作。

1.1 认识Office办公能手

Office 2013包含了多种工具组件，其中最为常用的是Word 2013、Excel 2013和PowerPoint 2013。下面将依次介绍这3个组件在日常生活和工作中的应用。

1.1.1 Word 2013的办公应用

Word用于制作和编辑办公文档，通过它不仅可以进行文字的输入、编辑、排版和打印，还可以制作出图文并茂的各种办公文档和商业文档。使用Word自带的各种模板，还能快速地创建和编辑各种专业文档。Word在日常办公、教育、宣传等领域应用广泛，下面进行具体介绍。

◆ **常用办公文档**：使用Word 2013自带的各种模板，可以快速制作出需要的文档，如个人简历、调查报告、传真和劳动合同等。除此之外，一些简单的文档可直接在Word中创建，如请假条、通知和感谢信等。如图1-1所示为个人简历文档。

图1-1　个人简历文档

◆ **教案和宣传文档**：Word具有高级编排功能，可用于制作一些格式规范的教案，如研究报告、课程表和教学日程等。还可以通过Word的图形图像编辑、表格编辑等功能制作出精美的宣传文档，如企业文化宣传、产品宣传等。如图1-2所示为促销广告宣传文档。

图1-2　促销广告宣传文档

技巧秒杀

使用Word 2013制作办公文档、教案和宣传资料时，首先需收集资料，然后再利用收集的资料制作需要的文档。

1.1.2 Excel 2013的办公应用

Excel用于创建和维护电子表格，通过它可以很方便地制作出各种类型的电子表格，还可以对其中的数据进行计算、统计和分析。它能够在日常办公、财务、生产营销和库存管理等方面体现出重要的管理作用，其常见应用范围介绍如下。

◆ **数据统计**：对企业而言，数据统计是非常重要的工作，如果通过人工来进行统计，不仅容易出错，而且十分繁琐。利用Excel的排序、筛选和汇总等功能可方便地管理数据，使数据一目了然。

◆ **营销管理**：企业市场部门可使用Excel进行各种销售统计表的制作，如产品销售额预测分析、进销存管理、工作任务分配时间表和产品销售额分析等。如图1-3所示为商品库存表。

飞扬化妆品公司商品库存表					
产品名称	规格	上月库存	进货数量	出货数量	本月库存
柔润眼霜	20g	784	834	653	
影形粉底	30ml	377	363	558	
透明质感粉底	5g	843	534	742	
亮鲜组合	3g	266	345	395	
精华素	50g	423	456	567	
隔离霜	50g	224	767	684	
柔白养颜露	30ml	235	426	324	
柔白补水露	100ml	456	743	634	
柔彩膜脂	3g	747	646	954	
纤长睫毛膏	5ml	953	645	973	
眼影粉	1.4g	262	163	254	
结算					

图1-3　商品库存表

◆ **财务管理**：财务人员可使用Excel制作和处理各种财务表格，如年度收支预算表、报价单、资产负债表和员工工资表等。如图1-4所示为员工工资表。

工资表					
员工编号	员工姓名	基本工资	提成	奖金	小计
YG001	梁文晖	1800	3800	600	6200
YG002	郝峰	1500	2900	400	4800
YG003	母君昊	1500	2670	400	4570
YG004	麦敏	1500	3150	400	5050
YG005	王江河	1500	3689	400	5589
YG006	文慧	1300	1500	200	3000
YG007	池小麦	1300	690	200	2190
YG008	张虹	1300	320	200	1820
YG009	李功	1300	1000	200	2500
YG010	江飞	1300	768	200	2268

图1-4　员工工资表

1.1.3 PowerPoint 2013的办公应用

PowerPoint可制作和放映演示文稿，常用于制作产品宣传、礼仪培训和教学课件等。在演示文稿中不仅可输入文字、插入表格和图片、添加多媒体文件，还可设置幻灯片的动画效果和放映方式，制作出内容丰富、有声有色的幻灯片。目前它已被广泛应用于制作宣传展示文档、策划提案和资料说明等，其常见应用范围介绍如下。

◆ **教学课件**：教师可使用PowerPoint制作教学课件，既避免了书写带来的麻烦，又能使要展示的内容更加生动活泼。

◆ **企业培训和形象展示**：使用PowerPoint制作员工培训文档和公司形象宣传文档，可突破时间和空间的限制，让企业形象得以完美展示，增加企业竞争力。如图1-5所示为员工培训演示文稿。

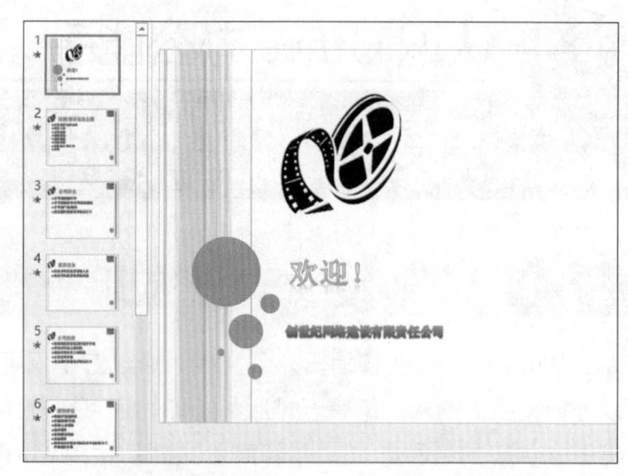

图1-5　员工培训演示文稿

◆ **推广文案**：通过PowerPoint来制作各种策划、提案的演示文稿，可添加特殊的放映效果，使用投影仪就可以将其完美展现。如图1-6所示为2014新品展示演示文稿。

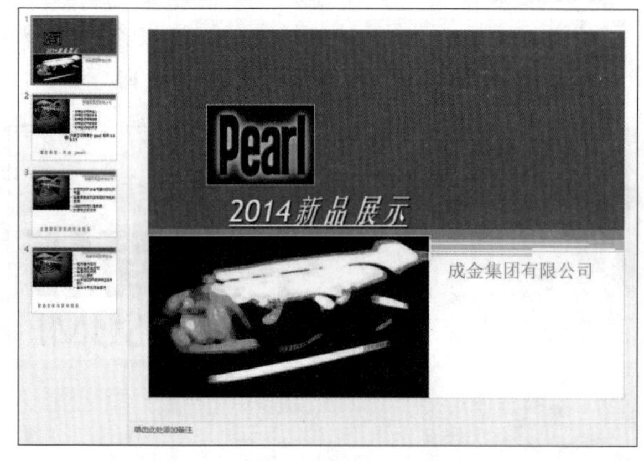

图1-6　2014新品展示演示文稿

读书笔记

1.2 安装和管理 Office 2013

Office 2013并不是系统自带的软件，要想使用 Office 2013中的组件，就必须先安装Office 2013。若不想再使用 Office 2013，还可以将其从电脑中卸载。下面将介绍 Office 2013的安装、卸载以及管理等相关知识。

1.2.1 安装 Office 2013

要想在电脑中安装Office 2013，首先需要购买Office 2013的正版安装光盘或从网上获取安装程序。其次，还要确认电脑满足安装Office 2013的配置要求。下面将对Office 2013的安装环境要求和安装步骤进行介绍。

1. 安装环境要求

一个软件能在电脑中正常运行，需要电脑能满足软件运行的最低配置。下面将对 Office 2013 的标准安装环境进行介绍。

- 处理器：1GHz或更快的x86或x64位处理器（采用SSE2指令集）。
- 内存：1GB RAM（32位）；2GB RAM（64位）。
- 硬盘：3.0GB可用空间。
- 显示器：图形硬件加速需要DirectX10显卡和1024×576分辨率或更高分辨率的监视器。
- 操作系统：Windows 7、Windows 8、Windows Server 2008 R2 或 Windows Server 2012。
- 浏览器：Microsoft Internet Explorer 8、9、10 或 11；Mozilla Firefox 10.x或更高版本；Apple Safari 5；或Google Chrome 17.x。
- .NET 版本：3.5、4.0或4.5。
- 多点触控：需要支持触摸的设备才能使用任何多点触控功能。但始终可以通过键盘、鼠标或其他标准输入设备或可访问的输入设备使用所有功能。目前，新的触控功能已经过优化，可与Windows 8 配合使用。
- 其他要求和注意事项：某些功能因系统配置而异，可能需要其他硬件或高级硬件的安装，或者需要连接服务器。

技巧秒杀

在桌面的“计算机”图标上单击鼠标右键，在弹出的快捷菜单中选择“属性”命令，在打开的窗口右侧可查看硬件的基本配置信息以及系统是32位还是64位。

2. 开始安装

确定电脑安装环境满足需求后，即可开始安装Office 2013。安装Office 2013与安装一般软件相似，只需运行其安装文件即可。

实例操作：安装Office 2013

● 光盘\实例演示\第1章\安装Office 2013

安装Office 2013时，默认情况下会安装Office 2013的全部组件，而选择“自定义”安装方式，用户则可以按自己的需要安装组件。

Step 1▶ 将安装光盘放入光驱驱动器中，进入到光盘中，找到Office 2013的setup.exe文件，然后双击该文件，如图1-7所示，使其开始运行。

图1-7 运行安装文件

Step 2 ▶ 打开“输入您的产品密钥”对话框，在光盘包装盒中找到由25位字符组成的产品密钥，并将产品密钥输入到文本框中，单击 继续(C) 按钮，如图1-8所示。

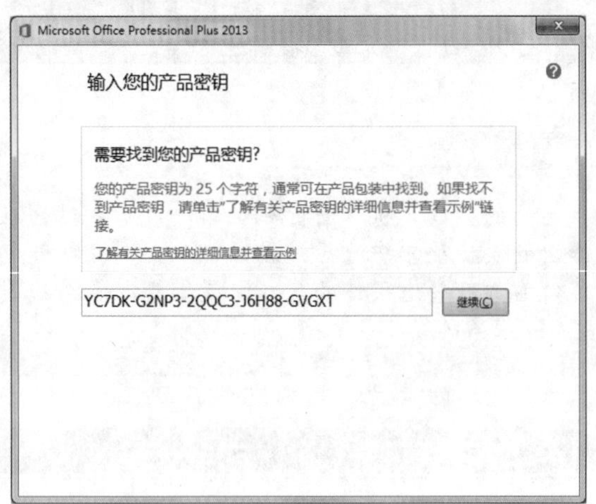

图1-8　输入产品密钥

Step 3 ▶ 打开许可条款对话框，选中 我接受此协议的条款(A) 复选框，单击 继续(C) 按钮，如图1-9所示。

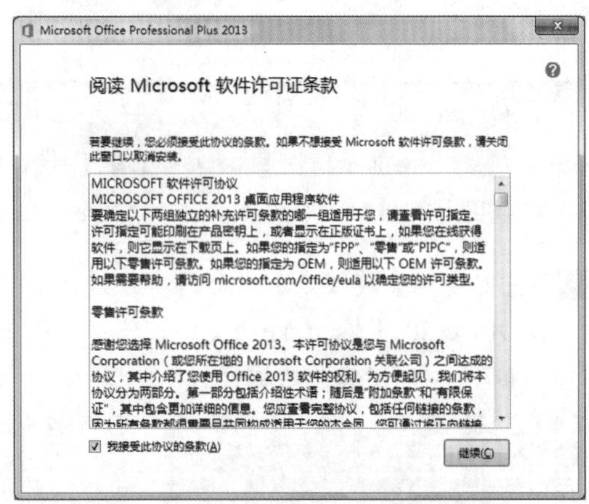

图1-9　接受许可证条款

Step 4 ▶ 打开“选择所需的安装”对话框，单击 自定义(U) 按钮，可打开自定义安装设置对话框，如图1-10所示。

> **技巧秒杀**
>
> 在“选择所需的安装”对话框中单击 立即安装(I) 按钮可安装 Office 的全部组件，并默认将其安装到系统盘中。

图1-10　选择安装方式

Step 5 ▶ 打开自定义安装对话框，在“安装选项”选项卡中单击不需要安装的组件名称前的 ▾ 按钮，在弹出的下拉列表中选择“禁用”选项，如图1-11所示。

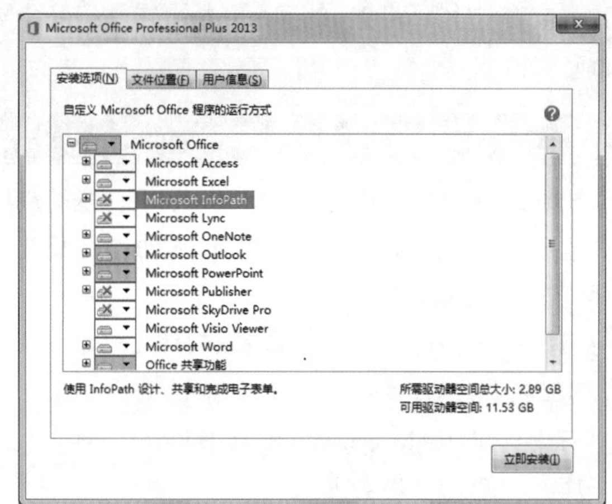

图1-11　设置不安装的组件

Step 6 ▶ 选择“文件位置”选项卡，在其文本框中输入程序的安装位置“D:\Program Files\Microsoft Office2013\”，单击 立即安装(I) 按钮，如图1-12所示。

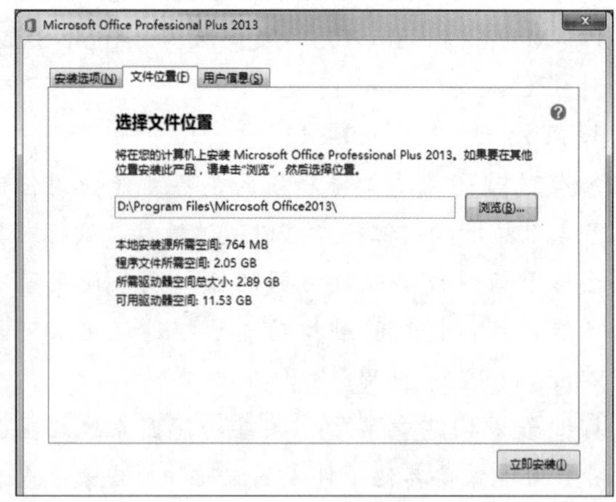

图1-12　设置安装位置

Step 7 ▶ 软件将自动进行安装，并显示安装进度，完成后将打开“完成Office体验”对话框，单击关闭按钮将其关闭，如图1-13所示，完成 Office 2013的安装。

图1-13　完成安装

1.2.2 卸载Office 2013

安装Office 2013后，如果用户发现某个组件未安装完全或有损坏，可将其卸载后重新安装。

实例操作：通过控制面板卸载Office 2013

● 光盘\实例演示\第1章\通过控制面板卸载Office 2013

如果需要卸载 Office 2013，可以通过控制面板得以实现。在控制面板中选择“卸载程序”，然后选择要卸载的 Office 2013，系统将自动对其进行卸载操作。

Step 1 ▶ 选择“开始”/“控制面板”命令，打开“控制面板”窗口，单击“卸载程序”超链接，如图1-14所示。

Step 2 ▶ 打开“程序和功能”窗口，在右侧的“名称”下拉列表中选择Microsoft Office Professional Plus 2013选项，然后单击卸载按钮，如图1-15所示。

Step 3 ▶ 在打开的“安装”对话框中将询问是否删除该程序，单击是(Y)按钮，确定删除该程序，如图1-16所示。

图1-14　“控制面板”窗口

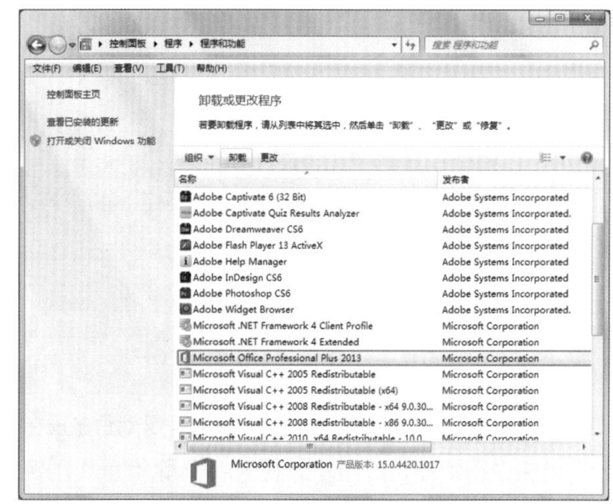

图1-15　选择要卸载的程序

图1-16　确认卸载

技巧秒杀

卸载Office 2013的方法有很多，除了使用控制面板程序外，还可以使用其他软件进行卸载，如360安全卫士和优化大师等。

Step 4 ▶ 软件将自动卸载程序，并显示卸载进度，卸载完成后，在打开的对话框中单击 关闭(C) 按钮，如图1-17所示，完成 Office 2013的卸载。

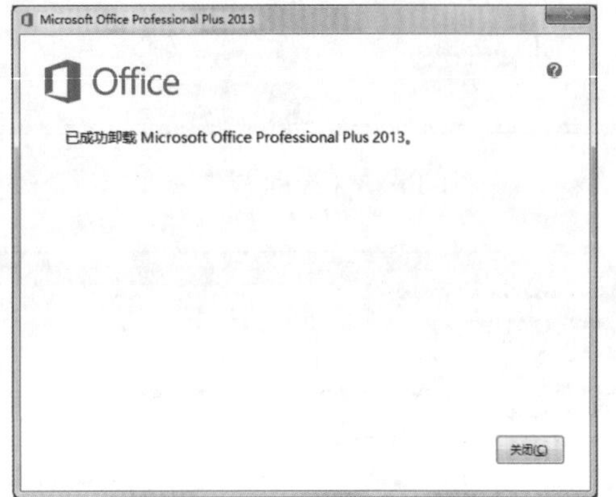

图1-17　完成卸载

1.2.3 管理Office 2013组件

安装Office 2013后，还可以根据需要对Office的各个组件进行管理，如修复、添加和删除等操作。

1. 修复Office 2013

当Office 2013出现组件无法打开、程序出错等情况时，可以使用修复功能进行修复，使组件能正常使用。选择“开始”/“控制面板”命令，打开“控制面板”窗口，然后单击“卸载程序”超链接，打开“程序和功能”窗口，在其中选择Microsoft Office Professional Plus 2013选项，单击 更改 按钮，将会打开“更改Microsoft Office Professional Plus 2013的安装”对话框，选中 ◉ 修复(R) 单选按钮，单击 继续(C) 按钮后软件将自动开始进行修复，修复完成后单击 关闭(C) 按钮即可完成Office 2013的修复，如图1-18所示。

2. 添加或删除 Office 组件

Office 2013 中包含了多种组件，而在日常的工作中并不需要如此多的组件，因此可以删除其中不需要的组件。如果需要使用到当前计算机中没有安装的Office 2013组件，也可为Office添加组件，即在不卸载Office 2013的情况下删除或添加部分组件。打开“更改Microsoft Office Professional Plus 2013的安装”对话框，选中 ◉ 添加或删除功能(A) 单选按钮，然后单击 继续(C) 按钮，打开“安装选项”对话框，在其中选择需要添加或删除的组件，此时要删除的组件标记为 ✗ ▾，如图1-19所示，单击 继续(C) 按钮软件将自动进行添加或卸载操作，添加或卸载完成后单击 关闭(C) 按钮即可完成操作。

图1-18　选择修复

图1-19　设置要删除或添加的组件

技巧秒杀

选中 ◉ 删除(M) 单选按钮，可直接将Office 2013中的所有组件及其他文件直接删除。

1.3 认识三大组件的工作界面和基本操作

Office 2013三大组件的工作界面基本相同，但又存在细微的差异，因此了解三大组件的工作界面将为用户的操作带来便利。同时Word 2013、Excel 2013和PowerPoint 2013的基本操作存在很多相似的地方，如新建、打开、保存、关闭、保护和打印文档等，下面将分别进行介绍。

1.3.1 组件的工作界面和视图模式

Office 2013的工作界面设计更加新颖，各组件的工作界面都有所不同，下面就将讲解三大组件的工作界面和视图模式。

1. Word 2013的工作界面和视图模式

在使用Word 2013进行文档编辑前，需要对其工作界面有一定的认识。为了更方便地对文档进行查看，还需了解Word各种视图的设置方法和显示特点。

（1）Word 2013的工作界面

启动Word 2013后即可查看其工作界面，主要包括窗口控制按钮、快速访问工具栏、标题栏、功能选项卡和功能区、文档编辑区、状态栏和视图栏，如图1-20所示。

图1-20 Word 2013的工作界面

Word 2013 工作界面中，各功能区的作用各有不同，具体介绍如下。

- **窗口控制按钮**：单击该按钮可在弹出的菜单中完成最大化、最小化和关闭等操作。
- **快速访问工具栏**：用于存放操作频繁的操作快捷按钮，单击快速访问工具栏右侧的按钮，在弹出的下拉列表中可将频繁使用的工具添加到快速访问工具栏中。
- **标题栏**：用于显示正在操作的文档的名称和程序的名称等信息，其右侧有3个窗口控制按钮："最小化"按钮、"最大化/还原"按钮/和"关闭"按钮，单击相应的按钮可执行相应的操作。
- **功能选项卡和功能区**：功能选项卡与功能区是对应的关系。选择某个选项卡即可打开相应的功能区，在功能区中有许多自动适应窗口大小的面板，在其中为用户提供了常用的命令按钮或列表框。部分面板右下角会有"功能扩展"按钮，单击该按钮将打开相关的对话框或任务窗格，在其中可进行更详细的设置。
- **文档编辑区**：文档编辑区是Word中最重要的部分，所有关于文本编辑的操作都将在该区域中完成，文档编辑区中有个闪烁的光标，叫做文本插入点，用于定位文本的输入位置。
- **状态栏**：位于工作界面的底部左侧，主要用于显示与当前工作有关的信息。
- **视图栏**：位于工作界面的底部右侧，主要用于选择文档的查看方式和设置文档的显示比例。

（2）Word 2013的视图模式

为方便用户在各种视图中进行操作和办公，Word 2013提供了页面视图、阅读版式视图、Web版式视图、大纲视图和草稿视图5种视图模式。各视图的设置方法分别介绍如下。

- **页面视图**：该视图模式是Word 2013中最常用的视图模式，也是Word 2013的默认视图模式。用户对文档的录入、编辑等绝大部分操作都是在页面视图下完成的。选择"视图"/"文档视图"组，单击"页面视图"按钮，即可将视图切换到页面视图。

- **阅读版式视图**：在该视图模式中，文档将全屏显示。选择"视图"/"文档视图"组，单击"阅读版式视图"按钮，可将视图切换到阅读版式视图。
- **Web版式视图**：Web版式视图模式是Word视图中唯一一种按照窗口大小进行自动换行的视图模式，它避免了用户必须左右移动光标才能看见整排文字的情况。选择"视图"/"文档视图"组，单击"Web版式视图"按钮，可将视图切换到Web版式视图。
- **大纲视图**：大纲视图模式就像是一个树形的文档结构图，通过双击标题前面的⊕或⊖按钮可将某个标题的下一级标题隐藏或显示出来。选择"视图"/"文档视图"组，单击"大纲视图"按钮，可将视图切换到大纲视图。
- **草稿视图**：在草稿视图下，文档中的图片、样式等一系列效果都将被隐藏。若只需观看文档中的文字信息，而不需要显示文档的装饰效果，可使用该视图。选择"视图"/"文档视图"组，单击"草稿视图"按钮，可将视图切换到草稿视图。

> **技巧秒杀**
>
> 在功能选项卡中可查看到Word的"帮助"按钮?，单击该按钮可打开相应组件的帮助窗格，在其中可查找到用户需要的帮助信息。

2. Excel 2013的工作界面和视图模式

Excel的工作界面与Word的工作界面类似，只是多了一些便于编辑表格的界面设计。此外，Excel的视图显示方式也和Word有一定的区别。

（1）Excel 2013的工作界面

Excel与Word工作界面最大的区别是文档编辑区。Excel编辑区有行号和列标、切换工作表条、编辑栏和单元格等，如图1-21所示。

图1-21　Excel 2013工作界面

Excel 2013工作界面和Word 2013工作界面中不同的部分作用如下。

- **编辑栏**：由"名称框" A1 、"工具框" × ✓ fx 和"编辑框"3部分组成，名称框中的第一个大写英文字母表示单元格的列标，第二个数字表示单元格的行号，如B3表示第2列第3行所对应的单元格。单击fx按钮则可在打开的"插入函数"对话框中选择要输入的函数。编辑框用于显示单元格中输入或编辑的内容，也可直接输入和编辑数据。
- **列标**：编辑区上方的英文字母为列标，用于表示表格的横向坐标。
- **行号**：编辑区左侧的阿拉伯数字就是行号，用于标识表格的纵向坐标。每个单元格的位置都是由列标和行号来确定的。
- **切换工作表条**：切换工作表条包括滚动条、工作表标签和"插入工作表"按钮⊕。单击滚动条可选择需要显示的工作表。单击某工作表标签可以切换到对应的工作表。单击"插入工作表"按钮⊕，可为工作簿添加新的工作表。
- **单元格**：单元格是Excel工作界面中的矩形小方格，它是组成Excel表格的基本单位，用户输入的所有内容都将存储和显示在单元格内。

（2）Excel 2013的视图模式

Excel 2013为用户提供了普通视图、页面布局视图和分页预览视图3种视图模式，用户在浏览文档时可根据需要选择合适的视图模式。各视图的设置方法和显示效果如下。

◆ **普通视图**：普通视图是Excel的默认视图，工作表的基本操作都在该视图下进行，如输入数据、筛选数据和制作图表等。选择“视图”/“工作簿视图”组，单击“普通视图”按钮，可将视图切换到普通视图。

◆ **页面布局视图**：在页面布局视图模式下，整个工作簿中的页面都将显示在一个视图界面中。选择“视图”/“工作簿视图”组，单击“页面布局视图”按钮，可将视图切换到页面布局视图。

◆ **分页预览视图**：分页预览视图是将活动工作表切换到分页预览状态，这是按打印方式显示工作表的视图模式。在分页浏览视图中，可以通过左、右、上、下拖动来移动分页符，调整页面的大小。选择“视图”/“工作簿视图”组，单击“分页预览视图”按钮，即可将视图切换到分页预览视图。

3. PowerPoint 2013的工作界面和视图模式

PowerPoint 2013工作界面简洁，更加适合编辑、美化演示文稿。为了便于预览演示文稿的整体效果，PowerPoint也提供了几种视图显示方式。

（1）PowerPoint 2013的工作界面

启动PowerPoint 2013后，可以看到它的工作界面与Word 2013、Excel 2013界面相比结构上大同小异，只是多了“幻灯片”窗格、幻灯片编辑区和备注栏，如图1-22所示。

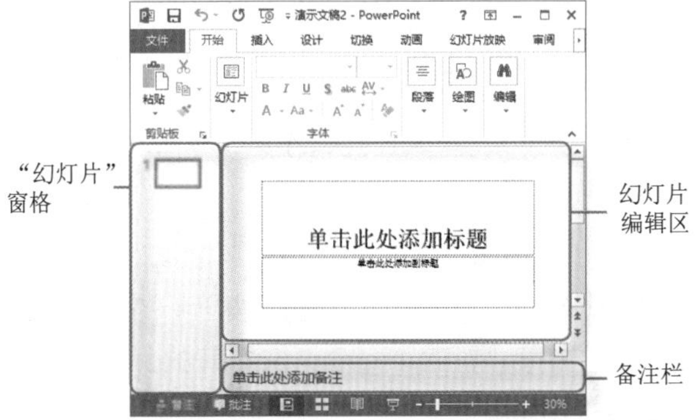

图1-22　PowerPoint 工作界面

PowerPoint 2013工作界面中特有组成部分的作用如下。

◆ **幻灯片编辑区**：用于显示和编辑幻灯片，所有幻灯片都是在幻灯片编辑区中制作完成的。

◆ **“幻灯片”窗格**：用于显示演示文稿的幻灯片数量及位置，在其中可以清晰地查看演示文稿的结构。“幻灯片”窗格为默认任务窗格，在其中幻灯片以缩略图形式显示。

◆ **备注栏**：单击此处，可为幻灯片添加说明和注释，主要用于在演讲者播放幻灯片时，为其提供该幻灯片的相关信息。

技巧秒杀

在备注栏中可为幻灯片添加制作人员、部门、时间和地点等备注信息。

（2）PowerPoint 2013的视图模式

PowerPoint 2013的视图模式是指演示文稿在电脑屏幕上的显示方式，包括普通视图、幻灯片浏览视图、阅读视图、大纲视图和备注页视图5种。在“视图”/“演示文稿视图”组中单击相应的视图模式按钮，就可以切换到相应的视图模式，各视图的设置方法和显示效果如下。

◆ **普通视图**：普通视图是PowerPoint 2013默认的视图模式，在该模式下可对幻灯片的总体结构进行调整，也可以对单张幻灯片进行编辑。选择“视图”/“演示文稿视图”组，单击“普通视图”按钮，即可将视图切换到普通视图。

◆ **幻灯片浏览视图**：在幻灯片浏览视图下可以浏览该演示文稿中所有幻灯片的整体效果，并且可对其整体结构进行调整，如调整演示文稿的背景、移动或复制幻灯片等，但是不能编辑幻灯片中的具体内容。选择“视图”/“演示文稿视图”组，单击“幻灯片浏览视图”按钮，即可将视图切换到幻灯片浏览视图。

◆ **阅读视图**：在阅读视图下可快速地对幻灯片效果进行浏览，滚动鼠标中轴即可选择显示上一页或者下一页幻灯片。选择“视图”/“演示文稿视图”组，单击“阅读视图”按钮，即可将视图切换到阅读视图。

◆ 大纲视图：大纲视图主要显示演示文稿中幻灯片整体的层次结构。在该模式下，可以更方便地查看和编辑幻灯片。选择“视图”/“演示文稿视图”组，单击“大纲视图”按钮，即可将视图切换到大纲视图。

◆ 备注页视图：备注页视图模式主要用于辅助说明演示文稿对应幻灯片小标题的备注信息。选择“视图”/“演示文稿视图”组，单击“备注页视图”按钮，即可将视图切换到备注页视图。

1.3.2 启动和退出Office 2013组件

在Office 2013中，所有组件的启动和退出方法都相同。只需掌握一种组件的启动和退出方法即可。

1. 启动Office 2013组件

要使用Office 2013的组件，首先应启动对应的Office 2013组件。启动的方法有多种，下面分别进行介绍。

◆ 通过“开始”菜单启动：选择“开始”/“所有程序”/Microsoft Office 2013命令，在其子菜单中选择需要的组件即可启动相应组件，如图1-23所示。

◆ 通过快捷方式启动：安装Office 2013后，可通过鼠标右键将要使用的组件的快捷方式发送到桌面上，然后双击快捷方式图标即可启动，如图1-24所示。

图1-23 通过“开始”菜单启动 图1-24 通过快捷方式启动

> **技巧秒杀**
> 除可通过“开始”菜单和快捷方式启动Office 2013组件外，还可以双击制作好的Office文档直接将其启动。

2. 退出Office 2013组件

使用完Office组件后，需退出程序，退出Office 2013的方法同样有多种，下面分别进行介绍。

◆ 通过“关闭”按钮退出：单击Office 2013组件右上角的“关闭”按钮。

◆ 通过“关闭”命令退出：单击窗口左上角的按钮，在弹出的下拉列表中选择“关闭”选项或单击文件按钮，在弹出的下拉菜单中选择“关闭”命令。

◆ 通过标题栏退出：在标题栏空白处单击鼠标右键，在弹出的快捷菜单中选择“关闭”命令。

◆ 通过快捷键退出：在Office 2013组件的工作界面中按 Alt+F4 组合键。

1.3.3 Office三大组件的共性操作

在认识Office软件之后，便可使用该软件编辑和制作文件，但在编辑前用户最好先对Office的基本操作进行一定的了解。由于Office是一个大的软件包，所以其中各组件的基本操作都比较接近，下面主要以Word为例讲解Office的操作方法。

1. 新建文档

启动软件后，用户可根据需要创建文档。新建文档主要分为新建空白文件和使用模板新建文件。下面分别讲解它们的操作方法。

（1）新建空白文档

启动Word 2013后，单击文件按钮，在弹出的下拉菜单中选择“新建”命令，在打开的页面的“新

> **技巧秒杀**
> 除了通过“新建”栏新建空白文档外，用户还可以按Ctrl+N快捷键新建空白文档。

建”栏中双击“空白文档”选项，如图1-25所示。

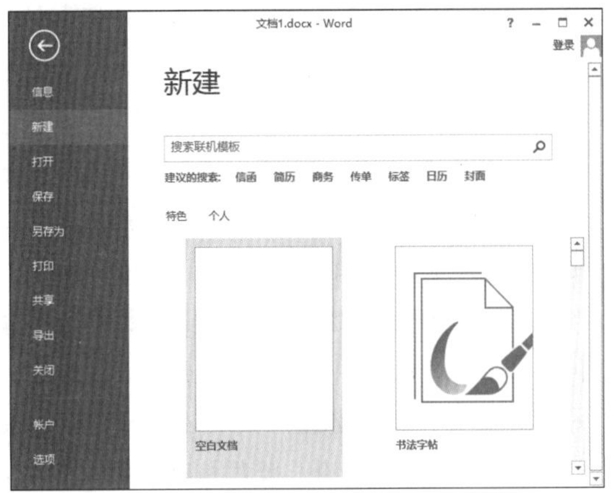

图1-25　创建空白文档

（2）使用模板新建文档

为了满足更多用户的需要，在Word 2013中不仅能新建空白文档，还可根据系统提供的模板创建一些常用的办公文件。使用这些模板可提高工作效率，Office的模板分为Office自带的模板库中的模板和Office Online网站上获得的各种模板。

使用模板新建文档的方法也很简单，启动Word 2013后，单击文件按钮，在弹出的下拉菜单中选择“新建”命令，在打开的页面中双击需要的模板或者在“搜索联机模板”搜索框中搜索需要的模板类型，然后在搜索结果中双击需要的模板，并在打开的对话框中单击“创建”按钮即可下载并应用该模板，如图1-26所示。

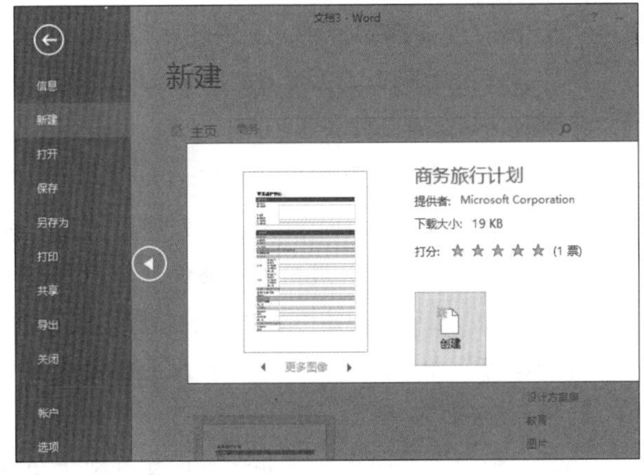

图1-26　使用模板创建文档

2. 打开文档

当用户需要在Office 2013组件中对某份办公文档进行查看时，需先将其打开，再进行查看。

一般双击需要打开的文档，即可启动组件并打开文件。也可以从本地计算机查找并打开保存在本地计算机中的任意文档，打开Office组件，单击文件按钮，在弹出的下拉菜单中选择“打开”命令，然后在右侧的“打开”界面中选择“计算机”选项，再单击“浏览”按钮，在“打开”对话框中选择需要打开的文档，单击打开(O)按钮，如图1-27所示，即可打开文档。

图1-27　通过“打开”对话框打开文档

技巧秒杀

Office 2013会自动记录最近一段时间内使用的文档，用户若要打开这些文档，可以直接使用“文件”菜单中的“打开”命令来实现。打开Office组件，单击文件按钮，在弹出的下拉菜单中选择“打开”命令，然后在右侧的“打开”界面中选择“最近使用的文档”选项，再在右侧的“最近使用的文档”界面中选择要打开的文档即可打开最近使用的文档。

知识解析：“打开”下拉列表

- **以只读方式打开**：在“打开”对话框中选择需要打开的文档，单击打开(O)按钮右侧的下拉按钮，在弹出的下拉列表中选择“以只读方式打开”选项即可。以只读方式打开的Office文档会限制对原始Office文档的编辑和修改，从而有效保护

Office文档的原始状态。

- **以副本方式打开**：如果用户不想修改原始的Office文档，则可以选择以副本方式打开文档，这样Office会自动在原文档所在文件夹创建一份完全相同的Office文档。在“打开”对话框中选择需要打开的文档，单击打开(O)按钮右侧的下拉按钮，在弹出的下拉列表中选择“以副本方式打开”选项即可。
- **在浏览器中打开**：在“打开”对话框中选择需要的文档，单击打开(O)按钮右侧的下拉按钮，在弹出的下拉列表中选择“在浏览器中打开”选项，可将文档在浏览器中打开。
- **打开时转换**：在“打开”对话框中选择需要的文档，然后单击打开(O)按钮右侧的下拉按钮，在弹出的下拉列表中选择“打开时转换”选项，可将文档以其他 Word 所识别的文档形式打开。当文档出现混乱时，可以将文档以其他 Word 能识别的文档保存，然后再选择该选项打开即可。
- **在受保护的视图中打开**：对于不能确认其安全性的Office文档，用户可以通过“在受保护的视图中打开”方式打开，此时Office会自动进入只读状态。在“打开”对话框中选择需要的文档，单击打开(O)按钮右侧的下拉按钮，在弹出的下拉列表中选择“在受保护的视图中打开”选项即可。
- **打开并修复**：在打开Word文档时，如果程序没有响应，那么该Word文档可能已经损坏，此时可通过“打开并修复”修复并打开文档。在“打开”对话框中选择需要打开的文档，然后单击打开(O)按钮右侧的下拉按钮，在弹出的下拉列表中选择“打开并修复”选项即可。

3. 保存和关闭文档

对于编辑好的文档，还需要及时进行保存和关闭操作，这样不仅可以避免一些损失，还可以提高电脑的运行速度。下面对保存和关闭文档的方法进行讲解。

（1）保存文档

在创建文档的过程中或在编辑完成文档后，都应及时保存文档，这样能减少因电脑死机、断电等外在因素和突发状况给用户造成的损失。在Office中保存文档的方法分为直接保存文档、另存为文档、保存到 OneDrive 和自动保存等，操作方法分别如下。

- **直接保存文档**：单击文件按钮或单击“保存”按钮，在打开的“另存为”界面中单击“浏览”按钮，在弹出的下拉菜单中选择“保存”命令，在打开的“另存为”对话框中选择文件的保存位置和输入文件名称后单击保存(S)按钮即可。
- **另存为文档**：单击文件按钮，在弹出的下拉菜单中选择“另存为”命令，使用相同的方法在打开的“另存为”对话框中保存文档，如图1-28所示。

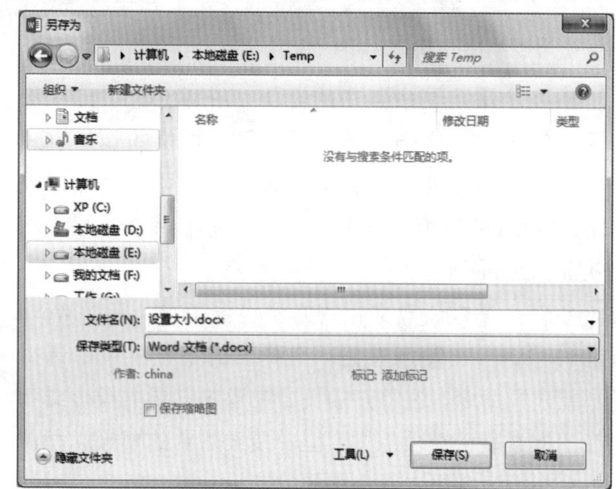

图1-28　另存为文档

- **保存到OneDrive**：在保存文档前，用户需要先登录Office。单击文件按钮，在弹出的下拉菜单中选择“另存为”命令，然后在“另存为”界面中选择OneDrive选项，在右侧单击“浏览”按钮，将打开“另存为”对话框，在其中设置好文档的保存位置和名称，再单击保存(S)按钮即可。保存在OneDrive中的文档，用户可以通过电脑、手机等进行访问，也可以和其他用户共享文档。
- **自动保存**：单击文件按钮，在弹出的下拉菜单中选择“选项”命令，打开“Word 选项”对话框，选择“保存”选项卡，在其中可设置自动保存的格式、时间和位置等参数，如图1-29所示。

图1-29　设置自动保存文档

（2）关闭文档

在Office 2013各组件中关闭文档的方法同关闭组件的方法基本上一样。如可以单击Office 2013组件右上角的“关闭”按钮关闭文档，也可以单击窗口左上角的按钮，在弹出的下拉列表中选择“关闭”选项或单击按钮，在弹出的下拉菜单中选择“关闭”命令。

4. 保护文档

Office 2013为用户提供了一些保护文档的基本功能，主要包括将文档标记为最终状态、为文档加密、限制编辑文档和限制访问等。下面将介绍实现这些保护功能的基本操作。

（1）将文档标记为最终状态

当用户完成Word文档的编辑之后，为了防止数据出错、误操作或其他人员的操作，可以将其设置为最终只读版本。单击按钮，在弹出的下拉菜单中选择“信息”命令，单击“保护文档”按钮，在弹出的下拉列表中选择“标记为最终状态”选项，将会打开对话框，提示用户此文档将先被标记，再进行保存，单击按钮，如图1-30所示。

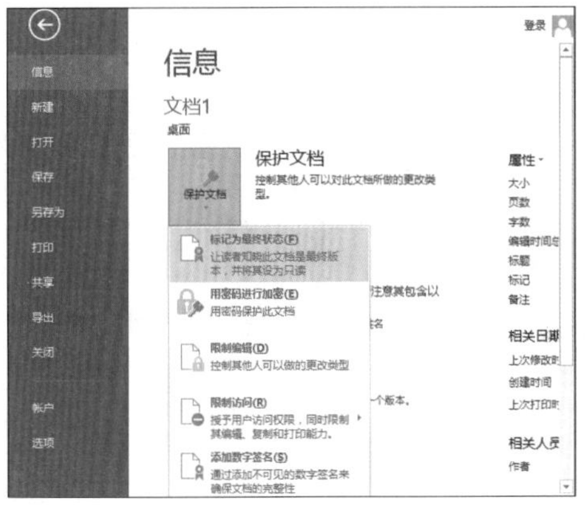

图1-30　标记文档为最终状态

（2）为文档加密

当文档中的数据或信息非常重要，且禁止传阅或更改时，可进行加密设置。单击按钮，在弹出的下拉菜单中选择“信息”命令，单击“保护文档”按钮，在弹出的下拉列表中选择“用密码进行加密”选项，打开“加密文档”对话框，在“密码”文本框中设置好密码后单击按钮，再在“确认密码”对话框中重新输入设置的密码，单击按钮即可为文档加密。再次打开该文档，需要在打开的“密码”对话框中输入正确的密码才能查看该文档，如图1-31所示。

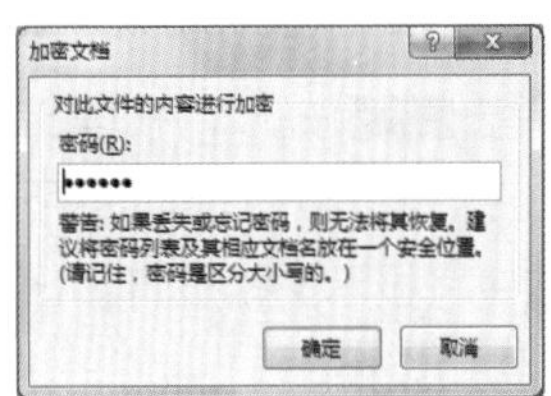

图1-31　为文档加密

（3）限制编辑文档

当用户完成文档的编辑后，为了防止文档被自己或他人误编辑，可以限制编辑文档。单击按钮，在弹出的下拉菜单中选择“信息”命令，单击“保护文档”按钮，在弹出的下拉列表中选择“限制编辑”选项，将会在文档中打开“限制编辑”任务窗格，在其中可设置格式设置限制和编辑限制，选中需要设置的复选框后单击按钮，将会打开“启动强制保护”对话框，在其中设置好密码后单击按钮即可启动对文档的强制保护，如图1-32所示。

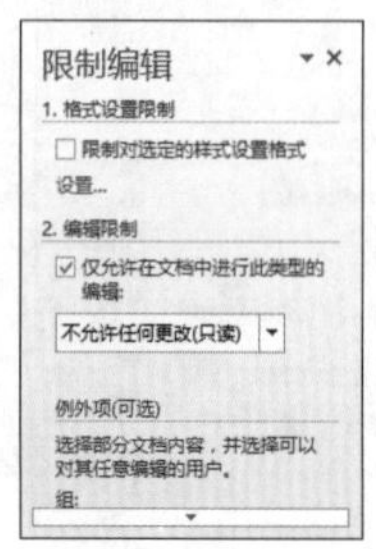

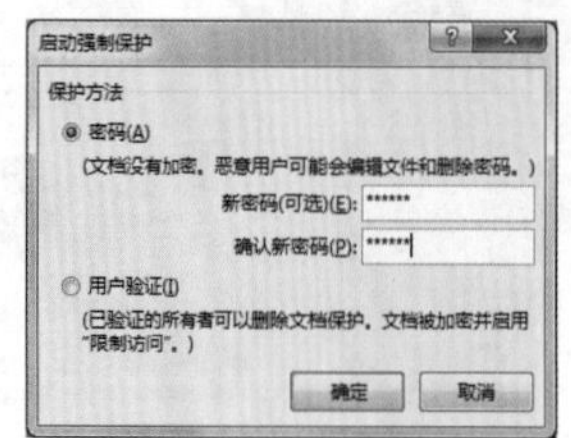

图1-32 限制编辑文档

（4）限制访问

对于一个非常重要、机密性比较强的文档，为了防止其被他人改编、打印等，可以设置文档的访问权限，即限制访问。单击文件按钮，在弹出的下拉菜单中选择“信息”命令，单击“保护文档”按钮，在弹出的下拉列表中选择“限制访问”选项，再在弹出的下拉列表中选择需要设置的权限即可。

5. 打印文档

当用户制作好文档后，为了便于查阅或提交，可将其打印出来。在文档打印前，为了避免打印文档时出错，一定要先预览文档被打印在纸张上的真实效果，当调整好打印效果后，再通过打印设置，来满足不同用户、不同场合的打印需求。

打印文档的方法是：单击文件按钮，在弹出的下拉菜单中选择“打印”命令，将打开如图1-33所示的页面，在右边的预览区域中将显示文档被打印出来的效果，左边为文档的相关打印设置。

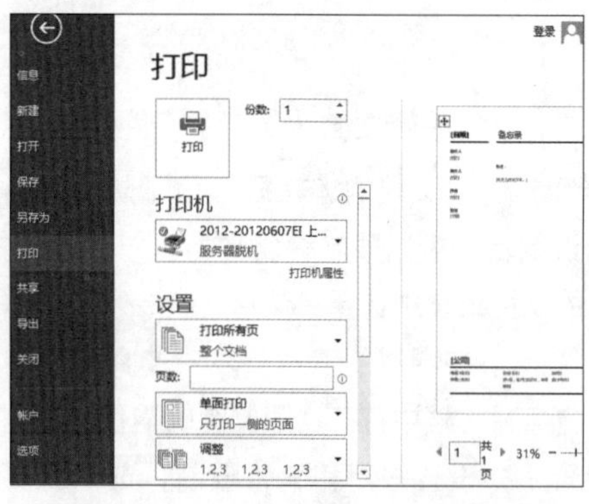

图1-33 预览文档打印效果

各软件的打印设置都有所不同，常见的设置选项如下。

- **“份数”数值框：**用于设置文档的打印份数。
- **“打印机”下拉列表框：**用于设置打印文档的打印机。
- **“页数”数值框：**用于设置打印的页数范围。断页之间用逗号分隔，如“1,3”；连页之间用横线连接，如“4-8”。
- **“边距”下拉列表框：**用于设置打印时，文档边缘与纸张的上下、左右边距。设置后预览区域文档边缘将立刻根据设置进行改变。
- **“纸张方向”下拉列表框：**用于设置文档的打印方向，设置后预览区域的纸张方向同样会根据设置进行改变。
- **“打印方式”下拉列表框：**用于设置文档的打印方式，在其下拉列表中可选择“单面打印”、“双面打印”和“手动双面打印”等打印方式。
- **“打印页面大小”下拉列表框：**用于设置文档打印的页面大小和页面样式。设置后预览区域文件边缘将立刻根据设置进行改变。

6. Office 帮助功能

用户在使用Office 2013各组件时，如果有问题，可使用Office 2013自带的帮助功能寻求解决。在打开的组件窗口中按F1键，即可打开当前组件的帮助窗口，如图1-34所示，其中包括“热门搜索”栏、“入门”栏、“基本和基本之外”栏以及搜索框。“热门搜索”栏下可查看当前的搜索热词和问题，“入门”栏中可查看Office 的新增功能、键盘快捷方式和获得培训的超链接，而“基本和基本之外”栏则可以了解Office组件基础和使用Office组件的Web App等选项。对于用户在实际操作中遇到的问题，可以在搜索框中输入需要的信息进行搜索。但需要注意的是，Office在没有网络连接的情况下会进入脱机模式，此时只能在搜索框中查找Office功能区上的按钮，如图1-34所示。

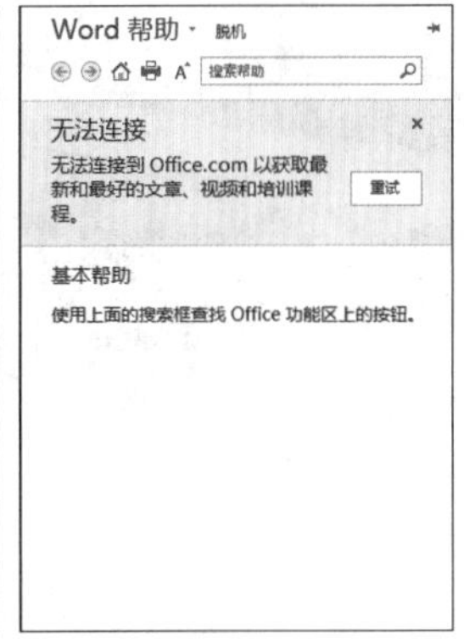

图1-34　Word帮助窗口

知识大爆炸——Office 新增功能相关知识

1. 设置最近使用文档的显示数量

Office 2013新增了启动菜单界面，该界面将显示最近使用的文档，系统默认的是最多显示最近使用的25个文档，用户还可以根据需要手动设置其显示的数量。

单击文件按钮，在弹出的下拉菜单中选择“选项”命令，将打开“Word选项”对话框，选择“高级”选项卡，在“显示”栏中可设置最近使用的文档的最大个数，单击确定按钮即可完成设置。再次启动Word组件，在左侧可查看到显示的文档数与设置的文档数相符合。

2. OneDrive 云盘

与以前的Office版本相比，Office 2013增加了强大的云功能，该功能使得文档的共享不再局限于局域网中，还可以与网络中的其他用户实现共享。用户可以将文档保存到OneDrive云盘中实现共享，也可以通过OneDrive实现在线编辑。

（1）利用 OneDrive 共享文档

Office 2013提供了共享文档的功能，用户可以使用该功能邀请他人查看或编辑指定的文档。

单击文件按钮，在弹出的下拉菜单中选择“共享”命令，再在右侧的“共享”界面中选择“邀请他人”选项，然后在“邀请他人”界面中单击“保存到云”按钮，打开“另存为”界面，按照将文档保存到OneDrive的步骤将文档保存到云，再在“邀请他人”界面中输入被邀请人的邮箱地址和其他信息，输入完成后单击“共享”按钮即可。

（2）利用 OneDrive 在线编辑

OneDrive 不仅可以保存和共享Office文档，还提供了在线编辑功能。启动浏览器并在地址栏中输入“http://skydrive.live.com/”，按Enter键进入页面，在其中输入Microcoft账户和密码，然后单击登录按钮打开OneDrive个人主页，选择要打开的文档，将会跳转到新的页面，单击其左上角的“编辑文档”选项，在弹出的下拉列表中选择“在Word Web App中编辑”选项，然后跳转到新的页面中进行编辑即可。

02

01 02 03 04 05 06 07 08 09 10 11 12 ......

Word 2013 初露锋芒

本章导读

Word 2013是一款用于文档编辑与处理的专业软件，通过Word的使用可以制作各种常规的文档，如宣传单、工作总结报告和合同等。而要制作出这些文档，则必须先掌握Word 中文本的基本编辑方法，以及懂得如何对文本进行美化。

2.1 文本基本编辑法

在新建一个文档后，首先需要在文档中输入文本，如果文档中有需要调整或修改的文本，则需要在选择文本后再进行相应的操作。下面将分别介绍输入文本、选择文本、编辑文本和查找与替换文本的方法。

2.1.1 输入文本

文本是Word文档中最基本的组成部分，因此，了解文本的输入方法对使用Word非常重要。常见的文本输入包括输入普通文本、时间和日期、特殊符号、公式和其他对象等。

1. 输入普通文本

普通文本是指通过键盘可以直接输入的汉字、英文和阿拉伯数字等。在Word中输入普通文本的方法很简单，只需将鼠标光标定位到需要输入文本的位置，切换到需要的输入法，然后通过键盘直接输入需要的内容即可，如图2-1所示为输入的汉字，如图2-2所示为输入的英文。

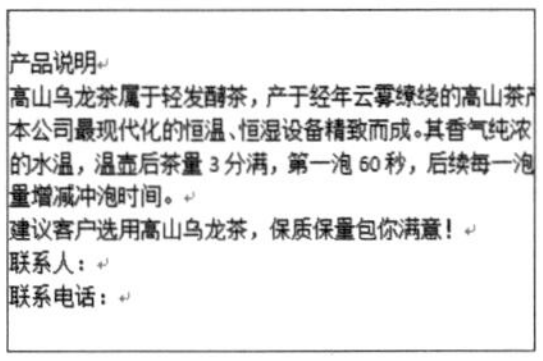

产品说明
高山乌龙茶属于轻发酵茶，产于经年云雾缭绕的高山茶
本公司最现代化的恒温、恒湿设备精致而成。其香气纯浓
的水温，温壶后茶量 3 分满，第一泡 60 秒，后续每一泡
量增减冲泡时间。
建议客户选用高山乌龙茶，保质保量包你满意！
联系人：
联系电话：

图2-1　输入汉字

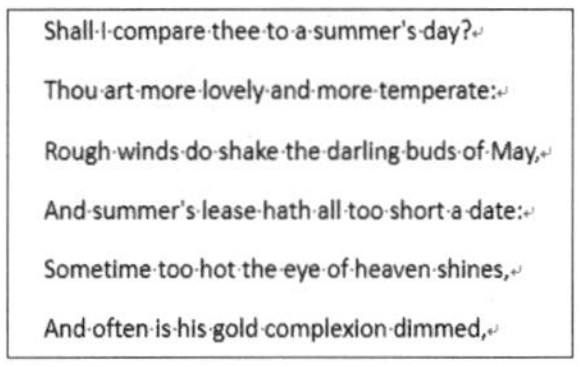

Shall I compare thee to a summer's day?
Thou art more lovely and more temperate:
Rough winds do shake the darling buds of May,
And summer's lease hath all too short a date:
Sometime too hot the eye of heaven shines,
And often is his gold complexion dimmed,

图2-2　输入英文

2. 输入时间和日期

在Word中输入时间和日期，可以用输入普通文本的方法来输入，如2014年6月1日。如果需要输入当前的日期和时间等信息，则可以通过Word的日期和时间插入功能快速输入。

实例操作：为文档输入时间和日期

- 光盘\素材\第2章\通知.docx　● 光盘\效果\第2章\通知.docx
- 光盘\实例演示\第2章\为文档输入时间和日期

通过日期和时间插入功能可以打开“日期和时间”对话框，选择需要的格式便可插入日期和时间，本例将在“通知.docx”文档中插入当前日期。

Step 1 打开“通知.docx”文档，将鼠标光标定位到需要插入日期和时间的位置，如图2-3所示。

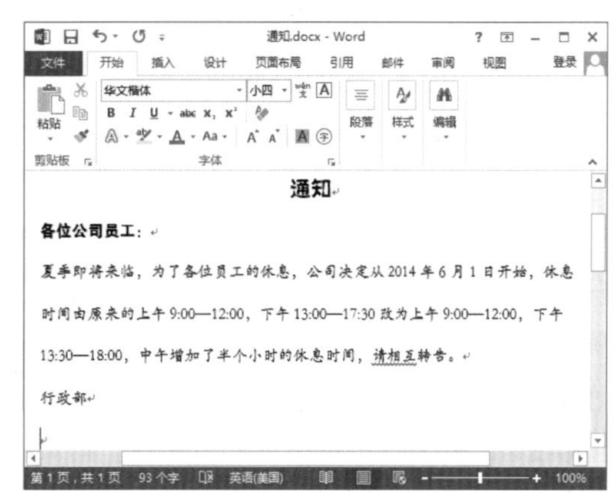

图2-3　定位鼠标光标

Step 2 选择“插入”/“文本”组，单击“日期和时间”按钮，打开“日期和时间”对话框，在“可用格式”列表框中选择合适的日期或时间格式，也可以选择日期和时间的组合格式，这里选择“2014年6月1日星期日”选项，如图2-4所示。

图2-4　选择日期和时间格式

Step 3 设置完毕后单击 确定 按钮，返回Word 2013文档窗口，可以查看到鼠标光标处已插入了当前日期，如图2-5所示。

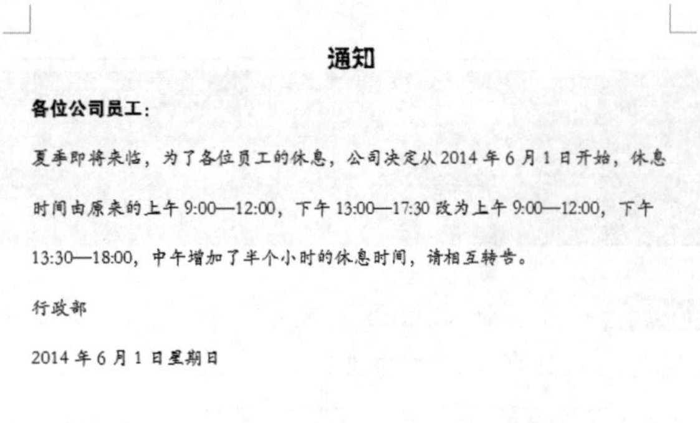

通知

备位公司员工：

夏季即将来临，为了各位员工的休息，公司决定从2014年6月1日开始，休息时间由原来的上午9:00—12:00，下午13:00—17:30改为上午9:00—12:00，下午13:30—18:00，中午增加了半个小时的休息时间，请相互转告。

行政部

2014年6月1日星期日

图2-5　查看插入的日期

知识解析：“日期和时间”对话框

- “语言（国家/地区）”下拉列表框：在该下拉列表中有两个选项，一个是“中文（中国）”选项，另一个是“英语（美国）”选项。选择不同的选项，可用格式中的内容也将有相应的变化。
- ☑使用全角字符(W)复选框：选中该复选框，插入的日期和时间数字将以全角符号显示。
- ☑自动更新(U)复选框：选中该复选框后，☐使用全角字符(W)复选框将自动隐藏，而插入的日期和时间也会随当前操作系统的时间改变而变化。

技巧秒杀

按Shift+Alt+D组合键，可快速在文档中插入系统的当前日期；按Shift+Alt+T组合键，可快速在文档中插入系统的当前时间。

3. 输入图形化的符号

在制作Word文档的过程中，难免会需要输入一些特殊的图形化的符号来使文档更丰富美观。一般的符号可通过键盘直接输入，但一些特殊的图形化的符号却不能直接输入，如“☆”和“○”等。这些图形化的符号可通过打开“符号”对话框，在其中选择相应的类别，找到需要的符号选项后插入。

实例操作：在文档中输入特殊符号

- 光盘\素材\第2章\招聘启事.docx
- 光盘\效果\第2章\招聘启事.docx
- 光盘\实例演示\第2章\在文档中输入特殊符号

一般的Word文档中只有普通文本，使得文档缺乏生动和美观性。为文档添加图形化的符号，可以增加文档的美观性和可读性。本例将为“招聘启事.docx”文档中的招聘条件添加图形化符号。

Step 1 启动Word 2013，打开“招聘启事.docx”文档，将鼠标光标定位到需要输入特殊符号的位置，选择“插入”/“符号”组，单击“符号”按钮Ω，在弹出的下拉列表中选择“其他符号”选项，打开“符号”对话框，如图2-6所示。

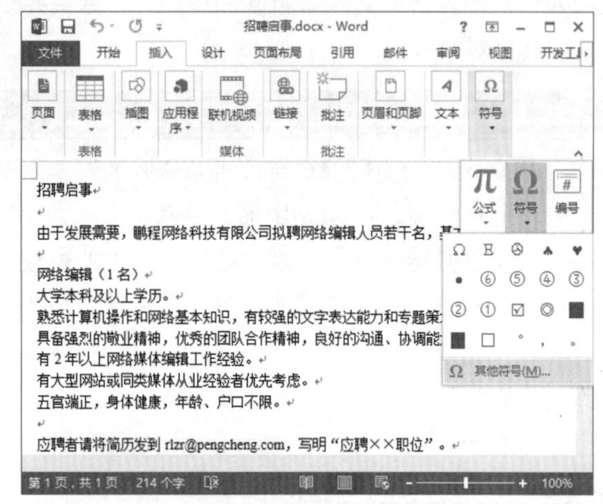

图2-6　选择“其他符号”选项

Step 2 在“字体”下拉列表框中选择Wingdings 2选项，在下方的列表框中选择需要的符号，这里选择☑选项，单击 插入(I) 按钮，如图2-7所示。

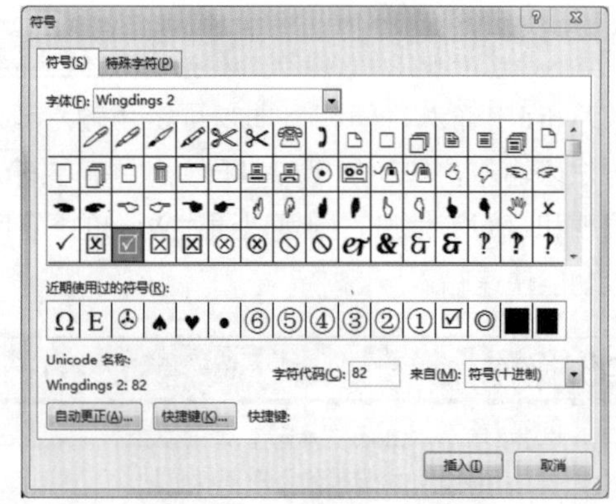

图2-7　插入图形化的符号

Step 3 用相同的方法为相应的项目添加符号，单击 × 按钮返回文档，可以查看插入图形化符号后的效果，如图2-8所示。

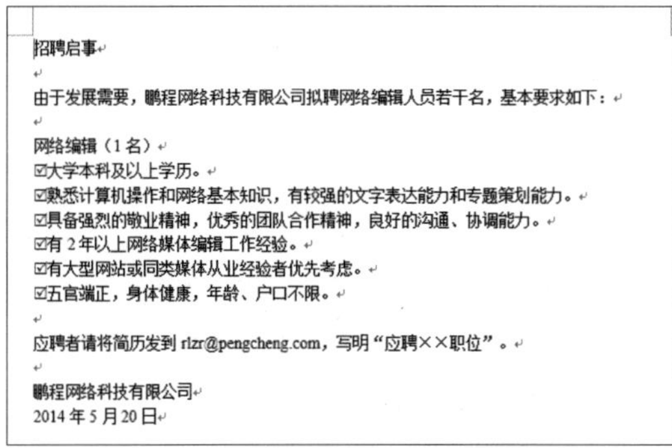
招聘启事

由于发展需要，鹏程网络科技有限公司拟聘网络编辑人员若干名，基本要求如下：

网络编辑（1名）
☑大学本科及以上学历。
☑熟悉计算机操作和网络基本知识，有较强的文字表达能力和专题策划能力。
☑具备强烈的敬业精神，优秀的团队合作精神，良好的沟通、协调能力。
☑有2年以上网络媒体编辑工作经验。
☑有大型网站或同类媒体从业经验者优先考虑。
☑五官端正，身体健康，年龄、户口不限。

应聘者请将简历发到 rlzr@pengcheng.com，写明“应聘××职位”。

鹏程网络科技有限公司
2014年5月20日

图2-8　查看插入图形化符号后的文档

技巧秒杀

在“符号”对话框的“近期使用过的符号”栏下方的列表框中会列出近期使用过的符号，用户可以选择列表框中的符号快速插入符号。

知识解析：“符号”对话框

◆ **“字体”下拉列表框**：该下拉列表框中显示了安装在电脑中的所有字体，可单击其右侧的下拉按钮，在弹出的下拉列表中选择合适的字体。

◆ **“子集”下拉列表框**：只有对话框右下方的“来自”设置为Unicode并且只有选中的字体为Unicode字体时才会显示子集。

◆ **字符集**：字符集是一个显示列出字体中所有可用字符的滚动窗格。如果显示子集，它改为反映选中字符的子集 。

◆ **近期使用过的符号**：“近期使用过的符号”列表会把最近一次使用过的符号放在最前面。

◆ **自动更正**：用“自动更正”功能可为特定字符指定便于记忆的快捷方式。

◆ **快捷键**：可以用快捷键来为经常用到的特定符号指定键盘快捷方式。

4. 输入公式

当在制作专业的论文或报告时，有许多时候会要求输入各种公式，对于简单的公式，如加减乘除，可以用输入普通文本的方法来输入，但对于许多复杂的公式，只能通过Word中的插入公式功能得到实现。

实例操作：在“数学练习”中输入公式

- 光盘\素材\第2章\数学练习.docx
- 光盘\效果\第2章\数学练习.docx
- 光盘\实例演示\第2章\在“数学练习”中输入公式

在Word的插入公式功能中，预设了很多专业的公式，当用户需要这些公式时，可以直接插入预设的公式。而对于程序没有的公式，则需要用户通过“插入新公式”选项进行输入预设。本例将在“数学练习.docx”文档中的相应位置输入公式。

Step 1 打开“数学练习.docx”文档，将鼠标光标定位到需要输入公式的位置，选择“插入”/“符号”组，单击“公式”按钮π，在弹出的下拉列表中选择“二项式定理”选项插入公式，如图2-9所示。

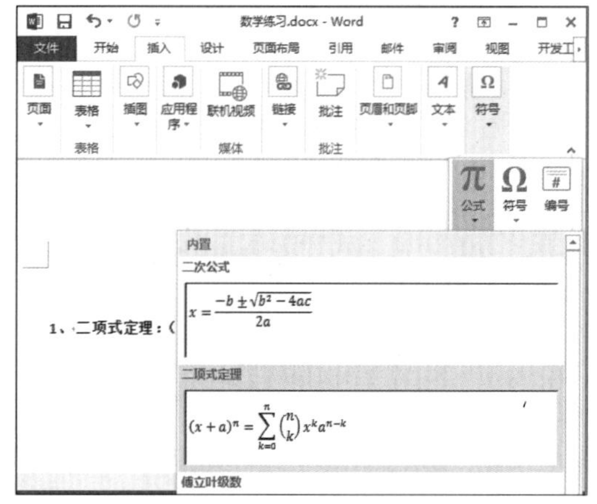

图2-9　插入二项式定理

Step 2 拖动鼠标选择“x+a”，通过键盘输入“a+b”，用相同的方法输入公式其他部分，如图2-10所示。

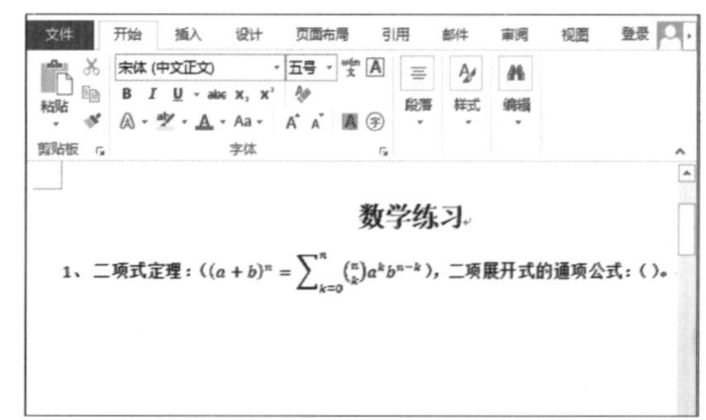

图2-10　输入公式

Step 3 ▶ 将鼠标光标定位到第2行最后的括号内，选择“插入”/“符号”组，单击“公式”按钮π，在弹出的下拉列表中选择“插入新公式”选项，激活“设计”选项卡，如图2-11所示。

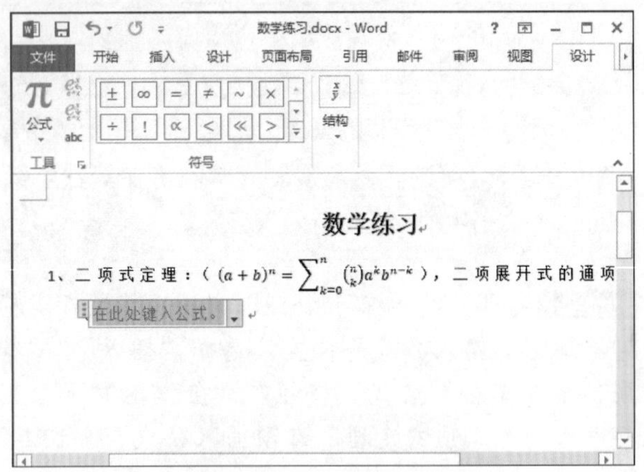

图2-11　插入新公式

技巧秒杀

对于一些经常用到但Word中没有预设的公式，可以先通过“插入新公式”选项输入需要的公式，然后单击右侧的下拉按钮，在弹出的下拉列表中选择“另存为新公式”选项，在打开的“新建构建基块”对话框中设置完成后单击 确定 按钮，即可将该公式保存为常规公式。

Step 4 ▶ 单击“上下标”按钮 e^x，在弹出的下拉列表中选择“下标”选项，选择左侧的方框输入“T”，然后选择右侧的方框输入“k+1”，如图2-12所示。

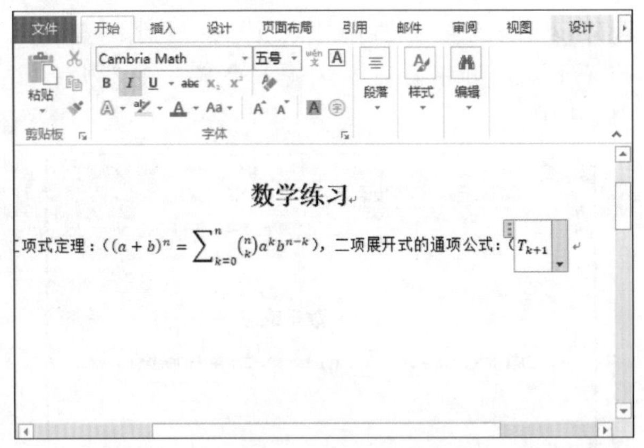

图2-12　编辑公式

Step 5 ▶ 使用相同方法对公式的其他相应部分进行输入，如图2-13所示。

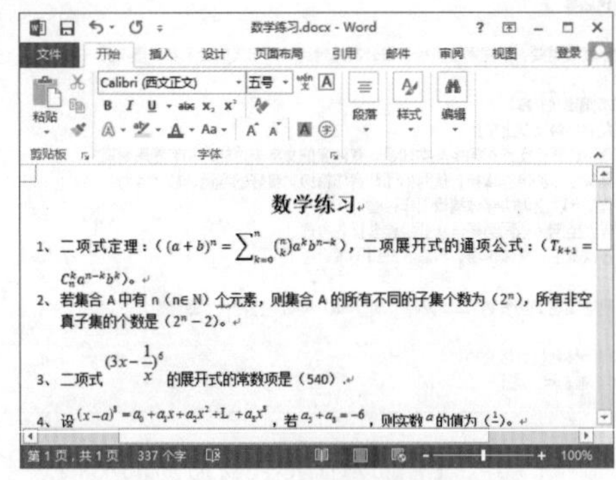

图2-13　输入其他公式

知识解析：公式“设计”选项卡

◆ “工具”组：在“工具”组中包括“公式”按钮π、“专业型”按钮、“线性”按钮、“普通文本”按钮abc和拓展按钮。其中，“专业型”按钮是将所选内容转换为二维形式以便进行专业化显示，如图2-14所示；“线性”按钮是将所选内容转换为一维形式以便编辑，如图2-15所示；“普通文本”按钮abc则是能够在插入公式区域使用非数学文本；而单击拓展按钮可以打开“公式选项”对话框，在对话框中可对公式进行设置。

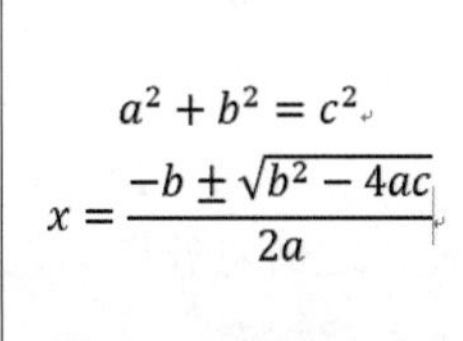

图2-14　专业型

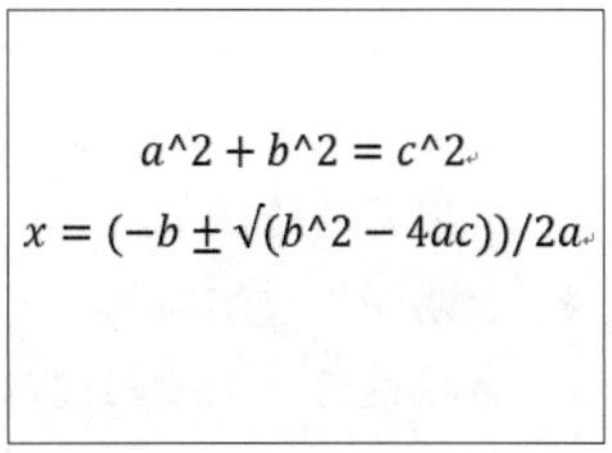

$$a^2+b^2=c^2$$
$$x=(-b\pm\surd(b^2-4ac))/2a$$

图2-15　线性

◆ “符号”组：一般情况下“符号”组默认选择基础数学符号，单击符号集右侧的下拉按钮，可打开整个基础数学符号的集合，单击“基础数学”右侧的下拉按钮，在弹出的下拉列表中可选择其他类型的数学符号，包括“基础数学”、“希腊字母”、“字母类符号”、“运算符”、“箭头”、“求反关系运算符”、“手写体”和

"几何学"等。

◆ "结构"组：在"结构"组中有"分数"按钮$\frac{x}{y}$，可在公式中插入分式，包括"竖式"、"斜式"、"横式"、"小型分数"和常用分数；"上下标"按钮e^x，可在公式中插入上标和下标，包括"上标"、"下标"、"下标-上标"、"左下标-上标"以及常用的上标和下标；"根号"按钮$\sqrt[n]{x}$，可在公式中插入根号，包括"平方根"、"带有次数的根式"、"二次平方根"、"立方根"和常用根式；"大型运算符"按钮$\sum_{i=0}^{n}$，可在公式中添加大型运算符，如求和、乘积、并集或交集；"函数"按钮sinθ，可在公式中添加三角函数，包括"三角函数"、"反函数"和"双曲函数"；"极限和对数"按钮$\lim_{n\to\infty}$，可在公式中添加极限或对数函数，如对数、极限、极小值和极大值等，如图2-16所示。

分数 上下标 根式 积分 大型运算符 括号 函数 导数符号 极限和对数 运算符 矩阵
结构

图2-16 "结构"组

读书笔记

5. 输入其他对象

在Word中不仅能输入图形化符号，还能输入特殊的符号，如商标、版权符号、带圈符号和上/下标等。在制作各种文件、报告时输入这些符号的频率比较高，因此懂得如何输入特殊符号对于制作文档有着很大的帮助。下面将对输入特殊符号的方法分别进行介绍。

◆ 输入商标符号：选择"插入"/"符号"组，单击"符号"按钮，在弹出的下拉列表中选择"其他符号"选项，打开"符号"对话框，选择"特殊符号"选项卡，然后在"字符"列表框中选择"商标"选项，单击 插入(I) 按钮即可输入商标符号，如图2-17所示。

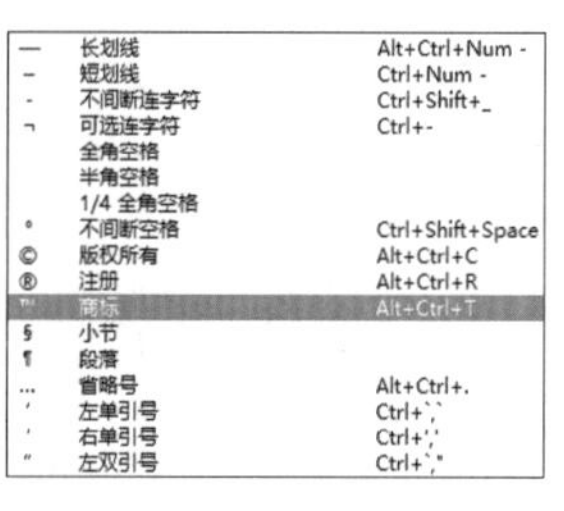

图2-17 输入商标符号

◆ 输入版权符号：选择"插入"/"符号"组，单击"符号"按钮，在弹出的下拉列表中选择"其他符号"选项，打开"符号"对话框，选择"特殊符号"选项卡，然后在"字符"列表框中选择"版权所有"选项，单击 插入(I) 按钮即可输入版权符号，如图2-18所示。

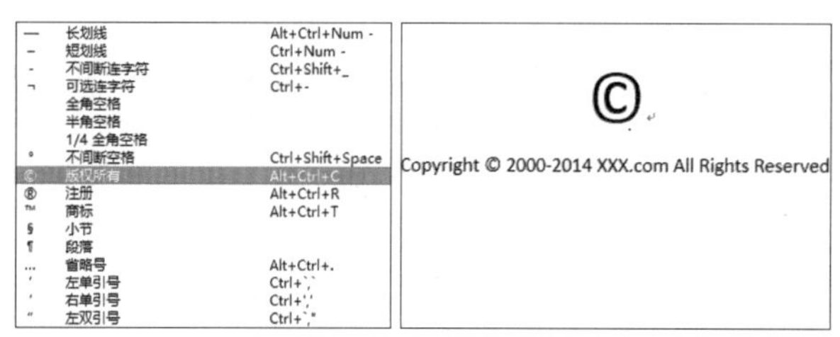

图2-18 输入版权符号

◆ 输入带圈符号：选择"插入"/"符号"组，单击"符号"按钮Ω，在弹出的下拉列表中选择"其他符号"选项，打开"符号"对话框。选择"符号"选项卡，在"字符"列表框中选择需要输入的带圈符号，单击 插入(I) 按钮即可，如图2-19所示。

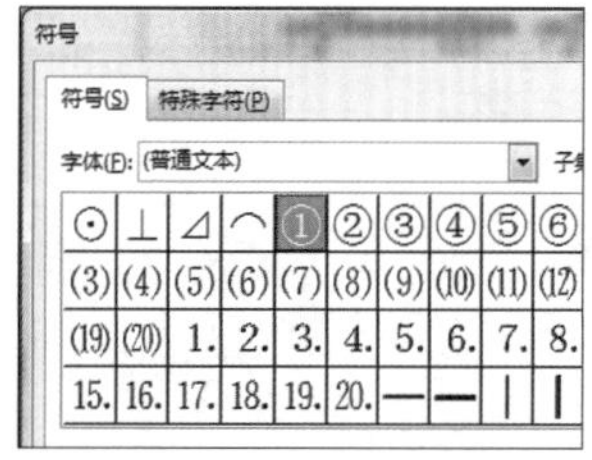

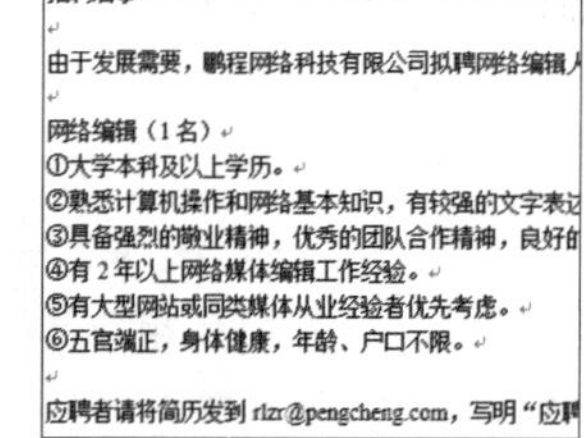

图2-19 输入带圈符号

◆ 输入上/下标：选中需要设置的文本，选择"开始"/"字体"组，打开"字体"对话框，在"效果"栏中选中 插入 或☑下标(B)复选框，单击插入(I)按钮即可输入上/下标，如图2-20所示。

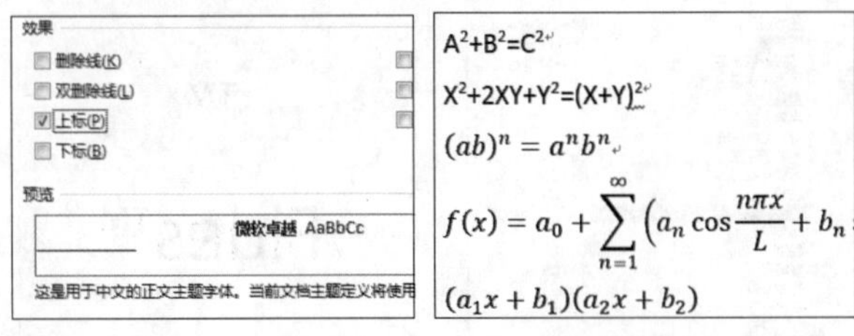

图2-20 输入上/下标

技巧秒杀

在Word中还可以运用快捷键来实现特殊符号的快速输入，如按Ctrl+Alt+T组合键可以快速输入商标符号，按Ctrl+Alt+R组合键可以快速输入版权符号，而按Shift+Ctrl+=组合键能快速输入上标，按Ctrl+=快捷键能快速输入下标。

6. 使用自动图文集实现常用字符的快速输入

在一篇文档中如果要多次输入同一行字，或者在多篇文档中需要输入同一个文本，那么怎样才能避免重复操作呢?

这时便可以使用Word的自动图文集功能来解决这个问题。用一个简单易记的字或词组来代表这一行字，在Word中只要输入这个字或词组，然后按F3 键，Word 就会自动地将整行文字拼写出来。使用自动图文集输入文本可将固定的文本方便快捷地插入到文档中，进而加快并优化了文档的整体创作流程。

实例操作：使用自动图文集输入文本

- 光盘\效果\第2章\邀请函.docx
- 光盘\实例演示\第2章\使用自动图文集输入文本

本例将首先对选择的文本创建自动图文集，然后在文档中通过使用自动图文集来快速地完成文本的输入。

Step 1 ▶ 启动Word 2013，新建一个空白文档，然后输入如图2-21所示内容并保存为“邀请函.docx”。

Step 2 ▶ 选择整篇文档，然后选择“插入”/“文件”组，单击“浏览文档部件”按钮，在弹出的下拉列表中选择“自动图文集”/“将所选内容保存到自动图文集选项”选项，打开“新建构建基块”对话框，如图2-22所示。

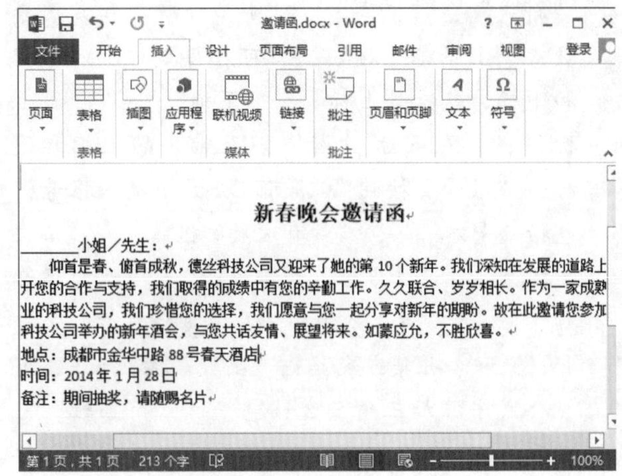

图2-21 输入并保存文本

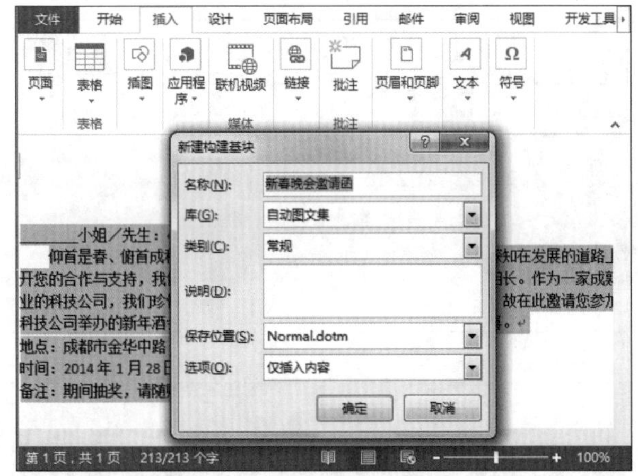

图2-22 “新建构建基块”对话框

技巧秒杀

自动图文集除了可以储存文字外，最能节省时间的地方就在于可以储存表格、剪贴画。实现的方法与上面讲述的方法相同。

Step 3 ▶ 在“名称”文本框中输入要保存的名称，这里输入“晚会”，其他保持默认设置，单击确定按钮，完成自动图文集的保存操作，在“自动图文集”中可以看到所选文本已保存在“常规”栏中，如图2-23所示。

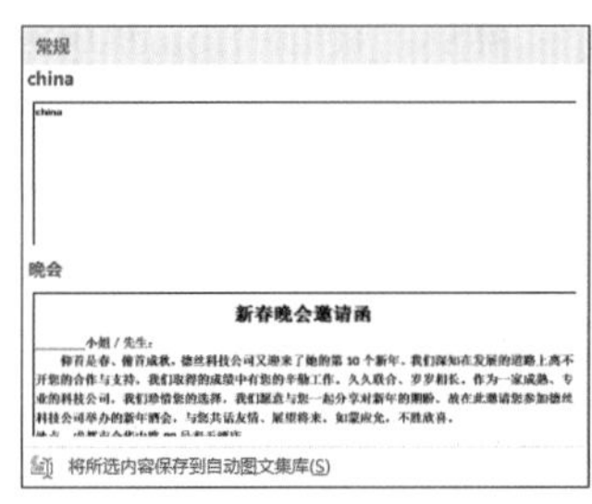

图2-23 设置“新建构建基块”

Step 4 新建一个空白文档，在文档中输入“晚会”，然后按F3键，此时鼠标光标处将输入自动图文集所代表的文本，如图2-24所示。

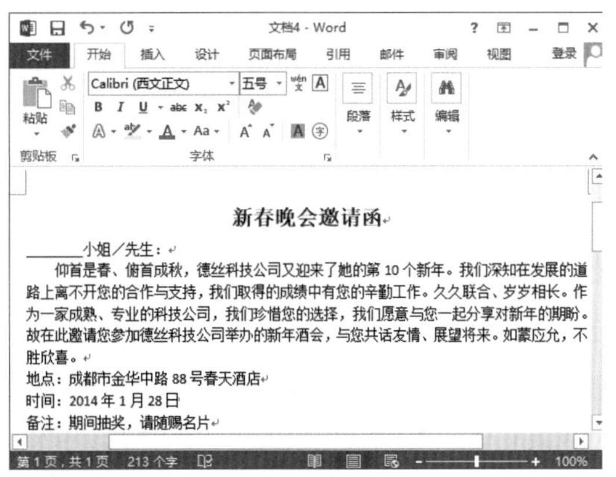

图2-24 输入自动图文集

2.1.2 选择文本

文本制作完成后，如果需要对其进行编辑，首先应选择文本。选择文本是编辑文本过程中最基础的操作，只有选择了文本，才能对文本进行一系列的编辑操作。在Word 2013中，可以使用鼠标选择文档中的文本，还可以使用键盘选择文本。

1. 使用鼠标选择文本

使用鼠标选择文本的方式有很多，常见的选择方式主要是选择单个文本、选择单个词组、选择一行文本、选择一段文本、选择一页文本、选择整篇文本、选择不连续文本和选择矩形区域文本等。下面分别进行介绍。

- **选择单个文本**：在选择单个文本时，拖动鼠标光标经过要选择的文本，然后释放鼠标，即可完成该文本的选择。
- **选择单个词组**：将鼠标光标定位到文本中，双击即可选择光标所在位置的词组。
- **选择一行文本**：将鼠标光标移到行的左侧，在光标变为右向箭头后单击，即可选择该行文本，如图2-25所示。
- **选择一段文本**：将鼠标光标定位到一段文本的任意位置，快速连击3次鼠标，即可选择该段文本，如图2-26所示。

图2-25 选择一行文本　　图2-26 选择一段文本

- **选择一页文本**：将鼠标光标定位到要选择的页的页首，向下移动页面至该页的末尾处，按Shift键并单击，即可选择该页文本。

技巧秒杀

如果要取消文本的选中状态，用鼠标在选择对象以外的任意位置单击即可。

- **选择整篇文本**：将鼠标光标移动到任意文本的左侧，在光标变为右向箭头后连击3次，即可选择整篇文档，如图2-27所示。

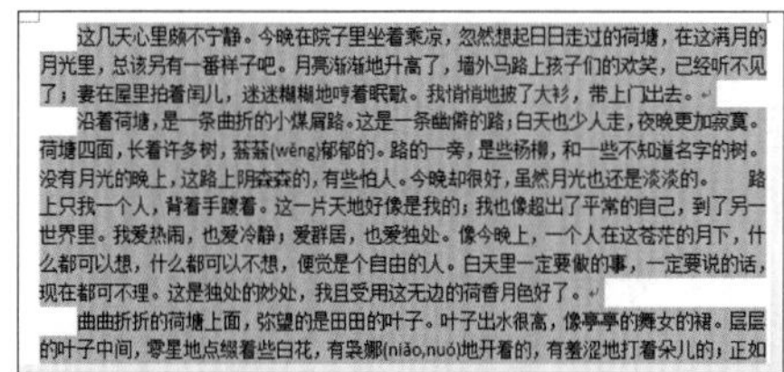

图2-27 选择整篇文本

- **选择不连续文本**：在选择不连续文本时，先选择一个文本，按住Ctrl键的同时选择其他文本，即可选择不连续文本，如图2-28所示。
- **选择矩形区域文本**：在选择矩形区域文本时，按

住Alt键不放，同时拖动鼠标光标到文本区域矩形框另一角的对角处释放鼠标，即可选择该文本块，如图2-29所示。

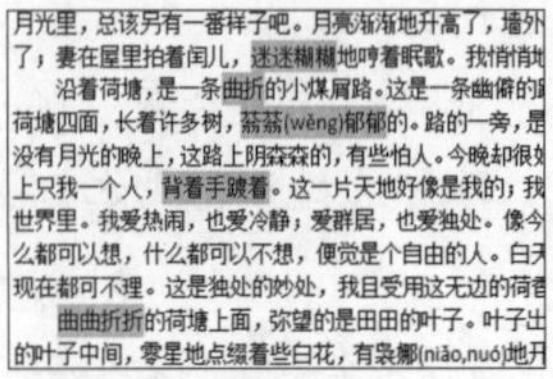

月光里，总该另有一番样子吧。月亮渐渐地升高了，墙外
了；妻在屋里拍着闰儿，迷迷糊糊地哼着眠歌。我悄悄地
沿着荷塘，是一条曲折的小煤屑路。这是一条幽僻的路
荷塘四面，长着许多树，蓊蓊(wěng)郁郁的。路的一旁，是
没有月光的晚上，这路上阴森森的，有些怕人。今晚却很好
上只我一个人，背着手踱着。这一片天地好像是我的；我
世界里。我爱热闹，也爱冷静；爱群居，也爱独处。像今
么都可以想，什么都可以不想，便觉是个自由的人。白天
现在都可不理。这是独处的妙处，我且受用这无边的荷香
曲曲折折的荷塘上面，弥望的是田田的叶子。叶子出
的叶子中间，零星地点缀着些白花，有袅娜(niǎo,nuó)地开

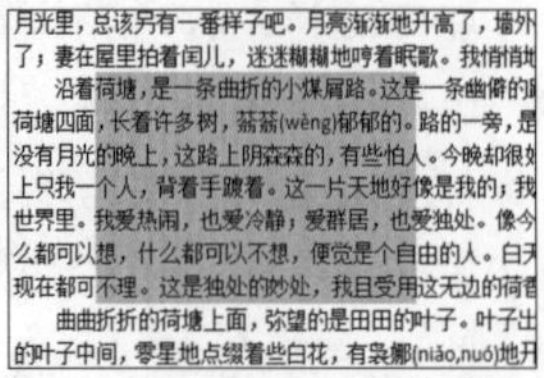

月光里，总该另有一番样子吧。月亮渐渐地升高了，墙外
了；妻在屋里拍着闰儿，迷迷糊糊地哼着眠歌。我悄悄地
沿着荷塘，是一条曲折的小煤屑路。这是一条幽僻的路
荷塘四面，长着许多树，蓊蓊(wěng)郁郁的。路的一旁，是
没有月光的晚上，这路上阴森森的，有些怕人。今晚却很好
上只我一个人，背着手踱着。这一片天地好像是我的；我
世界里。我爱热闹，也爱冷静；爱群居，也爱独处。像今
么都可以想，什么都可以不想，便觉是个自由的人。白天
现在都可不理。这是独处的妙处，我且受用这无边的荷香
曲曲折折的荷塘上面，弥望的是田田的叶子。叶子出
的叶子中间，零星地点缀着些白花，有袅娜(niǎo,nuó)地开

图2-28　选择不连续文本　　图2-29　选择矩形区域文本

技巧秒杀

在选择矩形区域文本时，要先按住 Alt 键，然后再拖动鼠标选择文本。如果先选择了文本再按Alt键，则会打开“信息检索”任务窗格。

2. 使用键盘选择文本

在Word中不仅能够使用鼠标选择文本，也可以使用键盘选择文本。使用键盘选择文本的方式主要是选择单个字符、选择单个词组、选择一行文本、选择一段文本和选择整篇文本等。下面分别进行介绍。

- **选择单个字符**：将鼠标光标定位到文档中的任意位置，按Shift+→快捷键，则会选择光标右侧的字符，按Shift+←快捷键，则会选择光标左侧的字符。
- **选择单个词组**：将鼠标光标定位到要选择的词组开头，再按Shift+Ctrl+→组合键，或将鼠标光标定位到要选择的词组结尾，再按Shift+Ctrl+← 组合键，都可以选择单个词组。
- **选择一行文本**：先将鼠标光标定位到要选择的文本中，按Home键，再按Shift+End快捷键或者按End键，再按Shift+Home快捷键都可以选择这一行文本。
- **选择一段文本**：将鼠标光标移动到段落开头，按Shift+Ctrl+↓组合键，或将鼠标光标移动到段落结尾，再按 Shift+Ctrl+↑组合键，都可以选择这一段文本。
- **选择整篇文本**：将鼠标光标移动到文档结尾，再按Shift+Ctrl+Home组合键，或将鼠标光标移动到文档开头，再按Shift+Ctrl+End快捷键；也可以按 Ctrl+A 快捷键选择整篇文本。

技巧秒杀

按F8键可打开选择模式，再按一次F8键选择单词，按两次选择句子，按3次选择段落，或者按4次选择文档。按Esc键可关闭选择模式。

读书笔记

2.1.3 编辑文本

一篇文本在制作过程中，难免会需要对某个字符、某个词组、某段文本或者整篇文本进行修改，这时就需要在Word中对要修改的文本进行编辑操作。编辑文本主要包括移动和复制文本、修改文本、删除文本、撤销和恢复文本。

1. 移动和复制文本

在Word中移动和复制文本是最常用的操作。移动文本是将文本内容从一个位置移动到另一个位置，而原位置的文本将不存在；复制文本则通常是将现有文本复制到文档的其他位置或复制到其他文档中，但不改变原有文本。下面将分别介绍文本移动和复制的操作方法。

- **拖动鼠标移动和复制文本**：选择目标文本，然后按住鼠标左键不放，将其拖动到目标位置后释放鼠标即可实现文本的移动操作；按Ctrl键，同时按住鼠标左键不放，将其拖动到目标位置后释放鼠标即可实现文本的复制操作。
- **单击“剪贴板”组按钮移动和复制文本**：选择目标文本，然后选择“开始”/“剪贴板”

组，单击“剪切”按钮或“复制”按钮，将鼠标光标定位在目标位置后，单击“剪贴板”组的“粘贴”按钮，即可完成文本的移动或复制操作。

◆ **通过快捷菜单移动和复制文本：**选择目标文本，然后单击鼠标右键，在弹出的快捷菜单中选择“剪切”或“复制”命令，在目标位置单击鼠标右键，在弹出的快捷菜单中选择“粘贴”命令，即可完成文本的移动或复制操作。

◆ **通过快捷键移动和复制文本：**选择目标文本，按Ctrl+X快捷键或者按Ctrl+C快捷键，然后在目标位置按Ctrl+V快捷键，即可实现文本的移动或复制操作。

实例操作：在文档中进行移动和复制操作

- 光盘\素材\第2章\会议通知.docx
- 光盘\效果\第2章\会议通知.docx
- 光盘\实例演示\第2章\在文档中进行移动和复制操作

若文档中某些文本的位置需要调整，则要对文本进行移动操作；若需要输入与前面部分相同的文本，则可进行复制文本操作。下面将在“会议通知.docx”文档中对一些文本进行移动和复制的操作。

Step 1 打开“会议通知.docx”文档，选择“会议”文本，选择“开始”/“剪贴板”组，单击“剪切”按钮，如图2-30所示，然后将鼠标光标定位到“安全生产工作”后，单击“剪贴板”组中的“粘贴”按钮，“会议”文本便移动到目标位置，如图2-31所示。

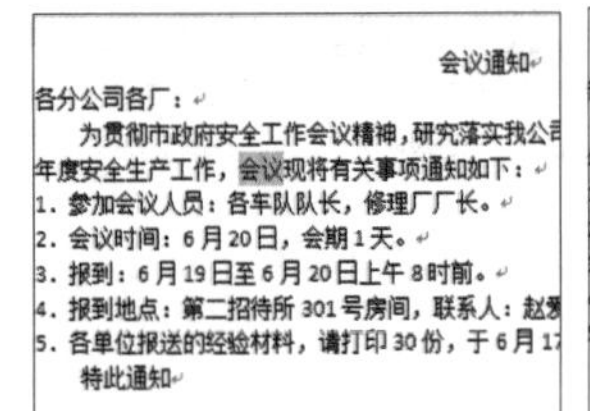

图2-30 剪切文本

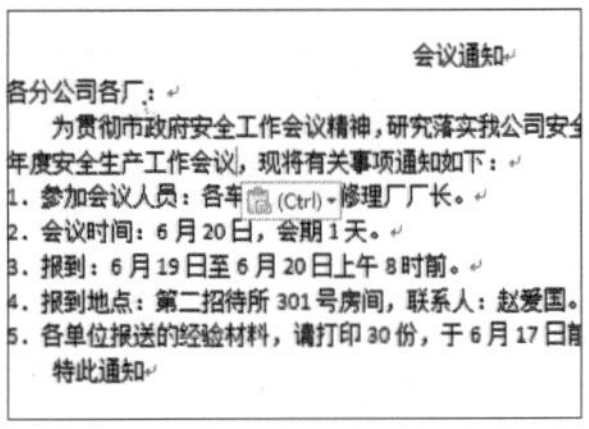

图2-31 粘贴文本

Step 2 选择“时间”文本，然后单击鼠标右键，在弹出的快捷菜单中选择“复制”命令，如图2-32所示。

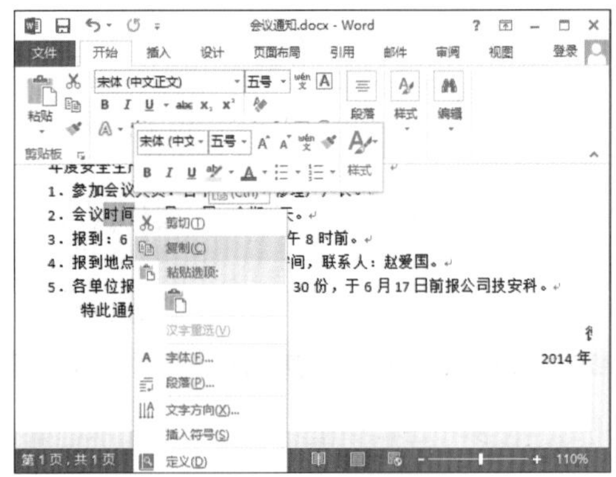

图2-32 复制文本

Step 3 将鼠标光标定位在“3.报到”后，然后按Ctrl+V快捷键，此时便将文本复制到目标位置，如图2-33所示。

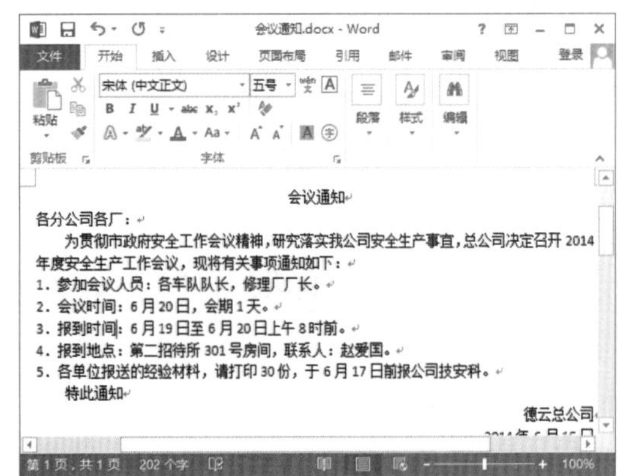

图2-33 粘贴文本

2. 修改文本

在Word中修改文本最常用的方法包括直接修改文本、在“插入”状态下修改文本和在“改写”状态下修改文本。下面分别进行介绍。

◆ **直接修改文本：**选择需要修改的文本，然后直接输入正确的文本即可。

◆ **在“插入”状态下修改文本：**在Word处于“插入”状态下时，先将需要修改的文本删除，然后在原来的位置上重新输入正确的文本。

◆ **在“改写”状态下修改文本：**单击状态栏上的插入按钮，使按钮变成“改写”状态，将鼠标光标定位到需要修改的文本前，输入正确的文本内容即可，如图2-34所示。

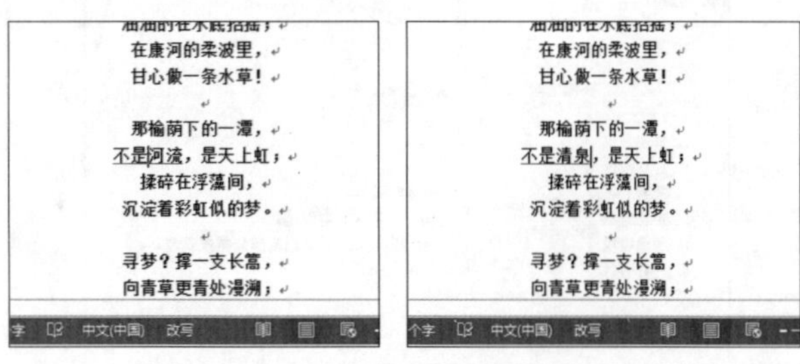

图2-34　在“改写”状态下修改文本

3. 删除文本

在制作文档时，如果输入了错误、多余或重复的文本，可以将其删除。按BackSpace键可删除鼠标光标左侧的文本；按Delete键可删除鼠标光标右侧的文本；若是想删除大段文字，可先选择需要删除的文本，再按BackSpace键或按Delete键将其删除；按Ctrl+Backspace快捷键可删除鼠标光标所在位置的一个字或词组。

4. 撤销和恢复文本

编辑文本时系统会自动记录执行过的所有操作，通过“撤销”功能可将错误操作撤销，如误撤了某些操作，还可将其恢复。单击快速访问工具栏中的“撤销”按钮，或者按Ctrl+Z快捷键，可以撤销最近一次的操作；单击快速访问工具栏中的“恢复”按钮，或者按Ctrl+Y快捷键，可恢复最近一次的操作。

2.1.4 查找和替换文本

在编辑一篇较长的文档后，有时会发现在输入文本时，将一个词语或者其他字符输入错误了，此时若是逐个修改错误文本，将会花费大量的时间，使用Word中的查找与替换功能则可将文档中错误的文本快速地更正过来，从而提高工作效率。而执行查找和替换操作过程主要是通过“查找和替换”对话框实现的，如图2-35所示。

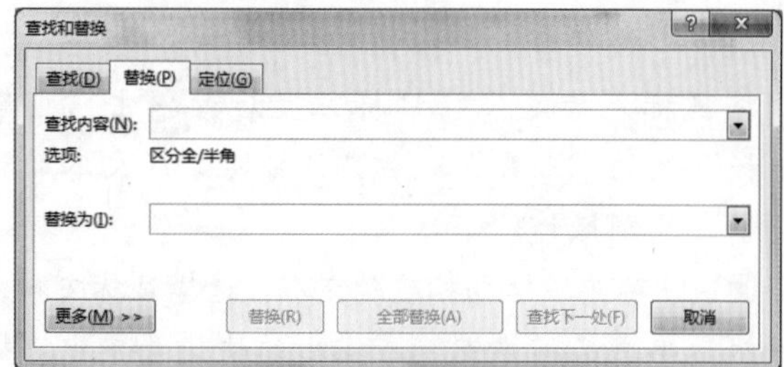

图2-35　“查找和替换”对话框

实例操作：用查找和替换功能修改文本

- 光盘\素材\第2章\工作总结.docx
- 光盘\效果\第2章\工作总结.docx
- 光盘\实例演示\第2章\用查找和替换功能修改文本

本例将在“工作总结.docx”文档中打开“导航”窗格使用查找功能来查找文本，然后打开“查找和替换”对话框替换文本，从而快速地将需要修改的文本更正过来。

Step 1 打开“工作总结.docx”文档，选择“开始”/“编辑”组，单击“查找”按钮，打开“导航”窗格，在“导航”窗格的文本框中输入要改的文本，这里输入“物质”，系统会自动查找并以黄色底纹显示查找的结果，如图2-36所示。

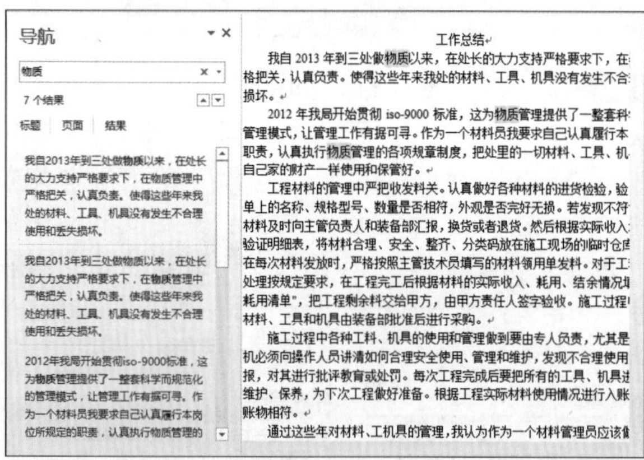

图2-36　输入查找的文本

技巧秒杀

通过“导航”窗格不仅可以查找字词文本，还可以查找图形、表格、公式、脚注/尾注和批注等一系列文本。

Step 2 ▶ 单击搜索文本框后的下拉按钮，在弹出的下拉列表中选择“替换”选项，打开“查找和替换”对话框，默认选择“替换”选项卡，在“替换为”文本框中输入要替换的文本，这里输入“物资”，单击替换(R)按钮，Word将第一个“物质”替换为“物资”，并自动查找下一个要替换的文本，如图2-37所示。

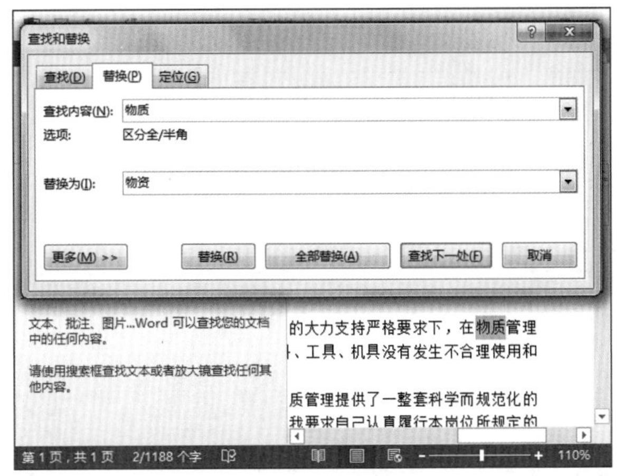

图2-37 进行查找和替换操作

技巧秒杀

通过快捷键也可以打开“查找和替换”对话框，如按 Ctrl+H 快捷键可以打开默认是“替换”选项卡的“查找和替换”对话框，按 Ctrl+G 快捷键则会打开默认是“定位”选项卡的“查找和替换”对话框。

Step 3 ▶ 用相同方法对其余的文本进行替换操作，当Word查找的文本全部替换完成时，软件将会弹出提示框，单击确定按钮返回“查找和替换”对话框，如图2-38所示。

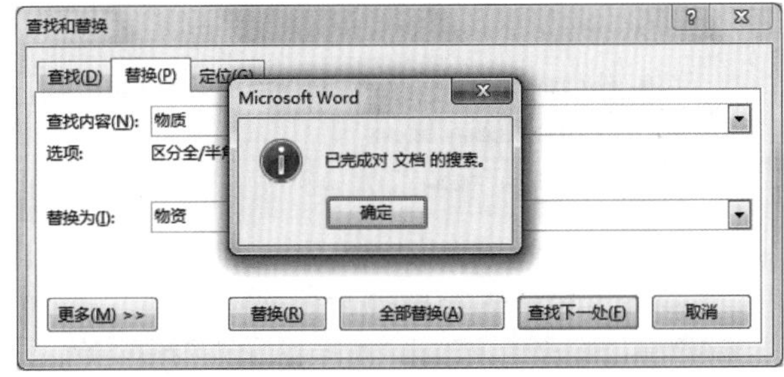

图2-38 对其余文本进行替换

Step 4 ▶ 单击关闭按钮返回Word文档，单击“关闭”按钮关闭“导航”窗格，此时可查看到需要替换的文本都被替换成了“物资”，如图2-39所示。

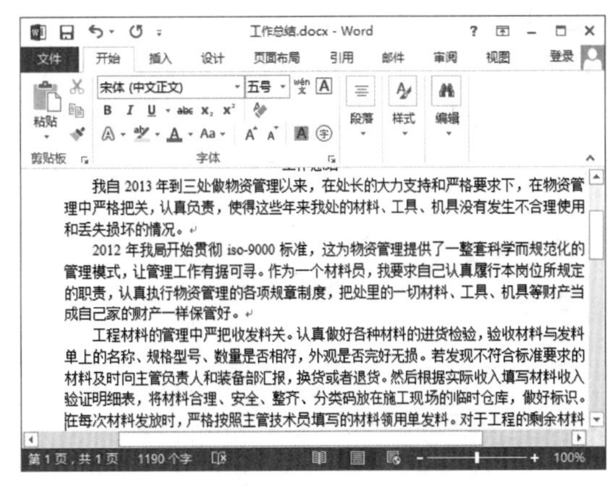

图2-39 查看替换结束后的文档

知识解析：“查找”和“定位”选项卡

- “查找”选项卡：单击“查找”按钮后的下拉按钮，在弹出的下拉列表中选择“高级查找”选项，可打开“查找和替换”对话框，此时将默认选择“查找”对话框，如图2-40所示。在“查找内容”文本框中输入需查找的文本，单击在以下项中查找(I)按钮，在弹出的下拉列表中选择“主文档”选项，此时在按钮上方将显示在Word文档中找到的与此条件相匹配的项的个数，单击阅读突出显示(R)按钮，在弹出的下拉列表中选择“全部突出显示”选项，此时Word会将查找的文本都以红色底纹显示，单击查找下一处(F)按钮，Word将自动定位到下一个相同文本。

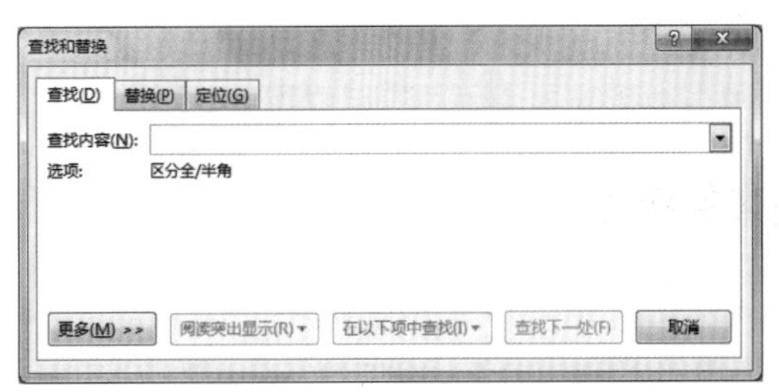

图2-40 “查找”选项卡

- “定位”选项卡：单击“查找”按钮后的下拉按钮，在弹出的下拉列表中选择“转到”选项，可打开“查找和替换”对话框，此时将默认选择“定位”选项卡。左侧是“定位目标”列表框，右侧是输入要定位目标位置的文本框，如在“定位目标”列表框中选择“页”选项，然后在右侧的“输入页号”文本框中输入“2”，单击定位(T)按钮，文档将自动转到第2页，如图2-41所示。

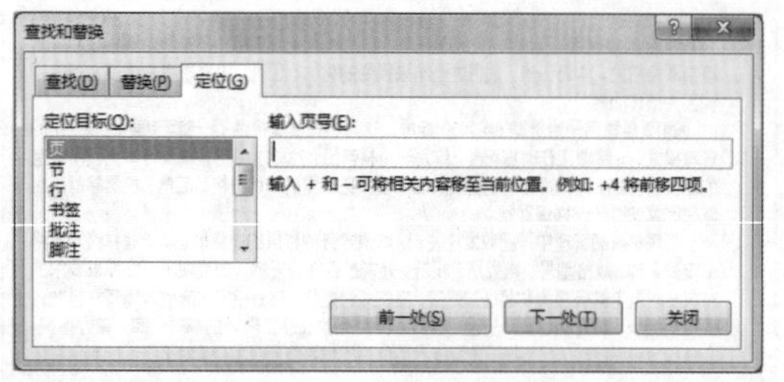

图2-41 “定位”选项卡

技巧秒杀

执行替换操作时，在打开的“查找和替换”对话框中可以单击全部替换(A)按钮，即可将查找的文本一次性替换完成。

读书笔记

2.2 文本美化

人们的审美观随着现代生活的改变而变化，因此在Word文档中如果字体样式非常美观，则总是能够吸引更多人观看和欣赏。为了使文档更丰富多彩，Word提供了各种字体格式供用户进行设置，一般可以通过“字体”组或“字体”对话框设置文本格式。

2.2.1 通过“字体”组设置格式

在文档中输入的文本，默认情况下字体为“宋体”，字号为“五号”，颜色为“黑色”。为了使文档中的文字更利于阅读，需要对文档中文本的字体及字号进行设置，以区分各种不同的文本。设置字体后，文字的笔画样式会发生变化。而通过“字体”组设置文本格式是十分方便的，在Word文档中选择文本后，在其中即可对文本进行相应的设置。

实例操作：对“护肤产品简介”设置格式

- 光盘\素材\第2章\护肤产品简介.docx
- 光盘\效果\第2章\护肤产品简介.docx
- 光盘\实例演示\第2章\对“护肤产品简介”设置格式

本例将在“护肤产品简介.docx”文档中对不同文本的格式进行不同的设置，使文档丰富多彩、层次分明，以便吸引更多人观看。

Step 1 打开“护肤产品简介.docx”文档，拖动鼠标选择文档的标题“护肤产品简介”，选择“开始”/“字体”组，单击“字体”下拉列表框右侧的下拉按钮，在弹出的下拉列表中选择“华云彩云”选项，如图2-42所示。

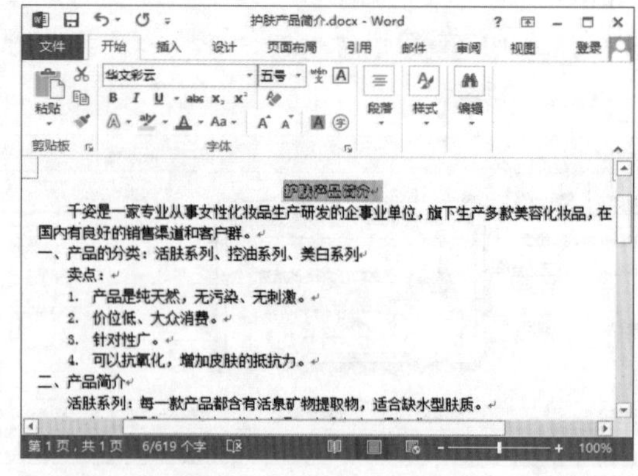

图2-42 设置文档标题字体

Step 2 单击“字号”下拉列表框右侧的下拉按钮，在弹出的下拉列表中选择“二号”选项，然后单击“加粗”按钮，对标题进行加粗设置，如图2-43所示。

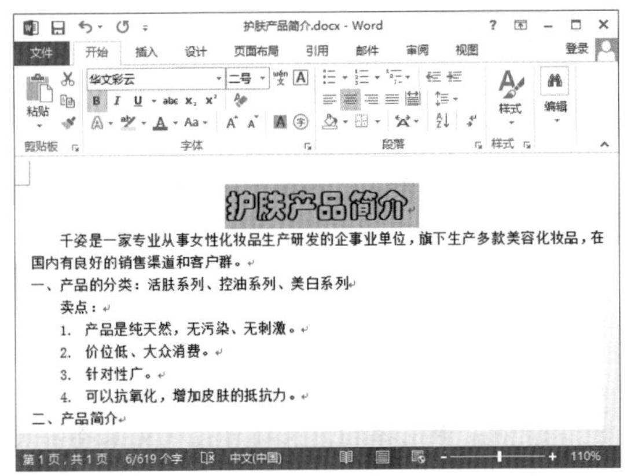

图2-43　设置标题字号和加粗字体

Step 3 单击“文本效果和版式”按钮，在弹出的下拉列表中选择“填充-橄榄色，着色3，锋利棱台”选项，并在子列表“映像”和“发光”中分别选择“全映像，8pt偏移量”和“橄榄色，8pt发光，着色3”选项，设置完成后的效果如图2-44所示。

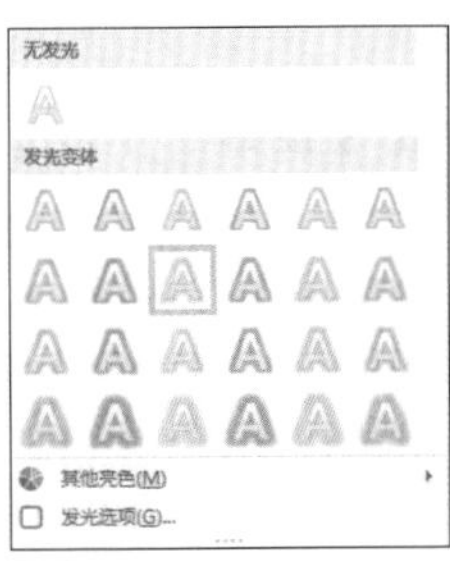

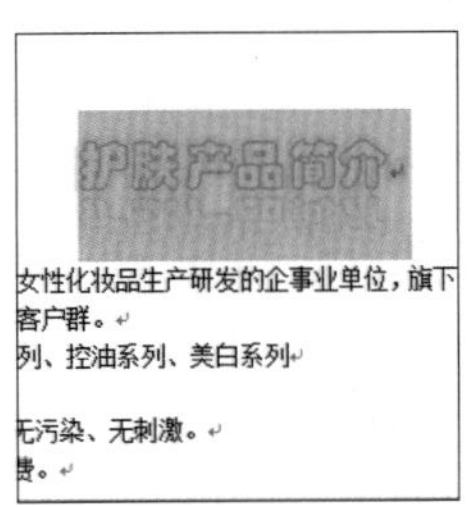

图2-44　设置标题字体效果

Step 4 选择文档中正文的标题一和二，将字体设置为“华文隶书”，字号为“四号”，单击“字体颜色”按钮，设置字体颜色为“红色”，如图2-45所示。

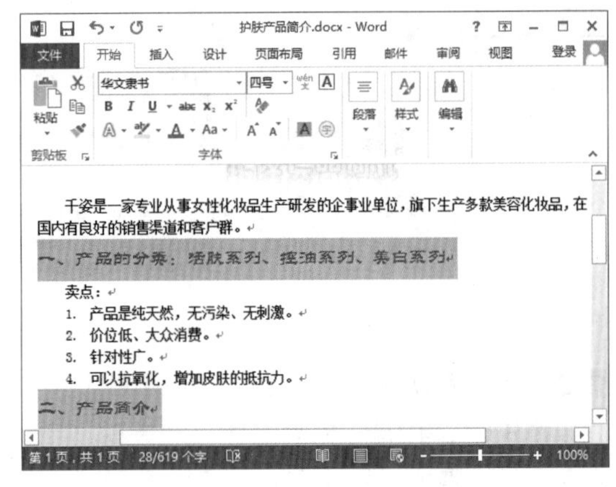

图2-45　设置正文中的标题格式

Step 5 选择文本“卖点”、“活肤系列”、“控油系列”和“美白系列”，将其字体设置为“方正舒体”，字号为“小四”，并单击“以不同颜色突出显示文本”按钮右侧的下拉按钮，在弹出的下拉列表中选择“鲜绿”选项，如图2-46所示。

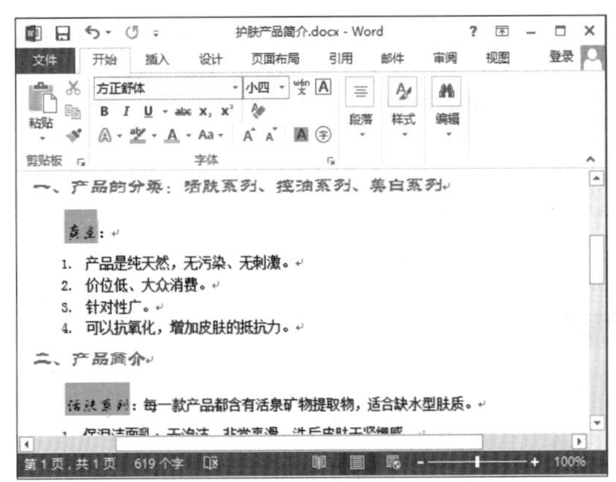

图2-46　设置突显文本

Step 6 选择文档中的项目文本，并将其字体设置为“方正黑体简体”，字号默认为“五号”，然后单击“下划线”按钮，为文本添加“粗线”下划线，并将下划线颜色设置为“橄榄色”，设置后的效果如图2-47所示。

读书笔记

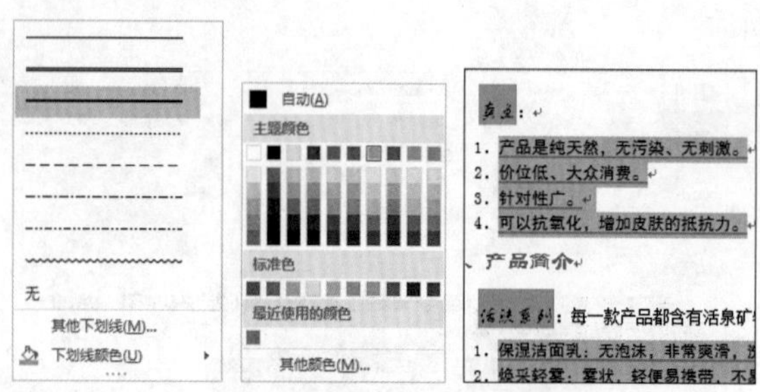

图2-47　添加下划线

Step 7 选择阿拉伯数字“1”，然后单击“带圈字符”按钮字，打开“带圈字符”对话框，将样式设置为“增大圈号”，圈号设置为“菱形”，单击确定按钮完成设置，然后按相同方法对其他的数字进行相同的设置，效果如图2-48所示。

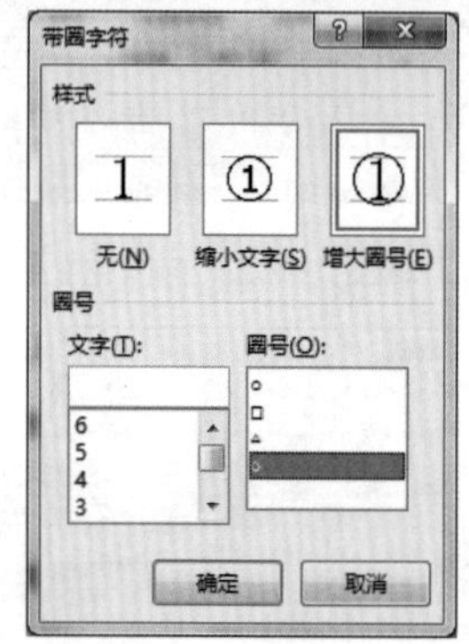

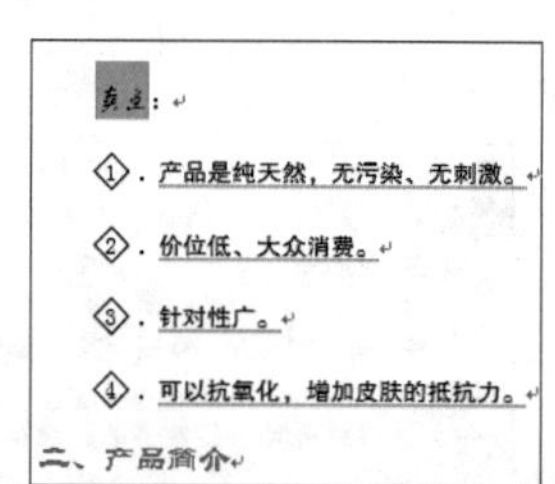

图2-48　设置带圈符号

Step 8 选择文档中其他的文本，将其字体设置为“华文行楷”，字号为“小四”，并进行“加粗”设置，设置完成后的最终效果如图2-49所示。

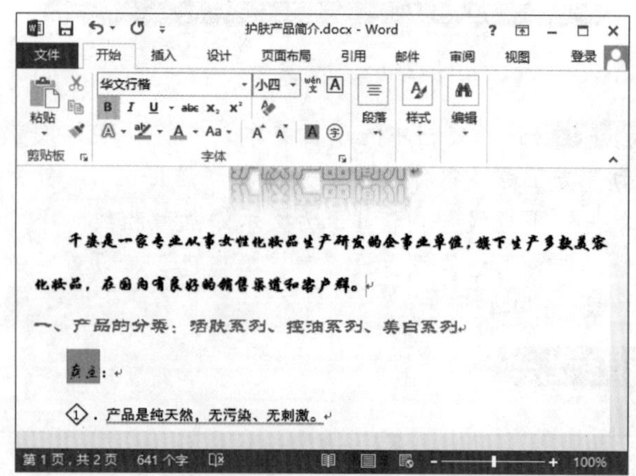

图2-49　最终效果

知识解析：“字体”组

- **“字体”下拉列表框**宋体(中文正)：单击其右侧的下拉按钮，在弹出的下拉列表中可选择需要的字体。
- **“字号”下拉列表框**五号：单击其右侧的下拉按钮，在弹出的下拉列表中选择需要的字号，也可直接在“字号”下拉列表框中输入数字设置字号。
- **“增大字号”按钮**A：单击A按钮可增大所选文本的字号。
- **“缩小字号”按钮**A：单击A按钮可减小所选文本的字号。
- **“更改大小写”按钮**Aa：单击该按钮，在弹出的下拉列表中选择相应选项可设置文本全部大写或全部小写。
- **“清除所有格式”按钮**：单击该按钮将清除文本设置的所有格式，包括颜色、字号和字体样式等。
- **“拼音指南”按钮**wén文：单击该按钮，在打开的对话框中可为所选择的文本加注拼音。
- **“字符边框”按钮**A：单击该按钮，可对选择的文本设置边框，再次单击可清除设置的边框。
- **“加粗”按钮**B：单击该按钮，可对选择的文本进行加粗设置。
- **“倾斜”按钮**I：单击该按钮，可对选择的文本进行倾斜设置。
- **“下划线”按钮**U：单击该按钮，可对选择的文本添加下划线，单击其后的下拉按钮还可以对下划线样式进行设置。
- **“删除线”按钮**abc：单击该按钮，可为选择的文本添加删除线。
- **“上标”按钮**x^2：单击该按钮，可为文本设置上标。
- **“下标”按钮**x_2：单击该按钮，可为文本设置下标。
- **“文本效果和版式”按钮**A：单击该按钮，在弹出的下拉列表中选择相应选项可为文本添加特殊的文字效果，可通过列表框下方的选项设置效果参数。

◆ “以不同颜色突出显示文本”按钮：单击该按钮，可使文本以亮色显示，让文本更加醒目。

◆ “字体颜色”按钮：单击其右侧的下拉按钮，在弹出的下拉列表中选择相应的颜色为文本设置字体颜色。

◆ “字符底纹”按钮：单击该按钮，可为所选文本添加底纹背景。

◆ “带圈符号”按钮㊫：单击该按钮，可打开“带圈符号”对话框，在其中设置在字符周围放置圆圈或边框加以强调。

2.2.2 通过“字体”对话框设置格式

在Word 2013中设置字体格式还可以通过“字体”对话框进行。“字体”对话框可设置详细的字体格式，也是常用的字体格式设置方法。

实例操作：对“工作计划”设置格式

- 光盘\素材\第2章\工作计划.docx
- 光盘\效果\第2章\工作计划.docx
- 光盘\实例演示\第2章\对“工作计划”设置格式

在“字体”对话框中可设置字体、字号、颜色和下划线等常规格式，也可设置字符间距等特殊效果。

Step 1 打开“工作计划.docx”文档，选择文档的标题“工作计划”，然后单击鼠标右键，在弹出的快捷菜单中选择“字体”命令，如图2-50所示。

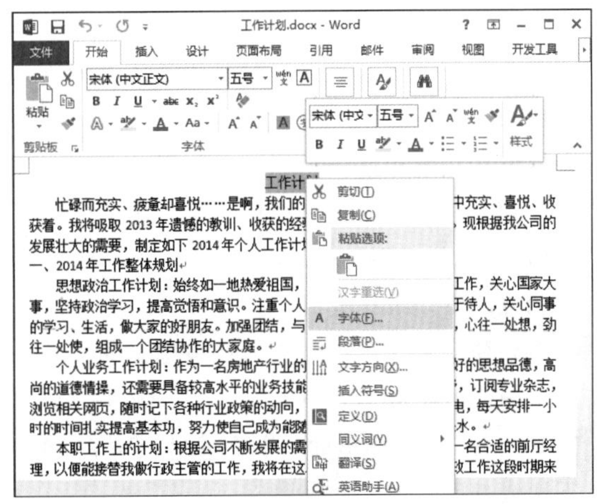

图2-50 选择“字体”命令

Step 2 打开“字体”对话框，默认选择“字体”选项卡，在“中文字体”下拉列表框中选择“方正黑体简体”选项，在“字形”列表框中选择“加粗”选项，在“字号”列表框中选择“小二”选项，在“字体颜色”下拉列表框中选择“红色”选项，在下方的“预览”栏中可以查看设置格式后的文本样式，如图2-51所示。

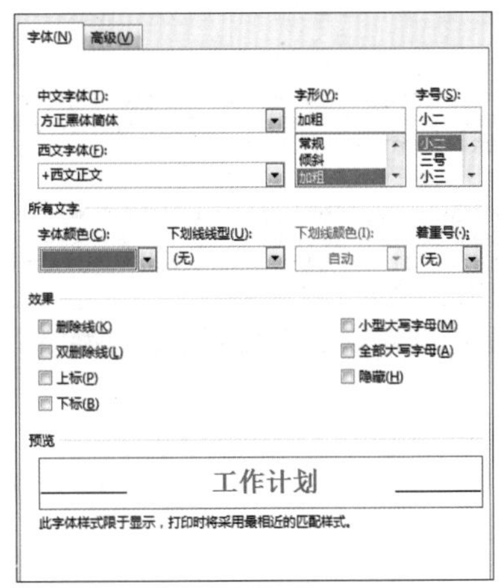

图2-51 设置字体格式

Step 3 选择“高级”选项卡，在“字符间距”栏的“缩放”下拉列表框中选择200%选项，在“间距”下拉列表框中选择“紧缩”选项，在“位置”下拉列表框中选择“提升”选项，在下方的“预览”栏中可以查看设置格式后的文本样式，单击 确定 按钮，完成对标题文本的设置，如图2-52所示。

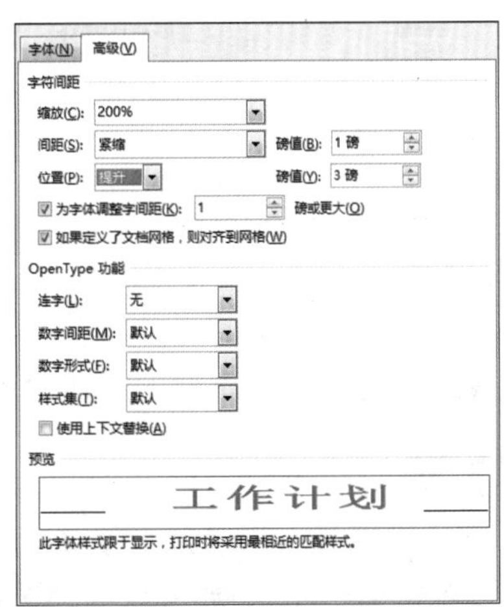

图2-52 设置字符间距

Step 4 ▶ 分别选择文档中的标题，使用相同的方法将其字体格式设置为“华文隶书”，字形为“加粗”，字号为“四号”，颜色为“黄色”，如图2-53所示。

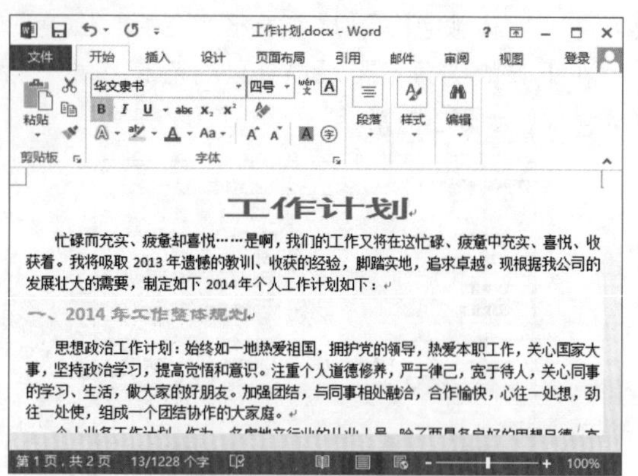

图2-53 设置正文中的标题

Step 5 ▶ 选择文档中的“思想政治工作计划”文本，将其字体格式设置为“华文行楷”，字形为“加粗”，字号为“小四”，颜色为“红色”，同时在“下划线线型”下拉列表框中选择第一种线型样式，并将“下划线”颜色设置为“紫色”，如图2-54所示。

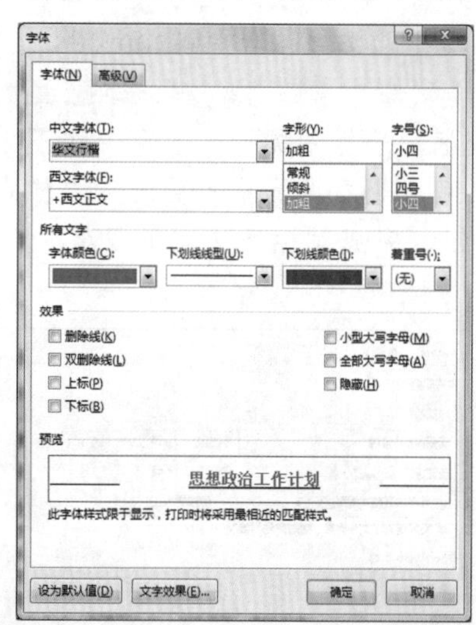

图2-54 设置正文其他部分字体格式

技巧秒杀

在“字体”对话框中单击 文字效果(E)... 按钮，可打开“设置文本效果格式”对话框设置更多的字体格式。

Step 6 ▶ 使用相同的方法为其他的文本设置文本格式，完成后的效果如图2-55所示。

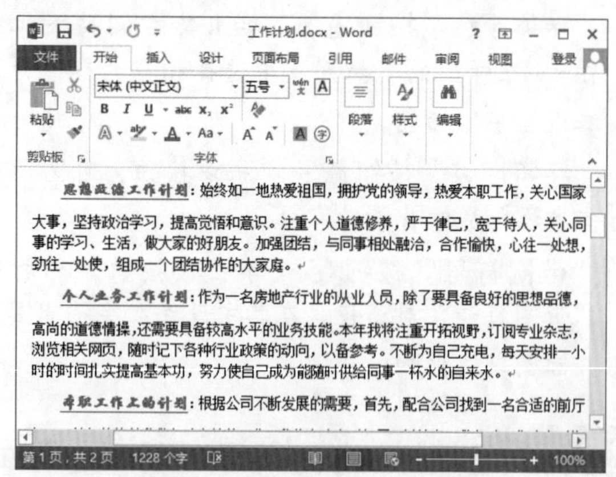

图2-55 最终效果

知识解析：“字体”选项卡

- **“中文字体”下拉列表框：**单击其右侧的下拉按钮，在弹出的下拉列表中可选择文本的中文字体。
- **“西文字体”下拉列表框：**单击其右侧的下拉按钮，在弹出的下拉列表中可选择文本的英文字体。
- **“字形”列表框：**可在该列表框中选择“常规”、“倾斜”、“加粗”和“加粗 倾斜”4种字形。
- **“字号”列表框：**在其中的列表中可选择需要的字号，也可直接在“字号”列表框中输入数值设置字号。
- **“字体颜色”下拉列表框：**单击其右侧的下拉按钮，在弹出的下拉列表中可选择相应的颜色为文本设置字体颜色。
- **“下划线线型”下拉列表框：**单击其右侧的下拉按钮，在弹出的下拉列表中可为选择的文本设置相应的下划线线型。
- **“下划线颜色”下拉列表框：**当选择的文本设置了下划线时将激活该下拉列表框，单击其右侧的下拉按钮，在弹出的下拉列表中可选择相应的下划线颜色。
- **“着重号”下拉列表框：**单击其右侧的下拉按

钮▾，在弹出的下拉列表中可选择是否为文本添加着重号。

◆ ☑删除线(K) 复选框：选中该复选框，可为文本添加一条贯穿所选文本的线。

◆ ☑双删除线(L) 复选框：选中该复选框，可为文本添加两条贯穿所选文本的线。

◆ ☑上标(P) 复选框：选中该复选框，会将所选文字提到基准线上方并将所选文字更改为较小的字号。

◆ ☑下标(B) 复选框：选中该复选框，会将所选文字降到基准线下方并将所选文字更改为较小的字号。

◆ ☑小型大写字母(M) 复选框：选中该复选框，会将所选文本的小写字母文字的格式设置为大写字母，并减小其字号。小型大写字母格式不影响数字、标点符号、非字母字符或大写字母。

◆ ☑全部大写字母(A) 复选框：选中该复选框，会将所选文本的小写字母的格式设置为大写。全部大写格式不影响数字、标点符号、非字母字符或大写字母。

◆ ☑隐藏(H) 复选框：选中该复选框，会将所选文本隐藏。

◆ "预览"栏：当对文本进行了设置操作后，可在"预览"栏查看文本设置后的效果。

知识解析："高级"选项卡

◆ "缩放"下拉列表框：单击其右侧的下拉按钮▾，在弹出的下拉列表中可选择需要的缩放比例，也可直接在列表框中输入数字设置比例。

◆ "间距"下拉列表框：单击其右侧的下拉按钮▾，在弹出的下拉列表中可选择文本字体间的间距，其中设置了"标准"、"加宽"和"紧缩"3个选项。

◆ "位置"下拉列表框：单击其右侧的下拉按钮▾，在弹出的下拉列表中可选择文本字体间的位置，其中设置了"标准"、"提升"和"降低"3个选项。

◆ "连字"下拉列表框：连字是字符之间的连接（例如在th或ff之间），基本上是以两个字符创建一个字符。"标准"连字将仅使用最常见的字母组合。如果字体设计人员还创建了扩展的连字集，则在选择"标准和随意"或"历史和标准"的情况下使用这些连字。

◆ "数字间距"下拉列表框：单击其右侧的下拉按钮▾，在弹出的下拉列表中可选择3个选项，分别是"默认"、"成比例"和"表格"。其中，表格是指设置编号的格式，以使每个编号均使用相同的像素并以表格样式正确对齐。

◆ "数字形式"下拉列表框：单击其右侧的下拉按钮▾，在弹出的下拉列表中可选择3个选项，分别是"默认"、"内衬"和"旧样式"，内衬和旧样式会将编号设置为基准线，以使它们全部位于垂直位置，或允许编号具有不同的位置。

◆ "样式集"下拉列表框：对于所选字体，每个字体都可能有1～20个复杂性不断增加的排版样式集。

◆ ☑使用上下文替换(A) 复选框：此复选框会对某些字符启用不同的形状选项，具体取决于字符上下文和所选字体的设计，例如 g 在对应字符的底部笔画上可能具有开环或闭环。

读书笔记

知识大爆炸——粘贴文本相关知识

1. “粘贴选项”按钮

将复制或剪切的文本或格式粘贴到目标位置后，将会在粘贴的文本后自动出现“粘贴选项”按钮。

（1）“粘贴选项”的3个选项

当粘贴内容时，“粘贴选项”按钮将提供以下3个选项：“保留源格式”选项将保留原始文本的外观；“合并格式”选项将更改格式，以使其与周围文本相符；“只保留文本”选项将删除文本的所有原始格式。

（2）隐藏或显示“粘贴选项”按钮

如果不想在每次粘贴内容时都显示“粘贴选项”按钮，可以隐藏此选项。单击文件按钮，在弹出的下拉菜单中选择“选项”命令，在打开的“Word 选项”对话框中选择“高级”选项，在右侧面板的“剪切、复制和粘贴”栏下取消选中 粘贴内容时显示粘贴选项按钮(O) 复选框便可以隐藏“粘贴选项”按钮。

2. 选择性粘贴

从网上下载文本资料进行编辑时，常常会遇到这样的问题，明明选择的是网页中的一段文本，但复制到Word编辑窗口之后却出现了多余的表格线或其他的内容。这些无用的信息其实是网页中隐藏着的HTML表格或其他无关信息，可以用如下办法过滤掉。在浏览器中复制需要的网页文本，再转到Word编辑界面，选择“开始”/“剪贴板”组，单击“粘贴”按钮下方的下拉按钮，在打开的下拉列表中选择“选择性选择”选项。

（1）选择性粘贴文本

选择性粘贴文本包括带格式文本、无格式文本、图片、HTML格式和无格式的Unicode文本等选项。其中，带格式文本是以“带有字体和表格格式的文字”的形式插入“剪贴板”的内容，即将复制的文本全部粘贴；无格式文本是以“不带任何格式的文字”的形式插入“剪贴板”的内容；图片是以“增强型图元文件”的形式插入“剪贴板”，即将复制的文本粘贴为图片；HTML格式是以“HTML格式”的形式插入“剪贴板”，即将复制的文本粘贴为网页格式；无格式的Unicode文本是以“不带任何格式的文字”的形式插入“剪贴板”的内容，即将复制的文本不粘贴格式，只粘贴文本。

（2）选择性粘贴图片

选择性粘贴图片包括位图、图片、图片（GIF）、图片（PNG）和图片（JPEG）等选项。其中，位图是以“位图图片（此格式会占用大量内存和磁盘空间，但效果会与屏幕显示完全一样）”的形式插入“剪贴板”的内容；图片是以“增强型图元文件”的形式插入“剪贴板”；图片（GIF）是以“GIF图片”的形式插入“剪贴板”；图片（PNG）是以“PNG图片”的形式插入“剪贴板”；图片（JPEG）是以“JPEG或JFIF”的形式插入“剪贴板”。

3. 剪贴板

剪贴板用于存放要粘贴的文本，也就是在进行了复制或剪切操作后，复制或剪切的内容会以图标的形式显示在剪贴板任务窗格中，但要注意的是该任务窗格最多可放置24个粘贴对象。单击“剪贴板”组右下方的功能扩展按钮，即可打开剪贴板。通过使用剪贴板，用户可以对以前复制的内容进行粘贴，而不用重新执行复制或剪切操作。

当需要删除剪贴板中单个项目时，可单击目标项目右侧的下拉按钮，在弹出的下拉列表中选择“删除”选项。当需要删除剪贴板中的所有项目时，单击“单击要粘贴的项目”列表框上方的全部清空按钮即可。

读书笔记

03

01 02 03 04 05 06 07 08 09 10 11 12 ……

Word 2013 图文并茂

本章导读

为了使Word文档更加美观，要表达的内容更加突出，可使用图文结合的方式来编辑和表现，以恰如其分地展示Word文档的内容。本章将介绍Word中文本框的应用、艺术字的应用、图片的应用、形状和SmartArt图形设计及表格和图表的应用。

3.1 文本框的应用

在Word 2013中，使用文本框可在页面任何位置输入需要的文本或插入图片，且其他插入的对象不影响文本框中的文本或图片，具有很大的灵活性。因此在使用Word 2013制作页面元素比较多的文档时通常使用文本框。

3.1.1 插入文本框

Word 2013中提供了内置的文本框，用户可直接选择使用。除此之外，还可绘制横排或竖排的文本框，下面将对使用内置文本框和绘制横排或竖排文本框的方法分别进行介绍。

- 插入内置文本框：选择“插入”/“文本”组，单击“文本框”按钮，在弹出的下拉列表的“内置”栏中选择需要的选项，如图3-1所示。

图3-1　插入内置文本框

?答疑解惑：

横排文本框和竖排文本框有什么不一样？

横排文本框中的文本是从左到右、从上到下输入的，而竖排文本框中的文本则是从上到下、从右到左输入的。

- 绘制横排或竖排文本框：选择“插入”/“文本”组，单击“文本框”按钮，在弹出的下拉列表中选择“绘制文本框”选项，然后将鼠标光标移至文档中，此时鼠标光标变成十形状，在需要插入文本框的区域上按住鼠标左键并拖动鼠标，拖动到合适大小后释放鼠标，即可在该区域中插入一个横排文本框；或选择“绘制竖排文本框”选项，使用相同的方法可插入一个竖排文本框，如图3-2所示。

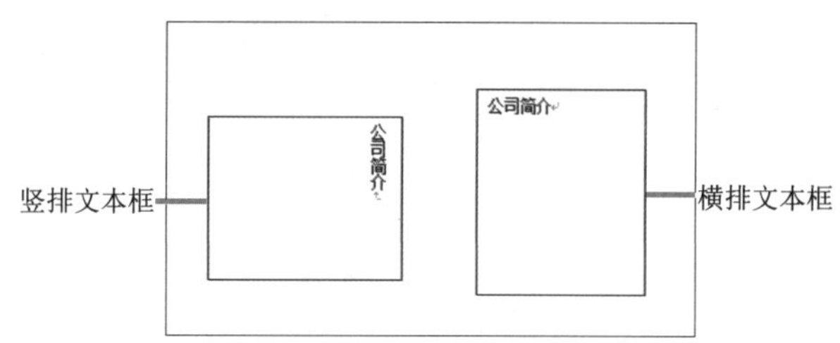

图3-2　绘制横排和竖排文本框

技巧秒杀

选择“插入”/“插图”组，单击“形状”按钮，在弹出的下拉列表中选择“基本形状”栏中的“文本框”或“垂直文本框”选项也可插入文本框。

3.1.2 编辑文本框

在Word 2013中为文档插入文本框后，还可以根据实际需要对文本框进行编辑。如果要调整文本框大小，可以将鼠标光标移动到文本框的控制点上，当鼠标光标变成↘形状时，按住鼠标左键并拖动鼠标光标来改变。而要对文本框的样式进行编辑时，则需要先激活“格式”选项卡，然后在其中对文本框的颜色、形状等效果进行设置。

实例操作：在文档中插入并编辑文本框

- 光盘\素材\第3章\宣传手册封面.docx
- 光盘\效果\第3章\宣传手册封面.docx
- 光盘\实例演示\第3章\在文档中插入并编辑文本框

下面将在“宣传手册封面.docx”文档中对插入的文本框轮廓以及填充色等进行设置，最终效果如图3-3所示。

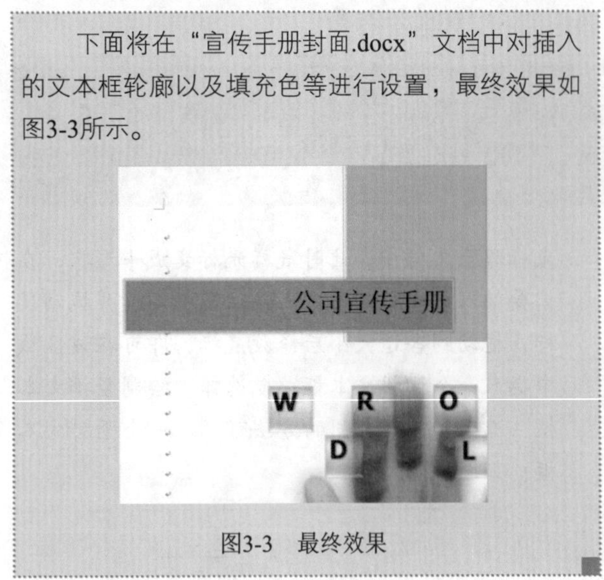

图3-3 最终效果

Step 1 ▶ 打开“宣传手册封面.docx”文档，选择插入的文本框，输入“公司宣传手册 ”并调整文本，如图3-4所示。

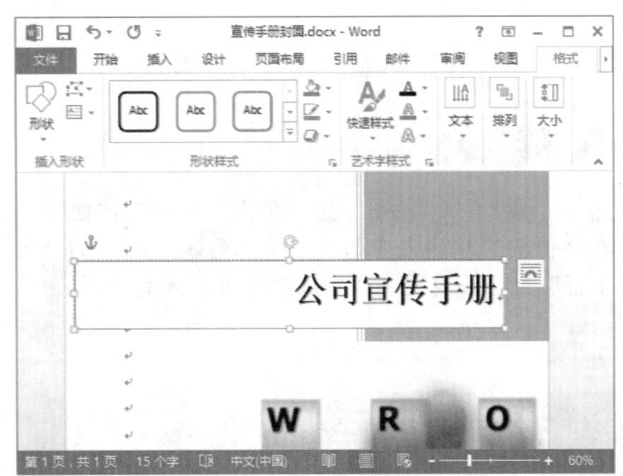

图3-4 输入并调整文本

技巧秒杀

如果要调整文本框的位置，可以将鼠标光标移动到文本框的边框上，当鼠标光标变成✥形状时，按住鼠标左键并拖动光标便能调整文本框的位置。

Step 2 ▶ 选择“格式”/“形状样式”组，单击“形状样式”下拉列表框右下角的下拉按钮，在弹出的下拉列表中选择“彩色轮廓 - 橄榄色，强调颜色3”选项，如图3-5所示。

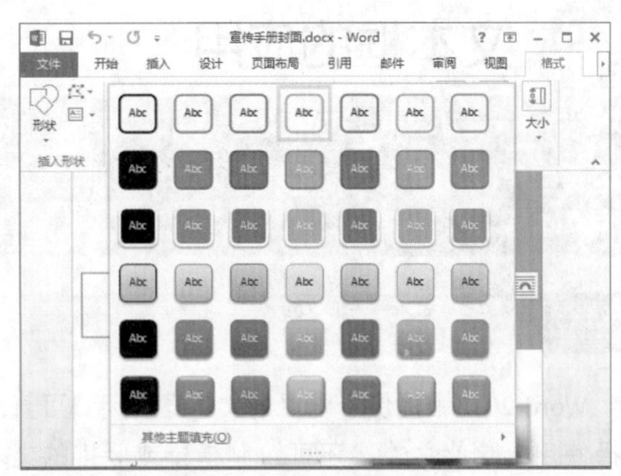

图3-5 选择文本框轮廓颜色

Step 3 ▶ 单击“形状轮廓”按钮右侧的下拉按钮，在弹出的下拉列表中选择“粗细”/“2.25磅”选项，如图3-6所示。

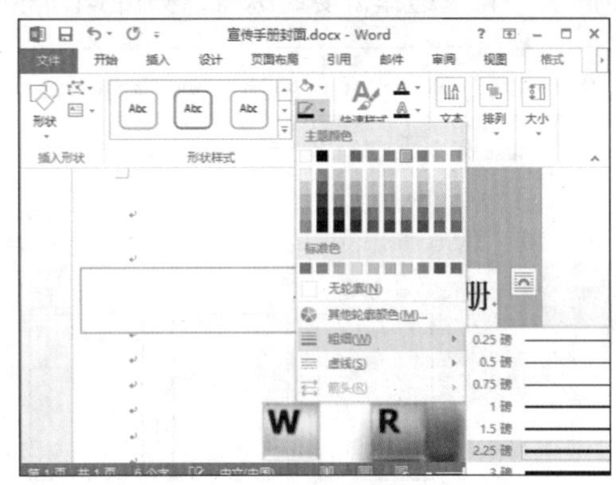

图3-6 设置文本框轮廓的粗细

Step 4 ▶ 单击“形状效果”按钮，在弹出的下拉列表中选择“发光”选项，然后在“发光变体”栏中选择“蓝色，8pt发光，着色1”选项，效果如图3-7所示。

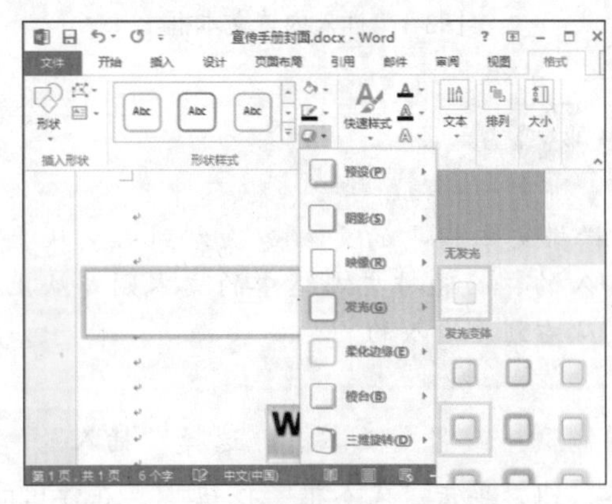

图3-7 设置文本框发光效果

Step 5 ▶ 单击“形状填充”按钮，在弹出的下拉列表中选择“标准色”栏中的“蓝色”选项，效果如图3-8所示。

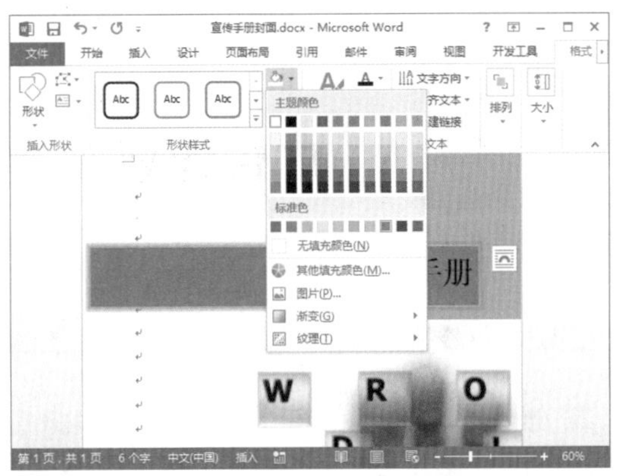

图3-8　设置文本框填充颜色

技巧秒杀

选择一个文本框，单击鼠标右键，将会弹出“形状样式”的快速设置菜单，在其中可以对文本框形状快速样式、填充和轮廓等属性进行设置。

Step 6 ▶ 返回文档中可查看文本框设置后的效果，如图3-9所示。

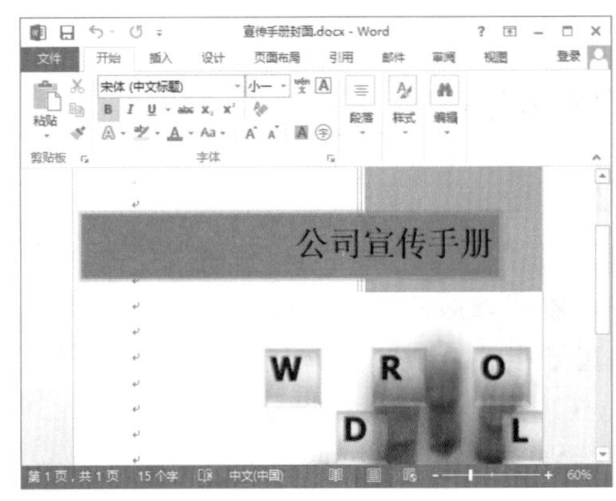

图3-9　查看设置效果

读书笔记

3.2 艺术字的应用

艺术字是指在Word文档中经过特殊处理的文字，在Word文档中使用艺术字，可使文档呈现出不同的效果，使文本醒目、美观。使用艺术字后还可以对其进行编辑，使其呈现更多的效果。

3.2.1 插入艺术字

在文档中插入艺术字可有效地提高文档的可读性。插入艺术字的方法是：选择需转换为艺术字的文本，然后选择“插入”/“文本”组，单击“艺术字”按钮，在弹出的下拉列表中选择需要的艺术字样式，如图3-10所示。或单击“艺术字”按钮，在弹出的下拉列表中直接选择需要的艺术字样式，将会插入一个文本框，然后输入需要的文本即可，如图3-11所示。

技巧秒杀

Word 2013中提供了15种艺术字样式，用户可以根据实际情况选择合适的样式来美化文档。

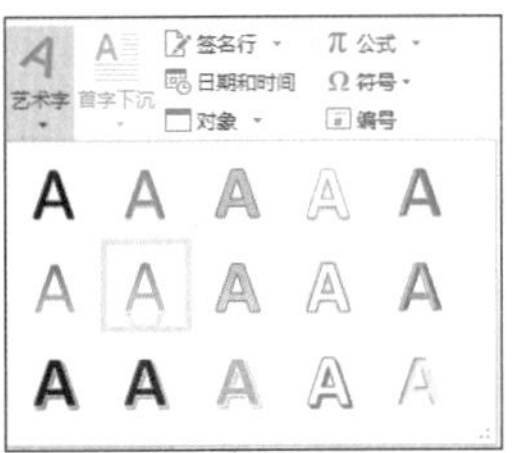

图3-10　选择艺术字样式

九寨沟旅游指南

图3-11　插入艺术字效果

3.2.2 编辑艺术字

插入艺术字后，若对艺术字的效果不满意，可重新对其进行编辑。通过鼠标可以改变艺术字的大小和位置，而通过“格式”选项卡可以对艺术字的样式和效果等进行更详细的设置。艺术字样式包括字体的填充颜色、阴影、映像、发光、柔化边缘、棱台和旋转等。编辑后的艺术字可使文本更加符合文档需要并增加文档的美观性。

实例操作：设置“广告计划”艺术字效果

- 光盘\素材\第3章\广告计划.docx
- 光盘\效果\第3章\广告计划.docx
- 光盘\实例演示\第3章\设置“广告计划”艺术字效果

艺术字一般应用于一些对版面美观要求非常高的宣传画报、广告等文档中。下面将在“广告计划.docx”文档中进行插入艺术字和编辑操作，效果如图3-12所示。

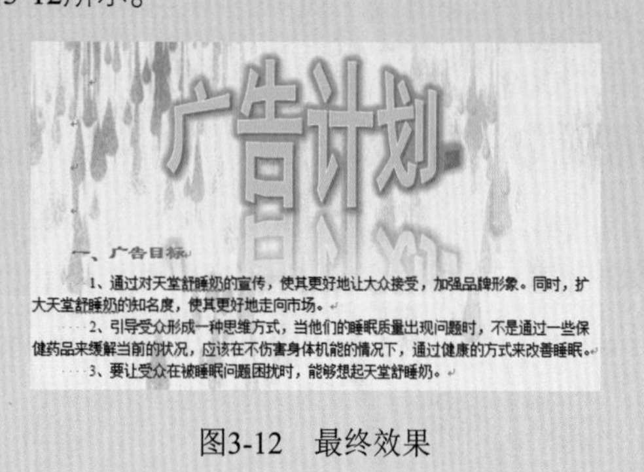

图3-12　最终效果

Step 1 打开“广告计划.docx”文档，选择标题文本“广告计划”，选择“插入”/“文本”组，单击“艺术字”按钮，在弹出的下拉列表中选择“填充-黑色，文本1，轮廓-背景1，清晰阴影-背景1”选项，如图3-13所示。

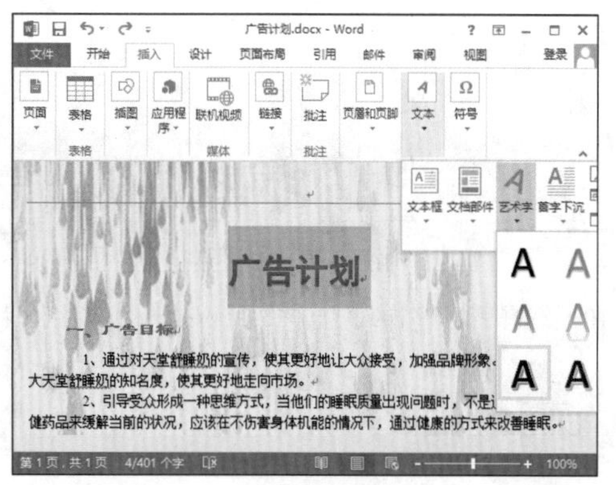

图3-13　选择艺术字样式

Step 2 将鼠标光标移动到插入的文本框的控制点上，当其变成✥形状时，按住鼠标左键不放并拖动到合适位置释放鼠标即可，如图3-14所示。

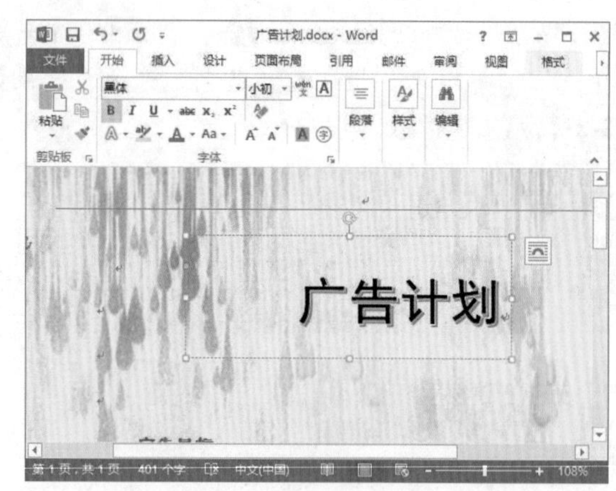

图3-14　调整艺术字的位置

Step 3 选择“格式”/“艺术字样式”组，单击“文本填充”按钮，在弹出的下拉列表中选择“主题颜色”栏中的“水绿色，着色5，淡色40%”选项，效果如图3-15所示。

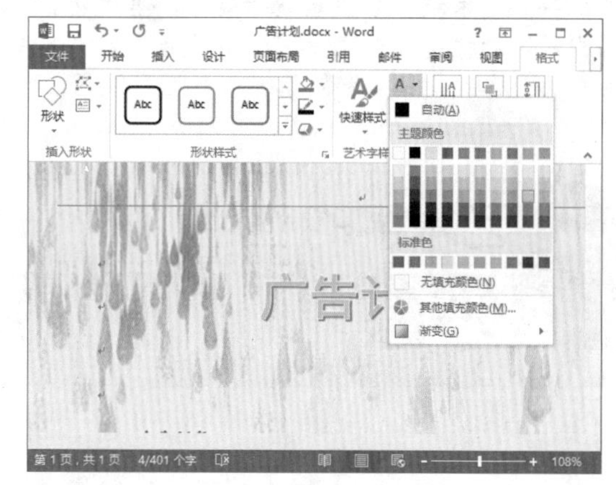

图3-15　设置艺术字的文本填充颜色

Step 4 单击“文字效果”按钮，在弹出的下拉列表中分别选择“映像”/“半映像，4pt偏移量”选项和“发光”/“红色，8pt发光，着色2”选项，效果如图3-16所示。

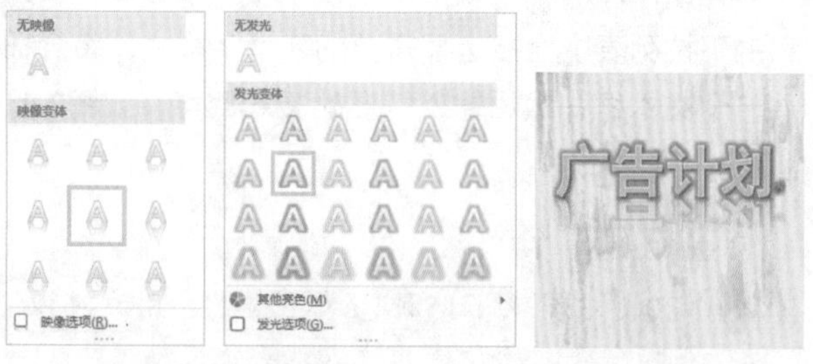

图3-16　设置艺术字的映像和发光效果

Step 5 再次单击“文字效果”按钮，在弹出的下拉列表中选择“转换”选项，然后在“弯曲”栏中选择“停止”选项，设置完成后的效果如图3-17所示。

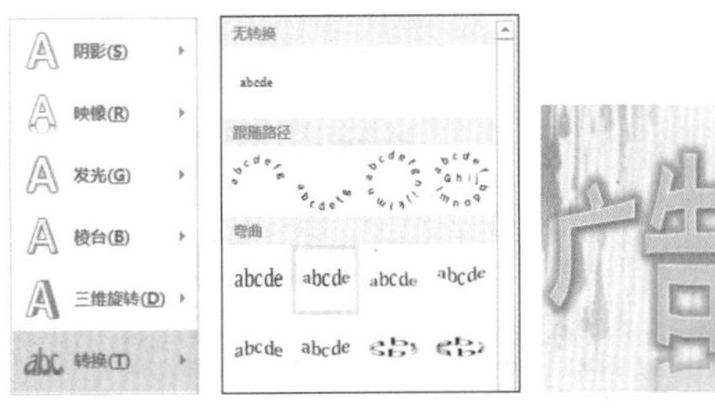

图3-17 设置艺术字转换效果

知识解析：“艺术字样式”组

- “快速样式”下拉列表框：单击其右侧的下拉按钮，在弹出的下拉列表中可直接选择预设好的样式，其中系统预设了15种不同的样式可供选择。
- “文本填充”按钮：单击该按钮将会为文本填充当前颜色，而单击该按钮右侧的下拉按钮，在弹出的下拉列表中可选择颜色来自定义文本的填充颜色。
- “文本轮廓”按钮：单击该按钮将会为文本轮廓添加当前颜色，而单击该按钮右侧的下拉按钮，在弹出的下拉列表中可选择颜色来自定义文本轮廓。
- “文字效果”按钮：单击该按钮，在弹出的下拉列表中可选择需要的选项来设置文字的效果，其中可以为文字设置的效果有阴影、映像、发光、棱台、三维旋转和转换。

技巧秒杀

选择艺术字，然后在“格式”/“艺术字样式”组中单击功能扩展按钮，可打开“设置形状格式”对话框，在其中可对艺术字的样式进行详细设置。

3.3 图片的应用

图片能直观地表达出需要表达的内容，在文档中插入图片，既可以美化文档页面，又可以让读者在阅读文档的过程中，通过图片的配合，更清楚地了解作者的意图。下面将详细介绍在Word 2013中插入与编辑图片的方法。

3.3.1 插入图片

通过在Word文档中插入图片，可以表达出文本不能表达的内容，充分地体现了Word的多元化。在Word中插入图片主要通过3种方法完成，分别是插入电脑中的图片、插入联机图片以及插入屏幕截图，下面将分别进行介绍。

1. 插入电脑中的图片

电脑中的图片是指用户从网上下载或通过其他途径获取，然后保存在电脑中的图片。Word 2013支持.emf、.wmf、.jpg、.jpeg、.jfif、.png和.bmp等十多种格式图片的插入。而插入电脑中的图片的方法很简单，选择“插入”/“插图”组，单击“图片”按钮，打开“插入图片”对话框，选择需要插入的图片，单击插入(S)按钮即可插入电脑中的图片，如图3-18所示。

图3-18 插入电脑中的图片

2. 插入联机图片

在Word 2013中，插入联机图片是指利用Internet来查找并插入图片，用户可以直接插入Office官网中的剪贴画，也可以使用“必应图像搜索”来实现图片的插入操作，下面分别进行介绍。

（1）插入Office联机剪贴画

Office官网提供了大量的剪贴画，用户可以在联网的前提下选择需要的图片进行插入。插入联机剪贴画的操作很简单，选择“插入”/“插图”组，单击“联机图片”按钮，打开“插入图片”对话框，然后在“Office.com剪贴画”右侧的文本框中输入要插入的剪贴画的关键字，单击“搜索”按钮，对话框下方将显示查找的所有剪贴画，选择需要的剪贴画，然后单击 插入 按钮即可实现联机剪贴画的插入，如图3-19所示。

图3-19 插入联机剪贴画

（2）插入必应图像搜索的图片

必应图像搜索是Word 2013中内置的一种搜索引擎，通过使用它用户可以直接在Word中搜索Internet中的图片，选择需要的图片即可实现图片的插入。

实例操作：在文档中插入联机图片

- 光盘\素材\第3章\旅行社介绍.docx
- 光盘\效果\第3章\旅行社介绍.docx
- 光盘\实例演示\第3章\在文档中插入联机图片

通过必应图像搜索可搜索出网络上与之对应的大量图片，用户可以选择合适的精美图片与文本匹配，使文档更加生动。

Step 1 打开“旅行社介绍.docx”文档，将鼠标光标定位到需要插入图片的位置，选择“插入”/“插图”组，单击“联机图片”按钮，如图3-20所示。

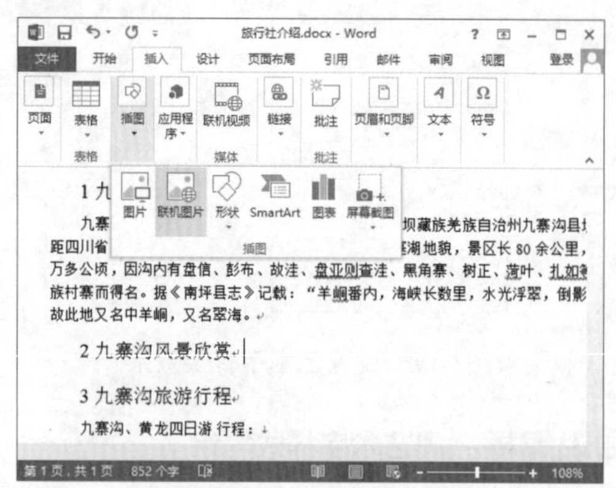

图3-20 单击“联机图片”按钮

Step 2 打开“插入图片”对话框，在“必应图像搜索”右侧的文本框中输入“九寨沟”，单击“搜索”按钮，如图3-21所示。

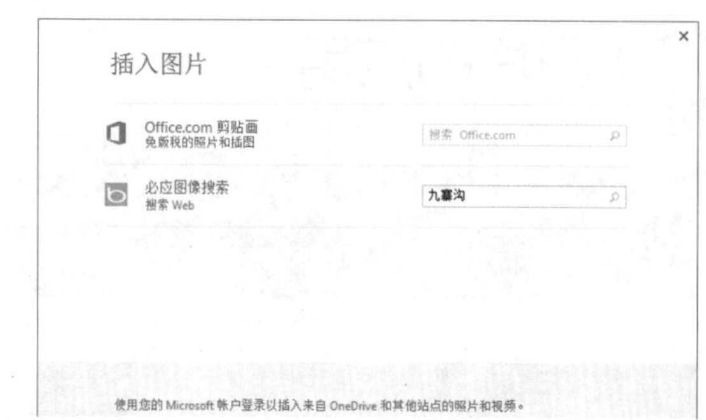

图3-21 输入并搜索图片

Step 3 Word将自动查找图片并将结果显示在下方，选择需要插入的图片，然后单击 插入 按钮，如图3-22所示。

图3-22 选择并插入图片

Step 4 ▶ 返回文档，此时在目标位置处插入了选择的图片，如图3-23所示。

天堂旅行社介绍

天堂旅行社是一家最早的旅游企业，承办观光休闲、探险露营、自驾车旅游等项目，下设接待部、财务部、市场开发部等多个部门，同时还有票务中心。九寨沟是我社重点推出的景点。

1 九寨沟介绍

九寨沟：九寨沟，这块神奇的仙境，位于四川省阿坝藏族羌族自治州九寨沟县境内，南距四川省省会成都 400 多公里，属高山深谷碳酸盐堰塞湖地貌，景区长 80 余公里，茫茫六万多公顷，因沟内有盘信、彭布、故洼、盘亚则查洼、黑角寨、树正、荷叶、扎如等九个藏族村寨而得名。据《南坪县志》记载："羊峒番内，海峡长数里，水光浮翠，倒影林岚。"故此地又名中羊峒，又名翠海。

2 九寨沟风景欣赏

图3-23　查看最终效果

技巧秒杀

除了通过"插入"/"插图"组插入图片外，还可以直接复制需要的图片，然后在文档中目标位置处粘贴该图片即可。

3. 插入屏幕截图

屏幕截图是Word 2013非常实用的一个功能，利用它可以快速而轻松地将屏幕截图插入到Word文档中，以增强可读性或捕获信息，而无须退出正在使用的程序。屏幕截图包括截取窗口图片和自定义截图两种方式。单击"屏幕截图"按钮时，可以插入整个程序窗口，也可以使用"屏幕剪辑"工具选择窗口的一部分，但要注意的是，只能捕获没有最小化到任务栏的窗口。下面将对其进行详细介绍。

◆ 截取窗口图片：将鼠标光标定位到需要插入图片的位置，选择"插入"/"插图"组，单击"屏幕截图"按钮，在弹出的下拉列表中选择"可用视窗"栏中需要的窗口截图选项，程序会自动执行截取整个窗口的操作，并且截取的图像会自动插入到文档中鼠标光标所在的位置处，如图3-24所示。

图3-24　插入截取的窗口图片

◆ 自定义截图：当从网页和其他来源复制部分内容时，通过其他方法都可能无法将它们的格式成功传输到文档中时，可以使用自定义截图来实现。将鼠标光标定位到需要插入图片的位置，选择"插入"/"插图"组，单击"屏幕截图"按钮，在弹出的下拉列表中选择"屏幕剪辑"选项，系统将自动切换窗口，并且鼠标光标变成十形状，按住鼠标左键并拖动来截取需要的图片，释放鼠标后系统自动将截取的图片插入到文档的鼠标光标处，如图3-25所示。

图3-25　自定义截图

技巧秒杀

在截取图片的过程中，如果用户需要截取大部分的编辑区，那么可直接将需要截图的Word窗口转换为全屏视图，单击选项标签右上角的"折叠功能区"按钮即可。

3.3.2 编辑图片

将图片插入文档后，为了让图片与文档更好地结合在一起，需要对插入的图片进行一系列编辑操作。Word 2013中有许多编辑图片的方法，下面将分别进行介绍。

1. 改变图片大小

当用户在文档中插入图片后，可以根据需要改变插入图片的大小。改变图片的大小有通过鼠标拖动调整、通过布局对话框调整和通过“格式”/“大小”组调整等几种方法，下面将分别进行介绍。

- **通过鼠标拖动调整**：将鼠标光标移动到文本框4个角的控制点上，当鼠标光标变成↖或↗形状时，按住鼠标左键并拖动鼠标即可改变图片的大小。
- **通过布局对话框调整**：选择图片后单击鼠标右键，在弹出的快捷菜单中选择“大小和位置”命令，将会打开“布局”对话框，如图3-26所示，默认选择“大小”选项卡，然后在“高度”、“宽度”和“缩放”栏中进行相应的设置，单击 确定 按钮即可改变图片的大小。

图3-26 “布局”对话框

- **通过“格式”/“大小”组调整**：选择图片后，将激活“格式”选项卡，在“大小”组的“高度”和“宽度”数值框中可直接输入具体的数值对图片进行调整。

知识解析：图片布局“大小”选项卡

- **◉ 绝对值(E) 单选按钮**：选中该单选按钮，在其后的数值框中输入相应的值可改变图片的高度和宽度。
- **“旋转”数值框**：在其后的数值框中可设置图片的旋转角度。
- **“高度”数值框**：在其后的数值框中可设置图片的高度缩放比例。
- **“宽度”数值框**：在其后的数值框中可设置图片的宽度缩放比例。
- **☑ 锁定纵横比(A) 复选框**：选中该复选框后，在对图片的高度或宽度进行单方面更改时，图片整体将进行更改，而不是只对高度或宽度进行更改。
- **☑ 相对原始图片大小(R) 复选框**：选中该复选框后，将会按照原始图片的大小进行比例缩放。
- **“原始尺寸”栏**：在该栏中可查看到图片的原始大小，包括高度和宽度。

技巧秒杀

在改变图片大小时，如果将鼠标光标移动到文本框上下或左右中间的控制点，按住鼠标左键拖动鼠标光标将不会按纵横比改变图片的大小，从而使图片变形。

2. 设置图片环绕方式

当用户在文档中直接插入图片后，此时图片是嵌套在文档中无法移动的，如果要调整图片的位置，则应先设置图片的文字环绕方式，再进行图片的调整操作。下面对设置图片环绕方式的常见方法进行介绍。

- **通过“位置”按钮设置**：选择需要的图片，将激活“格式”选项卡，在“排列”组中单击“位置”按钮，如图3-27所示，然后在弹出的下拉列表中选择“文字环绕”栏中需要的文字环绕方式。
- **通过“自动换行”按钮设置**：选择需要的图片，将激活“格式”选项卡，在其中的“排列”组中单击“自动换行”按钮，然后在弹出的下拉列表中选择需要的环绕方式即可，如图3-28所示。
- **通过“布局选项”按钮设置**：选择图片后单击图

片右侧激活的“布局选项”按钮，如图3-29所示，然后在弹出的下拉列表中选择“文字环绕”栏中需要的环绕方式。

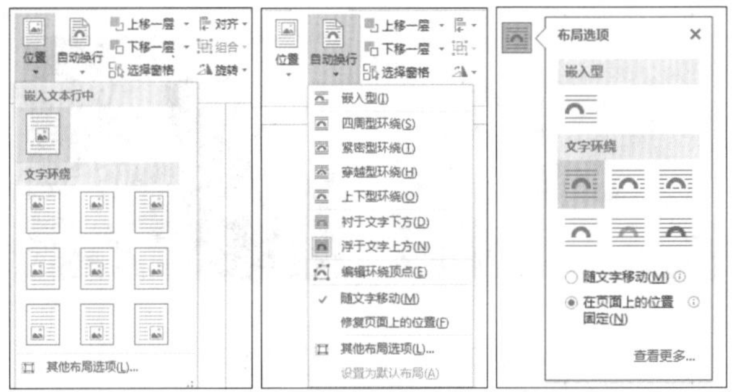

图3-27 位置　图3-28 自动换行　图3-29 布局选项

知识解析：“排列”组

◆ “位置”按钮：选择对象在页面上显示的位置，文字将呈自动环绕形状，使其仍然易于阅读。单击该按钮，在弹出的列表中可选择“嵌于文本行中”、“文字环绕”和“其他布局选项”选项。

◆ “自动换行”按钮：选择文字环绕所选对象的方式。单击该按钮，在弹出的列表中可选择“嵌入型”、“四周环绕型”和“紧密环绕型”选项等。

◆ “上移一层”按钮：将所选对象上移一层，以便它隐藏在较少的对象后面。

◆ “下移一层”按钮：将所选对象下移一层，以便它隐藏在较多的对象后面。

◆ “选择窗格”按钮：可查看所有对象的列表，单击该按钮，可打开“选择”窗格，这使得用户能够更加轻松地选择对象、更改其顺序或更改其可见性。

◆ “对齐”按钮：更改所选对象在页面的位置，单击该按钮，在弹出的下拉列表中可选择各种对齐方式。这非常适合于对象与页面的边距或边缘对齐，也可以相对于彼此对齐。

◆ “组合”按钮：可将多个对象结合起来作为单个对象移动并设置其格式。

◆ “旋转”按钮：单击该按钮，在弹出的下拉列表中可选择“向右旋转90°”、“向左旋转90°”、“垂直翻转”和“水平翻转”等选项，旋转或翻转所选对象。

知识解析：“布局选项”下拉列表

◆ 嵌入型：插入的图片将嵌入到文本行中。

◆ 文字环绕：其中有6个选项，分别是“四周型环绕”、“紧密型环绕”、“穿越型环绕”、“上下型环绕”、“衬于文字下方”和“浮于文字上方”。选择需要的选项可对图片的环绕方式进行快速设置。

◆ 随文字移动(M) 单选按钮：选中该单选按钮添加或删除文本时，允许图片在页面上移动。

◆ 在页面上的位置固定(N) 单选按钮：选中该单选按钮添加或删除文本时，使图片保留在页面上的相同位置。如果其定位标记移动到下一个页面，图片也会随着移动。

◆ 查看更多... 超链接：单击该超链接可打开“布局”对话框，在其中可对图片布局进行详细设置。

3. 旋转图片

对插入的图片进行旋转操作，可使图片以不同的角度呈现于文档中，让文档更具个性化和美感。

在Word 2013中单击图片后，图片的边界上将出现8个控制点，将鼠标光标移动到最上方的控制点上，按住鼠标左键并进行拖动，可调整图片的旋转角度；也可以选择图片后单击鼠标右键，在弹出的快捷菜单中选择“大小和位置”命令，打开“布局”对话框，默认选择“大小”选项卡，在“旋转”栏的“旋转”数值框中输入需要设置的角度即可。如图3-30所示为图片在旋转前后的对比。

图3-30　旋转图片

4. 调整图片效果

在文档中插入图片后，如果对图片不满意，则可以通过“格式”/“调整”组对图片进行删除背景、更正、颜色、艺术效果等操作，下面将分别进行介绍。

◆ 删除图片背景：为了快速从图片中获得有用的内容，可以使用Word的删除背景功能，删除图片中主体周围的背景。选择需要删除背景的图片，然后选择“格式”/“调整”组，单击“删除背景”按钮，将激活“背景消除”选项卡，在图片的周围会出现一些白色的控制点，拖动控制点可以调整删除的背景范围，将其调整到合适位置后释放鼠标，然后单击“背景消除”/“关闭”组中的“保留更改”按钮✓，即可完成删除图片背景的操作，如图3-31所示。

图3-31 删除图片背景

◆ 图片更正：通过更正功能可以改变图片的亮度、对比度和清晰度，使图片适应不同的文档内容。选择需要设置的图片后，选择“格式”/“调整”组，单击“更正”按钮，在弹出的下拉列表中可选择图片的锐化、钝化、亮度以及对比度，如图3-32所示。

图3-32 更正图片

◆ 图片颜色设置：通过图片的颜色功能可以更改图片颜色，使图片质量得到提升或匹配当前文档内容。选择需要设置的图片后，选择“格式”/“调整”组，单击“颜色”按钮，在弹出的下拉列表中可选择图片的颜色饱和度、色调和重新着色。如图3-33所示为图片重新着色前后的对比。

图3-33 图片重新着色

技巧秒杀

在对图片进行效果调整时，还可以对其进行其他设置，如压缩、更改和重设图片等。选择“格式”/“调整”组，单击“压缩图片”按钮可压缩图片，单击“更改图片”按钮，在弹出的对话框中可更换当前图片，而单击“重设图片”按钮，在弹出的下拉列表中可选择“重设图片”或“重设图片和大小”选项。

◆ 图片艺术效果设置：通过图片的艺术效果功能可以将艺术效果添加到图片上，使其更像草图或油画。选择需要设置的图片后，选择“格式”/“调整”组，单击“艺术效果”按钮，在弹出的下拉列表中可选择需要的图片艺术效果，其中Word提供了23种艺术效果可供选择。如图3-34所示为设置影印效果前后的对比。

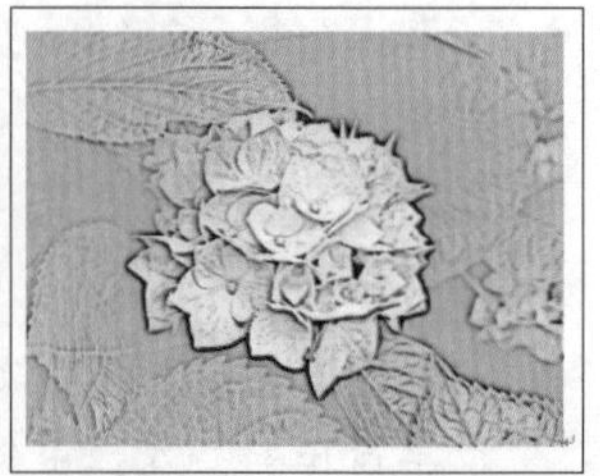

图3-34 设置影印效果

技巧秒杀

单击“艺术效果”按钮，在弹出的下拉列表中选择“艺术效果选项”选项，将会打开“设置图片格式”窗格，在其中可进行详细设置。

5. 设置图片样式

图片的样式是指图片的形状、边框、阴影、柔化边缘等效果。设置图片的样式时，可以直接应用程序中预设的图片样式，也可以对图片样式进行自定义设置。

（1）应用预设图片样式

Word预设了大量的图片样式，用户可以选择合适的图片样式将其应用到当前所选图片。选择需要设置的图片后，选择“格式”/“图片样式”组，然后单击“快速样式”右下侧的下拉按钮，在弹出的下拉列表中直接选择需要的图片样式即可，其中系统提供了28种图片样式可供选择，如图3-35所示。

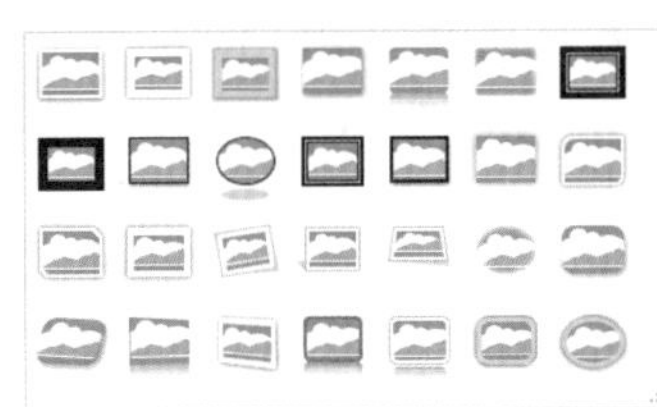

图3-35　快速样式

（2）自定义设置图片样式

当预设的图片样式不能满足用户的需要时，可对图片的样式进行自定义。

实例操作：对图片进行自定义设置

- 光盘\素材\第3章\旅行社介绍1.docx
- 光盘\效果\第3章\旅行社介绍1.docx
- 光盘\实例演示\第3章\对图片进行自定义设置

自定义图片样式时，可以通过图片边框和图片效果两个选项进行设置，自定义的图片样式种类更多，自由度更高，也更能匹配当前文档。

Step 1 打开“旅行社介绍1.docx”文档，选择要设置的图片，然后选择“格式”/“图片样式”组，单击“快速样式”按钮，在弹出的下拉列表中选择“矩形投影”选项，如图3-36所示。

技巧秒杀

为图片设置了图片边框后，如果要撤销设置，则单击“图片边框”按钮，在弹出的下拉列表中选择“无轮廓”选项即可。

图3-36　为图片选择快速样式

Step 2 在“格式”/“图片样式”组中单击“图片效果”按钮，在弹出的下拉列表中选择“发光”选项，并在弹出的子列表中选择“发光变体”栏中的“橄榄色，18pt发光，着色3”选项，如图3-37所示。

图3-37　设置图片的发光效果

Step 3 在“格式”/“图片样式”组中单击“图片效果”按钮，在弹出的下拉列表中选择“柔化边缘”选项，并在弹出的子列表中选择“5磅”选项，如图3-38所示。

图3-38　设置图片的柔化边缘效果

Step 4 ▶ 在“格式”/“图片样式”组中单击“图片效果”按钮，在弹出的下拉列表中选择“三维旋转”选项，在弹出的子列表中选择“右透视”选项，如图3-39所示。

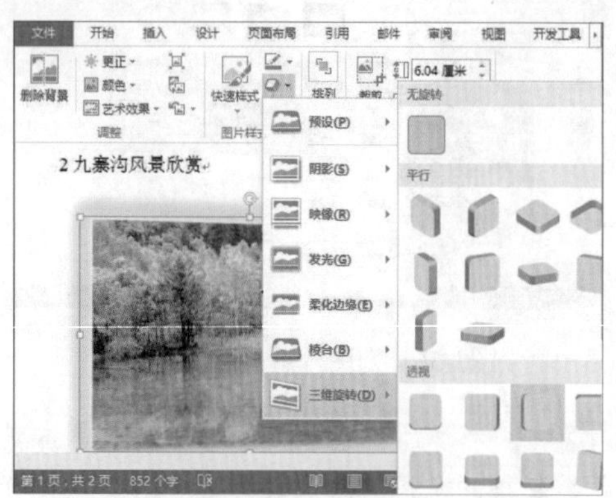

图3-39 设置图片三维旋转效果

Step 5 ▶ 返回文档，可查看图片设置的最终效果，如图3-40所示。

图3-40 最终效果

6. 裁剪图片

裁剪图片是对图片的边缘进行修剪。在Word 2013中主要包括裁剪、裁剪为形状和按纵横比裁剪，下面分别进行介绍。

◆ **裁剪**：裁剪是指仅对图片的四周进行裁剪。经过该方法裁剪过的图片，纵横比将会根据裁剪的范围自动进行调整。先选择要裁剪的图片，然后选择“格式”/“大小”组，单击“裁剪”按钮，在弹出的下拉列表中选择“裁剪”选项，此时在图片的四周将出现黑色的控点，拖动控点调整要裁剪的部分，再在文档中的任意部分单击即可完成裁剪图片的操作，如图3-41所示。

图3-41 使用裁剪方法裁剪图片

◆ **裁剪为形状**：在文档中插入图片后，Word会默认将其设置为矩形。将图片更改为其他形状，可以让图片与文档配合得更为美观。先选择要裁剪的图片，然后选择“格式”/“大小”组，单击“裁剪”按钮，在弹出的下拉列表中选择“裁剪为形状”选项，再在弹出的子列表中选择需要裁剪的形状即可。如图3-42所示为裁剪为心形的效果。

图3-42 裁剪为心形

◆ **按纵横比裁剪**：如果要方便、快捷地剪出完全吻合特定比例的图片，可以使用图片的按纵横比裁剪功能。按比例裁剪图片时，程序会根据选择的比例来保留图片的内容。先选择要编辑的图片，然后选择“格式”/“大小”组，单击“裁剪”按钮，在弹出的子列表中选择需要的纵横比，再在文档中的任意部分单击即可完成按纵横比裁剪图片的操作，如图3-43所示。

图3-43 按纵横比裁剪

3.4 形状和SmartArt图形设计

在制作一些组织架构或描述某些操作流程时，经常会用到形状来建立各任务之间的关系，在Word 2013中提供了多种形状绘制工具。而SmartArt图形是一种专门用于表现数据间对应关系的有序图形，Word 2013中提供了多种SmartArt图形，可表示流程、层次结构、循环和列表等关系。

3.4.1 形状的应用

在Word 2013中通过多种形状绘制工具，可绘制出如线条、正方形、椭圆、箭头、流程图、星和旗帜等图形。应用这些图形，可以描述一些组织架构和操作流程，将文本与文本连接起来，并表示彼此之间的关系，这样可使文档简单明了。

1. 插入形状

在纯文本中间适当地插入一些表示过程的形状，这样既能使文档简洁，又能使文档内容更形象、具体。插入形状的方法是：选择“插入”/“插图”组，单击“形状”按钮，在弹出的下拉列表中选择需插入的图形选项，此时鼠标光标变成十形状，按住鼠标左键不放并向下拖动鼠标，绘制所选的图形，当图形大小合适时，释放鼠标即可完成图形绘制，如图3-44所示。

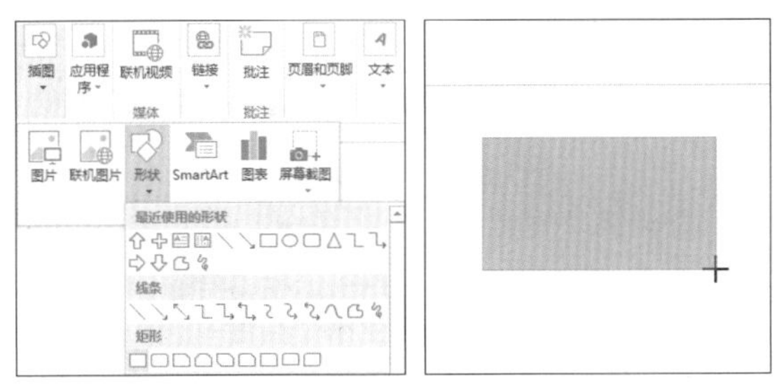

图3-44 插入形状

技巧秒杀

若要创建规范的正方形或圆形（或限制其他形状的尺寸），可在拖动的同时按住Shift键。

2. 编辑形状

插入形状图形后，可发现其内容、颜色、效果和样式会显得比较单调，这时可在“格式”选项卡中对其进行形状、大小、线条样式、颜色以及填充效果等方面的编辑操作。

实例操作：在文档中编辑SmartArt图形

- 光盘\素材\第3章\公司口号.docx
- 光盘\效果\第3章\公司口号.docx
- 光盘\实例演示\第3章\在文档中编辑SmartArt图形

下面在“公司口号.docx”文档中更改原有的形状，然后对图形的布局、样式和效果等进行设置。

Step 1 打开“公司口号.docx”文档，选择文档中的第一个形状图形，选择“格式”/“形状样式”组，单击“编辑形状”按钮，在弹出的下拉列表中选择“更改形状”选项，在弹出的子列表中选择“箭头总汇”栏中的“燕尾形”选项，如图3-45所示。

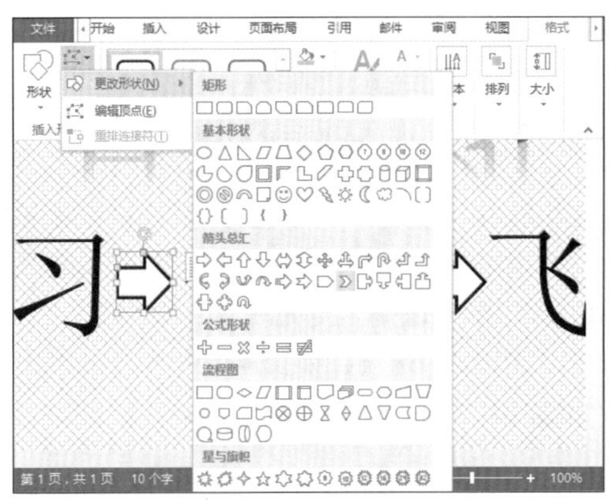

图3-45 更改形状

技巧秒杀

在进行一些文档编辑时，需要用户自行创建一些连接符线条。此时，可选择“插入”/“插图”组，单击“形状”按钮，在弹出的下拉列表的“线条”栏中选择所需的连接符线条选项，即可自由绘制需要的线条。

Step 2 ▶ 单击“形状样式”组中的“形状填充”按钮，在弹出的下拉列表中选择“主题颜色”栏中的“橙色，着色6，淡色60%”选项，如图3-46所示。

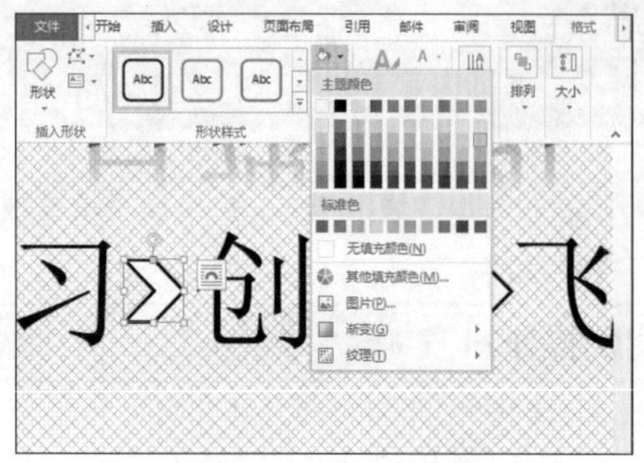

图3-46 设置形状填充颜色

Step 3 ▶ 单击“形状样式”组中的“形状轮廓”按钮，在弹出的下拉列表中选择“主题颜色”栏中的“橙色，着色6”选项，如图3-47所示。

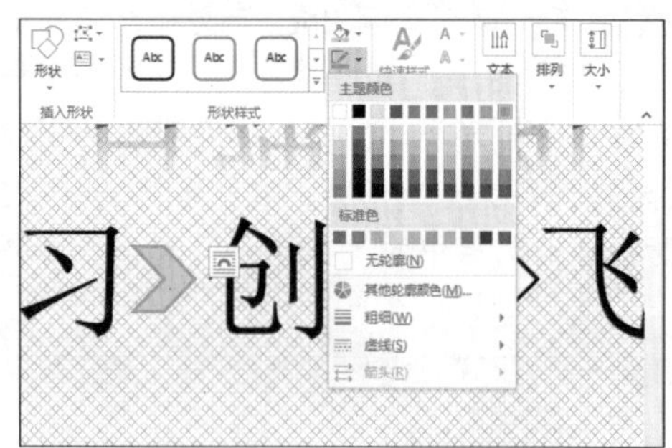

图3-47 设置形状轮廓颜色

Step 4 ▶ 单击“形状样式”组中的“形状效果”按钮，在弹出的下拉列表中选择“发光”选项，在弹出的子列表中选择“发光变体”栏中的“红色，8pt发光，着色2”选项，如图3-48所示。

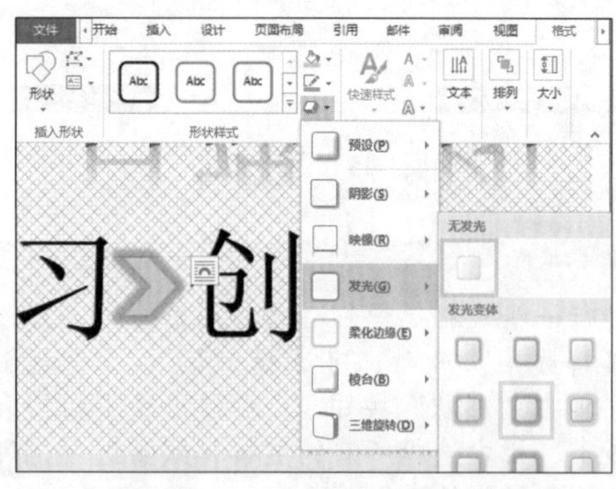

图3-48 设置形状发光效果

Step 5 ▶ 分别选择“棱台”和“三维旋转”中的“冷色斜面”和“适度宽松透视”选项，如图3-49所示。

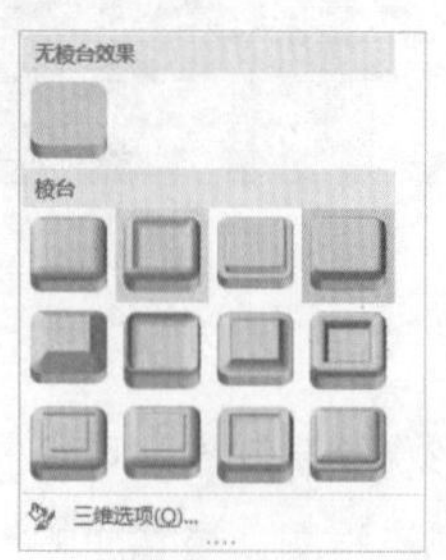

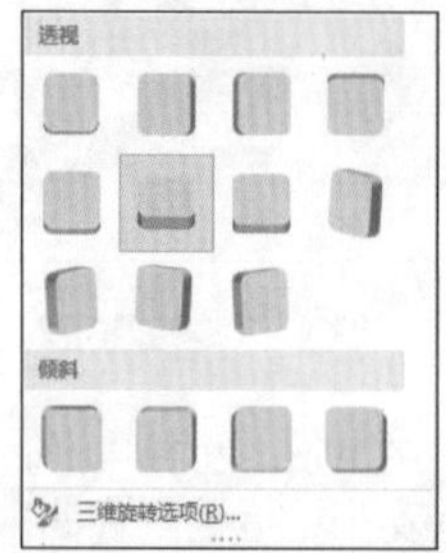

图3-49 设置形状的棱台和三维旋转效果

Step 6 ▶ 选择第二个形状，按照相同的方法进行设置。返回文档，最终效果如图3-50所示。

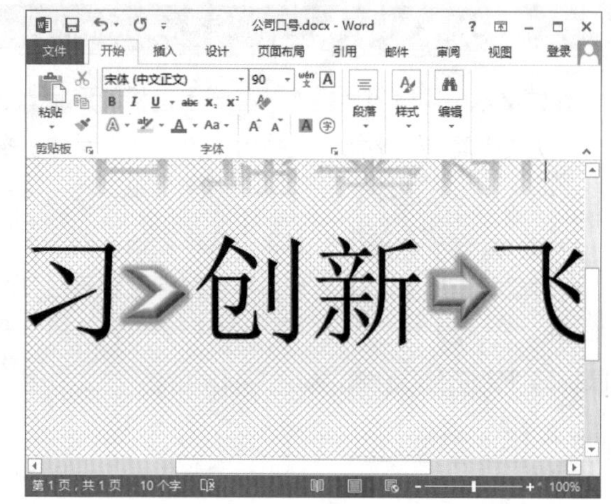

图3-50 查看最终效果

3.4.2 SmartArt图形的应用

通过插入形状来表现文本之间的关系比较麻烦，为了简化操作，Word 2013中还提供了多种SmartArt图形，可表示流程、层次结构、循环和列表等关系。

1. 插入SmartArt图形

在制作公司组织结构图、产品生产流程图、采购流程图等图形时，使用SmartArt图形能将各层次结构之间的关系清晰明了地表述出来。

插入SmartArt图形的方法是：将鼠标光标定位到需要插入的位置，选择“插入”/“插图”组，单击“SmartArt”按钮，打开“选择SmartArt图形”对话框，在对话框左侧的选项卡中，按一定的结构规则分别列举出了各种类型的SmartArt图形。用户选择需要的类型后，在对话框中间的列表中选择需要的组织结构图，再单击确定按钮关闭对话框。最后单击SmartArt图形输入框，在其中输入文字即可，如图3-51所示。

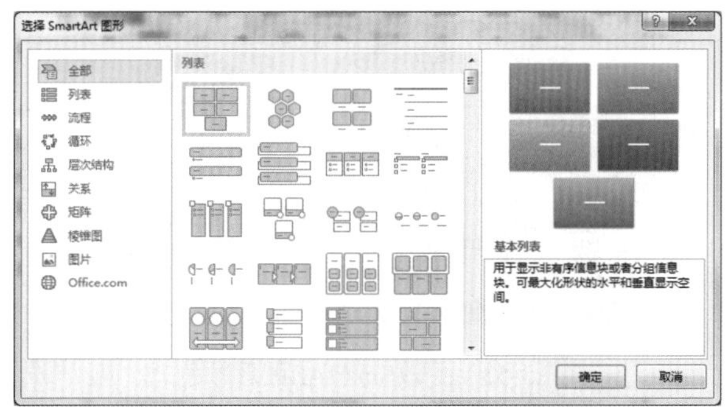

图3-51 “选择SmartArt图形”对话框

知识解析：SmartArt图形类型

- 列表：用于显示非有序信息块或者分组的多个信息块或列表的内容，包括37种样式。通过使用“列表”类型中的布局，以各色形状显示的要点将更直观、更具影响力，充分强调了其重要性。“列表”布局可对不遵循逐步或有序流程的信息进行分组。
- 流程：“流程”布局可用来显示垂直步骤、水平步骤或蛇形组合中的流程，包括44种样式。与“列表”布局不同，“流程”类型中的布局通常包含一个方向流，用于对流程或工作流中的步骤或阶段进行图解，例如，完成某项任务的序列步骤、开发某个产品的常规阶段、日程表或计划。如果要显示如何按部就班地完成步骤或阶段来产生某一结果，可以使用“流程”布局。
- 循环：使用“流程”布局可以传达分步信息，而“循环”类型中的布局通常用来对循环流程或重复性流程进行图解。使用“循环”布局可显示产品或动物的生命周期、教学周期、重复性或正在进行的流程或某个员工的年度目标制定和业绩审查周期，包括了17种样式。
- 层次结构：用于显示组织结构中各层的关系或上下级关系，包括13种样式。“层次结构”类型中的布局最常见的用途可能是公司组织结构图。但是“层次结构”布局还可用于显示决策树、系谱图或产品系列。
- 关系：用于比较或显示若干个观点之间的关系。有对立关系、延伸关系和促进关系等，并且通常说明两组或更多组事物之间的概念关系或联系，包括37种样式。
- 矩阵：“矩阵”类型中的布局通常用于对信息进行分类，并且它们是二维布局，用于显示部分与整体的关系，包括4种样式。如果具有4个或更少的要点以及大量文字，“矩阵”布局是一个不错的选择。
- 棱锥图：用于显示比例关系、互连关系或层次关系，按照从高到低或从低到高的顺序进行排行，包括4种样式。它们最适合需要自上而下或自下而上显示的信息。如果要显示水平层次结构，则应选择“层次结构”布局。
- 图片：包括一些可以插入图片的SmartArt图形，图形的布局包括7种类型，36种样式。如果希望通过图片来传达信息，或者希望使用图片作为列表或过程的补充，则可以使用“图片”类型的布局。
- Office.com：Office.com类型显示Office.com上可用的其他布局，包括由Office.com所提供的新增SmartArt图形。

2. 编辑SmartArt图形

插入SmartArt图形后，其图形一般呈蓝色显示，这时可对其颜色、文本显示和形状样式等进行设置，使插入的图形更加美观。用户可通过“设计”和“格式”选项卡对插入的图形进行编辑，下面将分别进行介绍。

- 更改布局：选择“设计”/“布局”组，单击“更改布局”按钮，在弹出的下拉列表中选择需要的选项可以重新选择SmartArt图形的布局。
- 更改颜色：选择“设计”/“SmartArt样式”组，单击“更改颜色”按钮，在弹出的下拉列表中选择需要的选项可对SmartArt图形的颜色进行设置。

- 更改样式：选择“设计”/“SmartArt样式”组，单击“快速样式”按钮，在弹出的下拉列表中选择需要的选项可以对SmartArt图形的样式进行设置。
- 设置“形状”：选择“设计”/“形状”组，单击“更改形状”按钮，可以在原来形状的基础上更改形状；单击“增大”按钮和“减小”按钮，可以在原来形状的基础上增大或减小所选形状的尺寸；当插入的SmartArt图形是三维样式时，可以单击“在二维视图中编辑”按钮，将三维视图更改为二维视图，以便调整形状大小和移动形状。

实例操作：在文档中对形状进行编辑

- 光盘\素材\第3章\考勤管理工作流程.docx
- 光盘\效果\第3章\考勤管理工作流程.docx
- 光盘\实例演示\第3章\在文档中对形状进行编辑

编辑形状主要是调整形状的样式、大小、颜色和效果等，这样能使形状更好地与文本结合。下面在“考勤管理工作流程”文档中更改原有形状，然后对形状的样式和效果进行设置。

Step 1 打开“考勤管理工作流程.docx”文档，选择SmartArt图形，在窗口上方显示的“SmartArt工具”中选择“设计”/SmartArt组，单击“更改布局”按钮，在弹出的下拉列表中选择“垂直蛇形流程”选项，如图3-52所示。

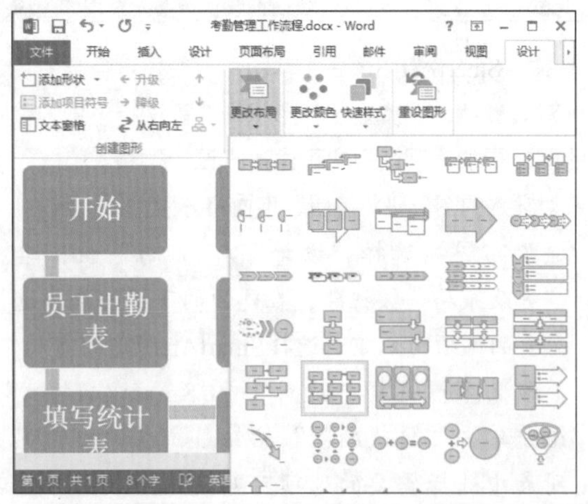

图3-52　更改SmartArt图形样式

Step 2 单击“SmartArt样式”组中的“更改颜色”按钮，在弹出的下拉列表中选择“彩色”栏中的“彩色范围-着色3至4”选项，设置SmartArt图形的颜色，如图3-53所示。

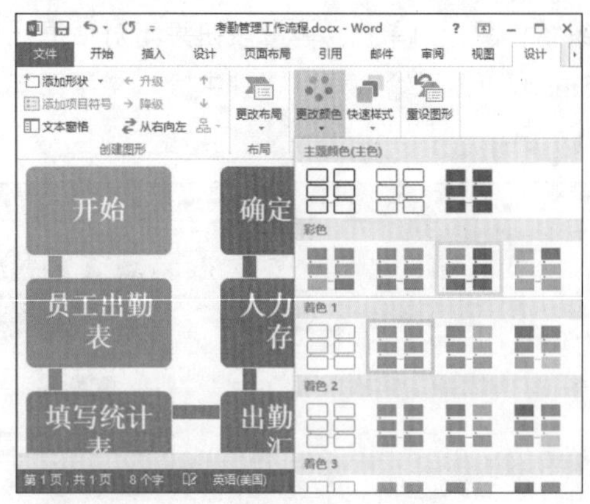

图3-53　更改SmartArt图形颜色

技巧秒杀

在SmartArt图形中输入文本时，可单击图形右侧的按钮，在打开的窗口中可输入相应的文本。

Step 3 单击“SmartArt样式”组中的“快速样式”按钮，在弹出的下拉列表中选择“三维”栏中的“嵌入”选项，如图3-54所示。

图3-54　设置SmartArt图形样式

Step 4 在“SmartArt工具”选项卡中选择“格式”/“艺术字样式”组，单击“快速样式”按钮，在弹出的下拉列表中选择“渐变填充-金色，着色4，轮廓-着色4”选项，为SmartArt图形中的文本设置样式，如图3-55所示。

图3-55　设置图形的文本填充颜色

Step 5 返回文档中，可查看设置后的SmartArt图形效果，在其中可查看到SmartArt图形的颜色、SmartArt图形样式和SmartArt图形中文本的设置效果，然后将其保存，如图3-56所示。

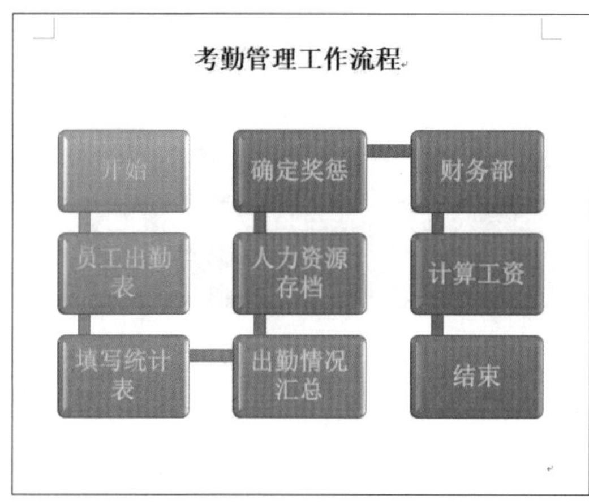

图3-56　查看设置效果

知识解析：“创建图形”组

◆ “添加形状”按钮：单击该按钮，在弹出的下拉列表中可选择“在后面添加形状”、“在前面添加形状”、“在上方添加形状”、“在下方添加形状”和“添加助理”等选项，便于在SmartArt图形中添加形状。

◆ “项目添加符号”按钮：单击该按钮，可在SmartArt图形中添加文本项目符号。但仅在所选布局支持带项目的文本时，才能使用此选项。

◆ “文本窗格”按钮：单击该按钮，可打开或隐藏文本窗格，文本窗格可帮助用户在SmartArt图形中快速输入和组织文本。

◆ “布局”按钮：当SmartArt图形是组织结构图布局时，单击该按钮可更改所选形状的分支布局。

◆ “升级”按钮：单击该按钮，可提高所选项目符号或形状的级别，如图3-57所示。

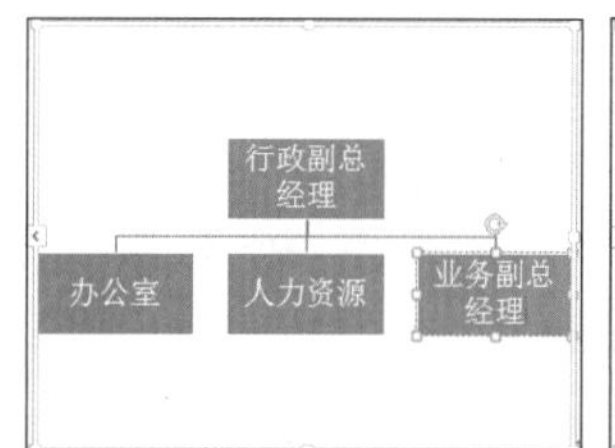

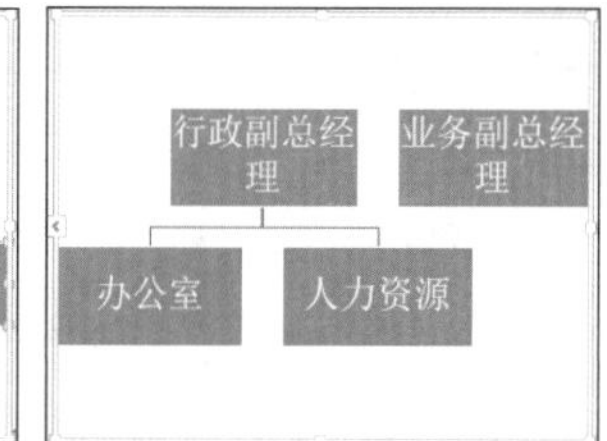

图3-57　升级

◆ “降级”按钮：单击该按钮，可降低所选项目符号或形状的级别，如图3-58所示。

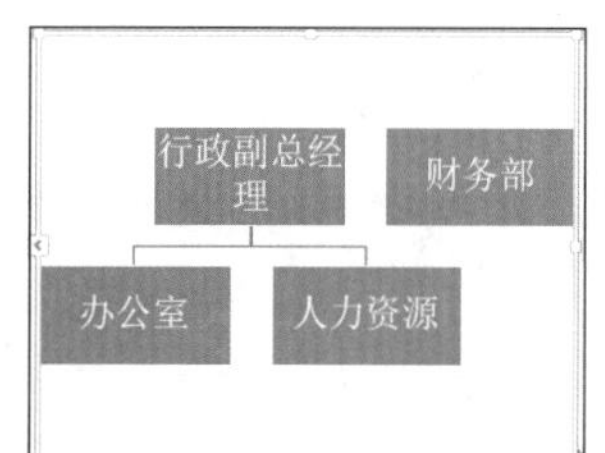

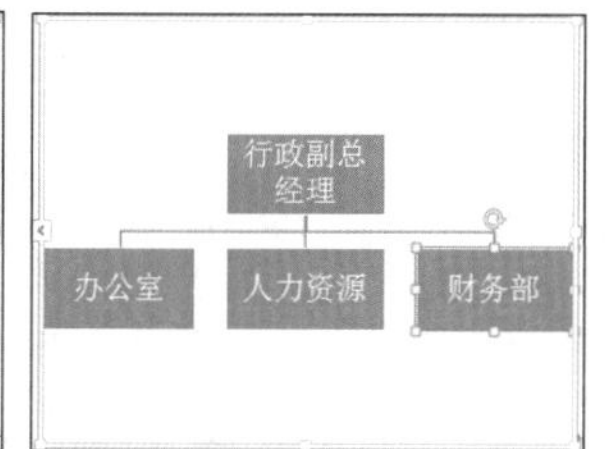

图3-58　降级

◆ “上移”按钮：单击该按钮，可将序列中的当前所选内容向前移动，如图3-59所示。

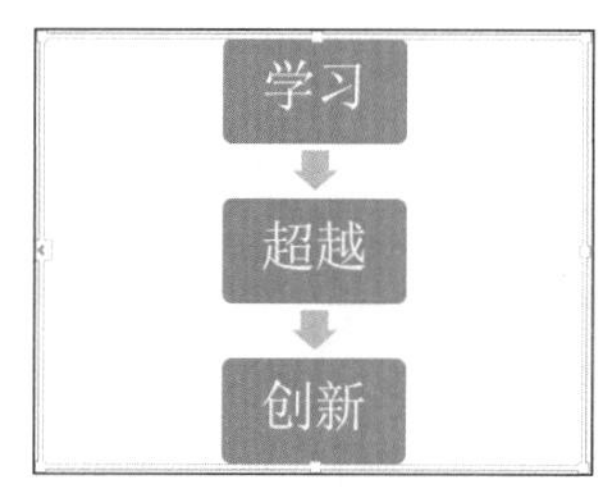

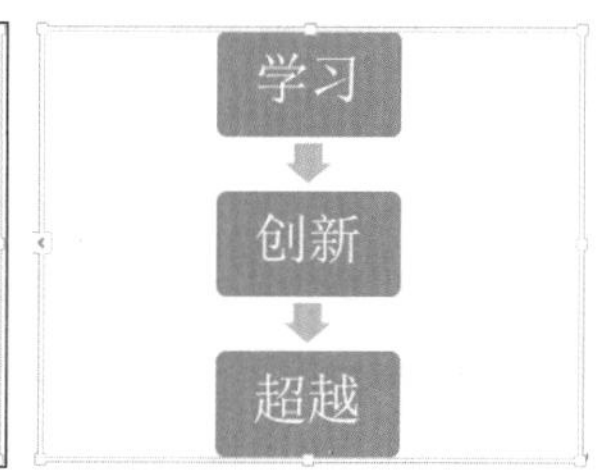

图3-59　上移

◆ “下移”按钮：单击该按钮，可将序列中的当前所选内容向后移动。

◆ “从右向左”按钮：单击该按钮，可将SmartArt图形中的文本从“从左到右”切换成“从右到左”，如图3-60所示。

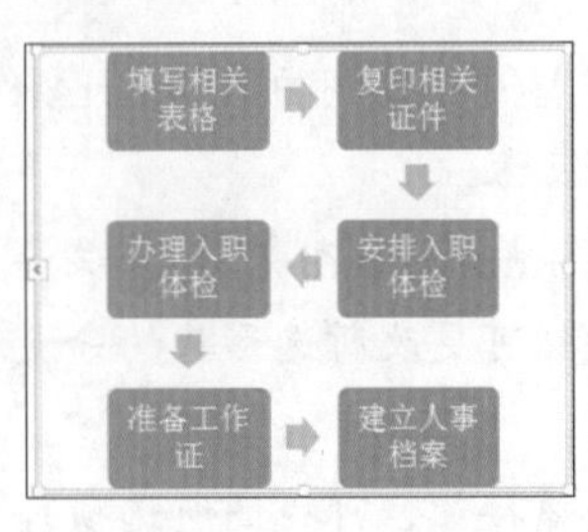

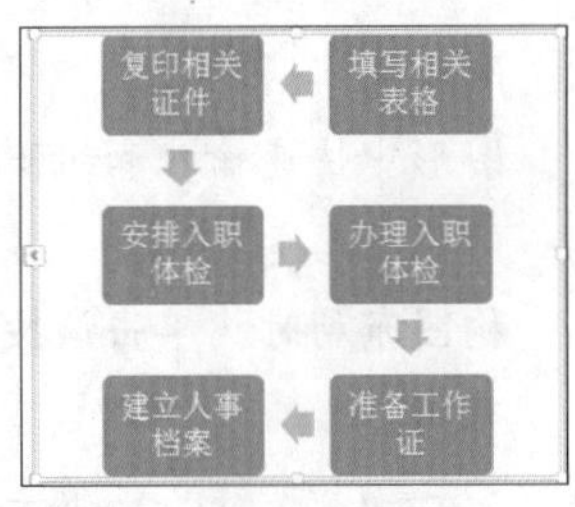

图3-60 “从左到右”切换成“从右到左”

知识解析：“形状”组

- **“在二维视图中编辑”按钮**：当插入的SmartArt图形应用了三维样式后，将激活“形状”组中的“在二维视图中编辑”按钮，单击该按钮，可将当前所选的SmartArt图形从三维视图更改为二维视图，方便在SmartArt图形中调整形状大小和移动形状，如图3-61所示。
- **“更改形状”按钮**：如果对插入的SmartArt图形中某个或某些形状不满意，可单击该按钮，在弹出的下拉列表中选择需要的形状进行更改。

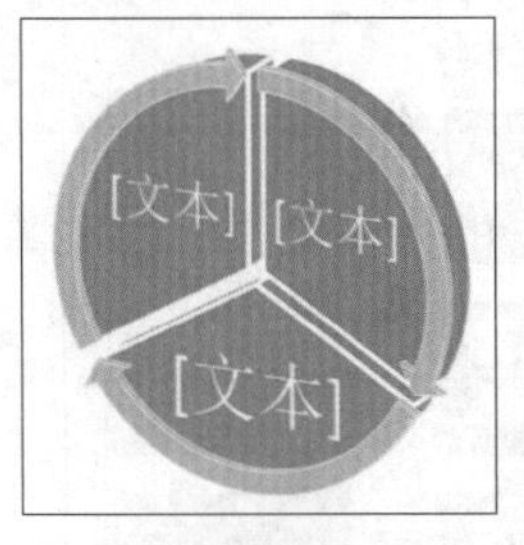

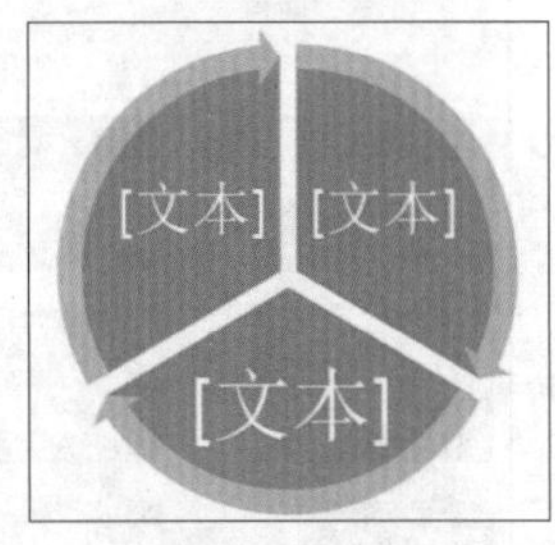

图3-61 三维视图更改为二维视图

- **“增大”按钮**：单击该按钮，则在SmartArt图形中选择的某个或某几个图形会增大，使得SmartArt图形更适合当前文档。
- **“减小”按钮**：单击该按钮，则在SmartArt图形中选择的某个或某几个图形会减小，使得SmartArt图形更适合当前文档。

3.5 表格和图表的应用

Word 2013提供了表格和图表功能，在对大量数据进行记录或统计时，使用表格和图表功能更容易管理数据。插入表格和图表后，还可对其进行编辑，使其能更好地容纳数据。下面将对表格和图表的插入及编辑进行介绍。

3.5.1 表格的应用

当需要在文档中记录大量数据时，可使用表格将数据更好地存放在文档中，用户还可根据需要对表格进行编辑。

1. 插入表格

在Word 2013中插入表格的方法很简单，包括通过“表格”按钮插入、通过“插入表格”对话框插入和通过“绘制表格”选项插入等，下面将分别对这3种创建表格的方法进行介绍。

- **通过“表格”按钮插入**：选择“插入”/“表格”组，单击“表格”按钮，在弹出的下拉列表中将出现一栏方框，拖动鼠标框选创建表格的行数和列数，如框选5行3列矩形块，此时列表最上方显示“3×5表格”，释放鼠标即可将创建5行3列的表格，效果如图3-62所示。

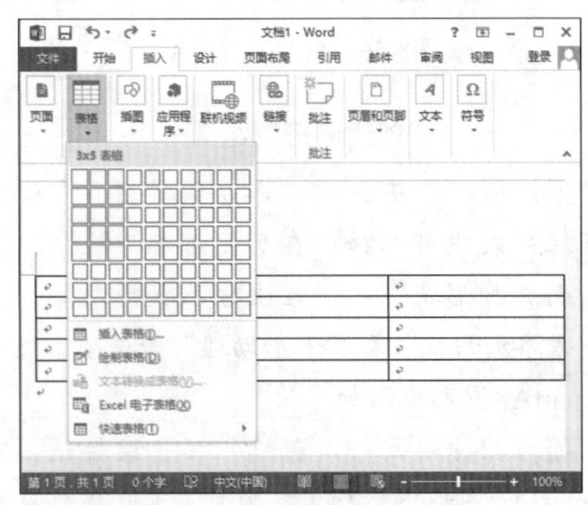

图3-62 通过“表格”按钮插入

◆ **通过“插入表格”对话框插入**：通过“表格”下拉列表创建的表格列数和行数会受到一定限制，而通过“插入表格”对话框可任意创建表格的行数和列数，并可根据实际情况调整表格列宽。使用“插入表格”对话框创建表格的方法是：选择“插入”/“表格”组，单击“表格”按钮，在弹出的下拉列表中选择“插入表格”选项，打开如图3-63所示的“插入表格”对话框，在其中输入需要创建表格的行数、列数，最后单击确定按钮即可创建表格。

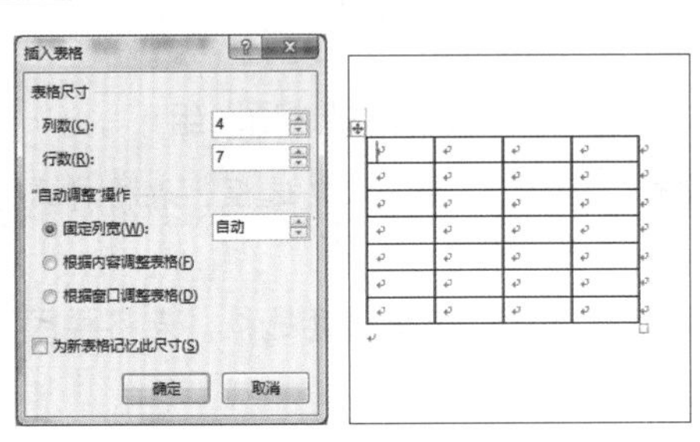

图3-63　通过“插入表格”对话框插入

◆ **通过“绘制表格”选项插入**：选择“设计”/“表格”组，单击“表格”按钮，在弹出的下拉列表中选择“绘制表格”选项，此时鼠标光标变成形状，将鼠标光标移至文档中需要插入表格的位置，按住鼠标左键不放进行拖动，释放鼠标即可完成绘制，如图3-64所示。

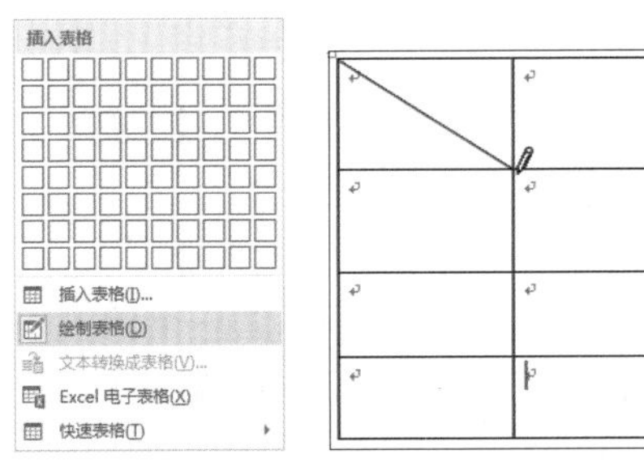

图3-64　通过“绘制表格”选项插入

2. 编辑表格

默认情况下表格的单元格均匀分布，且每一行中的单元格高度和每一列的单元格宽度都相同。而在实际制作时，往往需要根据表格内容设置表格格式、美化表格、计算表格数据、将表格转换为文本等，使制作的表格更加美观实用。下面将对表格的相关操作分别进行介绍。

◆ **选择表格对象**：在输入表格内容、编辑与调整表格格式前都需要选择不同的表格对象，包括表格中的单元格、行、列或整张表格等，不同的对象有不同的选择方法。例如选择单个表格的方法是：将鼠标光标移动到目标单元格的左端线上，待鼠标光标变为形状时单击即可。

◆ **设置表格样式**：插入表格后，如果对表格格式不满意，可通过激活的“表格工具”中的“设计”选项卡对表格格式进行设置。

◆ **美化表格**：创建和编辑完成表格后，还可以进一步美化表格，如设置单元格的边框线、为表格设置图片背景等，这些都可以通过“设计”选项卡得以实现。

◆ **计算表格数据**：一般表格中都包含数据，要对这些数据进行记录或统计，则先需要通过选择“布局”/“数据”组，单击“公式”按钮f_x，然后在打开的“公式”对话框中进行计算。

◆ **将表格转换为文本**：在Word 2013中，用户可以将Word表格中含有文本内容的单元格或整张表格转换为文本内容。在“表格工具”中选择“布局”/“数据”组，单击“转换为文本”按钮即可将所选单元格或表格转换为文本。

实例操作：编辑和美化“销售统计表”

- 光盘\素材\第3章\销售统计表.docx
- 光盘\效果\第3章\销售统计表.docx
- 光盘\实例演示\第3章\编辑和美化“销售统计表”

下面将在“销售统计表.docx”文档中对表格进行编辑和美化，如计算表格中的数据、设置表格样式和设置表格边框及底纹等。

Step 1 打开“销售统计表.docx”文档，将鼠标光标定位到“总计”列的第2行，然后选择“布局”/“数据”组，单击“公式”按钮f_x，打开“公式”对话框，默认使用“公式”文本框中的公式，单击

“编号格式”下拉列表框右侧的下拉按钮，在弹出的下拉列表中选择“#,##0”选项，单击确定按钮，按照相同方法对其他产品计算销售总计，如图3-65所示。

图3-65 计算数据

Step 2 ▶ 选择整个表格，然后在激活的“表格工具”选项卡中选择“设计”/“边框”组，单击“表格样式”下拉列表框右侧的下拉按钮，在弹出的下拉列表中选择“中等深浅网格3-着色5”选项，如图3-66所示。

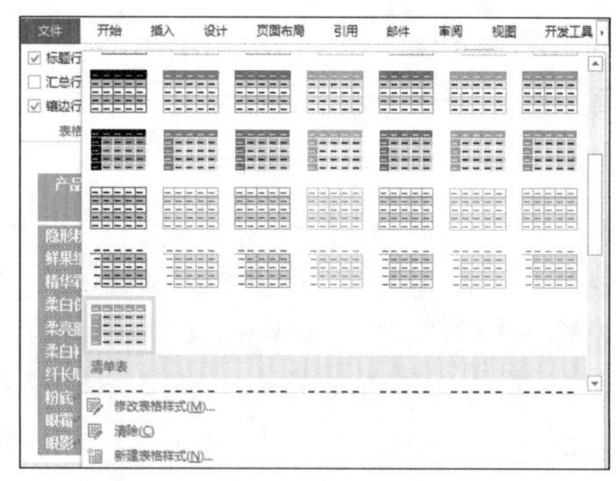

图3-66 设置表格的单元格底纹

Step 3 ▶ 单击“边框样式”下拉列表框右侧的下拉按钮，在弹出的下拉列表中选择“══”选项，单击“边框”按钮下方的下拉按钮，在弹出的下拉列表中选择“所有框线”选项，如图3-67所示。

图3-67 为表格设置边框

Step 4 ▶ 返回文档即可查看设置后的表格效果，如图3-68所示。

2014 年一季度销售量统计

产品名称	规格	1 月销售量	2 月销售量	3 月销售量	总计
隐形粉底	30ml	377	363	558	1,298
鲜果组合	3g	266	345	395	1,006
精华霜	50g	423	456	567	1,446
柔白保湿霜	30ml	235	426	324	985
柔亮胭脂	3g	747	646	954	2,347
柔白补水露	100ml	456	743	634	1,833
纤长睫毛膏	5ml	953	645	973	2,571
粉底	5g	843	534	742	2,119
眼霜	20g	784	834	653	2,271
眼影	5.2g	262	163	254	679

图3-68 最终效果

知识解析：“表格样式选项”组

◆ ☑标题行复选框：选中该复选框，表格样式中的第1行将显示特殊格式。

◆ ☑第一列复选框：选中该复选框，表格样式中的第1列将显示特殊格式。

◆ ☑汇总行复选框：选中该复选框，表格样式中的最后一行将显示特殊格式。

◆ ☑最后一列复选框：选中该复选框，表格样式中的最后一列将显示特殊格式。

◆ ☑镶边行复选框和☑镶边列复选框：选中复选框，表格样式将会显示镶边行或列，这些行或列上的偶数行或列同奇数行或列的格式互不相同，这种镶边方式使表格的可读性更强，如图3-69和图3-70所示。

1	A
2	B
3	C
4	D
5	E
6	F
7	G
8	H

1	A
2	B
3	C
4	D
5	E
6	F
7	G
8	H

图3-69 镶边行

1	A	a
2	B	b
3	C	c
4	D	d
5	E	e
6	F	f
7	G	g
8	H	h

1	A	a
2	B	b
3	C	c
4	D	d
5	E	e
6	F	f
7	G	g
8	H	h

图3-70 镶边列

知识解析：“公式”对话框

◆ “公式”文本框：在该文本框中可以修改或输入公式。在求和公式中默认会出现LEFT或ABOVE，它们分别表示对公式域所在单元格的左侧连续单元格和上面连续单元格内的数据进行计算。

◆ “编号格式”下拉列表框：在该下拉列表框中单击下拉按钮，在弹出的下拉列表中可以选择数字格式，也可以在下拉列表框中直接输入来自定义格式。

- "粘贴函数"下拉列表框：在该下拉列表框中单击下拉按钮，在弹出的下拉列表中可以选择函数类型，"公式"文本框中将会直接显示该函数。
- "粘贴书签"下拉列表框：如果文档或表格中有书签存在，则单击其右侧的下拉按钮，在弹出的下拉列表中可直接选择这些书签并在"公式"文本框中自动输入。

3.5.2 图表的应用

Word 2013提供了建立图表的功能，用来组织和显示信息。与文字数据相比，在某些特定场合，形象直观的图表更容易理解。同时，在文档中适当加入图表可使文本更加直观、生动。下面将对插入图表和编辑图表的方法分别进行介绍。

1. 插入图表

在Word 2013中可以通过"插入图表"对话框插入图表，也可以在"插入"选项卡中单击"文本"组中的"对象"按钮来插入，下面将对这两种插入方法分别进行介绍。

- 通过"插入图表"对话框插入图表：将鼠标光标定位到需要插入图表的位置，选择"插入"/"插图"组，单击"图表"按钮，在打开的"插入图表"对话框中选择需要的图表类型，然后单击确定按钮即可插入图表，如图3-71所示。

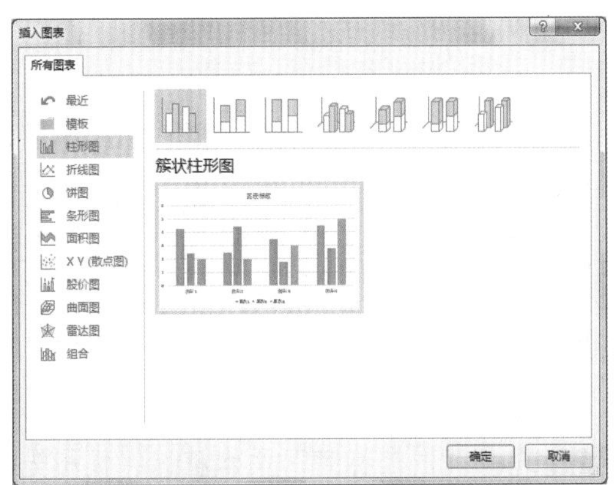

图3-71 "插入图表"对话框

- 通过单击"对象"按钮插入图表：将鼠标定位到需要插入图表的位置，选择"插入"/"文本"组，单击"对象"按钮，将打开"对象"对话框，然后在"新建"选项卡的对象类型下拉列表中选择"MicrosoftExcel图表"选项，再单击确定按钮即可在文档中插入一个Excel界面的图表，如图3-72所示。

图3-72 "对象"对话框

2. 编辑图表

组成图表的部分，例如图表标题、坐标轴、网格线、图例以及数据标签等，均可重新添加或设置。对图表进行格式设置，可以达到美化图表的效果，例如设置图表标题格式、图表区及背景的填充色等。

实例操作：插入并编辑图表

- 光盘\素材\第3章\销售统计表1.docx
- 光盘\效果\第3章\销售统计表1.docx
- 光盘\实例演示\第3章\插入并编辑图表

下面将在"销售统计表1.docx"文档中插入图表，然后对图表进行编辑和美化，如应用图表样式、添加图表元素和设置图表的样式效果等，效果如图3-73所示。

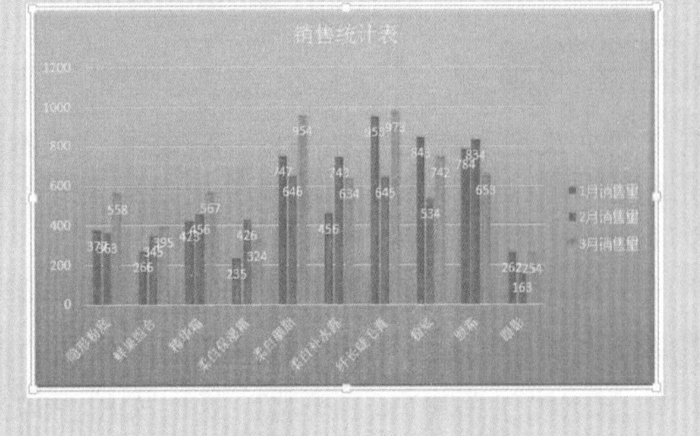

图3-73 最终效果

Step 1 ▶ 打开“销售统计表1.docx”文档，选择“插入”/“插图”组，单击“图表”按钮，如图3-74所示。

图3-74 单击“图表”按钮

Step 2 ▶ 在打开的“插入图表”对话框中选择“柱形图”类型，然后在右侧的列表中选择“三维簇状柱形图”选项，单击 确定 按钮插入图表，如图3-75所示。

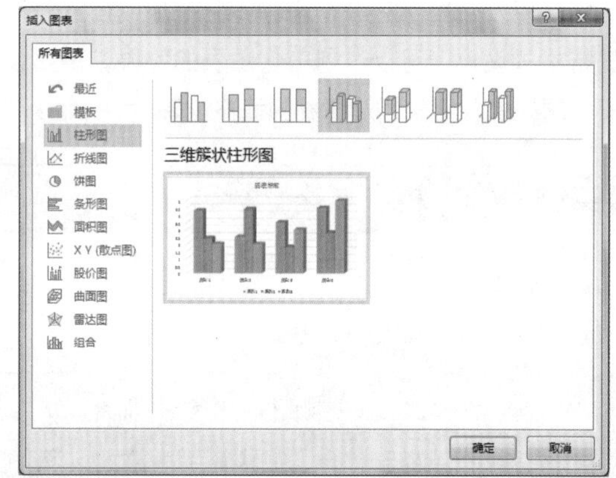

图3-75 选择图表类型

技巧秒杀

单击“更改图表类型”按钮，将打开“更改图表类型”对话框，在其中选择要更改的类型，便可修改图表类型。

Step 3 ▶ 在弹出的Excel表格中，输入销售表中的数据，单击×按钮关闭Excel表格，返回文档中即可看到插入的柱状图形，完成后的效果如图3-76所示。

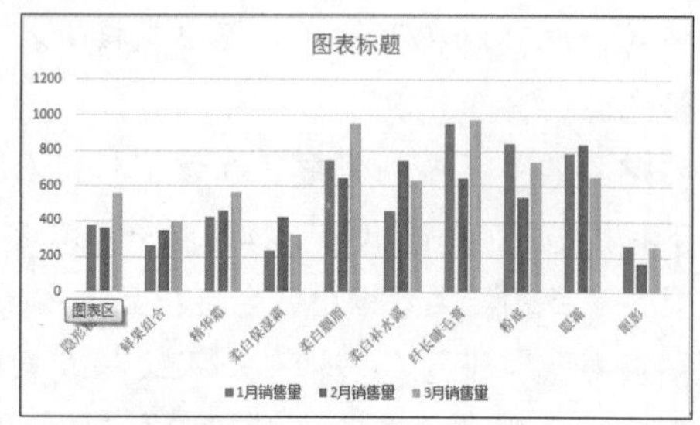

图3-76 查看插入的图表

Step 4 ▶ 选择刚插入的图表，将激活“图表工具”选项卡，然后选择“设计”/“图表布局”组，单击“添加图表元素”按钮，在弹出的下拉列表中选择“数据标签”/“数据标签外”选项，如图3-77所示。

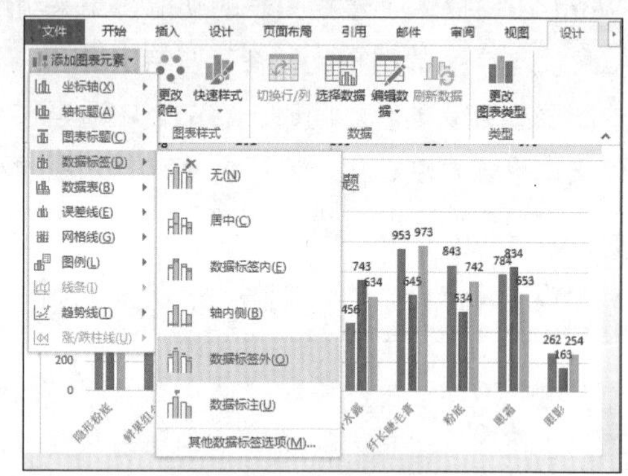

图3-77 添加数据标签

Step 5 ▶ 单击“添加图表元素”按钮，在弹出的下拉列表中选择“图例”/“右侧”选项，如图3-78所示。

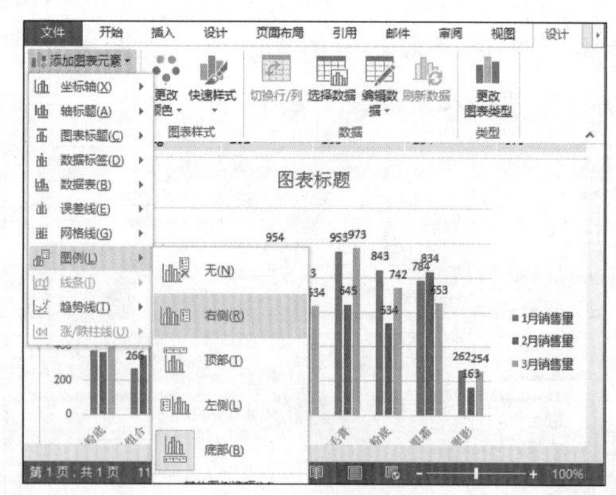

图3-78 添加图例

Step 6 ▶ 选择“图表标题”文本框，将鼠标光标定位到其中，然后在其中输入“销售统计表”，完成后的效果如图3-79所示。

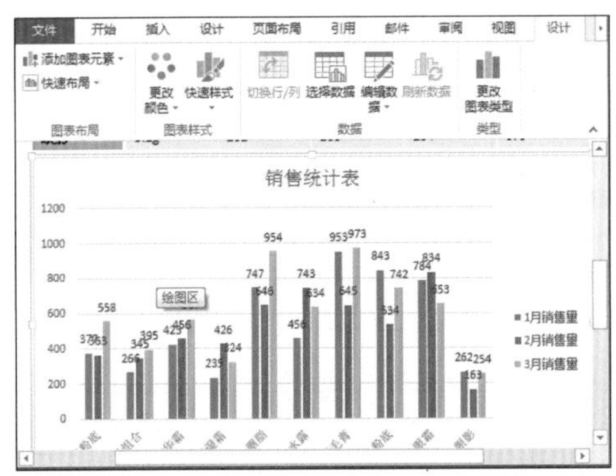

图3-79　输入图表标题

Step 7 ▶ 在“设计”/“图表样式”组中单击“更改颜色”按钮，在弹出的下拉列表中选择“彩色”栏中的“颜色3”选项，如图3-80所示。

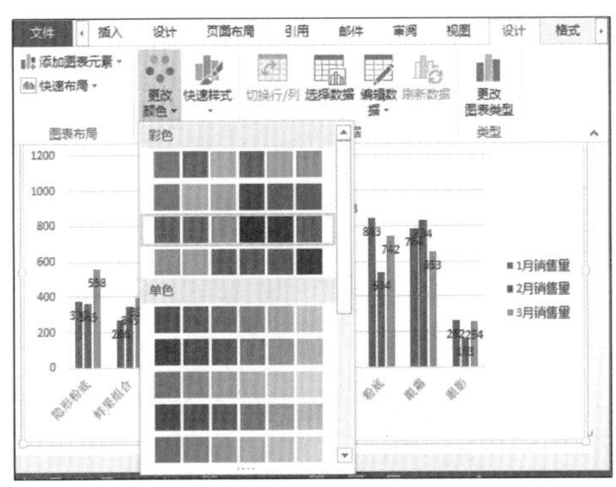

图3-80　更改图表颜色

Step 8 ▶ 选择“格式”/“形状样式”组，单击“快速样式”右侧的下拉按钮，在弹出的下拉列表中选择“强烈效果-水绿色，强调颜色5”选项，如图3-81所示。

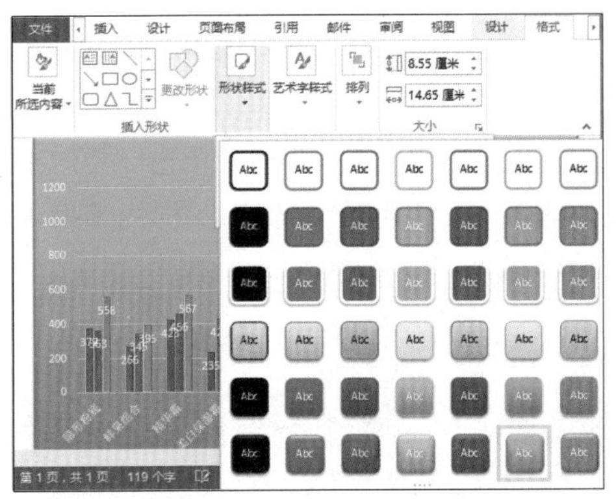

图3-81　更改图表形状样式

Step 9 ▶ 返回文档，可查看到设置后的最终效果，如图3-82所示。

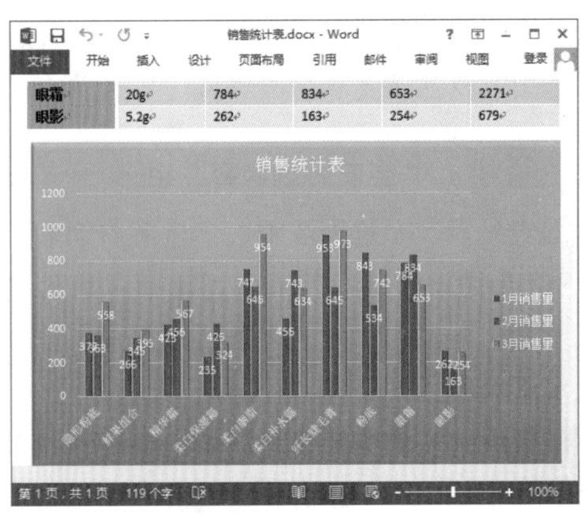

图3-82　最终效果

技巧秒杀

也可以设置图表数据中的某一个系列的数据的样式，单击“快速样式”列表框右侧的下拉按钮，在弹出的下拉列表中选择需要的样式即可。

知识解析：“数据”组

- **“切换行/列”按钮**：单击该按钮，将交换坐标轴上的数据，即标在X轴上的数据将移到Y轴上，反之亦然。
- **“选择数据”按钮**：单击该按钮，将打开“选择数据源”对话框，在其中可对图表中的数据进行设置，如图3-83所示。

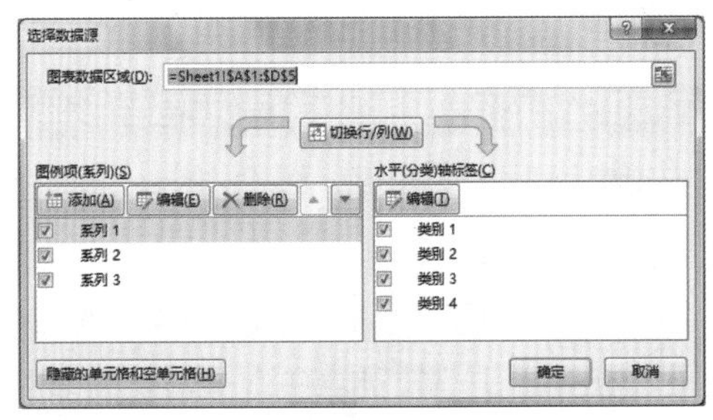

图3-83　“选择数据源”对话框

- **“编辑数据”按钮**：单击该按钮，在弹出的下拉列表中可选择“编辑数据”选项和“在Excel 2013中编辑数据”选项。其中，选择“编辑数据”选项将在Word中打开简化的Excel窗口，而选择“在Excel 2013中编辑数据”选项则会直接打开Excel窗口，在Excel中可编辑图表的数据。

◆ “刷新数据”按钮：单击该按钮，将会刷新所选图表以显示更新的数据。

知识解析：“当前所选内容”组

◆ “图表元素”下拉列表框：单击其右侧的下拉按钮，在弹出的下拉列表中可选择当前选择的图表元素，如图表标题、图表区、图例、系列和垂直水平轴等。

◆ “设置所选内容格式”按钮：单击该按钮，将会显示“格式”任务窗格，这其中可微调所选图表元素的格式。

◆ “重设以匹配样式”按钮：单击该按钮，将清除所选图表元素的自定义格式，并将其还原为应用于该图表的整体外观样式。这可以使得所选图表元素与文档的整体主题相匹配。

读书笔记

知识大爆炸

——图片、形状和SmartArt形状相关知识

1. 将图片转换为SmartArt图形

在Word 2013中，用户不仅可以把图片转换为形状，也可以根据需要将插入到文档中的图片转换为不同形状的SmartArt图形。

选择需要编辑的图片后，再选择“格式”/“图片样式”组，单击“图片版式”按钮，在弹出的下拉列表中选择需要的SmartArt图形即可将图片转换为SmartArt图形，然后单击图形中的“文本”字样并输入文本，再选择图形中的图片，此时图片四周会出现白色的控制点，将鼠标光标移到控制点上，按住鼠标左键不动并拖动鼠标将图片调整到合适的大小，即可完成将图片转换成SmartArt图形的操作。

2. 将SmartArt图形设置为不同的形状

在Word中插入系统预设的SmartArt图形，还可以根据需要将SmartArt图形中某个或某几个形状重新设置为不同的样式。

插入SmartArt图形后，选择其中需要重设的形状，然后选择“格式”/“形状”组，单击“更改形状”按钮，在弹出的下拉列表中选择需要的形状即可，也可以对重新设置的形状的颜色、样式等属性进行设置。

3. 组合形状图形

当一个文档中的形状图形较多时，为了方便图形的移动、管理等操作，可将几个图形组合为一个图形。

这样只要移动组合图形中的任意一个形状，所有形状都会跟着移动。

按住Ctrl键不放，依次选择需要组合的形状，然后选择“格式”/“排列”组，单击“组合”按钮，在弹出的下拉列表中选择“组合”选项，即可将所选的形状都组合在一起。此时单击其中任意一个形状，就可以选择整个组合。

如果要取消组合，则先选择组合，单击鼠标右键，在弹出的快捷菜单中选择“组合”/“取消组合”命令，或选择“格式”/“排列”组，单击“组合”按钮，在弹出的下拉列表中选择“取消组合”选项，即可将所选的组合取消。

读书笔记

01 02 03 04 05 06 07 08 09 10 11 12 ......

Word 2013 版面优化

本章导读

在Word中完成文档的输入后，为了让文档在整体上更加美观，以及能适应不同的打印要求，需要用户对Word文档版面进行优化。本章将介绍Word文档的页面设计、页面美化以及文档排版等Word页面的相关操作。

4.1 页面设计

在制作文档前，为了满足后期打印输出的需要，可对页面大小、页面和文字方向、页边距、页眉和页脚等进行设置。通过这些页面设计操作，可以让整个页面看起来更加美观和有条理，下面将分别进行介绍。

4.1.1 文档页面设置

不同的办公文档对页面的要求都有所不同，所以用户经常需对页面进行设置。页面设置是指对文档页面的大小、方向和页边距等进行设置，而这些设置将应用于文档的所有页。

1. 设置页面大小

常使用的纸张大小为A4、16开、32开和B5等，不同文档要求的页面大小也不同，用户可以根据需要自定义纸张大小。设置页面大小的方法有两种，下面将分别进行介绍。

◆ **通过“页面设置”组设置**：选择“页面布局”/“页面设置”组，单击“纸张大小”按钮，在弹出的下拉列表中选择需要的纸张大小即可，如图4-1所示。

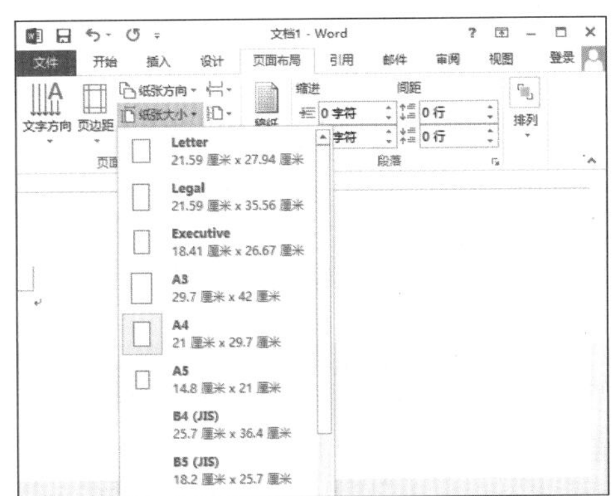

图4-1 通过“页面设置”组设置

◆ **通过“页面设置”对话框设置**：选择“页面布局”/“页面设置”组，单击功能扩展按钮，在打开的“页面设置”对话框中选择“纸张”选项卡，在“纸张大小”栏中设置所需的纸张大小，然后单击确定按钮即可，如图4-2所示。

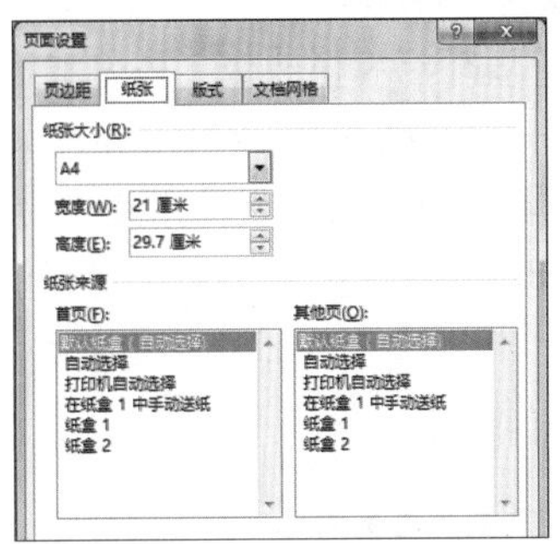

图4-2 通过“页面设置”对话框设置

2. 设置页面和文字方向

有时为了页面版式更加美观，用户需要对页面方向和文字方向进行设置。下面将对设置页面方向和文字方向的方法分别进行介绍。

◆ **设置页面方向**：选择“页面布局”/“页面设置”组，单击“纸张方向”按钮，在弹出的下拉列表中选择需要的页面方向，然后文档中所有页面方向都会随之发生变化，如图4-3所示；或者在“页面布局”/“页面设置”组中单击功能扩展按钮，在打开的“页面设置”对话框中选择“页边距”选项卡，在“纸张方向”栏中选择“纵向”或“横向”选项，然后单击确定按钮即可改变纸张的方向。

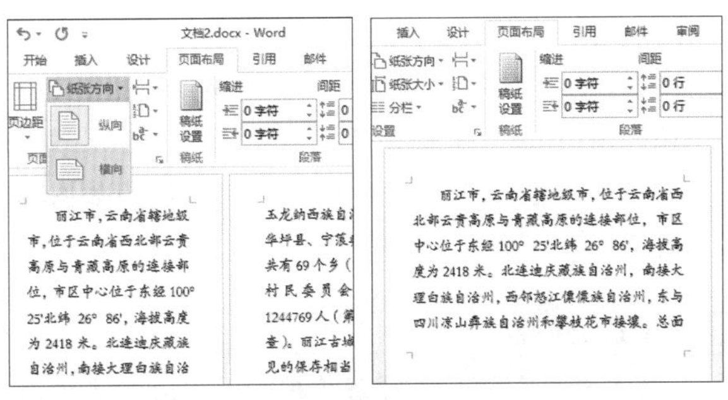

图4-3 设置页面方向

◆ 设置文字方向：选择"页面布局"/"页面设置"组，单击"文字方向"按钮，在弹出的下拉列表中选择需要的文字方向，然后文档中所有页面的文字方向都会随之发生变化，如图4-4所示；或者在"页面布局"/"页面设置"组中单击功能扩展按钮，在打开的"页面设置"对话框中选择"文档网格"选项卡，在"文字排列"栏中选中◉水平(Z)或◉垂直(V)单选按钮，然后单击确定按钮即可改变页面中文字的方向。

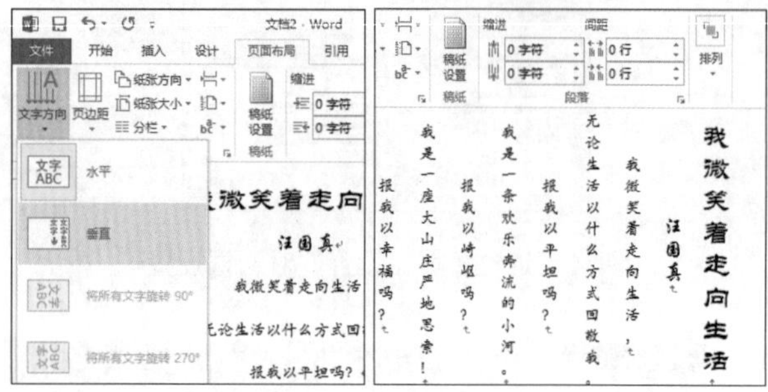

图4-4 设置文字方向

技巧秒杀

选择"页面布局"/"页面设置"组，单击"文字方向"按钮，在弹出的下拉列表中选择"文字方向选项"，将打开"文字方向—主文档"对话框，在其中也可设置文字方向。

3. 设置页边距

页边距是指页面四周的空白区域，也就是页面边线到文字的距离。用户在设置页边距时，可使用Word 2013提供的样式，也可以自定义页边距值，下面分别进行介绍。

◆ 选择Word提供的页边距：选择"页面布局"/"页面设置"组，单击"页边距"按钮，在弹出的下拉列表中选择需要的页边距选项，如图4-5所示。

技巧秒杀

在制作广告文档和进行书籍排版时，通常要使用"页面设置"对话框来自定义页边距。

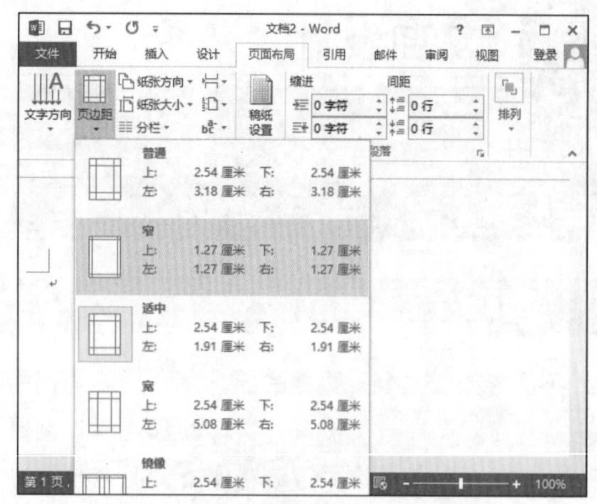

图4-5 选择Word提供的页边距选项

◆ 自定义页边距：选择"页面布局"/"页面设置"组，单击"页边距"按钮，在弹出的下拉列表中选择"自定义边距"选项，打开"页面设置"对话框，在"页边距"选项卡的"页边距"栏中对相应选项进行设置即可，如图4-6所示。

图4-6 自定义页边距

4. 稿纸设置

稿纸设置功能用于生成空白的稿纸样式文档，或将稿纸网格应用于Word文档中的现有文档。通过"稿纸设置"对话框，可以根据需要轻松地设置稿纸属性，也可以方便地删除稿纸设置。下面将对稿纸设置的应用分别进行介绍。

◆ 创建空白稿纸文档：选择"页面布局"/"稿纸"组，单击"稿纸设置"按钮，将打开"稿纸设置"对话框，如图4-7所示，在其中进行设置后单击确认按钮即可创建空白稿纸文档。

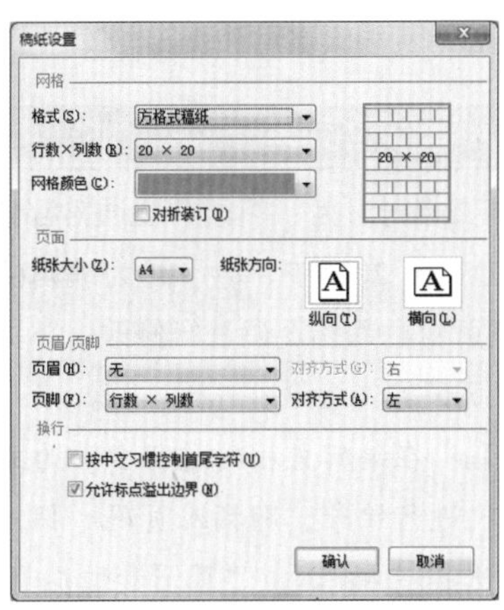

图4-7 “稿纸设置”对话框

◆ 更改稿纸文档的设置：单击“稿纸设置”按钮，打开“稿纸设置”对话框，在其中选择有效的稿纸样式后，将启用其属性，也可以根据需要对稿纸的属性进行更改，单击确认按钮，文档将自动更改选择的样式。

◆ 删除文档中的稿纸设置：单击“稿纸设置”按钮，打开“稿纸设置”对话框，然后在“网格”栏中单击“格式”下拉列表框右侧的下拉按钮，在弹出的下拉列表中选择“非稿纸文档”选项，即可删除文档中的稿纸设置。

技巧秒杀

在新建的稿纸文档中输入文字时不能修改其字号，而字体可以根据需要进行设置。

知识解析：“稿纸设置”对话框

◆ 格式：在该下拉列表中有4种选项，分别是“非稿纸文档”、“方格式稿纸”、“行线式稿纸”和“外框式稿纸”。

◆ 行数×列数：用于设置每行的字数和每页的行数，分别是10×10、15×20、20×20、20×25和24×25，如10×20表示每行10个字符，每页20行，可以根据需要选择这5种格式。

◆ 网格颜色：在该下拉列表中可选择需要的网格颜色。

◆ 对折装订(O)复选框：选中该复选框后，可以将一页稿纸对折成两页。

◆ 纸张大小：用于设置稿纸文档的纸张大小。在其中有4种选项，分别是A3、A4、B4和B5。

◆ 纸张方向：可以选择“纵向”或“横向”。而稿纸文档默认的页面方向与Word文档的页面方向相同。

◆ “页眉/页脚”栏：可以选择使用预定的页眉/页脚样式。页眉/页脚的位置还可在左对齐、右对齐或居中对齐三者间进行变换。

◆ “换行”栏：此栏中的复选框用于亚洲的Word版式。如果需要按中文习惯控制行的首尾字符，或允许文档中的标点溢出边界，则可以选中按中文习惯控制首尾字符(U)复选框或允许标点溢出边界(N)复选框。

4.1.2 设置页眉和页脚

进行文档编辑时，可在页面的顶部或底部区域插入文本、图形等内容，如文档标题、公司标志、文件名或日期等，这些就是文档的页眉或页脚。下面将对页眉和页脚的设置分别进行介绍。

1. 插入页眉和页脚

通过在文档的顶部或底部插入页眉和页脚，可使文档的格式更整齐和统一。在Word 2013中，可直接选择页眉和页脚的样式进行应用。选择“插入”/“页眉和页脚”组，单击“页眉”按钮，在弹出的下拉列表中选择需要的页眉样式，然后对插入的页眉内容进行修改即可，如图4-8所示。而在“页眉和页脚”组中单击“页脚”按钮，可在弹出的下拉列表中选择需要的页脚样式，然后对插入的页脚内容进行修改即可，如图4-9所示。

技巧秒杀

在编辑页眉和页脚时，不仅可以在其中插入文本，还可以插入图片等其他对象。

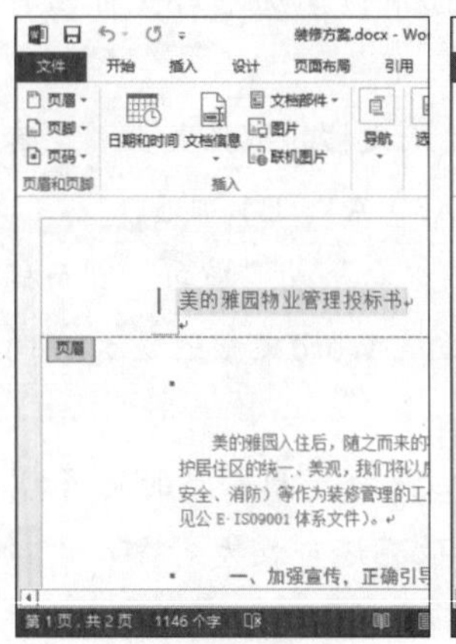

图4-8 插入页眉

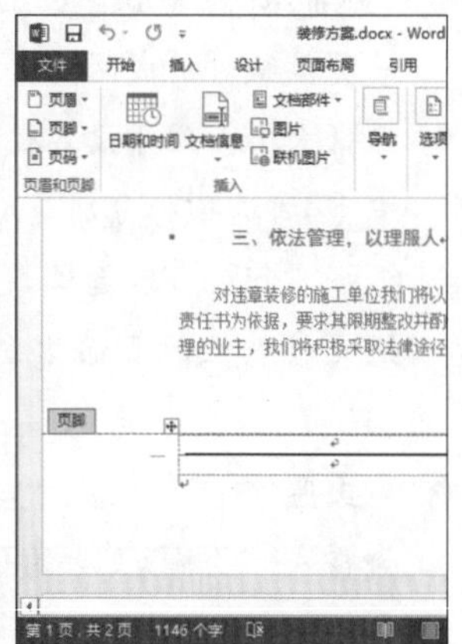

图4-9 插入页脚

知识解析：“插入”组

◆ **“日期和时间”按钮**：单击该按钮，可打开“日期和时间”对话框，在其中选择需要的格式后，单击确定按钮即可在页眉或页脚中插入日期和时间。

◆ **“文档信息”按钮**：单击该按钮，在弹出的下拉列表中可选择插入作者、文件名、文件路径和文档标题等。

◆ **“文档部件”按钮**：单击该按钮，在弹出的下拉列表中可选择插入自动图文集，或文档属性对象，如备注、标题、单位和主题等。

◆ **“图片”按钮**：单击该按钮，可打开“插入图片”对话框，在其中选择需要插入的图片，然后单击确定按钮可在页眉和页脚中插入图片。

◆ **“联机图片”按钮**：单击该按钮，可打开“插入图片”对话框，在其中可搜索剪贴画或网络上的图片，然后单击插入按钮，可在页眉和页脚处插入联机图片。

2. 删除页眉和页脚

当文档中不需要设置页眉和页脚时，可将其删除。而删除页眉和页脚的方法很简单，在文档的页眉或页脚处双击，进入页眉或页脚编辑状态，选择插入的页眉或页脚，按Delete键将其删除，然后在激活的“页眉和页脚工具设计”选项卡中单击“关闭页眉和页脚”按钮即可删除页眉和页脚。

3. 插入和修改页码

在制作文档时，为了阅读方便通常都会为文档插入页码。在Word 2013中，除了可为编辑的文档插入页码外，还可对插入的页码进行修改。下面就对插入页码和修改页码的方法分别进行讲解。

◆ **插入页码**：在编辑文档的过程中，为文档中的每一页依次进行编号，即插入页码。插入页码的方法是：选择“插入”/“页眉和页脚”组，单击“页码”按钮，在弹出的下拉列表中选择需要插入的文档位置和页码样式，如图4-10所示。

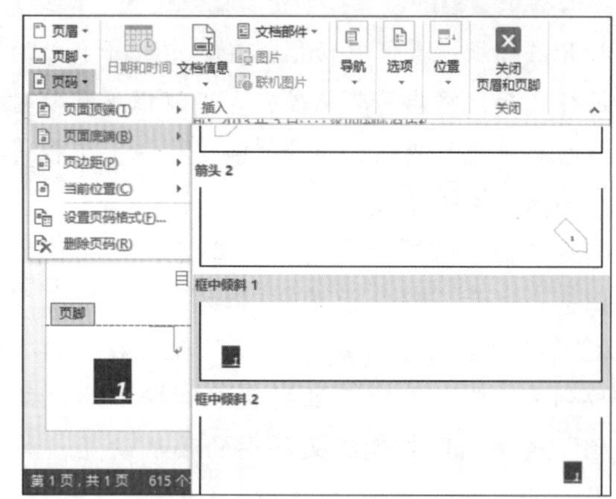

图4-10 插入页码

◆ **修改页码**：为文档设置了页码后，如果用户需要将某个文档中的页码和当前页码衔接，可对页码进行修改。其方法是：将鼠标定位到需要修改页码的页面中，选择“设计”/“页眉和页脚”组，单击“页码”按钮，在弹出的下拉列表中选择“设置页码格式”选项，在打开的“页码格式”对话框的“页码编号”栏中选中起始页码(A)单选按钮，在其后的数值框中输入需修改为的页码数，如图4-11所示，单击确定按钮完成修改。

技巧秒杀

在“页码格式”对话框的“编号格式”下拉列表框中，可选择阿拉伯数字或罗马数字等格式的页码。

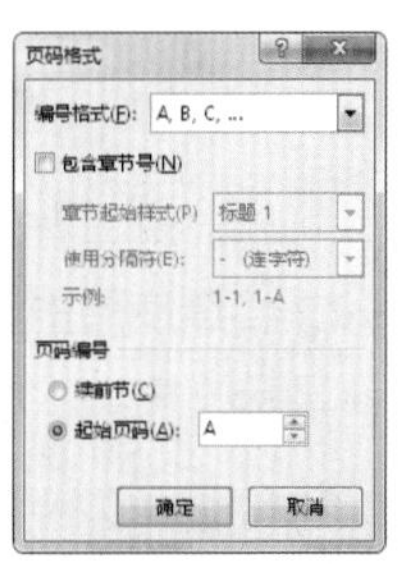

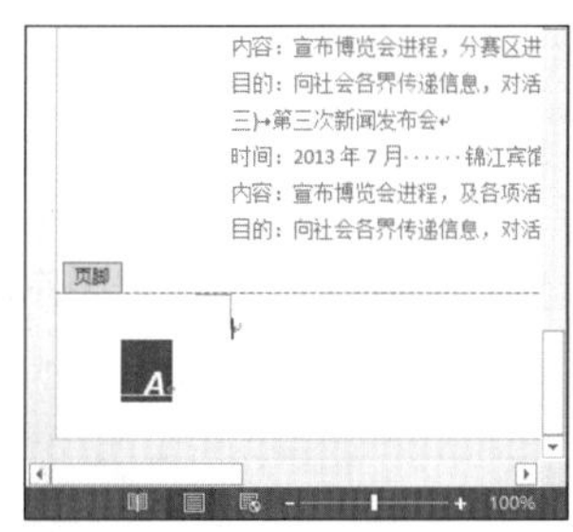

图4-11 修改页码

读书笔记

4.2 页面美化

在对文档进行页面设计后，还需要对页面进行美化操作。在Word 2013中可以通过为文档设置边框和底纹来增加文档的色彩和表现力，也可以在文档中添加水印对文档的制作单位或类型进行特别批注。下面将分别进行介绍。

4.2.1 添加边框和底纹

在Word文档的编辑过程中，为文档设置边框和底纹可以突出文本重点。边框和底纹的设置通常用于海报、邀请函以及备忘录等特殊文档中。

实例操作：设计"公司纪律规定"文档

- 光盘\素材\第4章\公司纪律规定.docx
- 光盘\效果\第4章\公司纪律规定.docx
- 光盘\实例演示\第4章\设计"公司纪律规定"文档

本例将在文档中为文本添加边框和底纹，制作后的效果如图4-12所示。

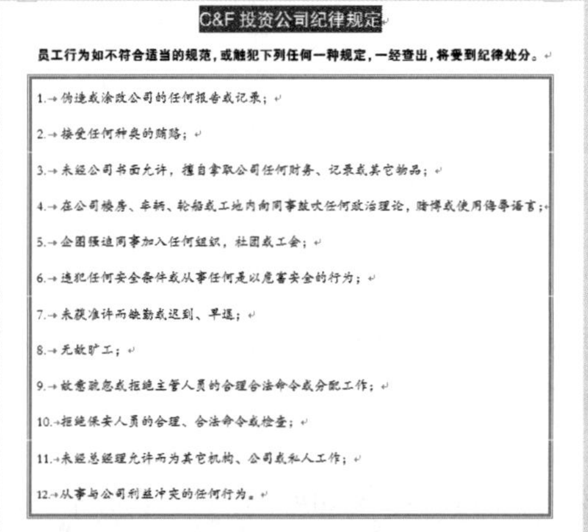

C&F投资公司纪律规定

员工行为如不符合适当的规范，或触犯下列任何一种规定，一经查出，将受到纪律处分。

1. 伪造或涂改公司的任何报告或记录；
2. 接受任何种类的贿赂；
3. 未经公司书面允许，擅自拿取公司任何财务、记录或其它物品；
4. 在公司楼房、车辆、轮船或工地内向同事鼓吹任何政治理论，赌博或使用侮辱语言；
5. 企图强迫同事加入任何组织，社团或工会；
6. 违犯任何安全条件或从事任何足以危害安全的行为；
7. 未获准许而缺勤或迟到、早退；
8. 无故旷工；
9. 故意疏忽或拒绝主管人员的合理合法命令或分配工作；
10. 拒绝保安人员的合理、合法命令或检查；
11. 未经总经理允许而为其它机构、公司或私人工作；
12. 从事与公司利益冲突的任何行为。

图4-12 最终效果

Step 1 打开"公司纪律规定.docx"文档，选择"C&F投资公司纪律规定"标题文本，然后选择"开始"/"段落"组，单击"边框"按钮右侧的下拉按钮，在弹出的下拉列表中选择"边框和底纹"选项，如图4-13所示。

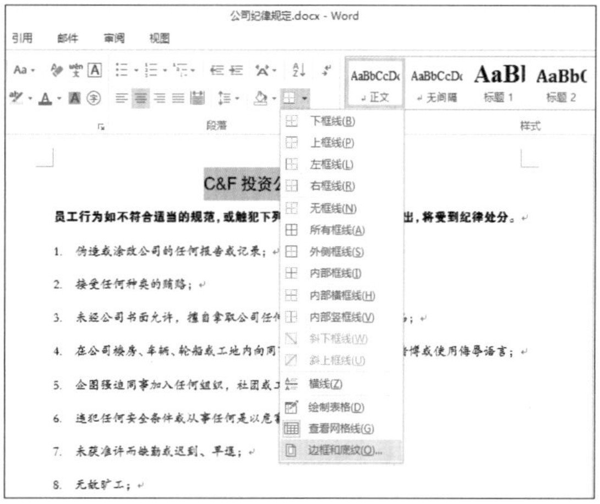

图4-13 选择"边框和底纹"选项

Step 2 打开"边框和底纹"对话框，选择"底纹"选项卡，在"填充"下拉列表框中选择"标准色"栏中的"红色"选项，在"图案"栏的"样式"下拉列表框中选择40%选项，同时在"预览"栏的"应用于"下拉列表框中选择"文字"选项，然后单击确定按钮，如图4-14所示。

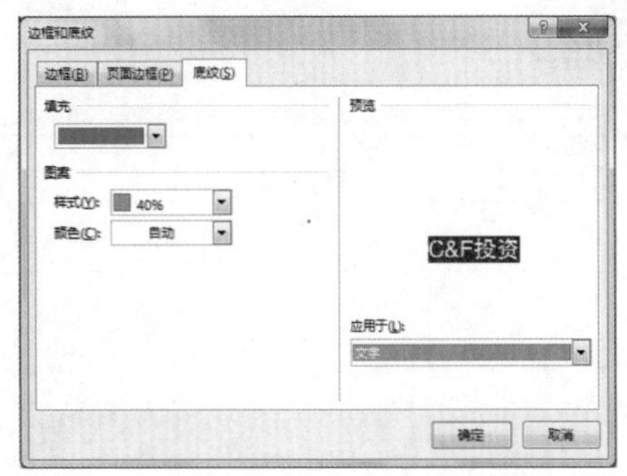

图4-14　设置文本底纹

Step 3 ▶ 返回文档，选择编号段落文本，用同样方法打开“边框和底纹”对话框，在“设置”列表框中选择“方框”选项，在“样式”列表框中选择相应的边框样式，并在“颜色”下拉列表框中选择“标准色”栏中的“蓝色”选项，在“宽度”下拉列表框中选择“3.0磅”选项，然后单击 确定 按钮，如图4-15所示。

图4-15　设置边框

Step 4 ▶ 返回文档查看设置后的效果，如图4-16所示。

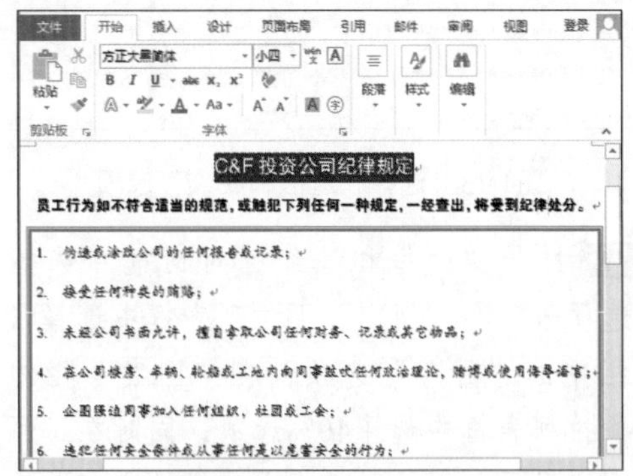

图4-16　查看文档效果

4.2.2 页面背景设置

为了使文档更为生动、美观，可以对页面背景进行设置。页面背景是指显示于Word文档最底层的颜色或图案，可以丰富Word文档的页面显示效果。

1. 添加页面颜色

在Word 2013文档中，用户可以根据需要设置页面的颜色。添加页面颜色可以直接应用系统提供的页面颜色，如果这些颜色不能满足需要，则可以自定义页面颜色，下面分别进行介绍。

◆ **使用预设颜色设置页面：** 在打开的文档中选择“设计”/“页面背景”组，单击“页面颜色”按钮，在弹出的下拉列表中选择“主题颜色”栏和“标准色”栏中需要的颜色即可，如图4-17所示。

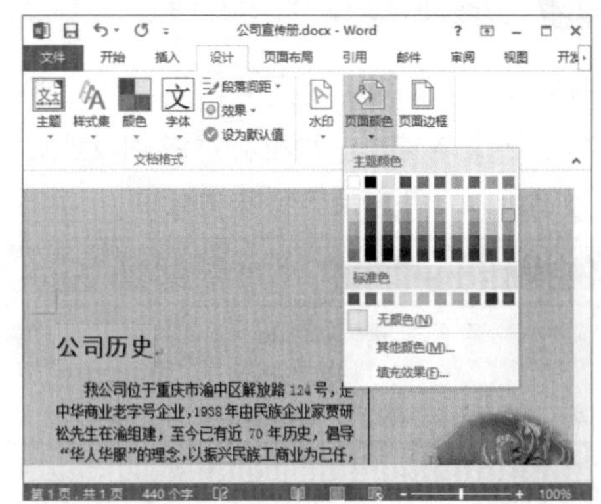

图4-17　应用预设颜色设置页面

◆ **自定义颜色设置页面：** 如果要对页面颜色进行更多效果的设置，则可单击“页面颜色”按钮，在弹出的下拉列表中选择“其他颜色”选项，将会打开“颜色”对话框，如图4-18所示，选择“自定义”选项卡，在“颜色”栏中可直接选择需要的颜色，也可在下方的数值框中输入数值设置颜色，然后单击 确定 按钮即可添加新的页面颜色；也可单击“页面颜色”按钮，在弹出的下拉列表中选择“填充效果”选项，打开“填充效果”对话框，如图4-19所示，在其中进行设置后单击 确定 按钮，返回文档后可查看到添加的页面颜色。

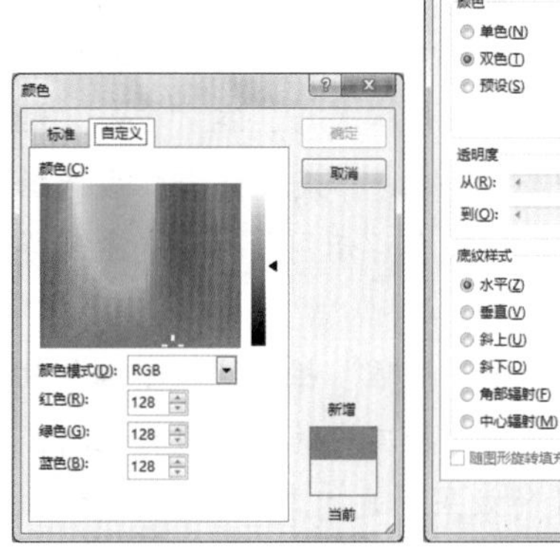

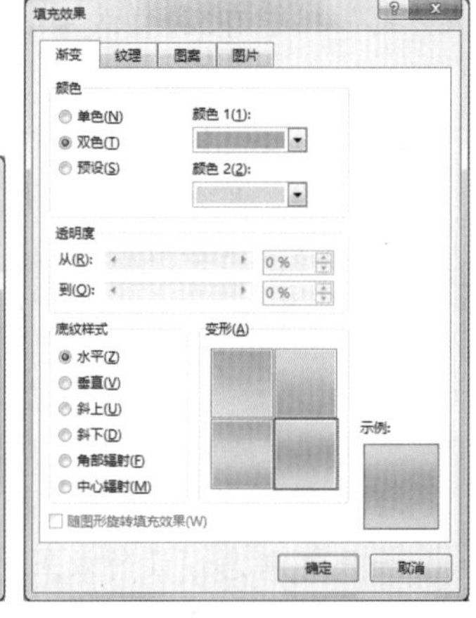

图4-18 “颜色”对话框 图4-19 “填充效果”对话框

2. 添加页面边框

在Word 2013文档中，不仅可以添加页面颜色来进行页面优化，也可在页面中添加边框来增加文档的时尚特色。用户可以使用各种线条样式、宽度和颜色创建边框，或者选择趣味性主题的艺术边框。

实例操作：为文档设置边框和底纹

- 光盘\素材\第4章\公司纪律规定1.docx
- 光盘\效果\第4章\公司纪律规定1.docx
- 光盘\实例演示\第4章\为文档设置边框和底纹

本例将在文档中为页面添加边框和底纹，制作后的效果如图4-20所示。

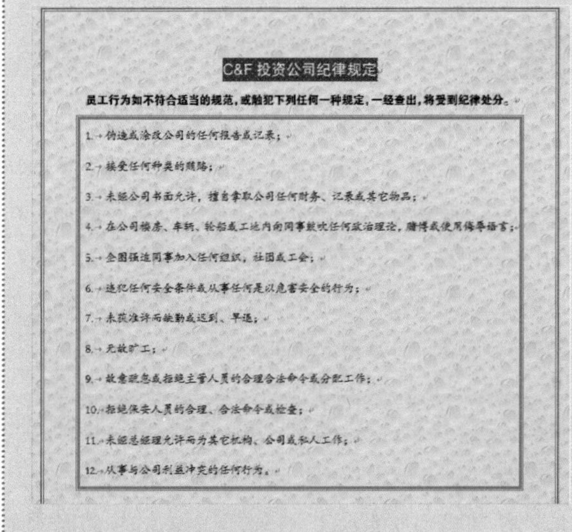

图4-20 最终效果

Step 1 打开“公司纪律规定1.docx”文档，选择“设计”/“页面背景”组，单击“页面颜色”按钮，在弹出的下拉列表中选择“填充效果”选项，如图4-21所示。

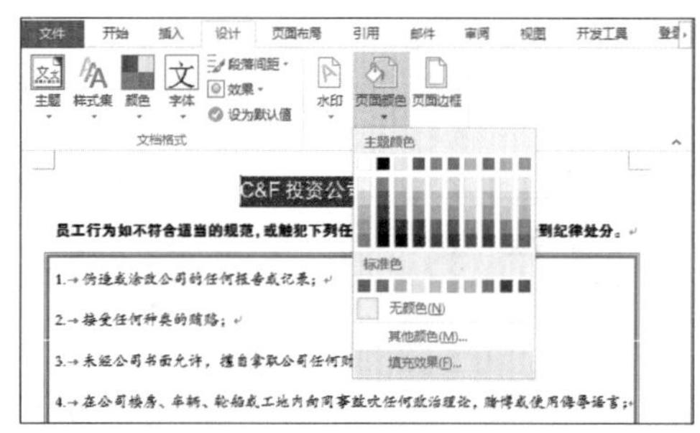

图4-21 选择“填充效果”选项

Step 2 打开“填充效果”对话框，选择“纹理”选项卡，在下方的“纹理”栏中选择“水滴”选项，在右下侧“示例”预览框中可预览选择的效果，确定需要的颜色后单击 确定 按钮，如图4-22所示。

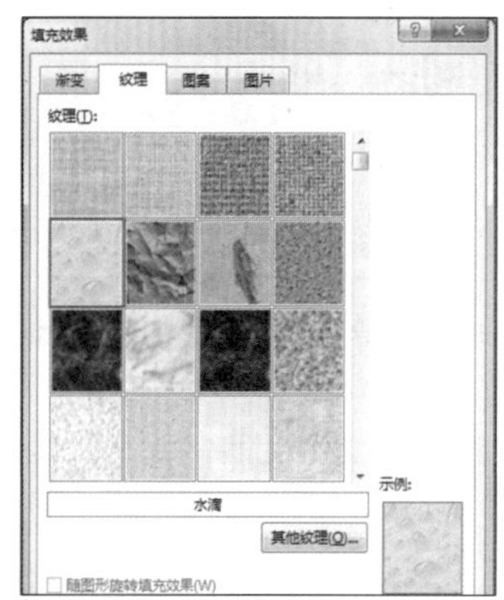

图4-22 设置“填充效果”对话框

Step 3 返回文档即可查看添加的水滴纹理效果，如图4-23所示。

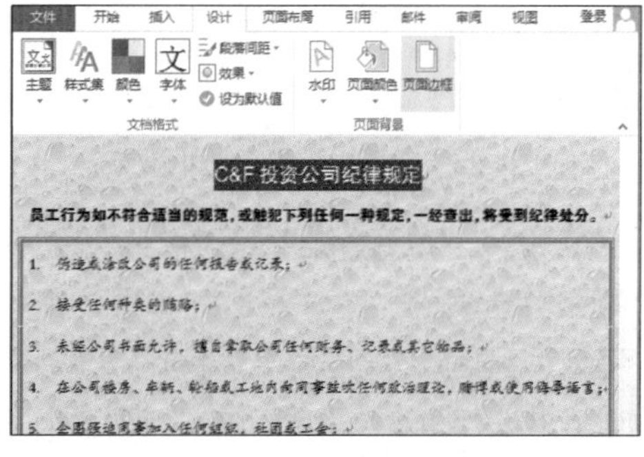

图4-23 查看文档纹理填充效果

Step 4 ▶ 单击“页面边框”按钮，打开“边框和底纹”对话框，此时默认选择“页面边框”选项卡，在左侧选择“方框”选项，然后在“样式”列表框中选择需要的样式，并设置“颜色”为“深红”，“宽度”为“1.5磅”。在设置时可在右侧“预览”栏中查看设置后的效果，单击确定按钮完成设置，如图4-24所示。

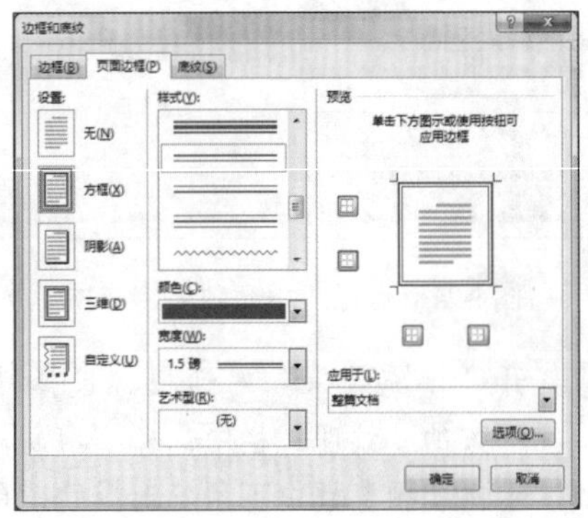

图4-24 设置页面边框

技巧秒杀

如果用户对所选边框样式不满意，可在“艺术型”下拉列表框中选择需要的样式。

Step 5 ▶ 返回文档查看设置后的页面边框效果，如图4-25所示。

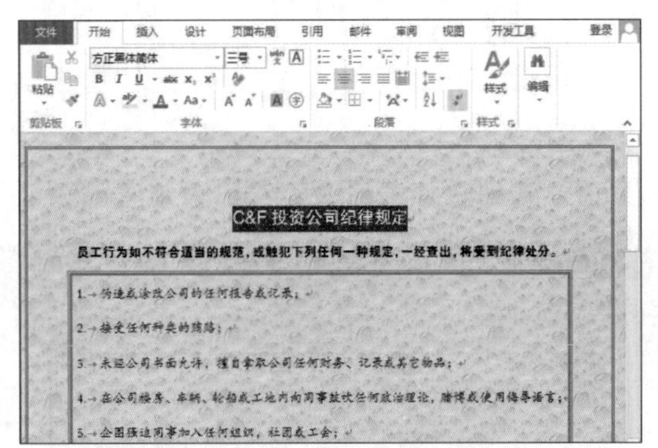

图4-25 查看文档页面边框效果

知识解析：“填充效果”对话框

◆ **“渐变”选项卡**：在“颜色”栏中，可以选中单色(N)、双色(T)或预设(S)单选按钮，分别在激活的选项中进行相应的设置；在“透明度”栏中的设置一般情况下保持默认状态；而在“底纹样式”栏中有6种样式可选择，分别是“水平”、“垂直”、“斜上”、“斜下”、“角部辐射”和“中心辐射”，用户可选中对应的单选按钮进行设置；当选中一种底纹样式后，在“变形”栏中会相应的出现4种具体的样式可选择；当选择一种具体的样式后，可在“示例”栏中查看到样式的效果。

◆ **“纹理”选项卡**：在“纹理”栏中预设了24种纹理样式，用户可直接选择其中的一种进行应用，如果不满意预设的效果，也可单击其他纹理(O)...按钮打开“插入图片”对话框，在电脑中选择需要的图片作为纹理插入，并可在右下侧的“示例”栏中查看到选择的纹理的效果。

◆ **“图案”选项卡**：在“图案”栏中预设了48种图案样式，用户可直接选择其中的一种进行应用，在“前景”和“背景”下拉列表中可选择图案前景和背景的颜色，设置完成后可在右下侧的“示例”栏中查看到图案的效果。

◆ **“图片”选项卡**：页面也可以插入图片来填充。在“图片”选项卡中单击选择图片(L)...按钮，将打开“插入图片”对话框，在其中可选择电脑中保存的图片，也可选择在网上搜索的图片进行插入，在右下侧的“示例”栏中可查看插入图片的效果。

4.2.3 文档水印设置

在文档中插入水印，是一种用来标注文档和防止盗版的有效方法，一般是插入公司的标志或是某种特别的文本。通过给Word文档添加水印，可以增加文档识别性，如将一篇文档标记为草稿等。在Word中既可以为编辑的文档轻松添加内置水印，也可以方便地创建个性化水印，下面将分别进行介绍。

1. 应用内置水印

在Word 2013中提供了内置的水印选项，用户可直接选择需要添加的水印进行应用。Word中内置的水印主要包括机密、紧急和免责声明等几种类型。

在文档中直接应用内置水印的方法是：选择“设计”/“页面背景”组，单击“水印”按钮，在弹出的下拉列表中选择相应的水印选项，如图4-26所示，返回文档中即可查看到应用的水印效果，如图4-27所示。

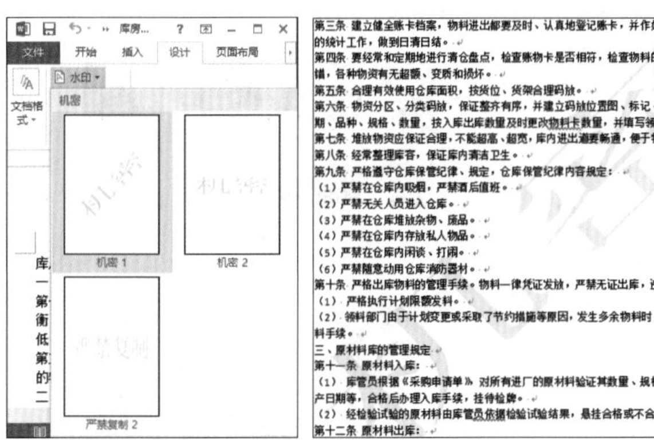

图4-26　选择内置水印

第三条 建立健全账卡档案，物料进出都要及时、认真地登记账卡，并作好进货的统计工作，做到日清日结。
第四条 要经常和定期地进行清仓盘点，检查账物卡是否相符，检查物料的收发错，各种物资有无超额、变质和损坏。
第五条 合理有效使用仓库面积，按货位、货架合理码放。
第六条 物资分区、分类码放，保证整齐有序，并建立码放位置图、标记、物料期、品种、规格、数量，按入库出库数量及时更改物料卡数量，并填写领用日期
第七条 堆放物资应保证合理，不能超高、超宽，库内进出道要畅通，便于物品出
第八条 经常整理库容，保证库内清洁卫生。
第九条 严格遵守仓库保管纪律、规定，仓库保管纪律内容规定：
（1）严禁在仓库内吸烟，严禁酒后值班。
（2）严禁无关人员进入仓库。
（3）严禁在仓库堆放杂物、废品。
（4）严禁在仓库内存放私人物品。
（5）严禁在仓库内闲谈、打闹。
（6）严禁随意动用仓库消防器材。
第十条 严格出库物料的管理手续。物料一律凭证发放，严禁无证出库，违纪者
（1）严格执行计划限额发料。
（2）领料部门由于计划变更或采取了节约措施等原因，发生多余物料时，必须料手续。
三、原材料库的管理规定
第十一条 原材料入库：
（1）库管员根据《采购申请单》对所有进厂的原材料验证其数量、规格型号产日期等，合格后办理入库手续，挂待检牌。
（2）经检验试验的原材料由库管员依据检验试验结果，悬挂合格或不合格牌。
第十二条 原材料出库：

图4-27　应用水印后的效果

2. 自定义文本水印

在Word 2013中，除了可以从内置的“水印库”中选择已有水印外，也可以根据需要轻松创建个性化文字水印。

实例操作：插入自定义文本水印

- 光盘\素材\第4章\营销计划.docx
- 光盘\效果\第4章\营销计划.docx
- 光盘\实例演示\第4章\插入自定义文本水印

下面将在“营销计划.docx”文档中插入自定义文本水印。

Step 1 打开“营销计划.docx”文档，选择“设计”/“页面背景”组，单击“水印”按钮，在弹出的下拉列表中选择“自定义水印”选项，如图4-28所示。

读书笔记

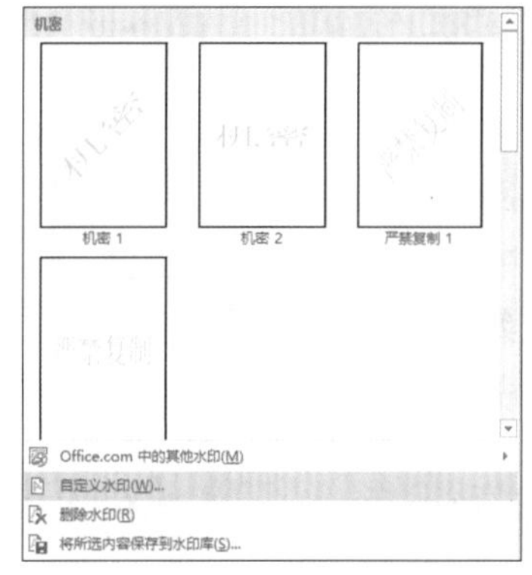

图4-28　选择“自定义水印”选项

Step 2 打开“水印”对话框，选中文字水印(X)单选按钮，在“文字”下拉列表框中输入“营销计划”，在“字体”下拉列表框中选择“方正楷体简体”选项，在“颜色”下拉列表框中选择“水绿色，着色5，淡色40%”选项，并选中半透明(E)复选框，然后单击确定按钮，如图4-29所示。

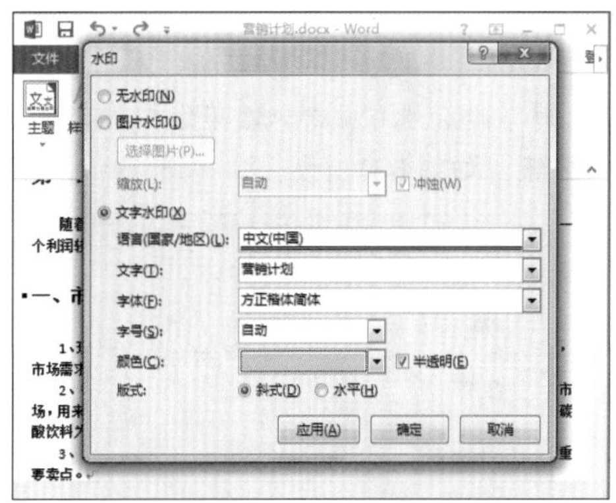

图4-29　设置自定义水印

Step 3 返回文档查看设置后的水印效果，如图4-30所示。

第一部分　市场分析

随着市场经济的迅猛发展，果汁饮料行业逐步成为一个朝气蓬勃的产业，也已发展成一个利润较为可观的行业。

一、市场背景分析及上市目的

1、现阶段我国的饮料市场，果汁是现今市场的竞争焦点，果汁也一直是消费热点话题，市场需求量也在不断扩大，这给“阳光果园”提供了广阔的市场环境。
2、每一个饮料生产企业都有其独特的产品口味和包装，作为自己的主导产品来运作市场，用来与其他竞争品牌相抗衡，来获取更大的市场份额。而目前公司生产的饮料主要以碳酸饮料为主，急需要补充新产品来占领市场份额。
3、当前果汁饮料的卖点仍是绿色健康，很多生产厂家都将绿色作为推销自己的一个重要卖点。
4、果蔬汁饮料在经济发达国家发展较快，在国外市场流行品种较为繁多，市场上常见的有菠萝果汁及蔬菜汁。在美国市场混合两种以上不同果汁的饮品称为“宾治”，属新时代饮品。
5、红宝集团作为国内大型饮料生产企业，品牌效应强，因此新品牌的形象、产品包装和口味显得尤为重要。
综上所述，“阳光果园”新品定位的市场整体趋势看好，尚有较大空隙的细分市场，而

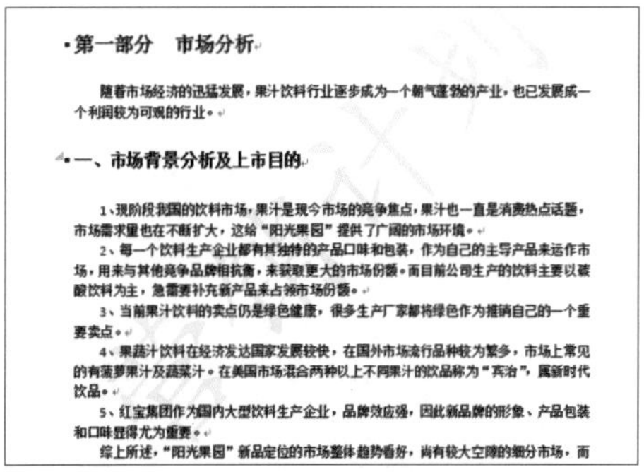

图4-30　查看文档效果

3. 添加图片水印

在文档中插入图片水印，如公司LOGO，可以使文档更加正式化，同时也是对文档版权的一种声明。Word 2013中提供了自定义水印功能，通过该功能不仅可以轻松实现插入自定义的文字水印，还可以插入自定义的图片水印。

实例操作：插入自定义图片水印

- 光盘\素材\第4章\邀请函.docx、郁金香.jpg
- 光盘\效果\第4章\邀请函.docx
- 光盘\实例演示\第4章\插入自定义图片水印

插入图片水印的文档将更加美观，更能吸引人的注意，下面将在“邀请函.docx”文档中插入自定义图片水印来美化文档。

Step 1 打开“邀请函.docx”文档，选择“设计”/“页面背景”组，单击“水印”按钮，在弹出的下拉列表中选择“自定义水印”选项，打开“水印”对话框，选中“图片水印”单选按钮，然后单击“选择图片”按钮，如图4-31所示。

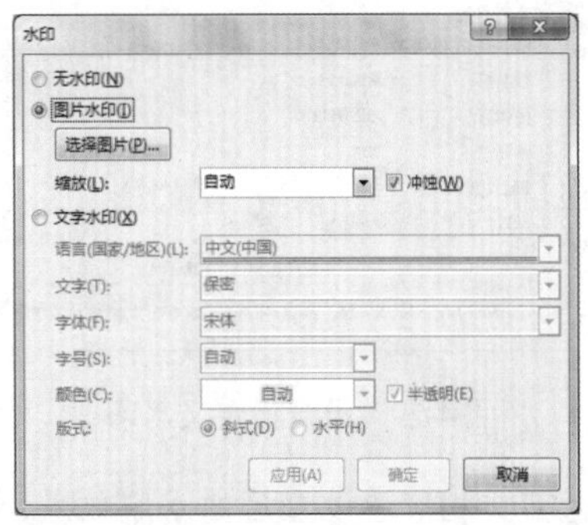

图4-31 设置图片水印

Step 2 打开“插入图片”对话框，选择“来自文件”选项，如图4-32所示。

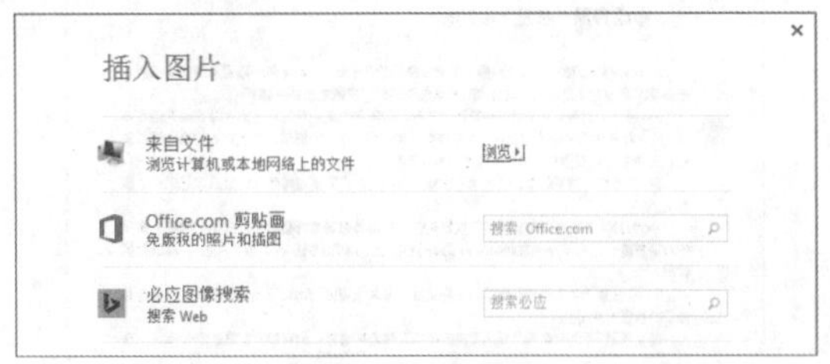

图4-32 选择“来自文件”选项

Step 3 在打开的对话框中选择需要的图片，这里选择“郁金香.jpg”图片选项，单击“插入”按钮，返回“水印”对话框，如图4-33所示。

图4-33 选择插入的图片

Step 4 单击“缩放”下拉列表框右侧的下拉按钮，在弹出的下拉列表中选择200%选项，取消选中“冲蚀”复选框，然后单击“确定”按钮即可插入图片水印，如图4-34所示。

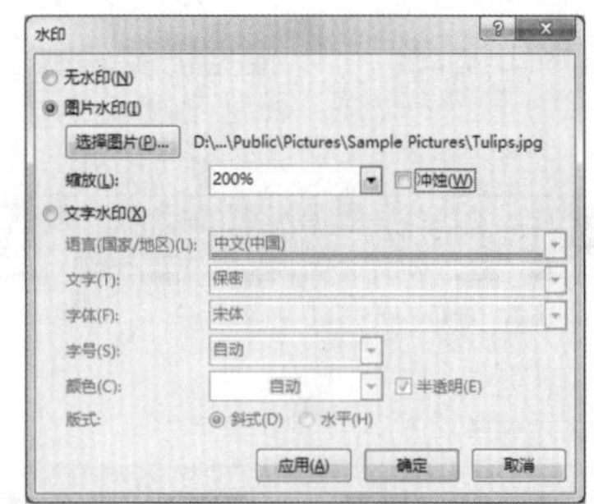

图4-34 设置水印缩放

Step 5 返回文档即可查看到插入的图片水印效果，如图4-35所示。

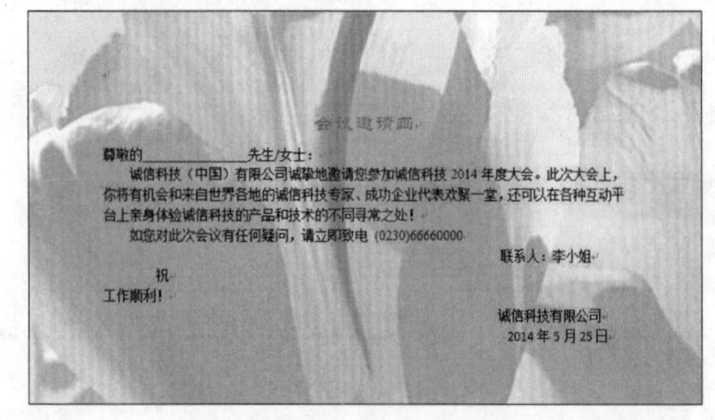

会议邀请函

尊敬的________先生/女士：

诚信科技（中国）有限公司诚挚地邀请您参加诚信科技 2014 年度大会。此次大会上，你将有机会和来自世界各地的诚信科技专家、成功企业代表欢聚一堂，还可以在各种互动平台上亲身体验诚信科技的产品和技术的不同寻常之处！

如您对此次会议有任何疑问，请立即致电 (0230)66660000

联系人：李小姐

祝

工作顺利！

诚信科技有限公司

2014 年 5 月 25 日

图4-35 查看图片水印效果

4.3 文档排版

为文档设置段落格式，可使文档版式清晰、条理分明；也可以为文档添加编号或者项目符号，使文档的结构层次更加严谨；此外，还可以利用Word中的特殊中文版式对文档进行排版，使得文档内容更丰富，表现形式更加多样。下面将对这些排版知识分别进行介绍。

4.3.1 段落格式设置

段落格式用于控制段落的外观，与设置文档的字符格式相似，设置文档的段落格式也可通过“段落”组和“段落”对话框等方式进行。段落格式的设置能让文档的版式清晰并且便于阅读，下面将分别进行介绍。

1. 通过“段落”组设置段落格式

在Word 2013中，通过“开始”/“段落”组中的按钮可直接对文本段落格式进行设置，并且非常方便、快捷。如图4-36所示为“段落”组。

图4-36 “段落”组

实例操作：通过“段落”组设置段落格式

- 光盘\素材\第4章\公司介绍.docx
- 光盘\效果\第4章\公司介绍.docx
- 光盘\实例演示\第4章\通过“段落”组设置段落格式

下面将在“公司介绍.docx”文档中通过“段落”组来设置段落格式，使文档更便于阅读。

Step 1 打开“公司介绍.docx”文档，将文本插入点定位到标题文本行中，选择“开始”/“段落”组，单击“居中”按钮≡，将标题文本居中对齐，如图4-37所示。

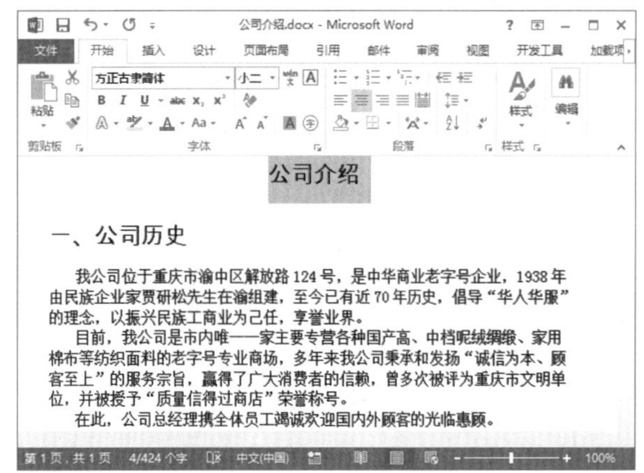

图4-37 居中对齐标题文本

Step 2 选择所有的正文文本，在“段落”组中单击“行与段落间距”按钮，在弹出的下拉列表中选择1.5选项，如图4-38所示。

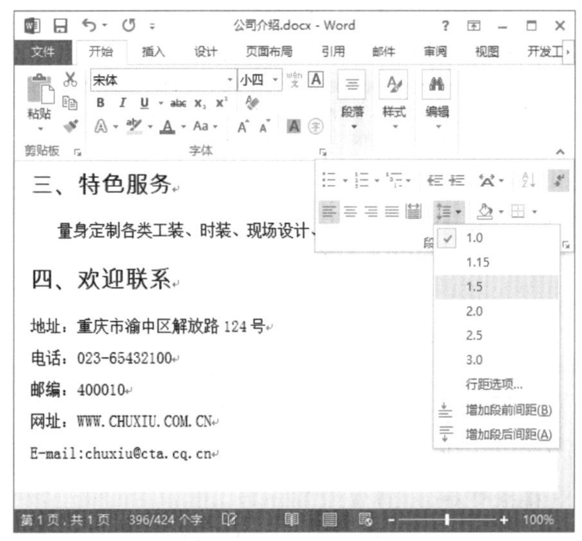

图4-38 设置行间距

Step 3 选择整篇文档，在“段落”组中单击“边框”按钮右侧的下拉按钮，在弹出的下拉列表中选择“外侧框线”选项，如图4-39所示。

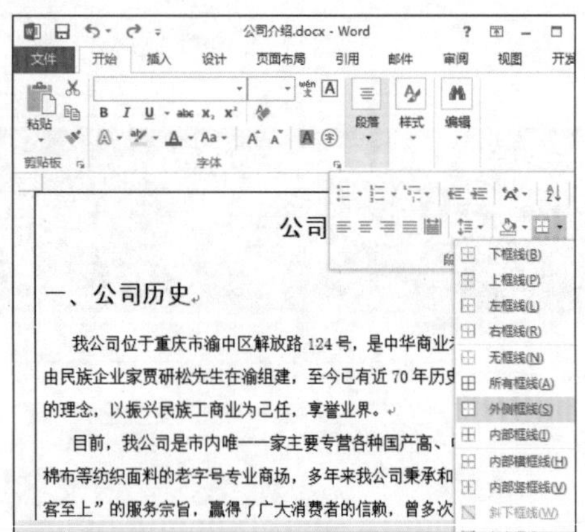

图4-39　选择“外侧框线”选项

Step 4 ▸ 返回文档即可查看到设置段落格式后的效果，如图4-40所示。

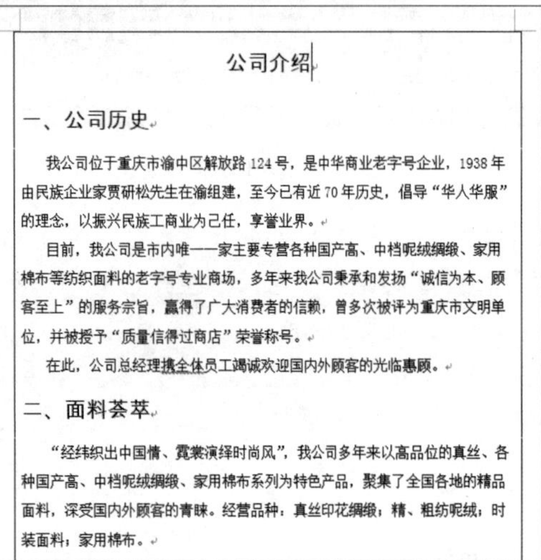
公司介绍

一、公司历史

我公司位于重庆市渝中区解放路124号，是中华商业老字号企业，1938年由民族企业家贾研松先生在渝组建，至今已有近70年历史，倡导“华人华服”的理念，以振兴民族工商业为己任，享誉业界。

目前，我公司是市内唯一一家主要专营各种国产高、中档呢绒绸缎、家用棉布等纺织面料的老字号专业商场，多年来我公司秉承和发扬“诚信为本、顾客至上”的服务宗旨，赢得了广大消费者的信赖，曾多次被评为重庆市文明单位，并被授予“质量信得过商店”荣誉称号。

在此，公司总经理携全体员工竭诚欢迎国内外顾客的光临惠顾。

二、面料荟萃

“经纬织出中国情、霓裳演绎时尚风”，我公司多年来以高品位的真丝、各种国产高、中档呢绒绸缎、家用棉布系列为特色产品，聚集了全国各地的精品面料，深受国内外顾客的青睐。经营品种：真丝印花绸缎；精、粗纺呢绒；时装面料；家用棉布。

图4-40　查看段落设置效果

知识解析：“段落”组

- “两端对齐”按钮：单击该按钮，可将文字向页面左右两端同时对齐，并根据需要增加字间距。这种方式使篇幅较大的文本段落在页面上显得很整齐。
- “左对齐”按钮：单击该按钮，可将段落向页面左边距对齐。当一个段落文字不足一行时，“两端对齐”效果与“左对齐”效果一样。
- “右对齐”按钮：单击该按钮，可将段落向页面右边距对齐。
- “居中”按钮：单击该按钮，可将选择的文本进行居中设置。
- “分散对齐”按钮：当一段文本不足整行时，这种对齐方式会自动加大字符间距，使行首、行尾分别与页面左、右边距对齐。
- “行与段落间距”按钮：单击该按钮，在弹出的下拉列表中可设置段落中行与行之间的间距。磅值越小，行间的距离越窄，反之则越宽。
- “底纹”按钮：单击该按钮，在弹出的下拉列表中可对所选文本、段落的背景颜色进行设置。
- “边框”按钮：单击该按钮，在弹出的下拉列表中可为所选文本和段落等添加或删除边框。
- “减少缩进量”按钮：单击该按钮，将减少所选段落的左缩进量。
- “增加缩进量”按钮：单击该按钮，将增加所选段落的左缩进量。
- “排序”按钮：单击该按钮，所选文本将会按字母顺序或数字顺序排列。

2. 通过“段落”对话框设置段落格式

在Word中利用“段落”对话框对段落进行格式设置，不仅可以实现“格式”工具栏中的所有功能，还能在其中对一系列段落格式进行更详细的设置。选择“开始”/“段落”组，单击功能扩展按钮，或在文档中单击鼠标右键，在弹出的快捷菜单中选择“段落”命令，都可以打开“段落”对话框，在其中即可对文本的相应段落格式进行设置，如图4-41所示。

图4-41　“段落”对话框

实例操作：通过“段落”对话框设置格式

- 光盘\素材\第4章\感念桃花.docx
- 光盘\效果\第4章\感念桃花.docx
- 光盘\实例演示\第4章\通过“段落”对话框设置格式

通过“段落”对话框，用户可以对段落格式进行更加详细的设置，使得文档层次更加清晰、版面更加美观。下面将在“感念桃花.docx”文档中通过“段落”对话框来设置文档段落格式。

Step 1 ▶ 打开“感念桃花.docx”文档，将鼠标光标定位到标题文本中，单击鼠标右键，在弹出的快捷菜单中选择“段落”命令，如图4-42所示。

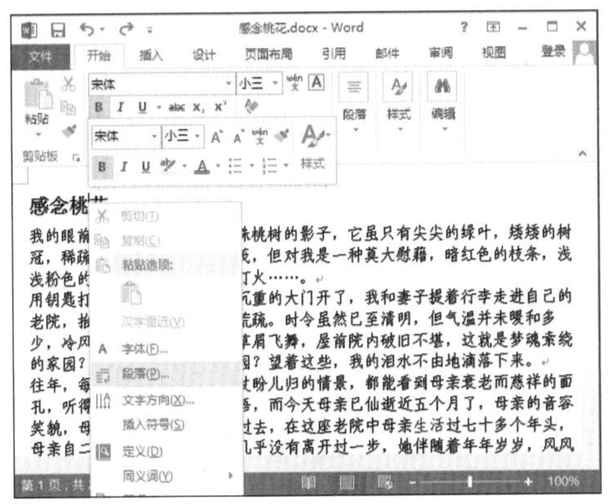

图4-42　选择“段落”命令

Step 2 ▶ 打开“段落”对话框，默认选择“缩进和间距”选项卡，单击“对齐方式”右侧的下拉按钮，在弹出的下拉列表中选择“居中”选项，然后在“间距”栏的“段后”数值框中输入“1.5”，单击 确定 按钮即可对标题进行段落设置，如图4-43所示。

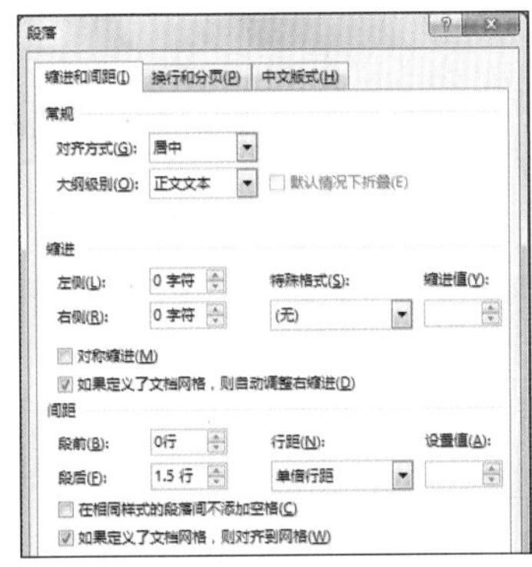

图4-43　设置标题的段落格式

Step 3 ▶ 返回文档后选择所有的正文文本，选择“开始”/“段落”组，单击功能扩展按钮，在打开的“段落”对话框的“特殊格式”下拉列表框中选择“首行缩进”选项，并默认“缩进值”为“2字符”，在“段前”和“段后”数值框中都输入“1行”，然后单击“行距”下拉列表框右侧的下拉按钮，在弹出的下拉列表中选择“多倍行距”选项，并在“设置值”数值框中输入“1.25”，在“预览”框中可预览到设置的效果，单击 确定 按钮，如图4-44所示。

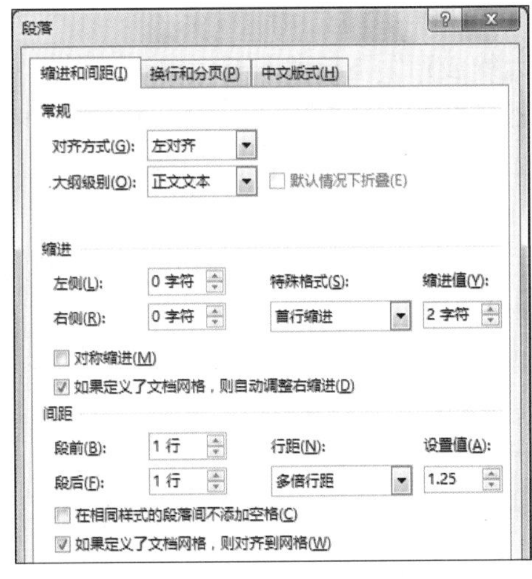

图4-44　设置正文的段落格式

Step 4 ▶ 返回文档可查看设置后的段落文本效果，如图4-45所示。

感念桃花

我的眼前常常浮现出老宅中那株桃树的影子，它虽只有尖尖的绿叶，矮矮的树冠，稀疏瘦弱的枝杈，并不丰茂，但对我是一种莫大慰藉，暗红色的枝条，浅浅粉色的花朵似一串串艳艳的灯火……。

用钥匙打开锈迹斑斑的铁锁，沉重的大门开了，我和妻子提着行李走进自己的老院，抬眼看看老院更加清冷荒疏。时令虽然已至清明，但气温并未暖和多少，冷风拍打着窗户，台阶上草屑飞舞，屋前院内破旧不堪，这就是梦魂萦绕的家园？这就是时时牵挂的家园？望着这些，我的泪水不由地滴落下来。

往年，每次回家都见到母亲扶杖盼儿归的情景，都能看到母亲衰老而慈祥的面孔，听得见母亲嘘寒问暖的话语，而今天母亲已仙逝近五个月了，母亲的音容笑貌，母亲的一切爱抚已成为过去，在这座老院中母亲生活过七十多个年头，母亲自二十一岁进入程家门后几乎没有离开过一步，她伴随着年年岁岁，风风雨雨，朝霞夕阳，把这座老院整理的干净整洁，井井有条。她用她的大爱培育着儿女子孙，她用她大爱护育着这里的一切。而今人去院空，我们又在外谋生，老院无人照料，它失去了往日的生机，失去了往日的繁荣，失去了往日和睦愉悦的氛围。

图4-45　查看文档段落设置效果

技巧秒杀

在设置段落格式时，需要选择某段或将鼠标光标定位到某段，否则在“段落”对话框中所设置的段落格式将不会被应用。

知识解析：“缩进和间距”选项卡

◆ **“对齐方式”下拉列表框**：单击右侧的下拉按钮▾，在弹出的下拉列表中可选择文本或段落的对齐方式，包括“左对齐”、“居中”、“右对齐”、“两端对齐”和“分散对齐”。

◆ **“大纲级别”下拉列表框**：单击右侧的下拉按钮▾，在弹出的下拉列表中可选择段落在视图中显示的级别，包括“正文文本”和“1级”～“9级”。

◆ **“左侧”和“右侧”数值框**：在其中可设置段落左侧或右侧距离页边距的值，也可直接在其中输入具体缩进设置值。

◆ **“特殊格式”下拉列表框**：选择“首行缩进”选项可缩进段落的首行，缩进值默认为两个字符；选择“悬挂缩进”选项可设置悬挂缩进，缩进值也默认为两个字符。

◆ **“缩进值”数值框**：在其中可设置段落的缩进值大小。

◆ ☑对称缩进(M) **复选框**：选中该复选框，“左侧”和“右侧”将变成“内侧”和“外侧”。此选项用于书本样式打印。

◆ ☑如果定义了文档网格，则自动调整右缩进(D) **复选框**：选中该复选框，如果文档中定义了网格，则会自动为文档段落调整右缩进。

◆ **“段前”和“段后”数值框**：设置段落与“前一段落”或与“后一段落”之间的空间量，也可直接输入值进行设置。

◆ **“行距”下拉列表框**：单击右侧的下拉按钮▾，在其中可选择文档中行与行或者段落与段落之间的行距样式。在其中有6个选项可选择，分别是“单倍行距”、“1.5倍行距”、“2倍行距”、“最小值”、“固定值”和“多倍行距”。

◆ **“设置值”数值框**：当选择的是“最小值”和“固定值”时，“设置值”将默认为12磅，而当选择“多倍行距”时，“设置值”将默认为3倍行距。也可在其中直接输入值进行自定义设置。

◆ ☑在相同样式的段落间不添加空格(C) **复选框**：选中该复选框，则在与其他有相同样式的段落之间将不会添加空格，也就不会有多余的空行。

◆ ☑如果定义了文档网格，则对齐到网格(W) **复选框**：选中该复选框，若文档中定义了网格，段落将自动对齐到网格。

技巧秒杀

选择需要设置行间距的文本，或将光标放置到需要设置行间距的段落中，按Ctrl+1快捷键，可以设置为单倍行距；按Ctrl+2快捷键，可以设置为2倍行距；按Ctrl+5快捷键，可以设置为1.5倍行距。

读书笔记

4.3.2 编号和项目符号设置

制作工作计划、产品介绍等类型的文档时，常常需要用项目或编号使文档层次更分明。在Word 2013中添加项目符号和编号一般可以利用“段落”组中的“编号”按钮、“多级列表”按钮和“项目符号”按钮来设置，也可以利用“项目符号和编号”对话框来设置。

1. 添加编号

添加编号时，用户可在Word文档中选中需要添加编号的文本，通过“段落”组进行添加，也可选择自定义编号格式以设置满足用户要求的编号格式，下面将分别进行介绍。

◆ **通过“段落”组添加**：在Word中输入文本时，可对按一定顺序或层次结构排列的内容手动进行编号，如规章制度、合同条款等。选择“开始”/“段落”组，单击“编号”按钮右侧的下拉按钮，然后在弹出的下拉列表中选择相应的编号样式即可，如图4-46所示。

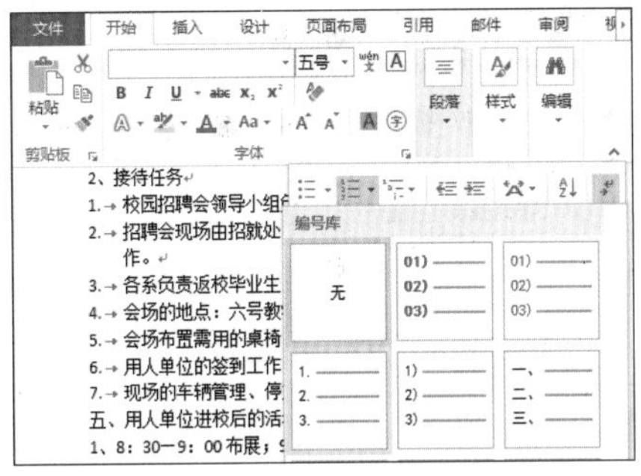

图4-46　通过“段落”组设置编号

◆ **自定义编号格式：** Word预设了大量的编号格式，但也不能满足所有用户的需要，因此，用户可以选择自定义编号格式来进行设置。选择“开始”/“段落”组，单击“编号”按钮右侧的下拉按钮，然后在弹出的下拉列表中选择“定义新编号格式”选项，将打开“定义新编号格式”对话框，在其中自定义编号，然后单击确定按钮即可插入新的编号格式，如图4-47所示。

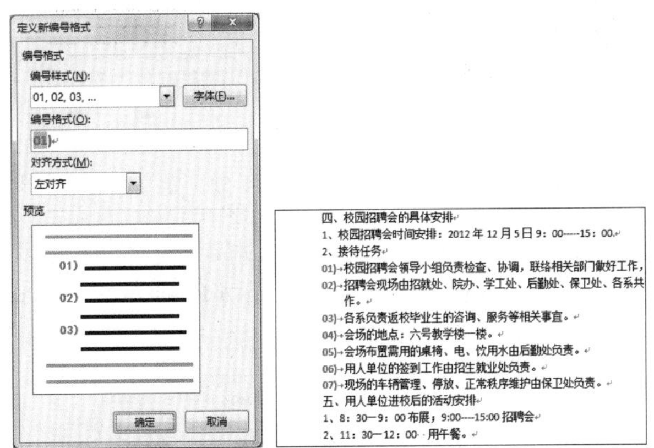

图4-47　自定义编号格式

2. 设置多级列表

添加多级列表与添加编号相似，但是多级列表中每段的项目符号或编号会根据段落的缩进范围而变化。Word多级列表是在段落缩进的基础上使用Word格式中项目符号和编号菜单的多级列表功能，自动生成最多达9个层次的符号或编号。用户可以通过“段落”组进行添加，也可以定义新的多级列表来添加，下面将分别进行介绍。

◆ **通过“段落”组添加：** 将鼠标光标定位到需要添加多级列表的段落，选择“开始”/“段落”组，单击“多级列表”按钮右侧的下拉按钮，然后在弹出的下拉列表中选择相应的多级列表样式，输入列表文本，每输入一项后按Enter键，随后的数字以同样的级别自动插入到每项段落的段首，如图4-48所示。

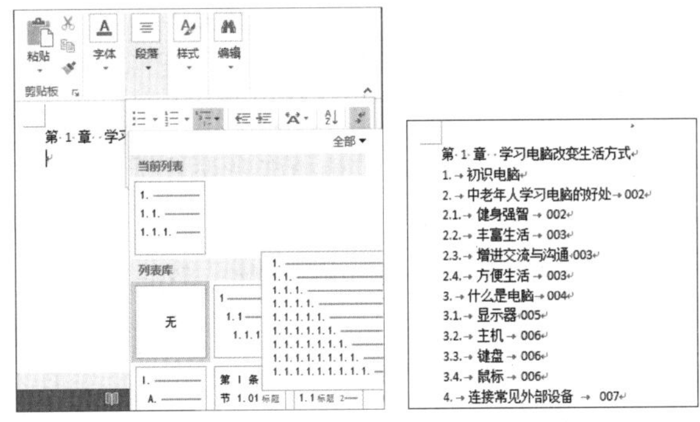

图4-48　通过“段落”组设置多级列表

◆ **自定义多级列表：** 将鼠标光标定位到需要添加多级列表的段落，选择“开始”/“段落”组，单击“多级列表”按钮右侧的下拉按钮，然后在弹出的下拉列表中选择“定义新多级列表”选项，将打开“定义新多级列表”对话框，在其中设置多级列表的相关属性，然后单击确定按钮即可插入新的多级列表格式，如图4-49所示。

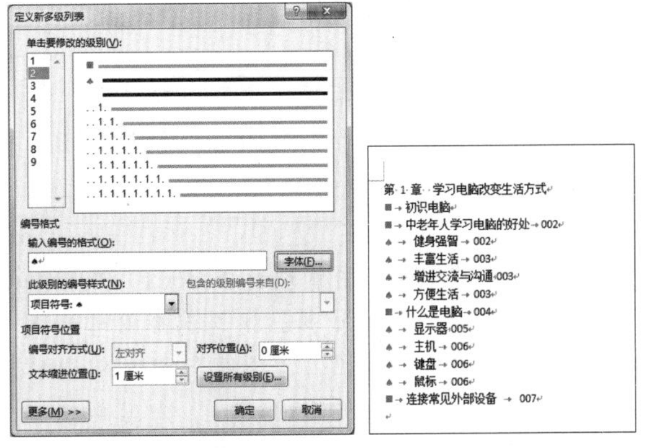

图4-49　自定义多级列表

技巧秒杀

处理不同列表级别时，可以使用功能区中的“增加缩进量”按钮和“减少缩进量”按钮在各级别之间进行切换。还可以按Tab键增加缩进量，或按Shift+Tab快捷键减少缩进量。

3. 添加项目符号

项目符号一般位于段落的最前端，用于强调并列关系。应用项目符号可以使文档条理更加清晰，在Word中添加项目符号的方法同添加编号和多级列表相似，可根据实际需要选择Word预设好的项目符号，同时也可以自定义项目符号，下面将分别进行介绍。

- **通过“段落”组添加**：选择需要设置项目符号的段落，选择“开始”/“段落”组，单击“项目符号”按钮右侧的下拉按钮，然后在弹出的下拉列表中选择需要的项目符号即可。
- **自定义项目符号**：选择需要设置项目符号的文本，选择“开始”/“段落”组，单击“项目符号”按钮右侧的下拉按钮，然后在弹出的下拉列表中选择“定义新项目符号”选项，将打开“定义新项目符号”对话框，在其中设置自定义的项目符号，然后单击确定按钮即可插入新的项目符号。

实例操作：在文档中添加项目符号

- 光盘\素材\第4章\车辆使用管理通告.docx
- 光盘\效果\第4章\车辆使用管理通告.docx
- 光盘\实例演示\第4章\在文档中添加项目符号

下面将在“车辆使用管理通告.docx”文档中添加项目符号，使文档层次更分明，同时也使得文档整体美感更强。

Step 1 打开“车辆使用管理通告.docx”文档，选择需要设置项目符号的段落，这里选择管理制度的相关段落，选择“开始”/“段落”组，单击“项目符号”按钮右侧的下拉按钮，在弹出的下拉列表中选择“项目符号库”栏中的“●”选项，如图4-50所示。

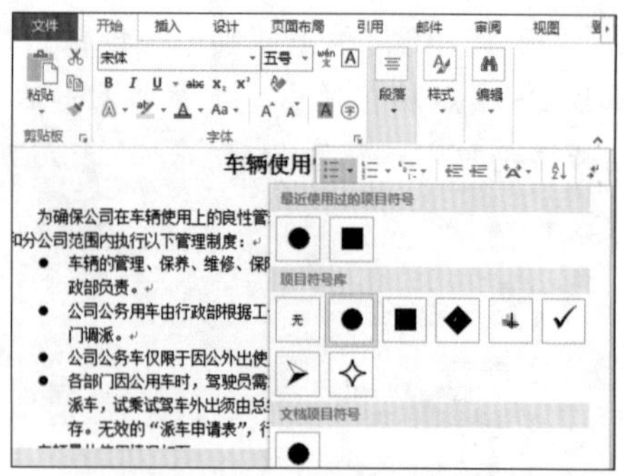

图4-50 通过“段落”组添加项目符号

Step 2 返回文档后，可查看到添加项目符号后的效果，选择车辆使用情况的相关段落，选择“开始”/“段落”组，单击“项目符号”按钮右侧的下拉按钮，然后在弹出的下拉列表中选择“定义新项目符号”选项，如图4-51所示。打开“定义新项目符号”对话框，单击符号(S)...按钮，如图4-52所示。

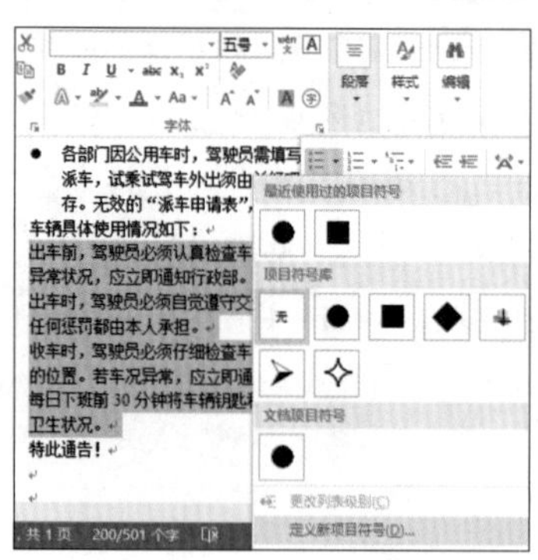

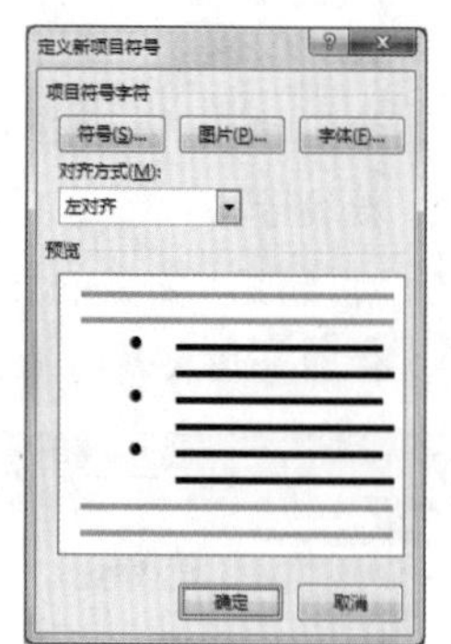

图4-51 选择相应选项　　图4-52 定义新项目符号

Step 3 打开“符号”对话框，在“字体”下拉列表中选择Wingdings选项，在下方的列表框中选择“☮”符号选项，单击确定按钮，如图4-53所示。

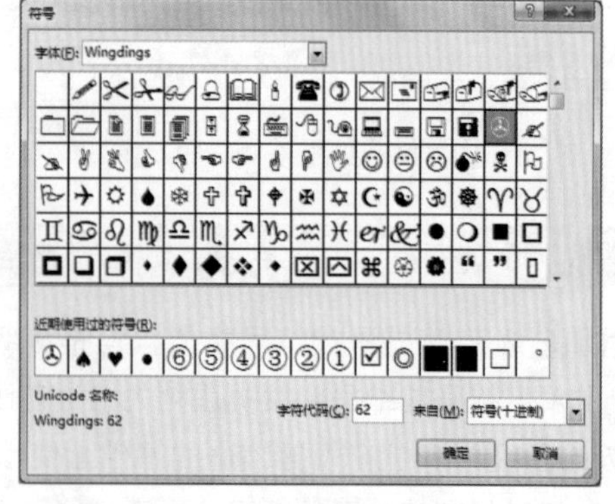

图4-53 选择项目符号

Step 4 ▶ 返回“定义新项目符号”对话框，在“预览”框中可查看设置的效果，如果不满意可重新设置，单击 确定 按钮，返回文档即可查看设置项目符号后的效果，如图4-54所示。

车辆使用管理通告

为确保公司在车辆使用上的良性管理，公司决定从 2014 年 6 月 6 日起，在集团总公司和分公司范围内执行以下管理制度：

- 车辆的管理、保养、维修、保险、税费及年检、技术档案的保管等事务，统一由行政部负责。
- 公司公务用车由行政部根据工作需要进行统一安排、调配和管理，驾驶员由用车部门调派。
- 公司公务车仅限于因公外出使用，严禁公车私用或未经批准私自用车。
- 各部门因公用车时，驾驶员需填写“派车申请表”，部门主管签字同意后交行政部派车，试乘试驾车外出须由总经理批准，交还车辆时将“派车申请表”交由保安留存。无效的“派车申请表”，行政部不能允许派车。

车辆具体使用情况如下：

- 出车前，驾驶员必须认真检查车辆状况，确保车辆无损伤，且处于正常使用状况。如有异常状况，应立即通知行政部。
- 出车时，驾驶员必须自觉遵守交通法规，以确保安全行车，若因违反交通法规而产生的任何惩罚都由本人承担。
- 收车时，驾驶员必须仔细检查车辆状况，确保车况良好、车容洁净，并把车停放在指定的位置。若车况异常，应立即通知行政部。
- 每日下班前 30 分钟将车辆钥匙和行车证交到行政部。行政部负责检查各部门专用车的卫生状况。

特此通告！

图4-54　查看添加项目符号后的效果

4.3.3 特殊中文版式设置

在许多报刊、杂志中常会见到一些带有特殊版式的文档，如纵横混排、合并字符、双行合一、首字下沉、文档分栏和中文注音等排版方式。这些排版方式并不是只有专业的排版软件才能实现，用户通过Word 2013也可以实现这些排版效果。下面将分别介绍它们的操作方法。

1. 纵横混排

在文档的处理过程中，有时由于某种原因需要在同一段落中同时出现横向文字与纵向文字，使用Word 2013的纵横混排功能可以轻松地实现。纵横混排与改变文字方向不同，它可以在同一页面中改变部分文本的排列方向，将原来的纵向变为横向，横向变为纵向。

如果要实现文本的纵横混排，可以先选择需要设置的文本，然后选择“开始”/“段落”组，单击“中文版式”按钮，在弹出的下拉列表中选择“纵横混排”选项，将打开“纵横混排”对话框，在其中进行设置，单击 确定 按钮即可实现文本的纵横混排，如图4-55所示。在文档中只能对一个段落中的文字应用纵横混排格式，如果要缩放文本，可选择“开始”/“段落”组，单击“中文版式”按钮，在弹出的下拉列表中选择“字符缩放”选项，然后在弹出的子列表中选择需要缩放的比例即可。

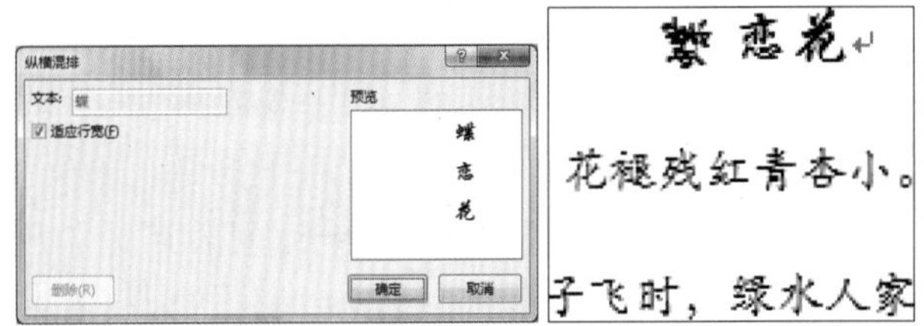

图4-55　纵横混排

技巧秒杀

选中 适应行宽(F) 复选框，可使文本旋转方向后自动压缩其高度至与该行的高度相同。

2. 合并字符

合并字符功能是将一段文本合并为一个字符。该功能常用于名片制作、出版书籍或日常报刊等方面。

下面将对实现合并字符的方法进行介绍。选择“开始”/“段落”组，单击“中文版式”按钮，在弹出的下拉列表中选择“合并字符”选项，将打开“合并字符”对话框，在“字体”下拉列表框中可设置字符的字体，在“字号”下拉列表框中可设置所选字符的字号大小，然后单击 确定 按钮即可实现文本的字符合并，如图4-56所示。

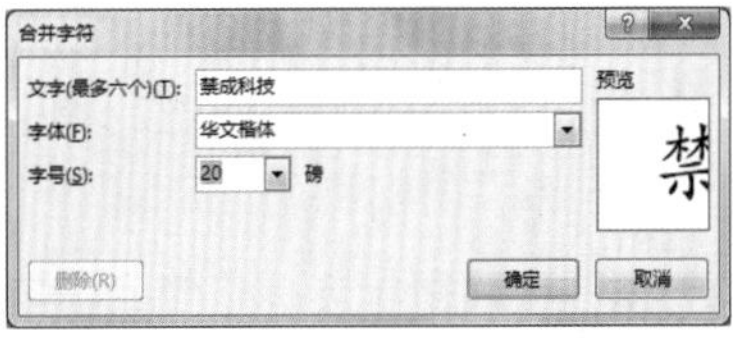

图4-56　合并字符

在合并字符时要注意，合并的字符不能超过6个汉字的宽度，即可以合并12个半角英文字符。超过该长度的字符，将会被Word 2013删除。

3. 双行合一

在文档的处理过程中，有时会出现一些较多文字的文本，但用户又不希望分行显示，这时，可以使用双行合一功能来美化文本。双行合一效果能使所选的位于同一文本行的内容平均地分为两部分，前一部分排列在后一部分的上方。此外，还可以为双行合一的文本添加不同类型的括号。

如果要在文本中设置双行合一，可以选择“开始”/“段落”组，单击“中文版式”按钮，在弹出的下拉列表中选择“双行合一”选项，将打开“双行合一”对话框，在“文字”文本框中可以对需要设置的文字内容进行修改；选中☑带括号(E)复选框后，文本将在括号内显示，在下方的“括号样式”下拉列表框中可以选择为文本添加不同类型的括号，如图4-57所示。

图4-57 双行合一

4. 首字下沉

使用首字下沉的排版方式可使文档中的首字更加醒目，通常用于一些风格较活泼的文档，以达到吸引读者目光的目的。

设置首字下沉的方法是：将鼠标光标定位到需要设置首字下沉的段落中，然后选择“插入”/“文本”组，单击“首字下沉”按钮，在弹出的下拉列表中可直接选择预设的选项，也可选择“首字下沉选项”选项，打开“首字下沉”对话框，在其中可设置首字的位置，以及字体、下沉行数等，然后单击确定按钮即可实现首字下沉，如图4-58所示。

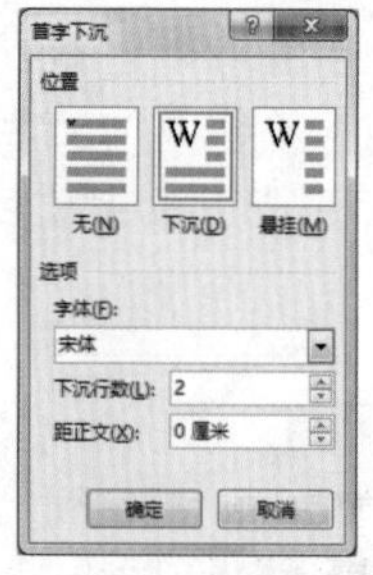

图4-58 首字下沉

5. 文档分栏

文档分栏是指按实际排版需求将文本分成若干个条块，从而使版面更美观，阅读更方便。这种版式在报刊、杂志中使用频率比较高。一般情况下，文档分栏将文档页面分成多个栏目，而这些栏目可以设置成等宽的，也可以设置成不等宽的，这些栏目使得整个页面布局显示更加错落有致，更易于阅读。

如果要为文档设置分栏，则先选择分栏的文本，然后选择“页面布局”/“页面设置”组，单击“分栏”按钮，在弹出的下拉列表中可直接选择预设的分栏版式，也可选择“更多分栏”选项，这时将打开“分栏”对话框，在其中可设置分栏数、分栏的宽度和间距，设置完成后单击确定按钮即可实现文档分栏，如图4-59所示。

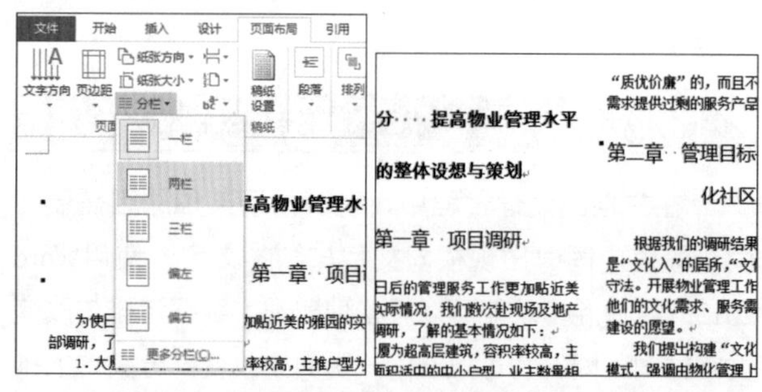

图4-59 文档分栏

6. 中文注音

所谓中文注音就是给中文字符标注汉语拼音，Word 2013提供了拼音指南功能，可对文档的任意文本添加拼音，默认情况下，使用拼音指南添加的拼音位于所选文本的上方。

为文本注音的方法是：选择需要注音的文本，然后选择“开始”/“字体”组，单击“拼音指南”按钮，将打开“拼音指南”对话框，在其中可对要添加的拼音进行设置，然后单击确定按钮即可，如图4-60所示。

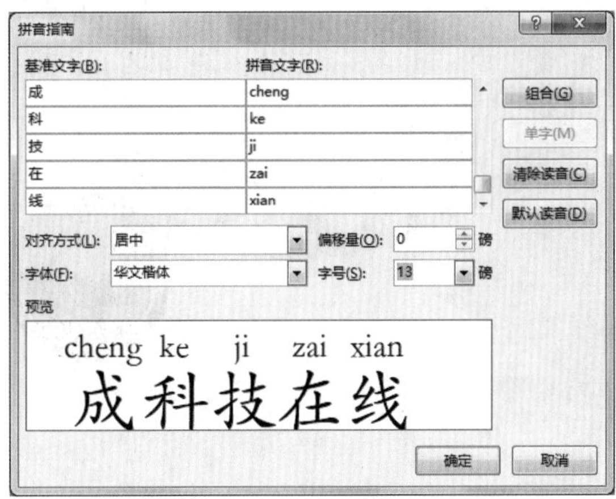

图4-60　中文注音

知识解析：“拼音指南”对话框

◆ “基准文字”文本框：用于修改被标注拼音的字符。

◆ “拼音文字”文本框：用于输入和修改标注的拼音字母。

◆ “对齐方式”下拉列表框：单击其右侧的下拉按钮，在弹出的下拉列表中可选择文本上方添加的拼音的对齐位置。

◆ “偏移量”数值框：在其中可设置拼音标注与文本之间的间隔距离。

◆ “字体”下拉列表框：单击其右侧的下拉按钮，在弹出的下拉列表中可选择所选文本的字体。

◆ “字号”下拉列表框：单击其右侧的下拉按钮，在弹出的下拉列表中可选择标注拼音的字号。

◆ 组合(G)按钮：单击该按钮，可以使分开标注拼音的单字组合成一个词组，标注的拼音也产生相应的组合。

◆ 单字(M)按钮：单击该按钮，可以将组合在一起的词组拆散开来，同时标注的拼音也分别分解成单字的标注拼音。

◆ 清除读音(C)按钮：单击该按钮，可以把“拼音文字”文本框中的拼音全部清除。

◆ 默认读音(D)按钮：单击该按钮，可以将“基准文字”文本框中输入的拼音恢复标准读音。

知识大爆炸
——段落格式设置相关知识

1. 去掉现有的段落格式

如果用户对现有的段落格式不满意，想重新进行设置，有两种方法：一种方法是选择需去掉格式的段落，再选择“开始”/“字体”组，单击“清除格式”按钮即可；另一种方法是直接设置新的段落格式进行替换。

2. 快速应用文档中的段落格式

如果需要快速地将一段文本的格式复制到另一段文本，则可以使用格式刷进行设置。使用格式刷的方法是：选择需要被复制格式的文本段落，选择“开始”/“剪贴板”组，单击或双击“格式刷”按钮，再拖动鼠标选择需要被修改格式的文本即可。

其中需注意的是，单击“格式刷”按钮，只能应用一次文本样式；双击“格式刷”按钮，则可多次应用文本样式。若想解除格式刷的状态，只需在“剪贴板”面板上再次单击“格式刷”按钮。

Word 2013快速进阶

本章导读

在学习并掌握了Word的基本操作后，用户还可以学习更高级的Word操作来进一步对文档进行设置，使得文档更加美观，结构更加紧密有条理。下面将详细介绍有关长文档编辑的一系列操作，同时也将介绍Word中邮件合并、宏以及文档审阅等操作方法。

5.1 长文档的编辑

在编辑较长的文档时，往往会因为文档过长，造成层次不明、阅读困难。为了避免这种情况的出现，用户可以在文档中进行主题设计、样式设计、封面制作、目录制作和使用视图组织等操作更快速地编辑长文档，使文档结构变得清晰。此外，还可以配合使用Word中的脚注、尾注、题注、索引、书签及分页和分节等功能更灵活地编辑文档。

5.1.1 主题设计

在Word 2013中设置了一些文档主题效果，通过应用文档主题效果，可以快速、轻松地设置整个文档的格式，并赋予文档专业且时尚的外观。而文档的主题包括主题的应用、颜色的应用、字体的应用以及文档格式的应用。

1. 主题的应用

在Word中预设了一些主题，用户可以直接选择应用。如果这些主题不能满足需要，还可以从电脑中保存的主题中选择需要的主题进行应用，下面将分别进行介绍。

◆ 应用预设主题：选择“设计”/“文档格式”组，单击“主题”按钮，在弹出的下拉列表中选择Office栏中需要的主题，Word文档中将应用该主题并显示应用后的效果，如图5-1所示。

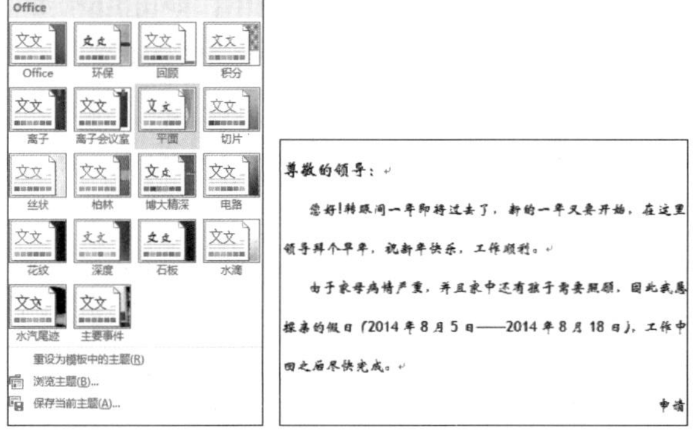

图5-1 应用预设主题

◆ 浏览主题并应用：选择“设计”/“文档格式”组，单击“主题”按钮，在弹出的下拉列表中选择“浏览主题”选项，将会打开“选择主题或主题文档”对话框，在其中选择需要的文档，单击打开(O)按钮即可应用主题，如图5-2所示。

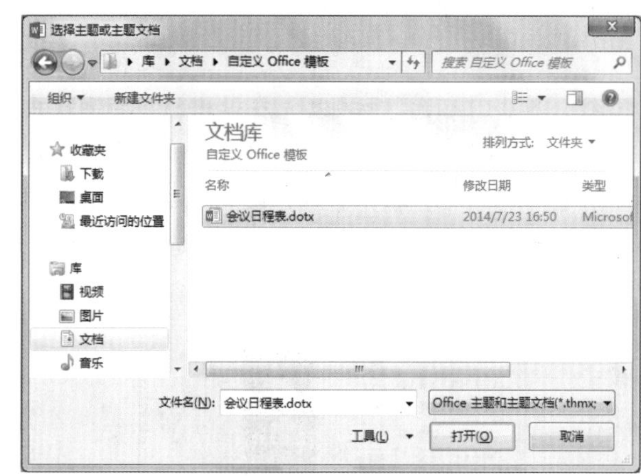

图5-2 “选择主题或主题文档”对话框

技巧秒杀

设置完文档的主题格式后，可以单击“主题”按钮，在弹出的下拉列表中选择“保存当前主题”选项将当前主题保存。

2. 颜色的应用

在Word 2013中可以为主题选择不同的颜色，其中Word中提供了多种主题颜色以供用户选择，此外用户还可以根据实际需要新建主题颜色，使主题更具个性化，更加绚丽多彩。下面将分别进行介绍。

◆ 应用预设主题颜色：选择“设计”/“文档格式”组，单击“颜色”按钮，在弹出的下拉列表中选择Office栏中需要的主题颜色，Word文档中将直接应用该主题颜色，如图5-3所示。

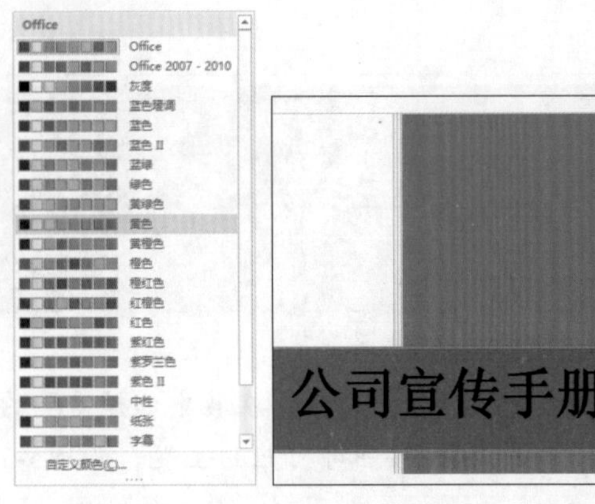

图5-3 选择内置主题颜色

◆ 自定义主题颜色：选择“设计”/“文档格式”组，单击“颜色”按钮，在弹出的下拉列表中选择“自定义颜色”选项，将会打开“新建主题颜色”对话框，在其中进行设置并输入名称，单击保存(S)按钮即可新建主题颜色，如图5-4所示。

图5-4 “新建主题颜色”对话框

知识解析：“新建主题颜色”对话框

◆ “主题颜色”栏：在其中可设置“文字/背景-深色”、“文字/背景-浅色”、“着色1”、“着色2”、“着色3”、“着色4”、“着色5”、“着色6”、“超链接”和“已访问的超链接”等的颜色。

◆ “示例”栏：在其中将显示设置的主题颜色效果。

◆ “名称”文本框：在其中可输入该自定义主题颜色的名称。

3. 字体的应用

主题字体是指在Word文档中应用某个主题后自动使用的字体，用户可以直接应用Word预设的主题字体，也可以根据需要新建主题字体，以提高工作效率。下面将分别进行介绍。

◆ 应用预设主题字体：选择“设计”/“文档格式”组，单击“字体”按钮，在弹出的下拉列表中选择Office栏中需要的主题字体，如图5-5所示，Word文档将应用该主题字体。

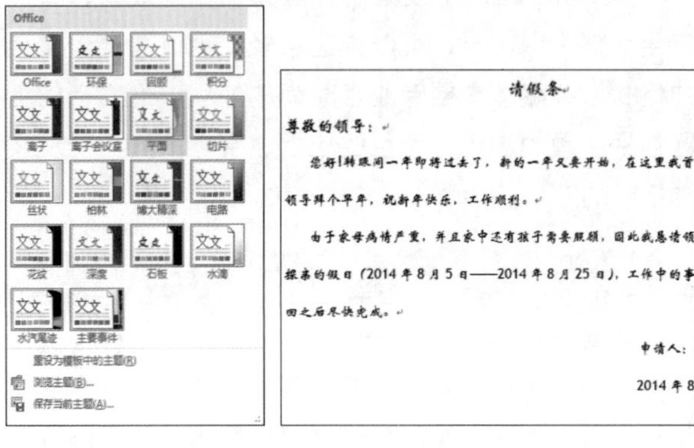

图5-5 选择预设主题字体

◆ 新建主题字体：选择“设计”/“文档格式”组，单击“字体”按钮，在弹出的下拉列表中选择“自定义字体”选项，将会打开“新建主题字体”对话框，在其中进行设置并输入名称，单击保存(S)按钮即可新建主题字体，如图5-6所示。

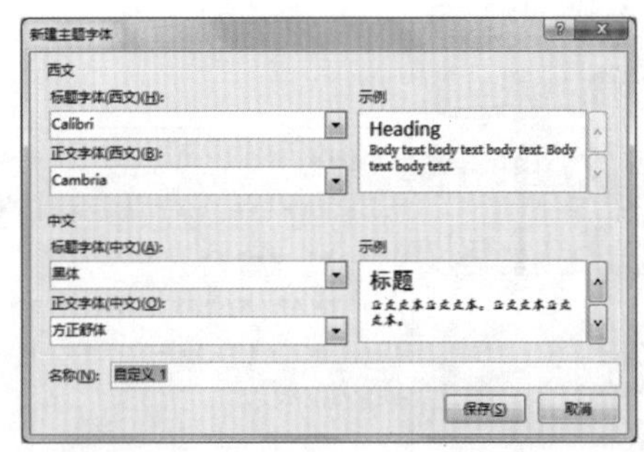

图5-6 “新建主题字体”对话框

知识解析：“新建主题字体”对话框

◆ “标题字体（西文）”下拉列表框：单击其右侧的下拉按钮，在弹出的下拉列表中可选择标题的西文字体。

- “正文字体（西文）”下拉列表框：单击其右侧的下拉按钮，在弹出的下拉列表中可选择正文的西文字体。
- “标题字体（中文）”下拉列表框：单击其右侧的下拉按钮，在弹出的下拉列表中可选择标题的中文字体。
- “正文字体（中文）”下拉列表框：单击其右侧的下拉按钮，在弹出的下拉列表中可选择正文的中文字体。
- “示例”栏：在其中将显示设置的主题字体效果。
- “名称”文本框：在其中可输入该自定义主题颜色的名称。

4. 文档格式的应用

文档格式包括主题、颜色以及字体，Word中预设了一些文档格式，用户可以直接选择应用，也可以重新设置文档格式进行保存。下面将分别进行介绍。

- 应用内置文档格式：选择“设计”/“文档格式”组，单击“样式集”按钮，在弹出的下拉列表中选择“内置”栏中需要的文档格式即可，如图5-7所示。

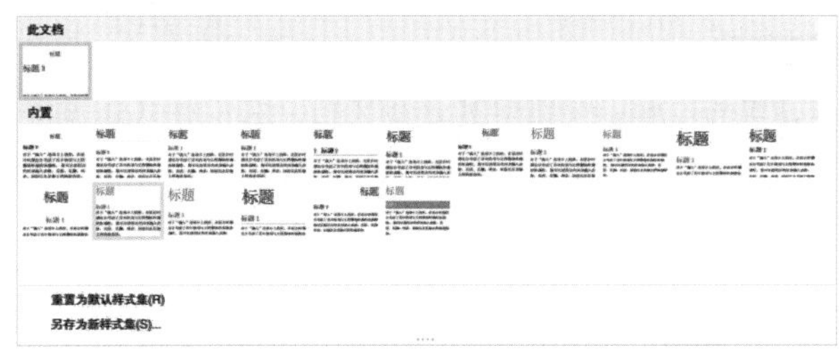

图5-7 应用内置文档格式

- 设置新文档格式：如果需要设置更个性化的文档格式，可先自定义好文档的主题、颜色和字体，然后选择“设计”/“文档格式”组，单击“样式集”按钮，在弹出的下拉列表中选择“另存为新样式集”选项，将打开“另存为新样式集”对话框，如图5-8所示，在“文件名”下拉列表框中输入文件名称，单击保存(S)按钮即可将当前文档格式保存。

图5-8 “另存为新样式集”对话框

> **技巧秒杀**
>
> 如果对当前的文档格式不满意，可以重新设置文档格式，单击“样式集”按钮，在弹出的下拉列表中选择“重置为默认样式集”选项即可。

5.1.2 样式设计

使用Word编辑文档后，用户会发现有些文档的格式差不多。为了能在以后的编辑制作中快速地完成文档的制作，用户可将其中具有代表性的文档格式定义为样式，然后对其进行保存，以后要创建类似的文档时，可直接调用该类文档样式。

1. 创建样式

Word 2013中的样式分为内置样式和自定义样式。内置样式是Word本身提供的样式，直接选择应用即可。而自定义样式则需用户自己进行创建，这里主要对样式的创建进行介绍。

实例操作：在文档中创建样式

- 光盘\素材\第5章\公司规章制度.docx
- 光盘\效果\第5章\公司规章制度.docx
- 光盘\实例演示\第5章\在文档中创建样式

下面将在“公司规章制度.docx”文档中新建“章节标题”样式，设置其字体和段落格式。

Step 1 打开“公司规章制度.docx”文档，将鼠标光标定位到需要创建样式的文本位置，选择“开始”/“样式”组，单击功能扩展按钮，打开“样式”任务窗格，单击“新建样式”按钮，如图5-9所示。

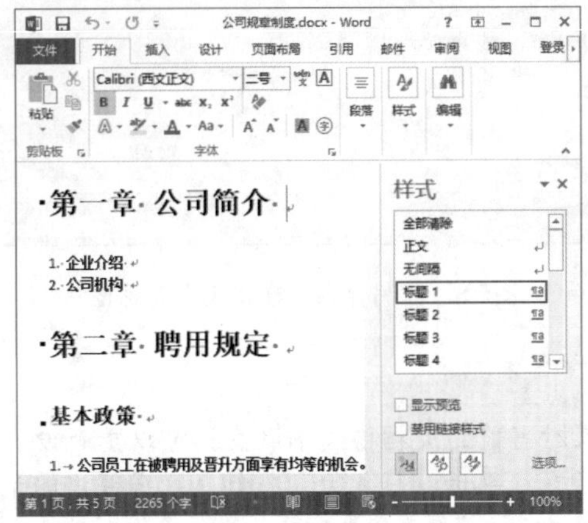

图5-9 打开“样式”任务窗格

Step 2 打开“根据格式设置创建新样式”对话框，在其中的“名称”文本框中输入“章节标题”，默认“属性”栏中的其他设置，然后在“格式”栏中将段落的字体设置为“方正大黑简体”，如图5-10所示。

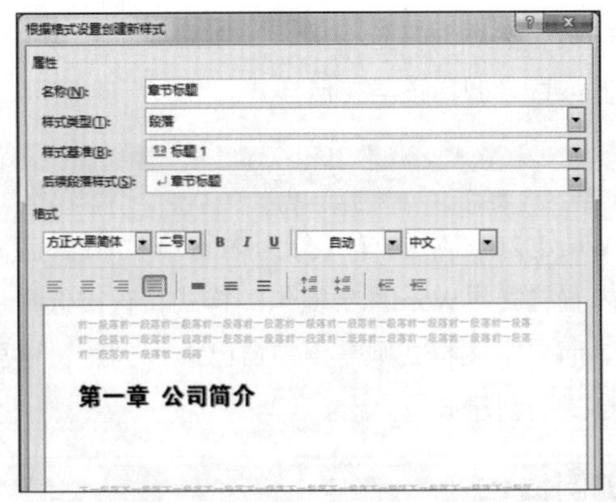

图5-10 设置新样式的名称和字体

Step 3 单击格式(O)按钮，在弹出的下拉列表中选择“快捷键”选项，如图5-11所示。

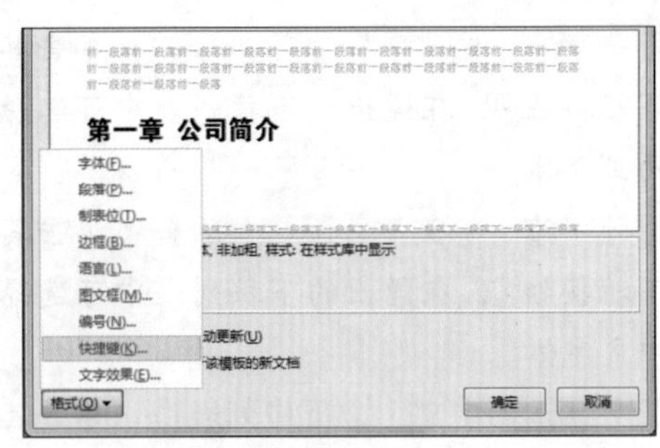

图5-11 选择“快捷键”选项

Step 4 打开“自定义键盘”对话框，将鼠标光标定位到“请按新快捷键”文本框中，按Ctrl+1快捷键，单击指定(A)按钮，将其指定为当前快捷键，如图5-12所示，然后单击关闭按钮关闭该对话框。

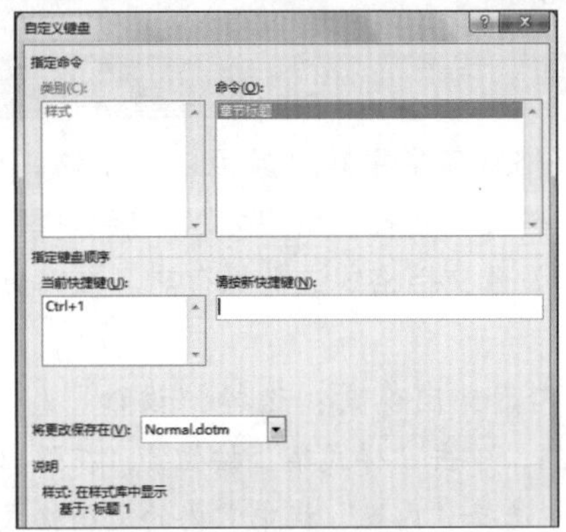

图5-12 指定快捷键

Step 5 返回“根据格式设置创建新样式”对话框，单击确定按钮即可返回文档，在“样式”任务窗格的列表框中即可查看到创建的样式，如图5-13所示。选择“标题1”段落，按Ctrl+1 快捷键即可应用新建样式。

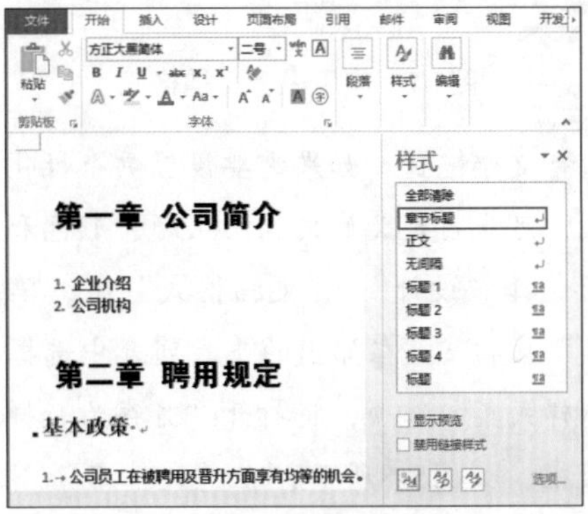

图5-13 查看新建样式

技巧秒杀

在“样式”任务窗格中选中☑显示预览复选框，即可在任务窗口中查看到当前所选文本样式的具体设置。

2. 应用样式

创建样式后，就要应用所设置的样式，在Word中应用新建样式的方法与应用内置样式的方法基本一致。将鼠标光标定位到需设置样式的文本或段落中，单击“样式”下拉列表框右侧的下拉按钮，在弹出的下拉列表中选择需要的样式选项，即可将样式应用到所选的文本段落中，效果如图5-14所示。

图5-14 应用样式

3. 修改和删除样式

在应用样式后，可能发现所选样式不适合该段文本，这时就需要对所应用的样式进行修改；删除样式则是将文档中不满意的样式的格式清除。下面分别进行介绍。

- 修改样式：打开“样式”任务窗格，单击其中需修改样式右侧的下拉按钮，在弹出的下拉列表中选择“修改”选项，在打开的“修改样式”对话框中进行样式的修改即可；或在“样式”下拉列表框中所选样式上单击鼠标右键，在弹出的快捷菜单中选择“修改”命令，也可打开“修改样式”对话框。
- 删除样式：选择“开始”/“样式”组，单击“样式”下拉列表框右侧的下拉按钮，在弹出的下拉列表中选择“清除格式”选项，即可将所选文本或段落的样式删除，或选择要删除样式的文本，打开“样式”任务窗格，然后选择“全部清除”选项即可将样式清除。

实例操作：更改和删除文档中的样式

- 光盘\素材\第5章\公司规章制度1.docx
- 光盘\效果\第5章\公司规章制度1.docx
- 光盘\实例演示\第5章\更改和删除文档中的样式

应用样式可以快速设置文档的格式，而对于需要更改样式格式的则可以直接在样式中修改。下面将在“公司规章制度1.docx”文档中更改和删除样式。

Step 1 打开“公司规章制度1.docx”文档，选择第一、二、三行文本，然后选择“开始”/“样式”组，在其中的“样式”下拉列表框中选择“章节标题”选项，应用该样式，并在该样式上单击鼠标右键，在弹出的快捷菜单中选择“修改”命令，如图5-15所示。

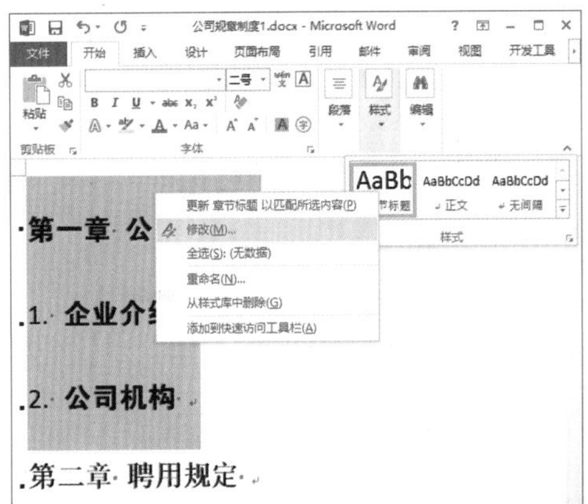

图5-15 修改样式

技巧秒杀

若要删除样式库中的样式，可在要删除的样式上单击鼠标右键，在弹出的快捷菜单中选择“从样式库中删除”命令即可。

Step 2 打开“修改样式”对话框，默认“属性”栏中的设置，在“格式”栏中将样式的字体格式设置为“华文行楷、二号、红色、加粗”，单击格式(O)按钮，在弹出的下拉列表中选择“段落”选项，如图5-16所示。

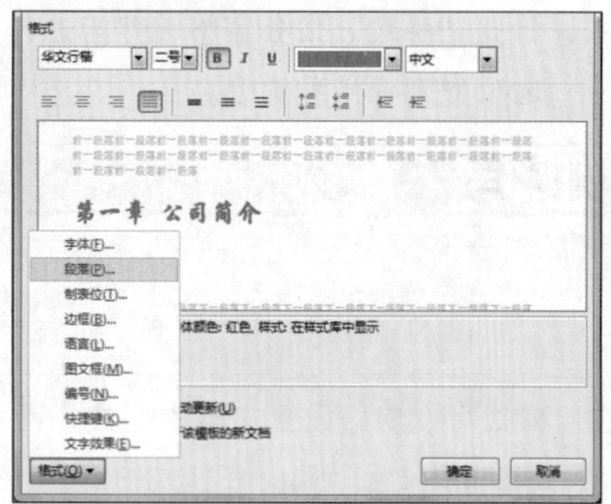
图5-16 修改字体格式

Step 3 ▶ 打开“段落”对话框，默认选择“缩进和间距”选项卡，在“常规”栏的“对齐方式”下拉列表框中选择“居中”选项，同时在“间距”栏的“行距”下拉列表框中选择“2倍行距”选项，然后单击 确定 按钮，如图5-17所示。

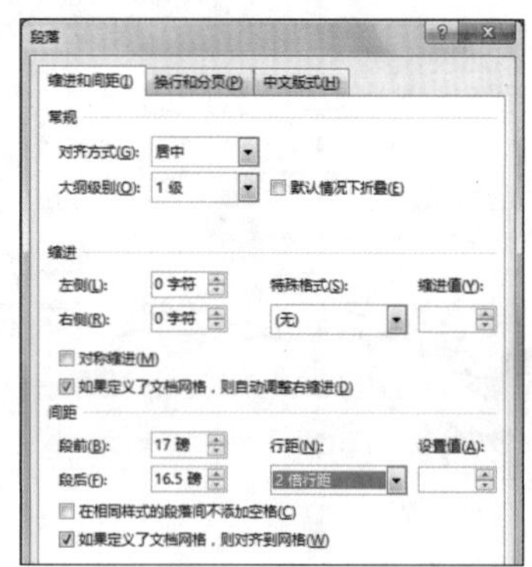
图5-17 修改样式段落格式

Step 4 ▶ 返回“修改样式”对话框，即可预览设置效果，单击 确定 按钮，如图5-18所示。

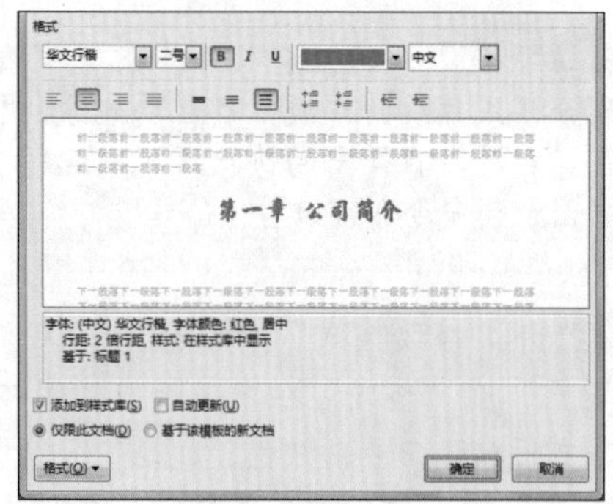
图5-18 确认修改

Step 5 ▶ 返回文档，即可查看修改样式后的效果，选中第二、三行文本，单击“样式”组中的“功能扩展”按钮，打开“样式”任务窗格，选择“全部清除”选项即可删除所选文本的样式，如图5-19所示。

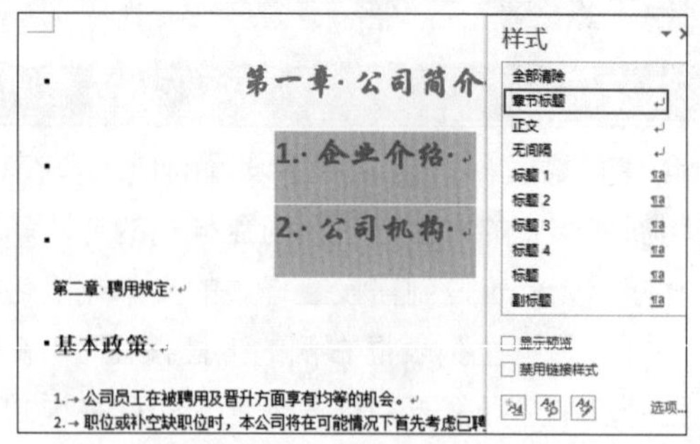
图5-19 删除样式

技巧秒杀

单击“样式”任务窗格右下角的 选项... 超链接，将打开“样式窗格选项”对话框，在其中可设置“样式”任务窗格中各选项的显示方式。

Step 6 ▶ 返回文档，为其他相应章节标题应用该样式，最终文档效果如图5-20所示。

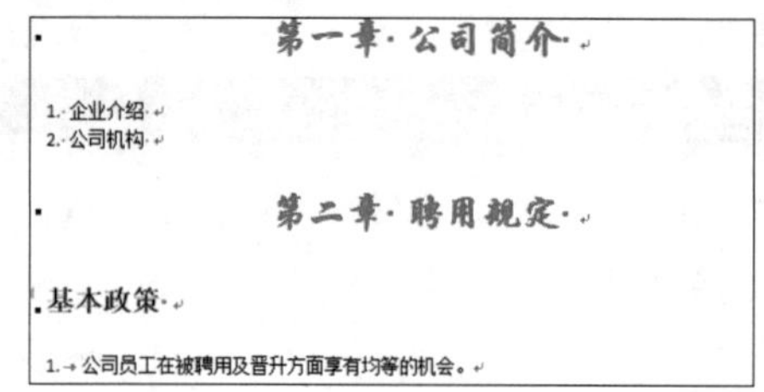
图5-20 查看修改样式后的效果

技巧秒杀

在文档中输入文本且没有应用样式或其他格式时，默认的Word文本都是以正文样式显示的。

知识解析：“修改样式”对话框

- “名称”文本框：显示在“样式”对话框中选择的样式的名称，用户可以更改此样式，或者输入新名称来新建样式。
- “样式类型”下拉列表框：在该下拉列表框中选择“段落”选项可创建新的段落样式；选择“字符”选项可创建新的字符样式；选择“链接段落

和字符”选项可创建新的链接段落和字符样式；选择“表格”选项可创建新的表格样式；选择“列表”选项可创建新的列表样式。如果要修改原有样式，则无法使用此下拉列表框中的选项，不能更改原有样式的类型。

- **“样式基准”下拉列表框：** 如果要使新建或更改的样式基于原有的样式，则选择该下拉列表框中的一种样式名，但要注意的是，样式基于某一样式时，若修改基准样式，基于此样式的所有样式都将发生相应的修改。
- **“后续段落样式”下拉列表框：** 在该下拉列表框中选择其中的样式选项后，在新建或修改样式设置格式的段落结尾处按Enter键，文档会将“后续段落样式”下拉列表框中选择的样式应用于后面的段落。
- **“格式”栏：** 在“格式”栏中，可以快速设置文本和段落的一些格式，如字体、字号、字体颜色和对齐方式等，并可在下方预览效果，同时可查看到对该样式中的各个格式元素的描述。
- **☑添加到样式库(S)复选框：** 选中该复选框后，新建的样式会自动添加到当前文档的样式库中。
- **☑自动更新(U)复选框：** 选中该复选框后，则当对样式的段落格式进行设置时，将自动重新定义样式。Word会更新当前文档中用此样式设置格式的所有段落。
- **◉仅限此文档(D)单选按钮：** 选中该单选按钮，则设置或修改的样式只被添加到当前文档的样式库中。
- **◉基于该模板的新文档单选按钮：** 选中该单选按钮，则设置或修改的样式会被添加到当前文档附加的模板中，而基于该模板新建的文档都可以应用该样式。

技巧秒杀

在“修改样式”对话框中单击格式(O)▾按钮，在弹出的下拉列表中选择“编号”选项，可设置编号样式。

5.1.3 保存并应用模板

Word的模板功能可以定义好文档的基本结构和设置，如字体快捷键、页面设置以及特殊格式和样式等，为了使用户制作文档更加简单快捷，可选择使用模板。下面将分别对保存和应用模板的方法进行介绍。

1. 保存模板

在制作文档时，如发现比较精美的文档，可将其另存为模板，以便制作同类型的文档时直接调用。

打开要保存为模板的文档，选择“文件”/“另存为”命令，在打开的界面中单击“浏览”按钮，打开“另存为”对话框，在其中选择该模板要保存的位置，在“文件名”下拉列表框中输入模板名称，在“保存类型”下拉列表框中选择“Word模板（*.dotx）”选项，单击保存(S)按钮即可，如图5-21所示。

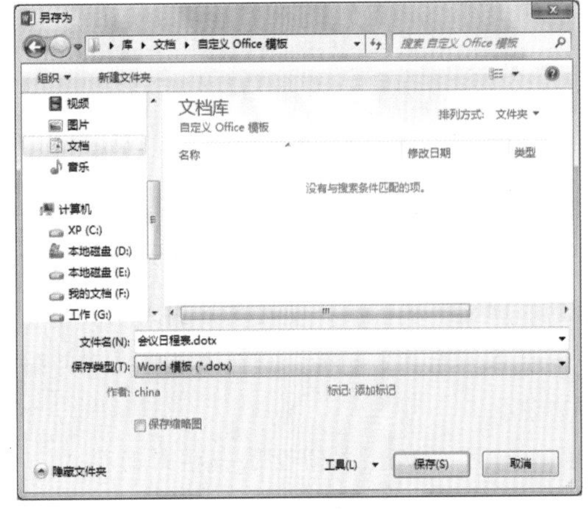

图5-21 保存为模板

2. 应用模板

创建模板后，如需制作相同类型的文档，可应用模板快速创建新文档，然后再对内容进行编辑。使用模板创建的新文档，其样式与模板文档的样式相同。

应用模板的方法为：选择“文件”/“新建”命令，在打开的界面中选择“个人”选项，则用户保存的模板都会在打开的页面显示出来，在其中选择需要的模板，Word将自动应用并新建一个文档，如图5-22所示。

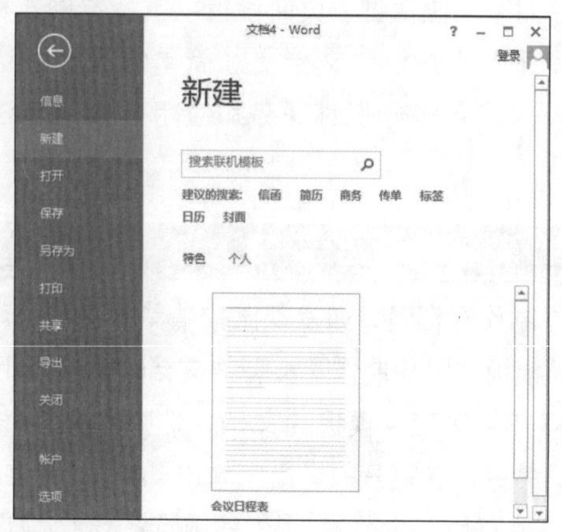

图5-22 应用个人模板

技巧秒杀

使用模板创建文档后，也可在其中创建样式，然后指定快捷键，用户在编辑文档时即可直接按快捷键应用样式。

5.1.4 封面制作

在日常办公中，为了使文档更加美观，都会要求为文档添加封面。封面中的文字虽然不多，但却能够直观地表现文档的性质，使接触到的人能快速了解它的一些基本信息。下面将介绍在文档中插入并编辑封面的方法。

◆ **插入封面：** Word中预设了一些封面样式，用户可以直接选择插入。将鼠标光标定位到要插入封面的位置，然后选择“插入”/“页面”组，单击“封面”按钮，在弹出的下拉列表中选择相应的封面选项即可，如图5-23所示。也可以自定义封面，利用Word的“插入”/“插图”组中的功能可以制作出精美又符合主题的封面。

技巧秒杀

在为文档插入封面时，不论鼠标光标定位在文档的什么位置，插入的封面总是位于文档的第一页。

图5-23 插入内置封面

◆ **修改封面：** 为文档插入封面后，需在其中输入文本，将该文档的内容在封面中展现。而修改封面的方法很简单，直接在封面的文本框中输入文本或者选择封面中的图片或表格，在“格式”“设计”“布局”选项卡中对其进行设置即可。

技巧秒杀

自定义封面后，单击“封面”按钮，在弹出的下拉列表中选择“将所选内容保存到封面库”选项，打开“新建构建基块”对话框，如图5-24所示。在其中完成设置后单击确定按钮即可将自定义的封面保存。以后如果需要使用该封面，可单击“封面”按钮，在弹出的下拉列表中选择“常规”栏中的封面即可插入自定义好的封面。

图5-24 “新建构建基块”对话框

5.1.5 目录制作

在制作公司制度手册、项目等文档时，为了让读者快速了解文档内容，一般都会为文档创建目录，通常可以手动创建目录，也可以自定义目录。下面将分别进行介绍。

1. 应用内置的目录

在为Word文档创建目录时，使用Word自带的创建目录功能可快速地完成创建。而应用内置的目录的方法是：将鼠标光标定位到需要插入目录的位置，选择“引用”/“目录”组，单击“目录”按钮，在弹出的下拉列表中选择“内置”栏中需要的选项即可应用内置目录，如图5-25所示。

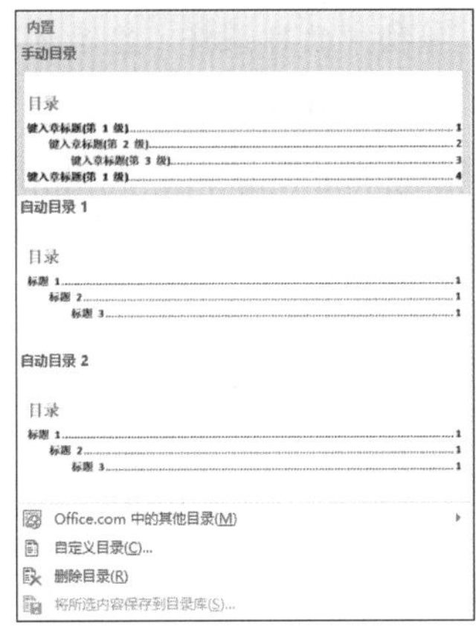

图5-25 应用内置的目录

2. 自定义目录

默认情况下，Word中一般内置了“手动目录”、“自动目录1”和“自动目录2”3种目录样式，如果用户对应用的内置目录不满意，可以根据需要对其进行修改，制作自定义目录。

实例操作：在文档中插入自定义目录

- 光盘\素材\第5章\投标书.docx
- 光盘\效果\第5章\投标书.docx
- 光盘\实例演示\第5章\在文档中插入自定义目录

与应用内置目录不一样的是，自定义目录样式更具有个性，也更符合当前文档。下面将在“投标书.docx”文档中插入自定义目录。

Step 1 打开“投标书.docx”文档，将鼠标光标定位到需插入目录的位置，这里定位到文档末尾的下一页，选择“引用”/“目录”组，单击“目录”按钮，在弹出的下拉列表中选择“自定义目录”选项，打开“目录”对话框，默认选择“目录”选项卡，在“制表符前导符”下拉列表框中选择“.......”选项，在“常规”栏的“显示级别”数值框中输入“3”，单击修改(M)...按钮，如图5-26所示。

图5-26 设置目录选项

技巧秒杀

选择“手动目录”选项，用户可以不受文档内容的限制自行填写文档目录；而选择“自动目录”选项，文档将自动创建目录，包含了格式设置为标题1～标题3样式的所有文本。

Step 2 打开“样式”对话框，在“样式”列表框中选择“目录3”选项，然后单击修改(M)...按钮，如图5-27所示。

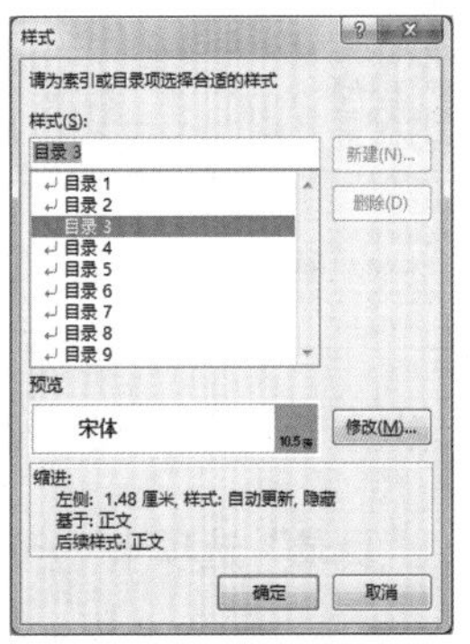

图5-27 选择目录样式

Step 3 打开“修改样式”对话框，在“格式”栏中设置字体为“方正楷体简体”，字号为“五号”，颜色为“黑色，文字1”，然后单击确定按钮，如图5-28所示。

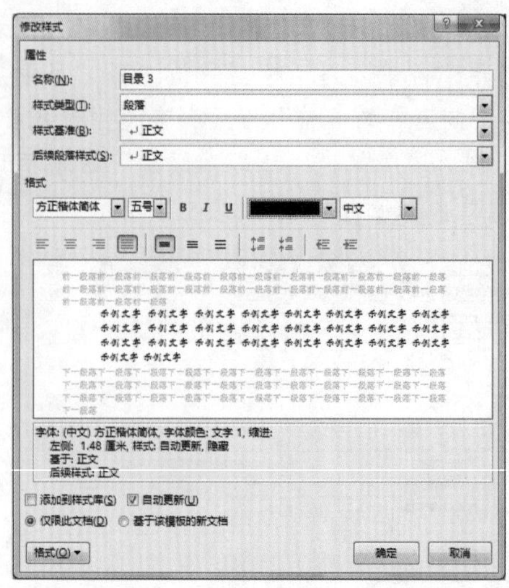

图5-28 修改目录字体格式

技巧秒杀

为文档添加目录后，将鼠标光标移动到添加的目录中，选择目录中的任意一行即可选择所有目录。

Step 4 返回“样式”对话框，可在“预览”栏中查看到设置后的目录样式，单击确定按钮，返回“目录”对话框，然后单击确定按钮，返回文档可查看到插入的目录效果，如图5-29所示。

图5-29 查看插入目录后的效果

知识解析：“目录”选项卡

- **“打印预览”列表框：**在其中可预览当前设置的目录样式效果。
- **“Web预览”列表框：**在其中可预览不使用页码而使用超链接时当前设置的目录样式效果。
- **显示页码(S)复选框：**选中该复选框，则将在目录中自动生成页码，在“打印预览”列表框中可查看生成的页码。
- **页码右对齐(R)复选框：**选中该复选框，则在目录中的页码都将以右对齐的方式显示。
- **“制表符前导符”下拉列表框：**制表符前导符是指标题文本和页码之间连接的字符，当选中显示页码(S)和页码右对齐(R)复选框时，将激活该下拉列表框，单击其右侧的下拉按钮，在弹出的下拉列表中可选择需要的样式。其中有4种样式可供选择。
- **使用超链接而不使用页码(H)复选框：**选中该复选框，文档中的目录将不显示页码，而是以超链接的形式生成目录。
- **“格式”下拉列表框：**单击右侧的下拉按钮，在弹出的下拉列表中可选择目录的格式，在其中提供了7种格式。
- **“显示级别”数值框：**在其中可设置目录显示的级别。
- **选项(O)...按钮：**单击该按钮，将打开“目录选项”对话框，在其中进行相应的设置，可定义目录的级别。
- **修改(M)...按钮：**单击该按钮，将打开“样式”对话框，在其中进行相应的设置，可定义目录的样式。

3. 更新目录

设置完文档的目录后，当文档中的文本有修改时，目录的内容和页码都有可能发生变化，因此需要对目录重新进行调整。而在Word 2013中使用“更新目录”功能可快速地更正目录，使目录和文档内容保持一致。

更新目录的方法很简单：打开目标文档，选择“引用”/“目录”组，单击“更新目录”按钮，将会打开“更新目录”对话框，在其中根据需要选中只更新页码(P)或更新整个目录(E)单选按钮，然后单击确定按钮即可完成目录的更新操作，如图5-30所示。

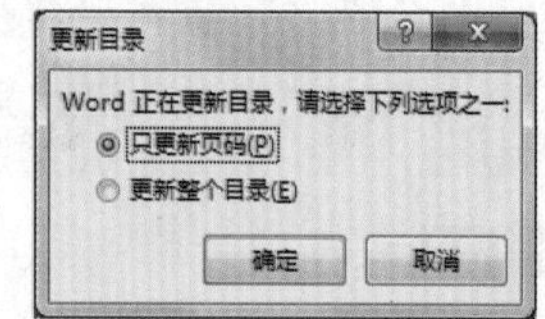

图5-30 “更新目录”对话框

5.1.6 插入脚注和尾注

脚注可以附在文章页面的最底端，对某些内容加以说明；尾注则是一种对文本的补充说明。脚注一般位于页面的底部，可以作为文档某处内容的注释；尾注一般位于文档的末尾，列出引文的出处等。下面将对其插入方法进行介绍。

1. 通过“脚注”组插入脚注或尾注

插入脚注的方法是：将鼠标光标定位到需要插入脚注的文本后，选择“引用”/“脚注”组，单击“插入脚注”按钮AB¹，则在页面底端会出现一条横线，此时即可在横线下方输入需要添加的内容，如图5-31所示；而插入尾注的方法是：将鼠标光标定位到需要插入尾注的文本后，选择“引用”/“脚注”组，单击“插入尾注”按钮，则会在文档末尾处出现一条横线，此时即可在横线下方输入需要添加的内容，如图5-32所示。

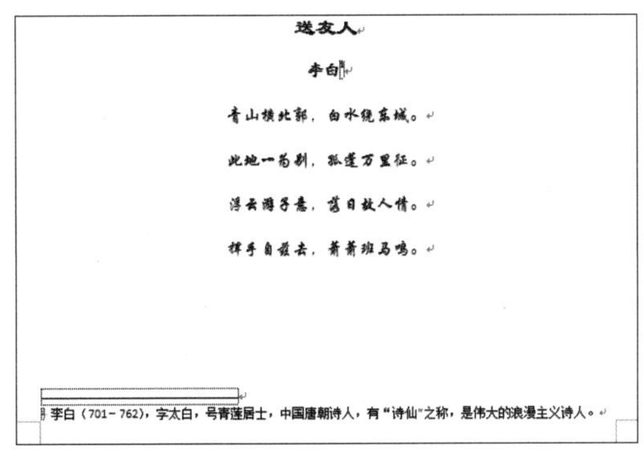

送友人

李白

青山横北郭，白水绕东城。

此地一为别，孤蓬万里征。

浮云游子意，落日故人情。

挥手自兹去，萧萧班马鸣。

李白（701－762），字太白，号青莲居士，中国唐朝诗人，有“诗仙”之称，是伟大的浪漫主义诗人。

图5-31 插入脚注

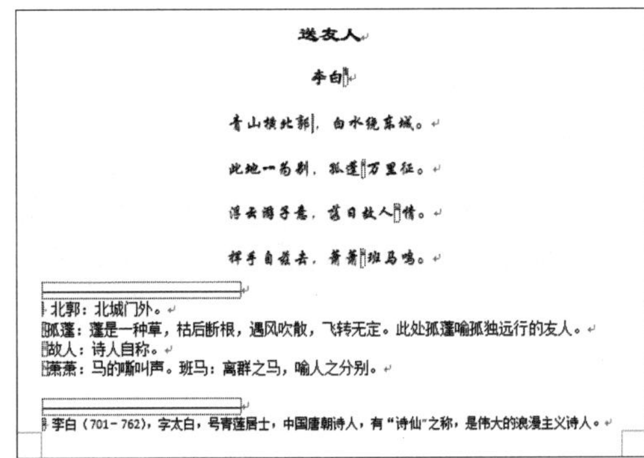

送友人

李白

青山横北郭，白水绕东城。

此地一为别，孤蓬万里征。

浮云游子意，落日故人情。

挥手自兹去，萧萧班马鸣。

北郭：北城门外。
孤蓬：蓬是一种草，枯后断根，遇风吹散，飞转无定。此处孤蓬喻孤独远行的友人。
故人：诗人自称。
萧萧：马的嘶叫声。班马：离群之马，喻人之分别。

李白（701－762），字太白，号青莲居士，中国唐朝诗人，有“诗仙”之称，是伟大的浪漫主义诗人。

图5-32 插入尾注

2. 通过对话框插入脚注或尾注

选择“引用”/“脚注”组，单击功能扩展按钮，将会打开“脚注和尾注”对话框，如图5-33所示，在其中可详细设置脚注和尾注在文档中的位置、脚注和尾注的布局以及脚注和尾注的格式，设置完成后单击“应用(A)”按钮，再单击右侧的“插入(I)”按钮，然后在出现的横线下方输入需要添加的内容即可。

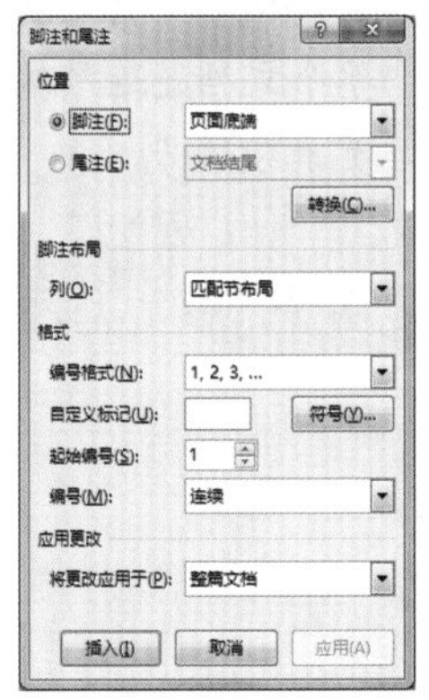

图5-33 插入脚注和尾注

知识解析：“脚注和尾注”对话框

- **“脚注(F)”单选按钮**：选中该单选按钮，则会为文档插入脚注，并激活右侧的下拉列表框，单击该下拉列表框右侧的下拉按钮，在弹出的下拉列表中可选择“页面底端”或“文字下方”选项。
- **“尾注(E)”单选按钮**：选中该单选按钮，则会为文档插入尾注，并激活右侧的下拉列表框，单击该下拉列表框右侧的下拉按钮，在弹出的下拉列表中可选择“节的结尾”或“文档结尾”选项。
- **“转换(C)...”按钮**：单击该按钮，将打开“转换注释”对话框，在其中可选中“脚注全部转换成尾注(F)”、“尾注全部转换成脚注(E)”或“脚注和尾注相互转换(S)”单选按钮，对脚注和尾注进行相互转换或统一转换为一种注释。
- **“列”下拉列表框**：单击其右侧的下拉按钮，在弹出的下拉列表中可选择需要的选项，可对脚注或尾注的布局进行设置。
- **“编号格式”下拉列表框**：单击其右侧的下拉按钮，在弹出的下拉列表中可选择需要的选项，对脚注或尾注的编号格式进行设置。
- **“自定义标记”文本框**：单击右侧的“符号(Y)...”按钮，可打开“符号”对话框，在其中选择需要的符号后，单击“确定”按钮即可在“自定义标记”文本框中输入脚注或尾注新的标记。
- **“起始编号”数值框**：在其中可设置脚注或尾注

的起始数。

◆ "编号"下拉列表框：单击其右侧的下拉按钮，在弹出的下拉列表中可选择需要的选项，可设置整个文档是连续编号还是每一节单独编号或每一页单独编号。

读书笔记

5.1.7 题注的使用

题注是一种可添加到图表、表格、公式或其他对象中的编号标签，如在文档中的图片下面输入图编号和图题，可以方便读者查找和阅读。使用题注功能可以保证长文档中图片、表格或图表等项目能够按顺序自动编号，而且还可在不同的地方引用文档中其他位置的相同内容。

1. 插入题注

用户可以在图表、公式或其他对象中插入题注，也可以使用这些题注创建带题注项目的目录，如图表目录或公式目录。

实例操作：在文档中插入题注

- 光盘\素材\第5章\丽江风景简介1.docx
- 光盘\效果\第5章\丽江风景简介1.docx
- 光盘\实例演示\第5章\在文档中插入题注

下面将在"丽江风景简介1.docx"文档中的图片下方插入题注，使文本内容更富有层次感。

Step 1 ▶ 打开"丽江风景简介1.docx"文档，将鼠标光标定位到目标图片后，选择"引用"/"题注"组，单击"插入题注"按钮，打开"题注"对话框，单击新建标签(N)...按钮，打开"新建标签"对话框，在"标签"文本框中输入"丽江风景"，然后单击确定按钮，如图5-34所示。

图5-34 新建题注

Step 2 ▶ 返回"题注"对话框，可查看到"题注"文本框中的变化，然后单击编号(U)...按钮，将打开"题注编号"对话框，单击"格式"下拉列表框右侧的下拉按钮，在弹出的下拉列表中选择"ⅰ,ⅱ,ⅲ…"选项，单击确定按钮，如图5-35所示。返回"题注"对话框，在"题注"文本框中输入"丽江风景：玉龙雪山"，然后单击确定按钮即可插入题注，如图5-36所示。

图5-35 设置题注编号 图5-36 输入题注的名称

技巧秒杀

在插入新的题注时，Word会自动更新题注编码，但是如果删除或移动了某级标题，则需要手动更新标题。

Step 3 ▶ 返回文档，可查看到插入的题注，如图5-37所示，按照相同方法在其他相应位置插入题注。

图5-37 查看插入的题注

技巧秒杀

当需要修改文档中某种标签的全部题注时，选定其中一个题注进行修改即可。

知识解析：“题注”对话框

◆ “题注”文本框：在该文本框中，可查看到设置后的标签，也可在其中输入题注的名称。

◆ “标签”下拉列表框：单击其右侧的下拉按钮▾，在弹出的下拉列表中可选择需要的标签，其中预设了“图表”、“表格”和“公式”3个选项。

◆ “位置”下拉列表框：单击其右侧的下拉按钮▾，在弹出的下拉列表中可选择题注在图片、表格或公式中的位置，其中包括“所选项目下方”和“所选项目上方”两个选项。

◆ ☑题注中不包含标签(E)复选框：选中该复选框，题注中将不显示所选的标签，只显示编号和题注名称。

◆ 新建标签(N)...按钮：单击该按钮，可打开“新建标签”对话框，在其中的“标签”文本框中输入标签名称可新建题注标签。

◆ 删除标签(D)按钮：选择新建的标签后单击此按钮，即可将选择的标签删除，但要注意的是，选择预设的标签后，此按钮处于未激活状态，即不能删除预设的标签。

◆ 编号(U)...按钮：单击该按钮，将打开“题注编号”对话框，在其中可设置题注的编号格式。

◆ 自动插入题注(A)...按钮：单击该按钮，将会打开“自动插入题注”对话框，在其中进行设置后，以后每次在文档中插入项目时，Word就会按设置的方式为其插入题注。

2. 插入表目录

如果文档中的图片或表格较多，也可以为图表建立目录。在建立图表目录时，可以以图表的题注或者自定义样式的图表标签为依据，并参考页序，按照排序级别排列。

实例操作：在文档中插入表目录

- 光盘\素材\第5章\丽江风景简介2.docx
- 光盘\效果\第5章\丽江风景简介2.docx
- 光盘\实例演示\第5章\在文档中插入表目录

在文档中插入表目录，可以将许多图表以目录的形式在文档中表现出来。下面将为“丽江风景简介2.docx”文档中的图表插入表目录。

Step 1 打开“丽江风景简介2”文档，将鼠标光标定位在文档末尾，选择“引用”/“题注”组，单击“插入表目录”按钮，打开“图表目录”对话框，在“制表符前导符”下拉列表框中选择“-------”选项，在“格式”下拉列表框中选择“来自模板”选项，其他保持默认不变，然后单击 确定 按钮，如图5-38所示。

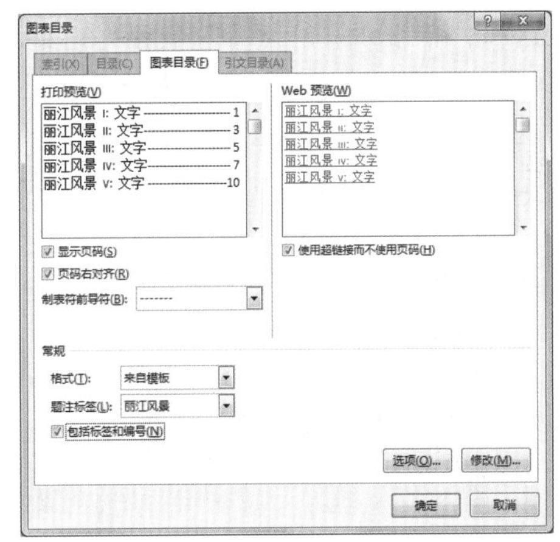

图5-38 设置“图表目录”对话框

Step 2 返回文档，在文档末尾处即可查看到插入的图表目录，如图5-39所示。

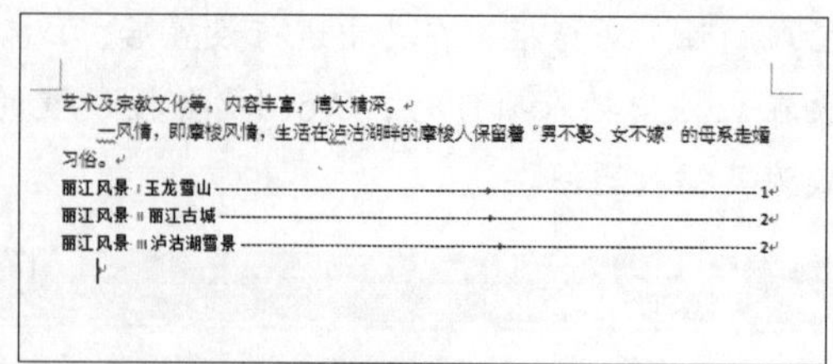

图5-39　查看插入的图表目录

3. 交叉引用

交叉引用即在长文档中的不同位置相互引用同一内容。如在制作论文时，当前面已经讲述了自己的观点，而后面要引用时，即可采用“详见某页”来指定内容，这种引用便是交叉引用。

实例操作：在文档中插入交叉引用

- 光盘\素材\第5章\丽江风景简介3.docx
- 光盘\效果\第5章\丽江风景简介3.docx
- 光盘\实例演示\第5章\在文档中插入交叉引用

创建交叉引用实际上是在要插入引用内容的地方建立一个域。下面将在“丽江风景简介3.docx”文档中插入交叉引用。

Step 1 打开“丽江风景简介3.docx”文档，将鼠标光标定位到“（见下图”后，选择“引用”/“题注”组，单击“交叉引用”按钮，打开“交叉引用”对话框，单击“引用类型”下拉列表框右侧的下拉按钮，在弹出的下拉列表中选择“丽江风景”选项，在“引用哪一个题注”列表框中选择“丽江风景 i 玉龙雪山”选项，单击 插入(I) 按钮，如图5-40所示。

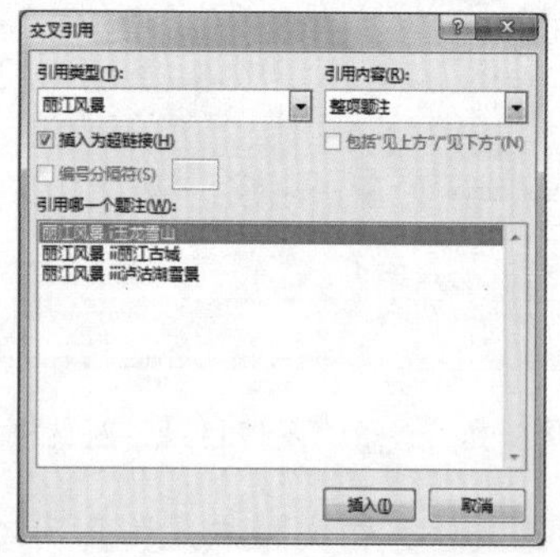

图5-40　设置“交叉引用”对话框

Step 2 保持对话框打开的状态，应用相同方法完成其他地方的交叉引用，然后单击 取消 按钮返回文档，将鼠标光标移至插入的交叉引用处将显示图表名称，按住Ctrl键并单击交叉引用文字即可跳转到目标图表位置，如图5-41所示。

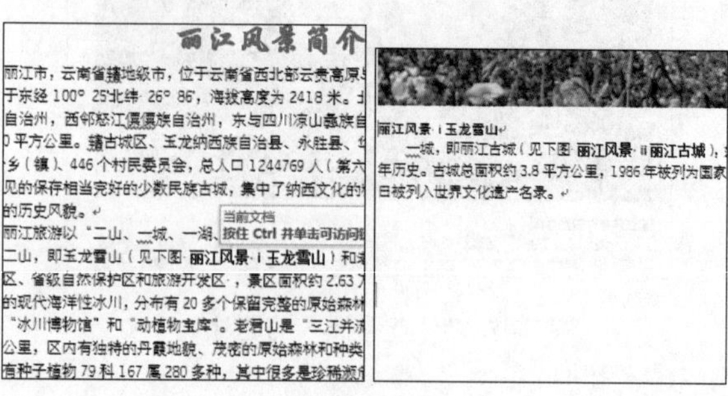

图5-41　使用交叉引用

> **技巧秒杀**
>
> 要修改交叉引用中的介绍性文字，只需在文档中对其进行编辑即可。

5.1.8 索引制作

索引是根据一定需要，把书刊中的主要概念或各种题名摘录下来，标明出处、页码，按一定次序分条排列，以供读者查阅的资料。

实例操作：在文档中插入索引

- 光盘\素材\第5章\项目评估报告.docx
- 光盘\效果\第5章\项目评估报告.docx
- 光盘\实例演示\第5章\在文档中插入索引

标记索引项本质上是插入一个隐藏的代码，便于读者快速查询。下面将在“项目评估报告.docx”文档中插入索引。

Step 1 打开“项目评估报告.docx”文档，先选择需创建索引的文本内容，然后选择“引用”/“索引”组，单击“标记索引项”按钮，打开“标记索引项”对话框，单击 标记(M) 按钮，保持“标记索引项”对话框的打开状态下，继续选择文档中需创建索引的文本，完成后单击“标记索引项”对话框中的 关闭 按钮为所选文本进行标记，如

图5-42所示。

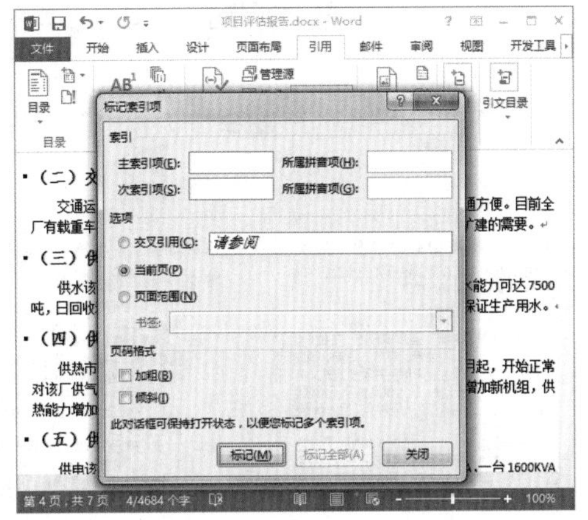

图5-42　标记索引项

Step 2 ▶ 返回文档后，将鼠标光标定位到文档的末尾，选择“引用”/“索引”组，单击“插入索引”按钮，在打开的对话框中选中☑页码右对齐(R)复选框，然后单击 确定 按钮，如图5-43所示。

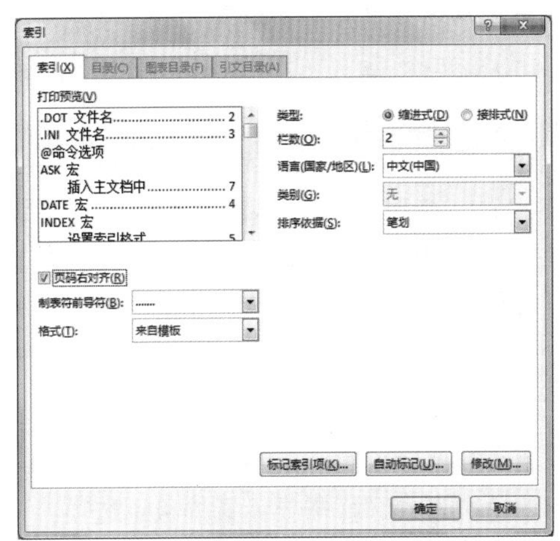

图5-43　设置索引

Step 3 ▶ 此时在文本插入点处便将显示创建的索引以及索引所在文档的页码，如图5-44所示。

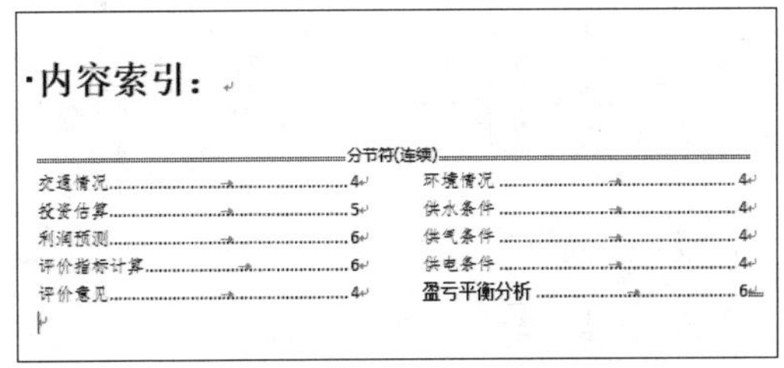

图5-44　查看插入的索引

5.1.9 使用书签

书签是指Word文档中的标签，利用书签，可以更快地找到用户阅读或修改的位置，特别是篇幅比较长的文档。下面将对书签的使用方法进行介绍。

◆ 插入书签：选择要指定书签的文本对象，然后选择“插入”/“链接”组，单击“书签”按钮，将打开“书签”对话框，如图5-45所示，在“书签名”文本框中输入文本对象的书签名，然后单击 添加(A) 按钮，即可在文档中插入书签。

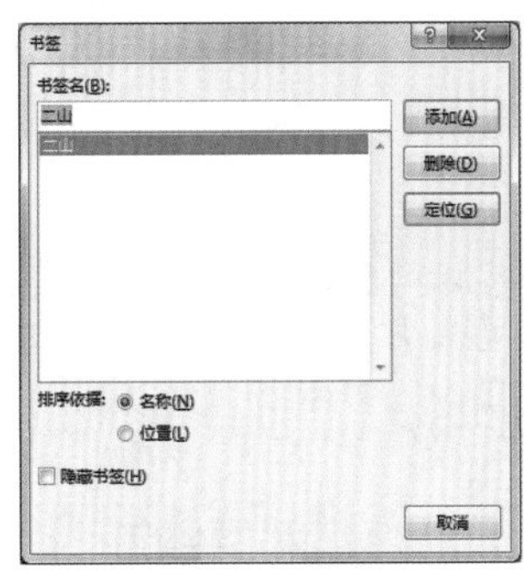

图5-45　“书签”对话框

◆ 显示文档中的书签：如果在文档中设置书签，在插入的位置处将会显示 I 形标记。如果没有显示此标记，则需要进行以下设置。单击 文件 按钮，在弹出的下拉菜单中选择“选项”命令，将打开“Word选项”对话框，在其中选择“高级”选项卡，在“显示文档内容”栏中选中☑显示书签(K)复选框，单击 确定 按钮即可，如图5-46所示。

图5-46　“Word选项”对话框

◆ 定位到指定书签：插入书签后，即可快速地在文

档中找到定位的书签，而定位到指定书签的方法是：选择“插入”/“链接”组，单击“书签”按钮，打开“书签”对话框，在其中的“书签名”文本框下的列表框中选择需要定位的书签名，然后单击定位(G)按钮即可将当前文档定位到指定书签处。

◆ 删除书签：如果不再需要书签，可以将其删除。删除的方法很简单，选择“插入”/“链接”组，单击“书签”按钮，打开“书签”对话框，在其中的“书签名”文本框下的列表框中选择需要删除的书签名，然后单击删除(D)按钮即可将当前选择的书签删除。

技巧秒杀

如果将书签标记的全部或部分内容复制到同一文档的其他位置，书签会保留在原内容上，不会标记复制的内容。

5.1.10 用大纲视图编辑长文档

用户在浏览协议、合同等长文档时，不易分辨文档的结构。而大纲视图可将文档的标题进行缩进，以不同的级别来表示标题在文档中的结构，所以用户在编辑长文档时，不妨使用Word提供的大纲视图来把握整个文档结构和内容。选择“视图”/“文档视图”组，单击“大纲视图”按钮，即可进入大纲视图，在功能面板中即可对文档结构进行编辑，如图5-47所示。

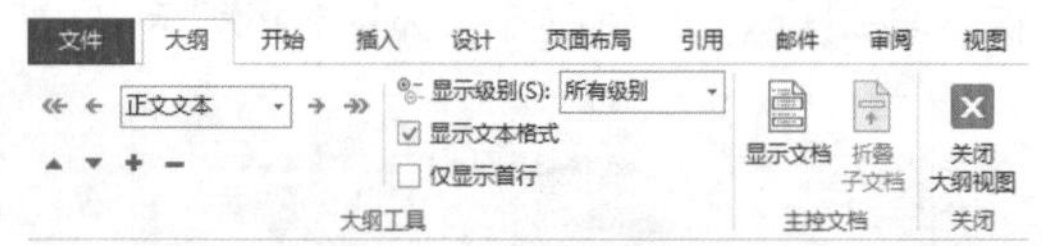

图5-47 大纲视图

1. 调整文本在文档中的位置

使用大纲视图浏览文档时，可通过移动文本的位置来调整输入文本顺序错误的情况，这样不仅方便查看，还能合理安排文档结构。

在大纲视图中调整文本在文档中的位置的方法是：选择需要调整位置的文本，然后选择“视图”/“文档视图”组，单击“大纲视图”按钮。选择“大纲”/“大纲工具”组，单击“上移”按钮或“下移”按钮，上下移动所选择的文本，如图5-48所示。

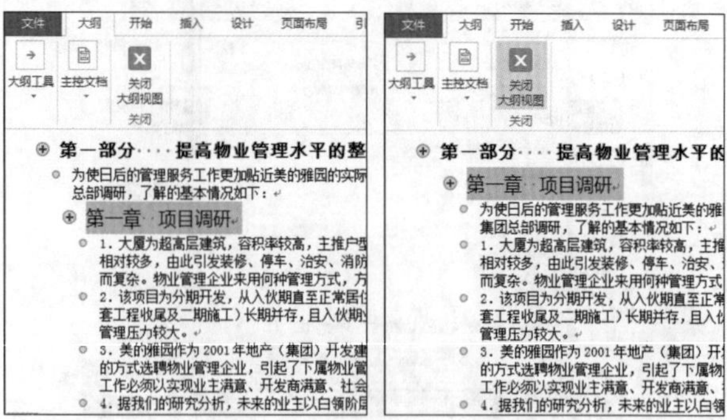

图5-48 移动文本位置

技巧秒杀

如文档的标题级别太多，大纲视图可能会隐藏部分子文档，可选择“大纲”/“大纲工具”组，单击“展开”按钮或“折叠”按钮，将显示或隐藏子文档。

2. 修改文本的标题级别

在编辑文档时，若对标题的当前级别不满意，可通过“大纲视图”选择相应的级别文本并对其进行修改。其方法是：选择“视图”/“文档视图”组，单击“大纲视图”按钮，进入大纲视图。选择“大纲”/“大纲工具”组，单击“展开”按钮，展开子文档并选择需要修改的子文档级别的文本。在“大纲级别”下拉列表中选择需要设置的级别选项，子文档的标题级别自动改变，效果如图5-49所示。

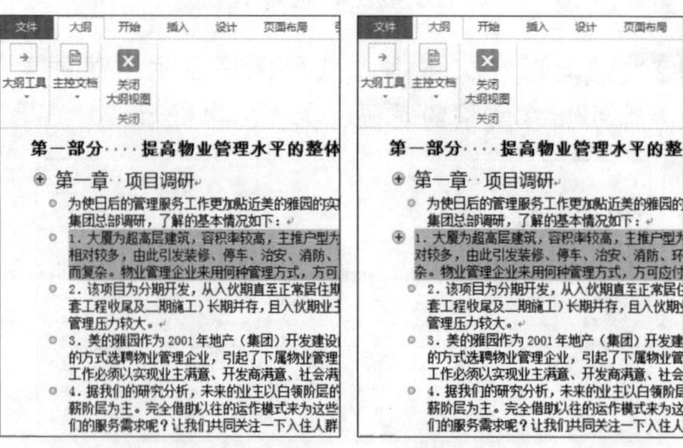

图5-49 在大纲视图中修改标题级别

知识解析：“大纲工具”组

◆ “提升至标题1”按钮：单击该按钮，可将所选文本升为大纲的最高级别。

◆ “升级”按钮：单击该按钮，可提升所选文本的级别。

◆ “降级”按钮：单击该按钮，可降低所选文本的级别。

◆ “降级为正文”按钮：单击该按钮，可将所选文本降为大纲的最低级别。

◆ “上移”按钮：单击该按钮，可将所选文本上移。

◆ “下移”按钮：单击该按钮，可将所选文本下移。

◆ “展开”按钮：单击该按钮，可将所选文本标题内容在大纲视图内展开。

◆ “折叠”按钮：单击该按钮，可将所选文本标题内容在大纲视图内折叠隐藏。

◆ “显示级别”下拉列表框：单击其右侧的下拉按钮，在弹出的下拉列表中可选择大纲的级别，默认情况下有10个级别选项。

◆ ☑显示文本格式复选框：选中该复选框，可设置为显示文本格式。

◆ ☑仅显示首行复选框：选中该复选框，在大纲视图内可将文本内容设置为仅显示每个项目的首行。

技巧秒杀

在大纲视图下查看或编辑文本时，可以同时进行修改。

5.1.11 分页和分节的使用

在Word中，输入完一页后系统会自动进行分页，当然用户也可以使用快捷键手动进行分页和分节。但在一些特殊情况下，则需在文档中插入分页符或分节符进行分页。下面将分别介绍分页和分节的方法。

◆ 插入分页：在包含多页的文档中，可在需要分页的位置进行分页，从而使操作变得简单方便，同时避免手动分页的麻烦。插入分页的方法是：将鼠标光标定位到进行分页的位置，选择“插入”/“页”组，单击“分页”按钮，即可在文档中插入分页。

◆ 插入分节：编辑文档时，可使用分节改变文档中一个或多个页面的版式或格式。在文档中使用分节的方法是：将鼠标光标定位到要分节的位置，选择“页面布局”/“页面设置”组，单击“分隔符”按钮，在弹出的下拉列表中选择相应的分节符选项即可，如图5-50所示。

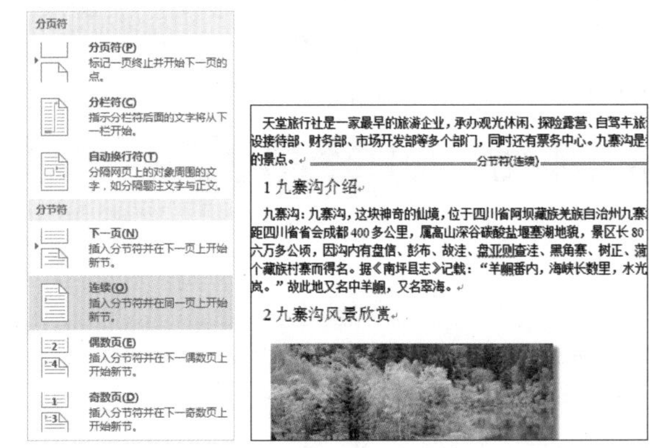

图5-50　插入分节

技巧秒杀

分节符可控制前面文本节的格式，删除某分节符会同时删除该分节符之前的文本节格式。

读书笔记

5.2 邮件合并与宏

在日常工作中，经常需要同电子邮件打交道，Word 2013提供了邮件合并功能，通过该功能可以将一个文档同时发送给许多对象。而在制作Word文档的过程中，如果需要经常执行某几项操作，可将这些操作以宏的方式录制下来，然后再通过运行宏的方式快速执行该操作。下面分别对邮件合并和宏的应用进行介绍。

5.2.1 制作邀请函

邮件合并可以将内容有变化的部分，如姓名或地址等制作成数据源，将文档内容相同的部分制作成一个主文档，然后将数据源中的信息合并到主文档。通过邮件合并可以制作邀请函等类型的文档。

实例操作：制作会议邀请函

- 光盘\素材\第5章\邀请函1.docx
- 光盘\效果\第5章\邀请函1.docx、会议通讯录.mdb
- 光盘\实例演示\第5章\制作会议邀请函

使用邮件合并可以制作内容相同的文档，但可以自动加上不同的分发对象，因此大大提高了工作效率。下面将使用邮件合并功能制作邀请函。

Step 1 打开“邀请函1.docx”文档，选择“邮件”/“开始邮件合并”组，单击“开始邮件合并”按钮，在弹出的下拉列表中选择“邮件合并分步向导”选项，如图5-51所示。

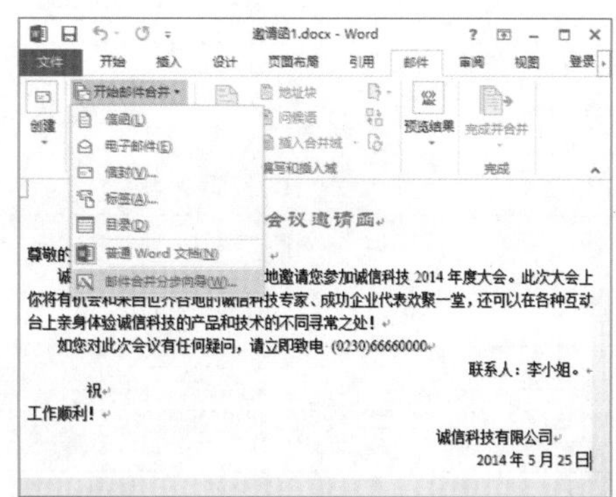

图5-51 选择“邮件合并分步向导”选项

Step 2 打开“邮件合并”任务窗格，在“选择文档类型”栏中默认选中 信函 单选按钮，在下方单击“下一步：开始文档”超链接，如图5-52所示。在“选择开始文档”栏中默认选中 使用当前文档 单选按钮，单击“下一步：选择收件人”超链接，如图5-53所示。

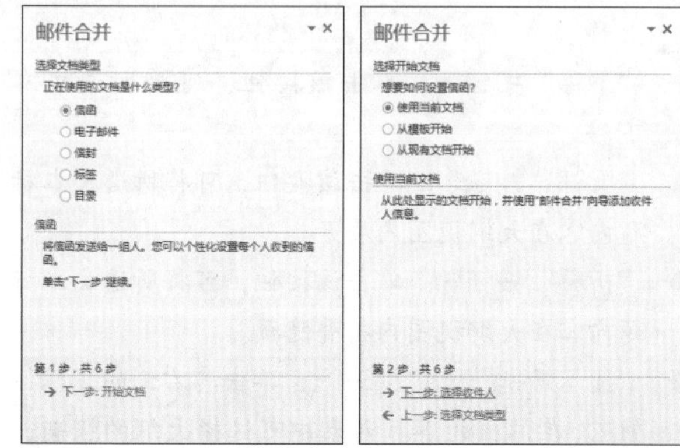

图5-52 选择文档类型　　图5-53 设置信函

Step 3 在“选择收件人”栏中选中 键入新列表 单选按钮，单击“创建”超链接，如图5-54所示。

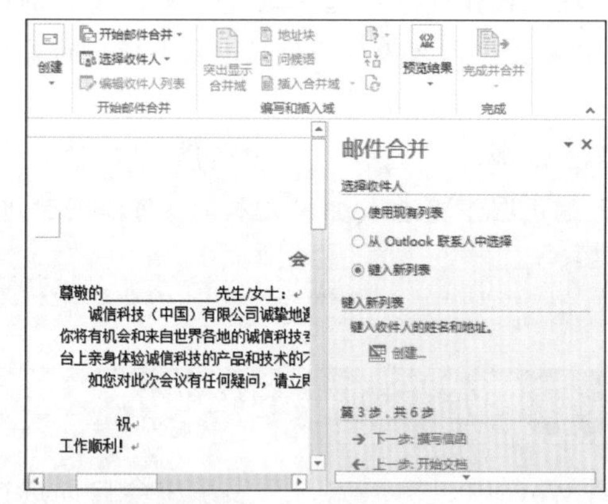

图5-54 创建收件人

技巧秒杀

Word中的邮件合并通常有3个步骤，即建立文档、建立数据和合并数据。通过这3个步骤，用户可以轻松地将邮件合并。

Step 4 ▶ 打开“新建地址列表”对话框，在相应的项目下输入收件人的有关信息，单击 新建条目(N) 按钮，继续输入收件人信息，完成后单击 确定 按钮，如图5-55所示。

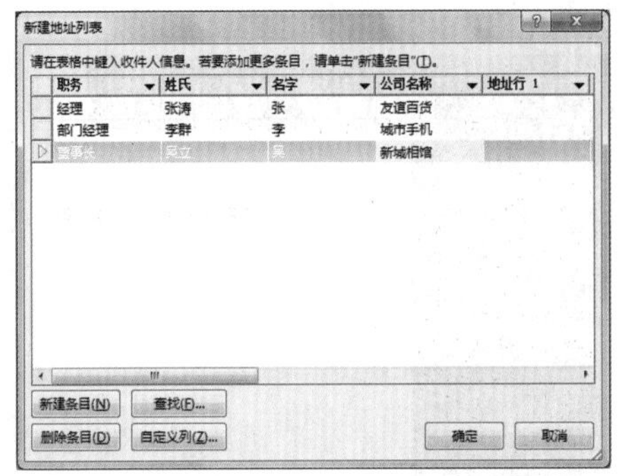

图5-55　输入收件人信息

技巧秒杀

在“新建地址列表”对话框中，若发现信息输入错误，可单击 删除条目(D) 按钮将其删除。

Step 5 ▶ 打开“保存通讯录”对话框，在“保存位置”下拉列表框中选择保存位置，在“文件名”文本框中输入保存该文件的名称，单击 保存(S) 按钮，完成通讯录的保存，如图5-56所示。

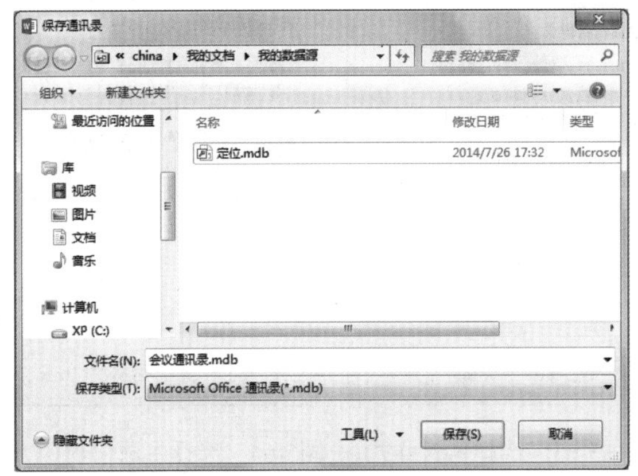

图5-56　保存通讯录

Step 6 ▶ 打开“邮件合并收件人”对话框，然后单击 确定 按钮完成邮件合并中“数据源”的创建，返回“邮件合并”任务窗格，在“选择收件人”栏中选中 ◉ 使用现有列表 单选按钮，单击“下一步：撰写信函”超链接，如图5-57所示。

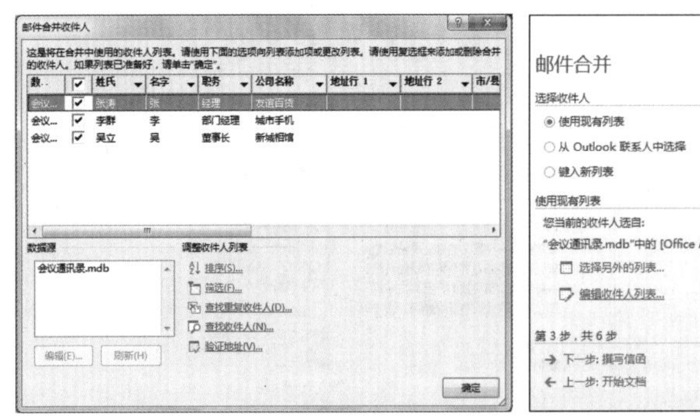

图5-57　邮件合并

Step 7 ▶ 将鼠标光标定位到文本“尊敬的”后，在“撰写信函”栏中单击“其他项目”超链接，如图5-58所示。

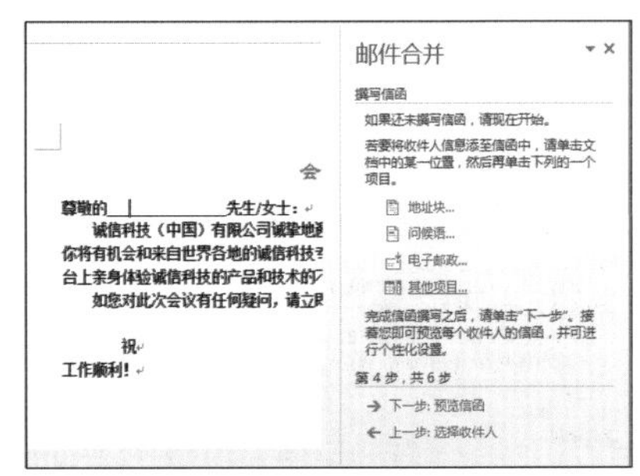

图5-58　撰写信函

Step 8 ▶ 打开“插入合并域”对话框，在“插入”栏中默认选中 ◉ 数据库域(D) 单选按钮，在“域”列表框中选择“名字”选项，单击 插入(I) 按钮，然后单击“关闭”按钮 ✕ ，返回文档可查看到插入合并域后的效果，如图5-59所示。

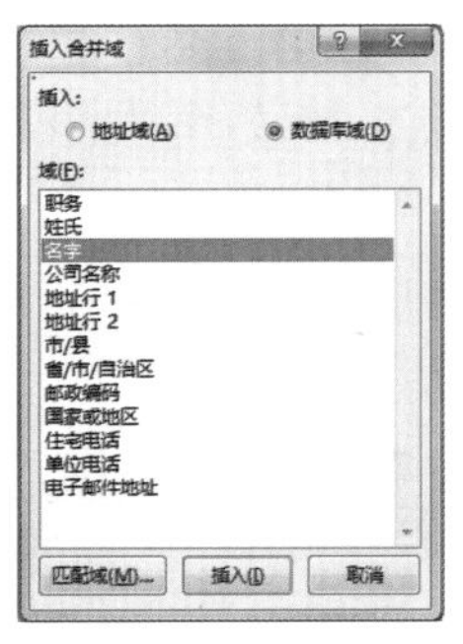

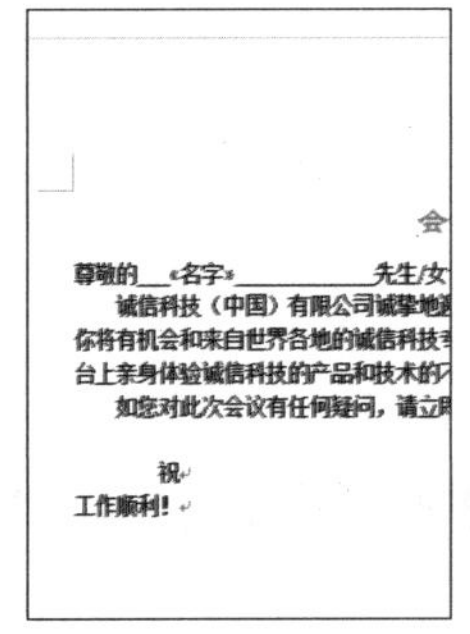

图5-59　插入域

Step 9 ▶ 在“邮件合并”任务窗格中单击“下一步：预览信函”超链接，在打开的任务窗格中即可看到信函的效果，单击“上一个”按钮 >> 和“下一个”按钮[>>]可切换名称，如图5-60所示。

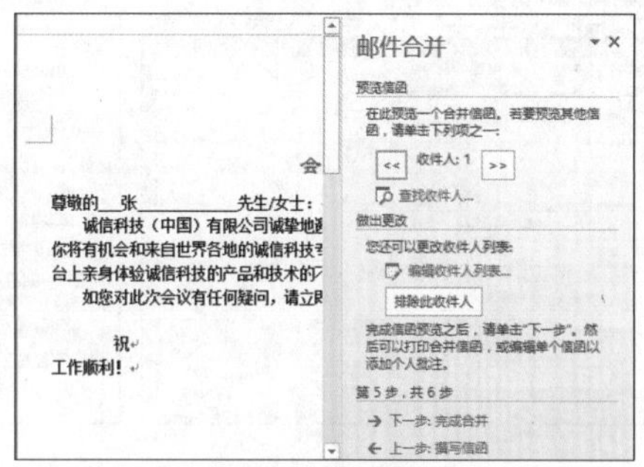

图5-60 预览信函

Step 10 ▶ 单击“下一步：完成合并”超链接，进入“完成合并”界面，此时可以进行打印等操作，如图5-61所示。

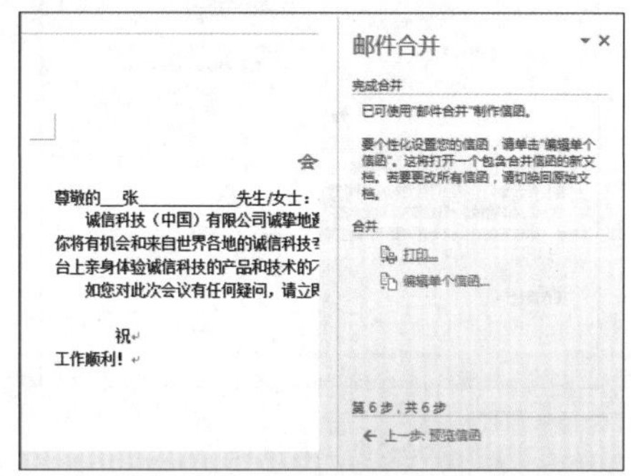

图5-61 完成邮件合并

技巧秒杀

在“邮件合并收件人”对话框中，如果取消选中前面的复选框，将删除该收件人。

5.2.2 制作信封

如果要为大量的客户邮寄信件，使用Word 2013中的信封功能创建信封将会更方便、快捷。

实例操作：制作信封

- 光盘\效果\第5章\信封.docx
- 光盘\实例演示\第5章\制作信封

为了满足用户的需要，Word提供了多种信封样式，用户可以根据需要创建自己的信封。下面将利用Word创建中文版式的信封。

Step 1 ▶ 新建一个Word空白文档，选择“邮件”/“创建”组，单击“中文信封”按钮，打开“信封制作向导”对话框，单击[下一步(N)>]按钮，如图5-62所示。

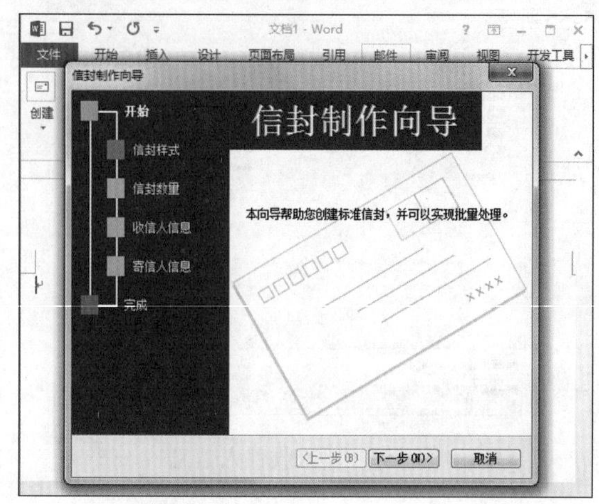

图5-62 打开“信封制作向导”对话框

Step 2 ▶ 在打开的“选择信封样式”对话框的“信封样式”下拉列表框中默认选择“国内信封-B6（176×125）”选项，单击[下一步(N)>]按钮，如图5-63所示。在打开的“选择生成信封的方式和数量”对话框中，默认选中◉键入收信人信息，生成单个信封(S)单选按钮，单击[下一步(N)>]按钮，如图5-64所示。

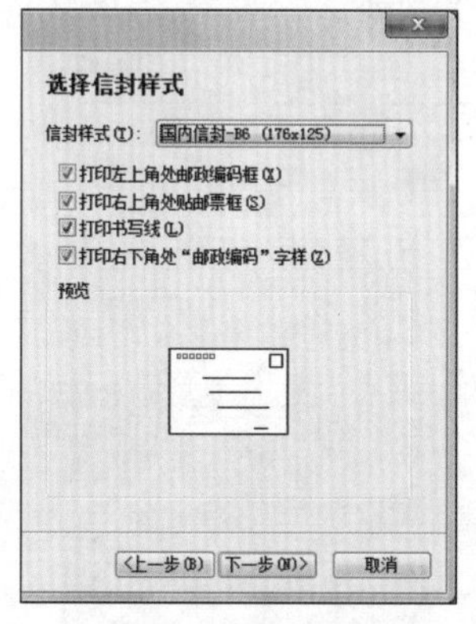

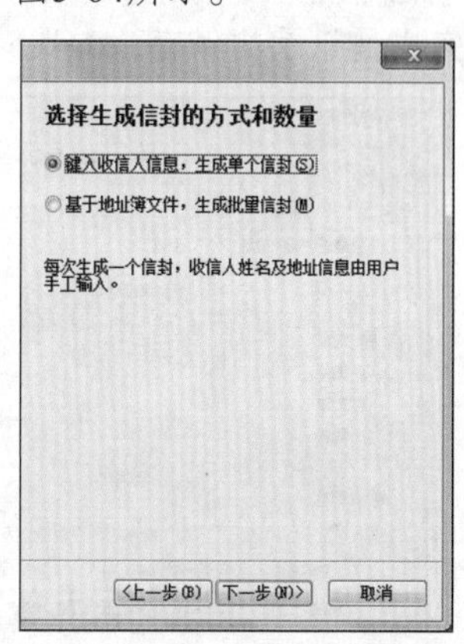

图5-63 选择信封样式　图5-64 选择生成信封的方式

技巧秒杀

在“选择信封样式”对话框中单击“信封样式”下拉列表框右侧的下拉按钮，在弹出的下拉列表中可选择需要的信封样式，其中提供了9种常见的样式可选择。

Step 3 ▶ 在“输入收信人信息”对话框中输入收信人姓名、称谓、单位、地址和邮编，单击[下一步(N)>]按钮，如图5-65所示。在打开的“输入寄信人信息”对话框中输入寄信人姓名、单位、地址和邮编，单击[下一步(N)>]按钮，如图5-66所示。

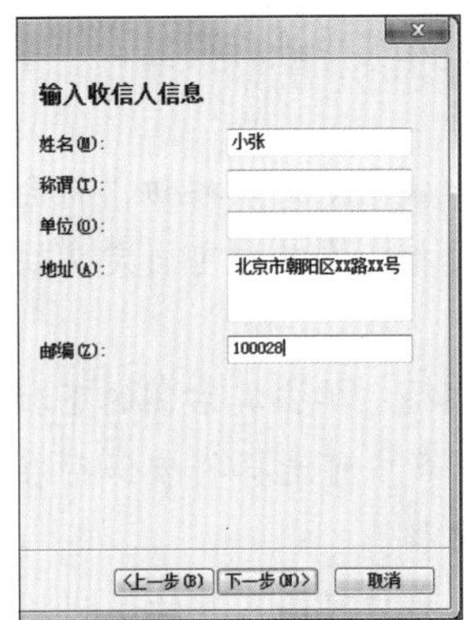

图5-65 输入收件人信息

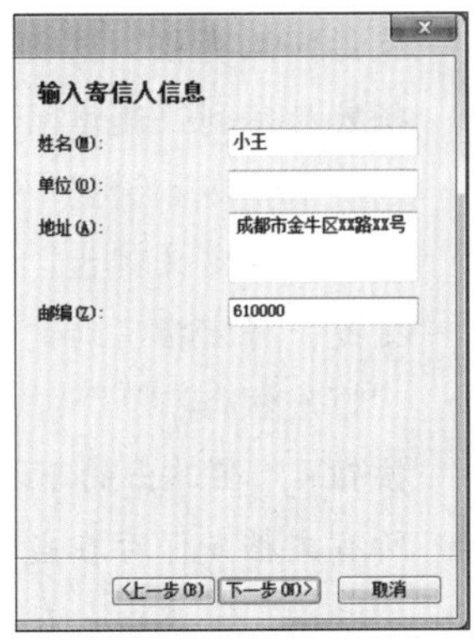

图5-66 输入寄件人信息

Step 4 ▶ 在打开的“完成”对话框中单击[完成(F)]按钮退出信封制作向导，返回文档即可查看到制作的中文文档，如图5-67所示。

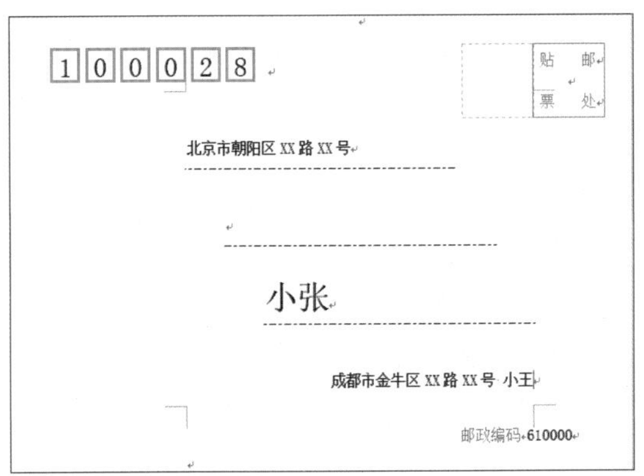

图5-67 查看创建的信封

技巧秒杀

在“选择生成信封的方式和数量”对话框中选中◉基于地址簿文件，生成批量信封(M)单选按钮，即可创建批量信封。

读书笔记

5.2.3 应用宏

在制作Word文档的过程中，可通过应用宏来将经常执行的某几项操作录制下来，在下次操作时通过运行宏的样式可快速执行。下面将对宏的应用进行介绍。

1. 录制宏

要想使用宏，首先要录制一个新宏。在录制宏之前，首先需要将“开发工具”选项卡显示出来，然后再进行宏的录制。

实例操作：在“培训通知”文档中录制宏

- 光盘\素材\第5章\培训通知.docx
- 光盘\效果\第5章\培训通知.docx
- 光盘\实例演示\第5章\在“培训通知”文档中录制宏

录制宏时会先选择将宏指定到按钮或键盘，然后再进行其他操作。下面将在“培训通知.docx”文档中进行录制宏的操作。

Step 1 ▶ 打开“培训通知.docx”文档，选择“视图”/“宏”组，单击“宏”按钮，在弹出的下拉列表中选择“录制宏”选项，打开“录制宏”对话框，在“宏名”文本框中输入名称，这里输入“插入表格”，在“说明”文本框中输入说明信息，这里输入“添加需要携带的东西”，然后单击“键盘”按钮，如图5-68所示。

图5-68 设置“录制宏”对话框

Step 2 ▶ 打开“自定义键盘”对话框，在“请按新

快捷键”文本框中指定快捷键，这里按Ctrl+G快捷键，单击指定(A)按钮，然后单击关闭按钮，如图5-69所示。

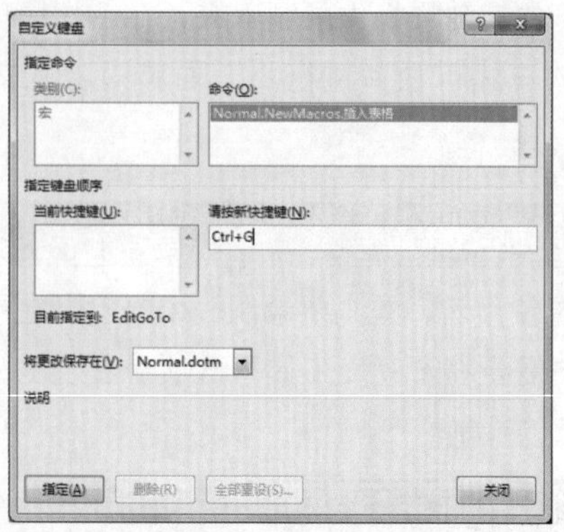

图5-69　设置快捷键

技巧秒杀

在录制宏时，可以用鼠标选择命令和选项，如要选择文本，则必须使用键盘。

Step 3 返回文档，在文档中输入表名“携带用品”，并在下方插入3行2列的表格，输入相关的信息，选择“视图”/“宏”组，单击“宏”按钮，在弹出的下拉列表中选择“停止录制”选项，完成宏的录制，如图5-70所示。

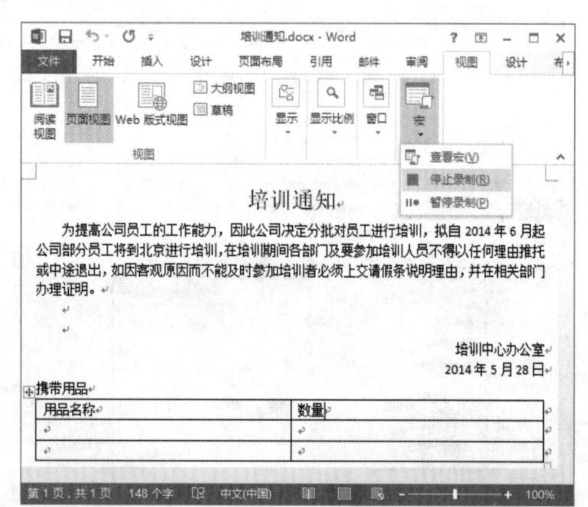

图5-70　完成宏的录制

技巧秒杀

若要删除创建的宏，在“宏”对话框中选择要删除的宏名，再单击对话框右侧的删除(D)按钮即可。

知识解析：“录制宏”对话框

- “宏名”文本框：在该文本框中可输入录制的宏的名称。
- “将宏指定到按钮”按钮：单击该按钮，将会打开“Word选项”对话框，此时默认打开“快速访问工具栏”选项卡，在其中进行设置后，可将宏指定到快速访问工具栏。
- “将宏指定到键盘”按钮：单击该按钮，将会打开“自定义键盘”对话框，在其中可自定义快捷键，将宏指定到键盘上。
- “将宏保存在”下拉列表框：单击其右侧的下拉按钮，在弹出的下拉列表中可选择将宏保存在所有文档或保存在当前文档。
- “说明”文本框：在文本框中可输入宏的说明。

2. 运行宏

录制好宏后即可运行宏，从而通过它快速地自动完成相同的操作，其方法比较简单，下面将对其进行介绍。

- 通过快捷键运行：可通过按设置好的快捷键运行宏。
- 通过“宏”对话框运行：按Alt+F8快捷键或在“视图”组中单击“宏”按钮，在弹出的下拉列表中选择“查看宏”选项，打开“宏”对话框，选择创建的宏名，然后单击运行(R)按钮即可，如图5-71所示。

图5-71　运行宏

5.3 文档审阅

在日常办公中，审阅分为两种，一种是自行审阅，另一种是传给他人审阅。通过审阅可减少最终文档的错误。在Word 2013中审阅的方法有很多，常用的有拼写和语法纠错、字数统计、中文简繁转换、添加批注和修订并合并文档等，下面将分别对其进行介绍。

5.3.1 拼写和语法纠错

每个汉字都有自己的读音，而在Word中可以根据这些读音找出文本中错误搭配在一起的词语，快速地更改文档中错误的文本。

对文档中文本的拼写和语法纠错操作的方法是：在打开的某篇文档中，如果发现在一些内容下方有红色波浪线，则表示这些内容存在拼写或语法错误，可选择“审阅”/“校对”组，单击“拼写和语法”按钮，打开“语法”任务窗格，根据任务窗格中的拼写检查提示确认所标示出的单词或短语是否确实存在拼写或语法错误。如果确实存在错误，则根据提示在文档中输入正确的文本。如果标示出的单词或短语没有错误，可以单击忽略(I)或忽略规则(G)按钮忽略关于此单词或词组的修改建议。

技巧秒杀

Word下方状态栏中有“拼写错误”按钮存在时，也表示文档中有拼写或语法错误，单击该按钮，也可打开“语法”任务窗格。

5.3.2 字数统计

写作长篇文稿时，会用到“字数统计”工具，它可以非常方便而又快速地统计出写作的文档有多少个字和标点符号等。字数统计是Word中最常用的功能之一。

打开文档，选择“审阅”/“校对”组，单击“字数统计”按钮，将会打开“字数统计”对话框，在其中将会显示出页数、字数、字符数（不计空格）、字符数（计空格）、段落数、行数、非中文单词以及中文字符和朝鲜语单词的个数。如果选中包括文本框、脚注和尾注(F)复选框，则在字数统计时，会将文本中的文本框、脚注和尾注字数都统计出来，如图5-72所示。

图5-72 字数统计

5.3.3 中文简繁转换

使用简繁转换功能，可使文档在简体中文和繁体中文之间转换，从而满足不同场合的需求。文字简繁转换的方法比较简单，选择需转换的文本内容，再选择“审阅”/“中文简繁转换”组，单击需转换的按钮即可，如选择简体中文文字后，单击“简转繁”按钮，Word将选择的文本转换为繁体中文，如图5-73所示。

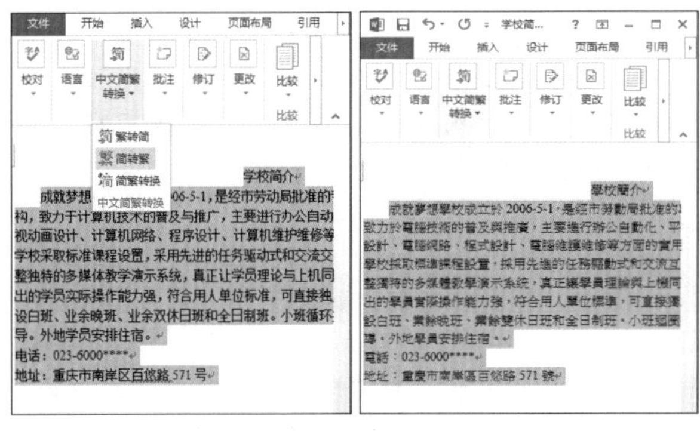

图5-73 简繁转换

技巧秒杀

选择“简繁转换”选项，将打开“中文简繁转换”对话框，在其中可选中◉繁体中文转换为简体中文(T)或◉简体中文转换为繁体中文(S)单选按钮，可将文档在简体和繁体之间互相转换。

5.3.4 添加批注

对于一个多页Word文档来说，如果需要对其中的某句话或某段话进行注释，可使用批注的形式来实现。添加批注后，还可对其进行修改和删除。

添加批注的方法很简单，只需选择需进行批注的文本，选择“审阅”/“批注”组，单击“新建批注”按钮，可在所选文本位置添加批注框，输入批注内容即可，如图5-74所示。

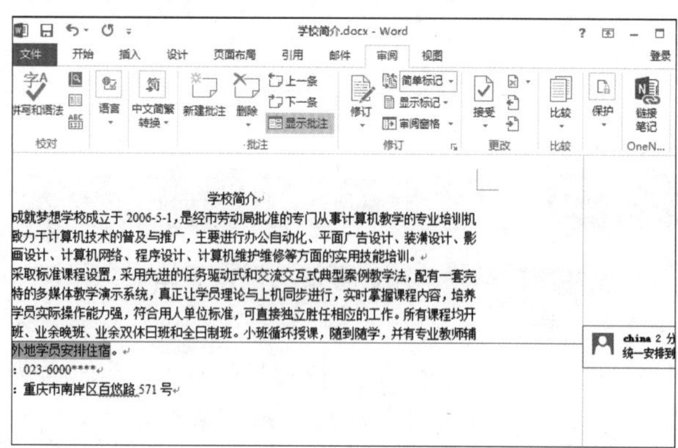

图5-74 添加批注

技巧秒杀

如果要修改批注，只需将鼠标光标定位到批注框中，选择批注的文本并输入正确的内容即可。而要删除批注，则在“批注”组中单击“删除批注”按钮即可。

5.3.5 修订并合并文档

在审阅他人制作的文档时，可直接对其进行修改，并将修改的情况用不同颜色的文字和删除线表现出来，让原作者知道修改的内容。如果文档是由几个人修订的，则可使用“合并”功能将多位作者的修订组合到一个文档中。下面将对修订并合并文档的方法进行介绍。

1. 修订文档

修订与批注不同的是，可直接将修改效果显示出来，更便于原作者对文档进行修改。

实例操作：在文档中进行修订

- 光盘\素材\第5章\办公室物资管理条例.docx
- 光盘\效果\第5章\办公室物质管理条例.docx
- 光盘\实例演示\第5章\在文档中进行修订

修订文档，主要涉及添加、删除、移动和修改等内容，下面将对“办公室物资管理条例.docx”文档进行修订。

Step 1 打开“办公室物资管理条例.docx”文档，选择“审阅”/“修订”组，单击“修订”按钮下的▾按钮，在弹出的下拉列表中选择“修订”选项，进入修订状态，如图5-75所示。

图5-75 进入修订状态

Step 2 将文本插入点定位到“特制订本规定”后，输入需添加的内容，此时添加的内容将以红色、添加下划线的形式显示，如图5-76所示。

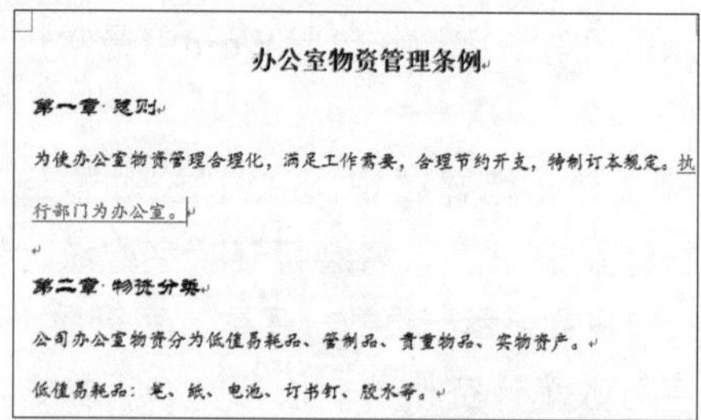

图5-76 添加修订文字

技巧秒杀

进入修订状态后，如果要对文档中的文本进行删除修订，则将鼠标光标定位到要删除的文本前，按Delete键即可将文本以删除线显示出来。

Step 3 ▶ 按照常规的修改文档的方法对文档中有误的内容依次进行移动、删除、添加等操作，其修改的内容将以不同的颜色和符号显示。选择“审阅”/“修订”组，单击“修订”按钮下的按钮，在弹出的下拉列表中选择“修订”选项，退出修订状态，可查看到修订后的文档，如图5-77所示。

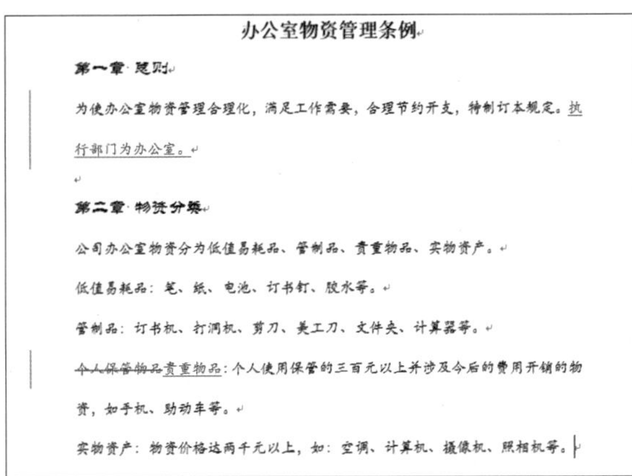

图5-77 查看修订文档

技巧秒杀

选择“审阅”/“修订”组，单击“功能扩展”按钮，在打开的对话框中单击高级选项(A)...按钮，在打开的对话框中可设置修订内容的颜色、线型等。

2. 比较并合并文档

若需要将多个修订者对同一文档的修改统一到一个文档中，可借助Word的比较合并功能得以实现。

选择“审阅”/“比较”组，然后单击“比较”按钮，在弹出的下拉列表中选择“合并”选项，将会打开“合并文档”对话框，如图5-78所示，在“原文档”和“修订的文档”下拉列表框中选择需要的文档，单击确定按钮，将会自动新建生成比较结果，主要分修订、合并的文档、原文档和修订的文档四大区块，如图5-79所示。其中，“修订”窗格中记录了修订的具体数量和内容。

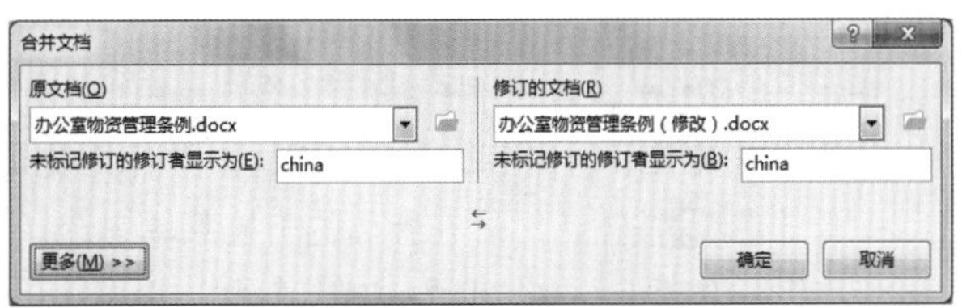

图5-78 “合并文档”对话框

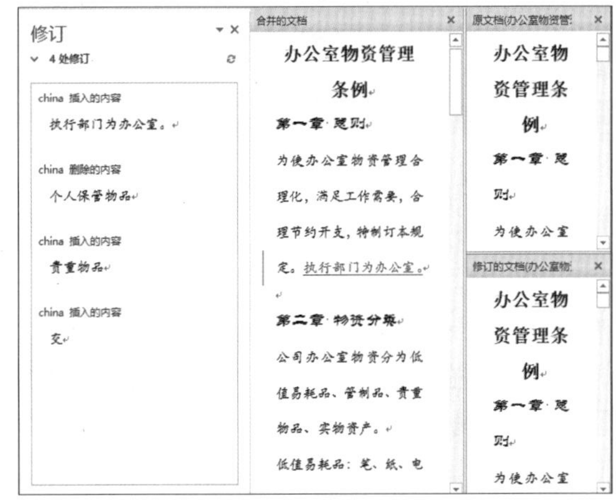

图5-79 比较结果

查看比较结果后，将鼠标光标定位到“修订”窗格中准备接受修订意见的内容中，选择“审阅”/“更改”组，单击“接受”按钮下的按钮，在弹出的下拉列表中选择“接受此修订”选项，或选择“接受对文档的所有修订”选项，将接受所有的修订意见。

技巧秒杀

为了提高比较精确度，可在“合并文档”对话框中单击更多(M) >>按钮展开对话框，然后根据需要选中相应复选框和单选按钮，单击确定按钮即可。

读书笔记

知识大爆炸——长文档编辑相关知识

1. 使Word启动时自动打开模板文件

当经常需要使用保存的模板文件时，可将其设置为启动Word时自动打开该模板文件。

单击文件按钮，然后在弹出的下拉菜单中选择“选项”命令，将打开“Word选项”对话框，在其中选择“高级”选项卡，在右侧的“常规”栏中单击文件位置(F)...按钮，将打开“文件位置”对话框，在“文件类型”列表框中选择“用户模板”选项，单击修改(M)...按钮，打开“修改位置”对话框，在“查找范围”下拉列表框中选择需要的模板存放的位置，然后依次单击确定按钮，返回Word文档，单击“关闭”按钮×使设置生效，再次启动Word，即可看到启动后默认打开的文档。

2. 修改交叉引用

修改交叉引用可根据引用的类型分为更改交叉引用的内容和更新交叉引用的页码，下面分别介绍其修改方法。

（1）更改交叉引用的内容

选择文档中有交叉引用的内容，选择“引用”/“题注”组，单击“交叉引用”按钮，在打开的“交叉引用”对话框的“引用类型”下拉列表框中选择需引用的新项目即可。

（2）更新交叉引用的页码

如果要将交叉引用从一页移动到另一页，可选择要更新的一个交叉引用或多个交叉引用，然后在所选的域上单击鼠标右键，在弹出的快捷菜单中选择“更新域”命令；也可以选择交叉引用或整篇文档后按F9键更新交叉引用。

3. “导航”窗格在长文档编辑中的使用

“导航”窗格是Word 2013新增的功能之一，它在长文档的编辑过程中主要用于定位，选择“视图”/“显示”组后，选中☑导航窗格复选框，将在文档左侧显示“导航”窗格，它包含3个选项卡，选择不同的选项卡，可显示不同的内容。

（1）“标题”选项卡

选择该选项卡，将在窗格中显示文档的所有标题，单击某个标题可在右侧的文档编辑区中快速定位到该标题，因此可以利用该选项卡快速浏览长文档中某一部分内容。

（2）“页面”选项卡

选择该选项卡，将在窗格中显示文档的所有页面缩略图，单击某个缩略图可在右侧的文档编辑区中快速定位到该页。

（3）“结果”选项卡

选择该选项卡，在上方的文本框中输入需定位的内容，如“流程”，在下方将显示文档中所有包含文本

“流程”的地方，单击某个选项，可在右侧的文档编辑区中快速定位到该位置。

4. 其他快速定位长文档位置的方法

在长文档中，可以使用书签和“导航”窗格快速定位目标位置，还可以利用“查找和替换”对话框中的“定位”选项卡来快速定位目标位置。

快速定位的方法为：在Word文档中按Ctrl+G快捷键将打开“查找和替换”对话框，在默认的“定位”选项卡的“定位目标”列表框中选择定位的目标，如页、节和行等，在“输入页号”文本框中输入要定位的页码数字，单击【定位(T)】按钮即可定位到目标页。

读书笔记

01 02 03 04 05 06 07 08 09 10 11 12……

06 Excel 2013 数据初识

本章导读

在Excel 2013中，数据的应用、处理和分析是其功能的具体体现，它的一切操作都是围绕数据进行的。掌握数据相关的基础知识尤为重要，主要包括工作表和单元格的操作、数据的输入与编辑、数据的格式与规则设置以及在表格中对数据进行一系列美化。

6.1 工作表和单元格基本操作

要想熟练应用Excel 2013，首先需要认识工作簿、工作表和单元格之间的关系，让Excel 2013的应用之旅更加顺畅。而掌握好工作表和单元格的基本操作则是在Excel 2013中进行一些操作的前提，可以帮助用户制作出更加专业和精美的表格。

6.1.1 认识工作簿、工作表和单元格

在Excel中包括工作簿、工作表和单元格3种对象。在默认情况下，Excel 2013新建的一个工作簿中只包含一张工作表，即Sheet1工作表。工作表都包含任意多个单元格，用户可在这些单元格中存储和处理数据。工作簿、工作表和单元格三者之间的关系如图6-1所示。

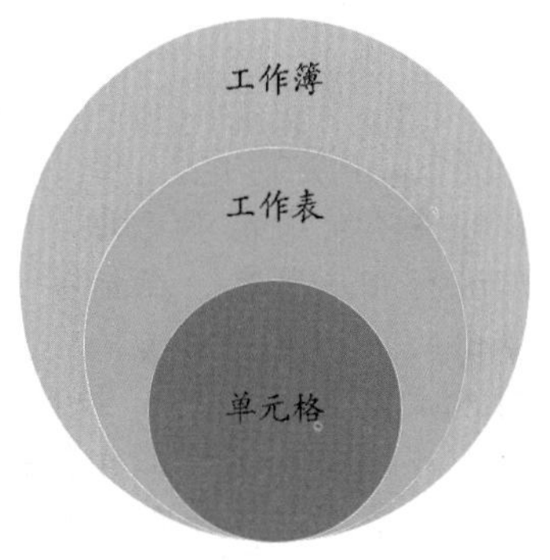

图6-1　工作簿、工作表和单元格的关系图

6.1.2 工作表的基本操作

工作簿的组成部分是工作表，在熟悉工作簿、工作表和单元格后，需要对工作表的操作进行掌握。工作表是表格内容的载体，熟练掌握各项操作可以轻松输入、编辑和管理数据。

1. 添加工作表

Excel默认一个工作簿中仅有一张工作表，而在实际工作中有时可能需要用到更多的工作表，那么此时就需要在工作簿中添加新的工作表。添加工作表的几种方法如下。

◆ 通过功能区添加：在Excel工作界面中选择“开始”/“单元格”组，单击“插入”按钮，在弹出的下拉列表中选择“插入工作表”选项，可在当前工作表之前添加一张工作表，如图6-2所示。

图6-2　通过功能区添加工作表

技巧秒杀

“插入”下拉列表中的“插入单元格”选项用于插入一个单元格；“插入工作表行”选项用于插入一行单元格；“插入工作表列”选项同于插入一列单元格。插入单元格也可通过“插入”对话框实现，具体操作将在6.1.3节进行详细讲解。

◆ 通过“插入”对话框添加：选择一张工作表，然后单击鼠标右键，在弹出的快捷菜单中选择“插入”命令。打开“插入”对话框中的“常用”选项卡，在其中选择“工作表”选项后，单击 确定 按钮添加一张新的工作表，如图6-3所示。

图6-3　通过“插入”对话框添加工作表

◆ **通过快捷方式插入**：在Excel工作界面中，单击状态栏中的“新工作表”按钮⊕，将在选择工作表的后面插入一张新的工作表；按Shift+F11快捷键，可在选择工作表的前面插入一张工作表。

技巧秒杀

用户在编辑数据时，若发现有多余工作表，可在所选工作表的标签上单击鼠标右键，在弹出的快捷菜单中选择“删除”命令进行删除。

2. 移动与复制工作表

在实际应用中，有时会在不同工作表中用到相同数据，此时利用移动或复制对工作表进行操作，可大大提高工作效率。在同一个工作簿或不同工作簿移动或复制工作表都可选择“开始”/“单元格”组，单击“格式”按钮，在弹出的下拉列表中选择“移动或复制工作表”选项，然后通过“移动或复制工作表”对话框进行。下面进行具体介绍。

◆ **在同一工作簿中移动或复制工作表**：打开“移动或复制工作表”对话框后，在“下列选定工作表之前”列表框中设置移动或复制（选中☑建立副本(C)复选框）后的位置，单击确定按钮即可，如图6-4所示。

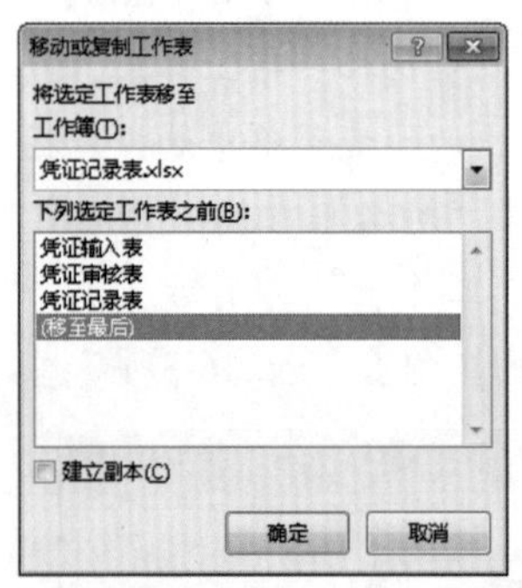

图6-4 将工作表移到同一个工作簿的最后

技巧秒杀

在同一个工作簿中选择工作表，按住鼠标左键不放进行拖动，可直接移动工作表的位置。

◆ **在不同工作簿中移动或复制工作表**：打开“移动或复制工作表”对话框后，首先在“将选定工作表移至工作簿”下拉列表框中选择打开的另一个工作簿，然后在“下列选定工作表之前”列表框中设置移动或复制（选中☑建立副本(C)复选框）后的位置，单击确定按钮即可，如图6-5所示。

图6-5 在不同工作簿中移动或复制工作表

答疑解惑：

为什么工作表不是显示Sheet1标签？

工作表标签不是固定不变的，用户可以根据实际应用进行相应更改，在标签上单击鼠标右键，在弹出的快捷菜单中选择“重命名”命令，然后输入文本内容即可。如图6-6所示，将记录产品生产情况表格的工作表标签修改为“一季度生产记录表”，使用户对表格记录的数据内容一目了然。

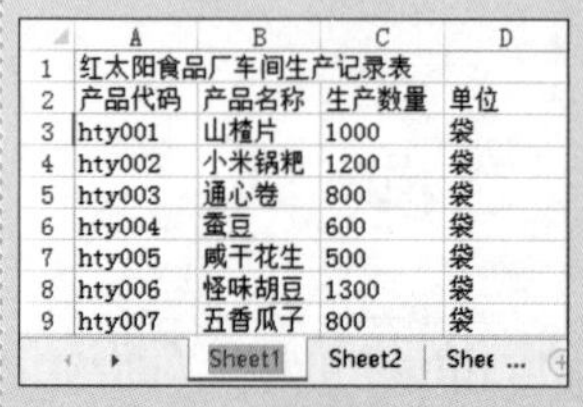

	A	B	C	D
1	红太阳食品厂车间生产记录表			
2	产品代码	产品名称	生产数量	单位
3	hty001	山楂片	1000	袋
4	hty002	小米锅粑	1200	袋
5	hty003	通心卷	800	袋
6	hty004	蚕豆	600	袋
7	hty005	咸干花生	500	袋
8	hty006	怪味胡豆	1300	袋
9	hty007	五香瓜子	800	袋

图6-6 修改工作表标签名称

3. 隐藏与显示工作表

为了避免重要的工作表让其他人看到并进行更改，可以将其隐藏，要查看时再将隐藏的工作表重新显示出来。隐藏与显示工作表的具体方法如下。

◆ **隐藏工作表**：在Excel工作界面中选择要隐藏的工作表，在工作表标签上单击鼠标右键，再在弹出的快捷菜单中选择“隐藏”命令，如图6-7所示。

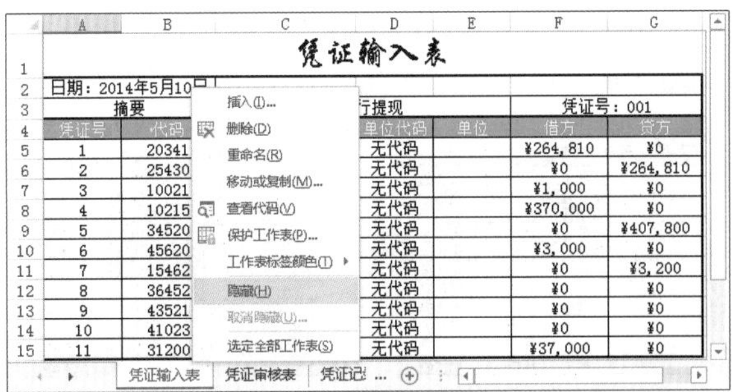

图6-7 隐藏工作表

技巧秒杀

按住Ctrl键的同时选择多张工作表，然后执行“隐藏”命令，可将工作簿中选择的多张工作表隐藏。

◆ 显示工作表：在任意工作表标签上单击鼠标右键，在弹出的快捷菜单中选择“取消隐藏”命令。打开“取消隐藏”对话框，在“取消隐藏工作表”列表框中选择隐藏的工作表选项，如图6-8所示，单击确定按钮返回工作簿中即可查看到隐藏的工作表被显示出来。

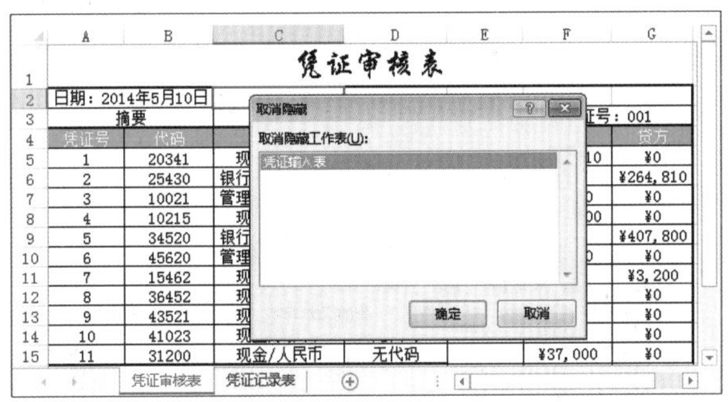

图6-8 显示工作表

4. 设置工作表标签颜色

Excel中默认的工作表标签颜色是相同的，为了区别工作簿中的各个工作表，除了对工作表进行重命名外，还可以为工作表的标签设置不同颜色加以区分。其方法是，选择需要设置颜色的工作表标签，单击鼠标右键，在弹出的快捷菜单中选择“工作表标签颜色”命令，再在弹出的子菜单中任意选择一种颜色即可，如图6-9所示。

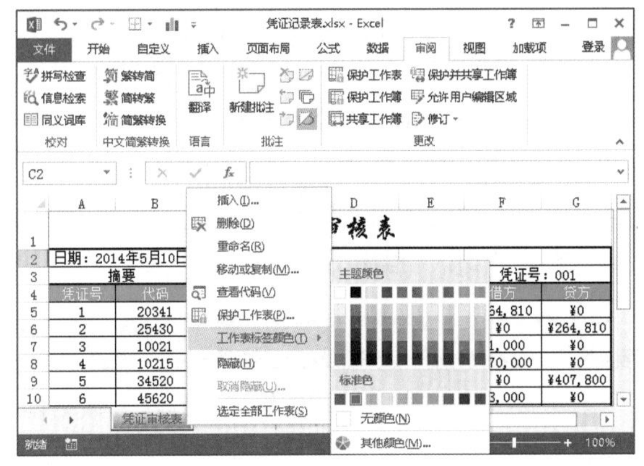

图6-9 设置工作表标签颜色

5. 保护和取消保护工作表

为防止在未经授权的情况下对工作表中的数据进行编辑或修改，可保护工作表。选择需要设置保护的工作表，单击鼠标右键，在弹出的快捷菜单中选择“保护工作表”命令，在打开的对话框中选中☑保护工作表及锁定的单元格内容(C)复选框，输入密码，在“允许此工作表的所有用户进行”列表框中设置允许用户对该工作表进行的操作，单击确定按钮。打开“确认密码”对话框，输入相同的密码，单击确定按钮确认设置，如图6-10所示。

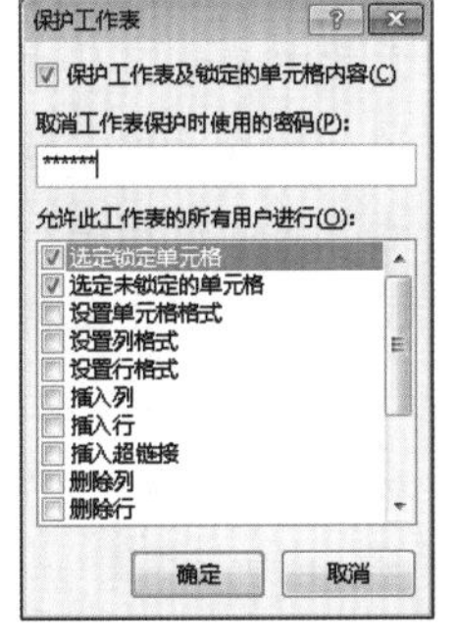

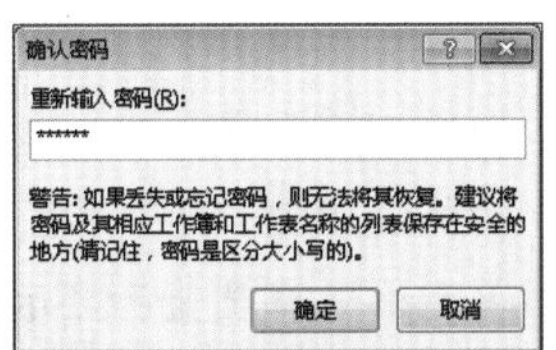

图6-10 设置密码保护工作表

技巧秒杀

要取消密码保护，可在工作表标签上单击鼠标右键，在弹出的快捷菜单中选择“撤销工作表保护”命令。打开“撤销工作表保护”对话框，在“密码”文本框中输入以前保护工作表时设置的密码后单击确定按钮即可取消保护。

6.1.3 单元格的基本操作

为使制作的表格更加整洁美观，用户可对工作表中的单元格进行编辑整理，常用的操作包括选择单元格区域、插入单元格以及调整合适的行高与列宽等，以方便数据的输入和编辑。

1. 选择单元格

单元格是工作表中重要的组成元素，是数据输入和编辑的直接场所，在编辑各类表格时，选择单元格区域是一项频繁操作，所以如何根据需要选择最合适、最有效的选择方法，对提高编辑制作表格的效率非常重要。下面将介绍几种选择单元格区域的常用方法。

- **选择单个单元格**：将鼠标光标移动到需选择的单元格上，此时鼠标光标变为✚形状，然后单击该单元格即可选择，选择后的单元格四周出现黑色粗边框。
- **选择整行或整列单元格**：将鼠标光标移动到行号或列标上，当鼠标光标变为➡或⬇形状时，单击鼠标即可选择相应的整行或整列。
- **选择不相邻的单元格**：按住Ctrl键不放，在工作表中单击不相邻的单元格，被选择的单元格行号和列标都呈黄色显示，如图6-11所示。
- **选择相邻的单元格**：先选择需要单元格区域内左上角的第一个单元格，然后按住鼠标左键不放并拖动鼠标至需要选择区域内右下角的最后一个单元格，再释放鼠标左键即可将拖动过程中所框选的所有单元格选中，或在选择左上角单元格后，按住Shift键，单击右下角最后一个单元格，所选单元格区域呈蓝色显示，如图6-12所示。

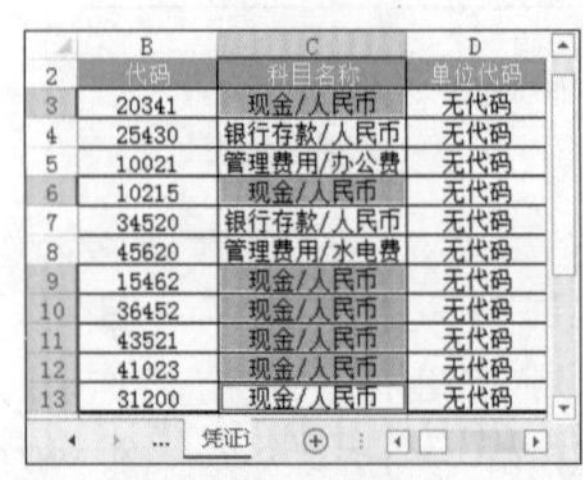

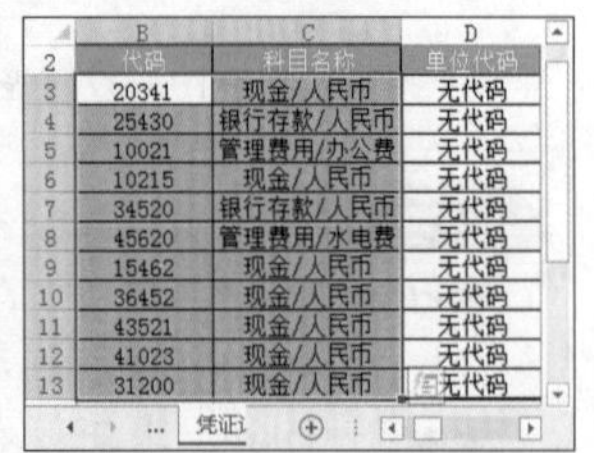

图6-11 选择不相邻的单元格 图6-12 选择相邻的单元格

- **选择当前数据区域**：先单击数据区域中的任意一个单元格，然后按Ctrl+A快捷键即可选择当前数据区域，如图6-13所示。

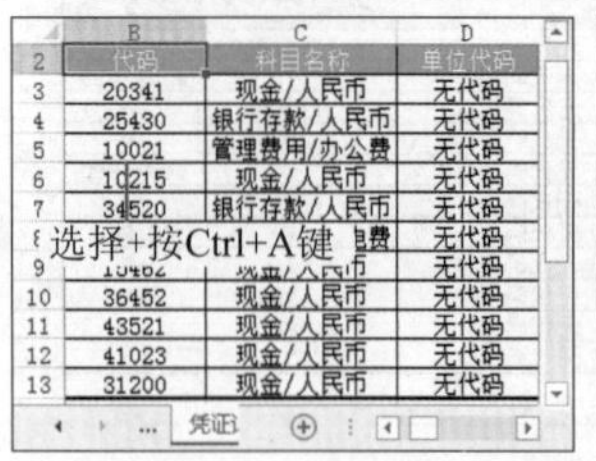

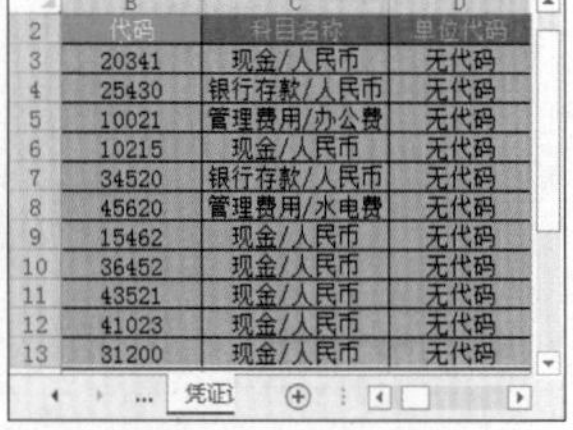

图6-13 选择当前数据区域

2. 插入和删除单元格

在对工作表进行编辑时，有时需要在原有表格的基础上添加遗漏的数据，此时可在工作表中插入所需单元格区域，然后输入数据即可。有时可能会出现一些多余的单元格，这时可使用删除功能，将多余的单元格删除。插入和删除单元格的方法分别介绍如下。

（1）插入单元格

选择需要插入单元格附近的单元格，单击鼠标右键，在弹出的快捷菜单中选择“插入”命令，在打开的“插入”对话框中选择插入选项，如选中“整行”单选按钮，单击“确定”按钮，在选择单元格的位置处将插入整行单元格，并将单元格内容下移一个单元格，如图6-14所示。

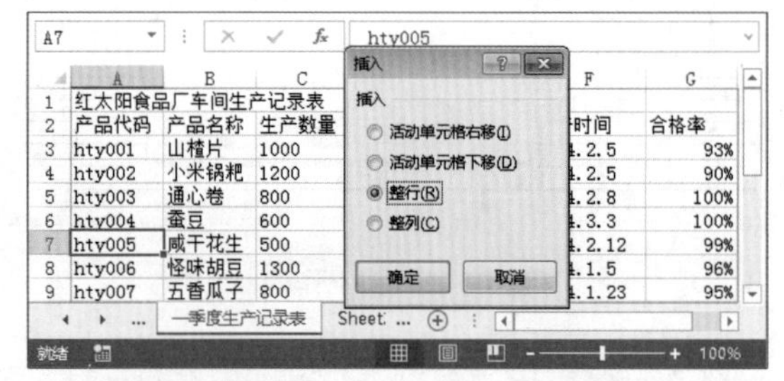

图6-14 插入整行单元格

知识解析：“插入”对话框

- **“活动单元格右移”单选按钮**：选中该单选按钮，将插入一个单元格，插入后当前选择的单元格向右移动一个单元格位置。
- **“活动单元格下移”单选按钮**：选中该单选按钮，将插入一个单元格，插入后当前选择的单元格向下移动一个单元格位置。

- ◉整行(R) 单选按钮：选中该单选按钮，将在选择的单元格所在行上方插入整行单元格。
- ◉整列(C) 单选按钮：选中该单选按钮，将在选择的单元格所在列左侧插入整列单元格。

（2）删除单元格

删除单元格的方法与插入单元格类似，选择工作表中多余的单元格，然后单击鼠标右键，在弹出的快捷菜单中选择“删除”命令。打开“删除”对话框，在该对话框中选中对应的单选按钮，如选中◉整行(R)单选按钮，然后单击 确定 按钮，将删除选中的单元格所在行，然后使下方的整行单元格上移一行，如图6-15所示。

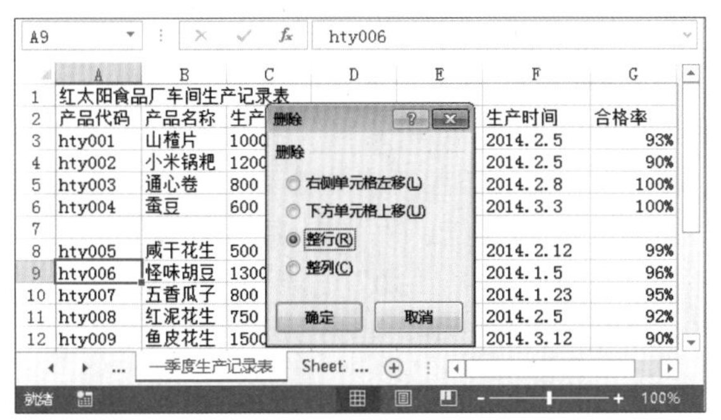

图6-15　删除整行单元格

知识解析：“删除”对话框

- ◉右侧单元格左移(L) 单选按钮：选中该单选按钮，删除选择的单元格后，右侧的单元格将向左侧移动到删除的单元格位置。
- ◉下方单元格上移(U) 单选按钮：选中该单选按钮，删除选择的单元格后，下方的单元格将向上移动到删除的单元格位置。
- ◉整行(R) 单选按钮：选中该单选按钮，删除单元格所在的整行。
- ◉整列(C) 单选按钮：选中该单选按钮，删除单元格所在的整列。

3. 合并与拆分单元格

在编辑工作表时，一个单元格中输入的内容过多，在显示时可能会占用几个单元格的位置，如工作表名称，这时可以将几个单元格合并成一个单元格用于完全显示表格内容。当然合并后的单元格也是可以取消合并操作的。

实例操作：合并标题拆分显示时间

- 光盘\素材\第6章\通讯录.xlsx
- 光盘\效果\第6章\通讯录.xlsx
- 光盘\实例演示\第6章\合并标题拆分显示时间

本例将合并居中显示“通讯录”表格中的标题内容，然后将合并显示的登记时间内容进行拆分，使表格数据更加协调。

Step 1 打开“通讯录.xlsx”工作簿，选择A1:F1单元格区域。选择“开始”/“对齐方式”组，单击“合并后居中”按钮，如图6-16所示。将A1:F1单元格区域合并，使内容居中显示。

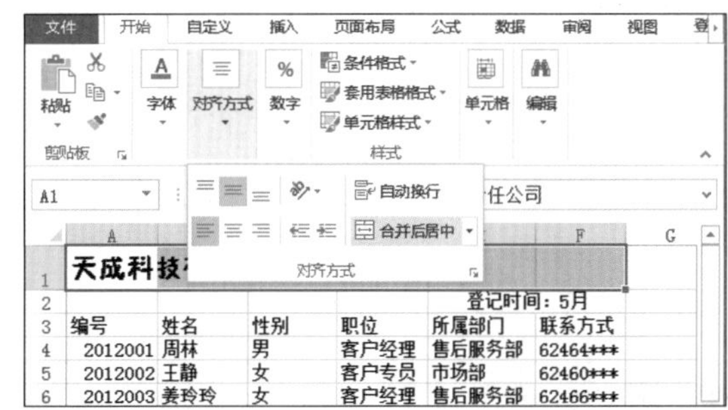

图6-16　合并单元格

Step 2 选择合并后的E2单元格，选择“开始”/“对齐方式”组，单击“合并后居中”按钮右侧的按钮，在弹出的下拉列表中选择“取消单元格合并”选项，如图6-17所示，取消单元格的合并。

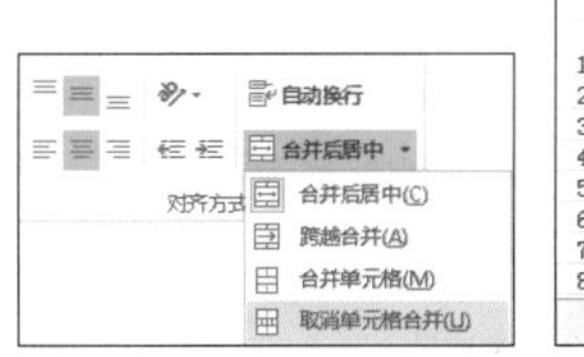

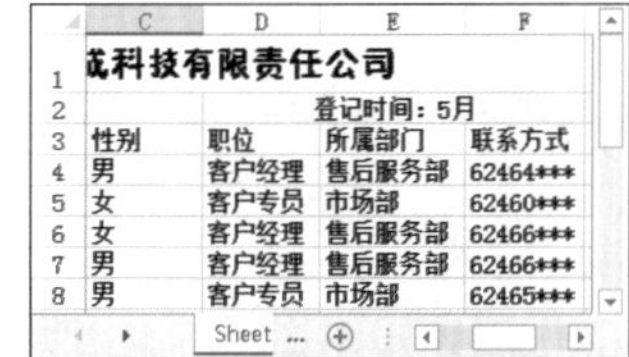

图6-17　拆分单元格

4. 设置单元格的行高和列宽

当工作表中的行高或列宽不合理时，将直接影响单元格中数据的显示，此时需要对行高和列宽进行调整和修饰。可通过鼠标拖动、在“行高”或“列宽”对话框中设置以及应用自动调整行高和列宽功能3种方式来实现。

（1）通过鼠标调整

在Excel中拖动鼠标调整单元格的行高和列宽是最直观、最快捷的方法。在调整时，只需将鼠标指针移至该行或该列标记上的分隔线处，当鼠标光标变为✛或✛形状时，按住鼠标左键不放进行拖动，此时鼠标光标上方或右侧会显示具体的数据。如图6-18所示，待拖动至目标距离后再释放鼠标即可。

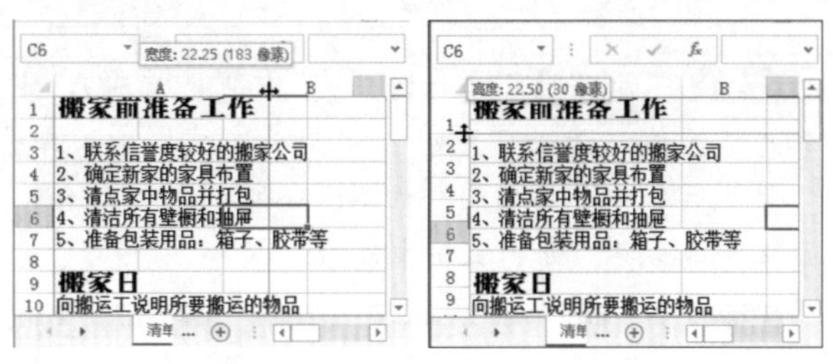

图6-18　拖动鼠标调整行高和列宽

（2）通过“行高”或“列宽”对话框调整

通过“行高”或“列宽”对话框调整行高或列宽能够设置精确的值，以达到整体的统一。

实例操作：精确调整行高与列宽

- 光盘\素材\第6章\搬家草拟清单.xlsx
- 光盘\效果\第6章\搬家草拟清单.xlsx
- 光盘\实例演示\第6章\精确调整行高与列宽

下面将打开“搬家草拟清单.xlsx”工作簿，对行高和列宽进行精确调整，调整前后的效果如图6-19和图6-20所示。

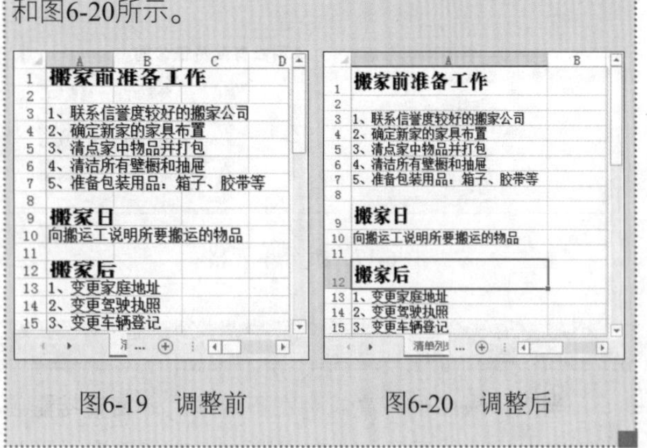

图6-19　调整前　　图6-20　调整后

Step 1 打开“搬家草拟清单.xlsx”工作簿，选择需调整行高的A1单元格，再选择“开始”/“单元格”组，单击“格式”按钮，在弹出的下拉列表中选择“行高”选项。打开“行高”对话框，在“行高”文本框中输入具体的行高值，这里输入“26”，然后单击确定按钮，如图6-21所示。

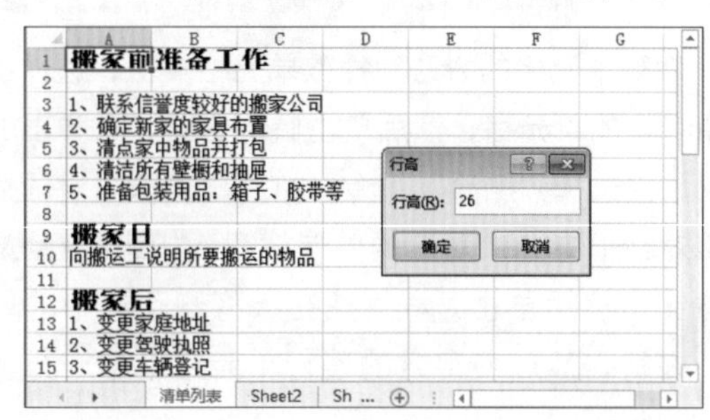

图6-21　调整行高

Step 2 选择需要调整单元格列宽的A3单元格，然后选择“开始”/“单元格”组，单击“格式”按钮，在弹出的下拉列表中选择“列宽”选项，打开“列宽”对话框，在“列宽”文本框中输入列宽数值，这里输入“30”，再单击确定按钮，如图6-22所示。然后使用相同的方法对其他的单元格区域进行调整。

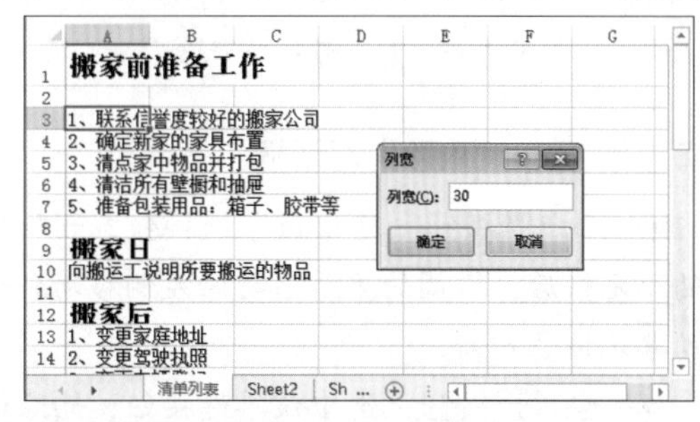

图6-22　调整列宽

（3）自动调整行高或列宽

如果没有特殊的要求，可利用Excel的自动调整行高或列宽功能来对行高或列宽进行设置，从而免去手动设置的麻烦。选择需要进行调整的单元格区域，然后选择“开始”/“单元格”组，单击“格式”按钮，在弹出的下拉列表中选择“自动调整行高”或“自动调整列宽”选项，系统将自动根据数据的显示情况调整适合的行高或列宽。

5. 隐藏或显示行与列

隐藏表格中的行或列可以保护工作簿中的数据信息。首先在工作簿中选择需要隐藏的行或列，然后单击鼠标右键，在弹出的快捷菜单中选择“隐藏”命令，如图6-23所示，此时，被隐藏的行或列对应的行号和列标将不再显示，如图6-24所示。如果要将隐藏的行或列显示出来，选择被隐藏行或列左右两侧相邻的行与列，在右键菜单中选择“取消隐藏”命令即可。

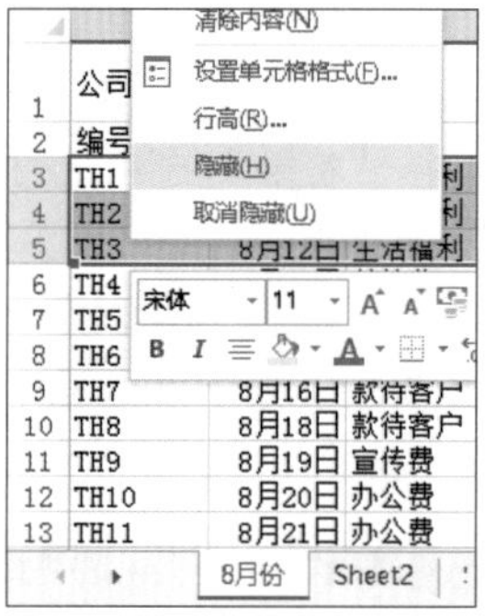

图6-23　隐藏行

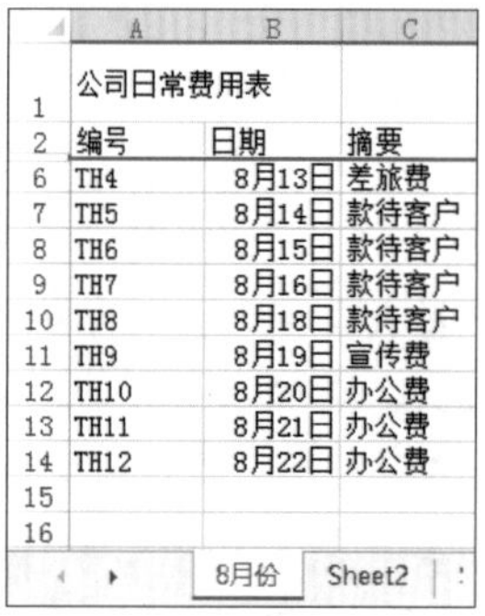

图6-24　隐藏效果

6.2 输入和管理数据

在Excel中，数据是构成表格的基本元素，也是一种直观的表现，常见类型包括数字、文本、日期和时间以及特殊符号等。输入数据后，需要对数据进行编辑，如修改数据、移动和复制数据以及设置数据的格式和验证规则等。

6.2.1 输入数据

在单元格中输入数据时，首先选择单元格或双击单元格，然后直接输入数据，按Enter键确认输入；也可选择单元格后，在编辑栏中输入数据，再按Enter键确认输入。

1. 输入普通数据

在Excel中，普通数据类型包括一般数字、负数、分数、中文文本以及小数型数据等。在默认情况下，输入这类数据后单元格数据将呈右对齐方式显示，中文文本将呈左对齐方式显示。输入各类普通数据的方法分别如下。

- 输入一般数字：选择需输入数字的单元格，直接输入所需数据后按Enter键即可。单元格中可显示的最大数字为99999999999，当超过该值时，Excel会自动以科学记数方式显示。
- 输入文本内容：当输入文本超过单元格宽度时，将自动延伸到右侧单元格中显示。
- 输入负数：输入负数时可在前面添加“-”号，或将输入的数字用圆括号括起。如输入“-1”或“（1）”在单元格中都会显示为“-1”。
- 输入分数：输入分数的规则为“0+空格+数字+分号+数字”，如输入“0 4/5”时即可得到“4/5”，此时为真分数；如输入“0 5/4”将得到“1 1/4”，此时为假分数。输入分数时，在编辑栏中将显示为小数，如“0.8”“1.25”。
- 输入小数：输入小数时，小数点的输入方法为直接按小键盘中的 Del 键。输入的小数过长时在单元格中将会显示不全，此时可在编辑栏中进行查看。

2. 输入符号

在单元格中输入普通数据很简单，但有时需要输入一些特殊符号，利用插入符号功能便可快速实现。

实例操作：为图书添加推荐符号

- 光盘\素材\第6章\图书推荐.xlsx
- 光盘\效果\第6章\图书推荐.xlsx
- 光盘\实例演示\第6章\为图书添加推荐符号

下面将在“图书推荐.xlsx”工作簿中为图书添加推荐符号“★”，显示图书的可阅读性。

Step 1 ▶打开“图书推荐.xlsx”工作簿，选择需要输入特殊符号的单元格，然后选择“插入”/“符号”组，在弹出的下拉列表中选择“符号”选项。打开“符号”对话框的“符号”选项卡，在“子集”下拉列表框中选择符号类型，这里选择“其他符号”选项，然后在下方的列表框中选择符号，这里选择“★”符号，最后单击[插入]按钮，如图6-25所示。

图6-25 选择符号

Step 2 ▶连续单击[插入]按钮，插入多个相同符号，并在Excel工作界面浏览添加的符号，然后关闭“插入”对话框，按Enter键确认输入。利用相同的方法在其他目标单元格中输入所需符号，效果如图6-26所示。

	A	B	C
1	名称	作者	推荐阅读指数
2	侏儒的话	芥川龙之介	★★★★★
3	泰戈尔诗选	泰戈尔	★★★★★
4	天使望故乡	托马斯•沃尔夫	★★★★★
5	名人传	罗曼·罗兰	★★★★★
6	海底两万里	儒勒·凡尔纳	★★★★★
7	大树	贝纳尔·韦尔贝	★★★★☆
8	三个火枪手	亚历山大·仲马	★★★★☆
9	分手信	尼古拉斯·斯帕克思	★★★★
10			

图6-26 插入符号的效果

技巧秒杀

有的输入法自带有插入特殊符号的功能，如搜狗拼音输入法，单击“菜单”按钮，在弹出的下拉菜单中选择“软键盘”选项，然后在弹出的子菜单中选择插入符号的类型。

3. 批量输入数据

如果多个单元格中需要输入同一数据，采用直接输入的方法效率会较低，此时可以采用批量输入的方法：首先选择需要输入数据的单元格或单元格区域，如果需输入数据的单元格中有不相邻的，可以按住Ctrl键逐一进行选择，然后再单击编辑栏并在其中输入数据，完成输入后按Ctrl+Enter快捷键，数据就会被填充到所有选择的单元格中，如图6-27所示。

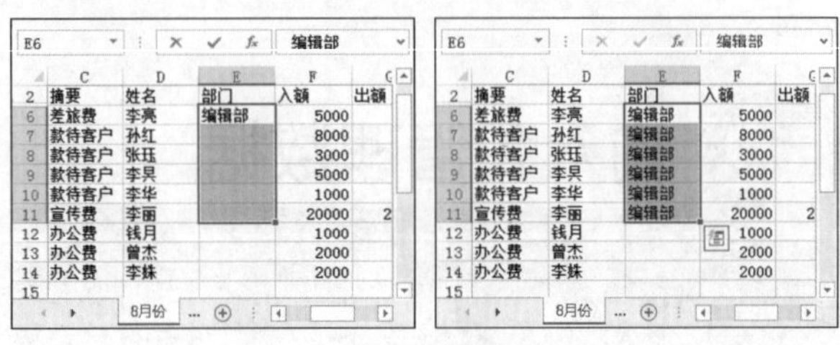

图6-27 批量输入数据

4. 快速填充数据

有时需要输入一些相同或有规律的数据，如商品编码、学生学号等。手动输入浪费工作时间，为此，Excel专门提供了快速填充数据的功能，可以大大提高输入数据的准确性和工作效率。

（1）利用“填充柄”填充数据

在Excel中，最快捷、最基本的填充方式是利用“填充柄”填充，适用于对一些简单的数据内容进行填充。下面对填充文本和数字的方法进行介绍。

◆ **填充文本**：将鼠标光标移到输入文本内容单元格的右下角，当鼠标光标变为+形状时，按住鼠标左键不放并拖动到目标单元格位置，释放鼠标，可看到选择的单元格区域中已填充相同的文本，如图6-28所示。

图6-28 填充文本

◆ 填充数字：将鼠标光标移到输入数字单元格的右下角，当鼠标光标变为十形状时，按住鼠标左键不放拖动到目标单元格。释放鼠标，单击显示的"自动填充选项"按钮，在弹出的下拉列表中选中 填充序列(S) 单选按钮，如图6-29所示。在拖动的单元格区域中将以"1"为单位进行递增填充。

图6-29 填充数字

知识解析："自动填充选项"右键菜单

◆ 复制单元格(C)按钮：选中该单选按钮，复制单元格，填充相同的数据。

◆ 填充序列(S)按钮：选中该单选按钮，按序列进行填充，默认以"1"为单位递增。

◆ 仅填充格式(F)按钮：选中该单选按钮仅填充格式，即将该单元格的格式快速应用到其他单元格，而不填充单元格中的数据内容。

◆ 不带格式填充(O)按钮：选中该单选按钮，以不带格式的方式进行填充，保留原单元格的格式，而填充数据内容。

◆ 快速填充(F)按钮：选中该单选按钮，以快速方式填充，使用时要存在多列数据，填充某列时，其他列数据也将自动填充。

技巧秒杀

填充编号数值时，可按住Ctrl键的同时拖动鼠标，将直接以"1"为单位进行递增填充。

（2）通过"序列"对话框填充数据

除了利用"填充柄"填充数据外，还可通过"序列"对话框快速填充等差序列、等比序列、日期等特殊的数据，以便用户在制作不同类型表格时，使用更多的填充方式完成数据输入。

实例操作：填充员工编号

- 光盘\素材\第6章\员工工资表.xlsx
- 光盘\效果\第6章\员工工资表.xlsx
- 光盘\实例演示\第6章\填充员工编号

下面将在"员工工资表.xlsx"工作簿中使用"序列"对话框填充员工编号。

Step 1 打开"员工工资表.xlsx"工作簿，选择C3单元格，输入编号"203"。选择C3:C8单元格区域，选择"开始"/"编辑"组，单击 填充 按钮，在弹出的下拉列表中选择"系列"选项，打开"序列"对话框，在"序列产生在"栏中选中 列(C) 单选按钮，在"类型"栏中选择要填充的类型，这里选中 等差序列(L) 单选按钮，在"步长值"文本框中输入步长值"5"，然后单击 确定 按钮，如图6-30所示。

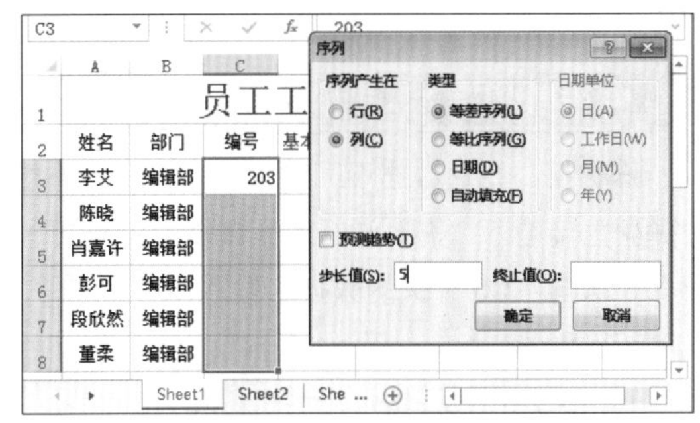

图6-30 设置填充参数

Step 2 返回工作簿中，即可看到C3:C8单元格区域已填充了数据，如图6-31所示。

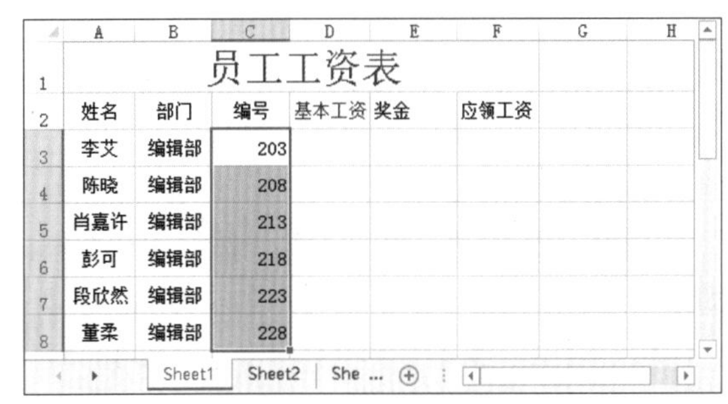

图6-31 查看填充效果

知识解析："序列"对话框

◆ "序列产生在"栏：用于设置填充行单元格或列单元格区域。

◆ “类型”栏：设置填充的方式，包括按等差、等比或日期进行填充，“自动填充”方式与利用“填充柄”填充数据相同。

◆ “日期单位”栏：当以“日期”方式填充时，该栏才能进行有效设置，用于定义日期的单位，包括按“日”、“工作日”、“月”和“年”。

◆ “步长值”文本框：用于设置填充基数，如按“等差序列”方式填充，输入步长值为“5”，表示以“5”为单位进行递增。

◆ “终止值”文本框：用于设置填充的终止值，即最后一个数值的大小。

◆ 预测趋势(T)复选框：选中该复选框，“步长值”和“终止值”文本框将呈灰色，为无效设置选项，此时，将按照数字规律进行预测趋势填充，默认以“1”递增。

5. 特殊数据输入

特殊数据与普通数据不同的是，特殊数据不能通过按键盘直接输入，需要进行设置或简单处理才能正确输入。如输入以0开头的数据、输入以0结尾的小数以及输入长数据。

（1）输入以0开头的数据

默认情况下，在Excel中输入以“0”开始的数据，在单元格中不能正确显示，如输入“0101”，显示为“101”，此时可以通过相应的设置避免发生这种情况，使以“0”开头的数据完全显示出来。其具体操作为：首先选择要输入数字的单元格，在“开始”/“数字”组中单击功能扩展按钮，打开“设置单元格格式”对话框中的“数字”选项卡，在“分类”列表框中选择“文本”选项，然后单击确定按钮即可，如图6-32所示。再次输入如“0101”类型的数字时就会在单元格中正常显示了，如图6-33所示。当选择该单元格时会出现图标，单击该图标，再在弹出的下拉列表中选择“忽略错误”选项，可取消显示该图标。如果在弹出的下拉列表中选择“替换为数字”选项，当输入“0101”类型数字时，在单元格中将以默认数字格式“101”显示。

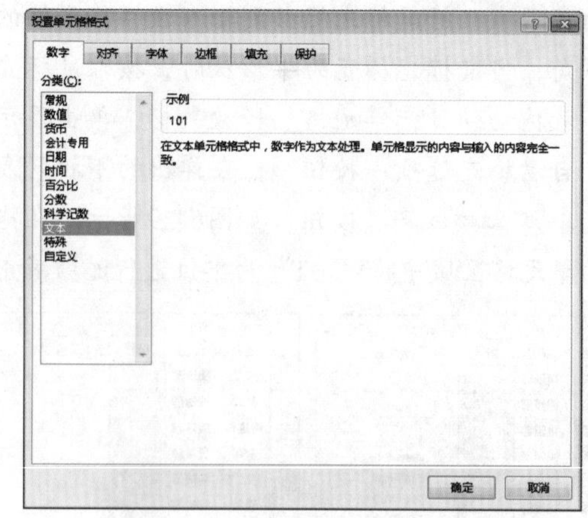

图6-32　设置以0开头数字格式

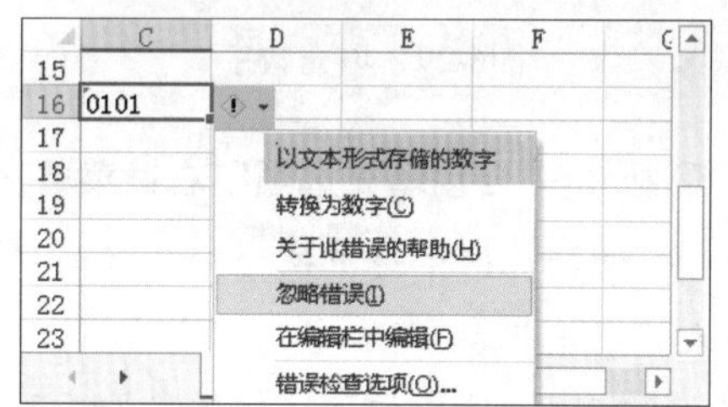

图6-33　正确显示以0开头的数据

技巧秒杀

要继续输入以0开头的数据，可以选择单元格，进行数据的填充。

（2）输入以0结尾的小数

与输入以0开头的数据类似，默认情况下，输入以“0”结尾的小数，在单元格中不能正确显示，如输入“100.00”，显示为“100”，此时可以通过相应的设置避免类似情况发生，使以0结尾的小数正确显示。其具体操作为：首先选择要输入数字的单元格，在“开始”/“数字”组中单击功能扩展按钮，打开“设置单元格格式”对话框中的“数字”选项卡，在“分类”列表框中选择“数值”选项，然后在“小数位数”数值框中输入显示小数位数的个数，再单击确定按钮确认设置即可，如图6-34所示。再次输入如“100.00”类型的数字时将会在单元格中正常显示。

图6-34　设置输入以0结尾的小数

（3）输入长数据

在Excel中能够正常显示11位数字，当超过11位时，输入完成后，在单元格中显示的数据为科学计数法方式。如输入身份证号码“110125365487951236”，将显示为“1.10125E+17”，为避免此类问题出现，可通过如下两种设置方法解决。

◆ **设置“文本”格式**：在工作表中选择需要输入身份证号码的单元格或单元格区域，并单击鼠标右键，在弹出的快捷菜单中选择“设置单元格格式”命令，打开“设置单元格格式”对话框的“数字”选项卡，在“分类”列表框中选择“文本”选项，然后单击[确定]按钮，如图6-35所示。

图6-35　设置“文本”格式输入长数据

◆ **使用半角单引号“'”**：在输入身份证号码之前，先输入一个半角单引号“'”（该符号本身不具有任何意义，只作为一个标识符，表示其后面的内容是文本字符串），如图6-36所示。

	F	G	H	I
1				
2	家庭住址	联系电话	身份证号码	
3	乔家洞6号	13782***564	110125365487951000	
4	砖里巷13号	13753***565		
5	一环路三段7号	15822***566	'110125365487951236	
6	十里坡56号	13324***567		
7	张家沟78号	13145***568		

图6-36　使用半角单引号“'”输入长数据

6.2.2 编辑数据

如果在输入数据的过程中出现输入错误的情况，就需要对数据进行修改，也就是数据编辑。数据的编辑不是只对错误的数据进行修改这么简单，还包括数据的移动与复制、查找与替换等。

1. 修改单元格中已有数据

修改表格数据通常通过编辑栏修改数据或在单元格中修改数据。下面分别介绍。

◆ **在编辑栏中修改**：在编辑栏中修改数据适用于长文本内容，首先选择需修改数据的单元格，然后将鼠标光标插入点定位到编辑栏中，拖动鼠标选择需修改或删除的数据，输入正确的数据后按Enter键即可完成修改，如图6-37所示。

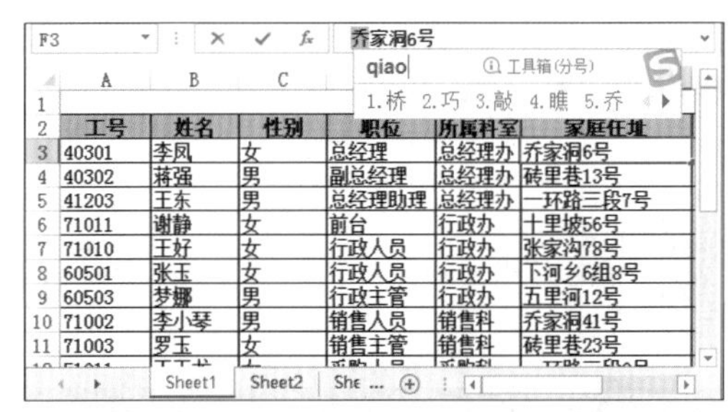

图6-37　在编辑栏中修改数据

◆ **在单元格中修改**：通过单元格修改数据更加直观，首先双击需要修改数据的单元格，将鼠标光标插入点定位到单元格中，然后重新输入数据，最后按Enter键完成修改，如图6-38所示。

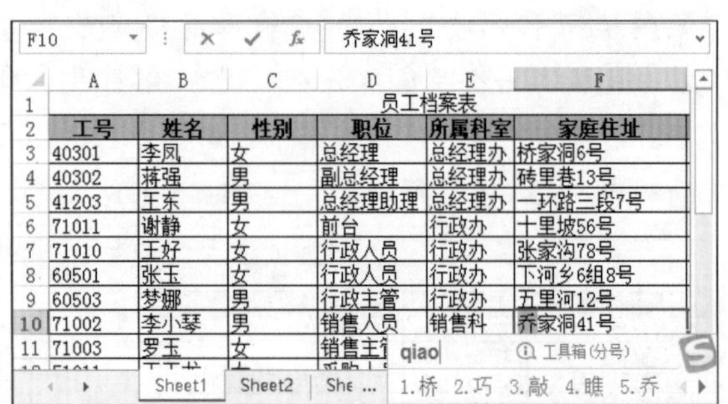

图6-38　在单元格中修改数据

2. 使用记录单批量编辑数据

如果工作表的数据量巨大，工作表的长度、宽度也会非常庞大，这样输入数据时就需要将很多宝贵的时间用在来回切换行、列的位置上，甚至还容易出现错误。此时可通过Excel的“记录单”功能，在打开的“记录单”对话框中批量编辑数据，而不用在长表格中编辑数据。选择表格中的表头单元格，在“自定义”/“常用工具”组中单击“记录单”按钮，将自动生成记录表格数据的记录单，并打开对应的对话框，如图6-39所示，在其中可快速对数据进行编辑，如修改、添加数据。

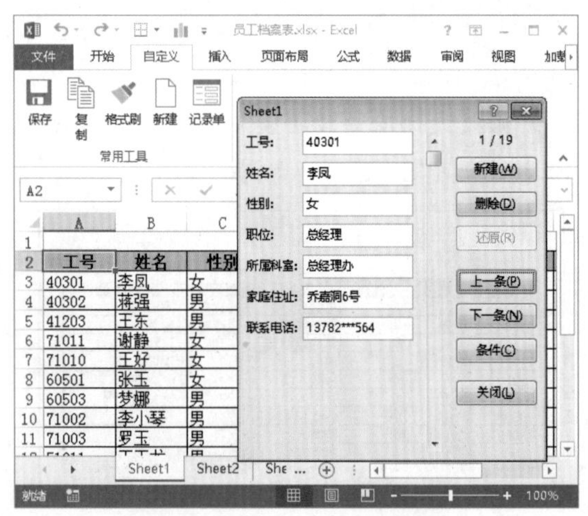

图6-39　使用记录单编辑数据

知识解析：“记录单”功能对话框

- 新建(W)按钮：单击该按钮，新建一条记录，可在文本框中快速输入数据内容。
- 删除(D)按钮：单击该按钮，将删除当前的记录信息。
- 还原(R)按钮：对记录单中的数据进行编辑后，将激活还原(R)按钮，单击该按钮用于还原数据。
- 上一条(P)/下一条(N)按钮：单击上一条(P)/下一条(N)按钮，可查看上一条或下一条记录数据。

?答疑解惑：

为什么在Excel中找不到“记录单”按钮?

Excel默认不显示“记录单”按钮，要使用该功能，需要手动添加该按钮。其方法是：在Excel工作界面中选择“文件”/“选项”命令，打开“Excel选项”对话框，在左侧窗格中选择“自定义功能区”选项，在右侧的“从下列位置选择命令”下拉列表框中选择“不在功能区中的命令”选项，在下方的列表框中选择“记录单”选项，然后在“自定义功能区”的列表框中选择“自定义”/“常用工具组”，最后单击添加(A)>>和确定按钮，如图6-40所示。

图6-40　添加“记录单”功能按钮

3. 移动与复制数据

在制作数据量较大且部分数据相同的表格时，如果重复输入将浪费很多时间，并且耽误工作进度，此时可利用Excel提供的剪切或复制功能快速进行编辑。复制操作是指将选择的单元格数据内容复制到其他单元格，而源数据不发生变化，仍保留在原位置。剪切操作是指将数据内容移动到其他单元格位置，而源数据被删除。通常可使用下面几种常用方法。

- 通过“剪贴板”组：选择需复制或剪切的单元格，选择“开始”/“剪贴板”组，单击“复制”按钮或“剪贴”按钮。
- 通过右键快捷菜单：选择需复制或剪切的单元格，单击鼠标右键，在弹出的快捷菜单中选择“复制”或“剪贴”命令。
- 通过快捷键：选择需复制或剪切的单元格，按Ctrl+C快捷键复制或按Ctrl+X快捷键剪切。

执行完复制或剪切操作后，复制或剪切的单元格数据暂时保存在剪贴板中，要使用这些数据还需要进行粘贴操作，将其粘贴到目标单元格，其具体方法是：选择目标单元格，选择“开始”/“剪贴板”组，单击“粘贴”按钮或单击鼠标右键，在弹出的快捷菜单中选择“粘贴”命令，或按Ctrl+V快捷键。如图6-41和图6-42所示为复制、粘贴单元格数据的流程。

图6-41　复制数据

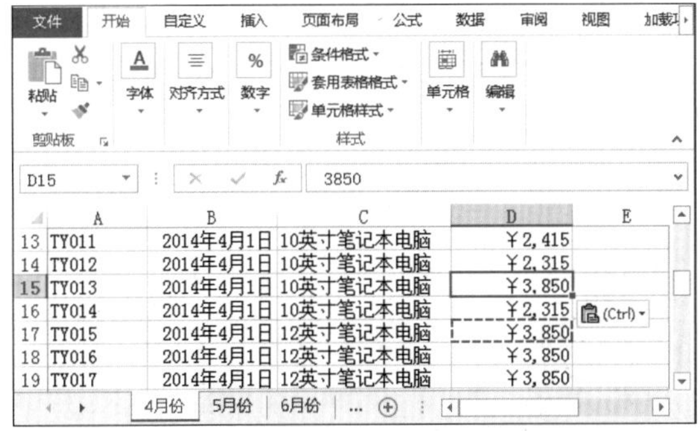

图6-42　粘贴数据

4. 查找与替换数据

在编辑单元格中的数据时，有时需要在大量的数据中进行查找和替换操作，如果还是利用逐行逐列的方式进行查找和替换将非常麻烦，此时可利用Excel的查找和替换功能快速定位到满足查找条件的单元格，迅速将单元格中的数据替换为需要的数据。

实例操作：查找并替换电脑“售价”

- 光盘\素材\第6章\销售业绩表.xlsx
- 光盘\效果\第6章\销售业绩表.xlsx
- 光盘\实例演示\第6章\查找并替换电脑“售价”

下面将在“销售业绩表.xlsx”工作簿中查找“售价”为“2415”的数据，然后将该售价选项替换为“2515”。

Step 1 打开“销售业绩表.xlsx”工作簿，选择“开始”/“编辑”组，单击“查找和选择”按钮，在弹出的下拉列表中选择“查找”选项，如图6-43所示。

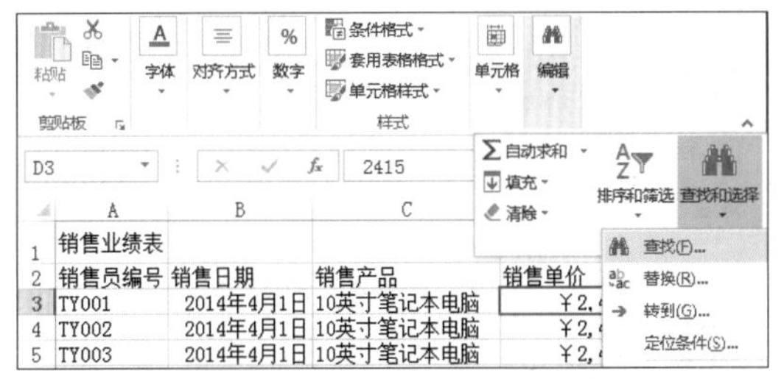

图6-43　执行“查找”命令

Step 2 打开“查找和替换”对话框的“查找”选项卡，在“查找内容”下拉列表框中输入查找内容，这里输入“2415”，单击查找下一个(F)按钮，开始查找工作表中下一个符合条件的单元格，如图6-44所示。

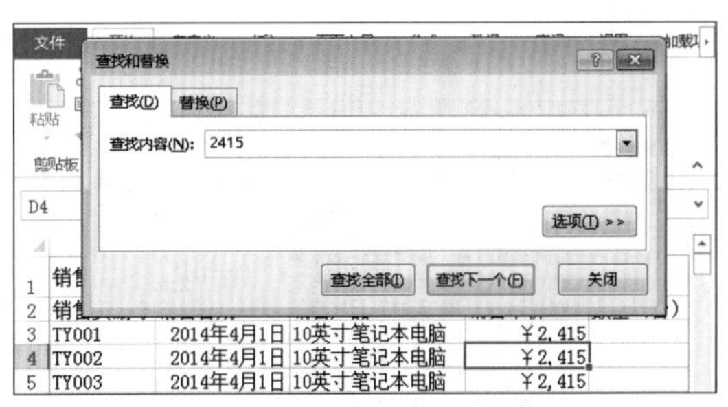

图6-44　查找下一个符合的数据

Step 3 ▶ 单击查找全部按钮，在“查找和替换”对话框下方的列表框中将显示当前工作表中所有符合条件的单元格，在“单元格”栏中将显示单元格所在行列位置，如图6-45所示。

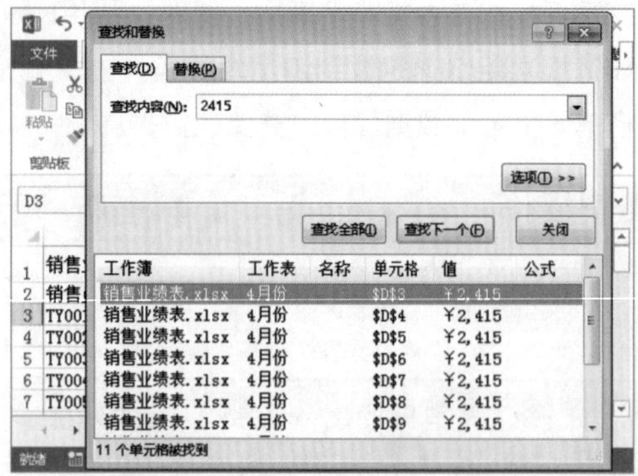

图6-45　查找全部

Step 4 ▶ 选择“替换”选项卡，在“替换为”下拉列表框中输入替换为的数据，这里输入“2515”，然后单击全部替换按钮，在打开的对话框中显示替换的数量，单击确定按钮，确认替换，如图6-46所示。

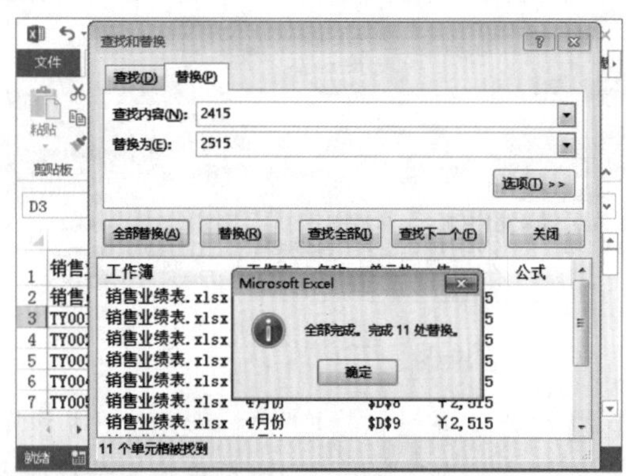

图6-46　全部替换

Step 5 ▶ 关闭“查找和替换”对话框，返回工作界面，即可看到替换数据后的效果，如图6-47所示。

	A	B	C	D	E
1	销售业绩表				
2	销售员编号	销售日期	销售产品	销售单价	数量（台）
3	TY001	2014年4月1日	10英寸笔记本电脑	￥2,515	
4	TY002	2014年4月1日	10英寸笔记本电脑	￥2,515	
5	TY003	2014年4月1日	10英寸笔记本电脑	￥2,515	
6	TY004	2014年4月1日	10英寸笔记本电脑	￥2,515	
7	TY005	2014年4月1日	10英寸笔记本电脑	￥2,515	
8	TY006	2014年4月1日	10英寸笔记本电脑	￥2,515	
9	TY007	2014年4月1日	10英寸笔记本电脑	￥2,515	
10	TY008	2014年4月1日	10英寸笔记本电脑	￥2,515	
11	TY009	2014年4月1日	10英寸笔记本电脑	￥2,515	
12	TY010	2014年4月1日	10英寸笔记本电脑	￥2,515	

图6-47　替换效果

6.2.3 自定义数据显示格式

数字是Excel表格的重要部分，在Excel中可以根据表格的情况为数字设置各种不同的格式。

1. 快速应用Excel自带的格式

Excel中自带的数字格式很多，如数值、货币、会计专用、日期、百分比和文本等，要在其中设置合适的数字格式，可通过功能区和“设置单元格格式”对话框实现。下面分别进行介绍。

- **通过功能区设置**：选择目标单元格，选择“开始”/“数字”组，单击相应按钮或在“开始”/“数字”组的下拉列表框中选择相应选项进行设置。
- **通过“单元格格式”对话框设置**：选择目标单元格区域，选择“开始”/“数字”组，单击右下角的功能扩展按钮，打开“设置单元格格式”对话框的“数字”选项卡，在其中对各类数字类型进行设置。

实例操作：设置数字类型

- 光盘\素材\第6章\百货价目表.xlsx
- 光盘\效果\第6章\百货价目表.xlsx
- 光盘\实例演示\第6章\设置数字类型

本例将打开“百货价目表.xlsx”工作簿，设置“进货日期”为日期和时间类型；设置“单价”和“售价”为货币类型；设置“盈利”为百分比数字类型；最后将“总计”设置为“数值”类型。设置前后的效果如图6-48和图6-49所示。

	A	B	C	D	E	F	G	H
1	柠檬香百货价目表							
2	进货日期	商品名称	单位	单价	售价	盈利	数量	总计
3	2014/3/5	小儿奶粉	罐	138.5	150	0.115	200	27700
4	2014/3/5	味精	袋	3.8	4.5	0.007	600	2280
5	2014/3/5	咸花生	袋	3.5	4	0.005	250	875
6	2014/3/5	瓜子	袋	5.35	5.8	0.0045	300	1605
7	2014/3/5	手帕纸	袋	2.5	3.5	0.01	800	2000

图6-48　设置前效果

	A	B	C	D	E	F	G	H
1	柠檬香百货价目表							
2	进货日期	商品名称	单位	单价	售价	盈利	数量	总计
3	2014/3/5	小儿奶粉	罐	¥138.50	¥150.00	11.50%	200	27,700.00
4	2014/3/5	味精	袋	¥3.80	¥4.50	0.70%	600	2,280.00
5	2014/3/5	咸花生	袋	¥3.50	¥4.00	0.50%	250	875.00
6	2014/3/5	瓜子	袋	¥5.35	¥5.80	0.45%	300	1,605.00
7	2014/3/5	手帕纸	袋	¥2.50	¥3.50	1.00%	800	2,000.00

图6-49　设置后效果

Step 1 ▶ 打开“百货价目表.xlsx”工作簿，选择“进货日期”列A3:A7单元格区域，然后选择“开始”/“数字”组，单击功能扩展按钮，在打开的对话框中选择“数字”选项卡，在“分类”列表框中选择“日期”选项，在“类型”列表框中选择“2012/3/14”选项，然后单击确定按钮，如图6-50所示。

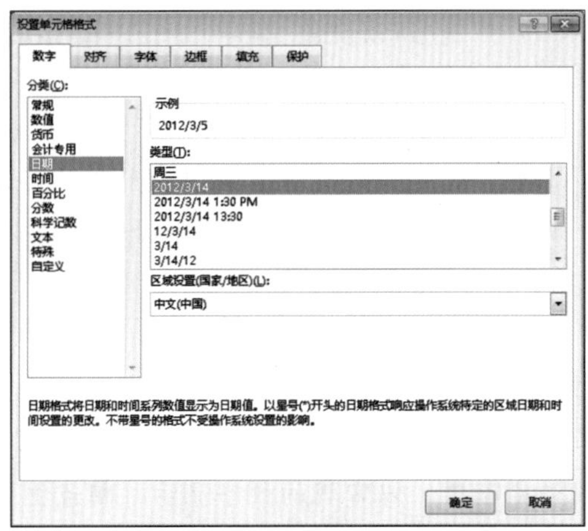

图6-50 设置日期格式

Step 2 ▶ 选择“单价”和“售价”列的D3:E7单元格区域，打开“设置单元格格式”对话框，在“数字”选项卡的“分类”列表框中选择“货币”选项。在“小数位数”数值框中输入“2”，在“货币符号”下拉列表框中选择“¥”选项，在“负数”列表框中选择“¥-1,234.10”选项，单击确定按钮，如图6-51所示。

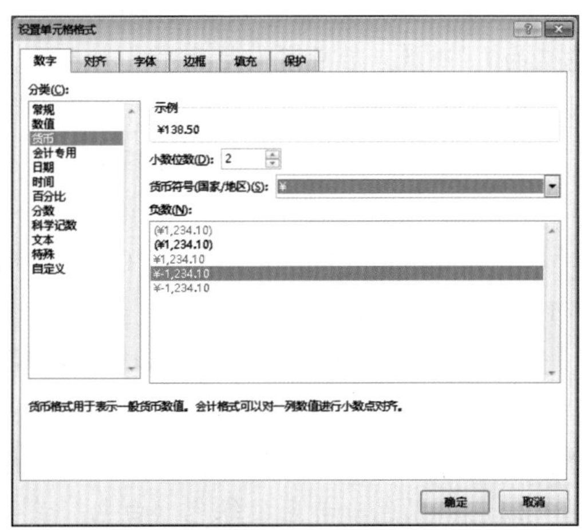

图6-51 设置“货币”数据类型

Step 3 ▶ 选择“盈利”列F3:F7单元格区域，然后在“开始”/“数字”组的下拉列表框中选择“百分比”选项，如图6-52所示。

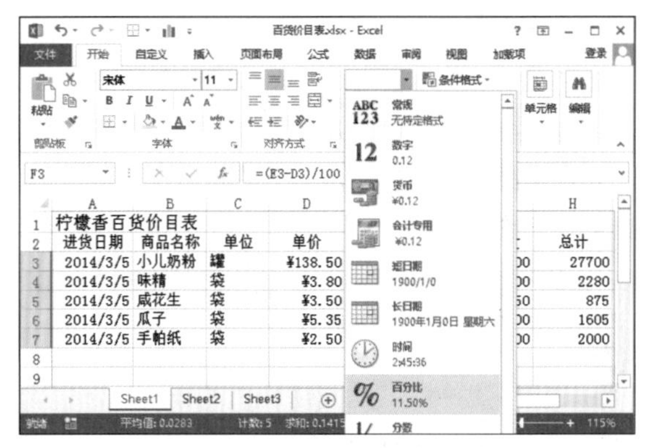

图6-52 设置“百分比”数据类型

Step 4 ▶ 选择H3:H7单元格区域，打开“设置单元格格式”对话框，在“分类”列表框中选择“数值”选项。在“小数位数”数值框中输入“2”，在“负数”列表框中选择“1234.10”选项，选中☑使用千位分隔符(,)(U)复选框，单击确定按钮，如图6-53所示。

图6-53 设置数值

2. 自定义数据显示格式的规则

在“设置单元格格式”对话框中可为单元格中的数据快速应用内置格式，同时可通过该对话框自定义数据的格式，使单元格中的数字按照用户自定义的格式规则进行显示。

（1）自定义格式的组成规则

在“设置单元格格式”对话框的“数字”选项卡中选择“自定义”选项，在“类型”列表框中显示了Excel内置的数字格式的代码，如图6-54所示，用户也可在“类型”文本框中自定义数字显示格式。实际上，自定义数字格式代码并没有想象中那么复杂和困难，只要掌握了它的规则，就很容易通过格式代码来创建自定义数字格式。

图6-54　“自定义”数字格式

自定义格式代码可以为4种类型的数值指定不同的格式：正数、负数、零值和文本。在代码中，用分号“;”来分隔不同的区段，每个区段的代码作用于不同类型的数值。完整格式代码的组成结构为：“大于条件值”格式；“小于条件值”格式；“等于条件值”格式；文本格式。

在没有特别指定条件值时，默认的条件值为0，因此，格式代码的组成结构也可视作：正数格式；负数格式；零值格式；文本格式。即当输入正数时显示设置的正数格式；当输入负数时，显示设置的负数格式；当输入“0”时，显示设置的零值格式；输入文本时，则显示设置的文本格式。

技巧秒杀

用户并不需要每次都严格按照4个区段来编写格式代码，可只写1个或2个区段来定义。

下面将通过一段代码对数字的格式组成规则进行分析和讲解。

_* #,##0.00_;_* #,##0.00_;_* "-"??_;_@_

其中，“_”表示用一个字符位置的空格来进行占位；“*”表示重复显示标志，“空格”表示数字前空位用重复显示空格来填充，直至填充满整个单元格；“#,##0.00”表示数字显示格式；“??”表示用空白来显示数字前后的0值，即单元格为0值时，显示为两个空白；“@”表示输入文本。通过分析可得到结果：当输入正数，如1111时，则显示为1,234.00；当输入负数，如-1111时，则显示为1,1111.00；当输入0时，则显示为-；当输入字符，如abc时，则显示为abc（前后各空一个空格位置）。

（2）了解代码符号的含义和作用

要想自如地定义数字格式，需要了解各类常用代码符号的含义和作用。下面分别进行介绍。

- G/通用格式：以常规的数字显示，相当于“分类”列表中的“常规”选项。如“10”显示为“10”；“10.1”显示为“10.1”。
- 0：数字占位符。如果单元格的内容大于占位符，则显示实际数字；如果小于占位符的数量，则用0补足。如代码“00000”，“1234567”显示为“1234567”，“123”显示为“00123”；如代码“00.000”，“100.14”显示为“100.140”，“1.1”显示为“01.100”。
- #：数字占位符。只显示有意义的0而不显示无意义的0。小数点后数字如大于“#”的数量，则按“#”的位数四舍五入。如代码“###.##”，“12.1”显示为“12.10”，“12.1263”显示为“12.13”。
- %：百分比。如代码“#%”，“0.1”显示为“10%”。
- *：重复下一次字符，直到充满列宽。如代码“@*-”，“ABC”显示为“ABC-------------------”。
- [颜色]：用指定的颜色显示字符。有8种颜色可选：红色、黑色、黄色、绿色、白色、兰色、青色和洋红。如代码“[青色];[红色];[黄色];[黑色]”，正数显示为青色，负数显示为红色，0显示为黄色，文本则显示为黑色。

- YYYY或YY：按四位（1900~9999）或两位（00~99）显示年。
- MM或M：以两位（01~12）或一位（1~12）表示月。
- DD或D：以两位（01~31）或一位（1~31）来表示天。如代码“YYYY-MM-DD”，“2014年1月10日”显示为“2014-01-10”；代码“YY-M-D”，“2014年1月10日”显示为“14-1-10”。
- H或HH：以一位（0~23）或两位（01~23）显示小时。
- M或MM：以一位（0~59）或两位（01~59）显示分钟。
- S或SS：以一位（0~59）或两位（01~59）显示秒。如代码“HH:MM:SS”，“23:1:15”显示为“23:01:15”。

读书笔记

3. 自定义数据的显示单位

在数字后面添加单位可让数据更加明白易懂，同时能够节省页面，特别是长数据的显示，如输入“1000000”，添加“百万”单位，只需输入数字“1”即可。

实例操作：自定义“元”单位

- 光盘\素材\第6章\10月份工资表.xlsx
- 光盘\效果\第6章\10月份工资表.xlsx
- 光盘\实例演示\第6章\自定义“元”单位

本例将在“10月份工资表.xlsx”工作簿中为“实发工资”自定义单位“元”。

Step 1 ▶ 打开“10月份工资表.xlsx”工作簿，选择“实发工资”所在列H3:H14单元格区域，单击鼠标右键，在弹出的快捷菜单中选择“设置单元格格式”命令，打开“设置单元格格式”对话框的“数字”选项卡，选择“自定义”选项，在“类型”文本框中输入单位类型，这里输入“#.0"元"”，单击 确定 按钮，如图6-55所示。

图6-55　设置单位类型

操作解谜

本例在自定义单位时，在“类型”文本框中输入“#.0"元"”，表示在定义单位为“元”的同时，将数据显示格式设置为“#.0”，即数据显示为保留一位小数位数的数字。

Step 2 返回工作表，即可看到“实发工资”列中的工资数据添加了“元”单位，如图6-56所示。

10月份工资表						
基本工资	提成	生活补贴	迟到	事假	旷工	实发工资
1000	661	120	10		50	1721.0元
1000	783	120				1903.0元
1000	1252	120		50	50	2272.0元
1000	600	120				1720.0元
1000	833	120	20			1933.0元
1000	1200	120			100	2220.0元
1000	468	120				1588.0元
1000	700	120	50			1770.0元
1000	1000	120				2120.0元
1000	980	120				2100.0元
1000	987	120	100			2007.0元
					总工资	21354.0元

图6-56　显示单位效果

4. 用数字代替特殊字符

用数字代替特殊字符，顾名思义，即是在单元格中输入数字得到用户想要输入的文字内容，从而大大提高数据的编辑效率。如将“北京市”用数字“11”替代，“上海市”用数字“12”替代，“天津市”用数字“13”替代等，其设置方法是：在Excel工作界面选择“文件”/“选项”命令，打开“Excel选项”对话框，选择“校对”选项卡，单击右侧界面的 自动更正选项(A)... 按钮，打开“自动更正”对话框，在“自动更正”选项卡的“替换”文本框中输入数字，如“11”，在“为”文本框中输入“北京市”，单击 添加(A) 按钮，然后依次单击 确定 按钮，如图6-57所示。

图6-57　用数字代替特殊字符

6.2.4 数据的验证规则

数据的验证规则，是指设置数据有效性，可对单元格或单元格区域输入的数据从内容到范围进行限制。对于符合条件的数据，允许输入；不符合条件的数据，则禁止输入，防止输入无效数据。

1. 设置有效性条件验证

通常数据有效性功能可以在尚未输入数据时预先设置，使用条件验证限制数据输入范围，以保证输入数据的正确性。

实例操作：设置折扣有效值

- 光盘\素材\第6章\商品优惠通知单.xlsx
- 光盘\效果\第6章\商品优惠通知单.xlsx
- 光盘\实例演示\第6章\设置折扣有效值

本例将在“商品优惠通知单.xlsx”工作簿中，对优惠折扣数值进行有效性条件验证设置，保证数值输入在8.0~10.0之间。

Step 1 打开“商品优惠通知单.xlsx”工作簿，选择C3:C15单元格区域，在“数据”/“数据工具”组中单击 数据验证 按钮右侧的下拉按钮，在弹出的下拉列表中选择“数据验证”选项。打开“数据验证”对话框，在“设置”选项卡的“允许”下拉列表框中选择“小数”选项，在“数据”下拉列表框中选择“介于”选项，然后在“最小值”与“最大值”数值框中分别输入“8.0”“10.0”，单击 确定 按钮，如图6-58所示。

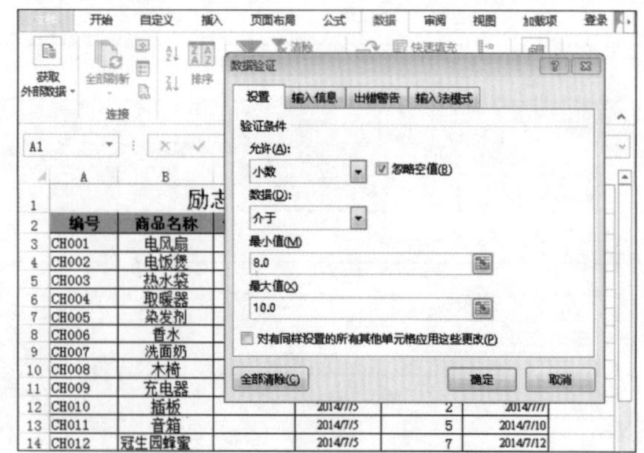

图6-58　设置验证区域值

Step 2 ▶ 设置完成后，在设置过有效性的单元格中输入小于8或大于10的数字时，将打开提示对话框，提示输入值非法，如图6-59所示。

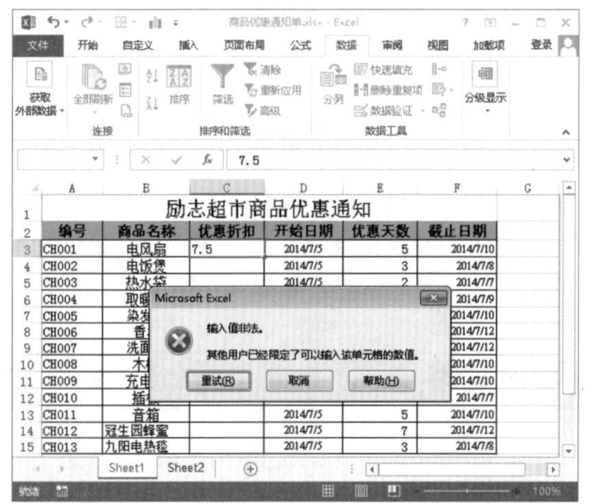

图6-59　非法输入的提示效果

2. 设置出错警告提示

设置数据有效性条件验证后，当输入无效数据时，默认打开提示对话框，提示输入值非法，用户可进行自定义设置，使其具有更加明确的提示效果。其方法是：选择设置了数据有效性的单元格，然后打开“数据验证”对话框，选择“出错警告”选项卡，选中 ☑ 输入无效数据时显示出错警告(S) 复选框，再在“样式”下拉列表框中选择“停止”选项，在“标题”和“错误信息”文本框中分别输入出错警告的标题和内容，单击 确定 按钮，如图6-60所示。设置完成后，单击该单元格，当输入数值超出验证规则所设置的输入范围时将弹出错误警告信息，如图6-61所示。

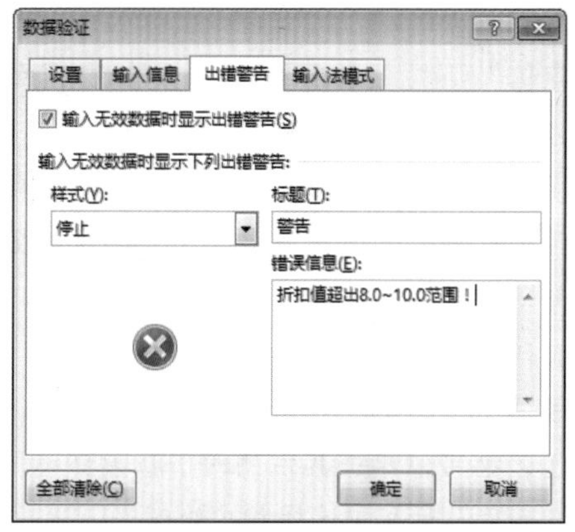

图6-60　设置出错提示

图6-61　弹出警告效果

技巧秒杀

设置有效性验证规则后，还可在“数据验证”对话框的“输入信息”选项卡中设置输入提示信息，当选择规则验证目标单元格时，提示输入范围内的值，设置方法与设置出错警告提示相似。

6.3 美化表格

用Excel制作的表格不仅仅是给自己看，有时需要打印出来，将报表交上级部门审阅，如果表格仅仅是内容详实，恐怕难以给领导留下好感。因此需要对表格进行美化操作，对单元格中数据的对齐方式、字体格式和边框样式等进行设置，使表格的版面美观、图文并茂、数据清晰。

6.3.1 设置数据格式

美化表格首先应从设置数据格式着手，主要包括设置数据的字体格式和对齐方式，使表格内容更加协调和层次分明。

1. 设置字体格式

在Excel 2013中输入的数据默认为宋体。为了制作出美观的工作簿，可以更改工作表中单元格或单元格区域中数据的字体、字号或颜色等字体格式。选择需要设置格式的单元格、单元格区域、文本或字符，然后选择“开始”/“字体”组，在其中可更改字体、字号、颜色以及对数据进行加粗、倾斜等设置，下面分别进行介绍。

◆ “字体”下拉列表框 宋体 ：在该下拉列表框中可以选择所需的字体。

◆ “字号”下拉列表框 11 ：可以直接选择所需的字号，也可以单击“增大字号”按钮A或“减小字号”按钮A，直到所需的字号显示在“字号”下拉列表框中。

◆ “颜色”按钮A：单击该按钮，可自动应用当前颜色，也可以单击其右侧的下拉按钮，在弹出的“颜色”面板中选择相应的颜色。

◆ “加粗”按钮B、“倾斜”按钮I、“加下划线”按钮U：单击B按钮，所选字符将加粗显示；单击I按钮，可以倾斜显示字符；单击U按钮，可以为字符添加下划线效果。

2. 设置对齐方式

在Excel单元格中，文本默认为左对齐，数字默认为右对齐。为了保证工作表中数据的整齐性，可以为数据重新设置对齐方式。选择需要设置对齐方式的单元格或单元格区域，然后选择“开始”/“对齐方式”组，在其中单击不同的按钮，可将数据设置为不同的对齐方式。主要按钮的作用如下。

◆ “顶端对齐”按钮：单击该按钮，数据将靠单元格的顶端对齐。

◆ “垂直居中”按钮：单击该按钮，数据将在单元格中上下对齐。

◆ “底端对齐”按钮：单击该按钮，数据将靠单元格的底端对齐。

◆ “文本左对齐”按钮：单击该按钮，数据将靠单元格的左端对齐。

◆ “居中”按钮：单击该按钮，数据将在单元格中左右居中对齐。

◆ “文本右对齐”按钮：单击该按钮，数据将靠单元格的右端对齐。

6.3.2 表格的格式设置

表格样式是指一组特定单元格格式的组合，使用表格样式可以快速对应用相同样式的单元格进行格式化，从而提高工作效率并使工作表格式规范统一。

1. 套用表格样式

为了使每一个单元格具有各自的特点，Excel 2013提供了多种表格样式，用户可以使用它们给单元格设置填充色、边框色及字体格式等。

实例操作：套用“表样式浅色21”

- 光盘\素材\第6章\录取情况表.xlsx
- 光盘\效果\第6章\录取情况表.xlsx
- 光盘\实例演示\第6章\套用“表样式浅色21”

本例将在“录取情况表.xlsx”工作簿中为表格套用表格样式，并将表格内容转换为普通数据表样式，设置前后的效果如图6-62和图6-63所示。

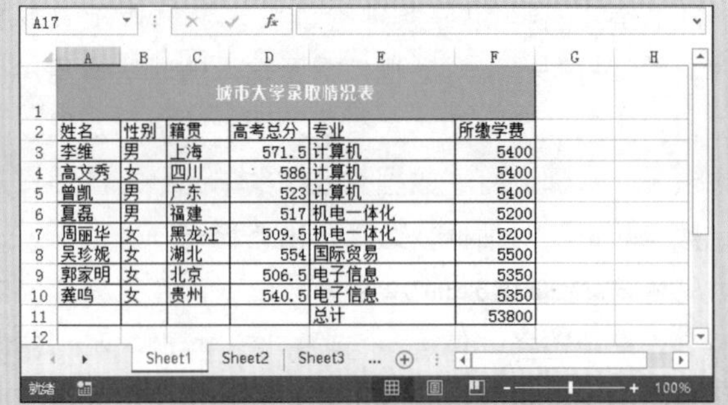

城市大学录取情况表

姓名	性别	籍贯	高考总分	专业	所缴学费
李维	男	上海	571.5	计算机	5400
高文秀	女	四川	586	计算机	5400
曾凯	男	广东	523	计算机	5400
夏磊	男	福建	517	机电一体化	5200
周丽华	女	黑龙江	509.5	机电一体化	5200
吴珍妮	女	湖北	554	国际贸易	5500
郭家明	女	北京	506.5	电子信息	5350
龚鸣	女	贵州	540.5	电子信息	5350
				总计	53800

图6-62　设置前效果

城市大学录取情况表

姓名	性别	籍贯	高考总分	专业	所缴学费
李维	男	上海	571.5	计算机	5400
高文秀	女	四川	586	计算机	5400
曾凯	男	广东	523	计算机	5400
夏磊	男	福建	517	机电一体化	5200
周丽华	女	黑龙江	509.5	机电一体化	5200
吴珍妮	女	湖北	554	国际贸易	5500
郭家明	女	北京	506.5	电子信息	5350
龚鸣	女	贵州	540.5	电子信息	5350
				总计	53800

图6-63　设置后效果

Step 1 打开“录取情况表.xlsx”工作簿，选择任意单元格，然后再选择“开始”/“样式”组，单击“套用表格格式”按钮，在弹出的下拉列表中选择“表样式浅色21”选项，如图6-64所示。

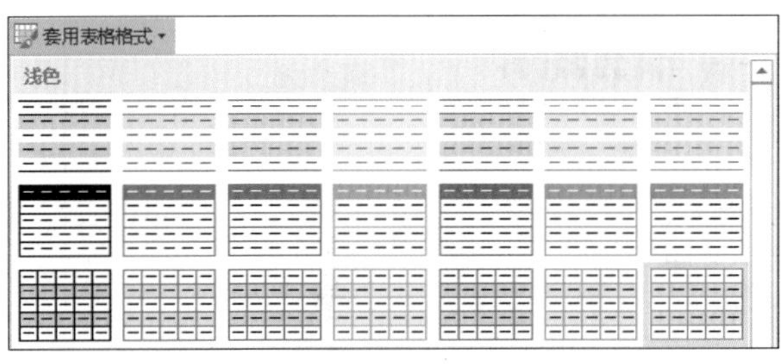

图6-64　选择表格样式

Step 2 打开“创建表”对话框，在工作表中选择要套用格式的表格区域，选中“表包含标题”复选框，然后单击“确定”按钮，如图6-65所示。

图6-65　设置套用区域

Step 3 选择“设计”/“工具”组，单击“转换为区域”按钮，在打开的提示对话框中单击“是”按钮，将表格内容转换为普通数据表，如图6-66所示。

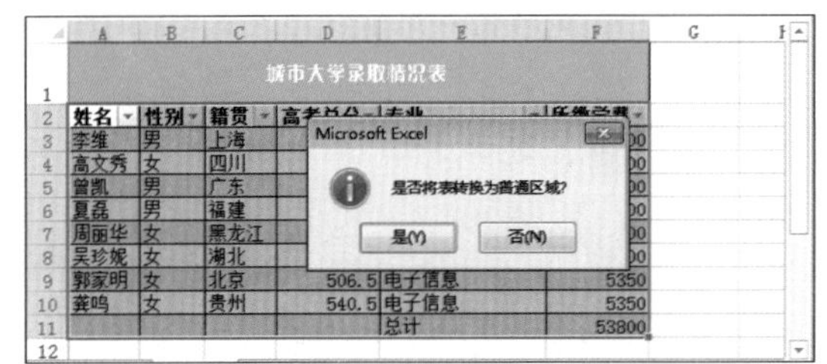

图6-66　转换数据

操作解谜

为表格区域套用表格样式后，默认将在表格字段中添加“筛选”样式，这里单击“转换为区域”按钮，取消筛选按钮。而选中“表包含标题”复选框，在表格中不添加表标题，保持默认。

2. 自定义表格样式

如果内置的表格样式不能满足需求，可以创建自定义样式，设置字体格式和边框等。单击“套用表格格式”按钮，在弹出的下拉列表中选择“新建表样式”选项，在打开的“新建表样式”对话框中进行设置，如图6-67所示。

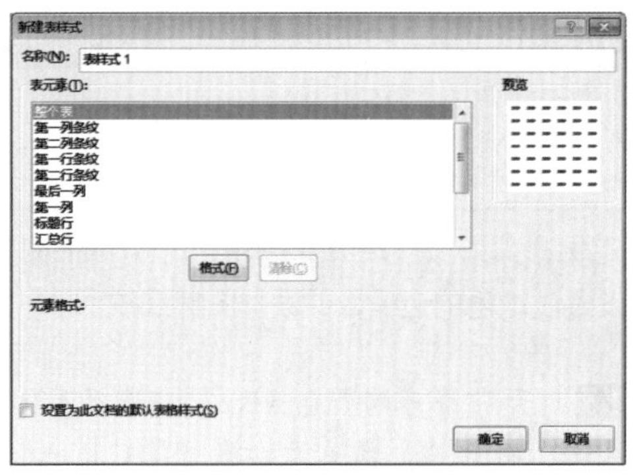

图6-67　新建表样式

知识解析：“新建表样式”对话框

- “名称”文本框：用于输入新建表样式的名称，创建完成后，新建的表样式将以该名称显示在“套用表格格式”下拉列表中。
- “表元素”列表框：用于选择表中的元素，如整个数据表格、第一行条纹和第一列条纹等。
- “预览”栏：用于预览设置完成后的表样式效果。
- “格式”按钮：单击该按钮，将打开“设置单元格格式”对话框，在其中可设置表元素的字体、边框和填充底纹颜色等。
- “清除”按钮：设置格式后，激活该按钮，单击该按钮可清除设置的样式。
- “元素格式”栏：用于显示自定义的格式选项设置。
- “设置为此文档的默认表格样式”复选框：选中该复选框，将设置的表格样式作为默认样式。

技巧秒杀

在“开始”/“样式”组中单击“条件格式”按钮，在弹出的下拉列表中选择选项可设置单元格样式，其使用方法与设置表格样式相同。

6.3.3 添加边框和底纹

Excel中的单元格是为了方便存放数据而设计的，在打印时并不会将单元格打印出来。如果要将单元格和数据一起打印出来，可为单元格设置边框样式，同时让单元格或单元格区域变得更美观。

实例操作：设置数据表格的边框和底纹

- 光盘\素材\第6章\资产购置表.xlsx
- 光盘\效果\第6章\资产购置表.xlsx
- 光盘\实例演示\第6章\设置数据表格的边框和底纹

本例将为“资产购置表.xlsx”工作簿中的数据表格设置浅绿色的边框，并添加图案底纹。

Step 1 ▶ 打开“资产购置表.xlsx”，选择A2:F13单元格区域，打开“设置单元格格式”对话框，选择“边框”选项卡，在“颜色”下拉列表框中选择“浅绿”选项，在“样式”列表框中选择“═══”选项，在“预置”栏中单击“外边框”按钮⊞，在“样式”列表框中选择“----”选项，在“预置”栏中单击“内部”按钮⊞，在“边框”栏中的预览草图中可看到设置的边框效果，单击 确定 按钮，如图6-68所示。

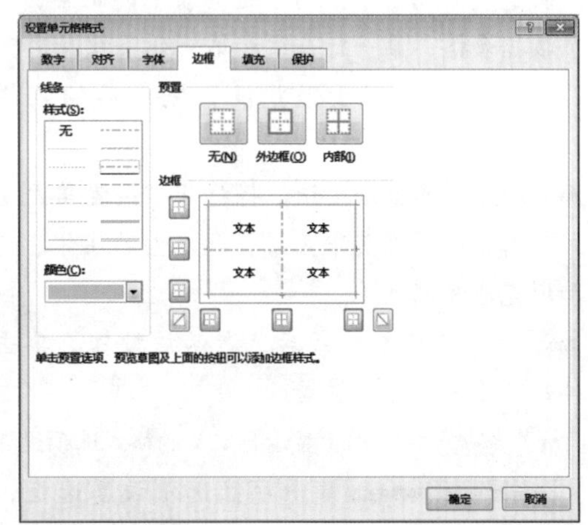

图6-68 设置边框样式

Step 2 ▶ 选择A2:F13单元格区域，打开“设置单元格格式”对话框，选择“填充”选项卡，在“图案颜色”下拉列表框中选择“紫色，着色4，淡色60%”选项，在“图案样式”下拉列表框中选择“25%灰色”选项，单击 确定 按钮，如图6-69所示。

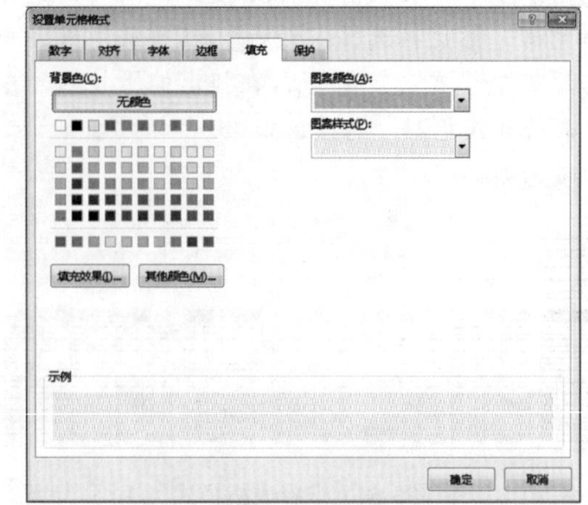

图6-69 设置填充格式

Step 3 ▶ 返回工作表，可查看表格的边框和底纹效果，如图6-70所示。

	A	B	C	D	E	F	G	H
1	资产购置表							
2	编号	名称	单位	数量	金额（元）	到货日期		
3	0001	128MB DDR电脑内存	条	10	¥1,050	2015/1/6		
4	0002	打印机	台	1	¥1,450	2015/1/7		
5	0003	移动硬盘	个	5	¥2,000	2015/1/8		
6	0004	USB2.0 256M U盘	个	1	¥200	2015/1/8		
7	0005	电脑桌	张	1	¥440	2015/1/9		
8	0006	传真机	台	1	¥1,500	2015/1/10		
9	0007	不锈钢宣传栏	个	10	¥4,500	2015/1/11		
10	0008	复印机	台	1	¥11,400	2015/1/14		
11	0009	液晶台式电脑	台	1	¥5,199	2015/1/18		
12	0010	台式组装电脑	台	1	¥8,010	2015/1/24		
13	0011	笔记本电脑	台	1	¥14,535	2015/1/29		

Sheet1 Sheet2 Sheet3

图6-70 设置边框和底纹的最终效果

知识解析：“边框”选项卡

- “线条”栏：用于设置边框线条的样式。
- “颜色”下拉列表框：用于设置边框线条的颜色。
- “预置”栏：除了“外边框”按钮⊞和“内部”按钮⊞，还包括“无”按钮⊞，即不设置边框。
- “边框”栏：包含多个设置边框样式的按钮，用于设置边框某部分，如上边框、下边框等。

知识解析：“填充”选项卡

- “背景色”栏：用于设置单元格填充色纯色选项，单击 无颜色 按钮可取消填充色。
- 填充效果(I)... 按钮：用于设置渐变填充效果。
- 其他颜色(M)... 按钮：单击该按钮，在打开的对话框中可选择更多的填充颜色。

6.3.4 设置表格背景

在Excel中还可以为工作表设置背景，背景可以是纯色、渐变色或图片，一般情况下工作表背景不会被打印出来，只起到美化作用。

实例操作：添加本机背景图片

- 光盘\素材\第6章\录取情况表1.xlsx、向日葵.jpg
- 光盘\效果\第6章\录取情况表1.xlsx
- 光盘\实例演示\第6章\添加本机背景图片

本例在“录取情况表1.xlsx”工作簿中为数据表格插入本地电脑中的“向日葵.jpg”图片，设置表格背景。

Step 1 ▶ 打开“录取情况表1.xlsx”工作簿，选择“页面布局”/“页面设置”组，单击背景按钮，打开“插入图片”对话框，选择插入背景图片的途径，这里单击“来自文件”选项右侧的“浏览”超链接，如图6-71所示。

图6-71 选择插入图片的途径

Step 2 ▶ 打开“工作表背景”对话框，在地址栏中选择保存图片文件夹，在中间的列表框中选择需要的背景图片，这里选择“向日葵.jpg”选项，单击插入(S)按钮，如图6-72所示。

Step 3 ▶ 返回工作表中，可以查看到设置“向日葵.jpg”背景后的效果，如图6-73所示。

知识解析：“插入图片”对话框

- 来自文件：打开“工作表背景”对话框，用于插入保存在电脑中的背景图片。
- Office.com剪贴画：用于插入Office内置的剪贴画。
- 必应图像搜索：可联机在网络中搜索并插入相关背景图片。

图6-72 插入“向日葵.jpg”图片

城市大学录取情况表

姓名	性别	籍贯	高考总分	专业	所缴学费
李维	男	上海	571.5	计算机	5400.00
高文秀	女	四川	586	计算机	5400.00
曾凯	男	广东	523	计算机	5400.00
夏磊	男	福建	517	机电一体化	5200.00
周丽华	女	黑龙江	509.5	机电一体化	5200.00
吴珍妮	女	湖北	554	国际贸易	5500.00
郭家明	女	北京	506.5	电子信息	5350.00
龚鸣	女	贵州	540.5	电子信息	5350.00
				总计	53800.00

图6-73 查看图片背景效果

6.3.5 条件格式的使用

如果通过预置的格式设置应用到表格中，其效果不能满足需要，即使通过复杂的设置，勉强获得所需效果，也将浪费大量时间，此时可利用条件格式功能快速实现设置单元格样式的过程。使用条件格式功能，可预置一种单元格格式或单元格内的图形效果，并在满足指定条件时自动应用到目标单元格，可预置的格式包括边框、底纹等效果，单元格图形效果包括数据条、色阶和图标集等。

1. 突出显示单元格数据

突出显示单元格数据是指规定单元格中的数据在满足某类条件时，将单元格显示为相应条件的单元格样式。

实例操作：突出显示销量大于300的数据

- 光盘\素材\第6章\员工业绩统计.xlsx
- 光盘\效果\第6章\员工业绩统计.xlsx
- 光盘\实例演示\第6章\突出显示销量大于300的数据

本例将在“员工业绩统计.xlsx”工作簿中设置条件格式为员工的各个季度销售量大于300的以浅红填充色、深红色文本显示。

Step 1 打开“员工业绩统计.xlsx”工作簿，选择目标数据区域，这里选择B3:E18单元格区域。选择“开始”/“样式”组，单击“条件格式”按钮，在弹出的下拉列表中选择“突出显示单元格规则”/“大于”选项，如图6-74所示。

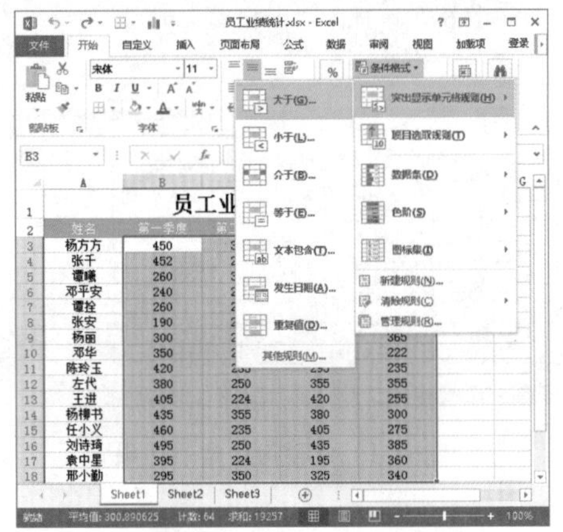

图6-74　选择突出条件

Step 2 打开“大于”对话框，在第一个文本框中输入“300”，在“设置为”下拉列表框中选择“浅红填充色深红色文本”选项，单击 确定 按钮，如图6-75所示。此时，可以看到工作表中大于300的单元格将显示为浅红填充色、深红色文本。

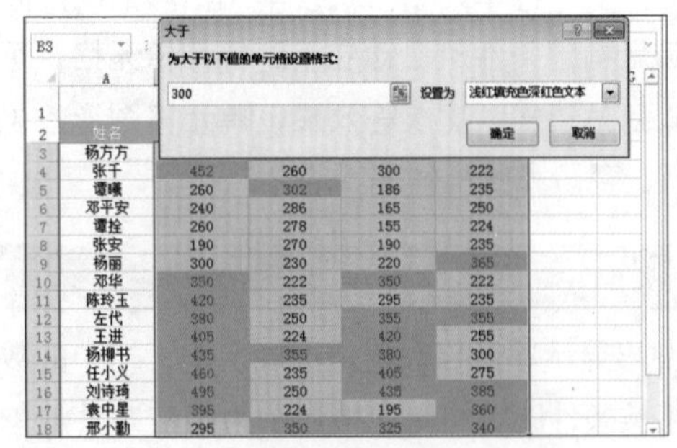

图6-75　设置数据突出显示样式

2. 通过项目选取数据

通过项目选取数据的条件格式设置，与突出显示单元格数据的操作方法类似。首先需要选择目标单元格，然后单击“条件格式”按钮，在弹出的下拉列表中选择“项目选取规则”选项，在弹出的子列表中选择项目选取条件，如选择“高于平均值”选项，在打开的对话框中设置显示格式，表格中将以选择的格式显示高于目标单元格区域数据平均值的项目，如图6-76所示。

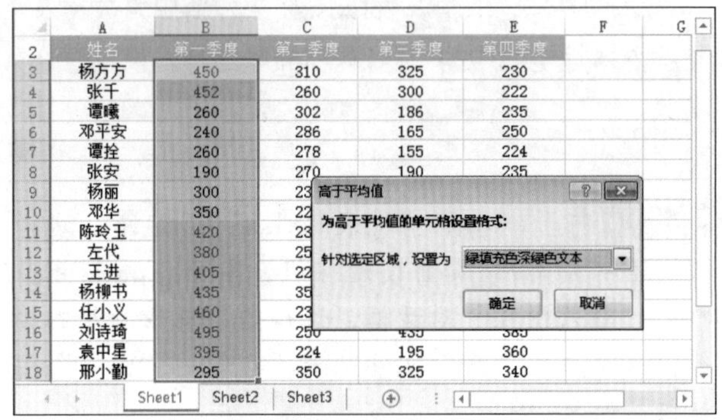

图6-76　选择项目选取条件

3. 以数据条形式显示数据

数据条有两种默认的设置类型，分别是“渐变填充”和“实心填充”。以数据条形式显示数据的方法是：选择目标单元格，在“开始”/“样式”组中单击“条件格式”按钮，在弹出的列表中选择“数据条”选项，再在弹出的子列表中选择显示格式选项，返回工作表，可查看以数据条形式显示数据的效果，如图6-77所示。

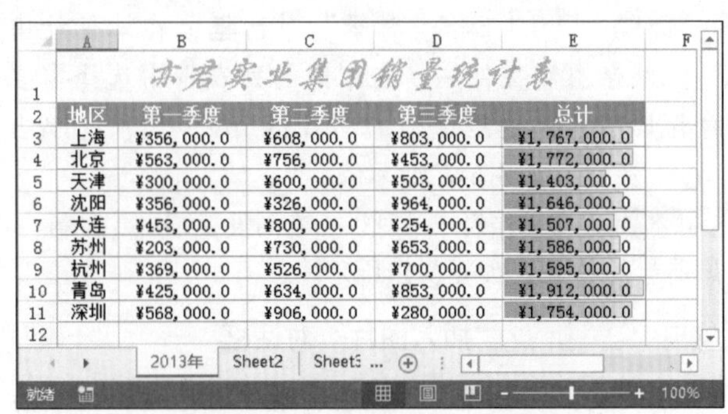

亦君实业集团销量统计表

地区	第一季度	第二季度	第三季度	总计
上海	¥356,000.0	¥608,000.0	¥803,000.0	¥1,767,000.0
北京	¥563,000.0	¥756,000.0	¥453,000.0	¥1,772,000.0
天津	¥300,000.0	¥600,000.0	¥503,000.0	¥1,403,000.0
沈阳	¥356,000.0	¥326,000.0	¥964,000.0	¥1,646,000.0
大连	¥453,000.0	¥800,000.0	¥254,000.0	¥1,507,000.0
苏州	¥203,000.0	¥730,000.0	¥653,000.0	¥1,586,000.0
杭州	¥369,000.0	¥526,000.0	¥700,000.0	¥1,595,000.0
青岛	¥425,000.0	¥634,000.0	¥853,000.0	¥1,912,000.0
深圳	¥568,000.0	¥906,000.0	¥280,000.0	¥1,754,000.0

图6-77　数据条显示数据效果

4. 以色阶形式显示数据

使用色阶样式主要是通过颜色对比直观地显示数据，并帮助用户了解数据分布和变化，通常使用双色刻度来设置条件格式。它使用两种颜色的深浅程度来比较某个区域的单元格，颜色的深浅表示值的高低，其设置方法介绍如下。

◆ 设置双色刻度：选择设置条件格式的单元格区域，单击"条件格式"按钮，在弹出的下拉列表中选择"色阶"选项，再在其子列表中选择为单元格设置双色刻度的颜色，如图6-78所示，应用"红-黄-绿色阶"样式，红色表示的值最大，黄色次之，绿色表示的值最小。

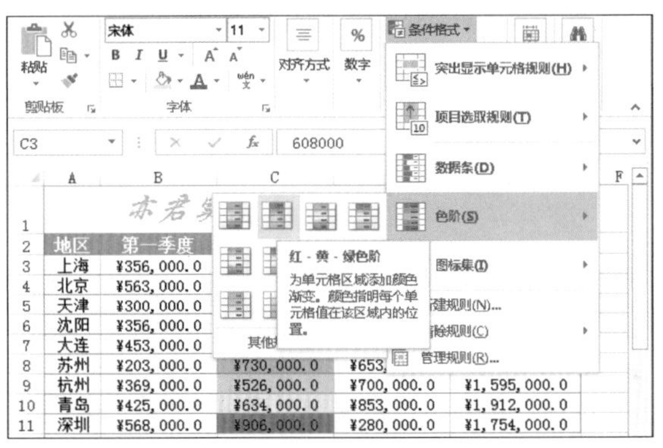

图6-78 "红-黄-绿色阶"效果

◆ 设置更多双色刻度的颜色：在"色阶"选项的子列表中选择"其他规则"选项，打开"新建格式规则"对话框，如图6-79所示，在其中对双色刻度的类型、颜色、单元格的选取范围等进行设置，完成后单击[确定]按钮。

图6-79 设置双色刻度

5. 以图标集体现数据

使用图标集可以对数据进行注释，并可以按大小将数据分为3~5个类别，每个图标代表一个数据范围。图标集中的图标是以不同的形状或颜色来表示数据的大小，用户可以根据数据进行选择。

实例操作：使用图标集体现金额大小

- 光盘\素材\第6章\年度产品销售预算.xlsx
- 光盘\效果\第6章\年度产品销售预算.xlsx
- 光盘\实例演示\第6章\使用图标集体现金额大小

本例在"年度产品销售预算.xlsx"工作簿中，使用图标集中的"四等级"来显示D3:D10和H3:H10单元格区域中的数据，体现订购金额大小，效果如图6-80所示。

图6-80 "四等级"显示效果

Step 1 打开"年度产品销售预算.xlsx"工作簿，按住Ctrl键选择D3:D10和H3:H10单元格区域，如图6-81所示。

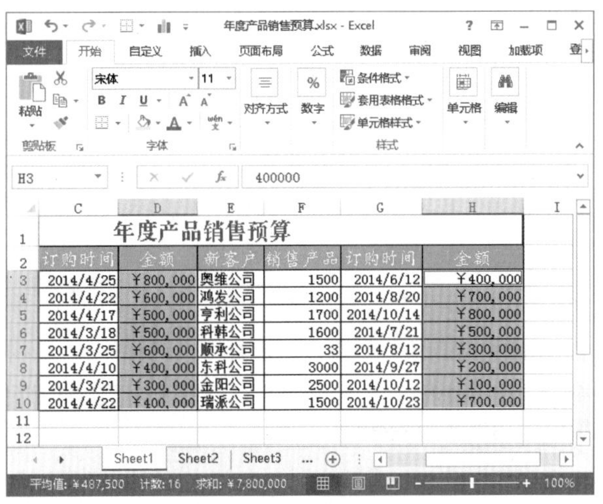

图6-81 选择目标单元格区域

Step 2 ▶ 选择“开始”/“样式”组，单击“条件格式”按钮，在弹出的“图标集”下拉列表中选择“四等级”选项，如图6-82所示。

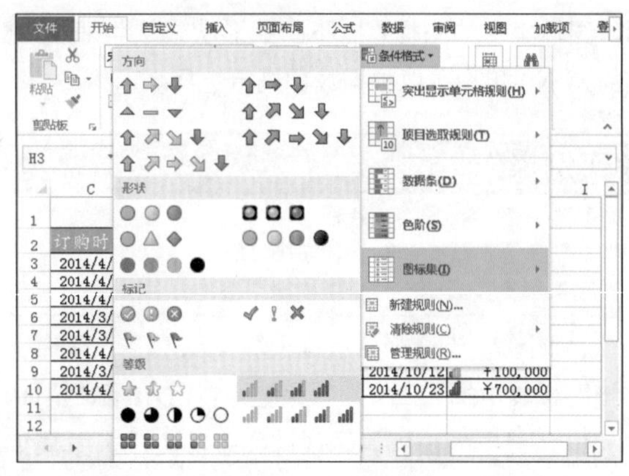

图6-82　选择“四等级”图标样式

技巧秒杀

删除条件格式，可分为删除所选单元格区域的条件格式和删除整个工作表的条件格式，方法分别如下。

◆ 删除所选单元格区域的条件格式：选择设置了条件格式的单元格区域，在“开始”/“样式”组中单击“条件格式”按钮，在弹出的列表中选择“清除规则”/“清除所选单元格的规则”选项。

◆ 删除整个工作表的条件格式：选择工作表中任意单元格，在“开始”/“样式”组中单击“条件格式”按钮，在弹出的列表中选择“清除规则”/“清除整个工作表的规则”选项。

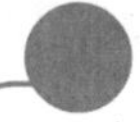

知识大爆炸——Excel 2013操作技巧

1. 工作簿与工作表操作技巧

Excel 2013的操作非常容易上手，通过多种途径制作出相似的数据表格，掌握其基本操作后，学会使用工作簿与工作表的一些操作技巧，将使编辑工作事半功倍。

（1）默认工作表张数

Excel 2013工作簿默认工作表的数量是一张，如果在实际操作中常常需要创建多张工作表，可选择“文件”/“选项”组，打开“Excel选项”对话框，选择“常规”选项，在右侧的“包含的工作表数”数值框中设置默认工作表张数，如输入“2”“3”等。

（2）自动修复损坏的Excel文件

有时候在打开Excel文件时，系统将弹出“不能打开文件，文件已损坏”的提示信息，此时可利用Excel自带的修复功能自动修复受损的文件。其方法是：在Excel工作界面中选择“文件”/“打开”组，选择“计算机”选项，打开“打开”对话框，选择待修复的文件，单击打开(O)按钮右侧的下拉按钮，在弹出的下拉列表中选择“打开并修复”选项。

（3）定位单元格

通常使用鼠标就可以在表格中快速地定位单元格，但是，当需要定位的单元格位置超出了屏幕的显示范围，并且数据量较大时，使用鼠标可能会显得麻烦，此时可以使用快捷键快速定位单元格。下面介绍使用快捷键快速定位一些特殊单元格的方法。

◆ 定位A1单元格：按Ctrl+Home快捷键可快速定位到当前工作表窗口中的A1单元格。

◆ 定位已使用区域右下角单元格：按Ctrl+End快捷键可快速定位到已使用区域右下角的最后一个单元格。

◆ 定位当前行数据区域的始末端单元格：按Ctrl+→或Ctrl+←快捷键可快速定位到当前行数据区域的始末端单元格；多次按Ctrl+→或Ctrl+←快捷键可定位到当前行的首端或末端单元格。

◆ 定位当前列数据区域的始末端单元格：按Ctrl+↑或Ctrl+↓快捷键可快速定位到当前列数据区域的始末端单元格；多次按Ctrl+↑或Ctrl+↓快捷键可定位到当前列的顶端或末端单元格。

2. 输入数据的特殊方法

采用一般的数据输入方法不能在表格中输入所有类型的数据，使用特殊方法不仅可在表格中快速输入数据，而且能够极大地提高输入效率，使数据的输入变得简单。

（1）在多个工作表中输入相同数据

当需要在多张工作表中输入相同数据时，可首先选择需要填充相同数据的工作表，若要选择多张相邻的工作表，可先单击第一张工作表标签，然后按住Shift键单击最后一张工作表标签；若要选择多张不相邻的工作表，则可先单击第一张工作表标签，然后按住Ctrl键单击要选择的其他工作表标签，然后在已选择的任意一张工作表内输入数据，则所有被选择的工作表的相同单元格均会自动输入相同数据。

（2）输入省略号

想要在单元格中输入省略号，若通过特殊符号或软键盘会很麻烦，其实通过数字键盘可以方便、快捷地输入省略号，其方法是：开启数字键盘，连续按6次数字键盘中的 Del 键即可输入省略号。

（3）输入上标或下标

有时需要在表格中输入类似10的平方“10^2”或水的化学式“H_2O”等带有上标或下标的内容，按住Alt键不放，在小键盘上按数字178或179所对应的键位即可输入平方符号“²”或立方符号“³”。如果要输入其他上标或下标，则可首先按文本方式输入数字，如输入“322”，然后在编辑栏中选择要设为上标（或下标）的数字，再打开“单元格格式”对话框，选中☑上标(E)或☑下标(B)复选框，确认设置后，返回工作表，按Enter键即可。

（4）调用同一工作簿中的数据

将同一工作簿中的数据调用到当前工作表中，可在当前工作表中选择需要输入数据的单元格，在编辑栏中输入“=”，然后按Shift键，选择被调用的工作表，切换到该工作表，选择需调用的单元格，按Enter键即可完成数据调用。

（5）调用不同工作簿中的数据

在不同工作簿中调用数据的方法与在同一工作簿中调用数据的方法相似，打开需要应用的两个工作簿，在当前工作表中选择需要调用数据的单元格，在编辑栏中输入“=”，然后打开另一个被调用的工作簿，选择被调用的单元格，按Enter键即可完成数据调用。

01 02 03 04 05 06 07 08 09 10 11 12……

Excel 2013 数据计算

本章导读

数据计算是Excel的强大功能之一，本章将对数据计算的两种方式，即公式和函数的应用进行介绍，以方便表格数据的统计。

7.1 应用公式

Excel具备强大的数据分析与处理功能，其中公式起到了一定的作用。用户可以运用公式对单元格中的数据进行计算和分析，当数据更新后无须再输入公式，由公式自动更新结果。那么究竟什么是公式？该怎样进行使用？下面就带着这些疑问一探究竟。

7.1.1 认识公式

Excel 2013中的公式是一种对工作表中的数值进行计算的等式，它可以帮助用户快速完成各种复杂的数据运算。公式是对数据计算的依据，在Excel中，输入计算公式进行数据计算时需要遵循一个特定的次序或语法：最前面是等号“=”，然后才是计算公式。公式中可以包含运算符、常量数值、单元格引用、单元格区域引用和函数等，如图7-1所示。

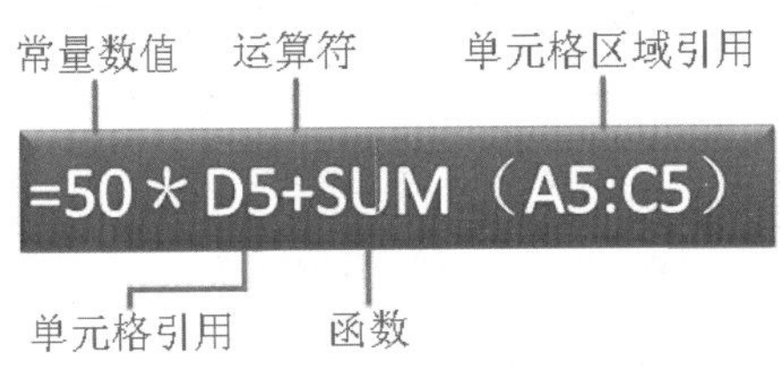

图7-1 公式组成

知识解析：公式组成

- ◆ 常量数值：是指不随其他函数或单元格位置变化的数值，如50。
- ◆ 运算符：是指公式中对各元素进行计算的符号，如+、－、*、/、<、>等。
- ◆ 单元格引用：是指需要引用数据的单元格所在的位置，如D5表示引用D列和第5行交叉处单元格中的数据。
- ◆ 单元格区域引用：是指需要引用数据的单元格区域所在的位置，如B4:F6。
- ◆ 函数：是指Excel中预定义的计算公式，通过使用一些称为参数的特定数值来按特定的顺序或结构执行计算。其中的参数可以是常量数值、单元格引用和单元格区域引用等，例如7+3+8可以表示为SUM(7,3,8)。

7.1.2 输入与编辑公式

要在Excel表格中对数据进行计算，首先应输入公式，如果对公式不满意还可以对其进行修改或编辑。

1. 输入公式

在单元格或编辑栏中输入公式与输入一般的数据基本相同，当公式比较简单时，常直接在单元格中输入公式，公式较长时，可以在编辑栏中输入公式，以便更直观地查看，二者没有什么区别。

实例操作：计算销售额

- 光盘\素材\第7章\销售记录表.xlsx
- 光盘\效果\第7章\销售记录表.xlsx
- 光盘\实例演示\第7章\计算销售额

本例将在“销售记录表.xlsx”工作簿的H3单元格中利用乘法公式计算“炒锅”产品的销售额。

Step 1 打开“销售记录表.xlsx”工作簿，选择H3单元格，输入公式表达式“=E3*G3”，如图7-2所示。

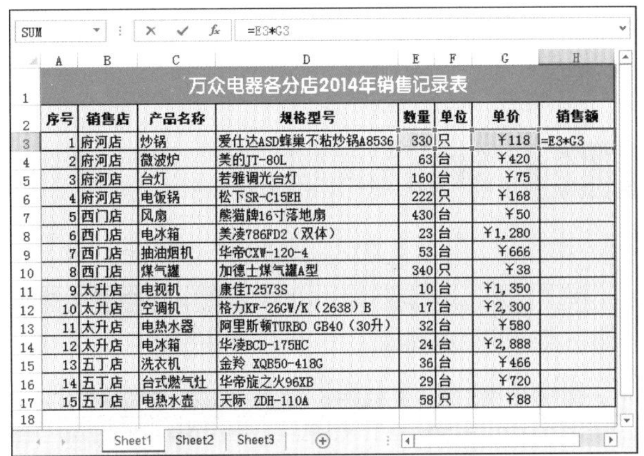

万众电器各分店2014年销售记录表

序号	销售店	产品名称	规格型号	数量	单位	单价	销售额
1	府河店	炒锅	爱仕达ASD蜂巢不粘炒锅A8536	330	只	￥118	=E3*G3
2	府河店	微波炉	美的JT-80L	63	台	￥420	
3	府河店	台灯	若雅调光台灯	160	台	￥75	
4	府河店	电饭锅	松下SR-C15EH	222	只	￥168	
5	西门店	风扇	熊猫牌16寸落地扇	430	台	￥50	
6	西门店	电冰箱	美凌786FD2（双体）	23	台	￥1,280	
7	西门店	抽油烟机	华帝CXW-120-4	53	台	￥666	
8	西门店	煤气罐	加德士煤气罐A型	340	只	￥38	
9	太升店	电视机	康佳T2573S	10	台	￥1,350	
10	太升店	空调机	格力KF-26GW/K（2638）B	17	台	￥2,300	
11	太升店	电热水器	阿里斯顿TURBO GB40（30升）	32	台	￥580	
12	太升店	电冰箱	华凌BCD-175HC	24	台	￥2,888	
13	五丁店	洗衣机	金羚 XQB50-418G	36	台	￥466	
14	五丁店	台式燃气灶	华帝旋之火96XB	29	台	￥720	
15	五丁店	电热水壶	天际 ZDH-110A	58	只	￥88	

图7-2 输入乘法计算公式

Step 2 ▶ 此时，可以看到系统将自动为两个单元格标记不同的颜色，按Enter键计算出数量乘以单价的结果并选择下一个单元格，如图7-3所示。

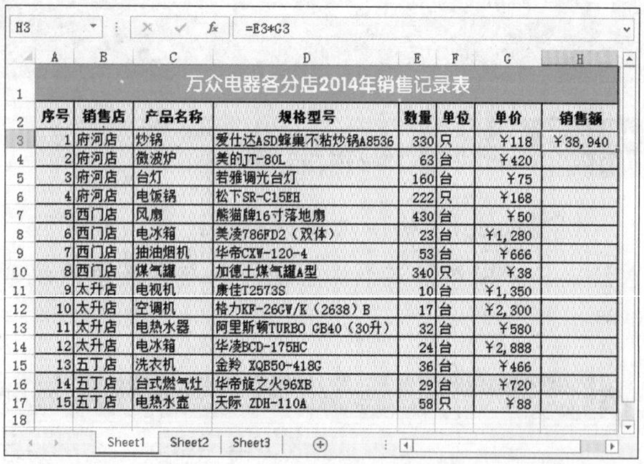

H3 =E3*G3

序号	销售店	产品名称	规格型号	数量	单位	单价	销售额
1	府河店	炒锅	爱仕达ASD蜂巢不粘炒锅A8536	330	只	¥118	¥38,940
2	府河店	微波炉	美的JT-80L	63	台	¥420	
3	府河店	台灯	若雅调光台灯	160	台	¥75	
4	府河店	电饭锅	松下SR-C15EH	222	只	¥168	
5	西门店	风扇	熊猫牌16寸落地扇	430	台	¥50	
6	西门店	电冰箱	美凌786FD2（双体）	23	台	¥1,280	
7	西门店	抽油烟机	华帝CXW-120-4	53	台	¥666	
8	西门店	煤气罐	加德士煤气罐A型	340	只	¥38	
9	太升店	电视机	康佳T2573S	10	台	¥1,350	
10	太升店	空调机	格力KF-26GW/K（2638）B	17	台	¥2,300	
11	太升店	电热水器	阿里斯顿TURBO GB40（30升）	32	台	¥580	
12	太升店	电冰箱	华凌BCD-175HC	24	台	¥2,888	
13	五丁店	洗衣机	金羚 XQB50-418G	36	台	¥466	
14	五丁店	台式燃气灶	华帝旋之火96XB	29	台	¥720	
15	五丁店	电热水壶	天际 ZDH-110A	58	只	¥88	

图7-3 计算结果

2. 编辑公式

编辑公式在对公式进行修改时用得比较频繁，但是方法很简单。输入公式后，如果发现输入错误或情况发生改变时，就需要修改公式。修改时，只需选中要修改的部分，输入后确认内容即可。其修改方法与在单元格或编辑栏中修改数据相似，介绍如下。

- **在编辑栏中进行编辑**：选择需编辑公式的单元格，移动鼠标光标到编辑栏处并单击，将文本插入点定位到其中，然后删除编辑栏中的公式并输入新的公式。
- **在单元格中进行编辑**：双击需修改公式的单元格，删除该单元格中的公式后重新输入新的公式。

7.1.3 复制与显示公式

复制公式是为了达到快速完成相似数据计算，显示公式则是将公式直接显示在单元格中，不显示数据结果，便于公式的查看。

1. 复制公式

如需要使用类似的计算公式，可以使用复制公式的方法自动计算出其他单元格中的结果，从而减少工作量和出错率。复制公式的两种方法介绍如下。

- **复制、粘贴公式**：选择已通过公式计算出结果的单元格，然后选择“开始”/“剪贴板”组，单击“复制”按钮复制单元格，选择需要进行计算的单元格后，在“开始”/“剪贴板”组中单击“粘贴”按钮下方的下拉按钮，在弹出的下拉列表中单击“公式和数字格式”按钮，即可复制公式并显示其计算结果，如图7-4所示。

图7-4 复制粘贴公式

知识解析：“粘贴”下拉列表

- **“粘贴”栏**：其中，“粘贴”按钮复制单元格中包含的所有内容；“公式”按钮只复制单元格中的公式；“公式和数字格式”按钮复制单元格中的公式和数字格式；“保留原格式”按钮将保留原单元格数字格式；“无边框”按钮粘贴后将取消边框设置；“保留源列宽”按钮粘贴后列宽与原单元格相同；“转置”按钮用于转换单元格行与列。
- **“粘贴数值”栏**：用于复制数值。其中，“值”按钮只复制单元格中的数值；“值和数值格式”按钮用于粘贴单元格中的值和数值格式；“值和源格式”按钮用于复制单元格中的数值，并保留源格式。
- **“其他粘贴选项”栏**：其中，“格式”按钮只复制单元格的格式，不复制其他内容；“粘贴链接”按钮用于绝对引用原单元格；“图片”按钮复制单元格中的数值，并以图片显示；“图片链接”按钮绝对引用原单元格，并以图片显示。
- **“选择性粘贴”选项**：选择该选项，将打开“选择性粘贴”对话框，在其中可设置复制的方式。

> **技巧秒杀**
>
> 在复制、粘贴公式计算数据时，可同时选择多个目标单元格进行粘贴。

◆ **拖动鼠标复制填充公式**：选择已通过公式计算出结果的单元格，再将鼠标光标移动到右下角的控制柄上，按住鼠标不放，拖动到需要进行计算的单元格或单元格区域中，释放鼠标后即可复制公式并显示其计算结果，如图7-5所示。

万众电器各分店2014年销售记录表							
序号	销售店	产品名称	规格型号	数量	单位	单价	销售额
1	府河店	炒锅	爱仕达ASD蜂巢不粘炒锅A8536	330	只	¥118	¥38,940
2	府河店	微波炉	美的JT-80L	63	台	¥420	¥26,460
3	府河店	台灯	若雅调光台灯	160	台	¥75	¥12,000
4	府河店	电饭锅	松下SR-C15EH	222	只	¥168	¥37,296
5	西门店	风扇	熊猫牌16寸落地扇	430	台	¥50	¥21,500
6	西门店	电冰箱	美凌786FD2（双体）	23	台	¥1,280	¥29,440
7	西门店	抽油烟机	华帝CXW-120-4	53	台	¥666	¥35,298
8	西门店	煤气罐	加德士煤气罐A型	340	只	¥38	¥12,920
9	太升店	电视机	康佳T2573S	10	台	¥1,350	¥13,500
10	太升店	空调机	格力KF-26GW/K（2638）B	17	台	¥2,300	¥39,100
11	太升店	电热水器	阿里斯顿TURBO GB40（30升）	32	台	¥580	¥18,560
12	太升店	电冰箱	华凌BCD-175HC	24	台	¥2,888	¥69,312
13	五丁店	洗衣机	金羚 XQB50-418G	36	台	¥466	¥16,776
14	五丁店	台式燃气灶	华帝旋之火96XB	29	台	¥720	¥20,880
15	五丁店	电热水壶	天际 ZDH-110A	58	只	¥88	¥5,104

图7-5　复制填充公式

2. 在单元格中直接显示公式

默认情况下，单元格将显示公式的计算结果，当要查看工作表中包含的公式时，需先单击某个单元格，再在编辑栏中查看，如果要在工作表中查看多个公式，可以通过设置只显示公式而不显示计算结果的方式查看，选择“公式”/“公式审核”组，单击显示公式按钮，此时包含公式的单元格中将显示公式，而不显示公式的计算结果，如图7-6所示。

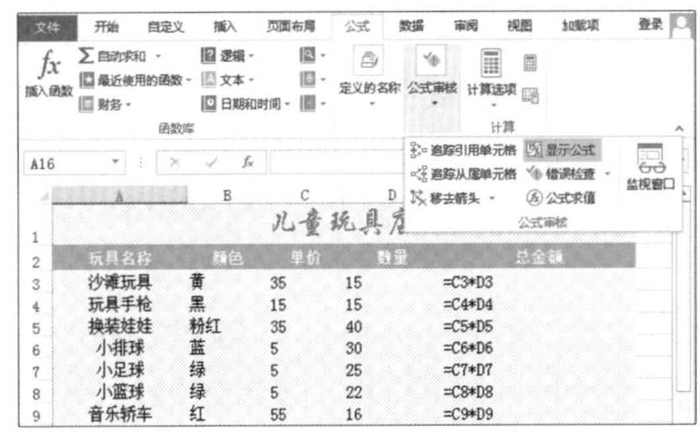

图7-6　直接显示公式

> **技巧秒杀**
>
> 在单元格中显示公式后，各列单元格的宽度都会增加。查看公式后，如果要显示数据，可再次单击显示公式按钮恢复到显示数据的状态。

7.1.4 将公式转换为数值

如果只需要复制计算出的数据，此时该怎样做呢？选择单元格后按Delete键，可直接删除单元格中的所有数据及公式，而删除公式实际上指的是只删除单元格中的公式而不删除计算结果，即将公式转换为数值，此时应通过“选择性粘贴”对话框设置实现。

实例操作：显示总金额数值

- 光盘\素材\第7章\儿童玩具店.xlsx
- 光盘\效果\第7章\儿童玩具店.xlsx
- 光盘\实例演示\第7章\显示总金额数值

本例在“儿童玩具店.xlsx”工作簿中将“总金额”列中的公式删除，显示数据值。

Step 1▶ 打开“儿童玩具店.xlsx”工作簿，选择E3:E11单元格区域，执行复制操作。再次单击鼠标右键，在弹出的快捷菜单中选择“选择性粘贴”命令，在弹出的“选择性粘贴”对话框的“粘贴”栏中选中数值(V)单选按钮，如图7-7所示，单击确定按钮关闭该对话框。

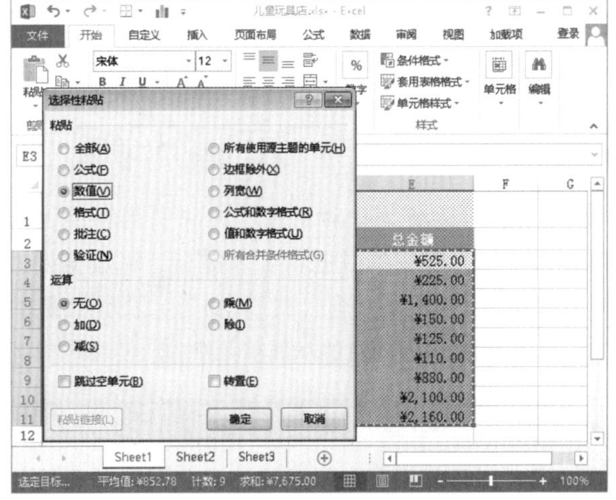

图7-7　复制数值

Step 2 ▶ 返回工作簿中可以看到复制前编辑栏中显示的是E3单元格的计算公式，选择性粘贴后E3单元格显示的只是计算结果，其公式已被删除，效果如图7-8所示。

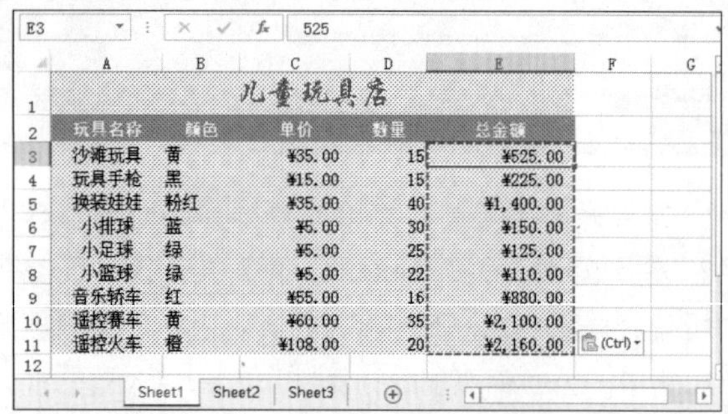

E3 | 525

	A	B	C	D	E
1	儿童玩具店				
2	玩具名称	颜色	单价	数量	总金额
3	沙滩玩具	黄	¥35.00	15	¥525.00
4	玩具手枪	黑	¥15.00	15	¥225.00
5	换装娃娃	粉红	¥35.00	40	¥1,400.00
6	小排球	蓝	¥5.00	30	¥150.00
7	小足球	绿	¥5.00	25	¥125.00
8	小篮球	绿	¥5.00	22	¥110.00
9	音乐轿车	红	¥55.00	16	¥880.00
10	遥控赛车	黄	¥60.00	35	¥2,100.00
11	遥控火车	橙	¥108.00	20	¥2,160.00

图7-8 将公式转换为数值的效果

知识解析：“选择性粘贴”对话框

◆ “粘贴”栏：“粘贴”栏中的单选按钮与“粘贴”下拉列表中相同选项作用相同。选中 批注(C) 和 验证(N) 单选按钮粘贴时没有实际意义，会保留原单元格。

◆ “运算”栏：在“粘贴”栏中选择复制数值的选项时，“运算”栏有效，用于进行基础运算。“无”表示不进行计算；“乘”表示单元格数值相乘，即复制H3，显示H3*H3；“除”“减”“加”分别表示单元格数值相除、相减和相加。

◆ 跳过空单元(B) 复选框：选中该复选框，粘贴单元格将跳过空单元格，不进行任何操作。

◆ 转置(E) 复选框：该复选框与“粘贴”下拉列表中的“转置”按钮作用相同。

7.1.5 相对、绝对与混合引用

Excel可以分为相对引用、绝对引用和混合引用。引用单元格中的数据，可以提高计算数据的效率。如果单元格B1中包含公式“=A1”，表示A1是B1的引用单元格，B1是A1的从属单元格。

1. 相对引用

相对引用是指当前单元格与公式所在单元格的相对位置。在默认情况下复制与填充公式时，公式中的单元格地址会随着存放计算结果的单元格位置不同而不同，这就是使用的相对引用。将公式复制到其他单元格时，单元格中公式的引用位置会作相应的变化，但引用的单元格与包含公式的单元格的相对位置不变。例如，在一张工作表的F3单元格中输入公式“=B3+C3+D3+E3”，如图7-9所示，并计算出结果，然后复制公式到F6单元格，此时在编辑栏中可看到公式变为了“=B6+C6+D6+E6”，如图7-10所示。

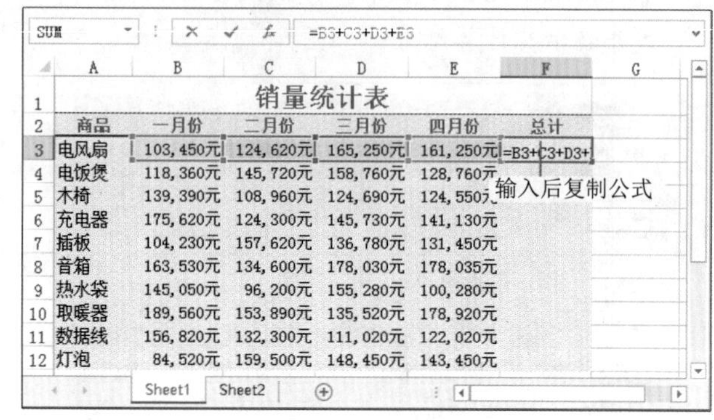

SUM | =B3+C3+D3+E3

	A	B	C	D	E	F
1	销量统计表					
2	商品	一月份	二月份	三月份	四月份	总计
3	电风扇	103,450元	124,620元	165,250元	161,250元	=B3+C3+D3+
4	电饭煲	118,360元	145,720元	158,760元	128,760元	
5	木椅	139,390元	108,960元	124,690元	124,550元	
6	充电器	175,620元	124,300元	145,730元	141,130元	
7	插板	104,230元	157,620元	136,780元	131,450元	
8	音箱	163,530元	134,600元	178,030元	178,035元	
9	热水袋	145,050元	96,200元	155,280元	100,280元	
10	取暖器	189,560元	153,890元	135,520元	178,920元	
11	数据线	156,820元	132,300元	111,020元	122,020元	
12	灯泡	84,520元	159,500元	148,450元	143,450元	

图7-9 输入公式

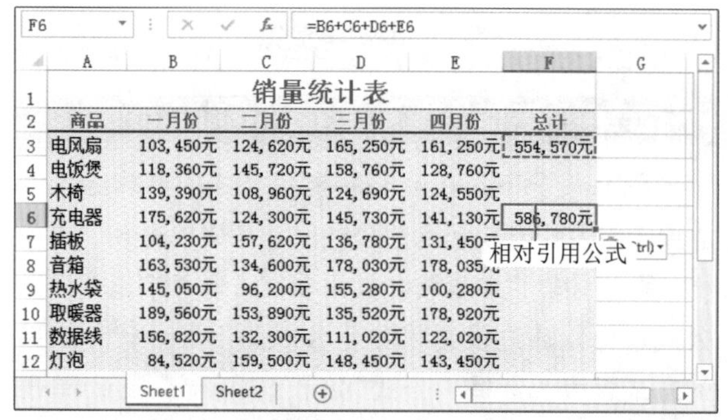

F6 | =B6+C6+D6+E6

	A	B	C	D	E	F
1	销量统计表					
2	商品	一月份	二月份	三月份	四月份	总计
3	电风扇	103,450元	124,620元	165,250元	161,250元	554,570元
4	电饭煲	118,360元	145,720元	158,760元	128,760元	
5	木椅	139,390元	108,960元	124,690元	124,550元	
6	充电器	175,620元	124,300元	145,730元	141,130元	586,780元
7	插板	104,230元	157,620元	136,780元	131,450元	
8	音箱	163,530元	134,600元	178,030元	178,035元	
9	热水袋	145,050元	96,200元	155,280元	100,280元	
10	取暖器	189,560元	153,890元	135,520元	178,920元	
11	数据线	156,820元	132,300元	111,020元	122,020元	
12	灯泡	84,520元	159,500元	148,450元	143,450元	

图7-10 相对引用

2. 绝对引用

绝对引用是指被引用的单元格与公式所在的单元格的位置是绝对的，即不管公式被复制到什么位置，公式中所引用的还是原来单元格中的数据。在某些特殊操作中，不希望调整引用位置，则可以使用绝对引用。在复制公式时，在需要复制的单元格公式的每个行号和列标前分别添加“$”符号，如“=$A$3+$B$4+…”。

实例操作：计算利润额

- 光盘\素材\第7章\服饰货价单.xlsx
- 光盘\效果\第7章\服饰货价单.xlsx
- 光盘\实例演示\第7章\计算利润额

本例将在“服饰货价单.xlsx”工作簿的E3单元格中使用绝对引用计算E4单元格中的“利润”值。

Step 1 打开“服饰货价单.xlsx”工作簿，双击E3单元格，移动鼠标光标到编辑栏中，输入“=D3*$A$14-C3*$A$14”，如图7-11所示。

SUM　=D3*$A$14-C3*$A$14

	A	B	C	D	E
1	服饰货价单				
2	货号	名称	批发价	零售价	利润
3	WH-H02	小西外套	85.00	150.00	=D3*$A$14-C3*$A$14
4	WH-H03	立领外套	85.00	165.00	
5	WH-H04	尖领衬衣	85.00	150.00	
6	WH-H05	圆领衬衣	85.00	88.00	
7	WH-H06	立领衬衣	85.00	100.00	
8	WH-H07	修腿西裤	85.00	186.00	
9	WH-H08	直统西裤	80.00	150.00	
10	WH-H09	微喇牛仔裤	75.00	129.00	
11	WH-H10	直统牛仔裤	75.00	129.00	
12					
13	每类外套批发量	每类衬衣批发量	每类裤子批发量		
14	10000	15000	20000		

Sheet1　Sheet2　Sheet3

图7-11　输入公式

Step 2 按Enter键确认输入，然后复制E3单元格，在E4单元格上粘贴，E4单元格就使用绝对引用功能引用了E3单元格中的公式“=D3*$A$14-C3*$A$14”，并根据公式计算出结果，如图7-12所示。

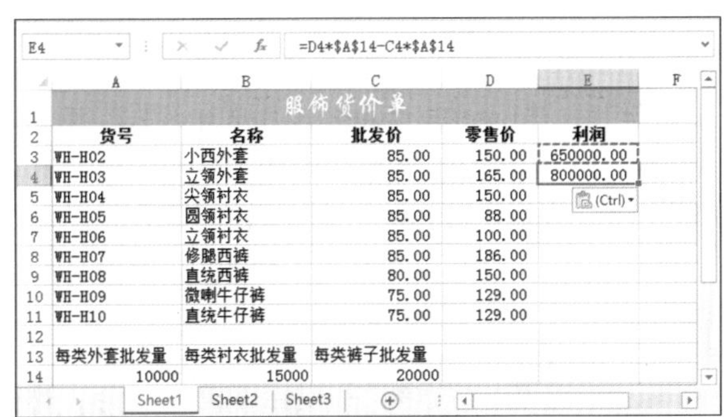

E4　=D4*$A$14-C4*$A$14

	A	B	C	D	E
1	服饰货价单				
2	货号	名称	批发价	零售价	利润
3	WH-H02	小西外套	85.00	150.00	650000.00
4	WH-H03	立领外套	85.00	165.00	800000.00
5	WH-H04	尖领衬衣	85.00	150.00	
6	WH-H05	圆领衬衣	85.00	88.00	
7	WH-H06	立领衬衣	85.00	100.00	
8	WH-H07	修腿西裤	85.00	186.00	
9	WH-H08	直统西裤	80.00	150.00	
10	WH-H09	微喇牛仔裤	75.00	129.00	
11	WH-H10	直统牛仔裤	75.00	129.00	
12					
13	每类外套批发量	每类衬衣批发量	每类裤子批发量		
14	10000	15000	20000		

Sheet1　Sheet2　Sheet3

图7-12　计算结果

3. 混合引用

混合引用，简单地讲就是同时使用相对引用和绝对引用，即只在行号或列标前添加“$”符号，添加“$”符号的行号或列标使用绝对引用，而未添加“$”符号的行号或列标使用相对引用。如“=$B$1+C1”，表示绝对引用B1单元格，相对引用C1单元格。

实例操作：计算产品销售额

- 光盘\素材\第7章\产品销量表.xlsx
- 光盘\效果\第7章\产品销量表.xlsx
- 光盘\实例演示\第7章\计算产品销售额

本例将在“产品销量表.xlsx”工作簿的D4单元格中输入公式“=$D$2*C4”，然后使用混合引用方式计算D5:D11单元格区域中的“销售额”。

Step 1 打开“产品销量表.xlsx”工作簿，选择D4单元格，在编辑栏中输入公式“=$D$2*C4”，按Enter键计算结果，如图7-13所示。

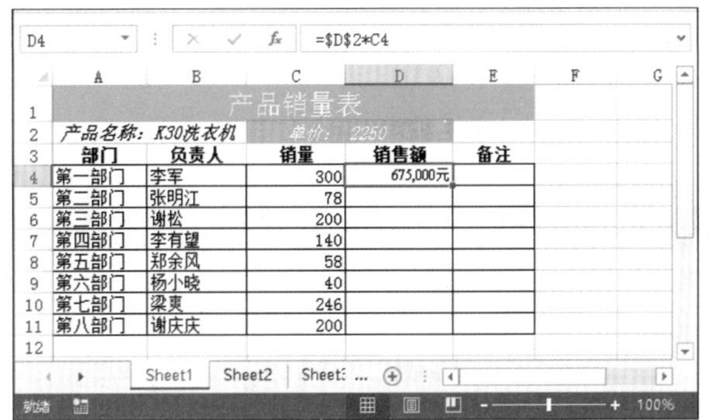

D4　=$D$2*C4

	A	B	C	D	E
1	产品销量表				
2	产品名称：K30洗衣机		单价：2250		
3	部门	负责人	销量	销售额	备注
4	第一部门	李军	300	675,000元	
5	第二部门	张明江	78		
6	第三部门	谢松	200		
7	第四部门	李有望	140		
8	第五部门	郑余风	58		
9	第六部门	杨小晓	40		
10	第七部门	梁爽	246		
11	第八部门	谢庆庆	200		
12					

Sheet1　Sheet2　Sheet3 …　就绪　100%

图7-13　输入混合引用公式计算结果

Step 2 移动鼠标光标到D4单元格边框的右下角上，待鼠标光标变成✚形状时，按住鼠标左键拖动到D11单元格后释放鼠标，填充公式并计算数据结果，如图7-14所示。

D4　=$D$2*C4

	A	B	C	D	E
1	产品销量表				
2	产品名称：K30洗衣机		单价：2250		
3	部门	负责人	销量	销售额	备注
4	第一部门	李军	300	675,000元	
5	第二部门	张明江	78	175,500元	
6	第三部门	谢松	200	450,000元	
7	第四部门	李有望	140	315,000元	
8	第五部门	郑余风	58	130,500元	
9	第六部门	杨小晓	40	90,000元	
10	第七部门	梁爽	246	553,500元	
11	第八部门	谢庆庆	200	450,000元	
12					

Sheet1　Sheet2　Sheet3 …　平均值：354,938元　计数：8　求和：2,839,500元

图7-14　复制混合引用公式

操作解谜

对于销售表一类的表格，当统计销售金额时，可以将产品单价单独用一个单元格输入，计算时通过混合引用得到销售额，而不用插入一列单元格，重复输入产品单价的数值，从而提高工作效率。

技巧秒杀

要将相对引用单元格地址转换为绝对引用单元格地址，可选择引用的部分，按F4键。

7.1.6 定义单元格名称进行引用

默认情况下，是以行号和列标定义单元格名称的，用户可以根据实际使用情况，对单元格名称重新命名，然后在公式或函数中使用，以简化输入过程，并且让数据的计算更加直观。

实例操作：计算季度销售额

- 光盘\素材\第7章\销售额统计表.xlsx
- 光盘\效果\第7章\销售额统计表.xlsx
- 光盘\实例演示\第7章\计算季度销售额

本例将在“销售额统计表.xlsx”工作簿中将“一月份”与“三月份”的数据区域分别命名为“一月份”“三月份”，并使用命名计算单月总计。

Step 1 ▶ 打开“销售额统计表.xlsx”工作簿，选择B3:B12单元格区域，单击鼠标右键，在弹出的快捷菜单中选择“定义名称”命令，打开“新建名称”对话框，在“范围”下拉列表框中选择Sheet1选项，在“名称”文本框中输入“一月份”，单击 确定 按钮，如图7-15所示。

技巧秒杀

在定义单元格名称时，要准确选取单元格区域，对于计算数据区域，不能包含文本内容。

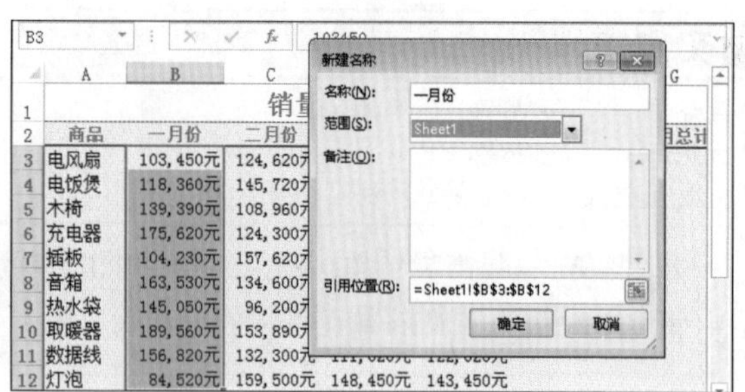

图7-15 定义一月份单元格区域

Step 2 ▶ 选择D3:D13单元格区域，使用相同方法将其命名为“三月份”，如图7-16所示。

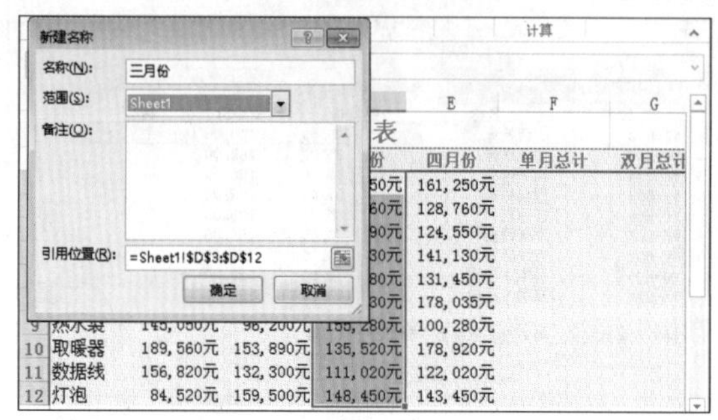

图7-16 定义三月份单元格区域

技巧秒杀

选择单元格或单元格区域后，可通过在名称栏中直接输入内容的方法来自定义单元格或单元格区域名称。

Step 3 ▶ 选择F3单元格，在编辑栏中输入“=一月份+三月份”，按Enter键计算出单月总计结果，移动鼠标光标到F3单元格边框的右下角，待鼠标光标变成➕形状时，按住鼠标左键拖动到F12单元格后释放鼠标，填充公式并计算数据结果，如图7-17所示。

图7-17 使用定义的单元格计算单月总计

技巧秒杀

要删除自定义的单元格名称，需在“公式”/“定义的名称”组中单击“名称管理器”按钮，打开“名称管理器”对话框，在列表框中选择名称选项，然后单击删除按钮可删除选择的单元格名称，单击确定按钮确认，如图7-18所示。

图7-18　删除自定义的单元格名称

读书笔记

7.2 应用函数

Excel中的函数是一些预先定义好的公式，常被称作“特殊公式”，与公式一样也可进行复杂的运算，快速地计算出数据结果。每个函数都有特定的功能与用途，对应唯一的名称且不区分大小写。很好地理解函数将对Excel中函数的应用起到事半功倍的效果。

7.2.1 函数的语法和结构

函数是一种在需要时可直接调用的表达式，通过使用参数的特定数值按特定的顺序或结构进行计算。利用函数能够很容易地完成各种复杂数据的处理工作，如SUMIF函数可计算满足条件的单元格的和；PMT函数可计算在固定利率下，贷款的等额分期偿还额；COUNT函数可计算包含数字的单元格以及参数列表中的数字的个数等。

函数的一般结构为：函数名(参数1,参数2,......)，如“IF(A2<10000,5%*A2,7.5%*A2)”，其中各部分的含义如下。

- ◆ 函数名（IF）：即函数的名称，每个函数都有一个唯一的函数名，如PMT和SUMIF等。
- ◆ 参数（A2<10000,5%*A2,7.5%*A2）：函数的参数可以是数字、文本、表达式、引用、数组或其他的函数。

7.2.2 Excel中的各种函数类型

根据不同的计算需要，Excel中提供了各种应用分类的函数，这些函数分别适用于不同的场合。按照功能区分的函数分类及其主要应用分别如下。

- ◆ 文本函数：处理公式中的文本字符串。如TEXT

函数可将数值转换为文本，LOWER函数可将文本字符串的所有字母转换成小写形式等。

◆ 逻辑函数：测试是否满足条件，并判断逻辑值。这类函数只有6个，其中IF函数使用非常广泛。

◆ 日期和时间函数：分析或操作公式中与日期和时间有关的值，如DAY函数可返回一个月中第几天的数值等。

◆ 数学和三角函数：进行数学和三角方面的计算，其中，三角函数采用弧度作为角的单位，而不是角度。如RADIANS函数可以把角度转换为弧度等。

◆ 财务函数：进行有关财务方面的计算，如DB函数可返回固定资产的折旧值，IPMT函数可返回投资回报的利息部分等。

◆ 统计函数：对一定范围内的数据进行统计分析，如MAX函数可返回一组数组中的最大值，COVAR函数可返回协方差等。

◆ 查找和引用函数：查找列表或表格中的指定值，如VLOOKUP函数可确定具体收入水平的税率等。

◆ 数据库函数：对存储在数据清单中的数值进行分析，判断其是否符合特定的条件等。如DSTDEVP函数可计算数据的标准偏差。

◆ 信息函数：帮助用户鉴定单元格中的数据所属类型或单元格是否为空。

◆ 工程函数：处理复杂的数字，并在不同的记数体系和测量体系中进行转换，主要用在工程应用程序中。使用这类函数，还必须执行加载宏命令。

◆ 多维数据集函数：多维数据集是联机分析处理（OLAP）中的主要对象，是一项可对数据库中的数据进行快速访问的技术。多维数据集是一个数据集合，通常从数据仓库的子集构造，并组织和汇总成一个由一组维度和度量值定义的多维结构。

技巧秒杀

Excel中的函数按照功能应用被分为11类，但是通常使用到的函数是逻辑函数、日期和时间函数、财务函数和统计函数这几类。

7.2.3 输入与编辑函数

与输入公式一样，在工作表中使用函数也可以在单元格或编辑栏中直接输入，除此之外，还可以通过插入函数的方法来输入并设置函数参数；而修改函数与编辑公式的方法相似，首先应选择需修改函数的单元格，然后将文本插入点定位到相应的单元格中或编辑栏中，再执行所需的操作。

实例操作：计算工资总额

- 光盘\素材\第7章\3月份工资表.xlsx
- 光盘\效果\第7章\3月份工资表.xlsx
- 光盘\实例演示\第7章\计算工资总额

本例将在“3月份工资表.xlsx”工作簿中插入求和利用函数SUM计算3月份的工资总额。

Step 1 ▶ 打开“3月份工资表.xlsx”工作簿，选择H14单元格，单击编辑栏中的“插入函数”按钮 fx。打开“插入函数”对话框，在“或选择类别”下拉列表框中选择“常用函数”选项，在“选择函数”列表框中选择SUM选项，单击 确定 按钮，如图7-19所示。

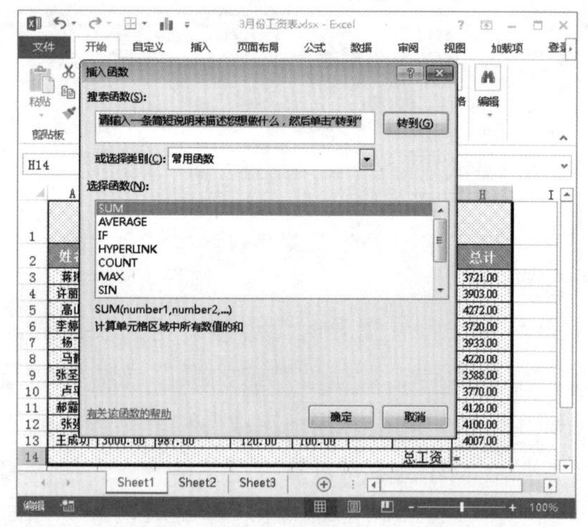

图7-19　选择插入的函数选项

技巧秒杀

在“公式”/“函数库”中单击函数类型对应的按钮，在弹出的列表中也可选择函数选项插入。

Step 2 ▶ 打开“函数参数”对话框，单击SUM栏中Number1文本框右侧的按钮，如图7-20所示。

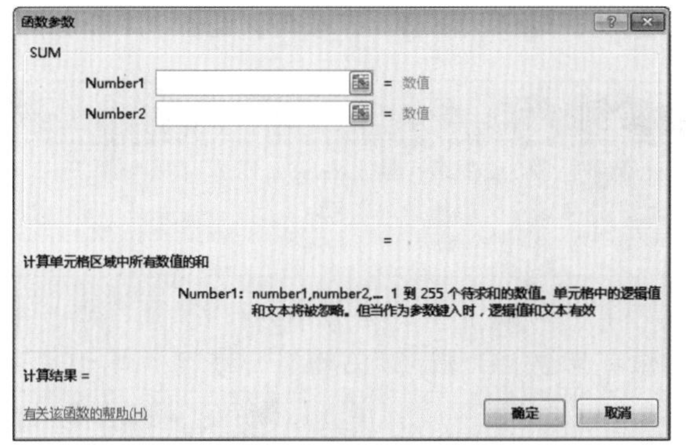

图7-20 “函数参数”对话框

Step 3 ▶ “函数参数”对话框缩小成图7-21所示的状态，在表格中拖动鼠标选择H3:H13单元格区域，单击“函数参数”对话框中的按钮。

函数参数

H3:H13

	姓名	基本工资	提成	生活补贴	迟到	事假	旷工	总计
2	姓名	基本工资	提成	生活补贴	迟到	事假	旷工	总计
3	蒋琳	3000.00	661.00	120.00	10.00		50.00	3721.00
4	许丽丽	3000.00	783.00	120.00				3903.00
5	高山	3000.00	1252.00	120.00		50.00	50.00	4272.00
6	李婷婷	3000.00	600.00	120.00				3720.00
7	杨飞	3000.00	833.00	120.00	20.00			3933.00
8	马静	3000.00	1200.00	120.00			100.00	4220.00
9	张圣贵	3000.00	468.00	120.00				3588.00
10	卢平	3000.00	700.00	120.00	50.00			3770.00
11	郝露露	3000.00	1000.00	120.00				4120.00
12	张强	3000.00	980.00	120.00				4100.00
13	王成功	3000.00	987.00	120.00	100.00			4007.00
14							总工资	(H3:H13)

图7-21 选择计算区域

Step 4 ▶ “函数参数”对话框返回原始状态，SUM栏的Number1文本框中显示了引用单元格的地址，单击 确定 按钮，返回工作界面，便可在H14单元格中看到使用SUM求和函数计算出的工资总额，如图7-22所示。

H14 =SUM(H3:H13)

	A	B	C	D	E	F	G	H
1	3月份工资表							
2	姓名	基本工资	提成	生活补贴	迟到	事假	旷工	总计
3	蒋琳	3000.00	661.00	120.00	10.00		50.00	3721.00
4	许丽丽	3000.00	783.00	120.00				3903.00
5	高山	3000.00	1252.00	120.00		50.00	50.00	4272.00
6	李婷婷	3000.00	600.00	120.00				3720.00
7	杨飞	3000.00	833.00	120.00	20.00			3933.00
8	马静	3000.00	1200.00	120.00			100.00	4220.00
9	张圣贵	3000.00	468.00	120.00				3588.00
10	卢平	3000.00	700.00	120.00	50.00			3770.00
11	郝露露	3000.00	1000.00	120.00				4120.00
12	张强	3000.00	980.00	120.00				4100.00
13	王成功	3000.00	987.00	120.00	100.00			4007.00
14							总工资	43354.00

Sheet1 Sheet2 Sheet3

图7-22 计算出工资总金额

> **技巧秒杀**
>
> 修改函数与编辑公式的方法相似，首先应选择需修改函数的单元格，然后在单元格和编辑栏中选择错误的函数部分，再重新输入正确的内容；也可以单击编辑栏中的“插入函数”按钮fx，在打开的“函数参数”对话框中输入正确的函数。

7.2.4 嵌套函数

嵌套函数是函数使用时最常见的一种操作，它是指某个函数或公式以函数参数的形式参与计算的情况。在使用嵌套函数时应该注意返回值类型需要符合外部函数的参数类型。如图7-23所示，使用嵌套函数“=SUM($D$2*C4-E4)”计算F4:F11单元格区域中的盈利额，公式“$D$2*C4-E4”作为函数SUM的参数进行计算。

F4 =SUM($D$2*C4-E4)

	A	B	C	D	E	F
1	产品销量表					
2	产品名称：K30洗衣机		单价：	2250		
3	部门	负责人	销量	销售额	开支	盈利
4	第一部门	李军	300		3200	671,800元
5	第二部门	张明江	78		1000	174,500元
6	第三部门	谢松	200		2500	447,500元
7	第四部门	李有望	140		1800	313,200元
8	第五部门	郑余风	58		1000	129,500元
9	第六部门	杨小晓	40		800	89,200元
10	第七部门	梁爽	246		2750	550,750元
11	第八部门	谢庆庆	200		[illegible]	447,000元

图7-23 计算出工资总金额

7.2.5 数组的含义与使用

数组是将具有相同类型的若干数据按有序的形式组织起来，可将其当做一个整体处理。其使用方法为：选择用于存放计算结果的单元格，在编辑栏中输入公式后按Shift+Ctrl+Enter组合键锁定数组公式，Excel将在公式两边自动加上花括号“{}”并进行计算。如输入“=SUM(B2:B4*C2:C4)”，按Shift+Ctrl+Enter组合键，其求值结果是B2*C2+B3*C3+B4*C4的和。B2:B4和C2:C4这两组数组的单元格数量是对等的。

数组常与公式和函数联合使用，如已知数据的销售量和单价，通常先计算出每种产品的销售额，然后计算总的销售金额，而使用数组能够直接计算总的销售金额，在数据量很大的时候，非常实用。如

图7-24所示，在“员工销售业绩表.xlsx”工作簿的E2单元格中输入公式“=SUM(D4:D16*E4:E16)”，按Shift+Ctrl+Enter组合键，利用数组直接根据销售单价和销售数量计算所有员工的总销售额。

E2 {=SUM(D4:D16*E4:E16)}

员工编号	员工姓名	产品名称	单价（元）	销售数量（瓶）
		美雪化妆品有限公司员工销售业绩表		
			总销售额	154197.6
MH000001	陈然	欧诗漫OSM 珍珠粉美容长效组合	393	40
MH000002	王晓丹	欧诗漫OSM祛斑显效组合	586	33
MH000003	宋思睿	欧诗漫OSM 珍珠粉祛斑祛痘显效组合	531	30
MH000004	周旭	欧诗漫OSM 毛孔密集修护精华30ml	118	52
MH000005	梁杰	欧诗漫樱尚 凝时焕采亮眸眼霜	138	77
MH000006	赵云	自然堂 活泉保湿补水系列	417	40
MH000007	丁慧	自然堂 弹力紧致眼部精华露20g	143.6	56
MH000008	王霞	亮润美白系列 四件套装	326	23
MH000009	潘磊	珀莱雅 水漾肌密早晚霜	180	43
MH000010	肖雪	珀莱雅 靓白肌密超级名模BB霜	146	80
MH000011	张丹丹	安利雅姿晶莹丝绒保湿粉底液	380	43
MH000012	何欣欣	安利雅姿晶莹粉底液	268	36
MH000013	赵杰	安利雅姿滋润活肤洁面乳/销美国	210	42

图7-24 计算总销售额

7.2.6 常用的办公函数

Excel中函数的类型很多，但在日常办公中比较常用的函数是求和函数SUM、求平均值函数AVERAGE、求最大值函数MAX、求最小值函数MIN以及条件函数IF。这几种函数的主要应用介绍如下。

◆ **求和函数SUM**：用于计算单元格区域中所有数值的和，其参数可以是数值，如SUM(2,3)表示计算2+3；也可以是一个单元格或单元格区域的引用，如SUM(C2,C6)表示计算C2与C6单元格的和，而SUM(C2:F4)表示求C2:F4单元格区域内各单元格中数值的和。

◆ **求平均值函数AVERAGE**：用于求参数中所有数值的平均值，其参数与SUM函数类似。如AVERAGE(D2:D4)表示求D2:D4单元格区域中所有数值的平均值。

◆ **求最大值/最小值函数MAX/MIN**：用于求参数中数值的最大值/最小值，如MAX(B1,B2,B3)表示求B1、B2和B3单元格中数值的最大值。

◆ **条件函数IF**：IF函数是一个条件函数，其具体格式为“=IF(条件,真值,假值)”，其中的“条件”是一个逻辑表达式，“真值”和“假值”都是数值或表达式，当“条件”成立时，结果取“真值”，否则取“假值”。如IF(A1>5000,"合格","不合格")表示若A1单元格中的值大于5000，返回“合格”，否则，返回“不合格”。

实例操作：计算并判断销售量

● 光盘\素材\第7章\服装销量表.xlsx
● 光盘\效果\第7章\服装销量表.xlsx
● 光盘\实例演示\第7章\计算并判断销售量

本例将在“服装销量表.xlsx”工作簿中使用求和函数SUM计算总销量，使用平均值函数AVERAGE计算平均销售量，最后通过销售金额判断服装的销售情况，销量大于等于4300的销售情况为“优”、销量小于3900的销售情况为“差”，位于两者之间的销售情况为“良”。

Step 1 打开“品牌服装销量表.xlsx”工作簿，选择E9单元格，输入公式“=SUM(D3:D8)”，按Enter键，计算出销售总额，如图7-25所示。

E9 =SUM(D3:D8)

类别	单价（元）	数量（件）	总价（元）	销售情况
		维尼亚品牌服装销量表		
牛仔裤	¥ 268.00	20	¥ 5,360.00	
T恤	¥ 188.00	23	¥ 4,324.00	
衬衣	¥ 168.00	25	¥ 4,200.00	
外套	¥ 398.00	10	¥ 3,980.00	
鞋子	¥ 218.00	20	¥ 4,360.00	
休闲裤	¥ 258.00	15	¥ 3,870.00	
			销售总额：	¥ 26,094.00
			平均销售额：	

图7-25 计算销售总额

Step 2 选择E10单元格，输入公式“=AVERAGE(D3:D8)”，按Enter键，计算出平均销售额，如图7-26所示。

E10 =AVERAGE(D3:D8)

类别	单价（元）	数量（件）	总价（元）	销售情况
		维尼亚品牌服装销量表		
牛仔裤	¥ 268.00	20	¥ 5,360.00	
T恤	¥ 188.00	23	¥ 4,324.00	
衬衣	¥ 168.00	25	¥ 4,200.00	
外套	¥ 398.00	10	¥ 3,980.00	
鞋子	¥ 218.00	20	¥ 4,360.00	
休闲裤	¥ 258.00	15	¥ 3,870.00	
			销售总额：	¥ 26,094.00
			平均销售额：	¥ 4,349.00

图7-26 计算平均销售额

Step 3 ▶ 选择E3单元格，输入公式“=IF(D4<3900,"差",IF(D4>=4300,"优","良"))”，按Enter键，判断“牛仔裤”的销量情况，然后将鼠标指针移至E3单元格的右下角，当其变为✚形状时，按住鼠标左键不放拖动至E8单元格后释放鼠标，判断其他服装的销量情况，如图7-27所示。

E3 =IF(D4<3900,"差",IF(D4>=4300,"优","良"))

维尼亚品牌服装销量表				
类别	单价（元）	数量（件）	总价（元）	销售情况
牛仔裤	¥ 268.00	20	¥ 5,360.00	优
T恤	¥ 188.00	23	¥ 4,324.00	良
衬衣	¥ 168.00	25	¥ 4,200.00	良
外套	¥ 398.00	10	¥ 3,980.00	优
鞋子	¥ 218.00	20	¥ 4,360.00	差
休闲裤	¥ 258.00	15	¥ 3,870.00	差

Sheet2 Sheet3 Sheet1

图7-27　判断服装的销量情况

7.3 高级函数

只掌握常用的办公函数是不能满足各类数据的计算需求的，用户需要了解更多的函数，以对表格中不同的函数类型进行计算，如作用于文本的文本函数、作用于日期的日期函数以及常用的财务函数等函数类别。

7.3.1 文本函数

在处理工作表中的数据时经常需要对文本进行提取、删除、代替以及返回特定的字符等操作，这时就要用到文本函数，它是主要针对文本字符串进行一系列相关操作的一类函数。

1. TEXT函数

TEXT函数可以将数值转换为指定的数字格式表示的文本，其语法结构为：TEXT(value,format_text)。其中，参数value可以为数值、对包含数字值的单元格的引用或计算结果为数字值的公式；参数format_text表示“单元格格式”对话框“数字”选项卡中“分类”列表框中的文本形式的数值格式。TEXT函数的应用方法如图7-28所示。

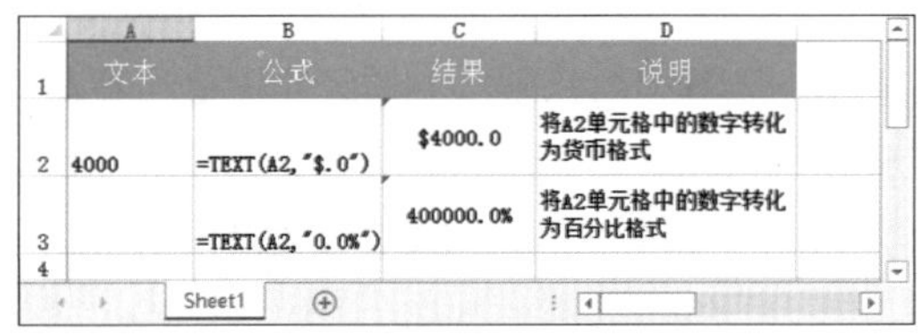

文本	公式	结果	说明
4000	=TEXT(A2,"$.0")	$4000.0	将A2单元格中的数字转化为货币格式
	=TEXT(A2,"0.0%")	400000.0%	将A2单元格中的数字转化为百分比格式

图7-28　转换文本数据

2. VALUE函数

使用VALUE函数可快速将代表数字的文本字符串转换成数字，如将“¥1,000”转换为“1000”。

其语法结构为：VALUE(text)，参数text为带引号的文本，或进行文本转换的单元格的引用，可以是可识别的任意常数、日期或时间格式。如果text不为这些格式，则函数VALUE返回错误值“#VALUE!”。

3. FIND函数

FIND函数用于在第二个文本字符串中定位第一个文本字符串，并返回第一个文本字符串的起始位置的值，该值从第二个文本字符串的第一个字符算起。

其语法结构为：FIND(find_text,within_text,start_num)，参数含义如下。

◆ find_text：要查找的文本。
◆ within_text：包含要查找文本的文本。
◆ start_num：指定要从其开始搜索的字符。within_text中的首字符是编号为1的字符。

如图7-29所示为使用FIND函数在字符串“公司名称”列中查找“有限”文本字符的位置，并返回其所在位置。

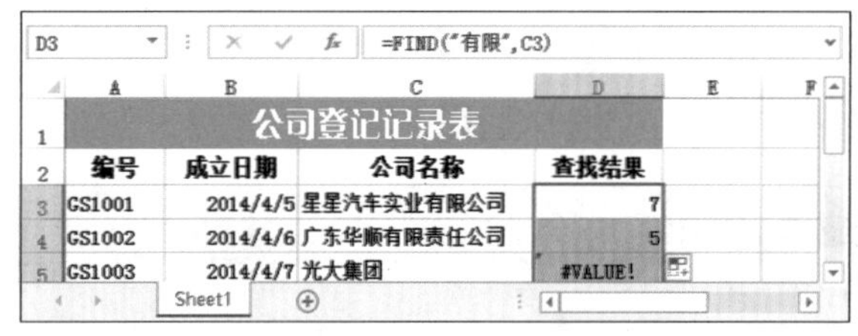

D3 =FIND("有限",C3)

公司登记记录表			
编号	成立日期	公司名称	查找结果
GS1001	2014/4/5	星星汽车实业有限公司	7
GS1002	2014/4/6	广东华顺有限责任公司	5
GS1003	2014/4/7	光大集团	#VALUE!

图7-29　查找“有限”文本的位置

4. LEN和LENB函数

LEN函数用于返回文本字符串中的字符数，同时面向使用单字节字符集（SBCS）的语言。其语法结构为：LEN(text)，其中text是要查找其长度的文本，空格也将作为字符进行计数。

如图7-30所示为使用LEN函数在“客户资料.xlsx”工作簿中判断客户的证件是否有效，这里假设证件号码不等于18位将视为无效，方法为：在“客户资料.xlsx”工作簿的C3单元格中输入函数“=IF(LEN(B3)=18,TRUE)”，按Enter键并复制到C9单元格判断出客户证件是否有效。

C3 =IF(LEN(B3)=18, TRUE)

客户资料		
姓名	身份证	有效证件
李艳	51352810349531864834	FALSE
秦放	513941932312864834	TRUE
刘军	513532354515564514834	FALSE
谢翼	51359451513211003223	FALSE
龙小月	55454515526262631	FALSE
许琴	151545428103495318648	FALSE
章凯	549662656595656555573	FALSE

图7-30　判断客户证件是否有效

技巧秒杀

LENB与LEN函数的使用方法和作用基本相同，只是LENB函数遇到全角字符时，将其作为2个字符进行统计。

5. LEFT和RIGHT函数

根据所指定的字符数，LEFT函数返回文本字符串中第一个字符或前几个字符；RIGHT函数返回文本字符串中最后一个字符或几个字符。

其语法结构为：LEFT(text,num_chars)；RIGHT(text,num_chars)，其中text是包含要提取的字符的文本字符串；num_chars指定要由LEFT提取的字符的数量，必须大于或等于零，如果num_chars大于文本长度，则LEFT返回全部文本。

实例操作：提取城市和企业性质

- 光盘\素材\第7章\指定字符.xlsx
- 光盘\效果\第7章\指定字符.xlsx
- 光盘\实例演示\第7章\提取城市和企业性质

本例将分别使用LEFT与RIGHT函数提取“指定字符.xlsx”工作簿单元格中的左右字符，包含城市名和企业性质。

Step 1 ▶ 打开“指定字符.xlsx”工作簿，在D3单元格中输入函数“=LEFT(C3,2)”，按Enter键后将提取单元格前两个字符，如图7-31所示。

D3 =LEFT(C3, 2)

公司登记记录表				
编号	成立日期	公司名称	LEFT函数	RIGHT函数
GS1001	2014/4/5	南京星星汽车实业有限公司	南京	
GS1002	2014/4/6	广东华顺有限责任公司	广东	
GS1003	2014/4/7	湖北光大集团	湖北	
GS1004	2014/4/8	贵州华业商贸集团	贵州	
GS1005	2014/4/9	浙江晶晶有限公司	浙江	
GS1006	2014/4/10	安徽江北集团	安徽	

图7-31　提取城市名

Step 2 ▶ 选择E3单元格并在其中输入函数“=RIGHT(C3,2)”，按Enter键将提取单元格后两个字符，如图7-32所示。

E3 =RIGHT(C3, 2)

公司登记记录表				
编号	成立日期	公司名称	LEFT函数	RIGHT函数
GS1001	2014/4/5	南京星星汽车实业有限公司	南京	公司
GS1002	2014/4/6	广东华顺有限责任公司	广东	公司
GS1003	2014/4/7	湖北光大集团	湖北	集团
GS1004	2014/4/8	贵州华业商贸集团	贵州	集团
GS1005	2014/4/9	浙江晶晶有限公司	浙江	公司
GS1006	2014/4/10	安徽江北集团	安徽	集团

图7-32　提取企业性质

6. MID和MIDB函数

MID和MIDB函数都可返回文本字符串中从指定位置开始的特定数目的字符，该数目由用户指定。其使用方法相同，不同的是MIDB函数只作用于双字节字符。

（1）MID函数

MID函数的语法结构为：MID(text,start_num,num_chars)，各参数含义如下。

- ◆ text：是包含要提取字符的文本字符串。
- ◆ start_num：是文本中要提取的第一个字符的位

置，文本中第一个字符的start_num为1，以此类推。

◆ num_chars：指定希望MID从文本中返回字符的个数（按字符）。

如图7-33所示，在打开的工作簿的D3单元格中输入函数“=MID(C3,7,8)”，根据客户的身份证号码提取其出生日期。

D3 =MID(C3,7,8)

客户资料			
编号	姓名	身份证	出生日期
WJ001	李艳	513525198305151421	19830515
WJ002	秦放	513525197308051453	19730805
WJ003	刘军	413525198307151428	19830715
WJ004	谢翼	113525198305161424	19830516
WJ005	龙小月	503525199305151499	19930515
WJ006	许琴	503525198511195149	19851119
WJ007	章凯	113548198206161424	19820616

图7-33 提取出生日期

操作解谜

这里输入的函数“=MID(C3,7,8)”，表示从C3单元格中数据的第7个字符开始提取8个字符。

（2）MIDB函数

MIDB函数的语法结构为：MIDB(text,start_num,num_bytes)，其中text、start_num参数的含义与MID函数相同，num_bytes参数的含义表示指定希望MIDB从文本中返回字符的个数（按字节）。

如图7-34所示，输入“=MIDB(C3,6,8)”，从C3单元格中第6个字节开始提取8个字符。

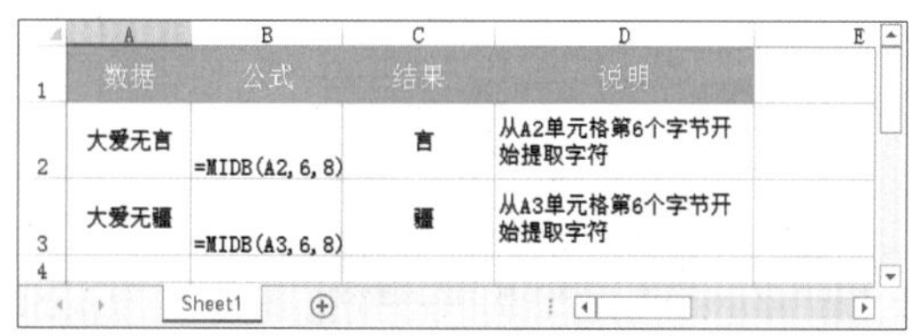

数据	公式	结果	说明
大爱无言	=MIDB(A2,6,8)	言	从A2单元格第6个字节开始提取字符
大爱无疆	=MIDB(A3,6,8)	疆	从A3单元格第6个字节开始提取字符

图7-34 提取字符

操作解谜

字节是计算机最基本的计算单位，字母是单字节，占一个字节；汉字是一个字符，占两个字节；数字既是一个字节也是一个字符。

7. TRIM函数

使用TRIM函数可以清除文本中不规则的空格，保留单词间的单个空格，如“表　格”清除空格后为“表 格”，这种情况肉眼很容易忽视。其语法结构为：TRIM(text)，其中text是指需要清除其中空格的文本或引用的单元格地址，如TRIM(B2)表示清除B2单元格中文本的空格。

7.3.2 数学和日期函数

Excel中提供了大量计算日期和时间的函数，它们的功能就是计算、显示日期和时间，如返回和转换日期、计算工龄等。而数学函数可以轻松完成数学计算过程，如求乘积、求余数以及求幂等，以提高运算速度和丰富运算的方法。

1. 使用SUMIF函数按条件求和

SUMIF函数可根据指定条件对若干单元格进行求和，常应用在人事、工资和成绩统计中。它与SUM函数相比，除了具有SUM函数的求和功能之外，还可按条件求和。其语法结构为：SUMIF(range,criteria,sum_range)，各参数的含义如下。

◆ range：用于条件判断的单元格区域。

◆ criteria：确定对哪些单元格相加的条件，其形式可以为数字、表达式或文本。例如，表示为“32”、“32”、“>32”或“apples”。

◆ sum_range：要相加的实际单元格（如果区域内的相关单元格符合条件）。如果省略sum_range，则当区域中的单元格符合条件时，它们既按条件计算，也执行相加。

如图7-35所示，在打开工作簿的G3单元格中输入函数“=SUMIF(A3:A11,"北京",E3:E11)”，按Enter键即可对A3:A11单元格区域中满足“北京”文本的行对E3:E11单元格区域中的汇总数据求和，从而计算出北京地区的销售总额，以此类推，输入函数“=SUMIF(A3:A11,"重庆",E3:E11)”“=SUMIF(A3:A11,"成都",E3:E11)”，可计算出重庆和成都的销售总额。

G3 =SUMIF(A3:A11,"北京",E3:E11)

星马克外贸公司销售表						
部门	四月份	五月份	六月份	汇总		
北京	193800	146200	163490	503490	北京:	1269080
重庆	189560	153890	135520	478970	重庆:	1344340
成都	175620	124300	145730	445650	成都:	1091860
上海	153450	124620	166250	444320		

图7-35　计算满足地区条件的销售总额

2. 使用ROUND函数进行四舍五入

ROUND函数用于返回某个数字按指定位数取整后的数字。其语法结构为：ROUND(number,num_digits)，number表示需要进行四舍五入的数字；num_digits用于指定进行四舍五入后保留的位数。如“=ROUND(C3,1)”表示将C3单元格的数字进行四舍五入后保留一位小数，“=ROUND(C3,2)”表示将C3单元格的数字进行四舍五入后保留两位小数，即当C3的数值为3.745时，保留一位小数为3.7，保留两位小数为3.75。

3. 使用INT和TRUNC函数取整

INT和TRUNC函数都用于对数值进行取整，INT函数可以将数字向下舍入到最接近的整数，而TRUNC函数则是将数字的小数部分截去。

（1）INT函数

INT函数可以将数字向下舍入到最接近的整数，常用于计算数字或数值运算结果的整数部分。其语法结构为：INT(number)，参数number表示需要取整的数值，当其值为负数时，将向绝对值增大的方向取整。如使用INT函数，0.81、15.11和-2.75分别返回0、15和-3。

（2）TRUNC函数

TRUNC函数可以将数字的小数部分截去，返回整数或保留指定的小数。其语法结构为：TRUNC(number,num_digits)，参数number表示需要截尾取整的数字；参数num_digits则用于指定取整精度的数字（即保留小数位数），其默认值为0。如使用TRUNC函数，0.81、15.11和-2.75分别返回0、15和-2。

4. 使用ABS函数取绝对值

ABS函数用于返回数字的绝对值，其中绝对值没有符号。其语法结构为：ABS(number)，参数number为需要计算其绝对值的实数。

如图7-36所示，使用ABS函数计算某公司一台机器切割钢材的精确程度。在测量切割的尺寸时，机器切割的实际长度可能比要求的长或短，这个差距可以利用绝对值表示。如图7-36所示，在D3单元格中输入函数“=ABS(B3-C3)”，按Enter键，得出第一次试验的差异，然后复制函数至D5单元格得出所有测试的差异。

D3 =ABS(B3-C3)

实验数据记录			
分组实验	预计长度	切割长度	差异
第一次	145	135	10
第二次	145	155	10
第三次	145	130	15

图7-36　计算测试的差异

5. 使用MOD函数取余数

MOD函数用于返回两个数相除后的余数。其语法结构为：MOD(number,divisor)，其中number表示被除数；divisor表示除数。

如图7-37所示，在打开工作簿的D2单元格中输入函数“＝MOD(C2,B2)”，按Enter键，计算商品预算余额数值。

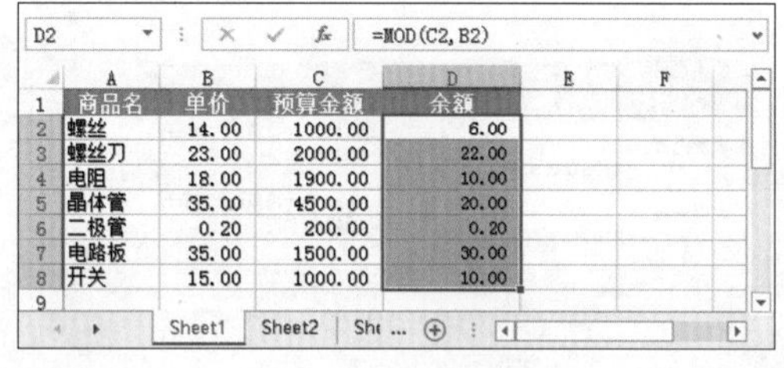

D2 =MOD(C2,B2)

商品名	单价	预算金额	余额
螺丝	14.00	1000.00	6.00
螺丝刀	23.00	2000.00	22.00
电阻	18.00	1900.00	10.00
晶体管	35.00	4500.00	20.00
二极管	0.20	200.00	0.20
电路板	35.00	1500.00	30.00
开关	15.00	1000.00	10.00

图7-37　计算预算余额

技巧秒杀

无论被除数能不能被整除，其返回值的符号与除数的符号相同，且divisor必须为非0数值，否则将返回错误值“#DIV/0！”。

6. TODAY函数

TODAY函数可以返回日期格式的当前日期，其语法结构为：TODAY()，该函数没有参数，如果将包含公式的单元格的格式设置得不同，则返回的日期格式也不同。

实例操作：计算截止日期

- 光盘\素材\第7章\商品优惠通知单.xlsx
- 光盘\效果\第7章\商品优惠通知单.xlsx
- 光盘\实例演示\第7章\计算截止日期

本例将使用TODAY函数在“商品优惠通知单.xlsx”工作簿中填写当前日期，并计算商品优惠的截止日期。

Step 1 打开“商品优惠通知单.xlsx”工作簿，在D3单元格中输入函数“=TODAY()”，按Enter键输入当前日期，复制函数至D15单元格，如图7-38所示。

D3 =TODAY()

励志超市商品优惠通知

编号	商品名称	优惠折扣	开始日期	优惠天数	截止日期
CH001	电风扇	7.0	2014/7/9	5	
CH002	电饭煲	8.0	2014/7/9	3	
CH003	热水袋	6.5	2014/7/9	2	
CH004	取暖器	6.0	2014/7/9	4	
CH005	染发剂	7.5	2014/7/9	5	
CH006	香水	8.0	2014/7/9	7	
CH007	洗面奶	7.5	2014/7/9	7	
CH008	木椅	7.5	2014/7/9	5	
CH009	充电器	6.5	2014/7/9	5	
CH010	插板	6.0	2014/7/9	2	
CH011	音箱	7.0	2014/7/9	5	
CH012	冠生园蜂蜜	8.0	2014/7/9	7	
CH013	九阳电热毯	7.5	2014/7/9	3	

图7-38　输入当前日期

Step 2 在F3单元格中输入“=TODAY()+E3”，按Enter键得出各类商品的优惠截止日期，然后复制函数至F15单元格，如图7-39所示。

F3 =TODAY()+E3

励志超市商品优惠通知

编号	商品名称	优惠折扣	开始日期	优惠天数	截止日期
CH001	电风扇	7.0	2014/7/9	5	2014/7/14
CH002	电饭煲	8.0	2014/7/9	3	2014/7/12
CH003	热水袋	6.5	2014/7/9	2	2014/7/11
CH004	取暖器	6.0	2014/7/9	4	2014/7/13
CH005	染发剂	7.5	2014/7/9	5	2014/7/14
CH006	香水	8.0	2014/7/9	7	2014/7/16
CH007	洗面奶	7.5	2014/7/9	7	2014/7/16
CH008	木椅	7.5	2014/7/9	5	2014/7/14
CH009	充电器	6.5	2014/7/9	5	2014/7/14
CH010	插板	6.0	2014/7/9	2	2014/7/11
CH011	音箱	7.0	2014/7/9	5	2014/7/14
CH012	冠生园蜂蜜	8.0	2014/7/9	7	2014/7/16
CH013	九阳电热毯	7.5	2014/7/9	3	2014/7/12

图7-39　计算商品优惠截止日期

技巧秒杀

Excel中与TODAY函数相似的NOW函数不仅能够返回当前日期，并且将返回当前具体时间，在填写制作表格的日期和时间时非常有用，语法和使用方法与TODAY函数相同。

7. YEAR、MONTH和DAY函数

YEAR、MONTH和DAY函数都用于返回日期，其中YEAR返回年份值，MONTH返回月份值，DAY则返回日期的天数。下面分别进行介绍。

（1）YEAR函数

YEAR函数用于返回日期的年份值，返回值为1900~9999之间的整数，其语法结构为：YEAR(serial_number)，其中serial_number表示将要计算其年份数的日期，需要注意的是不能以文本形式输入，否则将出现错误。

实例操作：计算员工工龄

- 光盘\素材\第7章\计算员工工龄.xlsx
- 光盘\效果\第7章\计算员工工龄.xlsx
- 光盘\实例演示\第7章\计算员工工龄

本例将首先使用YEAR函数返回员工进入公司的年份，然后使用YEAR与TODAY函数计算某单位职员从进入公司到现在的工龄。

Step 1 打开“计算员工工龄.xlsx”工作簿，在C4单元格中输入函数“=YEAR(B4)”，按Enter键得出员工进入公司的年份，如图7-40所示。

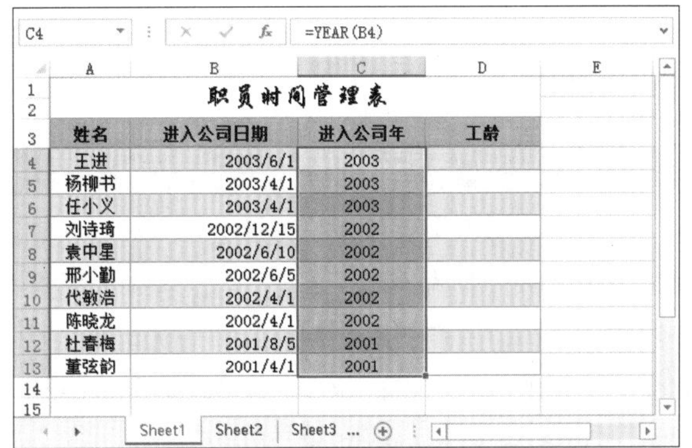
C4 =YEAR(B4)

职员时间管理表

姓名	进入公司日期	进入公司年	工龄
王进	2003/6/1	2003	
杨柳书	2003/4/1	2003	
任小义	2003/4/1	2003	
刘诗琦	2002/12/15	2002	
袁中星	2002/6/10	2002	
邢小勤	2002/6/5	2002	
代敏浩	2002/4/1	2002	
陈晓龙	2002/4/1	2002	
杜春梅	2001/8/5	2001	
董弦韵	2001/4/1	2001	

图7-40　得出员工进入公司的年份

Step 2 ▶ 在D4单元格中输入函数“=YEAR(TODAY())-C4”，按Enter键，然后复制函数至E13单元格，计算出职员的工龄，如图7-41所示。

D4 =YEAR(TODAY())-C4

	A	B	C	D	E
1	职员时间管理表				
2					
3	姓名	进入公司日期	进入公司年	工龄	
4	王进	2003/6/1	2003	11	
5	杨柳书	2003/4/1	2003	11	
6	任小义	2003/4/1	2003	11	
7	刘诗琦	2002/12/15	2002	12	
8	袁中星	2002/6/10	2002	12	
9	邢小勤	2002/6/5	2002	12	
10	代敏浩	2002/4/1	2002	12	
11	陈晓龙	2002/4/1	2002	12	
12	杜春梅	2001/8/5	2001	13	
13	董弦韵	2001/4/1	2001	13	
14					
15					

图7-41　计算职员的工龄

（2）MONTH和DAY函数

MONTH和DAY函数与YEAR函数的语法结构和使用方法相同，具体使用如下。

◆ MONTH函数：返回月份数，返回值为1~12之间的整数。其语法结构为：MONTH(serial_number)，其中serial_number表示将要计算其月份数的日期。如“2014/5/7”返回“5”。

◆ DAY函数：返回以序列号表示的某日期的天数，是介于1~31之间的整数。其语法结构为：DAY(serial_number)，其中serial_number表示要查找哪一天的日期，它应使用DATE函数输入日期，如“2014/5/7”返回“7”。

7.3.3 查找与引用函数

查找函数主要用于在数据清单或工作表中查找特定数值。引用函数则是在数据库或工作表中查找某个单元格引用的函数。

1. COLUMN和ROW函数

计算比较复杂的数据时，若直接引用数值，可能需要不断进行相应的转换，使用引用函数则只需更改参数值，这样能提高工作效率。下面介绍返回引用的列标、行号的COLUMN和ROW函数。其语法结构分别为：COLUMN(reference)、ROW(reference)。

这两个函数有一个共同的参数reference，该参数表示需要得到其列标、行号的单元格，在使用该函数时，reference参数可以引用单元格，但是不能引用多个区域，当引用的是单元格区域时，将返回引用区域第1个单元格的列标。

如果将D2单元格的名称定义为Example1，其范围是工作表Sheet1，然后在A13单元格中输入函数“=ROW(Example1)”，返回的结果将是Example1单元格所在的行号，即D2单元格的行号2；如果输入的函数为“=COLUMN(Example1)”，返回的结果将是Example1单元格所在的列号，即D2单元格的列号4，如图7-42所示。

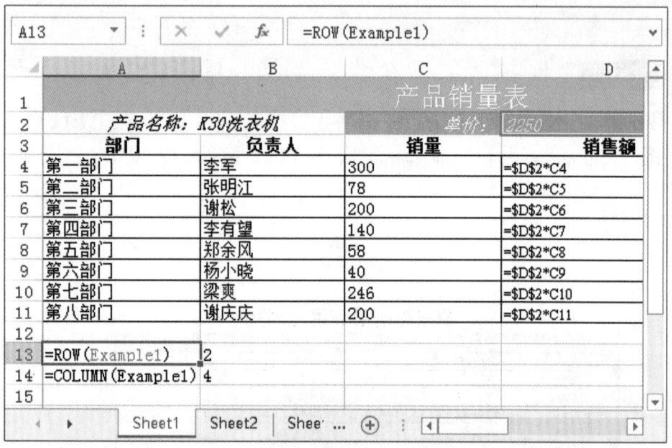

A13 =ROW(Example1)

	A	B	C	D
1	产品销量表			
2	产品名称：K30洗衣机		单价：	2250
3	部门	负责人	销量	销售额
4	第一部门	李军	300	=$D$2*C4
5	第二部门	张明江	78	=$D$2*C5
6	第三部门	谢松	200	=$D$2*C6
7	第四部门	李有望	140	=$D$2*C7
8	第五部门	郑余风	58	=$D$2*C8
9	第六部门	杨小晓	40	=$D$2*C9
10	第七部门	梁爽	246	=$D$2*C10
11	第八部门	谢庆庆	200	=$D$2*C11
12				
13	=ROW(Example1)	2		
14	=COLUMN(Example1)	4		
15				

图7-42　ROW和COLUMN函数的使用方法

2. HLOOKUP和VLOOKUP函数

在Excel中，查找分为水平查找、垂直查找以及查找元素位置等方式，这些不同的查找方式都需要不同的函数去执行。HLOOKUP函数用于获取行中的数据，VLOOKUP函数用于获取列中的数据。

（1）HLOOKUP函数

HLOOKUP函数可以在数据库或数值数组的首行查找指定的数值，并在表格或数组中指定行的同一列中返回一个数值，其语法结构为：HLOOKUP(lookup_value,table_array,row_index_num,range_lookup)，各参数含义分别如下。

◆ lookup_value：表示需要在数组第一行中查找的数值，可以为数值、引用或文本字符串。

◆ table_array：表示需要在其中查找数据的数据表，第一行的数值可以为文本、数字或逻辑值。

◆ row_index_num：表示table_array中待返回的匹配值的行号。当其小于1时，函数会返回错误值“#VALUE!”；而当其大于table_array的行号时，则会返回错误值“#REF!”。

◆ range_lookup：指明HLOOKUP函数在查找时是精确匹配，还是近似匹配。range_lookup参数可以为TRUE或FALSE，也可省略。

实例操作：查询税率和扣除数

- 光盘\素材\第7章\速算扣除数查询.xlsx
- 光盘\效果\第7章\速算扣除数查询.xlsx
- 光盘\实例演示\第7章\查询税率和扣除数

本例将在“速算扣除数查询.xlsx”工作簿中，利用HLOOKUP函数进行特殊的查找，输入员工工资便可查出应使用的税率并速算扣除数（起征点为3500元）。

Step 1 打开“速算扣除数查询.xlsx”工作簿，在B8单元格中输入工资“7894”，在G8单元格中输入函数“=HLOOKUP((B8-3500),B2:H4,3,TRUE)”，按Enter键得出应采用税率，如图7-43所示。

G8 =HLOOKUP((B8-3500),B2:H4,3,TRUE)

个人所得税速算扣除数查询系统

应纳税所得额范围	0	1501	4501	9001	35001	55001	80001
	1500	4500	9000	35000	55000	80000	+∞
税率	3%	10%	20%	25%	30%	35%	45%
速算扣除数	0	105	555	1005	2755	5505	13505

本月收入：请输入工资：7894 | 查询结果：应采用税率：10% 返回扣除数：

图7-43 查询税率

操作解谜

函数“=HLOOKUP((B8-3500),B2:H4,3,TRUE)”表示用B8中的数值减去3500，得到的值对应B2:H4单元格区域中的范围值，返回范围值在B2:H4单元格区域第3行对应的税率。

Step 2 在G9单元格中计算应扣除数，在其中输入公式“=HLOOKUP((B8-3500),B2:H5,4,TRUE)”，按Enter键得出结果，如图7-44所示。

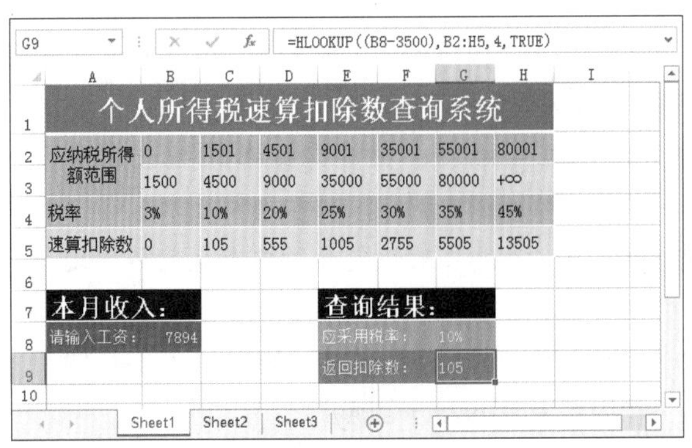
G9 =HLOOKUP((B8-3500),B2:H5,4,TRUE)

个人所得税速算扣除数查询系统

应纳税所得额范围	0	1501	4501	9001	35001	55001	80001
	1500	4500	9000	35000	55000	80000	+∞
税率	3%	10%	20%	25%	30%	35%	45%
速算扣除数	0	105	555	1005	2755	5505	13505

本月收入：请输入工资：7894 | 查询结果：应采用税率：10% 返回扣除数：105

图7-44 查询扣除数

技巧秒杀

简单地说，HLOOKUP函数中的H就是代表行的意思。在函数的参数中，如果range_lookup为TRUE，则table_array的第1行的数值必须按升序排列，否则函数HLOOKUP将不能给出正确的数值；如果range_lookup为FALSE，则table_array不必进行排序。

（2）VLOOKUP函数

VLOOKUP函数与HLOOKUP函数的作用类似，可获取需要查找的某列中的数据。其语法结构为：VLOOKUP(lookup_value,table_array,col_index_num,range_lookup)，该函数的使用方法与HLOOKUP函数类似，除其他相同的参数外，参数col_index_num表示table_array中待返回的匹配值的列序号。如图7-45所示为使用VLOOKUP函数查找员工考勤情况的效果。

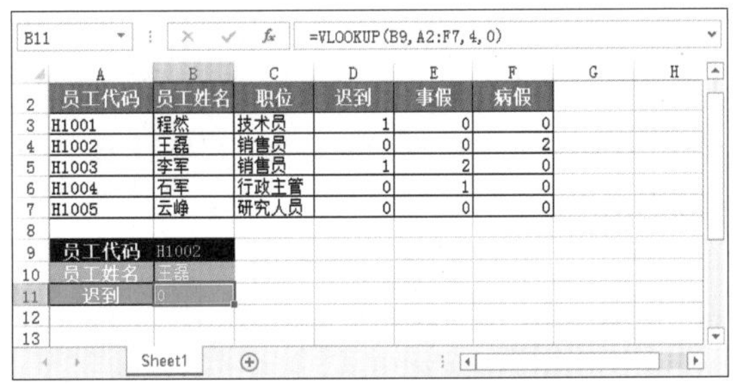
B11 =VLOOKUP(B9,A2:F7,4,0)

员工代码	员工姓名	职位	迟到	事假	病假
H1001	程然	技术员	1	0	0
H1002	王磊	销售员	0	0	2
H1003	李军	销售员	1	2	0
H1004	石军	行政主管	0	1	0
H1005	云峥	研究人员	0	0	0

员工代码	H1002
员工姓名	王磊
迟到	0

图7-45 使用VLOOKUP函数查找员工考勤

3. MATCH函数

MATCH函数可在指定方式下返回与指定数值匹配的数组中元素的相应位置，其语法结构为：MATCH(lookup_value,lookup_array,match_type)，各参数含义分别如下。

- lookup_value：表示需要在数据表中查找的数值。
- lookup_array：表示包含所要查找数值的连续单元格区域。
- match_type：为数字-1、0或1，用于指明用何种方式查找lookup_array。

MATCH函数的应用方法如图7-46所示。

A15 =MATCH("刘宇",B2:B12,0)

	A	B	C	D
1	编号	姓名	部门	电话
2	H101	李欣	销售部	1348888****
3	H102	嘉豪	销售部	1348889****
4	H103	孟青	销售部	1348890****
5	H104	秦皇	销售部	1348891****
6	H105	刘宇	销售部	1348892****
7	H106	黄静	后勤部	1348893****
8	H107	刘康	后勤部	1348894****
9	H108	杜宇	后勤部	1348895****
10	H109	杜峰	财会部	1348896****
11	H110	黎塘	财会部	1348897****
12	H111	周浩	财会部	1348898****
13				
14	公式		结果	说明
15	=MATCH("刘宇",B2:B12,0)		5	返回查找区域B2:B12内"刘宇"的位置

图7-46　查找"刘宇"的位置

4. OFFSET函数

OFFSET函数的主要功能是以指定的引用为参照系，通过给定偏移量得到新的引用。返回的引用可以为一个单元格或单元格区域，并可以指定返回的行数或列数。该函数的语法结构为：OFFSET(reference, rows, cols, [height], [width])，各参数含义分别介绍如下。

- reference：该参数表示作为偏移量参照系的引用区域并且必须是单元格或相连单元格区域的引用，否则该函数将返回错误值"#VALUE!"。其值不可省略。
- rows：该参数表示相对于偏移量参照系的左上角单元格，上（下）偏移的行数。其值不可省略。
- cols：该参数表示相对于偏移量参照系的左上角单元格，左（右）偏移的列数。其值不可省略。
- height：该参数表示高度，即所要返回的引用区域的行数。该值必须为正数，其值可省略。
- width：该参数表示宽度，即所要返回的引用区域的列数。该值必须为正数，其值可省略。

如图7-47所示为使用函数"=SUM(OFFSET(A7:D10,-5,1,5,4))"在B12单元格中查看偏移后计算出的数据之和。

B12 =SUM(OFFSET(A7:D10,-5,1,5,4))

	A	B	C	D	E	F	G
1							
2		5	5	4	5		
3		2	3	6	3		
4		3	6	8	6		
5		12	9	9	4		
6							
7	5	3	6	5			
8	6	5	9	4			
9	9	5	2	2			
10	2	8	1	3			
11							
12	计算结果	90					
13							

图7-47　计算数据和

操作解谜

公式"=SUM(OFFSET(A7:D10,-5,1,5,4))"的主要作用是：将选择的单元格区域A7:D10向上移动5个单元格区域，向右移动1个单元格，向下移动5个单元格区域，向右移动4个单元格区域，即计算B2:E5单元格区域的数据之和。该公式中所使用到的函数OFFSET常与其他函数结合使用，并且用法较为局限。因此用户可以不用过多地花费时间去深入地了解该函数。

7.3.4 财务函数

Excel中有专门用于数学计算的数学函数，有用于日期计算的日期函数，而在处理财务数据时就可使用财务函数来计算，轻松地将相关的财务数据管理得井井有条。

1. 计算每期支付金额——PMT函数

PMT函数可基于固定利率及等额分期付款方式，返回贷款的每期付款额，其语法格式为：PMT(rate,nper,pv,fv,type)，各参数的含义如下。

◆ rate：表示贷款利率。
◆ nper：为贷款项目的付款总数。
◆ pv：现值，或一系列未来付款的当前值的累积和，也称为本金。
◆ fv：未来值，或在最后一次付款后希望得到的现金余额，如果省略fv，则假设其值为0，也表示一笔贷款的未来值为0。
◆ type：为0或1，用于指定各期的付款时间是在期初还是期末，若省略type，则假设其值为0。

假如某人向银行贷款10万元，还款期限为5年，贷款年利率为5.40%，现在用PMT函数分别计算按年偿还和按月偿还两种方式下，每年或每月应偿还的金额，其方法为：在目标工作簿的D2单元格中输入函数“=PMT(B2,C2,A2)”，按Enter键计算出按年每期还款额，在E2单元格中输入函数“=PMT(B2/12,C2*12,A2)”，按Enter键计算出按月每期还款额，如图7-48所示。

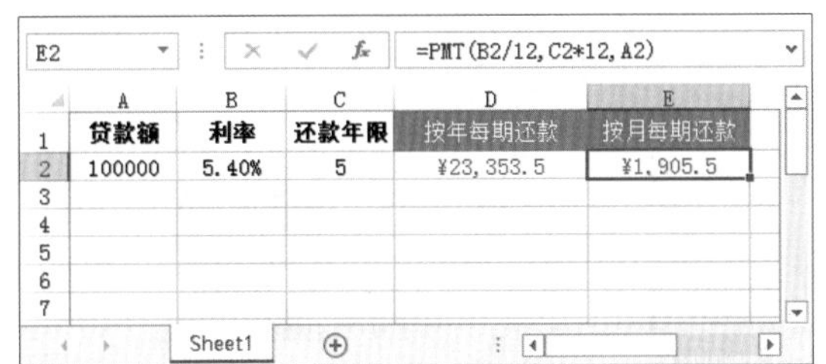

图7-48 计算每期支付金额

2. 特定投资期内要支付的利息——ISPMT函数

ISPMT函数可计算特定投资期内要支付的利息。其语法结构为：ISPMT(rate,per,nper,pv)，各参数含义如下。

◆ rate：指定相应贷款的利率，通常用年表示，如半年支付，用利率除以2。
◆ per：表示要计算利息的期数，此值必须在1~nper之间。
◆ nper：表示投资的总支付期数。
◆ pv：表示投资的当前值。对于贷款，pv为贷款数额。

下面使用ISPMT函数在等额偿还，每月支付的情况下，求第12次支付的利息额，其方法为：选择E2单元格，在其中输入公式“=ISPMT(B1/12,B2,B3,-B4)”，按Enter键计算出第12次支付的利息，如图7-49所示。

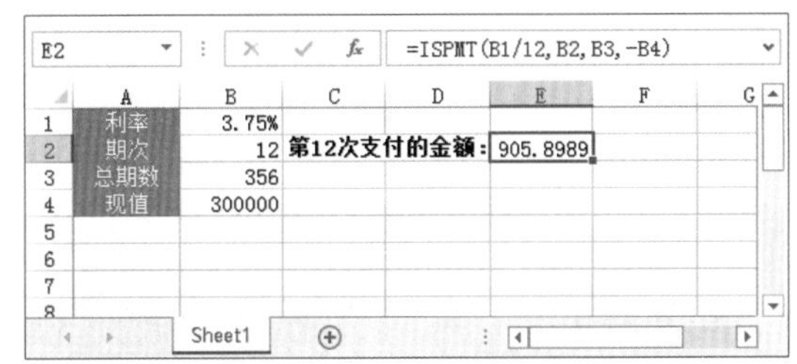

图7-49 计算特定投资期内要支付的利息

技巧秒杀

使用ISPMT函数时，以负数代表现金支出（如存款或他人取款），以正数代表现金收入（如股息分红或他人存款）。

3. 计算投资现值——PV函数

使用PV函数，可以求得定期内支付的贷款或储蓄的现值。其语法结构为：PV(rate,nper,pmt,fv,type)，其中各个参数的含义及使用注意事项如下。

◆ rate：为各期利率。
◆ nper：为总投资期，即为该项付款期的总数。
◆ pmt：为各期所应支付的金额，其数值在整个年金期间保持不变。通常，pmt包括本金和利息，但不包括其他费用或税款，如果忽略pmt，则必须包含fv参数。
◆ fv：表示最后一次支付后希望得到的现金余额。
◆ type：为0或1，用以指定各期的付款时间是在期初还是期末。

如某大型企业想为员工购买一项保险金，每人需要12万元，投资回报率为5%，购买这笔保险后，可以在今后的15年内每月领取800元。下面使用PV函数计算这项保险投资是否值得购买，其方法为：打开“PV函数.xlsx”工作簿，选择D2单元格，在单元格中输入函数“=PV(B2/12,D2*12,C2,0,0)”，按Enter键得到应有的投资值，如图7-50所示。

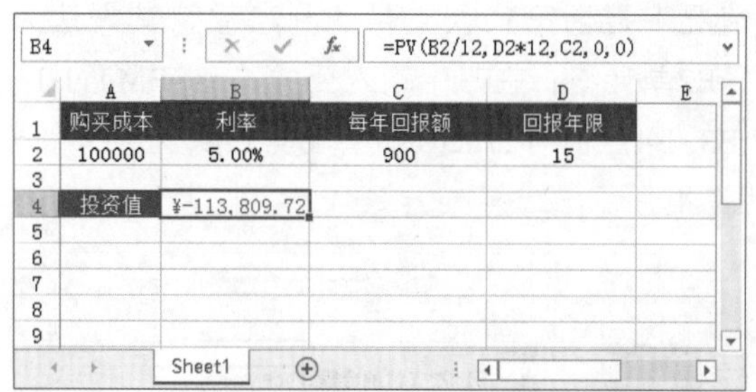

B4 =PV(B2/12,D2*12,C2,0,0)

	A	B	C	D
1	购买成本	利率	每年回报额	回报年限
2	100000	5.00%	900	15
3				
4	投资值	¥-113,809.72		

图7-50 计算投资回报

4. 计算投资未来值——FV函数

FV函数可以基于固定利率及等额分期付款方式，返回某项投资的未来值。其语法结构为：FV(rate, nper,pmt,pv,type)，各项参数含义如下。

- rate：为各期利率。
- nper：为总投资期，即该项投资的付款期总数。
- pmt：为各期所应支付的金额，其数值在整个年金期间保持不变。通常，pmt包括本金和利息，但不包括其他费用或税款。如果省略 pmt，则必须包括 pv 参数。
- pv：为现值，或一系列未来付款的当前值的累积和。如果省略 pv，则假设其值为0，并且必须包括 pmt 参数。
- type：数字0或1，用0表示期末，用1表示期初；如果省略type，则假设其值为0。

如图7-51所示，使用FV函数在“计算固定存款本息和.xlsx”工作簿中计算固定存款本息和，假设某人在银行的本金为100000元，固定存款为5年，银行的年利率为5.00%，计算5年后账户中本息和，其方法为：在B3单元格中输入函数“=FV(B2,C2,0,-A2,0)”。按Enter键，即可得到5年后该账户中的本息和。

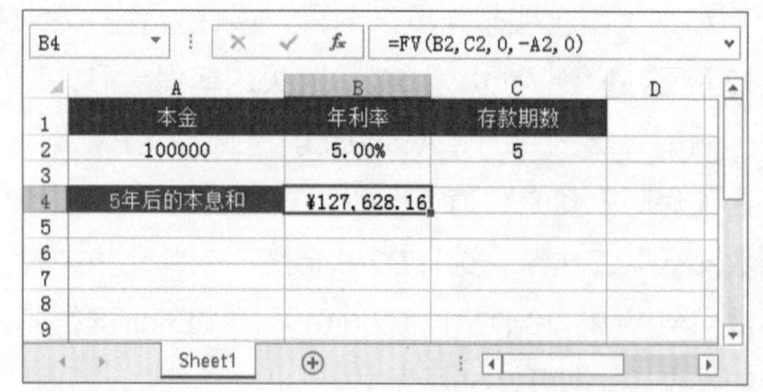

B4 =FV(B2,C2,0,-A2,0)

	A	B	C
1	本金	年利率	存款期数
2	100000	5.00%	5
3			
4	5年后的本息和	¥127,628.16	

图7-51 计算固定存款本息和

5. 使用固定余额计算递减折旧值——DB函数

DB函数使用固定余额递减法，计算一笔资产在给定期间内的折旧值，其语法格式为：DB(cost, salvage,life, period,month)，其各项参数含义如下。

- cost：为资产原值，不能为负数。
- salvage：为资产在折旧期末的价值（有时也称为资产残值）。
- life：为折旧期限（有时也称做资产的使用寿命）。
- period：为需要计算折旧值的期间。period必须使用与life相同的单位。
- month：为第一年的月份数，如省略，则假设为12。

假设某公司于2011年7月份购买了一台价值为860000元的机床，使用到2016年6月份时，估计其残值为305000元，现在用DB函数计算该机床每年的折旧额和累计折旧额，如图7-52所示。

D4 =DB($A$2,$D$2,$B$2,B4,C4)

	A	B	C	D
1	机床成本	使用年限	各年使用的月数	资产残值
2	860000	6		305000
3				
4	2011年的折旧值	1	6	¥68,370.00
5	2012年的折旧值	2	12	¥114,998.34
6	2013年的折旧值	3	12	¥96,713.60
7	2014年的折旧值	4	12	¥81,336.14
8	2015年的折旧值	5	12	¥68,403.69
9	2016年的折旧值	6	6	¥62,965.60
10	累计折旧额			

图7-52 使用固定余额计算递减折旧值

6. 按双倍余额计算折旧值——DDB函数

DDB函数可使用双倍余额递减法或其他指定方法计算固定资产在给定期间内的折旧值。其语法结构为：DDB(cost,salvage,life,period,factor)，各参数的含义如下。

- cost：表示资产原值。
- salvage：表示资产在折旧期末的价值，即残值。
- life：表示折旧期限。
- period：表示需要计算折旧值的期间。
- factor：表示余额递减速率。

如图7-53所示，假设某人在2005年6月份购买了一套价值为1000000元的生产机房，使用到2015年12月份时，估计其残值为150000元，输入函数“=DDB($A$2,$C$2,$B$2,B4,2)”，即可使用DDB函数计算该商品房每年的折旧额。

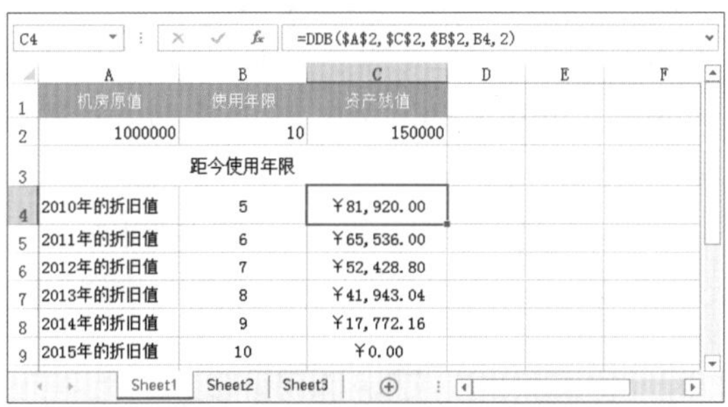

C4　=DDB($A$2, $C$2, $B$2, B4, 2)

	A	B	C
1	机房原值	使用年限	资产残值
2	1000000	10	150000
3		距今使用年限	
4	2010年的折旧值	5	￥81, 920. 00
5	2011年的折旧值	6	￥65, 536. 00
6	2012年的折旧值	7	￥52, 428. 80
7	2013年的折旧值	8	￥41, 943. 04
8	2014年的折旧值	9	￥17, 772. 16
9	2015年的折旧值	10	￥0. 00

Sheet1　Sheet2　Sheet3

图7-53　按双倍余额计算折旧值

7. 返回每期折旧金额——SYD函数

SYD函数是按年限总和折旧法，计算返回某项资产在指定期间的折旧值，相对于固定余额递减法属于一种缓慢的曲线。其语法结构为：SYD(cost,salvage,life,per)，各参数的含义如下。

- cost：表示资产原值。
- salvage：表示资产在折旧期末的价值，即残值。
- life：表示折旧期限。
- per：表示期间，其单位与life相同。

如图7-54所示，假设某厂的原值为1000000元，折旧期限为10年的固定资产的递减折旧费，使用SYD函数求第5年的递减折旧费，在C4单元格输入函数“=SYD($A$2,$C$2,$B$2,B4)”，按Enter键即可计算出折旧费。

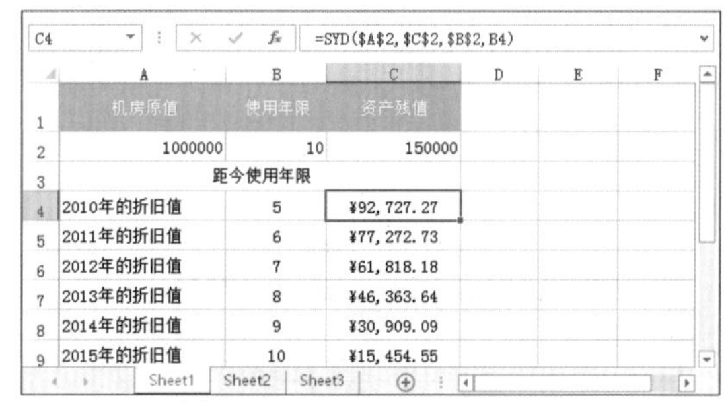

C4　=SYD($A$2, $C$2, $B$2, B4)

	A	B	C
1	机房原值	使用年限	资产残值
2	1000000	10	150000
3	距今使用年限		
4	2010年的折旧值	5	¥92, 727. 27
5	2011年的折旧值	6	¥77, 272. 73
6	2012年的折旧值	7	¥61, 818. 18
7	2013年的折旧值	8	¥46, 363. 64
8	2014年的折旧值	9	¥30, 909. 09
9	2015年的折旧值	10	¥15, 454. 55

Sheet1　Sheet2　Sheet3

图7-54　返回每期折旧金额

读书笔记

7.4 其他常用函数

Excel中的函数多种多样，相同类型的函数使用方法类似，不同类型的函数根据其参数与语法结构，也可以举一反三进行使用。在介绍了众多类型的函数后，本节将再介绍一些其他常用的函数，包括COUNTIF函数、RANK.AVG函数和DAYS360函数。

7.4.1 用COUNTIF函数进行统计

COUNTIF函数用于计算区域中满足给定条件的单元格的个数。其语法结构为：COUNTIF(range, criteria)，各参数的含义如下。

- range：是一个或多个要计数的单元格，其中包括数字或名称、数组或包含数字的引用。空值和文本值将被忽略。
- criteria：是确定哪些单元格将被计算在内的条件，其形式可以为数字、表达式、单元格引用或文本，如条件可以表示为“45”、“>45”或“B4”等。

实例操作：统计满足工资条件的人数

- 光盘\素材\第7章\工资统计表.xlsx
- 光盘\效果\第7章\工资统计表.xlsx
- 光盘\实例演示\第7章\统计满足工资条件的人数

本例将使用COUNTIF函数在“工资统计表.xlsx”工作簿中统计工资分别在1500元以下、1500~3000元之间和3000元以上的员工人数。

Step 1 ▶ 打开“工资统计表.xlsx”工作簿，在B14单元格中输入函数“=COUNTIF(D3:D13,"<1500")”，按Enter键得出工资少于1500元的员工人数，如图7-55所示。

B14 =COUNTIF(D3:D13,"<1500")

丽缙有限公司员工工资统计			
姓名	应领工资	奖/惩	实发工资
杨桦	5300	-60	￥5,240
立在以	2600	500	￥3,100
东东	950	460	￥1,610
宁边	6421	56	￥6,477
李倪	1840	100	￥1,940
谭乐	860	-150	￥1,710
朱东明	1120	-100	￥1,020
王昊	1150	60	￥1,210
延庆	1766	80	￥1,846
杨天	2900	120	￥3,020
张小宏	3600	-120	￥3,480
1500>员工：	2		
1500~3000员工：			
>3000员工：			

图7-55 统计工资少于1500元的人数

Step 2 ▶ 在B15单元格中输入“=COUNTIF(D3:D13 "<=3000")-COUNTIF(D3:D13,"<=1500")”，在B16单元格中输入“=COUNTIF(D3:D13,">3000")”，按Enter键，分别统计出工资在1500~3000元之间和3000元以上的员工人数，如图7-56所示。

B16 =COUNTIF(D3:D13,">3000")

丽缙有限公司员工工资统计			
姓名	应领工资	奖/惩	实发工资
杨桦	5300	-60	￥5,240
立在以	2600	500	￥3,100
东东	950	460	￥1,610
宁边	6421	56	￥6,477
李倪	1840	100	￥1,940
谭乐	860	-150	￥1,710
朱东明	1120	-100	￥1,020
王昊	1150	60	￥1,210
延庆	1766	80	￥1,846
杨天	2900	120	￥3,020
张小宏	3600	-120	￥3,480
1500>员工：	2		
1500~3000员工：	4		
>3000员工：	5		

图7-56 统计其他人数

7.4.2 用RANK.AVG函数进行排位

RANK.AVG函数用于返回一个数字在数字列表中的排位，如果多个值相同，则返回平均值排位。其语法结构为：RANK.AVG(number,ref,order)，各参数的含义如下。

- number：需要找到排位的数字。
- ref：数字列表数组或对数字列表的引用。ref中的非数值型参数将被忽略。
- order：指明排位的方式。如果order为0或省略，那么对数字的排位是基于参数ref为按照降序排列的列表；如果order不为0，对数字的排位是基于ref按照升序排列的列表。

如图7-57所示为使用RANK.AVG函数根据G3:G12单元格区域中的总分对各个学生成绩进行排位。

H3 =RANK.AVG(G3,$G$3:$G$12,0)

2014级美术系8班学生成绩统计表							
学号	姓名	大学语文	外语	计算机	形势政策	总分	名次
1	万雅	75	80	65	62	282	4
2	张玲	72	65	68	60	265	7
3	严觐	60	74	25	70	229	10
4	陈江平	60.5	85	59	94	298.5	2
5	万华	61	69	80	63	273	5
6	詹艳	85	60	60	64	269	6
7	李萌	62	78	61	60	261	8
8	许新	60	91	78	68	297	3
9	凌平	63	58	70	60	251	9
10	陈远宏	70	80	80	70	300	1

图7-57 排位成绩

7.4.3 用DAYS360函数返回相差天数

DAYS360函数是按照一年360天的算法（每月以30天计，一年共计12个月），返回两日期之间相差的天数，常用于一些会计计算中。其语法结构为：DAYS360(start_date,end_date,method)，其中start_date,end_date代表计算期间天数的起止日期；method则为一个逻辑值，指定了在计算中是采用欧洲方法还是美国方法。

如图7-58所示为使用函数“=DAYS360(B3,C3)”计算购买某产品的开始日到结束日之间的天数。

D3 =DAYS360(B3,C3)

预定支付表			
名称	日期	预定支付日	支付结束的天数
饮水机	2015/1/8	2015/4/8	90
办公桌	2015/3/9	2015/7/6	117
椅子	2015/3/10	2015/7/6	116

图7-58 计算相差天数

7.5 合并计算

如果要将相似结构或内容的多张表格进行合并汇总，使用Excel中的合并计算功能就可以轻松实现，汇总或合并多个数据源区域的数据，通常分为按位置合并计算表格中的数据和按类合并计算表格中的数据。

7.5.1 按位置合并计算表格数据

按位置合并计算是指当多个表格中数据的排列顺序与结构相同时，可按数据所在位置对其进行合并计算。

实例操作：合并计算全年销售量

- 光盘\素材\第7章\肉制品销量表.xlsx
- 光盘\效果\第7章\肉制品销量表.xlsx
- 光盘\实例演示\第7章\合并计算全年销售量

本例将在“肉制品销量表.xlsx”工作簿中，按位置合并计算表格中的各项数据。

Step 1 ▶ 打开“肉制品销量表.xlsx”工作簿，选择“全年”工作表中的B3单元格，在“数据”/“数据工具”组中单击“合并计算”按钮，打开“合并计算”对话框，在“函数”下拉列表框中选择“求和”选项。单击“引用位置”文本框右侧的按钮，如图7-59所示。

图7-59 “合并计算”对话框

Step 2 ▶ 打开“合并计算-引用位置”对话框，在工作簿中切换到“上半年”工作表，选择B3:E9单元格区域，单击“关闭”按钮，如图7-60所示。

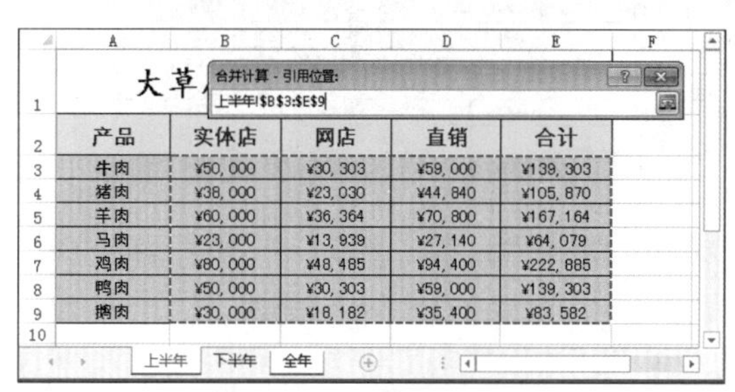

图7-60 选择引用位置

Step 3 ▶ 在返回的对话框的“引用位置”文本框中便出现了选择的单元格区域地址，如图7-61所示，单击添加(A)按钮。

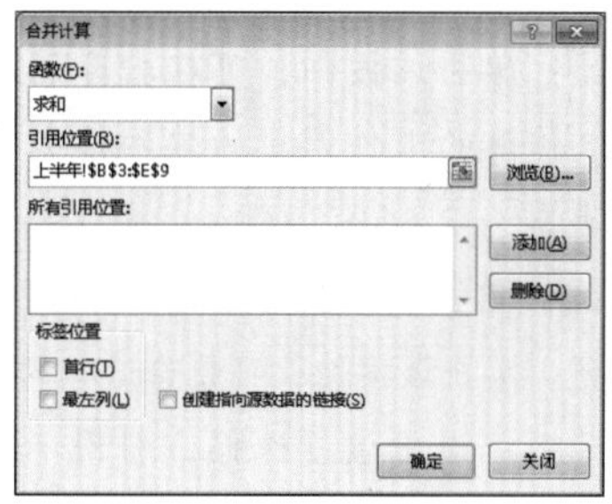

图7-61 添加引用位置

Step 4 ▶ 在工作簿中切换到“下半年”工作表，系统自动将该工作表中的相同单元格区域添加到对话框中。单击确定按钮确认设置，如图7-62所示。

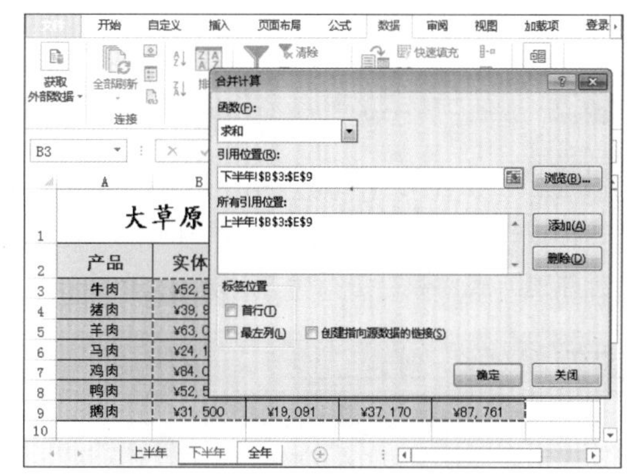

图7-62 选择添加的引用区域

Step 5 ▶ 此时“全年”工作表中便自动对所选的两个工作表的数据进行求和计算，并显示在相应的位置，如图7-63所示。

大草原肉制品公司销售情况				
产品	实体店	网店	直销	合计
牛肉	¥102, 500	¥62, 121	¥120, 950	¥285, 571
猪肉	¥77, 900	¥47, 212	¥91, 922	¥217, 034
羊肉	¥123, 000	¥74, 545	¥145, 140	¥342, 685
马肉	¥47, 150	¥28, 576	¥55, 637	¥131, 363
鸡肉	¥164, 000	¥99, 394	¥193, 520	¥456, 914
鸭肉	¥102, 500	¥62, 121	¥120, 950	¥285, 571
鹅肉	¥61, 500	¥37, 273	¥72, 570	¥171, 343

图7-63　计算结果

知识解析：“合并计算”对话框

- “函数”下拉列表框：用于选择合并计算数据的函数类型。
- “引用位置”文本框：用于设置合并计算时的引用单元格区域。
- 浏览(B)... 按钮：单击该按钮，可在打开的对话框中选择不同工作簿的工作表中的单元格引用地址来进行合并计算。
- 添加(A) 按钮：单击该按钮，可添加引用位置。
- 删除(D) 按钮：单击该按钮，可删除选择的引用位置。
- ☑首行(T) 复选框：选中该复选框，引用单元格首行将作为字段标签。
- ☑最左列(L) 复选框：选中该复选框，引用单元格最左列将作为字段标签。
- ☑创建指向源数据的链接(S) 复选框：选中该复选框，将创建超链接，链接到引用工作表内容。

7.5.2 按类合并计算表格数据

若需进行合并的单元格区域中数据的表头字段、记录名称或排列顺序这三者有一个不同时，则可通过按类合并的方式对数据进行合并计算。

实例操作：分类合并产品销售量

- 光盘\素材\第7章\肉制品销量表1.xlsx
- 光盘\效果\第7章\肉制品销量表1.xlsx
- 光盘\实例演示\第7章\分类合并产品销售量

本例将在“肉制品销量表1.xlsx”工作簿中，按类别合并计算表格中的各项数据。

Step 1 ▶ 打开“肉制品销量表1.xlsx”工作簿，选择“全年”工作表中的A2单元格，打开“合并计算”对话框，单击“引用位置”文本框右侧的按钮，如图7-64所示。

图7-64　打开“合并计算”对话框

技巧秒杀

在使用合并计算功能的工作表中打开“合并计算”对话框，单击 添加(A) 按钮，可继续添加源数据进行合并计算；在“所有引用位置”列表框中选择引用的数据区域选项，单击 删除(D) 按钮删除该数据源引用后，当前工作表的数据将发生改变。

Step 2 ▶ 打开“合并计算-引用位置”对话框，在工作簿中切换到“上半年”工作表，选择A2:E9单元格区域，单击“关闭”按钮，如图7-65所示。

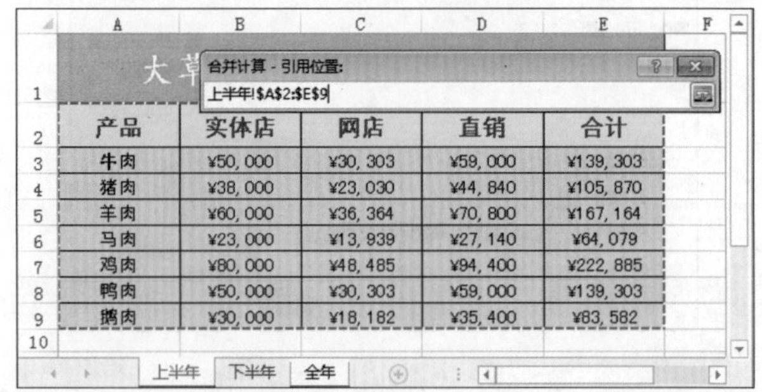

产品	实体店	网店	直销	合计
牛肉	¥50, 000	¥30, 303	¥59, 000	¥139, 303
猪肉	¥38, 000	¥23, 030	¥44, 840	¥105, 870
羊肉	¥60, 000	¥36, 364	¥70, 800	¥167, 164
马肉	¥23, 000	¥13, 939	¥27, 140	¥64, 079
鸡肉	¥80, 000	¥48, 485	¥94, 400	¥222, 885
鸭肉	¥50, 000	¥30, 303	¥59, 000	¥139, 303
鹅肉	¥30, 000	¥18, 182	¥35, 400	¥83, 582

图7-65　选择引用位置

Step 3 ▶ 返回对话框添加引用下半年的数据区域“下半年!$A$2:$E$9”，然后选中☑首行(T)和☑最左列(L)复选框，单击[确定]按钮确认设置，如图7-66所示。

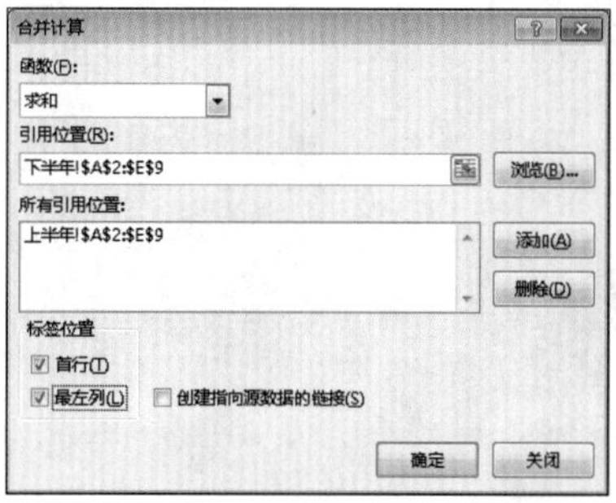

图7-66　按类别合并

Step 4 ▶ 切换到“全年”工作表，按类别合并计算后的效果如图7-67所示，可看到合并是按照相同的产品进行计算的。

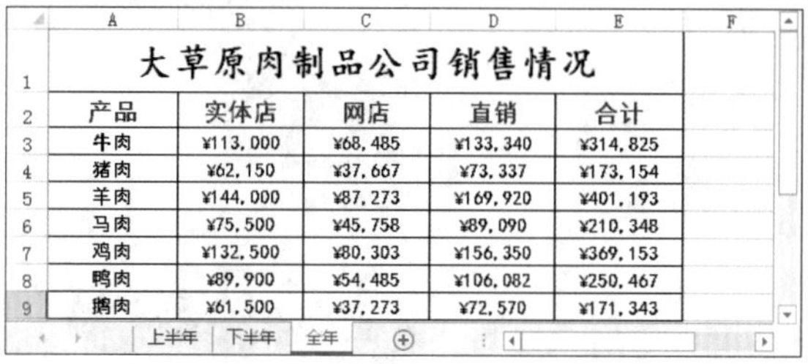

大草原肉制品公司销售情况				
产品	实体店	网店	直销	合计
牛肉	¥113,000	¥68,485	¥133,340	¥314,825
猪肉	¥62,150	¥37,667	¥73,337	¥173,154
羊肉	¥144,000	¥87,273	¥169,920	¥401,193
马肉	¥75,500	¥45,758	¥89,090	¥210,348
鸡肉	¥132,500	¥80,303	¥156,350	¥369,153
鸭肉	¥89,900	¥54,485	¥106,082	¥250,467
鹅肉	¥61,500	¥37,273	¥72,570	¥171,343

图7-67　按类合并效果

知识大爆炸——Excel 2013函数知识

1. 常见错误值的含义

如果在单元格中输入错误的公式，按Enter键计算结果后，在单元格中将显示错误的提示信息。在Excel中常见的错误值有“#### 错误”、“#DIV/0! 错误”、“#NAME?错误”以及“#VALUE!错误”等，在知道为何出现这样的错误后，修改为正确的公式便可。常见错误提示的含义如下。

- ####错误：当单元格中所含数据宽度超过单元格本身列宽或者单元格的日期和时间公式产生负值时就会出现“####错误”。
- #VALUE!错误：当使用的参数或操作数类型错误时，或者公式自动更正功能不能更正公式时，将产生“#VALUE!错误”。
- #DIV/0!错误：当公式被0除时，将会产生“#DIV/0!错误”。
- #REF!错误：当单元格引用无效时出现“#REF!错误”。
- #NAME?错误：在公式中使用Excel不能识别的文本时将产生错误值“#NAME?”。

2. 常见参数的含义

函数的参数可以是常量、逻辑值、数组、错误值、单元格引用或嵌套函数等，但指定的参数都必须为有效参数值。各参数的具体含义如下。

- 常量：不进行计算且不发生改变的值，如数字2012、文本“销量”都是常量。
- 逻辑值：即TRUE（真值）或FALSE（假值）。
- 数组：用来建立生成多个结果或对在行和列中排列的一组参数进行计算的单个公式。
- 错误值：如“#N/A”、“空值”或“--”等值。
- 单元格引用：用来表示单元格在工作表中所处位置的坐标集。
- 用其他函数作参数：有些函数可用作其他函数的参数，称为“嵌套”函数。当出现这种情况时，将先计算最深层的嵌套表达式，然后逐渐向外扩展。

01 02 03 04 05 06 07 08 09 10 11 12 ......

Excel 2013 数据分析

本章导读

计算Excel 2013表格中的数据后，还应对其进行适当管理与分析，以便用户更好地查看其中的数据。如对数据的大小进行排序、筛选出用户需要查看的部分数据内容、分类汇总显示各项数据，以及合并计算汇总数据等。

8.1 数据排序

Excel 2013不仅仅具有强大的计算功能，它同时拥有强大的数据管理功能。而数据排序是较为基本的管理方法，用于将表格中杂乱的数据按一定的条件进行排序，该功能在浏览数据量较多的表格时非常实用，如在销售表中按销售额的高低进行排序等，以便更加直观地查看、理解并快速查找需要的数据。

8.1.1 快速排序数据

用Excel的快速排序功能可以对表格中的数据按某一字段（某一列的表头名称）进行排序，包括升序（从低到高）和降序（从高到低）两种排序，其方法为：在工作簿中选择要进行排序数据列中的任意单元格，选择“数据”/“排序和筛选”组，单击“升序”按钮A↓或“降序”按钮Z↓，选中单元格所在列将自动按照升序或降序方式进行排列，如图8-1所示。

	A	B
2		第一季度
3	广州	759,390元
4	上海	803,450元
5	成都	855,620元
6	南京	904,230元
7	重庆	995,050元
8	天津	1,018,360元
9	武汉	1,089,560元
10	北京	1,353,530元
11		

	A	B
2		第一季度
3	北京	1,353,530元
4	武汉	1,089,560元
5	天津	1,018,360元
6	重庆	995,050元
7	南京	904,230元
8	成都	855,620元
9	上海	803,450元
10	广州	759,390元
11		

图8-1　按照升序或降序方式快速排列

8.1.2 对数据进行简单排序

数据的简单排序是指按单个关键字排序，与自动排序方式较为相似，不同的是该方式可通过“排序”对话框指定排序的列（或行）单元格内容，然后进行升序或降序排列。

实例操作：升序排列销售量

- 光盘\素材\第8章\销售量统计表.xlsx
- 光盘\效果\第8章\销售量统计表.xlsx
- 光盘\实例演示\第8章\升序排列销售量

本例在“销售量统计表.xlsx”工作簿中按行排序，将上海地区销售量以降序排列，从而使各季度销售量情况一目了然。

Step 1 开“销售量统计表.xlsx”工作簿，选择需要排序的单元格区域B3:E10，如图8-2所示。

	A	B	C	D	E
1	长空集团销售量统计表				
2		第一季度	第二季度	第三季度	第四季度
3	北京	1,353,530元	1,134,600元	1,785,030元	1,685,030元
4	上海	803,450元	1,214,620元	1,635,250元	1,562,250元
5	天津	1,018,360元	1,451,720元	1,587,760元	1,584,586元
6	重庆	995,050元	916,200元	1,552,680元	1,552,680元
7	成都	855,620元	1,243,100元	1,457,930元	1,957,930元
8	南京	904,230元	1,576,120元	1,364,780元	1,345,780元
9	武汉	1,089,560元	1,538,190元	1,355,520元	1,755,520元
10	广州	759,390元	1,089,160元	1,246,980元	1,856,280元
11					

图8-2　选择排序区域

Step 2 选择“数据”/“排序和筛选”组，单击“排序”按钮，打开“排序”对话框，单击[选项(O)...]按钮，打开“排序选项”对话框，选中[按行排序(L)]单选按钮，然后单击[确定]按钮，如图8-3所示。

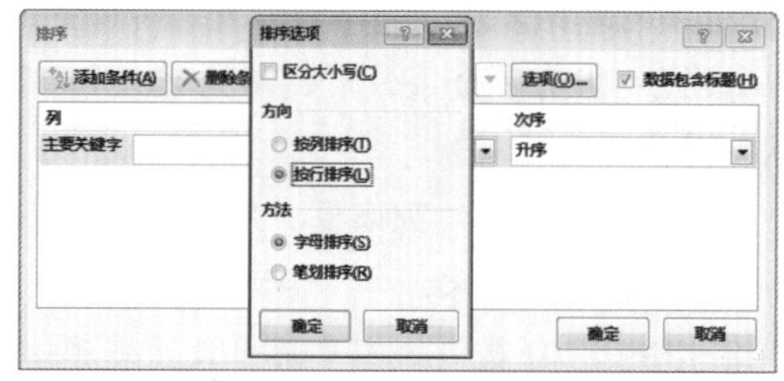

图8-3　按行排序

Step 3 返回“排序”对话框，左侧的“列”栏变为了“行”栏，在下方的“主要关键字”下拉列表框中选择“上海”地区所在的行“行4”选项，在“次序”下拉列表框中选择“降序”选项，然后单击[确定]按钮，如图8-4所示。

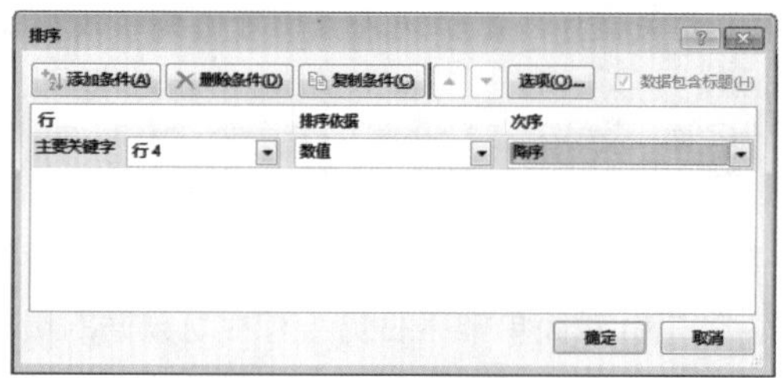

图8-4　设置排序条件

Step 4 ▶ 返回工作表，上海地区的销售量按行进行了排序，从中可看出第三季度的销售量最高，如图8-5所示。

	A	B	C	D	E
1	长空集团销售量统计表				
2		第三季度	第四季度	第二季度	第一季度
3	北京	1,785,030元	1,685,030元	1,134,600元	1,353,530元
4	上海	1,635,250元	1,562,250元	1,214,620元	803,450元
5	天津	1,587,760元	1,584,586元	1,451,720元	1,018,360元
6	重庆	1,552,680元	1,552,680元	916,200元	995,050元
7	成都	1,457,930元	1,957,930元	1,243,100元	855,620元
8	南京	1,364,780元	1,345,780元	1,576,120元	904,230元
9	武汉	1,355,520元	1,755,520元	1,538,190元	1,089,560元
10	广州	1,246,980元	1,856,280元	1,089,160元	759,390元

图8-5　降序排列上海销售量

知识解析：“排序”对话框

- 按钮：单击该按钮可添加排序条件。
- 按钮：单击该按钮可删除选择的条件。
- 按钮：单击该按钮可复制选择的条件，复制后再修改条件内容。
- 按钮：单击该按钮将打开“排序选项”对话框，主要用于设置排序方向和排序方法（按字母a~z和按笔画多少）。
- ▲/▼按钮：当有多个条件时，单击该按钮可上移或下移条件选项。
- “主要关键字”下拉列表框：用于设置排序关键字，即设置排序对象。
- “排序依据”下拉列表框：用于设置排序依据，一般按照默认“数值”排序，其他选项包括单元格颜色、字体颜色等。
- “次序”列表框：用于设置排列次序，包括升序、降序和自定义排序3种方式。
- 数据包含标题(H)复选框：只有在进行数据列排序时显示有效，一般保持默认选中该复选框，表示在“主要关键字”下拉列表框中可选择字段标题。

8.1.3 对数据进行高级排序

数据的高级排序是指按照多个条件对数据进行排序，也是针对简单排序后仍然有相同数据的情况进行的一种排序方式，这种方式也被称做按多个关键字排序。

实例操作：进货数量高级排序

- 光盘\素材\第8章\采购记录表.xlsx
- 光盘\效果\第8章\采购记录表.xlsx
- 光盘\实例演示\第8章\进货数量高级排序

本例在“采购记录表.xlsx”工作簿中对“进货数量”按升序排序，在“进货数量”相同时，按“出货数量”进行升序排序。

Step 1 ▶ 打开“采购记录表.xlsx”工作簿，选择B2:F10单元格区域，选择“数据”/“排序和筛选”组，单击“排序”按钮。打开“排序”对话框，在“列”栏的“主要关键字”下拉列表框中选择“进货数量”选项，在“次序”下拉列表框中选择“升序”选项，如图8-6所示。

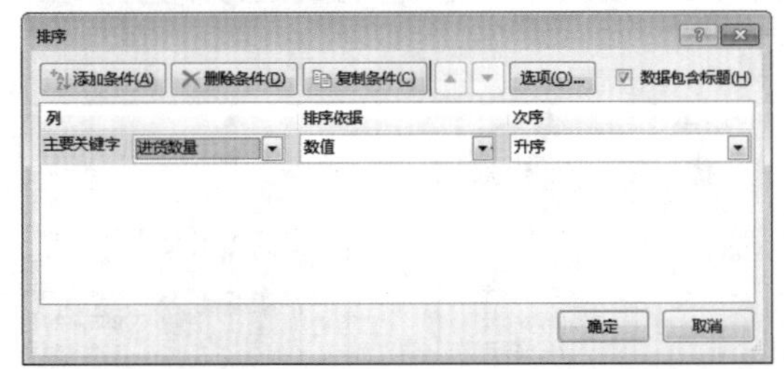

图8-6　设置主要关键字排序条件

技巧秒杀

通常排序时首先要选择表格中的数据区域，如果选择任意数据单元格，在“主要关键字”下拉列表框中将显示“列B”“列C”，而不以字段标识。

Step 2 ▶ 单击按钮，在“次要关键字”下拉列表框中选择“出货数量”选项，在“次序”下拉列表框中选择“升序”选项，如图8-7所示，单击按钮。

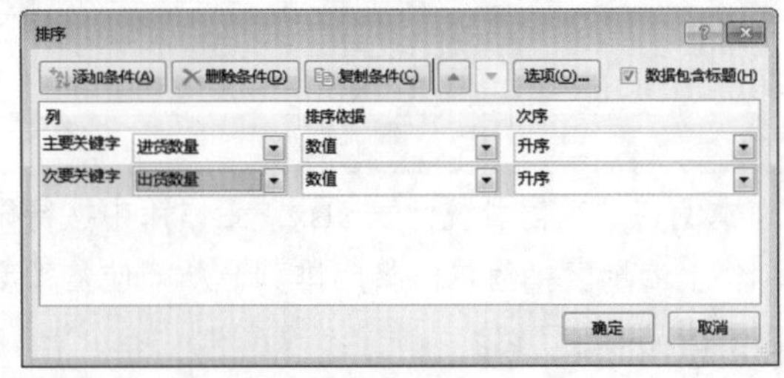

图8-7　设置次要关键字条件

Step 3 ▶ 返回工作表，可看出商品先按照“进货数量”升序排列，当“进货数量”相等时，按照“出货数量”升序排列，如图8-8所示。

丹美百货2014年食品采购记录表					
商品代码	商品名称	单价	上月库存	进货数量	出货数量
000-01	雀巢咖啡	￥250	262	163	254
000-02	青岛啤酒	￥200	266	345	395
000-03	麦斯威尔咖啡	￥250	377	363	558
000-04	蓝剑冰啤	￥250	235	456	324
000-05	蓝剑啤酒	￥200	423	456	567
000-06	百威啤酒	￥200	843	534	742
000-07	银子弹啤酒	￥250	747	645	954
000-09	香浓咖啡	￥200	953	645	973

图8-8　高级排序效果

8.1.4 自定义数据排序

Excel中的排序方式可满足常用需要，对于一些有特殊要求的排序可进行自定义设置，如按照“职务”、“部门”或“学历”等进行排序。

实例操作：自定义职务排列

- 光盘\素材\第8章\部门信息表.xlsx
- 光盘\效果\第8章\部门信息表.xlsx
- 光盘\实例演示\第8章\自定义职务排列

本例将在“部门信息表.xlsx”工作簿中设置自定义排序，按照职务大小进行排列，如图8-9所示。

部门信息表							
编号	姓名	性别	职务	基本工资	津贴	学历	联系电话
201	邓华	女	销售总裁	20000	8000	硕士	1369***10
202	李若倩	男	销售副总裁	15000	5000	大学	1339***15
203	艾张婷	女	销售经理	10000	3000	大学	1399****6
216	唐晓华	男	销售主管	8000	1500	硕士	1319***19
222	李明丽	女	销售副主管	5000	1000	研究生	1319***20
204	谢语宇	女	销售助理	3500	900	大学	1339****4
206	杨丽	男	销售助理	3500	950	硕士	1389****9
205	陈玲玉	男	销售助理	3500	900	硕士	1339***11
217	杨宇	男	销售助理	3500	800	硕士	1319***17
219	周洲	男	销售助理	3500	800	硕士	1319***18
223	朱敏	女	销售助理	3500	950	研究生	1319***24
207	将风	女	销售人员	2000	650	大学	1339****2
208	韩笑	女	销售人员	2000	605	大学	1349****3
209	郭英	男	销售人员	2000	700	大学	1329****5
210	白丽	男	销售人员	2000	550	大学	1339****7
211	陈娟	女	销售人员	2000	550	研究生	1379****8
212	刘　倩	女	销售人员	2000	600	硕士	1359***12
213	陈际鑫	男	销售人员	2000	570	研究生	1339***13
214	蔡晓莉	女	销售人员	2000	655	大学	1339***14
215	韦　妮	女	销售人员	2000	600	大学	1319***16
220	周开明	男	销售人员	2000	600	大学	1319***21
221	邹凯	男	销售人员	2000	600	大学	1319***22
218	唐若琳	女	销售人员	2000	600	大学	1319***23
224	李潇潇	女	销售人员	2000	600	大学	1319***25

图8-9　自定义排序效果

Step 1 ▶ 打开“部门信息表.xlsx”工作簿，选择A3:H26单元格区域。选择“数据”/“排序和筛选”组，单击“排序”按钮，打开“排序”对话框，在“主要关键字”下拉列表框中选择“职务”选项，在“次序”下拉列表框中选择“自定义序列”选项，如图8-10所示。

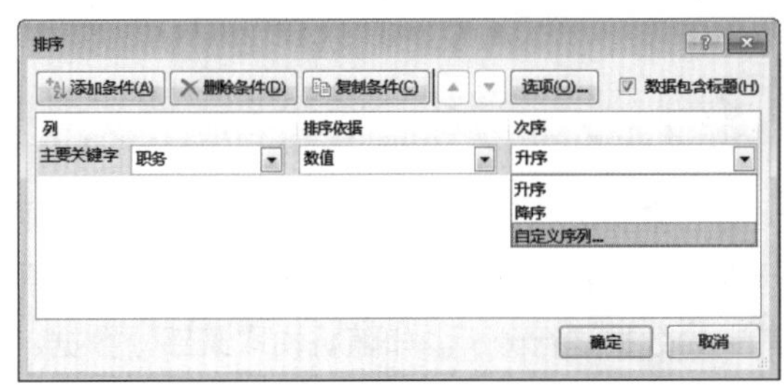

图8-10　选择“自定义序列”排列方式

Step 2 ▶ 打开“自定义序列”对话框，在“自定义序列”选项卡的“输入序列”文本框中输入自定义的新序列，然后单击 确定 按钮，如图8-11所示。

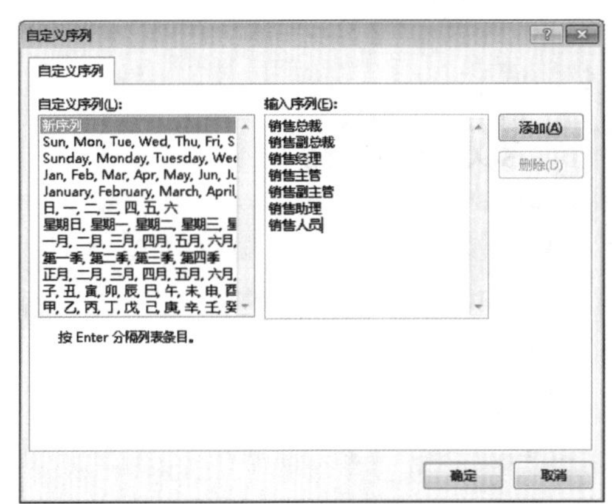

图8-11　输入自定义序列

Step 3 ▶ 返回“排序”对话框，在“次序”下拉列表框中即可看到自定义的排序方式，单击 确定 按钮确认排序，如图8-12所示。

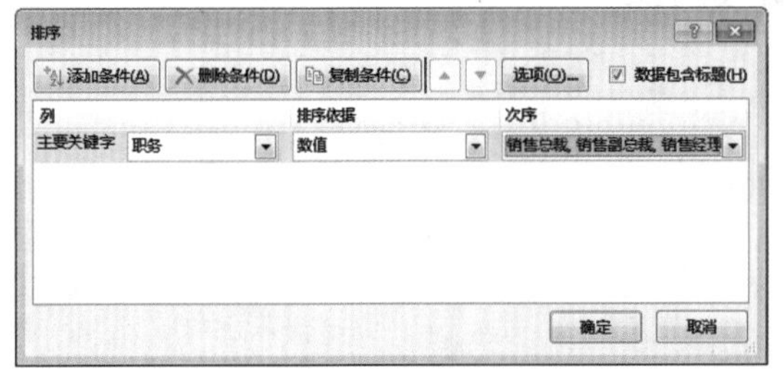

图8-12　按自定义次序排列

> **技巧秒杀**
>
> 为了避免在应用了公式的表格中排序错误，应注意如下事项：单元格排序区域引用了其他工作表中的数据，需要使用绝对应用；对行或列进行排序，应避免使用引用自其他行或列中的公式。

8.1.5 使用RAND函数进行随机排序

进行数据分析时，有时并不会按照固定的规则来进行排序，而是希望对数据进行随机排序，然后再抽取其中的数据进行分析。如随机抽取某部分数据、分析企业的销售数据、库存数据等。在Excel中则可使用RAND函数来轻松实现随机排序的功能。RAND函数主要用于随机生成0~1之间的随机数，其语法结构为：RAND()，用户只需在单元格中输入该函数即可使用，如图8-13所示。

G3 =RAND()

	A	B	C	D	E	F	G
1	销量统计表						
2	商品	一月份	二月份	三月份	四月份	总计	排名
3	电风扇	103,450元	124,620元	165,250元	161,250元	554,570元	0.6784
4	电饭煲	118,360元	145,720元	158,760元	128,760元	551,600元	0.5117
5	木椅	139,390元	108,960元	124,690元	124,550元	497,590元	0.7020
6	充电器	175,620元	124,300元	145,730元	141,130元	586,780元	0.0561
7	插板	104,230元	157,620元	136,780元	131,450元	530,080元	0.2179
8	音箱	163,530元	134,600元	178,030元	178,035元	654,195元	0.4851
9	热水袋	145,050元	96,200元	155,280元	100,280元	496,810元	0.4244
10	取暖器	189,560元	153,890元	135,520元	178,920元	657,890元	0.9895
11	数据线	156,820元	132,300元	111,020元	122,020元	522,160元	0.1626
12	灯泡	84,520元	159,500元	148,450元	143,450元	535,920元	0.6109

Sheet1 Sheet2

图8-13 随机排序

读书笔记

8.2 数据筛选

在工作中，有时需要从数据繁多的工作簿中查找符合某一个或某几个条件的数据，这时可使用Excel的筛选功能，轻松地筛选出符合条件的数据。筛选功能主要有自动筛选、自定义筛选和高级筛选3种方式，下面分别进行介绍。

8.2.1 自动筛选数据

使用Excel的快速筛选功能能够快速地查找到表格中的10个最大值、高于平均值或低于平均值等条件的数据。

实例操作：筛选高于平均的销售额

- 光盘\素材\第8章\销售情况表.xlsx
- 光盘\效果\第8章\销售情况表.xlsx
- 光盘\实例演示\第8章\筛选高于平均的销售额

本例将打开“销售情况表.xlsx”工作簿，然后利用筛选功能筛选出“销售金额”高于平均值的数据。

Step 1 打开“销售情况表.xlsx”工作簿，选择任意数据单元格，在“数据”/“排序和筛选”组中单击“筛选”按钮。单击“销售金额”单元格旁边的按钮，在弹出的下拉列表中选择“数字筛选”/“高于平均值”选项，如图8-14所示。

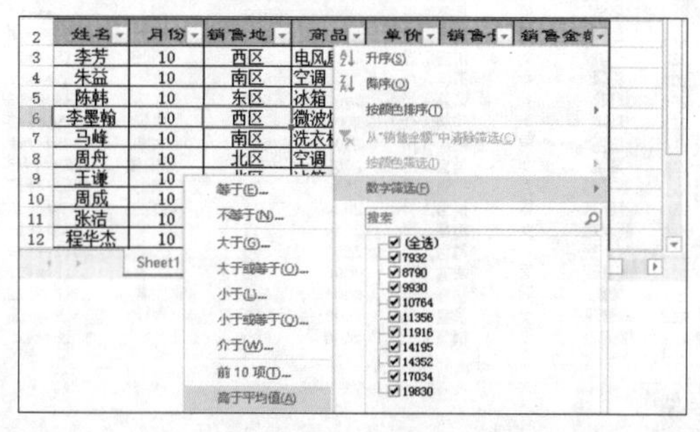

图8-14 筛选高于平均值的选项

Step 2 ▶ 返回工作表，便可查看到筛选出的“销售金额”高于平均值的销售数据，如图8-15所示。

某家电公司销售情况表						
姓名	月份	销售地区	商品	单价	销售量	销售金额
李芳	10	西区	电风扇	3966	5	19830
周舟	10	北区	空调	3588	4	14352
王谦	10	北区	冰箱	2839	6	17034
张洁	10	北区	冰箱	2839	5	14195
赵均	10	北区	空调	3588	4	14352

图8-15　筛选效果

8.2.2 自定义筛选数据

与数据排序类似，如果自动筛选方式不能满足需要，此时可自定义筛选条件，根据用户的自定义设置筛选数据。

实例操作：筛选工资

- 光盘\素材\第8章\工资表.xlsx
- 光盘\效果\第8章\工资表.xlsx
- 光盘\实例演示\第8章\筛选工资

本例将在“工资表.xlsx”工作簿中筛选出总金额大于2000、小于2500的员工。

Step 1 ▶ 打开“工资表.xlsx”工作簿，选择任意数据单元格，再在“数据”/“排序和筛选”组中单击“筛选”按钮，单击“总金额”单元格旁边的按钮，在弹出的下拉列表中选择“数字筛选”/“自定义筛选”选项，如图8-16所示。

图8-16　自定义筛选

Step 2 ▶ 打开“自定义自动筛选方式”对话框，设置筛选的条件，这里在“总金额”栏的第一个下拉列表框中选择“大于”选项，在后面的数值框中输入“2000”，在第二个下拉列表框中选择“小于”选项，在后面的数值框中输入“2500”，再选中与(A)单选按钮，设置完成后单击确定按钮，如图8-17所示。

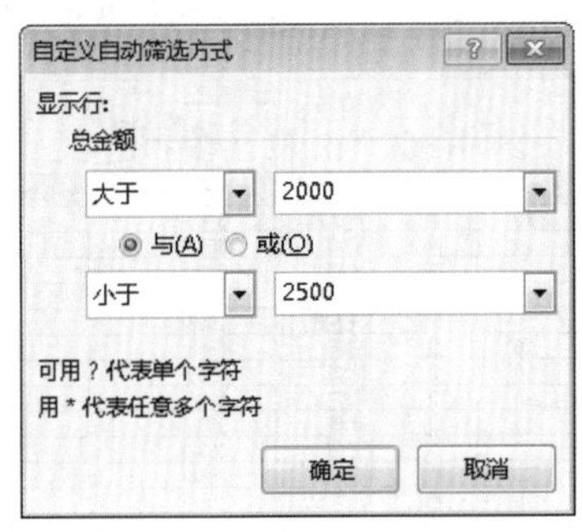

图8-17　设置自定义筛选条件

Step 3 ▶ 返回工作表，便可查看到符合筛选条件的员工，且筛选的单元格旁边的按钮变为按钮，如图8-18所示。

员工工资表					
姓名	基本工资	出差补助	伙食津贴	绩效奖金	总金额
周大龙	1500.00	200.00	180.00	300.00	2180.00
赵凌	1500.00	200.00	180.00	300.00	2180.00
万剑锋	1130.00	470.00	180.00	450.00	2230.00
徐利	1000.00	470.00	180.00	450.00	2100.00
姜江	800.00	470.00	180.00	600.00	2050.00

图8-18　自定义筛选效果

技巧秒杀

在工作表中可进行多列筛选，多列数据筛选就是指为多列单元格设置筛选条件，如本例中已经筛选出总金额大于2000、小于2500的项目，可继续筛选出“绩效奖金”为600的项目。

8.2.3 高级筛选数据

Excel的高级筛选功能可以筛选出同时满足两个或两个以上约束条件的记录，同时可将筛选出的结果输出到指定的位置。

实例操作：按单价和销售量筛选

- 光盘\素材\第8章\销售情况表1.xlsx
- 光盘\效果\第8章\销售情况表1.xlsx
- 光盘\实例演示\第8章\按单价和销售量筛选

本例将在“销售情况表1.xlsx”工作簿中利用高级筛选功能，将单价“>3500”、销售量“>=5”的员工记录筛选出来，效果如图8-19和图8-20所示。

某家电公司销售情况表

姓名	月份	销售地区	商品	单价	销售量	销售金额
李芳	10	西区	电风扇	3966	5	19830
朱益	10	南区	空调	3588	5	17940
陈韩	10	东区	冰箱	2839	4	11356
李墨翰	10	西区	微波炉	1465	6	8790
马峰	10	南区	洗衣机	1986	5	9930
周舟	10	北区	空调	3588	4	14352
王谦	10	北区	冰箱	2839	6	17034
周成	10	北区	洗衣机	1986	5	9930
张洁	10	北区	冰箱	2839	5	14195
程华杰	10	东区	空调	3588	6	21528
周颜	10	南区	电风扇	3966	2	7932
李兵	10	西区	洗衣机	1986	6	11916
赵祥	10	南区	冰箱	2839	4	11356
赵均	10	北区	空调	3588	4	14352

图8-19 原文件

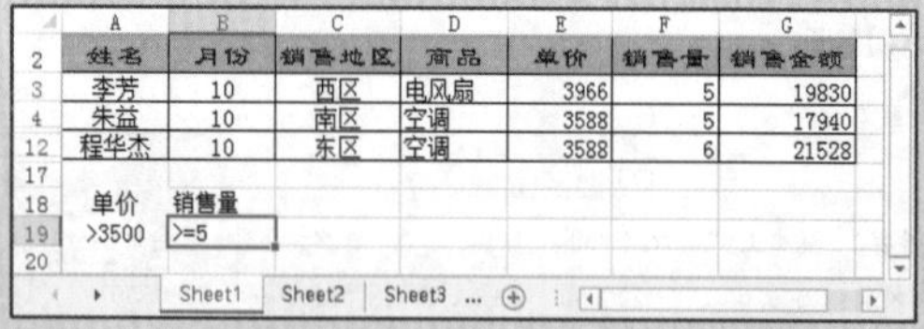

姓名	月份	销售地区	商品	单价	销售量	销售金额
李芳	10	西区	电风扇	3966	5	19830
朱益	10	南区	空调	3588	5	17940
程华杰	10	东区	空调	3588	6	21528

单价	销售量
>3500	>=5

图8-20 筛选效果

Step 1 打开“销售情况表1.xlsx”工作簿，在任意单元格中输入条件，这里分别在A18、A19、B18、B19单元格中输入“单价”“>3500”“销售量”“>=5”，如图8-21所示。

姓名	月份	销售地区	商品	单价	销售量	销售金额
李芳	10	西区	电风扇	3966	5	19830
朱益	10	南区	空调	3588	5	17940
陈韩	10	东区	冰箱	2839	4	11356
李墨翰	10	西区	微波炉	1465	6	8790
马峰	10	南区	洗衣机	1986	5	9930
周舟	10	北区	空调	3588	4	14352
王谦	10	北区	冰箱	2839	6	17034
周成	10	北区	洗衣机	1986	5	9930
张洁	10	北区	冰箱	2839	5	14195
程华杰	10	东区	空调	3588	6	21528
周颜	10	南区	电风扇	3966	2	7932
李兵	10	西区	洗衣机	1986	6	11916
赵祥	10	南区	冰箱	2839	4	11356
赵均	10	北区	空调	3588	4	14352

单价	销售量
>3500	>=5

图8-21 输入筛选条件

Step 2 选择数据列表中的任意单元格，再选择“数据”/“排序和筛选”组，单击“高级”按钮，打开“高级筛选”对话框，选中“在原有区域显示筛选结果”单选按钮，在“列表区域”文本框中设置筛选区域为“A2:G16”，将“条件区域”设置为“A18:B19”。单击“确定”按钮，返回工作表，便可查看到符合筛选条件的员工，如图8-22所示。

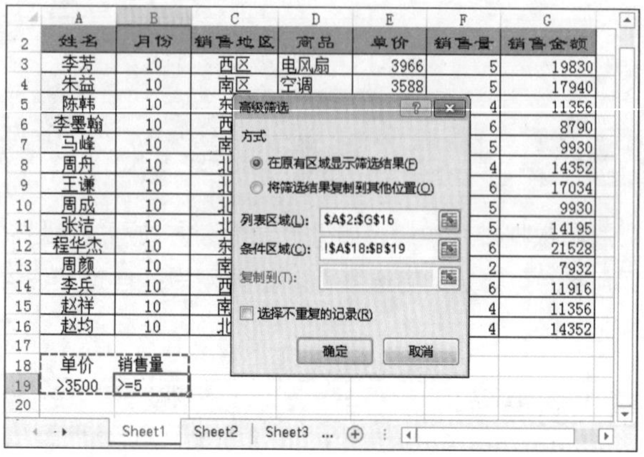

高级筛选
方式
在原有区域显示筛选结果(F)
将筛选结果复制到其他位置(O)
列表区域(L): $A$2:$G$16
条件区域(C): !$A$18:$B$19
复制到(T):
选择不重复的记录(R)
确定 取消

图8-22 筛选数据

知识解析：“高级筛选”对话框

- “方式”栏：该栏中包括“在原有区域显示筛选结果”和“将筛选结果复制到其他位置”单选按钮。选中“在原有区域显示筛选结果”单选按钮，筛选结果显示在原数据表格区域，选中“将筛选结果复制到其他位置”单选按钮，表示将筛选结果显示到其他指定位置。
- “列表区域”文本框：用于设置筛选区域。
- “条件区域”文本框：用于设置条件区域。
- “复制到”文本框：选中“将筛选结果复制到其他位置”单选按钮将激活该文本框，用于设置筛选结果的放置位置。
- “选择不重复的记录”复选框：当数据中有重复选项时，选中该复选框，在筛选结果中将不重复显示相同项目。若数据表格中没有重复选项，该复选框不起作用。

技巧秒杀

对于筛选过的工作簿，再次选择“数据”/“排序和筛选”组，单击“筛选”按钮可退出筛选。

8.2.4 通过搜索框筛选数据

在筛选状态下，通过搜索框筛选数据能够在数据表格中快速搜索出内容相同的项目。

在工作簿中选择任意数据单元格，单击“筛选”按钮进入筛选状态。单击字段单元格旁边的按钮，在弹出的下拉列表的搜索框中输入筛选内容。在弹出的选项中保持默认选中☑(选择所有搜索结果)复选框，显示所有符合筛选内容的项目选项，如图8-23所示，单击确定按钮，筛选出符合输入内容的项目，如图8-24所示。

	姓名	月份	销售地区	商品	单价	销售量	销售金额
3	李芳	10	西区			5	19830
4	朱益	10	南区			3	10764
5	陈韩	10	东区			4	11356
6	李墨翰	10	西区			6	8790
7	马峰	10	南区			5	9930
8	周舟	10	北区			4	14352
9	王谦	10	北区			6	17034
10	周成	10	北区			5	9930
11	张洁	10	北区			5	14195
12	程华杰	10	东区			3	10764
13	周颜	10	南区			2	7932
14	李兵	10	西区			6	11916

升序(S)
降序(O)
按颜色排序(T)
从“销售量”中清除筛选(C)
按颜色筛选(I)
数字筛选(F)
5
☑ (选择所有搜索结果)
☐ 将当前所选内容添加到筛选器
☑ 5
确定 取消

图8-23 利用搜索框筛选满足“5”的项目

某家电公司销售情况表

	姓名	月份	销售地区	商品	单价	销售量	销售金额
3	李芳	10	西区	电风扇	3966	5	19830
4	朱益	10	南区	空调	3588	5	17940
7	马峰	10	南区	洗衣机	1986	5	9930
10	周成	10	北区	洗衣机	1986	5	9930
11	张洁	10	北区	冰箱	2839	5	14195

图8-24 筛选结果

8.2.5 筛选文本型数据

筛选文本型数据实质上是对文字内容进行筛选，其筛选方法与数值型数据的筛选相同。筛选文本型数据字段时，单击按钮后，弹出的下拉列表中的“数据筛选”将显示为“文本筛选”，然后再在弹出的子列表中设置便可。如图8-25所示，在表格中筛选“销售人员”职位，选择“等于”选项，在打开的对话框中输入“销售人员”文本，单击确定按钮即可筛选出“职务”是“销售人员”的数据项目，如图8-26所示。

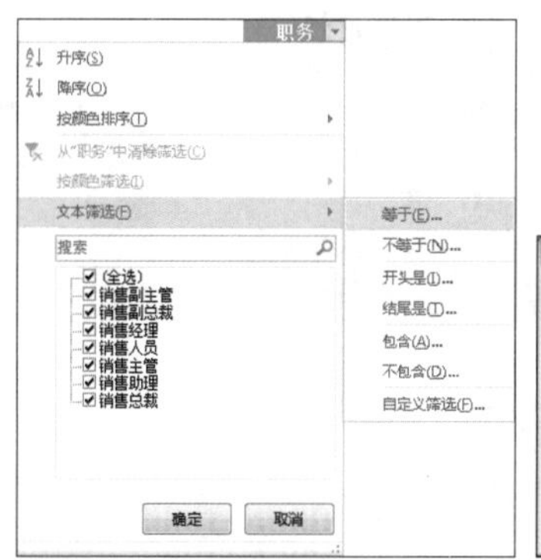

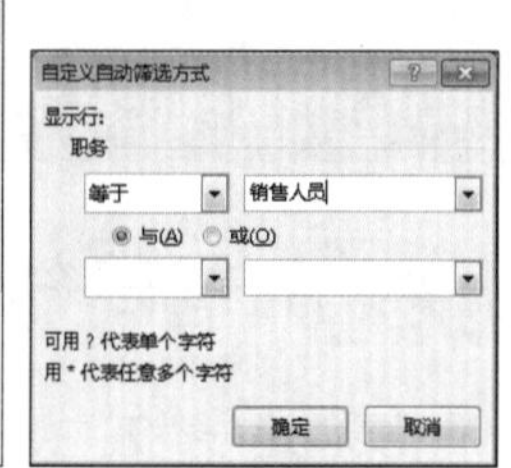

图8-25 筛选“销售人员”

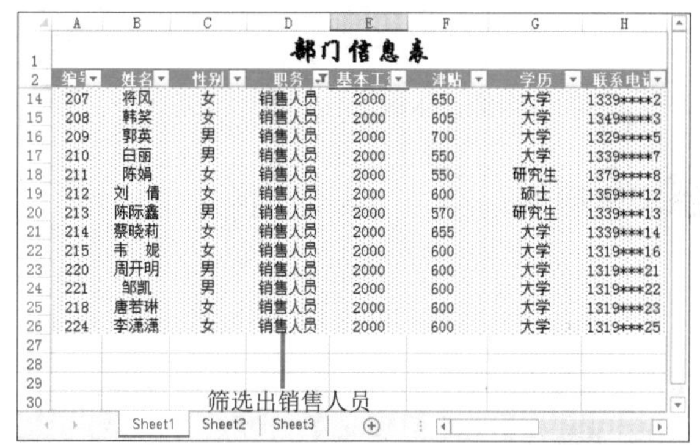

部门信息表

	编号	姓名	性别	职务	基本工资	津贴	学历	联系电话
14	207	将风	女	销售人员	2000	650	大学	1339****2
15	208	韩笑	女	销售人员	2000	605	大学	1349****3
16	209	郭英	男	销售人员	2000	700	大学	1329****5
17	210	白丽	男	销售人员	2000	550	大学	1339****7
18	211	陈娟	女	销售人员	2000	550	研究生	1379****8
19	212	刘　倩	女	销售人员	2000	600	硕士	1359***12
20	213	陈际鑫	男	销售人员	2000	570	研究生	1339***13
21	214	蔡晓莉	女	销售人员	2000	655	大学	1339***14
22	215	韦　妮	女	销售人员	2000	600	大学	1319***16
23	220	周开明	男	销售人员	2000	600	大学	1319***21
24	221	邹凯	男	销售人员	2000	600	大学	1319***22
25	218	唐若琳	女	销售人员	2000	600	大学	1319***23
26	224	李潇潇	女	销售人员	2000	600	大学	1319***25

筛选出销售人员

图8-26 筛选结果

技巧秒杀

当复制表格中的筛选结果数据时，只有显示的行数据被复制；如果要删除筛选结果，只有显示的数据被删除，而隐藏的数据将不会受到影响。

读书笔记

8.3 分类汇总数据

分类汇总，顾名思义可分为两个部分，即分类和汇总。分类汇总即是以某一列字段为分类项目，然后对表格中其他数据列中的数据进行汇总，以便使表格的结构更清晰，使用户能更好地掌握表格中重要的信息。下面将主要介绍分类汇总的创建和编辑。

8.3.1 创建分类汇总

要创建分类汇总，首先要在工作簿中对数据进行排序，再通过在“分类汇总”对话框中进行设置就可以轻松完成操作。分类汇总能够以某一列字段为分类项目，然后对表格中其他数据列中的数据进行汇总，如求和、求平均值、求最大值和最小值等。

实例操作：年终奖汇总

- 光盘\素材\第8章\年度考评表.xlsx
- 光盘\效果\第8章\年度考评表.xlsx
- 光盘\实例演示\第8章\年终奖汇总

本例将在“年度考评表.xlsx”工作簿中按员工的“优良评定”情况进行分类，并按“年终奖”进行求和汇总。

Step 1 ▶ 打开“年度考评表.xlsx”工作簿，单击数据区域中的任意一个单元格，选择“数据”/“分级显示”组，单击“分类汇总”按钮，打开“分类汇总”对话框，在“分类字段”下拉列表框中选择“优良评定”选项，在“汇总方式”下拉列表框中选择“求和”选项，在“选定汇总项”列表框中选中年终奖复选框，单击确定按钮确认设置，如图8-27所示。

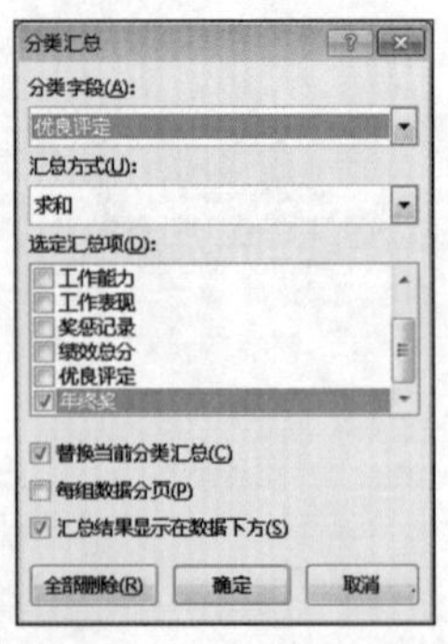

图8-27 汇总年终奖

Step 2 ▶ 返回工作簿，按员工的“优良评定”情况进行分类，并按“年终奖”进行汇总的效果如图8-28所示。

图8-28 汇总效果

知识解析：“分类汇总”对话框

- “分类字段”下拉列表框：用于设置分类汇总的分类项目，通常以字段名称显示。
- “汇总方式”下拉列表框：选择数据汇总的方式，如求和、求最大值汇总等。
- “选定汇总项”列表框：用于设置汇总的项目。
- 替换当前分类汇总(C)复选框：选中该复选框，在已有汇总情况下，更改分类字段或汇总方式，将重新进行汇总，替换当前汇总。
- 每组数据分页(P)复选框：选中该复选框，当有大量数据时，将分页显示每组汇总信息。
- 汇总结果显示在数据下方(S)复选框：选中该复选框，汇总数据显示在数据下方，取消选中该复选框，默认状态下，汇总显示在数据上方。
- 全部删除(R)按钮：单击该按钮，将清除设置，取消分类汇总。

8.3.2 隐藏与显示分类汇总

当在表格中创建了分类汇总后，为了查看某部分数据，可将分类汇总后暂时不需要的数据隐藏起来，减小界面的占用空间，其操作方法是：单击表格左侧的⊟按钮，即可隐藏不需要显示的分类汇总项目，隐藏后其表格左侧的⊟按钮变成⊞按钮，单击该按钮可显示被隐藏的分类汇总项目，如图8-29所示。

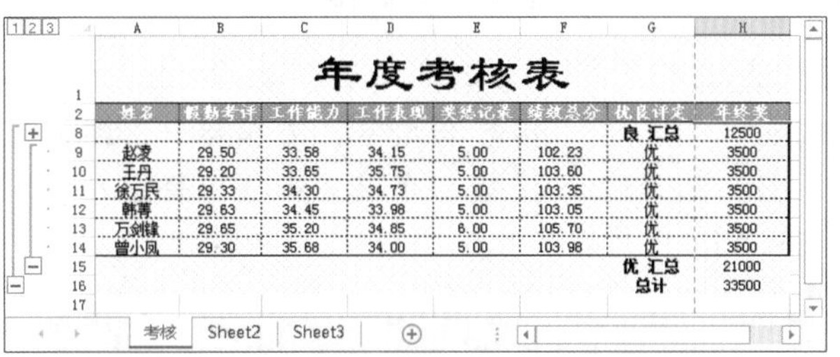

图8-29　隐藏与显示分类汇总

8.3.3 创建多级分类汇总

默认创建分类汇总时，在表格中只显示一种汇总方式，用户可根据所需进行设置，添加“平均值”“最大值”等多重分类汇总项目，方便对数据的分析。

实例操作：年终奖和值与平均值汇总

- 光盘\素材\第8章\年度考评表1.xlsx
- 光盘\效果\第8章\年度考评表1.xlsx
- 光盘\实例演示\第8章\年终奖和值与平均值汇总

本例将在“年度考评表1.xlsx”工作簿中对“年终奖”的平均值进行汇总，效果如图8-30所示。

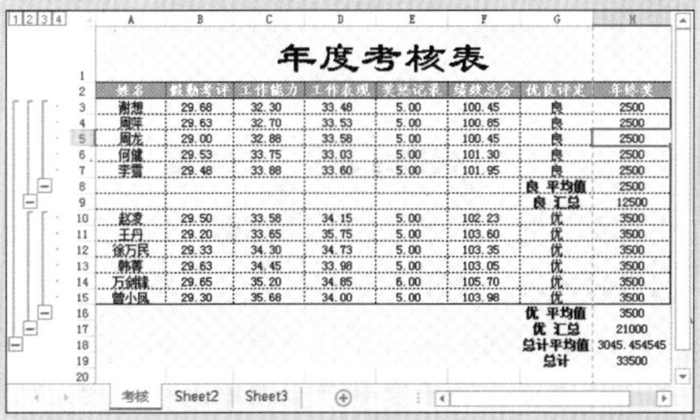

图8-30　汇总效果

Step 1 打开“年度考评表1.xlsx”工作簿，单击数据区域中的任意一个单元格，选择“数据”/“分级显示”组，单击“分类汇总”按钮，如图8-31所示。

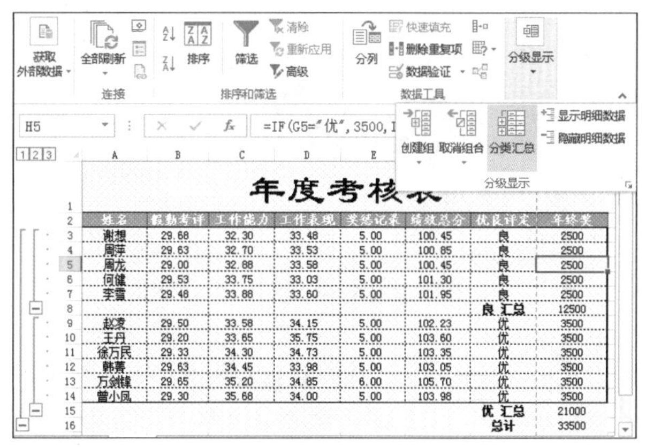

图8-31　执行分类汇总

Step 2 打开“分类汇总”对话框，在“分类字段”下拉列表框中选择“优良评定”选项，在“汇总方式”下拉列表框中选择“平均值”选项，在“选定汇总项”列表框中选中☑年终奖复选框，然后取消选中□替换当前分类汇总(C)复选框，单击确定按钮确认设置，如图8-32所示。返回工作表即可看见按员工的“优良评定”情况进行分类，并按“年终奖”进行“求和”与“平均值”多重分类汇总。

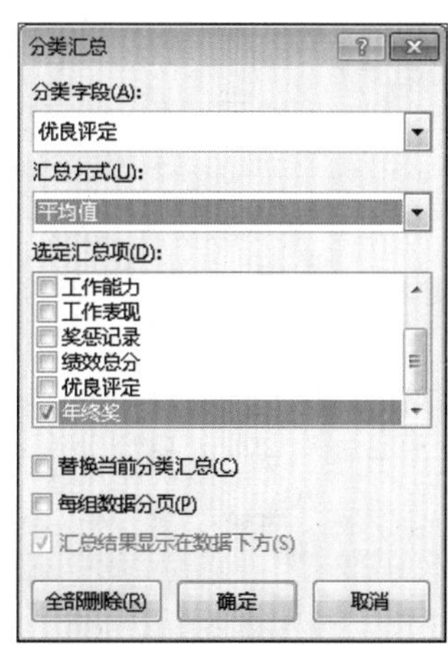

图8-32　设置分类汇总

技巧秒杀

如果在表格中已创建分类汇总，在“分类汇总”对话框中设置新的汇总方式，然后选中☑替换当前分类汇总(C)复选框，则可将当前分类汇总替换成新的分类汇总样式。

8.4 假设运算分析

当需要分析大量且较为复杂的数据时，可运用Excel的假设分析功能对数据进行分析，从而大大降低工作难度。Excel的假设分析功能可通过模拟运算表、方案管理器和单变量求解3种方法实现。下面将分别对Excel中所涉及的假设运算分析功能进行介绍。

8.4.1 模拟运算表

当表格中的数据具有更多的分析要求时，会有更多的数据变化，可通过Excel中的模拟运算功能计算实现。模拟运算表分为单变量模拟运算表和双变量模拟运算表两种。

1. 单变量模拟运算表

单变量模拟运算表是指计算中只有一个变量，通过模拟运算表功能便可快速计算结果。

实例操作：单变量模拟分析月交易额

- 光盘\素材\第8章\单变量模拟分析.xlsx
- 光盘\效果\第8章\单变量模拟分析.xlsx
- 光盘\实例演示\第8章\单变量模拟分析月交易额

本例将在“单变量模拟分析.xlsx”工作簿中利用单变量模拟运算表计算月交易额，在计算过程中，只有一个变量，即欧元汇率。

Step 1 打开“单变量模拟分析.xlsx”工作簿，在E3单元格中输入“=C9”，引用数据，选择D3:E10单元格区域，选择“数据”/“数据工具”组，单击“模拟分析”按钮，在弹出的下拉列表中选择“模拟运算表”选项，如图8-33所示。

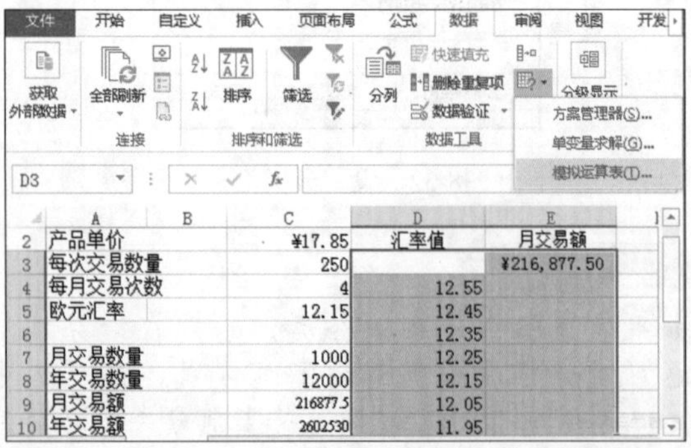

图8-33　选择分析数据区域

Step 2 打开“模拟运算表”对话框，将光标定位在“输入引用列的单元格”文本框中，然后在表格中选择C5单元格，在该文本框中将自动输入“$C$5”，然后单击 确定 按钮，如图8-34所示。

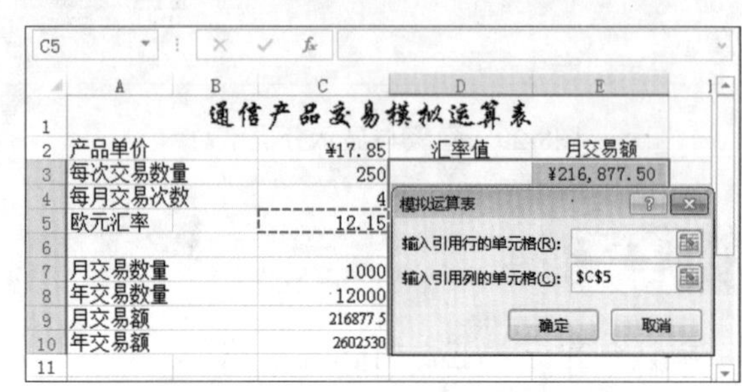

图8-34　输入引用列的单元格地址

Step 3 返回工作表，便可看到通过单变量模拟运算表自动计算出在不同汇率值下的月交易额，如图8-35所示。

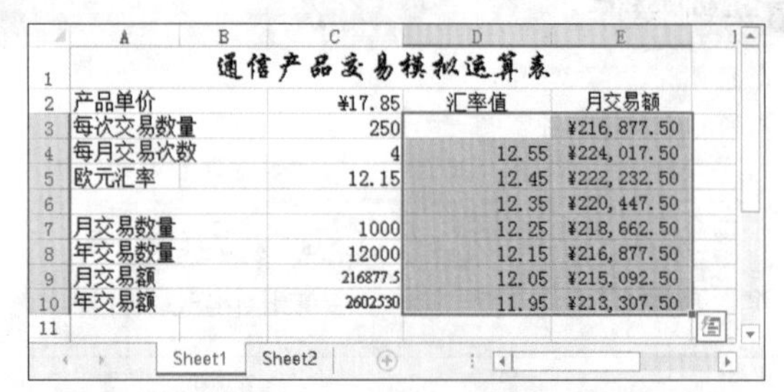

图8-35　模拟运算分析结果

知识解析：“模拟运算表”对话框

- “输入引用行的单元格”文本框：输入引用行单元格的地址，表示变量产生在单元格行中。
- “输入引用列的单元格”文本框：输入引用列单元格的地址，表示变量产生在单元格列中。

技巧秒杀

当在“输入引用行的单元格”和“输入引用列的单元格”文本框中都输入地址时，表示应用双变量。

2. 双变量模拟运算表

双变量模拟运算表是指计算中存在两个变量，即同时分析两个因素最终结果的影响。

实例操作：双变量模拟分析月交易额

- 光盘\素材\第8章\双变量模拟分析.xlsx
- 光盘\效果\第8章\双变量模拟分析.xlsx
- 光盘\实例演示\第8章\双变量模拟分析月交易额

本例将在“双变量模拟分析.xlsx”工作簿中利用双变量模拟运算表计算月交易额，在计算过程中有两个变量，分别是欧元汇率和产品单价。

Step 1 打开“双变量模拟分析.xlsx”工作簿，在A12单元格中输入“=C9”，选择A12:D19单元格区域，打开“模拟运算表”对话框，在“输入引用行的单元格”文本框中输入“$C$2”，在“输入引用列的单元格”文本框中输入“$C$5”，单击 确定 按钮，如图8-36所示。

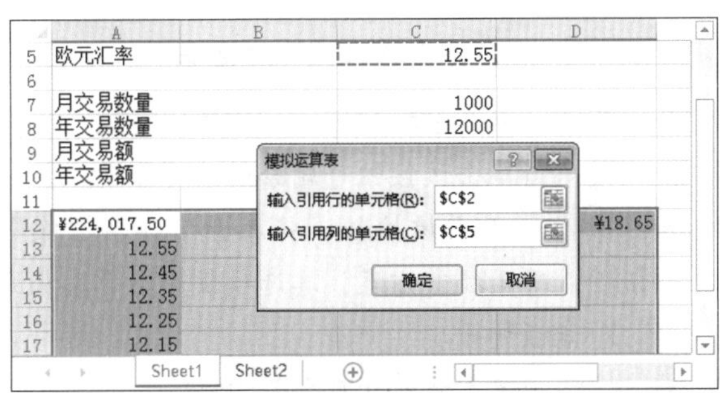

图8-36 选择添加的引用区域

Step 2 返回工作表，便可看到通过双变量模拟运算表计算出在不同汇率与单价下的月交易额，如图8-37所示。

	A	B	C	D
8	年交易数量		12000	
9	月交易额		¥224,017.50	
10	年交易额		¥2,688,210.00	
11				
12	¥224,017.50	¥18.85	¥18.75	¥18.65
13	12.55	¥236,567.50	¥235,312.50	¥234,057.50
14	12.45	¥234,682.50	¥233,437.50	¥232,192.50
15	12.35	¥232,797.50	¥231,562.50	¥230,327.50
16	12.25	¥230,912.50	¥229,687.50	¥228,462.50
17	12.15	¥229,027.50	¥227,812.50	¥226,597.50
18	12.05	¥227,142.50	¥225,937.50	¥224,732.50
19	11.95	¥225,257.50	¥224,062.50	¥222,867.50
20				

图8-37 计算结果

8.4.2 方案管理器

Excel的假设分析功能提供了方案管理器，可以利用它对数据进行分析，运用不同的方案进行假设分析，在不同因素下比较最适合的方案。

实例操作：分析最优贷款方案

- 光盘\素材\第8章\贷款分析表.xlsx
- 光盘\效果\第8章\贷款分析表.xlsx
- 光盘\实例演示\第8章\分析最优贷款方案

本例将在“贷款分析表.xlsx”工作簿中创建方案，分析数据，选择最优贷款方案。其中，甲银行提供的方案为贷款额10万，年限5年，年利率5%；乙银行提供的方案为贷款额10万，年限6年，年利率5.8%。

Step 1 打开“贷款分析表.xlsx”工作簿，选择“数据”/“数据工具”组，单击“模拟分析”按钮，在弹出的下拉列表中选择“方案管理器”选项，在打开的“方案管理器”对话框中单击 添加(A)... 按钮，如图8-38所示，准备创建方案。

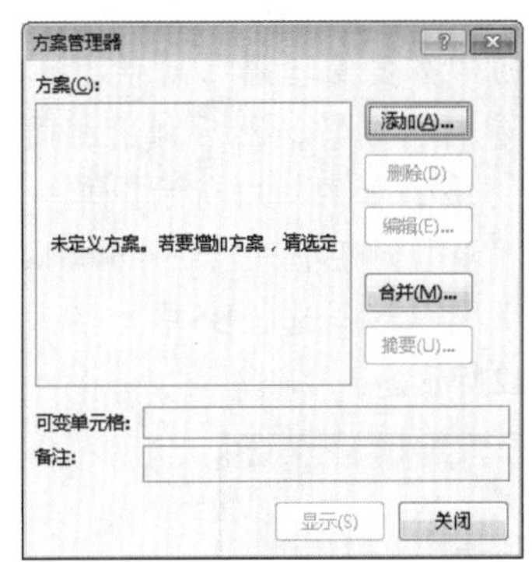

图8-38 准备创建方案

Step 2 打开“添加方案”对话框，在“方案名”文本框中输入方案的名称，这里输入“甲银行”，在“可变单元格”文本框中输入变量，这里选择B3、B4单元格，单击 确定 按钮，如图8-39所示。

技巧秒杀

在“可变单元格”文本框中输入可变单元格时，输入单个的单元格，中间用半角的“,”分隔；如果是相邻的区域，可用“:”分隔。

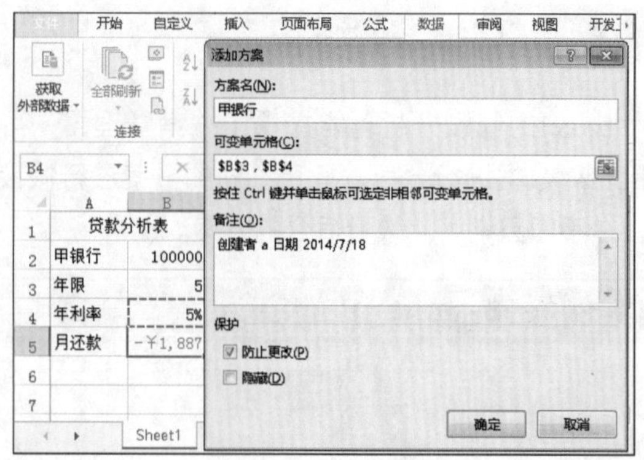

图8-39　设置可变量引用位置

Step 3 打开“方案变量值”对话框，在其中输入每个可变单元格的值，因为贷款的金额相同，因此这里分别输入甲银行的贷款年限和年利率，再单击确定按钮，如图8-40所示。

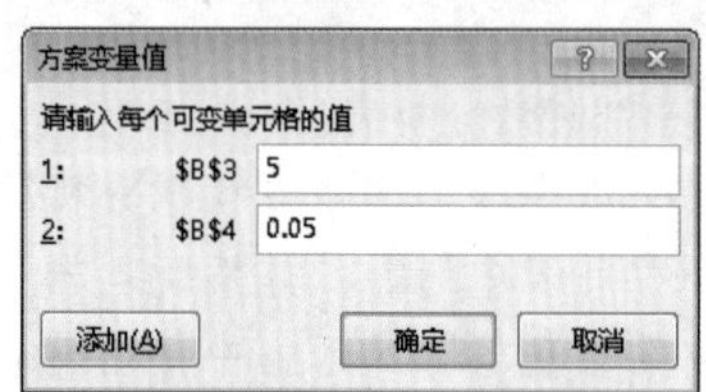

图8-40　设置方案变量值

Step 4 返回“方案管理器”对话框，可以看到已创建的“甲银行”方案，然后利用相同的方法创建“乙银行”方案，如图8-41所示。单击摘要(U)...按钮，打开“方案摘要”对话框，选中方案摘要(S)单选按钮，设置结果单元格，这里选择B5单元格，单击添加(A)...按钮，如图8-42所示。

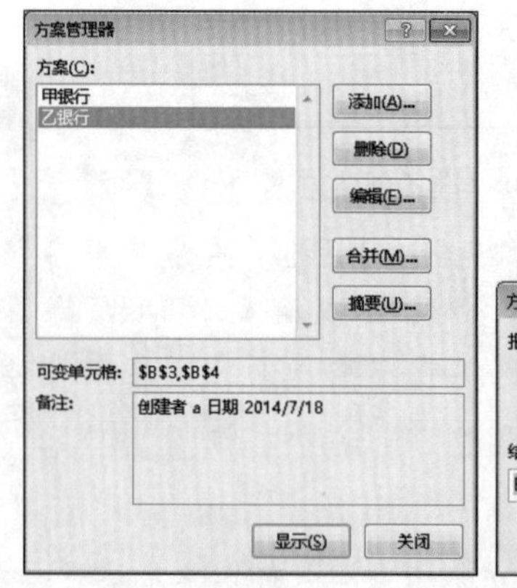

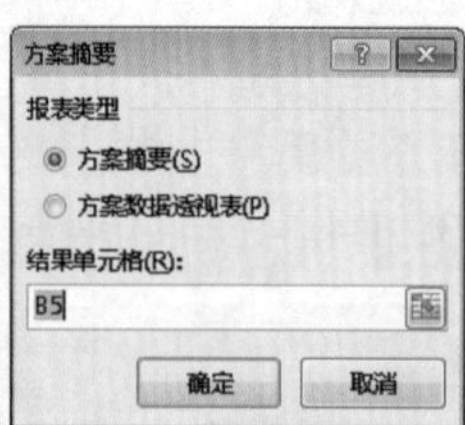

图8-41　创建“乙银行”方案　　图8-42　生成方案摘要

技巧秒杀

乙银行的“可变单元格”同样是B3、B4单元格；“方案变量值”是乙银行的贷款年限和年利率，分别为6年和5.8%。

Step 5 返回工作簿，即可查看到生成的方案报告，即“方案摘要”工作表，其中列出了两种方案的变量值、结果值，通过比较可以看出哪个银行的方案更适合，如图8-43所示。

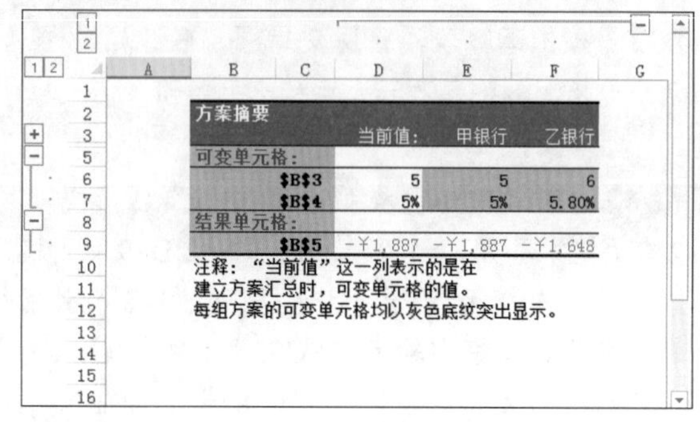

图8-43　方案摘要的效果

知识解析：“方案管理器”对话框

- ◆ 添加(A)...按钮：单击该按钮可添加方案。
- ◆ 删除(D)按钮：单击该按钮可删除创建的方案。
- ◆ 编辑(E)...按钮：单击该按钮，将打开“编辑方案”对话框，用于编辑方案，其选项设置与“添加方案”对话框相同。
- ◆ 合并(M)...按钮：单击该按钮可合并方案。
- ◆ 摘要(U)...按钮：单击该按钮可生成方案摘要。
- ◆ “可变单元格”文本框：用于显示设置的可变单元格引用地址。
- ◆ “备注”文本框：用于显示方案创建的日期。
- ◆ 显示(S)按钮：当设置方案隐藏属性后，单击该按钮将显示全部方案。

知识解析：“添加方案”对话框

- ◆ “方案名”文本框：用于输入方案名称。
- ◆ “可变单元格”文本框：用于设置可变单元格的引用地址。
- ◆ “备注”文本框：用于输入说明信息，默认自动添加方案创建日期。

◆ 防止更改(P)复选框：选中该复选框，可保护方案设置，防止变更。

◆ 每组数据分页(P)复选框：选中该复选框，当有大量数据时，将分页显示每组汇总信息。

◆ 隐藏(D)复选框：选中该复选框，将隐藏创建的方案。

知识解析：“方案摘要”对话框

◆ 方案摘要(S)单选按钮：选中该单选按钮，方案摘要将以表格数据显示。

◆ 方案数据透视表(P)单选按钮：选中该单选按钮，方案摘要将以数据透视表显示。

◆ “结果单元格”文本框：用于设置目标分析单元格。

技巧秒杀

方案摘要表格中的数据是固定的，更改任意一个单元格数据，其他数据不会发生相应更改，需在方案管理器中设置。

8.4.3 单变量求解

在工作中有时会需要根据已知的公式结果来推算各个条件，如根据已知的月还款额来计算银行的年利率，这时便可使用单变量求解功能解决问题。

实例操作：逆向分析年利率

- 光盘\素材\第8章\年利率分析表.xlsx
- 光盘\效果\第8章\年利率分析表.xlsx
- 光盘\实例演示\第8章\逆向分析年利率

本例将在“年利率分析表.xlsx”工作簿中根据月还款额，分析银行的年利率。

Step 1 打开“年利率分析表.xlsx”工作簿，选择任意单元格，这里选择C5单元格，输入要引用的公式“=PMT(B4/12,B3,B2)”，按Enter键计算出结果，如图8-44所示。

技巧秒杀

在分析数据时，需输入公式引用数据，而不能直接输入数值，否则将不能查看数据的变动情况。

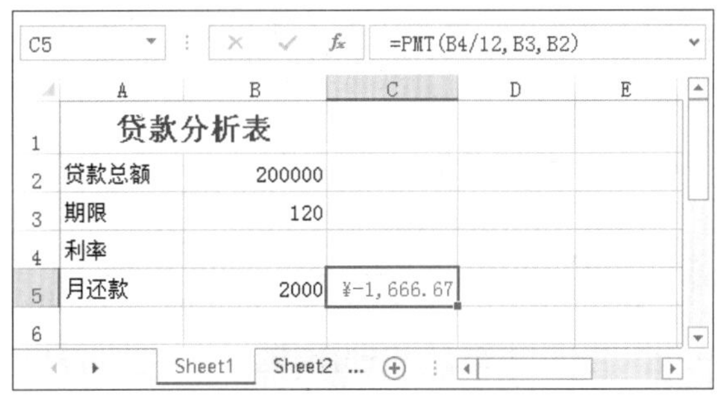

	A	B	C	D	E
1	贷款分析表				
2	贷款总额	200000			
3	期限	120			
4	利率				
5	月还款	2000	¥-1,666.67		
6					

图8-44 计算每月还款额

操作解谜

这里的“=PMT(B4/12,B3,B2)”函数是指计算每月还款金额，B3单元格中的期限“120”，是指120个月，如以年为单位，则输入“=PMT(B4/12,B3*12,B2)”。

Step 2 选择“数据”/“数据工具”组，单击“模拟分析”按钮，在弹出的下拉列表中选择“单变量求解”选项。打开“单变量求解”对话框，在“目标单元格”文本框中输入引用公式的单元格，这里选择C5单元格，在“目标值”文本框中输入已知的月还款额，这里输入“-2000”，在“可变单元格”文本框中选择B4单元格，单击确定按钮，如图8-45所示。然后在打开的“单变量求解状态”对话框中单击确定按钮，如图8-46所示。

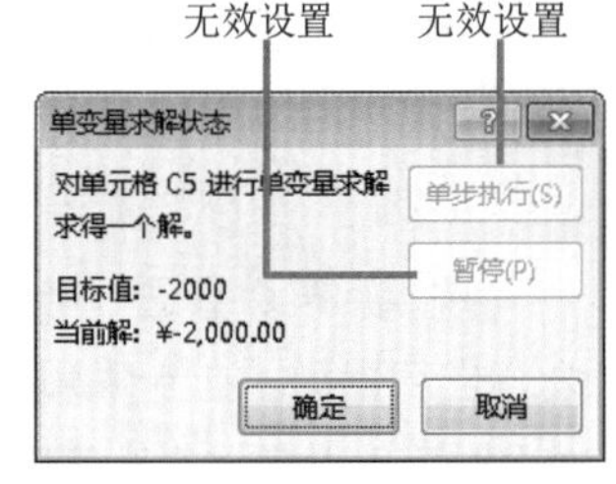

图8-45 设置可变量引用位置 图8-46 设置方案变量值

知识解析：“单变量求解”对话框

◆ “目标单元格”文本框：用于输入引用固定每月还款额的单元格地址。

◆ “目标值”文本框：用于输入已知规定的还款额，以负值表示。

◆ “可变单元格”文本框：用于输入分析结果的可变单元格地址。

Step 3 ▶ 返回工作簿，在B4单元格中即可查看到可变单元格中已计算出贷款利率，如图8-47所示。

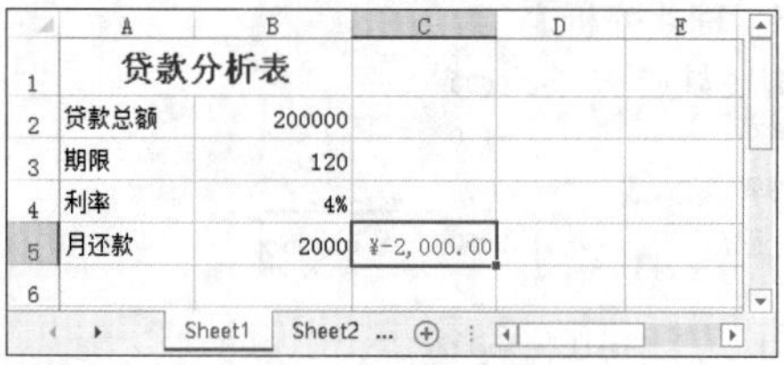

	A	B	C	D	E
1	贷款分析表				
2	贷款总额	200000			
3	期限	120			
4	利率	4%			
5	月还款	2000	¥-2,000.00		
6					

图8-47　查看贷款利率

读书笔记

知识大爆炸

——Excel 2013排序与筛选知识

1. 特殊排序

通常在排序时，是按照数据数值大小或文本内容排序，除此之外，可在Excel中使用特殊排序方法，按单元格颜色和字符数量进行排序。

（1）按单元格颜色排序

很多时候，为了突出显示数据，会为单元格填充颜色，因为Excel具有在排序时识别单元格或字体颜色的功能，因此在数据的实际排序中可根据单元格颜色进行灵活整理进行排序，其方法是：当需要排序的字段中只有一种颜色时，在该字段中选择任意一个填充颜色的单元格，然后单击鼠标右键，在弹出的快捷菜单中选择“排序”/“将所选单元格颜色放在最前面”命令，便可将填充颜色的单元格放置到字段列的最前面；如果表格某字段中设置了多种颜色，在打开的“排序”对话框中将字段表头内容设置为主/次关键字，在“排序依据”下拉列表框中选择“单元格颜色”选项，将“单元格颜色”作为排列顺序的依据，再在“次序”下拉列表框中选择单元格的颜色，如将“红色”置于最上方，然后依次是“橙色”“黄色”等。

（2）按字符数量进行排序

按照字符数量进行排序是为了满足阅读习惯，因为习惯上都是由较少文本开始依次向字符数量多的文本内容进行排列。在制作某些表时，常需要用这种排序方式，使数据整齐清晰，如在一份图书推荐单中，按图书名称字符数量进行升序排列，其方法是：首先输入函数“=LEN()”，按Enter键，返回包含的字符数量，然后选择字符数量列中的单元格，再选择“数据”/“排序和筛选”组，单击“升序”按钮A↓Z或“降序”按钮Z↓A，按照字符数量升序或降序排列。

2. 特殊筛选

Excel中能够通过特殊排序方式按单元格颜色排序，同样，可使用特殊筛选功能按字体颜色或单元格颜色筛选数据，以及使用通配符筛选。

（1）按字体颜色或单元格颜色筛选

如果在表格中设置了单元格或字体颜色，通过单元格或字体颜色可快速筛选数据。单击设置过字体颜色或填充过单元格颜色字段右侧的按钮后，弹出的下拉列表中“按颜色筛选”选项变为可用，选择该选项，在弹出的子列表中便显示按单元格颜色筛选和按字体颜色筛选命令，选择对应命令即可筛选出所需数据。

（2）使用通配符进行模糊筛选

在某些场合中需要筛选出包含某部分内容的数据项目时，便可使用通配符进行模糊筛选，如下面筛选包含“红”的颜色选项，首先对表格按“价格”降序排列，然后选择数据表格，再选择“数据”/“排序和筛选”组，单击“筛选”按钮，然后单击“颜色”单元格旁边的按钮，在弹出的下拉列表中选择“文本筛选”/“自定义筛选”选项，打开“自定义自动筛选方式”对话框，在“颜色”栏第一个下拉列表框中选择“等于”选项，在右侧的文本框中输入“红?”，单击按钮，便可筛选出包含“红”的颜色项目，如图8-48所示。

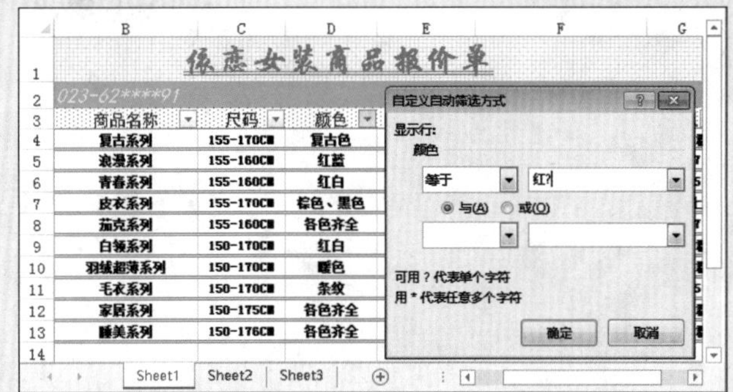

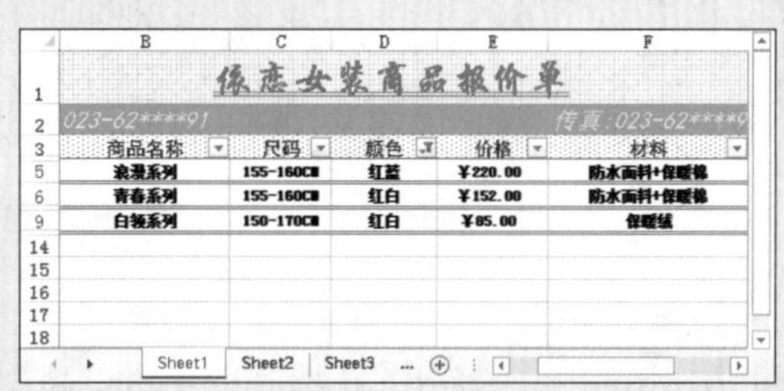

图8-48　使用通配符进行模糊筛选

读书笔记

01 02 03 04 05 06 07 08 09 10 11 12……

Excel 2013 高效图饰

本章导读

本章主要介绍图表的基础知识，让用户对图表在表格数据分析中的应用进行全面的了解，如图表的分类和应用范围，创建图表的方法，编辑图表的各种操作，以及创建数据透视表和数据透视图，并通过数据透视图、数据透视表对数据进行分析。

9.1 创建图表

Excel创建的图表是重要的数据分析工具，可视作一种特殊图形，它运用直观的形式来表现工作簿中抽象而枯燥的数据，具有良好的视觉效果，从而让数据更容易理解。它包含了很多元素，如数据系列、坐标轴，这些元素都是根据表格中的数据得来的。

9.1.1 认识图表各组成部分及作用

图表是Excel中重要的数据分析工具，可直观地表现抽象的数据，让数据显示更清楚、更容易被理解。图表中包含许多元素，默认只显示其中部分元素，而其他元素则可根据需要添加。图表元素主要包括图表区、图表标题、网格线、图例、绘图区和坐标轴等，如图9-1所示。

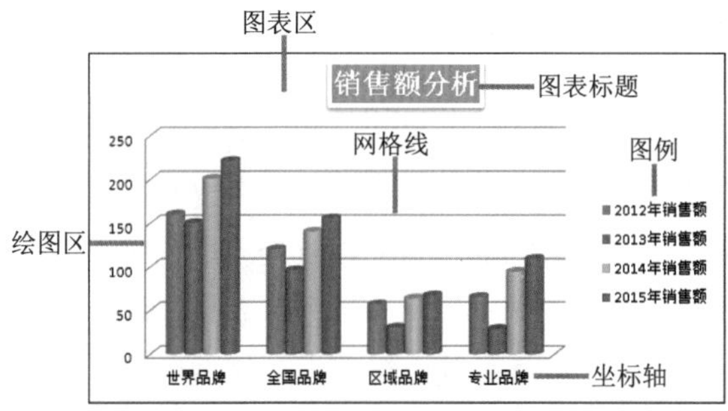

图9-1　图表结构

图表有很多种，但是其组成部分大同小异，各部分在图表中的功能也并无分别。下面分别介绍几个主要部分的作用。

- **图表区**：图表区就是整个图表的背景区域，包括所有的数据信息以及图表辅助的说明信息。
- **图表标题**：图表标题是对本图内容的一个概括，说明图表的中心内容是什么。
- **图例**：用色块表示图表中各种颜色所代表的含义。
- **绘图区**：图表中描绘图形的区域，其形状根据表格数据形象化转换而来。绘图区包括数据系列、坐标轴和网格线。
- **数据系列**：数据系列是根据用户指定的图表类型以系列的方式显示在图表中的可视化数据，在分类轴上每一个分类都对应着一个或多个数据，并以此构成数据系列。
- **坐标轴**：分为横坐标轴和纵坐标轴。一般来说，横坐标轴，即X轴是分类轴，其作用是对项目进行分类；纵坐标轴，即Y轴是数值轴，其作用是对项目进行描述。
- **网格线**：网格线即配合数值轴对数据系列进行度量的线，网格线之间是等距离间隔的，间隔值可根据需要调整。

9.1.2 图表的类型

针对不同的数据源及图表要表达的重点，在建立图表前，首先要判断使用哪种类型的图表，只有选择了合适的图表类型，才能直观地反映数据间的关系，使数据显示更加直观。Excel中提供了多种类别的图表供用户选择，下面分别进行介绍。

- **柱形图**：柱形图通常用于显示一段时间内的数据变化或对数据进行对比分析，包括二维柱形图、三维柱形图、圆柱图、圆锥图和棱锥图等。在柱形图中，通常沿水平轴组织类别，沿垂直轴组织数值。如图9-2所示为三维簇状柱形图。

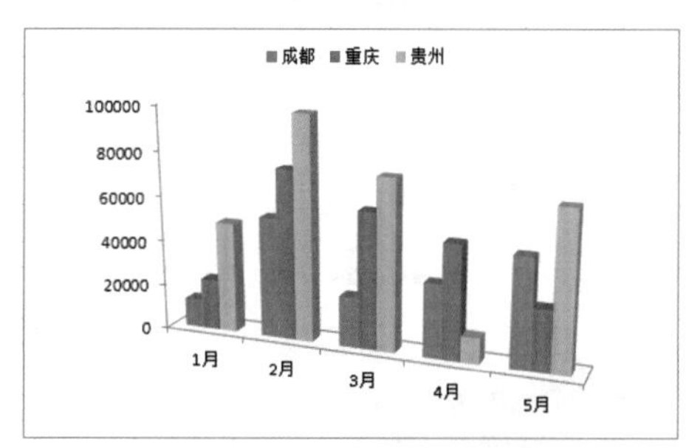

图9-2　三维簇状柱形图

- **折线图**：折线图通常用于显示随时间而变化的连续数据，尤其适用于显示在相等时间间隔下数据的趋势，可直观地显示数据的走势情况。在折线

图中，类别数据沿水平轴均匀分布，所有值数据沿垂直轴均匀分布。如图9-3所示为带数据标记的折线图。

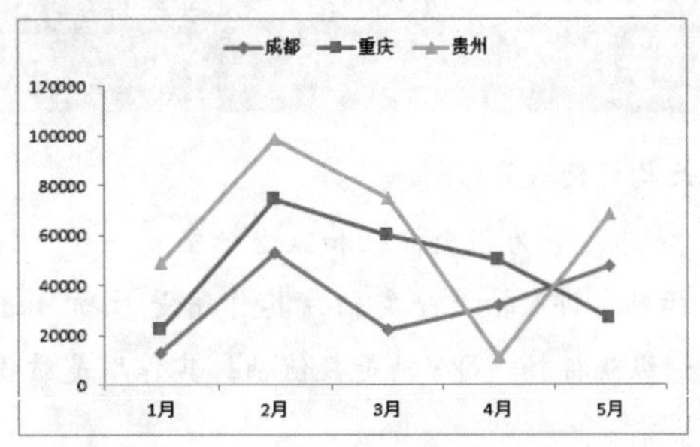

图9-3 带数据标记的折线图

◆ **饼图：**饼图通常用于显示一个数据系列中各项数据的大小与各项总和的比例，包括二维饼图和三维饼图两种形式，其中的数据点显示为整个饼图的百分比。如图9-4所示为三维饼图。

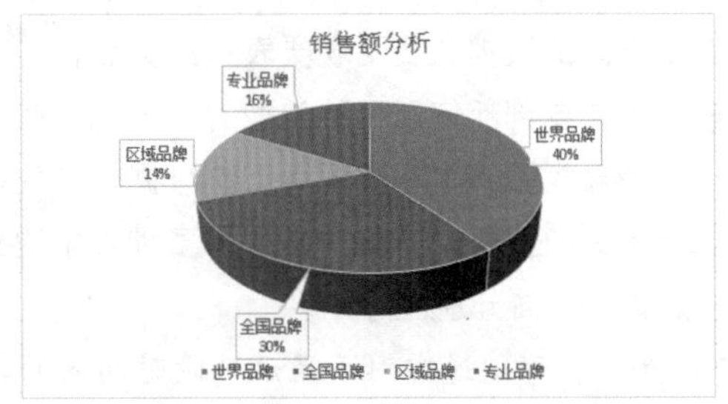

图9-4 三维饼图

◆ **条形图：**条形图通常用于显示各个项目之间的比较情况，排列在工作簿的列或行中的数据都可以绘制到条形图中。条形图包括二维条形图、三维条形图和堆积图等，当轴标签过长或者显示的数值为持续型时，都可以使用条形图。如图9-5所示为三维簇状条形图。

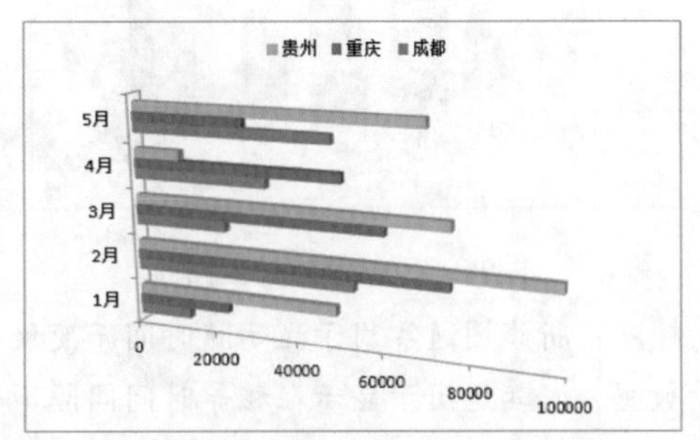

图9-5 三维簇状条形图

◆ **面积图：**面积图可以显示出每个数值的变化，强调的是数据随着时间发生变化的幅度。通过面积图，可以直观地观察到整体和部分的关系。面积图包括二维面积图、堆积面积图、百分比堆积面积图、三维面积图等多种图表类型。如图9-6所示为三维面积图。

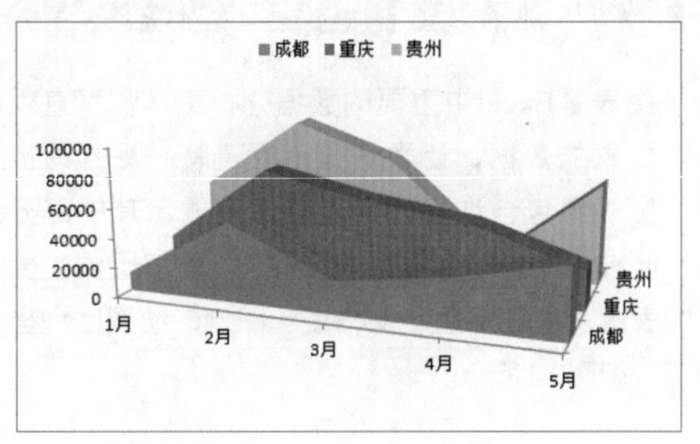

图9-6 三维面积图

◆ **XY散点图：**XY散点图类似于折线图，用于显示单个或多个数据系列在时间间隔内发生的变化，能够表达趋势预测。散点图有两个数值轴，沿水平轴（X轴）方向显示一组数值数据，沿垂直轴（Y轴）方向显示另一组数据，散点图将这些数值合并到单一数据点，并以不均匀间隔显示。如图9-7所示为带平滑线和数据标记的散点图。

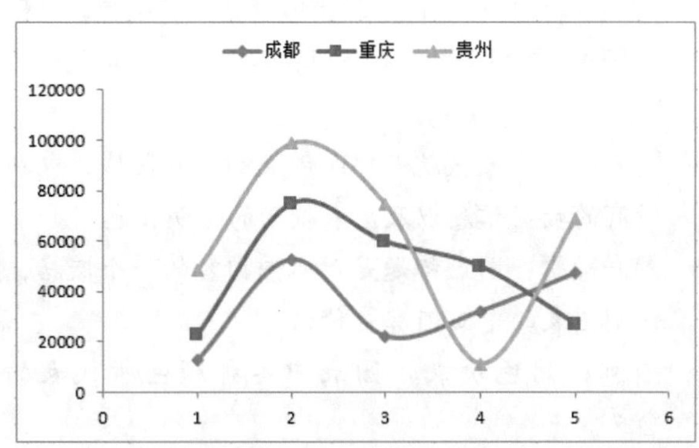

图9-7 带平滑线和数据标记的散点图

◆ **其他图表：**其他图表包括股价图、曲面图和雷达图等。股价图主要是表示股票走势的图形，要创建股价图，首先要对表格中的股票数据按照一定的顺序进行排列；曲面图主要是以平面显示数据的变化趋势，用不同的颜色和图案表示在同一数据范围内的区域；雷达图用于显示数据中心点和数据类别间的变化趋势，各个分类都拥有属于自己由中点向外辐射的，并由折线将同一系列中的数据值连接起来的坐标轴。如图9-8所示为“成交量-盘高-盘低-收盘”类型的股价图。

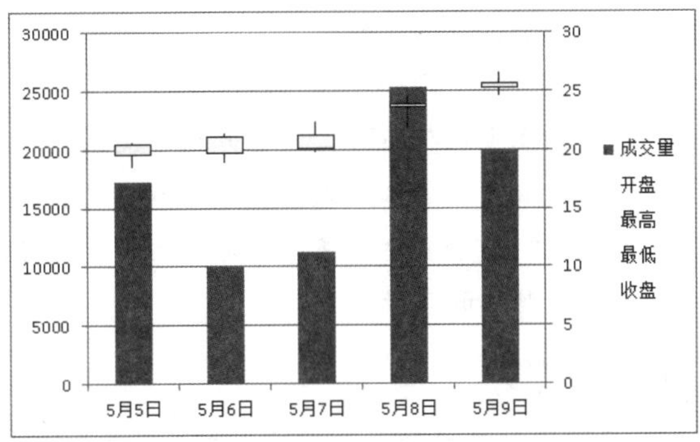

图9-8　成交量-盘高-盘低-收盘股价图

9.1.3 创建图表的几种方法

认识图表结构和应用后，就可尝试为不同的表格创建合适的图表。在Excel中，可通过“插入”/“图表”组和“插入图表”对话框两种方法来创建图表。下面分别进行介绍。

◆ **通过“插入”/“图表”组创建**：选择要用图表展示的数据内容，选择“插入”/“图像”组，单击要插入的图表样式按钮，在弹出的下拉列表中选择合适的样式即可，如图9-9所示。

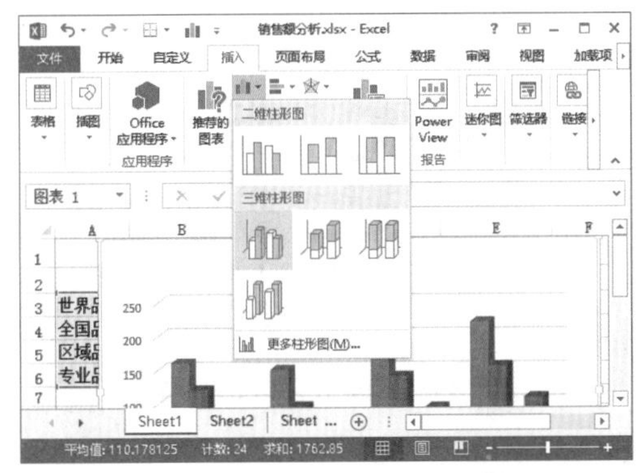

图9-9　通过“插入”/“图表”组创建

◆ **通过“插入图表”对话框创建**：选择要用图表展示的数据内容，选择“插入”/“图像”组，单击功能扩展按钮，打开“插入图表”对话框，选择“所有图表”选项卡，在左侧选择创建图表的类型，然后在右侧选择具体的图表选项，在下方可预览创建的图表，单击确定按钮完成创建，如图9-10所示。

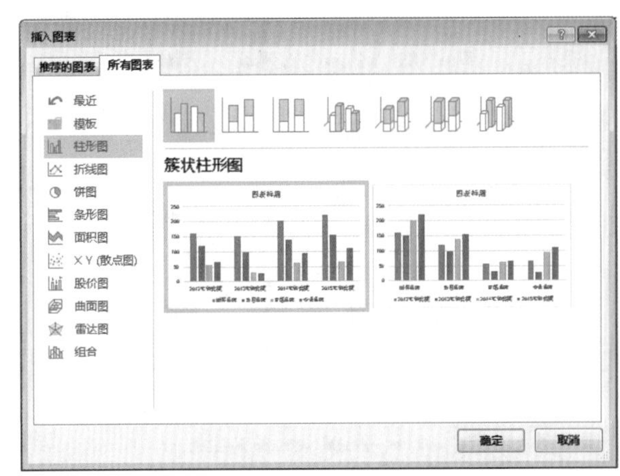

图9-10　通过“插入图表”对话框创建

技巧秒杀

在“插入图表”对话框中选择“推荐的图表”选项卡，在其中显示了根据表格数据类型推荐的图表。

9.1.4 添加或隐藏图表元素

在创建图表时，默认将显示某些图表元素，如网格线等，这些元素都可以在图表创建完毕后进行隐藏。同时，也可以将图表中某些隐藏的元素显示出来，如数据标签等。添加与隐藏操作通过“设计”/“图表布局”组中的“添加图表元素”按钮实现。

1. 添加坐标轴标题

默认创建的图表，不显示坐标轴标题，用户可自行添加，用以辅助说明坐标轴信息。选择图表，在“设计”/“图表布局”组中单击“添加图表元素”按钮，在弹出的下拉列表中选择“轴标题”选项，在其子列表中选择添加选项，如图9-11所示。添加后，在相应文本框中输入坐标轴标题文本内容，如图9-12所示。

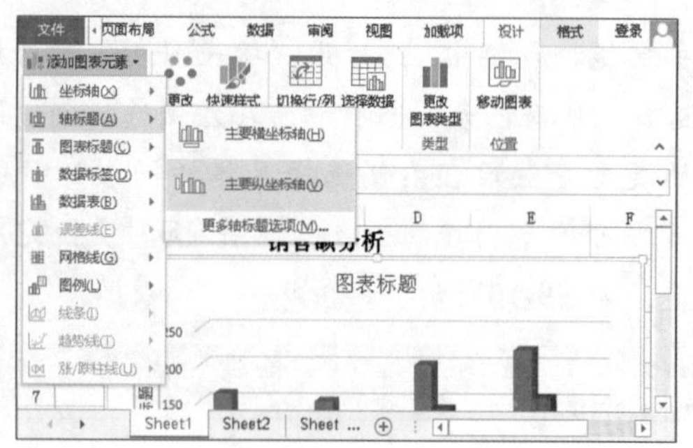

图9-11　插入纵坐标轴标题

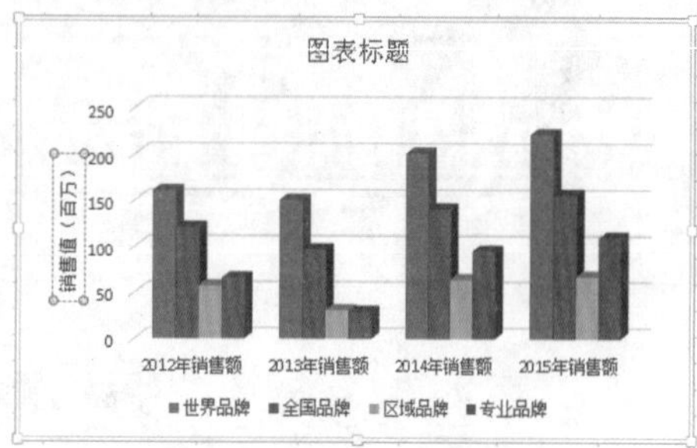

图9-12　输入坐标轴内容

技巧秒杀

默认的图表标题显示在图表上方，文本显示为“图表标题”，用户可自行输入相关文本内容。

2. 添加数据标签

将数据项的数据在图表中直接显示出来，利于数据的直观查看。其方法是：单击“添加图表元素”按钮，在弹出的下拉列表中选择“数据标签”选项，在其子列表中选择所需数据显示类型的选项，这里选择“其他数据标签选项”选项，打开“设置数据标签格式”窗格，选中☑值(V)复选框，添加“值”标签，如图9-13所示。

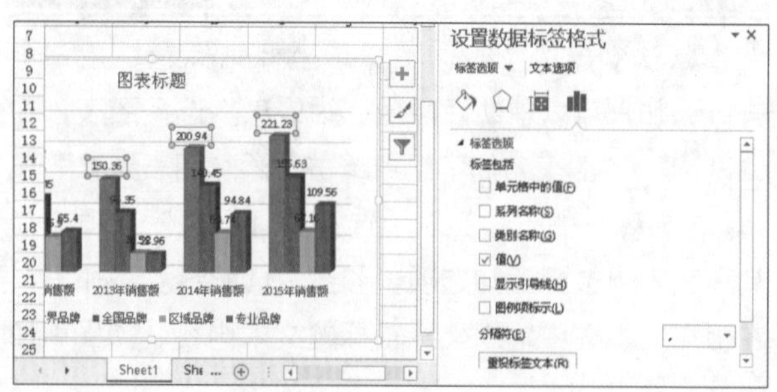

图9-13　添加“值”数据标签

知识解析：“设置数据标签格式”任务窗格

- “标签选项”选项卡：该选项卡主要用于设置标签选项效果，其中包括“填充线条”按钮、“效果”按钮、“大小属性”按钮和“标签选项”按钮，单击对应按钮将打开对应的设置窗格，然后设置具体的参数。
- “文本选项”选项卡：该选项卡主要用于设置数据标签的文本选项效果，主要包括“文本轮廓填充”按钮、“文本效果”按钮和“文本框”按钮，单击对应按钮将打开对应的设置窗格，然后设置具体的参数。

技巧秒杀

与设置数据标签类似，在图表中双击图表组成元素，将打开其相应的任务窗格，在其中可对元素选项和文本选项进行详细设置。

3. 隐藏主要水平网格线

创建图表时，默认显示主要水平网格线，为了让图表更清晰美观，可将该网格线隐藏。单击“添加图表元素”按钮，在弹出的下拉列表中选择“网格线”选项，在其子列表中取消选择“主轴主要水平网格线”选项，即可隐藏主要水平网格线，效果如图9-14所示。

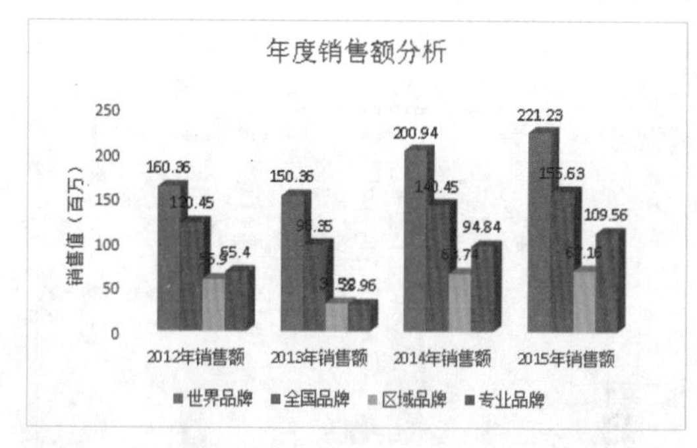

图9-14　隐藏主要水平网格线

技巧秒杀

在“网格线”子列表中选择对应网格线选项，可显示出网格线，如选择“主轴次要水平网格线”显示次要水平网格线，以便更精准地查看数据。

4. 隐藏或显示图例

单击“添加图表元素”按钮，在弹出的下拉列表中选择“图例”选项，在其子列表中选择“无”选项即可隐藏图例，如图9-15所示。需要时，可将其重新显示，如在“图例”子列表中选择“顶部”选项，将图例显示在图表顶部，效果如图9-16所示。

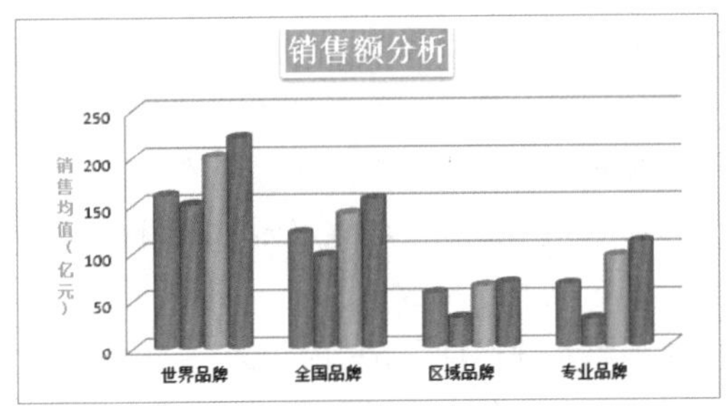

图9-15　将图例隐藏

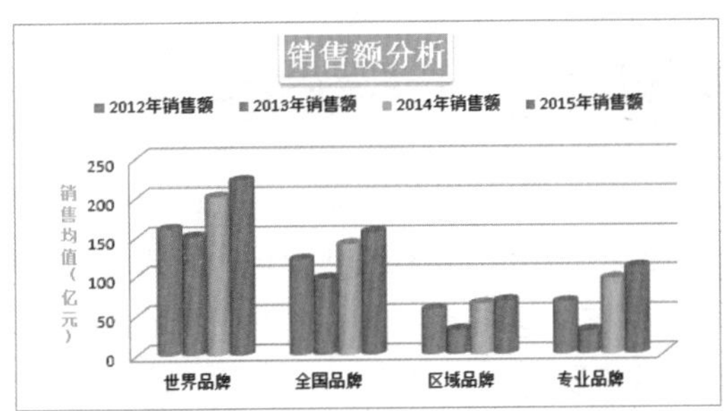

图9-16　图例显示在图表顶部

9.1.5 添加并设置趋势线

趋势线是以图形的方式表示数据系列的变化趋势并对以后的数据进行预测，如果在实际工作中需要利用图表进行回归分析，就可以在图表中添加趋势线，且可对其格式进行设置。

实例操作：使用指数趋势线

- 光盘\素材\第9章\俊峰园林销售表.xlsx
- 光盘\效果\第9章\俊峰园林销售表.xlsx
- 光盘\实例演示\第9章\使用指数趋势线

本例将在“俊峰园林销售表.xlsx”工作簿中添加指数趋势线，设置为蓝色，然后添加箭头样式。完成后的效果如图9-17所示。

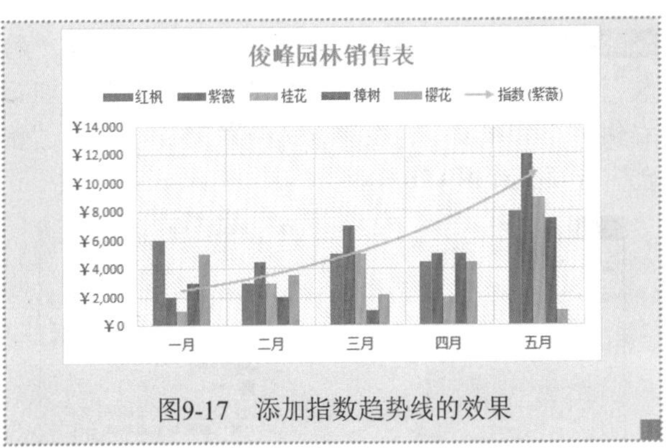

图9-17　添加指数趋势线的效果

Step 1 打开“俊峰园林销售表.xlsx”工作簿，选择图表，在“设计”/“图表布局”组中单击“添加图表元素”按钮，在弹出的下拉列表中选择“趋势线”/“指数”选项，如图9-18所示。

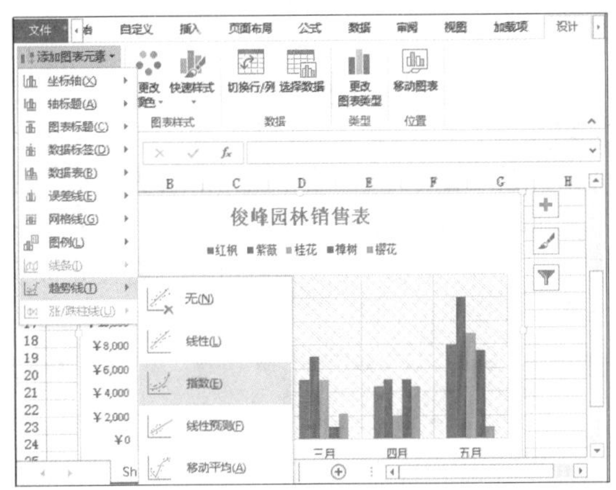

图9-18　选择指数趋势线

Step 2 打开“添加趋势线”对话框，在“添加基于系列的趋势线”列表框中选择“紫薇”选项，单击 确定 按钮为所选的“紫薇”数据系列添加指数趋势线，如图9-19所示。

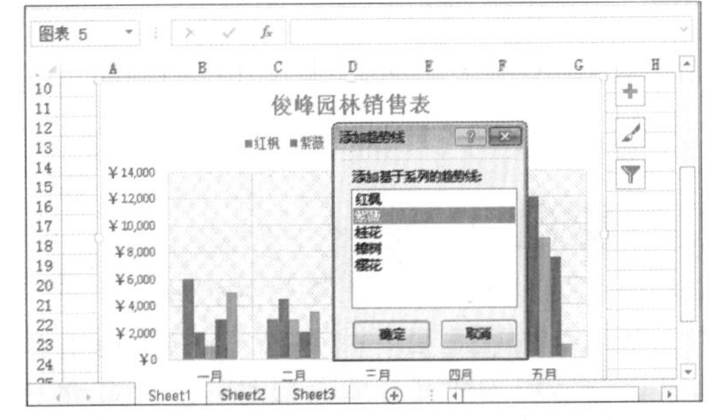

图9-19　添加“紫薇”趋势线

Step 3 ▶ 单击刚添加的指数趋势线，选择“格式”/“形状样式”组，单击“形状轮廓”按钮右侧的下拉按钮，在弹出的下拉列表中选择“橙色”选项，如图9-20所示。

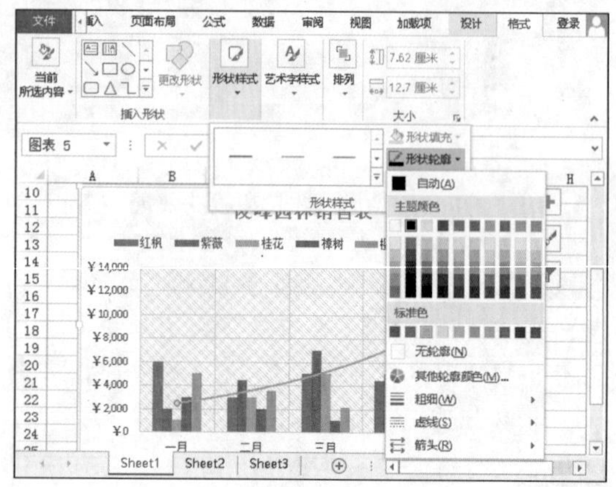

图9-20 设置趋势线的颜色

Step 4 ▶ 选择“格式”/“形状样式”组，单击“形状轮廓”按钮右侧的下拉按钮，在弹出的下拉列表中选择“箭头”选项，再在弹出的子列表中选择“箭头样式5”选项，如图9-21所示，完成趋势线的添加和设置。

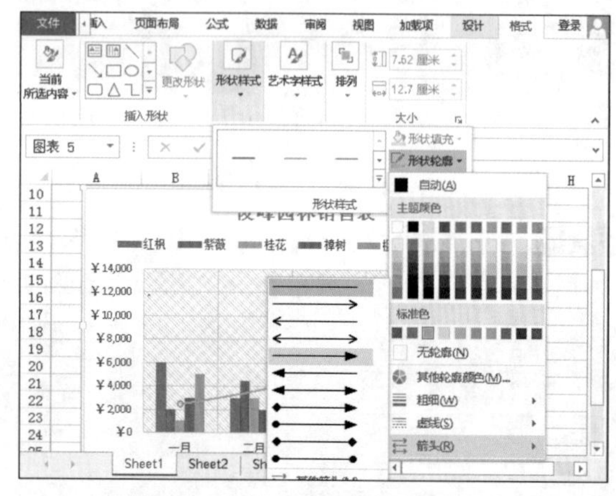

图9-21 设置趋势线箭头样式

技巧秒杀

若添加趋势线时，首先选择相应的数据系列，再单击“添加图表元素”按钮，在弹出的下拉列表中选择需添加的趋势线类型后，不会打开“添加趋势线”对话框，直接添加默认趋势线。

知识解析：“趋势线”子列表

- “无”选项：该选项可用于取消显示趋势线。
- “线性”选项：直线显示，不体现上下增长幅度。
- “指数”选项：是一种曲线，适用于速度增减越来越快的数据值。如果数据值中含有零或负值，就不能使用指数趋势线。
- “线性预测”选项：直线显示，对整个数据区域进行预测，体现增高或减弱的趋势。
- “移动平均”选项：折线显示，采用数据某个阶段的平均值进行显示。
- “其他趋势线选项”选项：选择该选项，将打开“设置趋势线格式”窗格，用于设置趋势线的填充和效果等。

9.1.6 添加并设置误差线

添加误差线的方法与添加趋势线的方法大同小异，并且添加后的误差线也可以进行格式设置。其方法是：首先在图表中选择需添加误差线的数据系列，然后选择“设计”/“图表布局”组，单击“添加图表元素”按钮，在弹出的列表中选择“误差线”选项，再在弹出的子列表中选择误差线类别，即可为选择的数据系列添加误差线。单击添加的误差线，在“格式”/“形状样式”组中可设置其格式，如图9-22所示为添加并设置颜色和粗细的标准误差线效果。

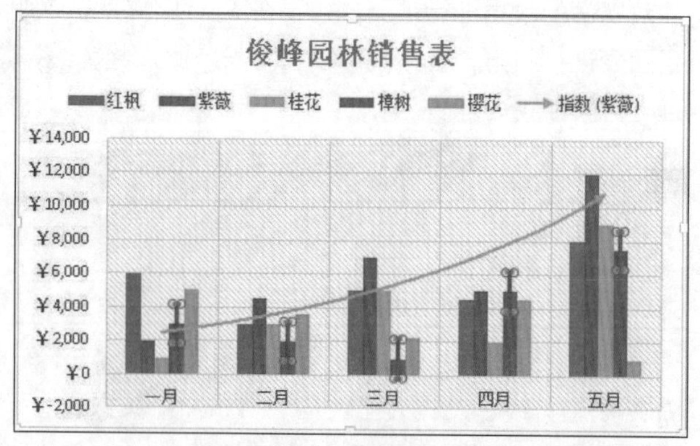

图9-22 标准误差线效果

9.2 编辑并美化图表

在创建图表后，往往需要对图表以及其中的数据或元素等进行编辑，使图表符合用户的要求，达到满意的效果。而进行美化则可制作具有吸引力的图表，不仅能清晰地表达出数据的内容，还可以帮助阅读者更好地理解。

9.2.1 修改图表中的数据

利用表格中的数据创建图表后，图表中的数据与表格中的数据是动态联系的，即修改表格中数据的同时，图表中相应数据系列会随之发生变化；而在修改图表中的数据源时，表格中所选的单元格区域也会发生改变。

实例操作：修改销售额数据系列

- 光盘\素材\第9章\销售额分析.xlsx
- 光盘\效果\第9章\销售额分析.xlsx
- 光盘\实例演示\第9章\修改销售额数据系列

本例将在“销售额分析.xlsx”工作簿的图表中添加“2015年销售额”数据系列，删除“2012年销售额”数据系列。修改前后的效果如图9-23和图9-24所示。

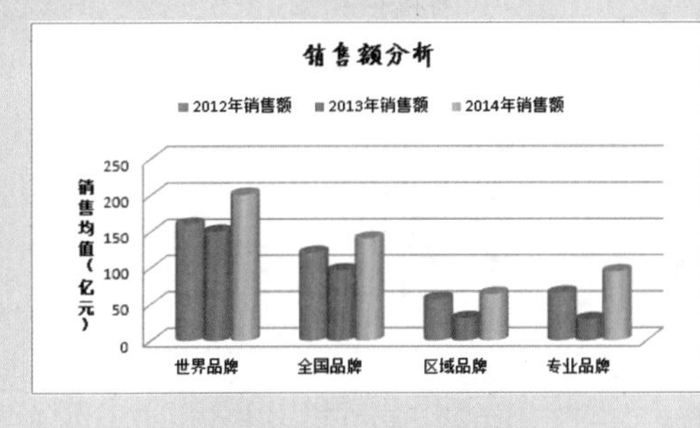

图9-23 修改数据前

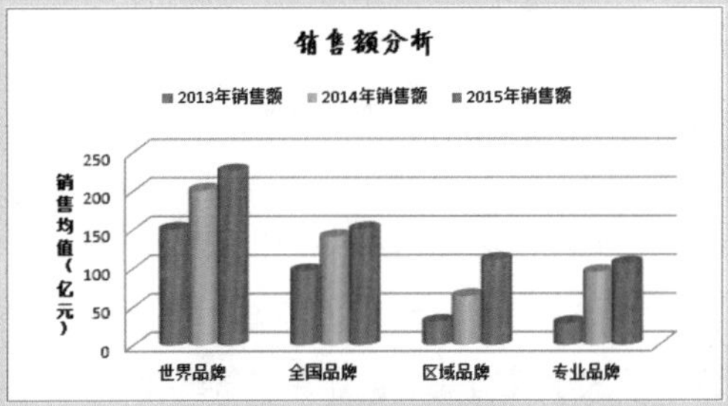

图9-24 修改数据后

Step 1 打开“销售额分析.xlsx”工作簿，在E2:E6单元格区域中输入“2015年销售额”数据内容，如图9-25所示。

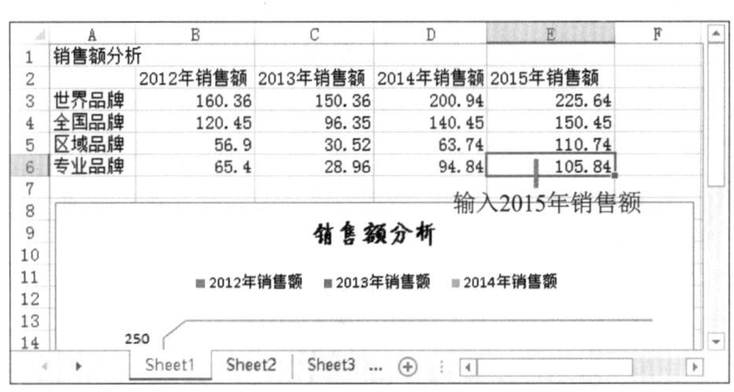

图9-25 输入“2015年销售额”内容

Step 2 在图表上单击鼠标右键，在弹出的快捷菜单中选择“选择数据”命令，打开“选择数据源”对话框，选择“图表数据区域”文本框中的数据区域，在表格中重新选择A2:E6单元格区域，单击 确定 按钮，如图9-26所示。

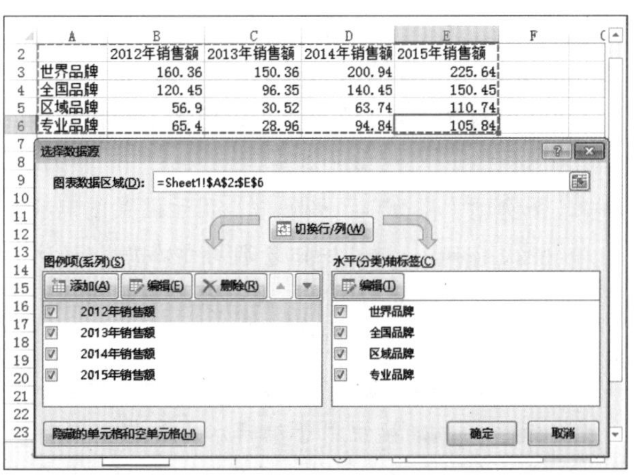

图9-26 重新设置图表数据区域

Step 3 返回“销售额分析.xlsx”工作簿，即可查看添加“2015年销售额”数据系列后的图表效果，如图9-27所示。

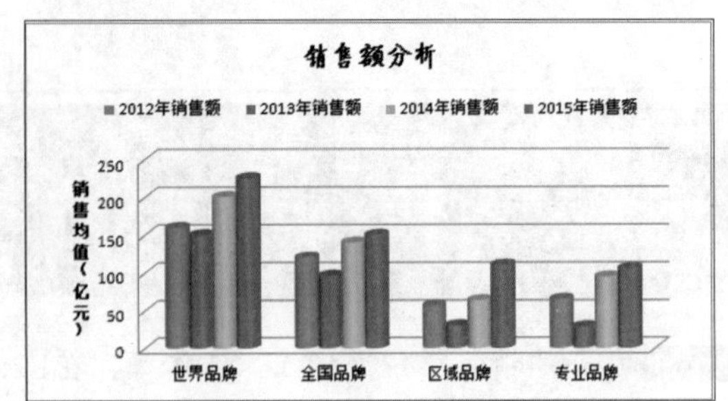

图9-27 添加“2015年销售额”后的图表效果

Step 4 选择图表，打开“选择数据源”对话框，在“图例项（系列）”列表框中选择“2012年销售额”选项，依次单击删除和确定按钮，如图9-28所示，删除“2012年销售额”数据系列，完成操作。

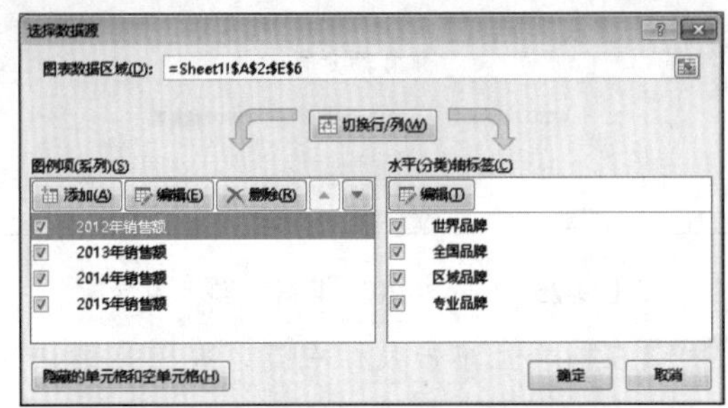

图9-28 删除“2012年销售额”数据系列

知识解析：“选择数据源”对话框

- **“图表数据区域”文本框**：用于设置图表的数据区域。
- **切换行/列(W)按钮**：单击该按钮，可切换数据行与列，即将图例更改为水平轴标签，将水平轴标签转换为图例。
- **“图例项（系列）”列表框**：用于设置图例项，添加(A)、编辑(E)和删除(R)按钮分别用于添加、编辑和删除下方选择的图例项。在列表框中取消选中图例项前的复选框，可隐藏该图例项。
- **“水平（分类）轴标签”列表框**：用于设置水平轴标签，编辑(I)按钮用于编辑水平轴标签的字段区域。在列表框中取消选中水平轴选项前的复选框，可隐藏该水平轴标签。
- **隐藏的单元格和空单元格(H)按钮**：该按钮用于设置图表数据区域中的隐藏单元格和空单元格，一般保持默认设置即可。

9.2.2 更改图表布局

图表的快速布局是指图表标题、数据列、图例以及网格线等部分的组合运用，通过Excel 2013内置布局样式的应用，可对图表的组成元素快速进行位置、大小等调整。要更改图表布局，首先选择图表，然后在“设计”/“图表布局”组中单击“快速布局”按钮，在弹出的下拉列表中选择布局选项即可，如图9-29所示，应用“布局2”后的效果如图9-30所示。

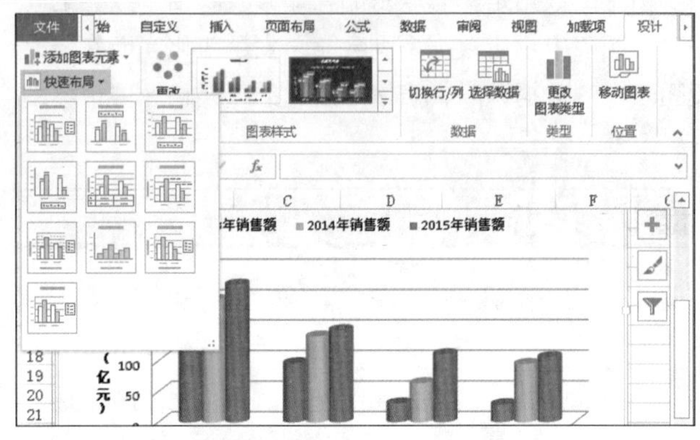

图9-29 原图表效果

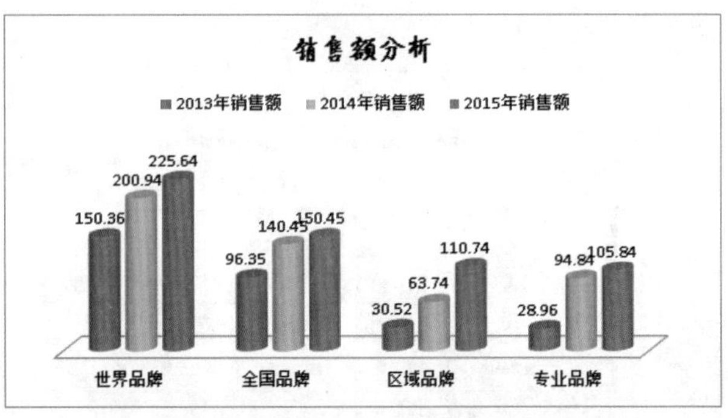

图9-30 更改布局后的效果

9.2.3 调整图表的位置和大小

当将图表插入工作簿时，图表是浮于工作簿上方的，可能会挡住工作簿中的数据，使得其中内容不能完全显示，这样不利于数据的查看，这时就可以对图表的位置和大小进行调整。下面分别介绍调整图表的位置和大小的方法。

- **调整图表位置**：将鼠标光标移动到图表区中，待鼠标光标变为✥形状时，按住鼠标左键不放，拖动鼠标移动图表位置，如图9-31所示。

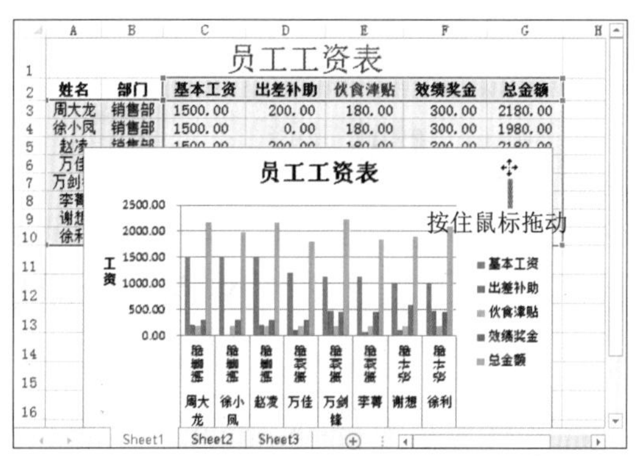

图9-31　向下移动图表

◆ **调整图表大小：**将鼠标光标移至图表四角的控制点上，按住鼠标左键不放，拖动鼠标调整图表的大小，如图9-32所示。

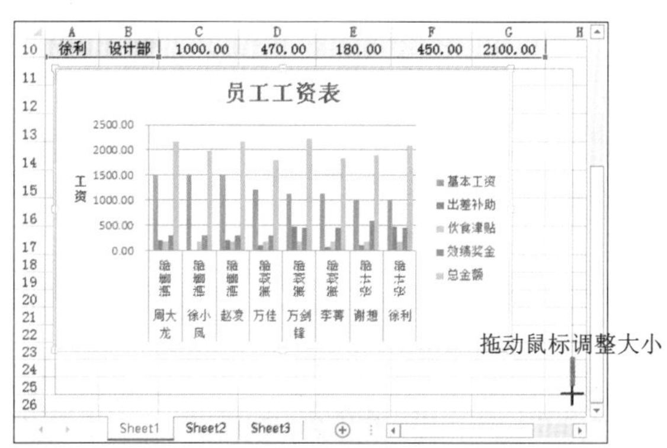

图9-32　放大图表

9.2.4 更改图表类型

Excel中包含了多种不同的图表类型，如果觉得第一次创建的图表无法清晰地表达出数据的含义，则可以更改图表的类型。

实例操作：将柱形图更改为折线图

- 光盘\素材\第9章\西南销售表.xlsx
- 光盘\效果\第9章\西南销售表.xlsx
- 光盘\实例演示\第9章\将柱形图更改为折线图

本例将“西南销售表.xlsx”工作簿中的“柱形图”图表更改为“折线图”图表类型。

Step 1 打开“西南销售表.xlsx”工作簿，选择已创建的图表，选择“设计”/“类型”组，单击“更改图表类型”按钮，如图9-33所示。

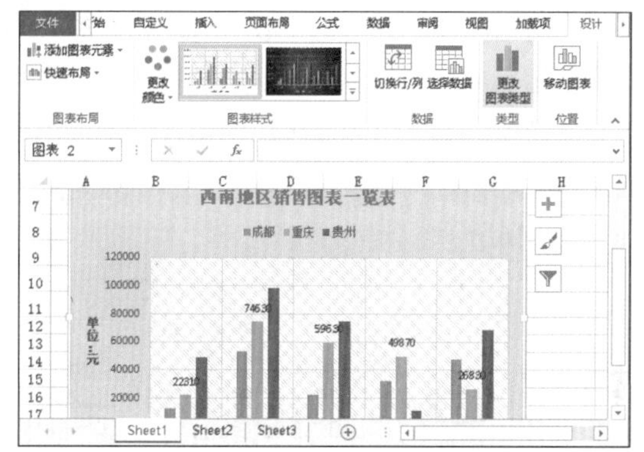

图9-33　更改图表类型

Step 2 打开“更改图表类型”对话框，在“所有图表”选项卡中选择“折线图”选项。在右侧的界面中选择“带数据标记的折线图”选项。然后在“带数据标记的折线图”预览栏中双击第一个图表选项，如图9-34所示。

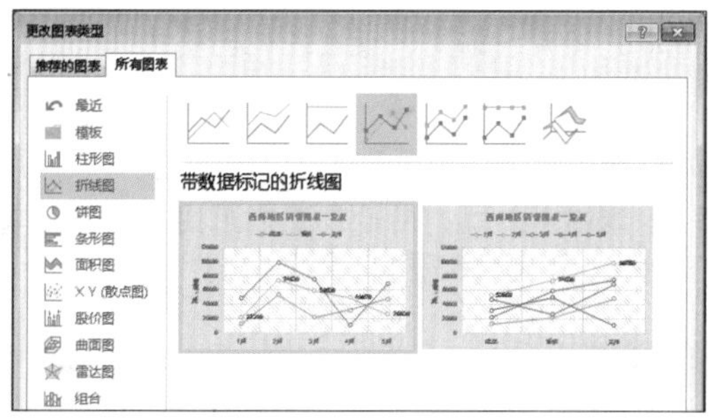

图9-34　选择折线图

Step 3 返回工作表，即可查看将柱形图更改为折线图的效果，如图9-35所示。

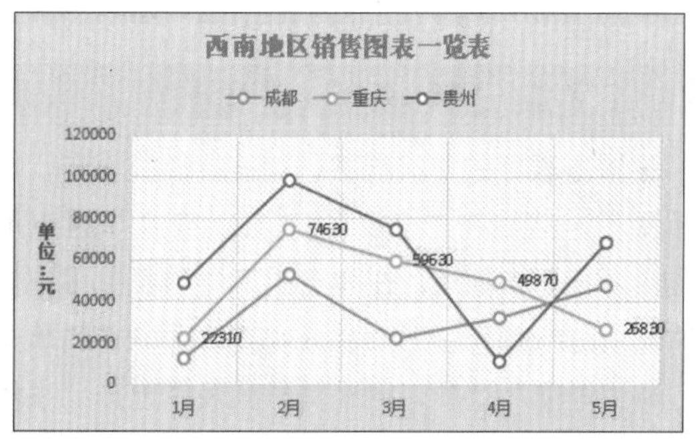

图9-35　折线图效果

9.2.5 设置图表的形状样式

在一些公司案例中，我们常常会发现制作好的表格都填充有形状图案，可达到吸引客户的目的，同时图案不会喧宾夺主，仍然突出表格数据显示。在实际应用中可分别设置整个图表区、绘图区和图例的形状样式。设置形状样式通过"格式"/"形状样式"组实现，如图9-36所示。

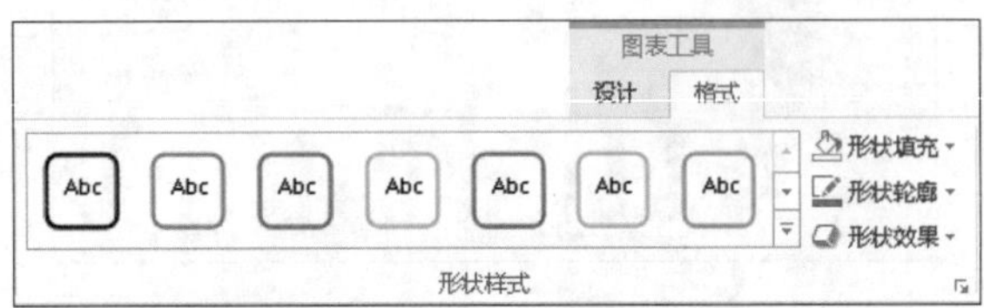

图9-36 "格式"/"形状样式"组

知识解析："形状样式"组

- "形状样式"列表框：用于快速填充图表内置的形状样式。
- "形状填充"按钮：单击该按钮，可为图表区域填充图片、渐变、纹理或纯色填充。
- "形状轮廓"按钮：用于设置应用图表形状的轮廓格式。
- "形状效果"：用于设置应用图表样式的特殊效果。

技巧秒杀

设置图表的形状样式，首先需选择图表或图表元素，然后在"格式"/"形状样式"组中设置。选择对象，只需将鼠标光标移到对象上，然后单击鼠标。

1. 设置图表区的形状样式

设置图表区的形状样式，如进行形状填充，首先选择图表，然后在"格式"/"形状样式"组中单击"形状填充"按钮，在弹出的下拉列表中可选择对应的选项进行颜色、图片、渐变或纹理样式的填充，如选择"渐变"选项，再在其子列表中选择"浅色变体"栏中的"中心辐射"选项，如图9-37所示，渐变填充后的图表效果如图9-38所示。

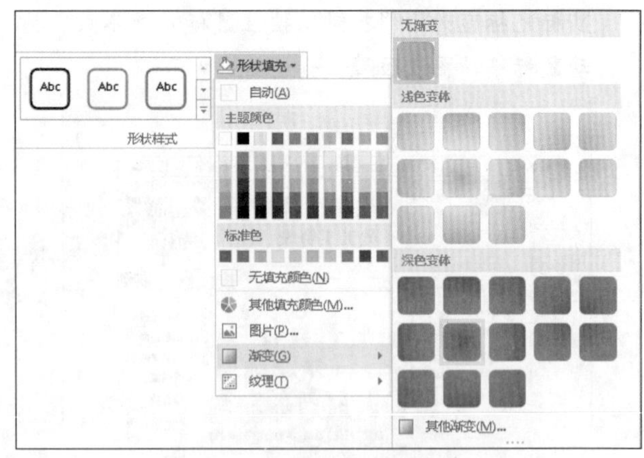

图9-37 选择渐变形状填充样式

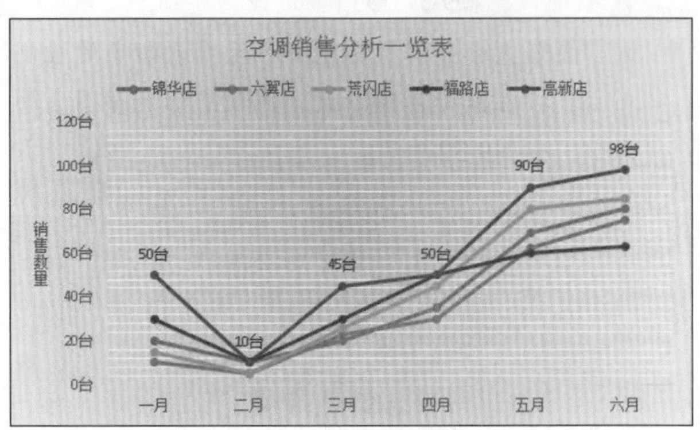

图9-38 图表区形状样式效果

2. 设置图例的形状样式

设置图例的形状样式，首先选择图例，在"格式"/"形状样式"组中单击"形状填充"按钮，在弹出的下拉列表中选择"标准色"栏中的"黄色"选项，为图例填充黄色形状样式，如图9-39所示。

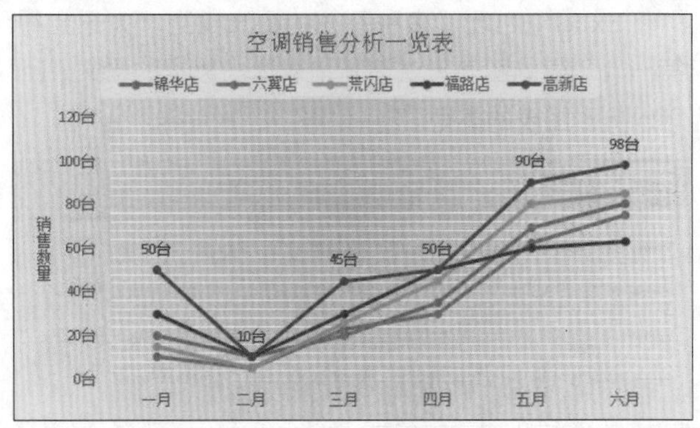

图9-39 填充黄色形状样式

3. 设置绘图区的形状样式

设置绘图区的形状样式与设置图表区和图例的形状样式相似，首先需要选择绘图区，然后在“格式”/“形状样式”组中进行具体设置即可。

实例操作：使用图片填充绘图区

- 光盘\素材\第9章\佳乐家空调销售表.xlsx
- 光盘\效果\第9章\佳乐家空调销售表.xlsx
- 光盘\实例演示\第9章\使用图片填充绘图区

本例将在“佳乐家空调销售表.xlsx”工作簿中，使用“空调”相关图片填充绘图区，效果如图9-40所示。

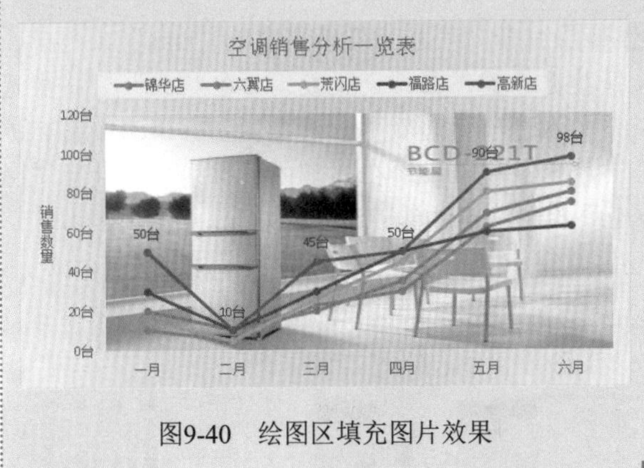

图9-40　绘图区填充图片效果

Step 1 打开“佳乐家空调销售表.xlsx”工作簿，选择绘图区，在“格式”/“形状样式”组中单击“形状填充”按钮，在弹出的下拉列表中选择“图片”选项，如图9-41所示。

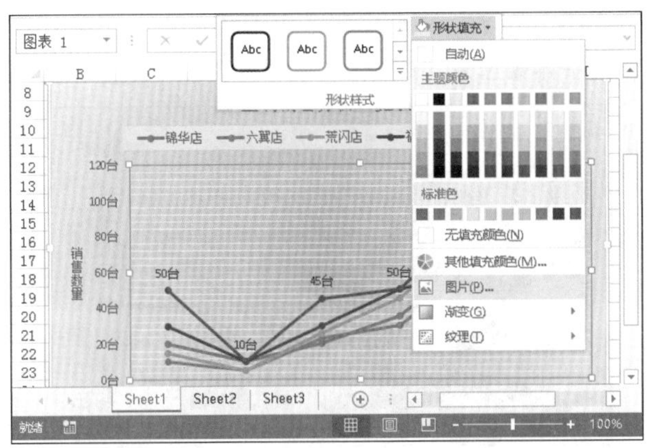

图9-41　选择“图片”选项

Step 2 打开“插入图片”对话框，在“必应图像搜索”文本框中输入“空调”，如图9-42所示。

图9-42　搜索图片

Step 3 按Enter键，然后在搜索结果列表框中选择要插入的图片，单击 插入 按钮，如图9-43所示。

图9-43　插入图片

Step 4 插入图片后，在“设计”/“图表布局”组中取消选择网格线对应的选项，隐藏网格线，如图9-44所示。

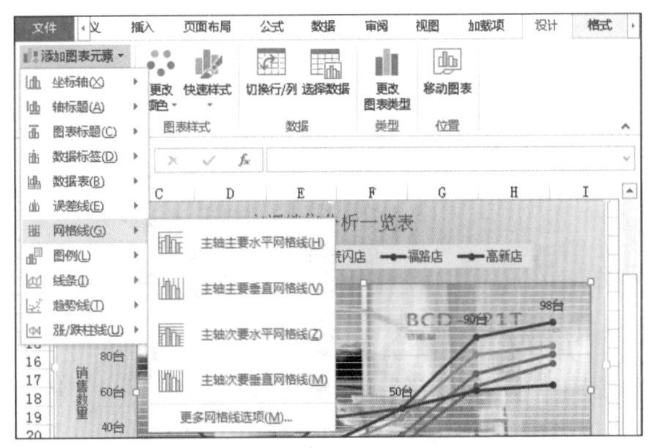

图9-44　隐藏网格线

技巧秒杀

在图表中，利用相似方法还可为图表标题、坐标轴标题等图表元素进行形状样式设置。

9.2.6 设置图表中的文字样式

与设置单元格中的字体格式类似，图表中的文字也能进行字体、颜色等格式的设置，使文字内容在图表中更加清晰地显示。要设置图表中的文字样式，可通过“开始”/“字体”组和元素窗格的“文本选项”设置实现。

（1）通过“开始”/“字体”组设置

通过“开始”/“字体”组设置图表的文字样式与设置表格中数据的文字样式方法是相同的。首先选择图表元素，如设置图表标题的字体和颜色，选择图表标题后，在“开始”/“字体”组的“字体”下拉列表框中设置字体，在“字号”下拉列表框中设置字号，然后单击“字体颜色”按钮右侧的下拉按钮，在弹出的下拉列表中选择颜色选项，如图9-45所示，字体样式效果如图9-46所示。

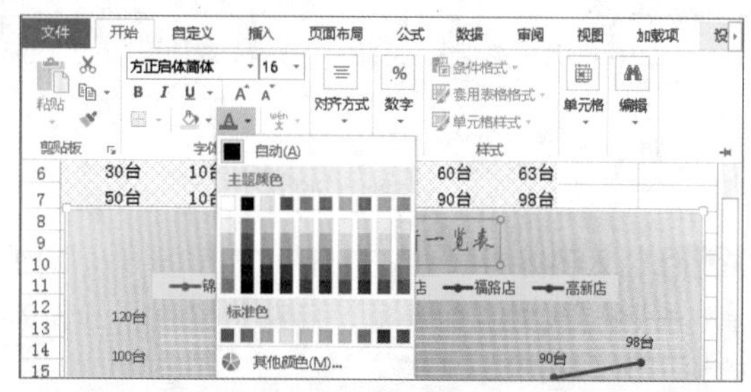

图9-45 设置文字样式

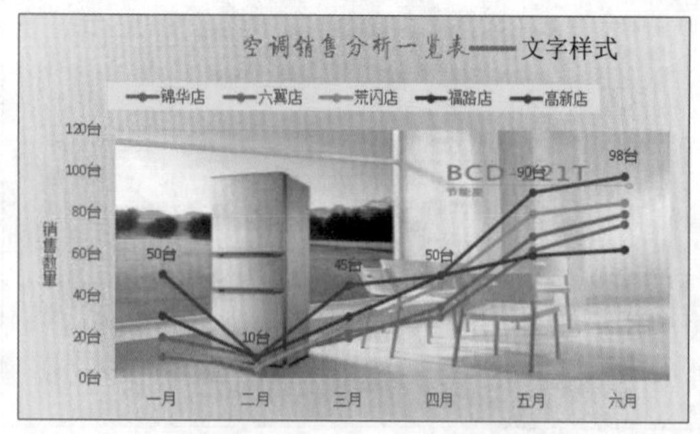

图9-46 标题文字样式效果

（2）通过“文本选项”设置

通过“文本选项”设置文字样式，需要双击图表元素，打开其设置格式窗格，然后选择“文本选项”选项卡，在展开的界面根据需要进行设置。

实例操作：设置数据标签的文字样式

- 光盘\素材\第9章\佳乐家空调销售表1.xlsx
- 光盘\效果\第9章\佳乐家空调销售表1.xlsx
- 光盘\实例演示\第9章\设置数据标签的文字样式

本例将在“佳乐家空调销售表1.xlsx”工作簿中通过“文本选项”将数据标签的字体颜色设置为红色。

Step 1 打开“佳乐家空调销售表1.xlsx”工作簿，选择数据标签，在“设置数据标签格式”窗格中选择“文本选项”选项卡，选中 纯色填充(S) 单选按钮，单击“颜色”按钮，在弹出的下拉列表中选择“标准色”栏中的“红色”选项，如图9-47所示。

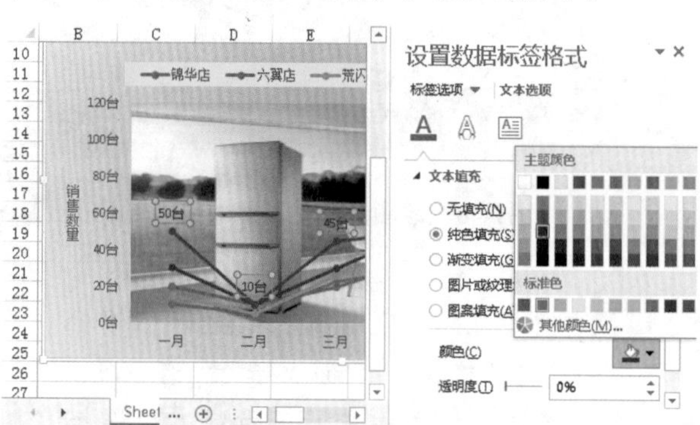

图9-47 选择文字颜色

Step 2 返回工作表，即可在图表中查看到数据标签的字体颜色为“红色”，如图9-48所示。

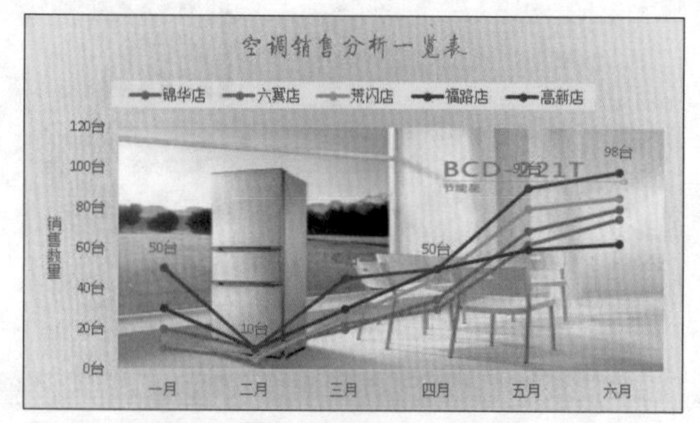

图9-48 数据标签文字样式

9.2.7 应用图表样式

应用图表的样式类似图表的快速布局。快速布局是快速调整图表的元素显示，而图表样式则是图表元素的美化集合，包括文字样式和形状样式等快速设置应用。

实例操作：更改图表样式

- 光盘\素材\第9章\水果销量统计.xlsx
- 光盘\效果\第9章\水果销量统计.xlsx
- 光盘\实例演示\第9章\更改图表样式

本例将在“水果销量统计.xlsx”工作簿中应用“图表8”样式，并更改样式颜色。应用样式后的效果如图9-49所示。

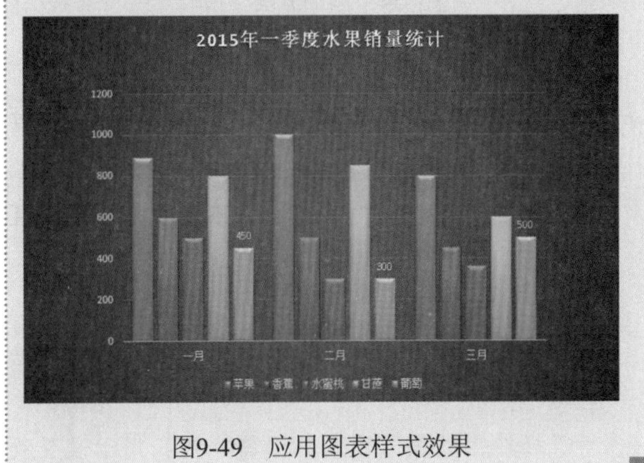

图9-49 应用图表样式效果

Step 1 打开“水果销量统计.xlsx”工作簿，选择图表，在“设计”/“图表样式”组中单击“快速样式”按钮，在弹出的下拉列表中选择“图表8”选项，如图9-50所示。

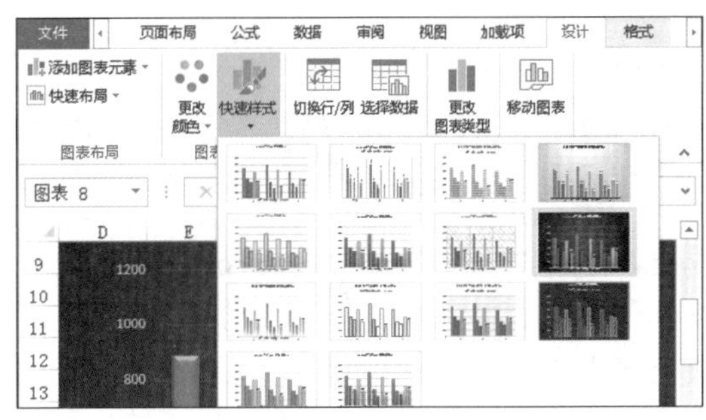

图9-50 选择“图表8”样式

Step 2 在“设计”/“图表样式”组中单击“更改颜色”按钮，在弹出的下拉列表中选择“颜色4”选项，如图9-51所示，更改样式颜色。

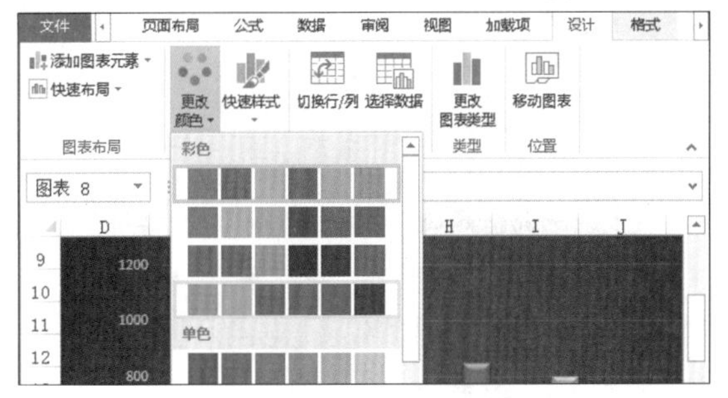

图9-51 更改样式颜色

9.3 应用数据透视表与数据透视图

在一些需要汇总或对数据进行细致分析的工作簿中，普通图表并不能很好地表现出数据间的关系。这时，就可以使用数据透视表和数据透视图来显示出工作簿中的数据，便于用户对数据做出精确和详细的分析。

9.3.1 创建数据透视表

数据透视表是一种可以快速汇总大量数据的交互式报表，是Excel中重要的分析性报告工具，在办公中不仅可以汇总、分析、浏览和提供摘要数据，还可以快速合并和比较分析大量的数据。要在Excel中创建数据透视表，首先要选择需要创建数据透视表的单元格区域，需要注意的是，创建透视表的表格，数据内容要存在分类，数据透视表进行汇总才有意义。

数据透视表可通过自定义创建或使用推荐的数据透视表，下面分别进行介绍。

1. 创建自定义的数据透视表

创建自定义的数据透视表是指自定义数据透视表数据项目的显示方式，通过“创建数据透视表”对话框完成。

实例操作：创建自定义数据透视表

- 光盘\素材\第9章\原料进货费用表.xlsx
- 光盘\效果\第9章\原料进货费用表.xlsx
- 光盘\实例演示\第9章\创建自定义数据透视表

本例将在“原料进货费用表.xlsx”工作簿中创建自定义数据透视表，对原料进行分类，以“费用”求和项进行汇总。

Step 1 打开“原料进货费用表.xlsx”工作簿，选择数据单元格，选择“插入”/“表格”组，单击“数据透视表”按钮，打开“创建数据透视表”对话框，默认选中 选择一个表或区域(S) 单选按钮，并在“表/区域”文本框中添加整个数据表格区域的引用地址，然后选中 现有工作表(E) 单选按钮，选择A22单元格为创建透视表的位置，单击 确定 按钮，如图9-52所示。

图9-52 添加引用位置

Step 2 此时在工作表中创建了空白的数据透视表，并打开“数据透视表字段”窗格，如图9-53所示。

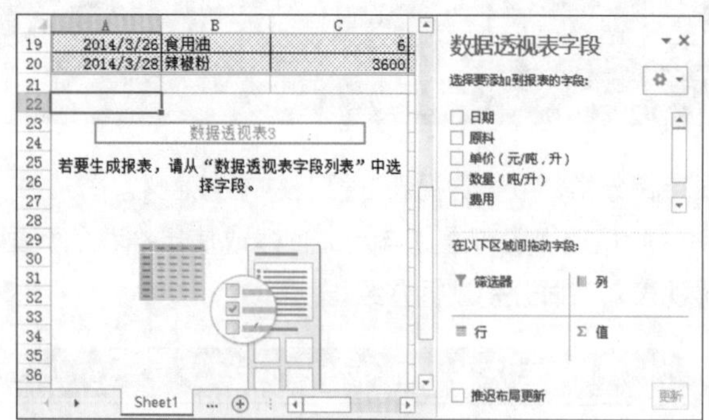

图9-53 空白数据透视表

Step 3 在“选择要添加到报表的字段”栏中选中 原料 和 费用 复选框添加数据透视表的字段，按产品原料进行分类，以“费用”求和进行汇总，完成数据透视表的创建，如图9-54所示。

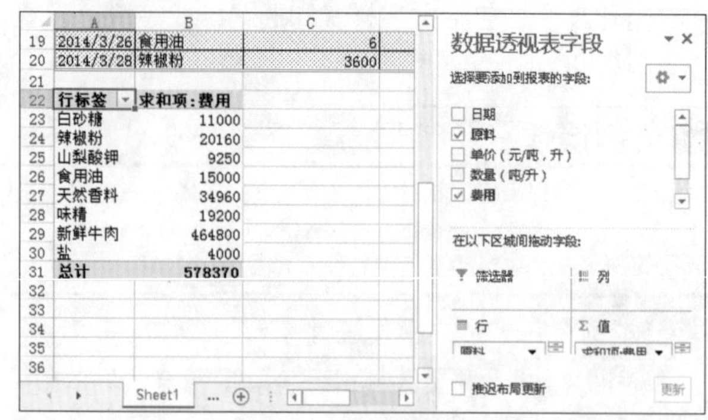

图9-54 添加分类字段

知识解析：“创建数据透视表”对话框

- “请选择要分析的数据”栏：用于设置要在数据透视表中分析的数据。选中 选择一个表或区域(S) 单选按钮，激活“表/区域”文本框，在其中输入或设置数据区域；选中 使用外部数据源(U) 单选按钮，激活 选择连接(C)... 按钮，单击该按钮，在打开的对话框中可将链接的外部数据作为创建数据透视表的分析数据区域。
- “选择放置数据透视表的位置”栏：用于设置放置数据透视表的位置。选中 新工作表(N) 单选按钮，表示将在工作簿中新建工作表来放置创建的数据透视表；选中 现有工作表(E) 单选按钮，在“位置”文本框中设置数据透视表在当前工作表中的位置，通过鼠标在表格中选择单元格即可。
- 将此数据添加到数据模型(M) 复选框：选中该复选框，将数据添加到数据模型，一般用户不进行设置。

知识解析：“数据透视表字段”窗格

- “选择要添加到报表的字段”栏：用于添加数据透视表中的字段。
- “在以下区域间拖动字段”栏：用于设置数据透视表中的字段，如移动字段位置、更改字段汇总方式等，在后面的知识点中将详细讲解。

技巧秒杀

在创建数据透视表时，数据源中的每一列都会成为在数据透视表中使用的字段，字段汇总了数据源中的多行信息。因此数据源中工作表第一行上的各个列都应有名称，通常每一列的列标题将成为数据透视表中的字段名。

2. 使用推荐的数据透视表

为了提高工作效率，Excel 2013提供了根据数据内容自动生成的数据透视表。用户可根据需要进行快速创建。其方法是：选择数据单元格，选择“插入”/“表格”组，单击“推荐的数据透视表”按钮，打开“推荐的数据透视表”对话框，在左侧列表框中选择需要的数据透视表选项，在右侧可进行效果的预览，如图9-55所示，然后单击确定按钮，创建所需透视表，如图9-56所示。

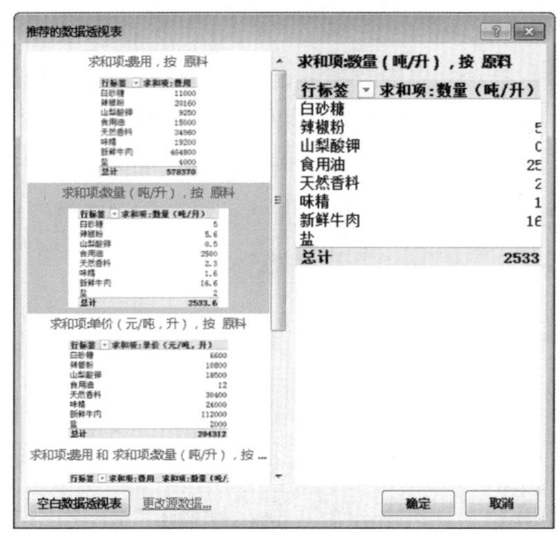

图9-55　推荐的数据透视表

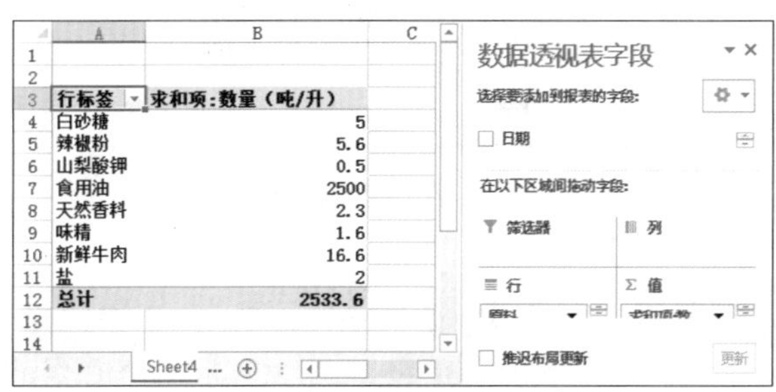

图9-56　创建推荐的数据透视表的效果

技巧秒杀

创建推荐的数据透视表将放置在新的工作表中，另外，在“推荐的数据透视表”对话框中单击空白数据透视表按钮可创建空白数据透视表。

9.3.2 设置数据透视表字段

创建数据透视表后，其中的字段不是固定的，可对其进行调整，如重命名字段和删除字段等。

1. 重命名字段

在数据透视表中可以看出，创建后表格字段前面增加了“求和项：”文本内容，这样增加了列宽，为了让表格看起来更加简洁美观，可对字段重命名。双击数据透视表中字段列标题所在单元格“求和项：费用”，打开“值字段设置”对话框，如图9-57所示，在“自定义名称”文本框中重新输入字段名“进货费用”，单击确定按钮完成重命名设置，效果如图9-58所示。

图9-57　重命名字段

图9-58　重命名效果

知识解析：“值字段设置”对话框

- **“自定义名称”文本框**：用于输入字段自定义的名称。
- **“值汇总方式”选项卡**：用于设置字段值的汇总方式，默认为求和，在“计算类型”列表框中可更改为“平均值”、“最大值”或“最小值”等。
- **“值显示方式”选项卡**：用于设置字段值的显示方式，如百分比显示方式，或升序、降序排列。

◆ 数字格式(N)按钮：该按钮用于设置字段中的数字格式。

技巧秒杀

需要注意的是，表格中的字段具有唯一的字段名，不能重复。

读书笔记

2. 删除字段

如不再需要对某项数据内容进行分析，可将该字段列删除，让界面简化，利于有效分析。其方法是：在“数据透视表字段”窗格的“值”栏中单击字段对应的按钮，在弹出的下拉列表中选择“删除字段”选项即可，如图9-59所示。

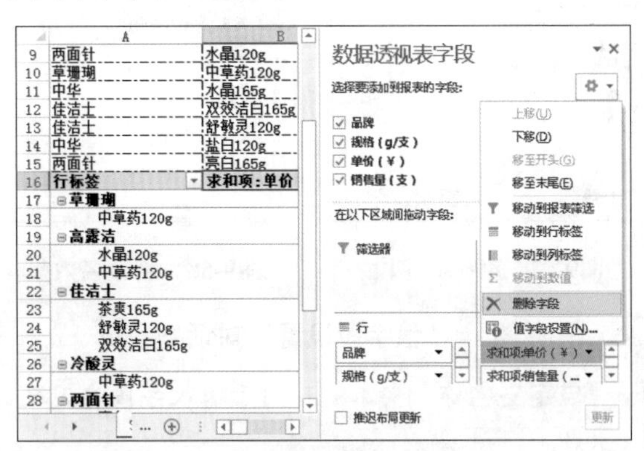

图9-59 删除多余字段

知识解析：“字段”下拉列表

◆ “上移”选项：用于将字段向上移动一个位置。

◆ “下移”选项：用于将字段向下移动一个位置。

◆ “移至开头”选项：将字段移至开始位置。

◆ “移至末尾”选项：将字段移至末尾位置。

◆ “移动到报表筛选”选项：将字段移至报表，作为筛选数据使用。

◆ “移动到行标签”选项：将字段移至行标签，作为行标签使用。

◆ “移动到列标签”选项：将字段移至列标签，作为列标签使用。

◆ “移动到数值”选项：该选项对于“值”字段不可用。

◆ “删除字段”选项：用于删除不需要的字段。

◆ “值字段设置”选项：该选项可打开“值字段设置”对话框。

技巧秒杀

要删除字段，也可在数据透视表中选择字段，单击鼠标右键，在弹出的快捷菜单中选择“删除”命令。

9.3.3 数据筛选

数据透视表的数据筛选与普通表格的筛选相似，单击分类行标签的筛选下拉按钮，弹出筛选下拉列表，根据需要即可筛选出所需数据。如图9-60所示为在数据透视表中筛选出“天然香料”和“味精”原料信息。

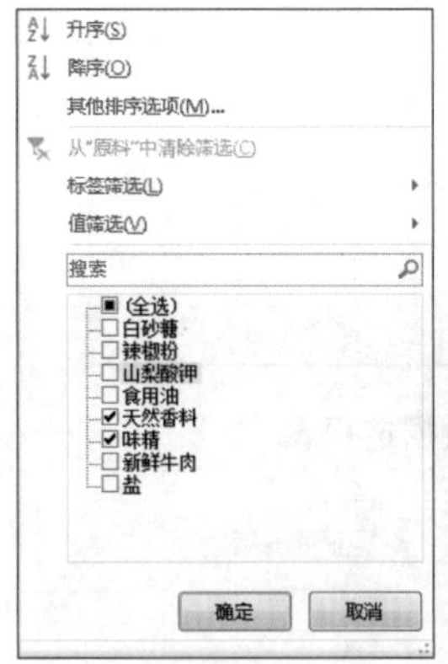

图9-60 筛选数据

9.3.4 删除数据透视表

当分析完表格数据后，如果不再需要数据透视表，可将其删除。其方法是：选择透视表中任意单元格，选择“分析”/“操作”组，单击“选择”按钮，在弹出的下拉列表中选择“整个数据透视表”选项，如图9-61所示，再按Delete键即可删除透视表。

图9-61　选择“整个数据透视表”选项

知识解析：“选择”下拉列表

- “启用选定内容”选项：选择数据透视表中的任意表格，该选项为选择状态。
- “整个数据透视表”选项：用于选择整个数据透视表区域。
- “标签”选项：当选择整个数据透视表时有效，用于选择数据透视表中的标签。
- “值”选项：当选择整个数据透视表时有效，用于选择数据透视表中的值选项。
- “标签与值”选项：当选择整个数据透视表时有效，可同时选择数据透视表中的标签和值选项。

技巧秒杀

数据透视表可看作一类特殊的数据表格，其大多操作与普通表格的操作是一样的。

9.3.5 创建数据透视图

数据透视图是以图表的形式表示数据透视表中的数据。与数据透视表一样，在数据透视图中可查看不同级别的明细数据，并且其还具有图表直观地表现数据的优点。数据透视图的创建与透视表的创建相似，关键在于数据区域与字段的选择。

实例操作：使用数据透视图

- 光盘\素材\第9章\微港复读机销售表.xlsx
- 光盘\效果\第9章\微港复读机销售表.xlsx
- 光盘\实例演示\第9章\使用数据透视图

本例将在“微港复读机销售表.xlsx”工作簿中创建数据透视图，并对其中的字段进行编辑。

Step 1 打开“微港复读机销售表.xlsx”工作簿，选择任意数据单元格，选择“插入”/“图表”组，单击“数据透视图”按钮，打开“创建数据透视图”对话框，在“表/区域”文本框中默认添加整个数据表格区域的引用地址，然后选中 现有工作表(E) 单选按钮，选择A12单元格为创建透视图的位置，单击 确定 按钮，如图9-62所示。

图9-62　选择数据区域和放置位置

Step 2 此时创建了空白的数据透视图，并打开“数据透视图字段”窗格，选中☑ **月份**、☑ **产品型号**和☑ **销售量**复选框，如图9-63所示。

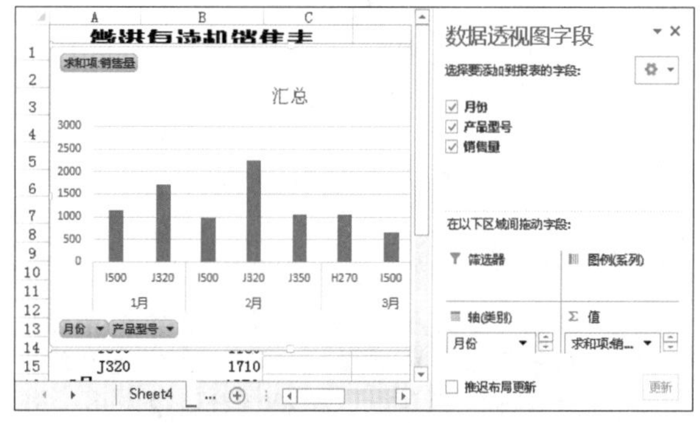

图9-63　添加字段

Step 3 ▶ 在“数据透视图字段”窗格的“轴字段”栏中单击 产品型号 ▾ 按钮，在弹出的下拉列表中选择“移至图例字段（系列）”选项，如图9-64所示。

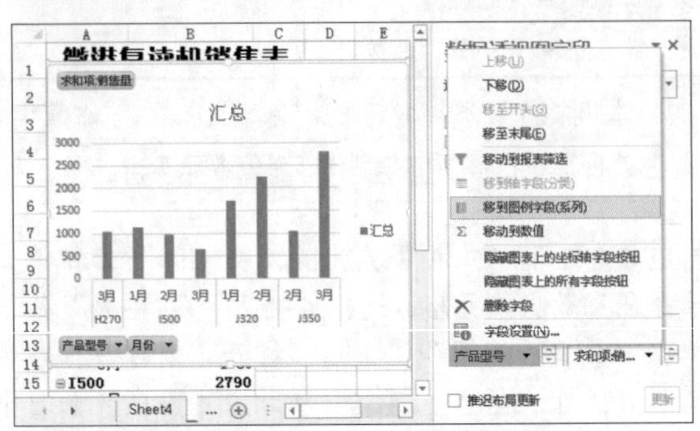

图9-64 移动字段编辑图例

技巧秒杀

数据透视图中的“创建数据透视图”对话框、“数据透视图字段”窗格和字段下拉列表与数据透视表中的对应选项及其含义相同。

Step 4 ▶ 编辑字段后，关闭“数据透视图字段”窗格，数据透视图的效果如图9-65所示。

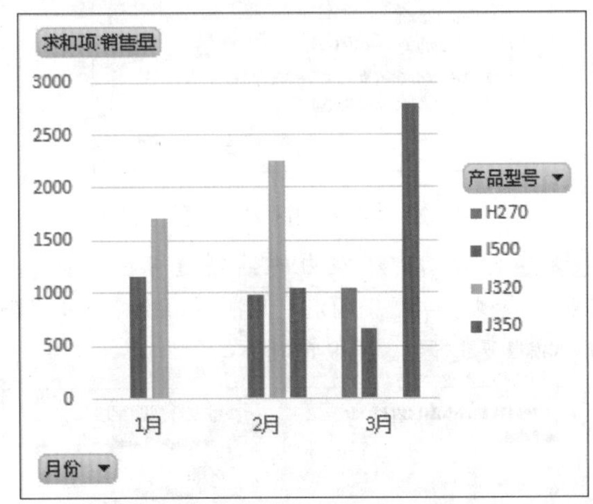

图9-65 数据透视图的效果

技巧秒杀

如果工作表中创建了数据透视表，选择数据透视表中任意单元格，在“插入”/“图表”组中单击“数据透视图”按钮，可根据数据透视表快速创建出数据透视图。

9.3.6 编辑数据透视图

数据透视图是一种特殊形式的图表，因此可对透视图进行与图表相似的编辑操作，如调整图表位置和大小、更改图表类型以及设置图表背景效果等。

实例操作：标准化显示数据透视图

- 光盘\素材\第9章\展会分布表.xlsx
- 光盘\效果\第9章\展会分布表.xlsx
- 光盘\实例演示\第9章\标准化显示数据透视图

本例将在“展会分布表.xlsx”工作簿中更改透视图类型，调整大小，添加图表标题，并填充图表区，设置后的最终效果如图9-66所示。

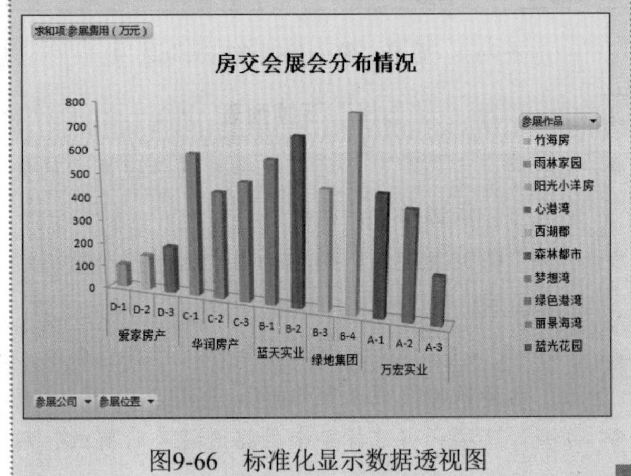

图9-66 标准化显示数据透视图

Step 1 ▶ 打开“展会分布表.xlsx”工作簿，选择数据透视图，选择“设计”/“类型”组，单击“更改图表类型”按钮。打开“更改图表类型”对话框，在“柱形图”选项中选择“三维堆积柱形图”选项，单击 确定 按钮，如图9-67所示。

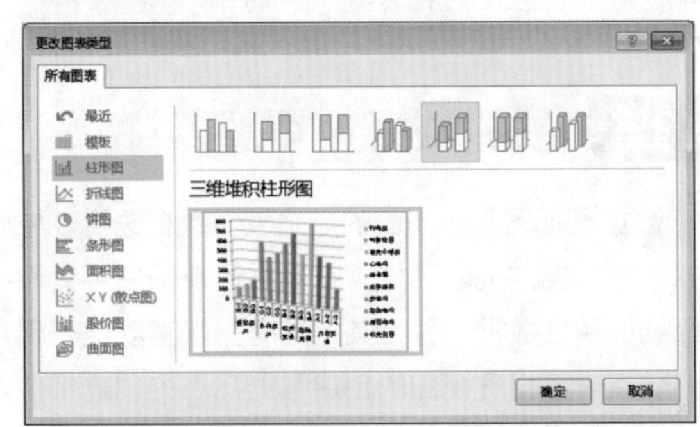

图9-67 更改图表类型

Step 2 选择“设计”/“图表布局”组，单击“添加图表元素”按钮，在弹出的下拉列表中选择“图表标题”/“图表上方”选项，然后在“图表标题”文本框中输入“房交会展会分布情况”，如图9-68所示。

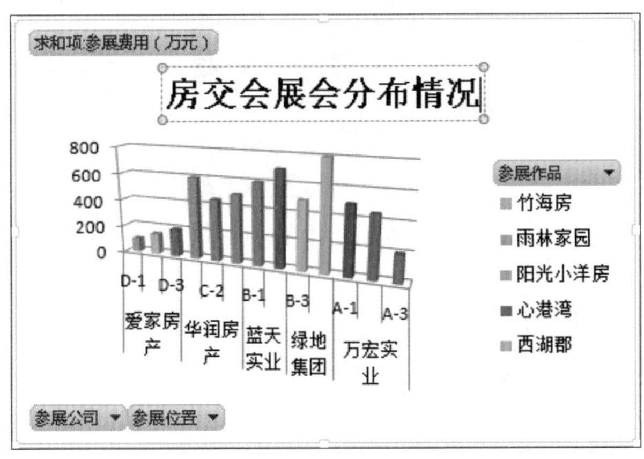

图9-68 输入图表标题

Step 3 选择图表，待鼠标光标变为形状时，按住鼠标左键不放，拖动鼠标将透视图移动到表格空白位置。将鼠标光标移至图表右下角，待鼠标光标变为形状时，按住鼠标左键不放，拖动鼠标调整图表的大小，如图9-69所示。

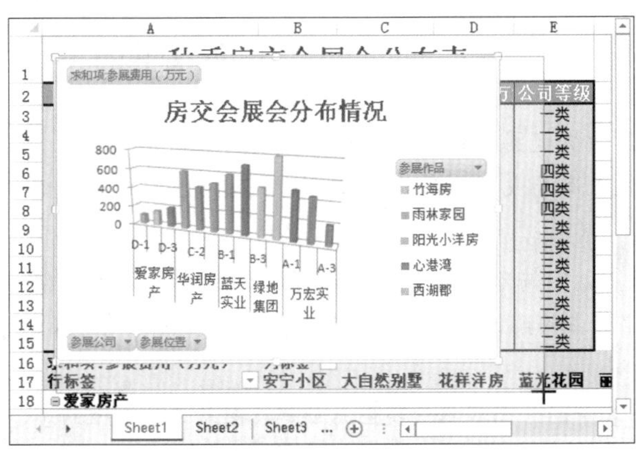

图9-69 调整图表位置和大小

技巧秒杀

选择图表中的元素，将鼠标光标移到图表元素的4个角，待鼠标光标变为形状时，按住鼠标左键不放，拖动鼠标也可调整图表元素的大小，如绘图区、图表标题等区域的大小。

Step 4 选择“设计”/“图表布局”组，单击“添加图表元素”按钮，在弹出的下拉列表中选择“网格线”选项，然后在弹出的子列表中取消选择“主轴主要水平网格线”选项，隐藏网格线，如图9-70所示。

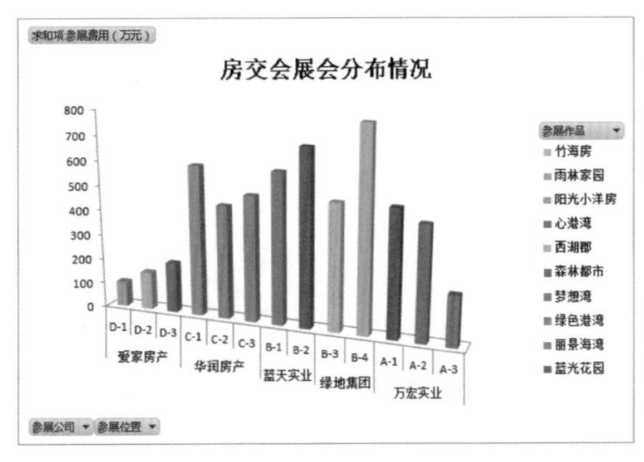

图9-70 隐藏网格线

Step 5 选择数据透视图，选择“格式”/“形状样式”组，在“形状样式”列表框中选择“细微效果-黑色，深色1”选项，填充图表区，如图9-71所示，完成本例编辑操作。

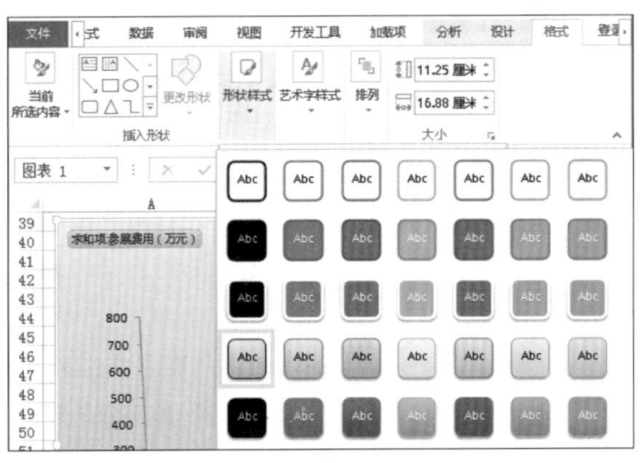

图9-71 填充数据透视表样式

9.3.7 筛选数据透视图中的数据

与图表相比，数据透视图中多出了几个按钮，这些按钮分别和数据透视表中的字段相对应，被称做字段标题按钮，通过这些按钮可对数据透视图中的数据系列进行筛选，从而观察所需数据。如在数据透视图中单击参展公司按钮，在弹出的筛选下拉列表“搜索”框的下方只选中☑爱家房产、☑华润房产和☑蓝天实业复选框，取消选中其他复选框，单击 确定 按钮，如图9-72所示，之后在透视图中将只显示“爱家房产”、“华润房产”和“蓝天实业”数据系列，如图9-73所示。

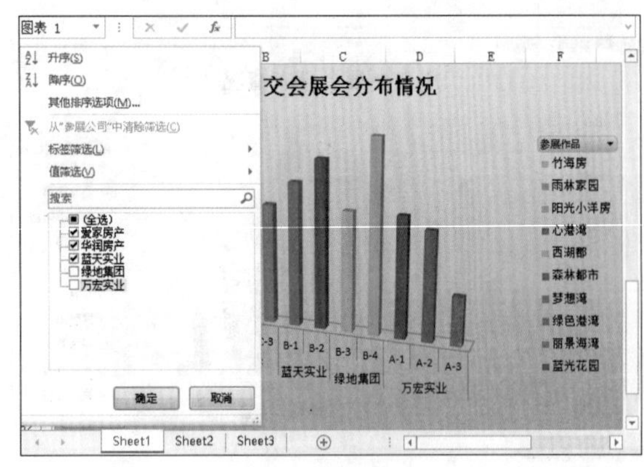

图9-72　筛选项目

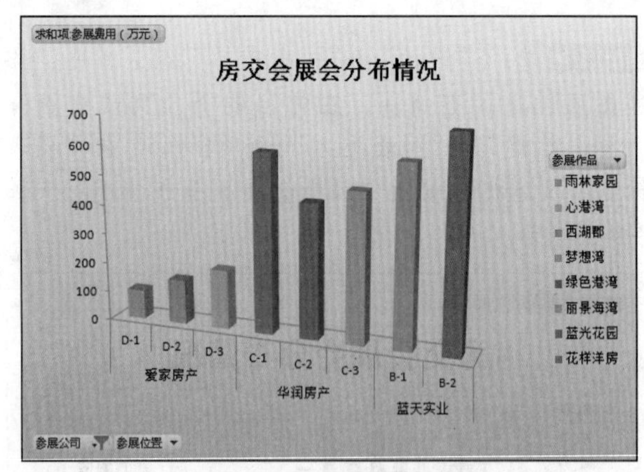

图9-73　筛选效果

技巧秒杀

如果要删除工作表中的数据透视图，只需选择数据透视图，然后按Delete键。

知识大爆炸
——图表相关知识

1. 数据透视图与图表的区别

数据透视图在外观上与图表相似，具有数据系列、分类、数据标记和坐标轴等相同元素，另外还包含与数据透视表对应的特殊元素。数据透视图中的大多数操作与标准图表中的一样，同时也存在如下差别。

- 交互性：对于标准图表，针对用户要查看的每张数据视图创建一张图表，但它们不交互。而对于数据透视图，只要创建单张图表就可通过更改报表布局或显示的明细数据以不同的方式交互查看数据。
- 图表类型：标准图表的默认图表类型为簇状柱形图，它按分类比较值。数据透视图的默认图表类型为堆积柱形图，它比较各个值在整个分类总计中所占的比例。可以将数据透视图类型更改为除XY散点图、股价图和气泡图之外的其他任何图表类型。
- 图表位置：默认情况下，标准图表是嵌入在工作表中的，而数据透视图是创建在图表工作表上的。数据透视图创建后，还可将其重新定位到工作表上。
- 源数据：标准图表可直接链接到工作表单元格中。数据透视图可以基于相关联的数据透视表中的几种不同数据类型。
- 图表元素：数据透视图除包含与标准图表相同的元素外，还包括字段和项，可以添加、旋转或删除字段和项来显示数据的不同视图。标准图表中的分类、系列和数据分别对应于数据透视图中的分类字段、系列字段和值字段。数据透视图中还可包含报表筛选。而这些字段中都包含项，这些项在标准图表中显示为图例。

◆ **格式**：刷新数据透视图时，会保留大多数格式（包括元素、布局和样式）。但是，不保留趋势线、数据标签、误差线及对数据系列的其他更改。标准图表只要应用了这些格式，就不会将其丢失。

◆ **移动或调整项的大小**：在数据透视图中，虽然可为图例选择一个预设位置并可更改标题的字体大小，但是无法移动或重新调整绘图区、图例、图表标题或坐标轴标题的大小。而在标准图表中，可移动和重新调整这些元素的大小。

2. 图表的快捷操作

选择创建的图表后，在图表的右侧将显示“图表元素”按钮、“图表样式”按钮和“图表筛选器”按钮。单击相应按钮，将打开对应窗格或列表框，在其中可设置图表元素、图表样式以及对图表数据进行筛选和修改，如图9-74所示。“图表元素”按钮、“图表样式”按钮和“图表筛选器”按钮分别对应“设计”/“图表布局”组中的“添加图表元素”按钮、“设计”/“图表样式”组中的样式列表框和“选择数据源”对话框。

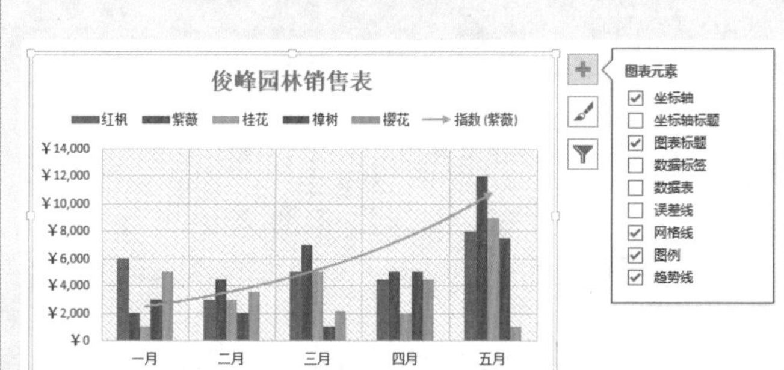

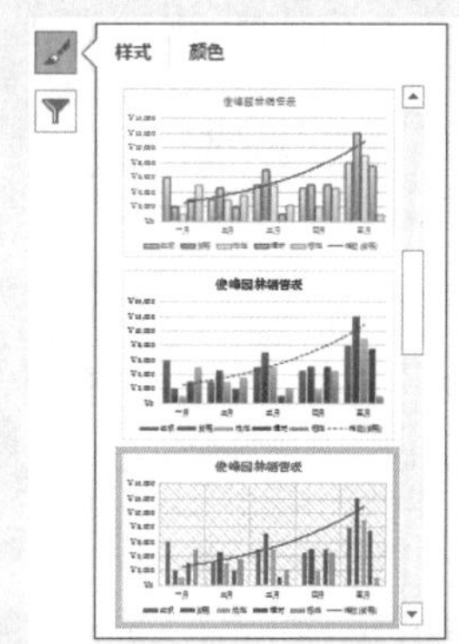

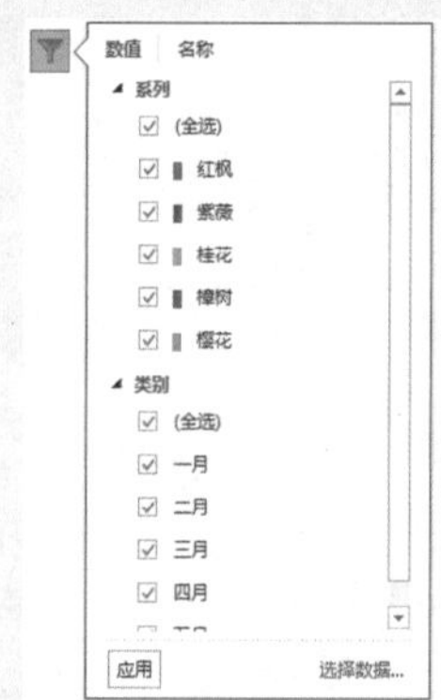

图9-74　图表的快捷操作

读书笔记

01 02 03 04 05 06 07 08 09 10 11 12 ......

PowerPoint 2013多彩印象

本章导读

使用Word能制作文档，使用Excel能制作表格，而当召开会议或是进行宣传时，使用这两种软件有时不能得到很好的展示效果。此时就可使用PowerPoint将需要展示的信息制作成演示文稿，用图像的方式进行输出展示。与Word一样，在PowerPoint中可以添加各种对象，从而使演示文稿丰富多彩，并且更好地展示演示内容。

10.1 幻灯片基本操作

幻灯片基本操作是制作演示文稿的基础，因为在PowerPoint 2013中几乎所有的操作都是在幻灯片中完成的。与Excel中工作表的操作相似，幻灯片的基本操作包括新建幻灯片、选择幻灯片、移动和复制幻灯片、隐藏和显示幻灯片以及删除幻灯片等。

10.1.1 新建幻灯片

一个演示文稿往往有多张幻灯片，用户可根据实际需要在演示文稿的任意位置新建幻灯片。PowerPoint 2013可通过如下几种方法新建幻灯片。

1. 使用右键快捷菜单新建

使用右键快捷菜单可新建与上一张版式相同的幻灯片。其方法是：选择幻灯片，单击鼠标右键，在弹出的快捷菜单中选择“新建幻灯片”命令即可，如图10-1所示。

图10-1 新建幻灯片

知识解析：右键快捷菜单

- “剪切”命令：用于剪切幻灯片。
- “复制”命令：用于复制幻灯片。
- “粘贴选项”命令：用于粘贴幻灯片。其中，“使用目标主题”按钮粘贴包括主题样式的幻灯片；“保留源格式”按钮用于完全复制；“图片”按钮将复制的幻灯片以图片粘贴到当前幻灯片中。
- “复制幻灯片”命令：选择该命令，将在下方新建一张与选择的幻灯片一样的幻灯片。
- “删除幻灯片”命令：该命令用于将选择的幻灯片删除。
- “新增节”命令：用于新建幻灯片节。当幻灯片数量较大时，新增节便于浏览和管理幻灯片，即将多张幻灯片收缩到节中，方便查看后面的幻灯片，而不用一直拖动滑动块查看。
- “发布幻灯片”命令：该命令用于发布幻灯片。
- “版式”命令：该命令用于将选择的幻灯片更改为“版式”命令的子菜单中的版式选项。
- “重设幻灯片”命令：当对幻灯片进行设置后，选择该命令，可将幻灯片恢复到原样式。
- “设置背景格式”命令：选择该命令，将打开“设置背景格式”对话框，用于设置幻灯片的背景格式。
- “隐藏幻灯片”命令：该命令用于将选择的幻灯片隐藏。

技巧秒杀

“检查更新”和“相册”命令默认对单张幻灯片不可用，呈灰色显示。

2. 使用快捷键新建

快捷键新建是指通过按Enter键快速新建与上一张版式相同的幻灯片。如图10-2所示，选择第2张幻灯片，按Enter键或Ctrl+M快捷键，将创建与第2张幻灯片相同的“标题与内容”版式的幻灯片。

读书笔记

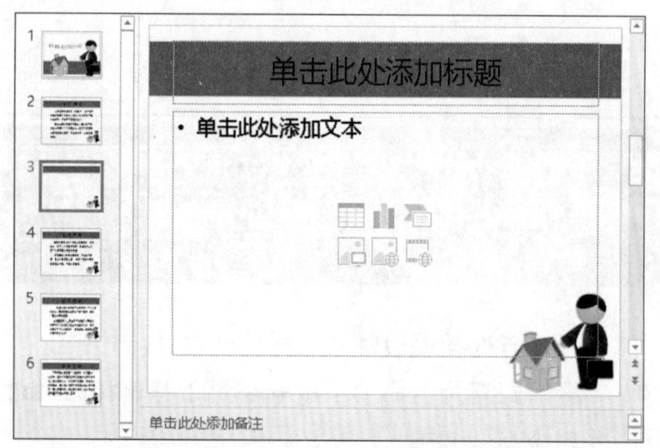

图10-2 使用快捷键新建幻灯片

3. 版式新建

版式新建即是根据选择的版式新建幻灯片，其方法是：在“开始”/“幻灯片”组中单击“新建幻灯片”按钮右侧的下拉按钮，在弹出的下拉列表中选择任意版式选项，将在选择的幻灯片下方新建该版式的幻灯片。如图10-3所示为选择的“比较”版式幻灯片，效果如图10-4所示。

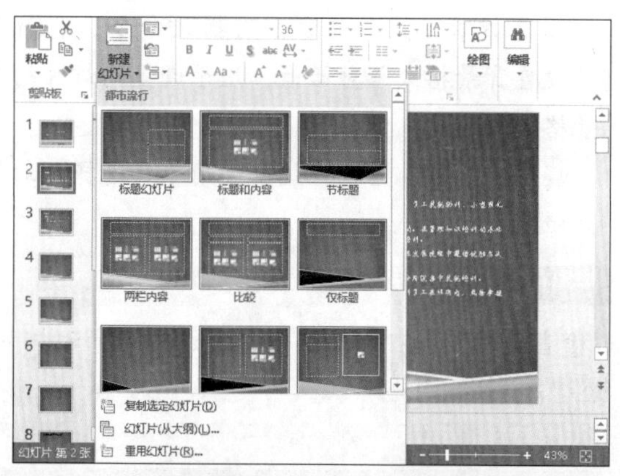

图10-3 选择“比较”版式选项

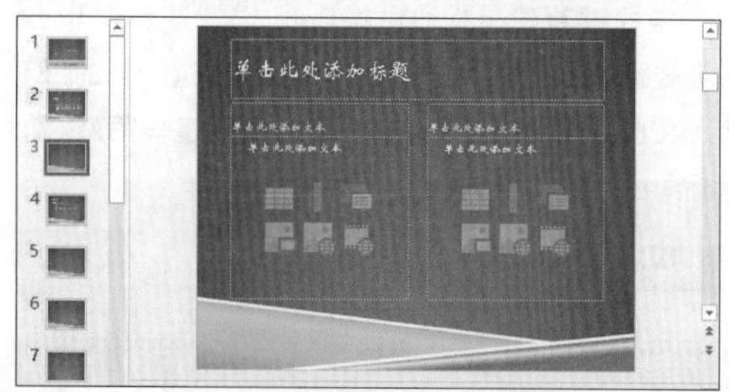

图10-4 新建的“比较”版式幻灯片

知识解析：“新建幻灯片”下拉列表

- “都市流行”列表框：“都市流行”表示演示文稿中幻灯片所应用的主题。该列表框中用于显示按版式新建幻灯片时各类版式选项。
- “复制选定幻灯片”选项：该选项的作用与右键快捷菜单中的“复制幻灯片”命令相同。
- “幻灯片”选项：选择该选项，将打开“插入大纲”对话框，主要用于将其他文档导入到演示文稿中，并以幻灯片显示，如将Word文档导入演示文稿，Word文档名称即作为幻灯片的标题，正文内容则为幻灯片的正文内容。
- “重用幻灯片”选项：选择该选项，将打开“重用幻灯片”窗格，主要用于从其他演示文稿中调用幻灯片。

技巧秒杀

如果在“开始”/“幻灯片”组中单击“新建幻灯片”按钮，将新建一张与上一张幻灯片版式相同的幻灯片。

10.1.2 编辑幻灯片

演示文稿中的幻灯片类似于Excel工作簿中的工作表，也可作为一个独立的对象，进行选择、移动、复制、删除、隐藏和显示等操作。

1. 选择幻灯片

在对演示文稿的幻灯片进行编辑之前，需要先选择幻灯片，其操作方法与选择工作表相似，可通过如下几种方式完成。

- 选择单张幻灯片：单击需选择的幻灯片图标，即可选择该幻灯片。
- 选择所有幻灯片：按Ctrl+A快捷键可选择当前演示文稿中的所有幻灯片。
- 选择不连续的多张幻灯片：单击需选择的第1张幻灯片图标，然后按住Ctrl键不放，单击需选择的第2张幻灯片图标，再依次单击其他所需的幻灯片图标，则可将其选中。

◆ 选择连续的多张幻灯片：单击需选择的第1张幻灯片图标，然后按住Shift键不放，再单击需连续选择的最后一张幻灯片图标，这时两张幻灯片之间的所有幻灯片均被选中。

2. 移动和复制幻灯片

移动和复制幻灯片即是通过执行剪切或复制操作，然后通过粘贴操作将幻灯片移动或复制到其他位置。

（1）移动幻灯片

在演示文稿右侧窗格中选择幻灯片，单击鼠标右键，在弹出的快捷菜单中选择“剪切”命令，或在“开始”/“剪贴板”组中单击“剪切”按钮，选择要移动到位置的上一张幻灯片，单击鼠标右键，在弹出的快捷菜单中单击“粘贴选项”栏中的“保留源格式”按钮，或在“开始”/“剪贴板”组中单击“粘贴”按钮。如图10-5所示，选择第3张幻灯片，执行“剪切”操作，第4张幻灯片上移一个位置，然后选择最后一张幻灯片执行“粘贴”操作，将第3张幻灯片移到该位置。

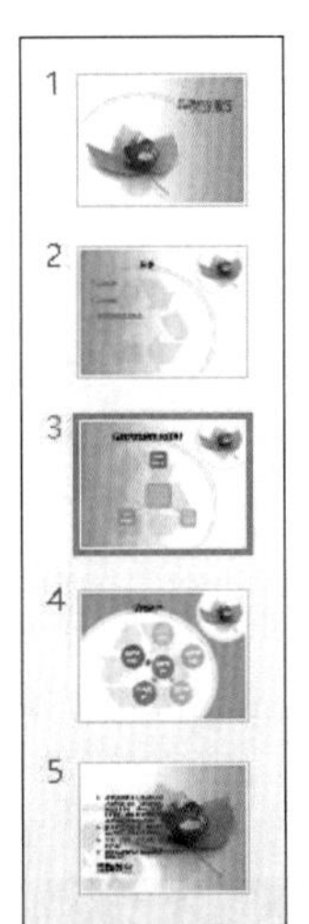
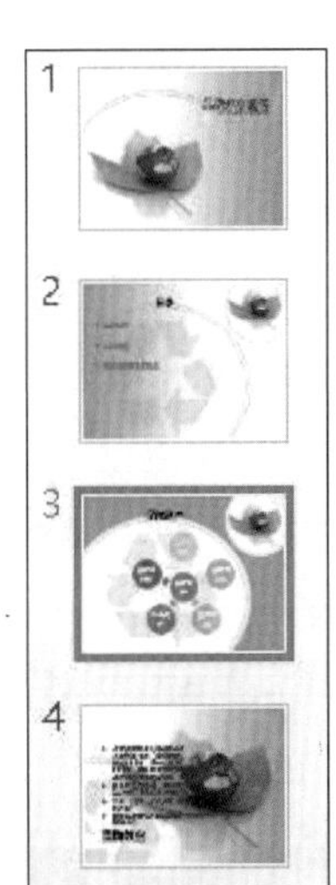
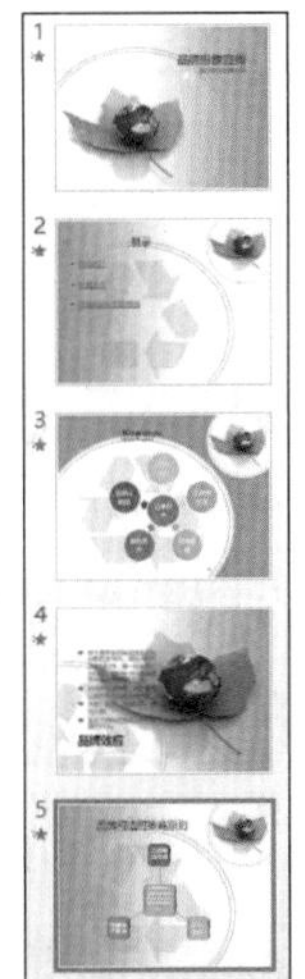

图10-5　移动幻灯片

（2）复制幻灯片

复制幻灯片与移动幻灯片的操作相似，不同的是，复制幻灯片时原幻灯片不发生改变，而是复制一张相同的幻灯片到其他位置。其方法是：选择幻灯片，单击鼠标右键，在弹出的快捷菜单中选择“复制”命令，或在“开始”/“剪贴板”组中单击“复制”按钮，选择要复制到的位置的上一张幻灯片，单击鼠标右键，在弹出的快捷菜单中单击“粘贴选项”栏中的“保留源格式”按钮，或在“开始”/“剪贴板”中单击“粘贴”按钮。如图10-6所示，为将第1张幻灯片复制到最后一张幻灯片后的情形。

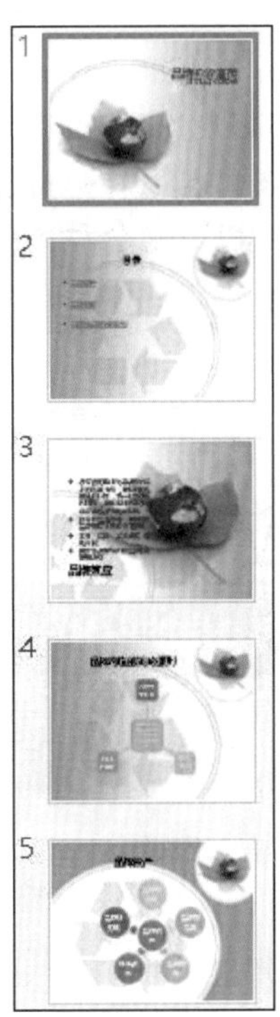
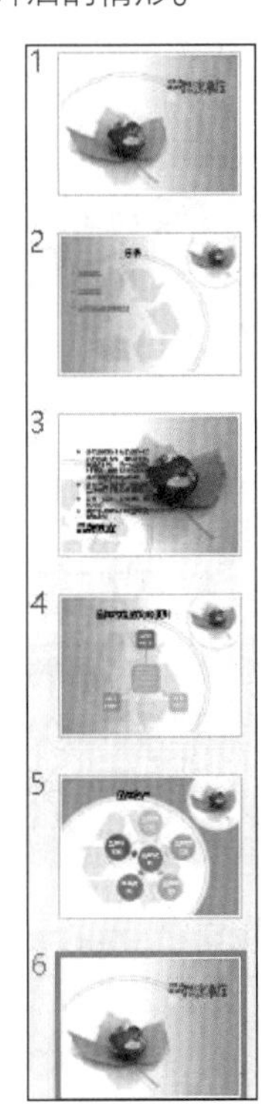

图10-6　复制幻灯片

技巧秒杀

移动和复制幻灯片可通过快捷键实现，移动的快捷键是Ctrl+X，复制的快捷键是Ctrl+C，粘贴的快捷键是Ctrl+V。

3. 隐藏和显示幻灯片

隐藏幻灯片的作用是在播放演示文稿时，不显示被隐藏的幻灯片，当需要时可再将其显示出来。其操作方法分别如下。

◆ 隐藏幻灯片：选择一张或多张幻灯片，单击鼠标

右键，在弹出的快捷菜单中选择“隐藏幻灯片”命令，或在“幻灯片放映”/“设置”组中单击“隐藏幻灯片”按钮，隐藏的幻灯片呈灰白色显示。

◆ 显示幻灯片：选择设置为隐藏的幻灯片，单击鼠标右键，在弹出的快捷菜单中取消选择“隐藏幻灯片”命令，或在“幻灯片放映”/“设置”组中单击呈选中状态的“隐藏幻灯片”按钮，可将幻灯片重新显示。

技巧秒杀

要删除多余的幻灯片，只需在选择幻灯片后按Delete键，或在执行“剪切”命令后，不执行“粘贴”操作。

读书笔记

10.2 文本的应用

文本是演示文稿中不可或缺的一部分，用于对幻灯片或幻灯片中的内容进行说明。与Word的操作类似，在幻灯片中添加文本内容后，为了显示美观，可对文本进行编辑和美化，以及设置艺术字。下面将详细介绍文本在幻灯片中的应用。

10.2.1 添加文本

在幻灯片中添加文本最常用的方法是在占位符中输入，除此之外还可在幻灯片的任意位置绘制文本框并在其中输入文本。

1. 使用占位符添加文本

在幻灯片中经常看到包含“单击此处添加标题”“单击此处添加文本”等文字的文本框，这些文本框被称为“占位符”。框内已经预设了文字的属性和样式，用户只需按照自己的需要在相应的占位符中添加内容即可。如单击“单击此处添加标题”或“单击此处添加副标题”文本占位符内部，此时该占位符中将出现闪烁的鼠标光标，切换到熟悉的输入法，即可在占位符中输入文字，如图10-7所示。

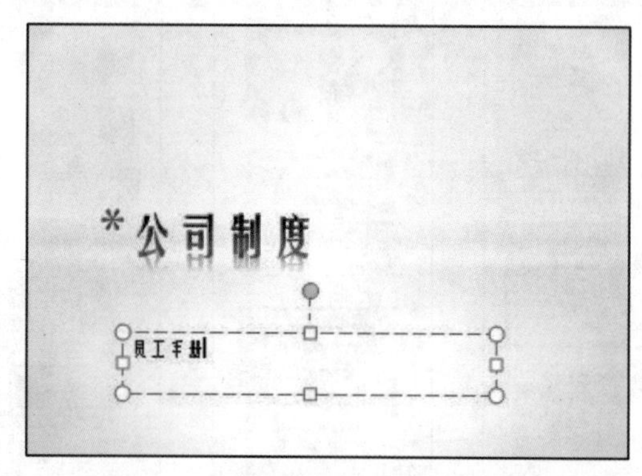

图10-7 在文本占位符中添加文本

2. 使用文本框添加文本

在新建幻灯片时，已经有了幻灯片固定版式，若要在没有文本占位符的位置输入文本，则可通过绘制文本框实现。

实例操作：添加“报告”的作者

- 光盘\素材\第10章\销售统计报告.pptx
- 光盘\效果\第10章\销售统计报告.pptx
- 光盘\实例演示\第10章\添加“报告”的作者

本例将在“销售统计报告.pptx”演示文稿的首页幻灯片中，添加制作该演示文稿的“作者”文本内容。

Step 1 ▸ 打开“销售统计报告.pptx”演示文稿，选择第1张幻灯片，在“插入”/“文本”组中单击“文本框”按钮下方的按钮，在弹出的下拉列表中选择“横排文本框”选项，然后将鼠标光标移到幻灯片要输入文本的位置，当鼠标光标变为十形状时，拖动鼠标，绘制横排文本框，如图10-8所示。

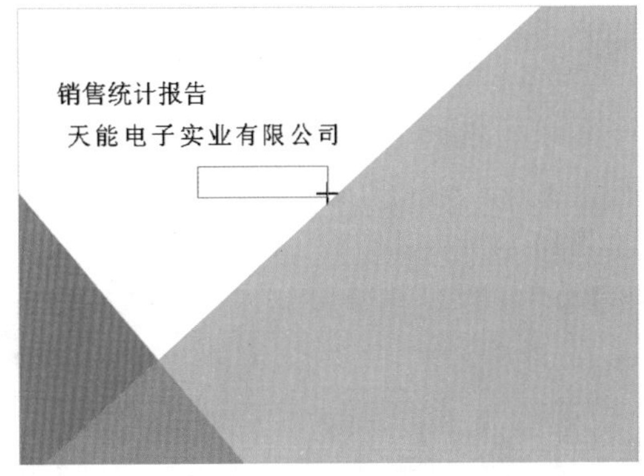

图10-8　绘制文本框

Step 2 ▸ 拖动到合适的位置后，单击鼠标，完成文本框的绘制，然后在文本插入点处输入“作者：王俊”，完成文本的添加，如图10-9所示。

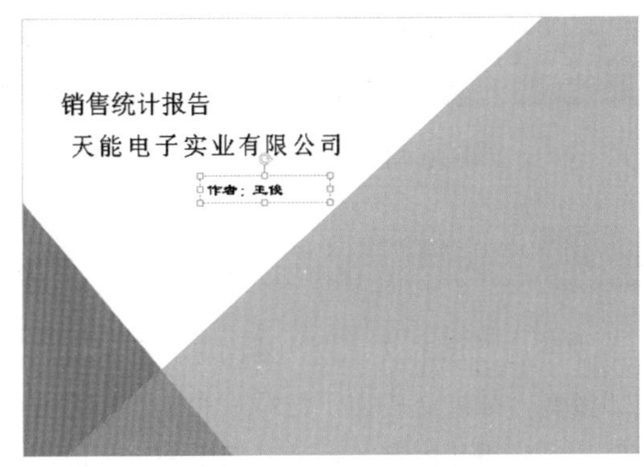

图10-9　输入文本内容

技巧秒杀

单击“文本框”按钮下方的按钮，在弹出的下拉列表中选择“垂直文本框”选项，将绘制垂直文本框，输入的文字呈竖排显示，如图10-10所示。

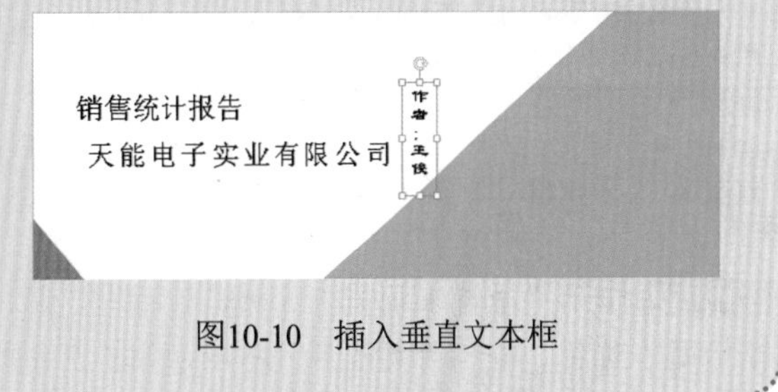

图10-10　插入垂直文本框

3. 编辑文本

在幻灯片中添加文本后，需要对文本内容进行编辑，包括文本的基本编辑操作，如修改、移动和复制文本等，且可对文本进行字体和段落的设置。

（1）基本编辑

在幻灯片中选择、移动、复制和删除文本的操作方法与在Word中相同，只是工作场所不同，换成了幻灯片编辑窗口。下面分别进行简要介绍。

- 选择文本：将鼠标光标移到要选择的文字上方，此时鼠标光标变为I形状。在要选择的文字开始位置单击鼠标左键并按住不放拖动鼠标到要选择的文字结束位置释放鼠标，被选择的文本将呈高亮显示状态。
- 移动文本：选择文本后，按Ctrl+X快捷键剪切文本，将文本插入点定位到目标位置，再按Ctrl+V快捷键粘贴文本。
- 复制文本：选择文本后，按Ctrl+C快捷键复制文本，将文本插入点定位到目标位置，再按Ctrl+V快捷键粘贴文本。
- 删除文本：选择文本后，按Backspace键或Delete键即可将所选文本删除。

（2）设置字体与段落

为了让演示文稿的面貌焕然一新，在输入文本内容后，还要对文字内容的格式进行设置，包括设置字体和段落，其方法简单，与Word、Excel相似，可通过“字体”和“段落”功能面板实现设置。

实例操作：美化字体格式和段落

- 光盘\素材\第10章\唐诗宋词赏析.pptx
- 光盘\效果\第10章\唐诗宋词赏析.pptx
- 光盘\实例演示\第10章\美化字体格式和段落

本例将在“唐诗宋词赏析.pptx”演示文稿中设置文本的字体样式、颜色以及对齐方式等。

Step 1 ▶ 打开“唐诗宋词赏析.pptx”演示文稿，选择标题占位符，在“开始”/“字体”组的“字体”下拉列表框中选择“方正行楷简体”选项，在“字号”下拉列表框中选择“54”选项。单击“字体颜色”按钮A右侧的·按钮，在弹出的列表框中选择“黄色”选项，设置文本颜色，单击“加粗”按钮B，如图10-11所示。

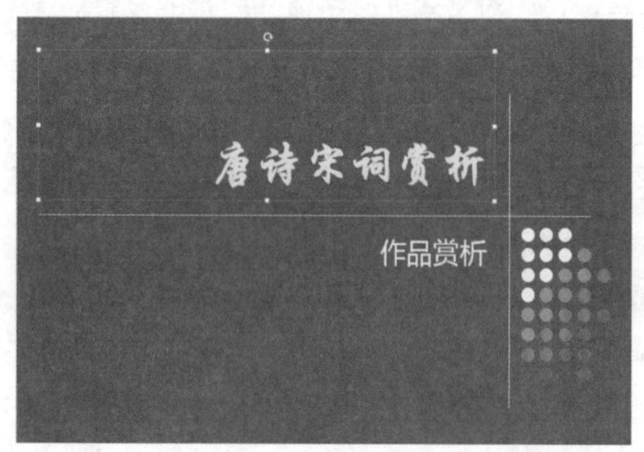

图10-11　设置主标题字体

Step 2 ▶ 选择副标题“作品赏析”文本，将字体格式设置为“方正卡通简体，36”，单击“加粗”按钮B加粗显示文本内容，如图10-12所示。

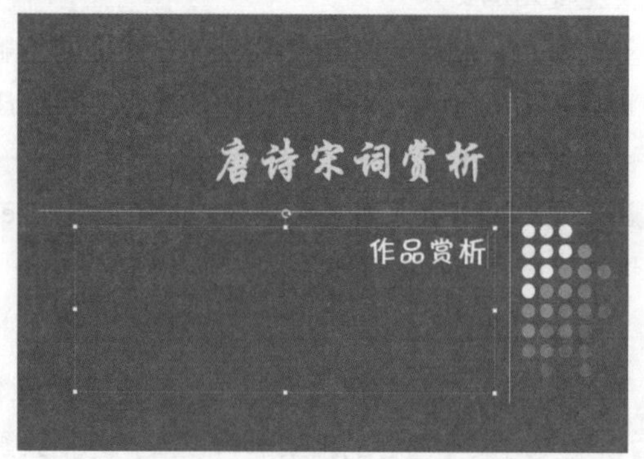

图10-12　设置副标题字体格式

Step 3 ▶ 选择第2张幻灯片，选择标题文本，在“开始”/“段落”组中单击“居中”按钮≡，使标题文本居中。选择文本占位符中的所有文本，单击“段落”功能面板右下角的按钮，打开“段落”对话框，在“间距”栏的“段后”数值框中输入“2磅”，设置“行距”为“1.5倍行距”，单击 确定 按钮，如图10-13所示。

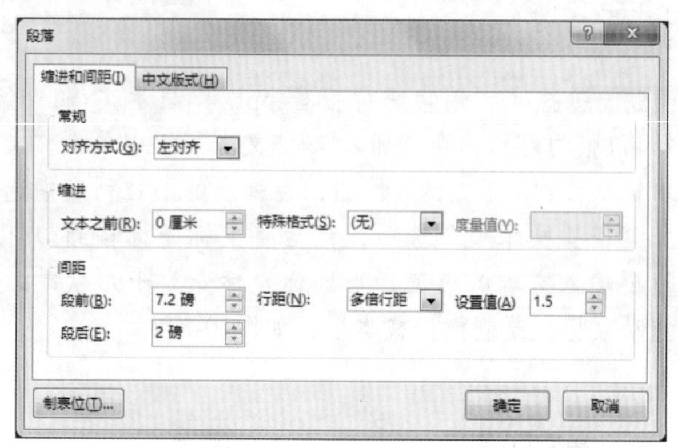

图10-13　设置段落格式

Step 4 ▶ 返回第2张幻灯片，设置文本段落格式后的效果如图10-14所示。

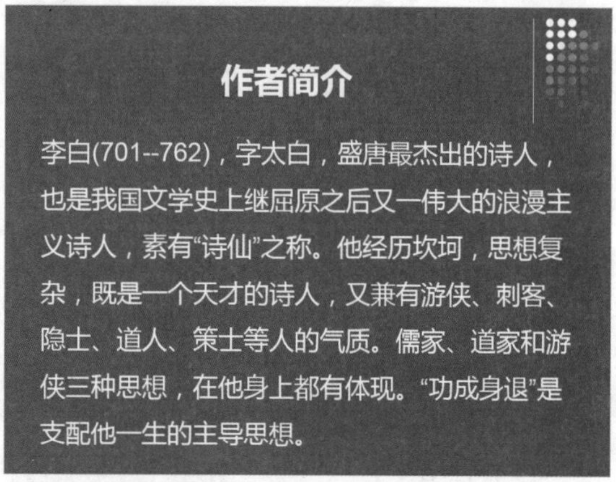

作者简介

李白(701--762)，字太白，盛唐最杰出的诗人，也是我国文学史上继屈原之后又一伟大的浪漫主义诗人，素有“诗仙”之称。他经历坎坷，思想复杂，既是一个天才的诗人，又兼有游侠、刺客、隐士、道人、策士等人的气质。儒家、道家和游侠三种思想，在他身上都有体现。“功成身退”是支配他一生的主导思想。

图10-14　正文段落效果

10.2.2 应用艺术字

艺术字与普通的文字内容相比更具有观赏性，样式更加多变，被广泛应用于幻灯片的标题和需重点讲解的部分。应用艺术字，可通过直接创建艺术字或根据需要为文本框等各种对象中的文本设置艺术字样式来实现，与Word中的操作类似。

1. 添加艺术字

用户可在幻灯片中添加内置的艺术字样式，输入文字后，再进行编辑操作。

实例操作：添加标题艺术字

- 光盘\素材\第10章\保护环境.pptx
- 光盘\效果\第10章\保护环境.pptx
- 光盘\实例演示\第10章\添加标题艺术字

本例将在“保护环境.pptx”演示文稿的首页幻灯片中，添加“我们应该怎么做？”艺术字，并设置文本效果，完成后的效果如图10-15所示。

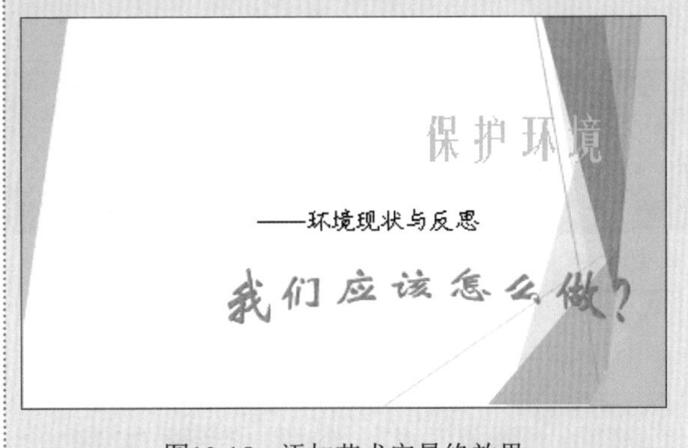

图10-15 添加艺术字最终效果

Step 1 ▶ 打开“保护环境.pptx”演示文稿，选择第1张幻灯片，选择“插入”/“文本”组。单击“艺术字”按钮A，在弹出的“艺术字主题效果”下拉列表中选择艺术字选项，这里选择“填充-橙色，着色4，软棱台”选项，如图10-16所示。

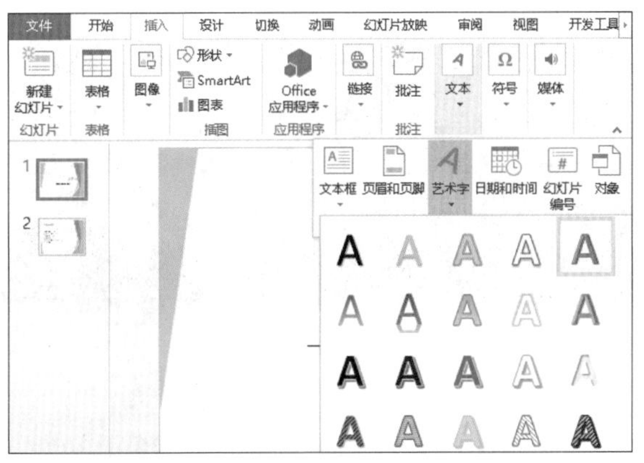

图10-16 选择艺术字选项

Step 2 ▶ 系统自动在幻灯片中间产生一个占位符，并显示“请在此键入您自己的内容”，输入“我们应该怎么做？”，然后将鼠标光标移到占位符的边框上，当其变为✥形状时拖动鼠标将艺术字文本框移动到副标题的下方，如图10-17所示。

图10-17 输入艺术字文本

Step 3 ▶ 保持艺术字文本框的选择状态，在“格式”/“艺术字样式”组中单击A 文本效果·按钮，在弹出的下拉列表中选择“转换”/“桥形”选项，如图10-18所示。

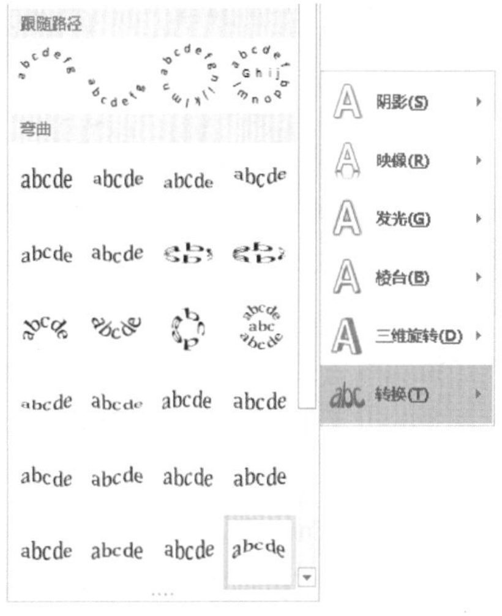

图10-18 设置艺术字文本效果

技巧秒杀

添加艺术字后，可通过“格式”/“艺术字样式”组对其进行设置，设置方法和各项操作的含义与在Word中相同，这里不再进行详细讲解。

2. 设置文本艺术字样式

用户可为幻灯片中已有的文本设置艺术字样式。方法是：首先选择所需的文本，然后通过“格式”/“艺术字样式”组设置。如图10-19所示为在“艺术字样式”组的列表框中应用“渐变填充-橙色，着色4，轮廓-着色4”艺术字样式，然后单击 文本效果 按钮，在弹出的下拉列表中选择“发光”/“绿色，18pt发光，着色1”选项后的效果。

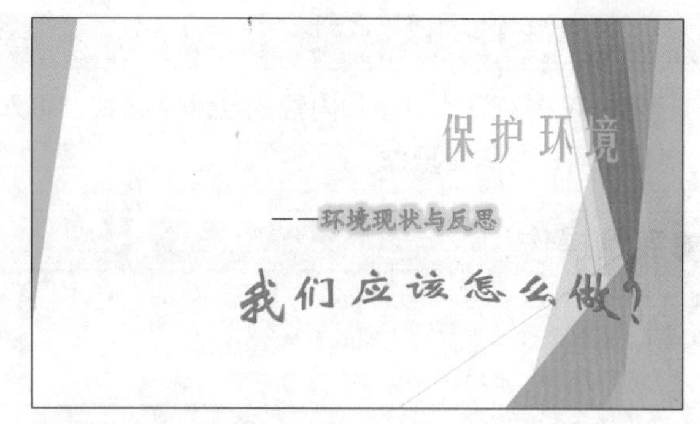

图10-19　设置文本艺术字样式

10.3 图片的应用

在幻灯片中插入图片，可对文字进行直观说明，并且使演示文稿美观新颖。前面章节介绍了Word中图片的应用方法，其实在幻灯片中插入与编辑图片与Word有很多相似之处，因此，在幻灯片中应用图片的学习将非常容易。

10.3.1 插入图片

要对幻灯片进行美化，首先想到的是插入图片。与Word相同，在幻灯片中同样可以插入联机图片或保存在电脑中的图片。

1. 插入联机图片

与Word类似，联机图片不仅包括剪贴画，还包括网上的一些图片，基本能满足一般幻灯片的需要。其插入方法为：在“插入”/“图像”组中单击“插入联机图片”按钮，打开“插入图片”对话框。在“Office.com剪贴画”栏右侧的搜索文本框中输入搜索图片的关键字，按Enter键，搜索相关的图片，选择所需图片，单击 插入 按钮，如图10-20所示，即可将选择的图片插入到幻灯片中，然后将其拖动到幻灯片中合适的位置，如图10-21所示。

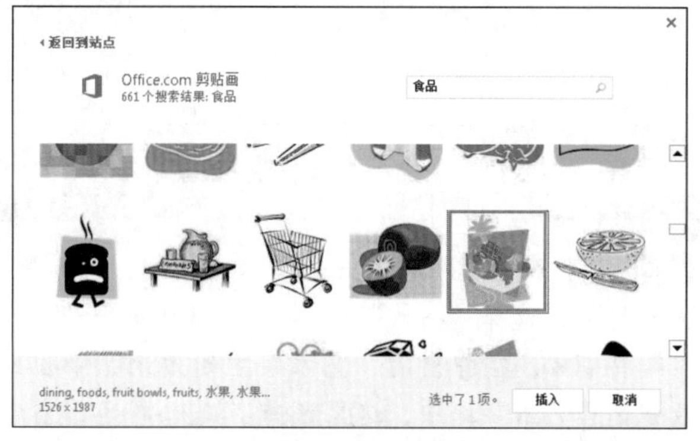

图10-20　选择联机图片

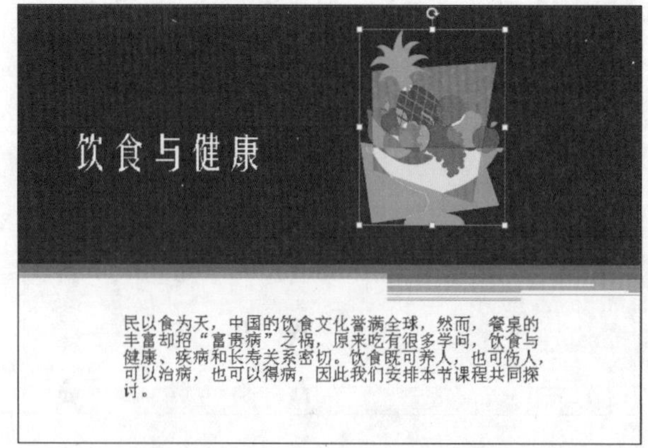

图10-21　插入联机图片的效果

技巧秒杀

在占位符中单击“插入联机图片”按钮，同样可打开“插入图片”对话框，搜索并插入与幻灯片内容相对应的联机图片。

技巧秒杀

联机状态下，在“插入图片”对话框的“必应搜索”栏可搜索并插入网络中的图片。

2. 插入电脑中的图片

如果在制作幻灯片时要添加其他图片，最常用的方法就是直接插入图片，与插入剪贴画类似，可通过功能区或占位符插入。其方法是：在“插入”/“图像”组中单击“图片”按钮，打开“插入图片”对话框，选择需插入的图片，如图10-22所示，单击 插入(S) 按钮插入图片，返回幻灯片中，效果如图10-23所示。

图10-22　选择图片

图10-23　插入图片的效果

技巧秒杀

在PowerPoint中可插入.jpg、.jpeg、.png、.bmp和.gif等常用格式的图片。

10.3.2 编辑与美化图片

在幻灯片中插入图片后，需要对图片进行编辑与美化，如调整大小和位置、调整图片亮度和色彩以及设置图片样式效果等，其方法与在Word中编辑图片相同，可通过“格式”选项卡完成。

实例操作：编辑与美化“水果”图片

- 光盘\素材\第10章\水果与健康.pptx
- 光盘\效果\第10章\水果与健康.pptx
- 光盘\实例演示\第10章\编辑与美化“水果”图片

本例将在“水果与健康.pptx”演示文稿中调整图片的排列顺序，并调整其大小和位置，以及亮度和图片样式，然后复制图片，前后效果如图10-24和图10-25所示。

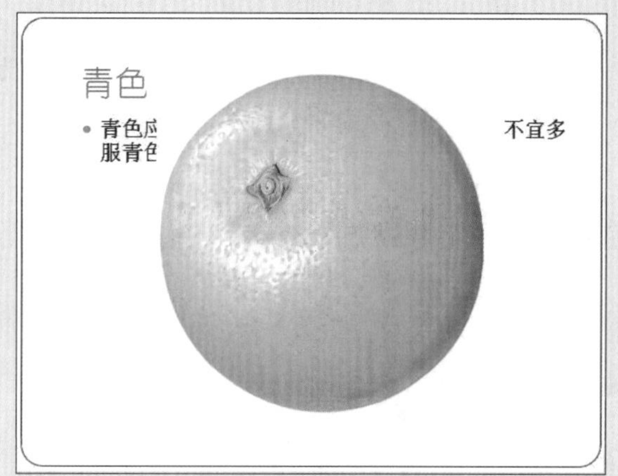

图10-24　原图效果

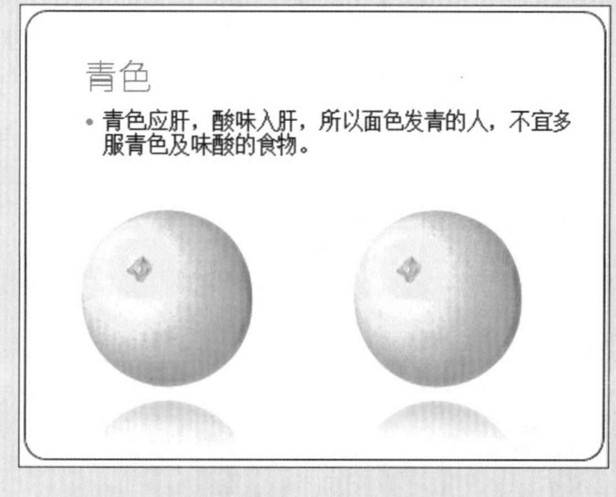

图10-25　最终效果

Step 1 ▶ 打开“水果与健康.pptx”演示文稿，选择第2张幻灯片，选择图片，在“格式”/“排列”组中单击“下移一层”按钮，将图片置于文字下层，如图10-26所示。

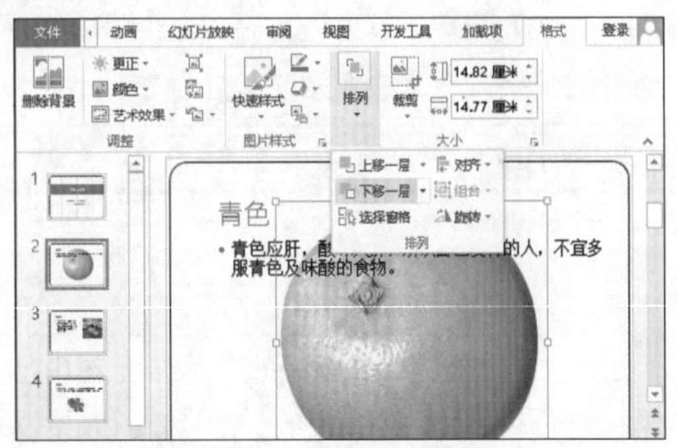

图10-26　设置图片排列顺序

Step 2 ▶ 选择图片，将鼠标光标移到图片上，当其变为形状时，拖动鼠标将图片移至幻灯片左下角，然后将鼠标光标移到图片选中框的右下角，当其变为形状时，拖动鼠标缩小图片，如图10-27所示。

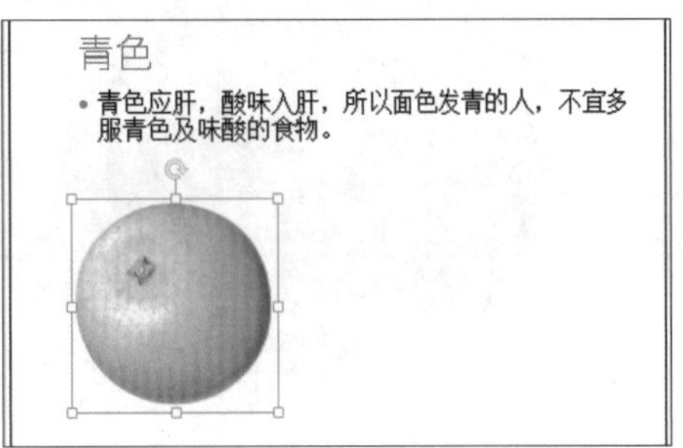

图10-27　调整图片大小和位置

Step 3 ▶ 在“格式”/“调整”组中单击“更正”按钮，在弹出的下拉列表的“亮度/对比度”栏中选择“亮度+20%，对比度-20%”选项，如图10-28所示。然后在“格式”/“图片样式”组中单击“快速样式”按钮，在弹出的下拉列表中选择“映像圆角矩形”选项，如图10-29所示。

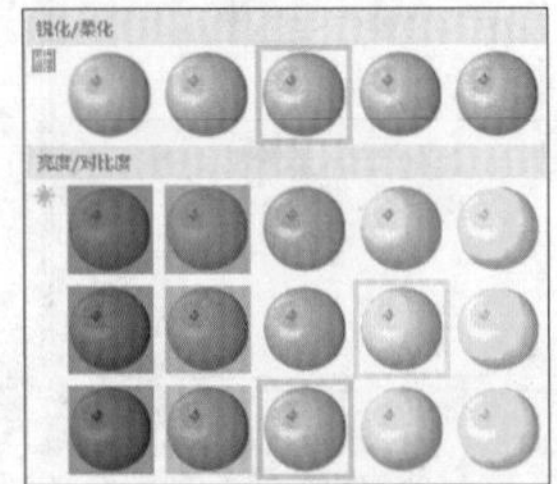

图10-28　调整图片亮度

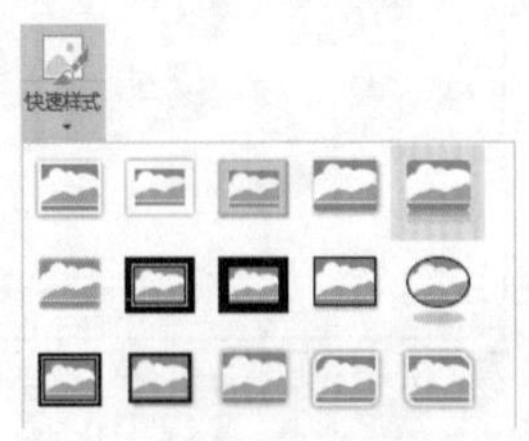

图10-29　设置图片样式

Step 4 ▶ 选择图片，按Shift+Ctrl+Alt组合键不放，水平向右拖动以复制图片，如图10-30所示。

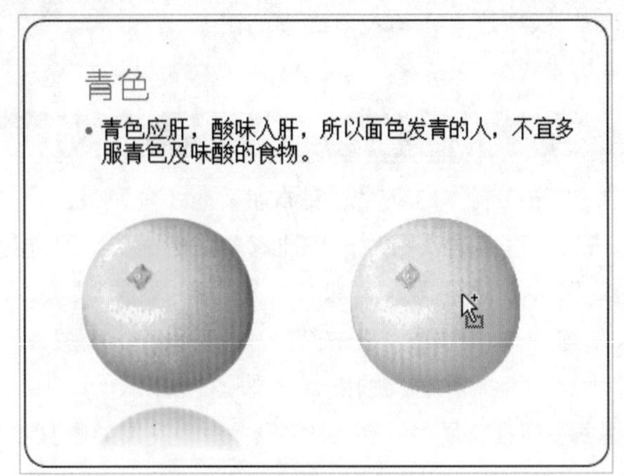

图10-30　复制图片

技巧秒杀

按Shift+Ctrl+Alt组合键并拖动鼠标是快速的复制方法，也可通过按Ctrl+C和Ctrl+V快捷键复制、粘贴图片。

读书笔记

10.3.3 制作电子相册

在制作如产品相册等演示文稿时需要添加大量的产品图片，如果单张插入则比较费时，此时便可以使用PowerPoint 2013的插入相册功能批量插入图片，并制作成相册，然后再对其加以美化和编辑。

实例操作：制作“美味点心”相册

- 光盘\素材\第10章\美食推荐.pptx
- 光盘\效果\第10章\美味点心.pptx
- 光盘\实例演示\第10章\制作“美味点心”相册

本例将在PowerPoint中制作“美味点心”相册，批量插入点心图片。

Step 1 打开“美食推荐.pptx”演示文稿，选择“插入”/“图像”组，单击相册按钮，打开“相册”对话框，单击文件/磁盘(F)...按钮，打开“插入新图片”对话框，选择所需图片，这里按Ctrl+A快捷键选择所有图片，单击插入(S)按钮，如图10-31所示。

图10-31 选择创建相册的图片

Step 2 返回“相册”对话框，在“相册中的图片”列表框中选择所有图片，在“图片版式”下拉列表框中选择“2张图片（带标题）”选项，在“相框形状”下拉列表框中选择“简单框架，白色”选项，单击“主题”文本框右侧的浏览(B)...按钮，如图10-32所示。

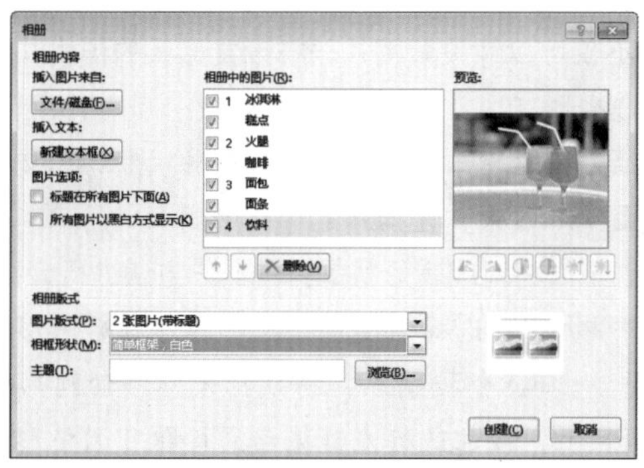

图10-32 设计相册

Step 3 打开Document Themes 15文件夹窗口，在中间的列表中选择演示文稿主题，这里选择“Ion.thmx”主题选项，如图10-33所示，单击选择按钮。

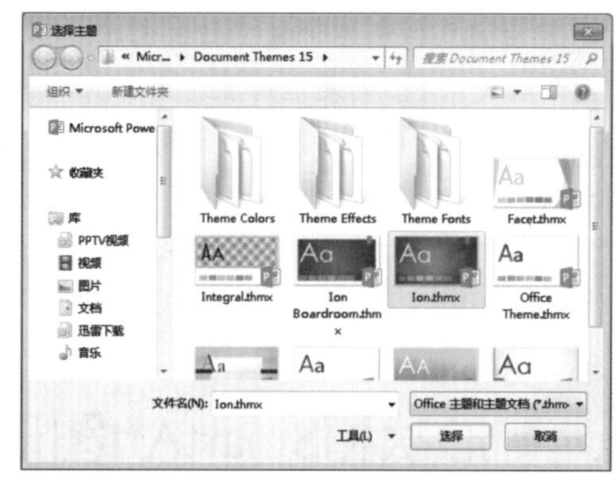

图10-33 选择相册主题

Step 4 返回“相册”对话框，单击创建(C)按钮，将新建一个演示文稿，查看创建的相册效果，如图10-34所示，根据需要可为每张幻灯片添加相关的文字标题，并对其大小进行调整。

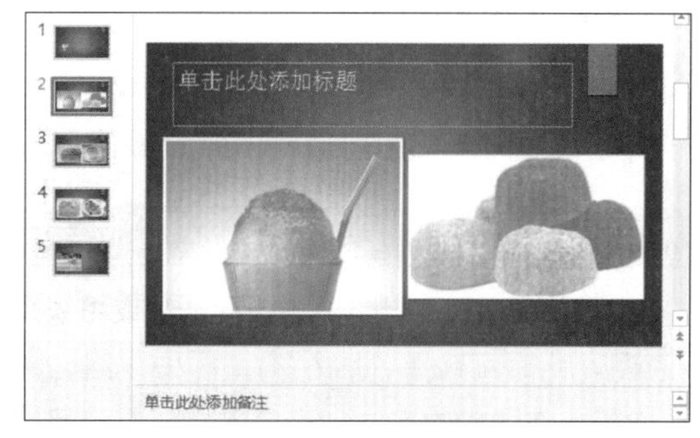

图10-34 查看相册效果

知识解析：“相册”对话框

- 文件/磁盘(F)...按钮：单击该按钮，打开“相册”对话框，用于设置相册图片。
- 新建文本框(X)按钮：用于在幻灯片中插入文本框。
- “图片选项”栏：标题在所有图片下面(A)复选框在将图片版式选择为带标题的版式后有效，选中该复选框后，为图片添加标题并显示在图片下方；所有图片以黑白方式显示(K)复选框用于设置图片以黑白方式显示。
- “相册中的图片”栏：该栏下方的列表框用于选择插入相册的图片，↑↓×删除(V)按钮组用于上移、下移或删除在列表框中选择的图片。

◆ “预览”栏：用于预览插入图片后的效果。按钮组主要用于设置图片的旋转、灰度和亮度等。

◆ “相册版式”栏：用于设置相册的版式。其中“图片版式”下拉列表框用于设置是否添加标题和幻灯片中显示图片的张数；“相框形状”下拉列表框用于设置相册的相框版式。

◆ “主题”栏：用于设置幻灯片的主题，单击浏览(B)...按钮，可浏览选择内置的主题样式。

技巧秒杀

选择需要应用图片的幻灯片，将鼠标光标定位到应用图片的位置，选择“插入”/“图像”组，单击“屏幕截图”按钮，在弹出的下拉列表中选择相应选项，可插入屏幕截图。需要注意的是，下拉列表框所出现的屏幕截图选项，其实是电脑中所打开的所有应用程序的窗口，因此打开的应用程序窗口不同，下拉列表框中的选项也会随之而改变。

10.4 形状和SmartArt图形的应用

制作演示文稿时，有可能需要制作各种各样的示意图或流程图，此时可通过PowerPoint中提供的形状来完成，而SmartArt图形则能够清楚地表明各种事物之间的各种关系。插入形状和SmartArt图形后，还可进行编辑，使其满足用户的不同需求。

10.4.1 绘制并编辑形状

绘制形状与绘制文本框的方法相似，并且可进行调整大小、填充颜色以及应用样式等编辑操作。

1. 绘制形状

在幻灯片中有时会制作一些不同形状或组织结构的示意图，此时可选择“插入”/“插图”组，单击形状按钮，在弹出的下拉列表中选择需要应用的形状图，如图10-35所示，当鼠标光标变为十形状时，即可在幻灯片中拖动鼠标进行绘制，绘制到合适的大小后释放鼠标左键，即可在幻灯片中插入一个形状，如图10-36所示。

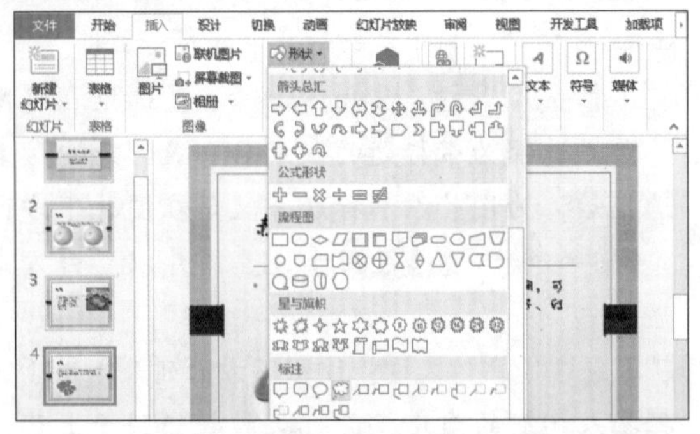

图10-35 选择形状样式

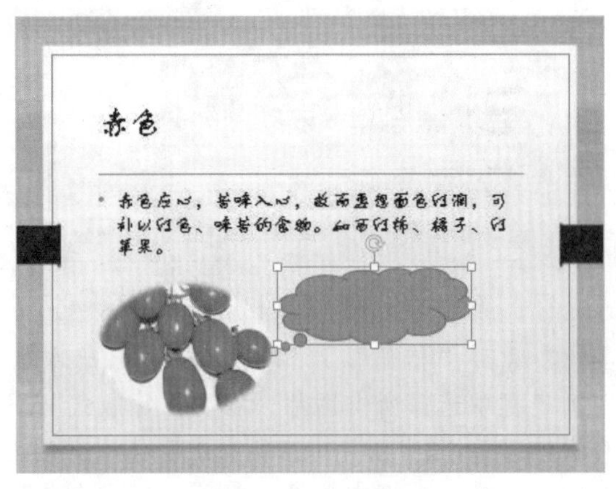

图10-36 绘制形状

2. 编辑形状

不仅可以像设置图片一样设置形状的样式，还可以在选择形状后，单击鼠标右键，在弹出的快捷菜单中选择“编辑文本”命令，直接在形状上添加文本，并设置文本效果，让插入的形状更能满足用户的各种需求。下面将对编辑形状的各种操作方法进行介绍。

◆ 调整大小：选择需要调整大小的形状后，形状四周会出现8个控制点，将鼠标光标移动到形状控制点上，按住鼠标左键拖动鼠标即可调整形状的大小。

- 填充颜色：选择需要填充颜色的形状后，选择"格式"/"形状样式"组，单击"形状填充"按钮旁的按钮，在弹出的下拉列表中可选择所需的填充色。
- 应用样式：选择需要快速应用样式的形状后，选择"格式"/"形状样式"组，单击按钮，在弹出的下拉列表中选择需要的形状样式即可。
- 改变形状外形：选择需要改变外形的形状后，将鼠标光标移动到形状的黄色控制点上，单击并拖动鼠标可改变形状的外形，也可选择"格式"/"插入形状"组，单击按钮，在弹出的下拉列表中选择需要的形状样式。
- 改变文本样式：选择需要改变的文本样式所属的形状，选择"格式"/"艺术字样式"组，单击按钮，在弹出的下拉列表中选择需要的样式。

10.4.2 添加并编辑SmartArt图形

SmartArt图形实际上可看做由一组形状组成的图形，用于说明事物的关系。在幻灯片中用户可根据需要插入各种类型的SmartArt图形，虽然这些SmartArt图形的样式有些差别，但操作方法类似。

1. 添加SmartArt图形

在幻灯片中添加SmartArt图形的操作其实很简单，选择"插入"/"插图"组，单击SmartArt按钮，打开"选择SmartArt图形"对话框，在对话框左侧选择需要的SmartArt图形的类型，在其右侧将显示该类型的所有SmartArt图形，然后在其中选择所需的SmartArt图形，单击确定按钮。如图10-37所示，将选择的SmartArt图形插入幻灯片中，默认在第一个形状插入文本插入点，然后在其中输入文本内容，如图10-38所示。

技巧秒杀

插入SmartArt图形后，可在打开的输入文字对话框中输入SmartArt图形的文本，或直接将文本插入点定位到形状中后输入文本。

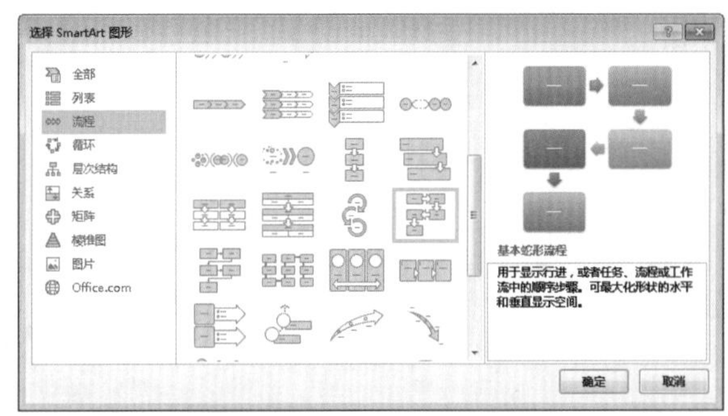

图10-37 选择SmartArt图形样式

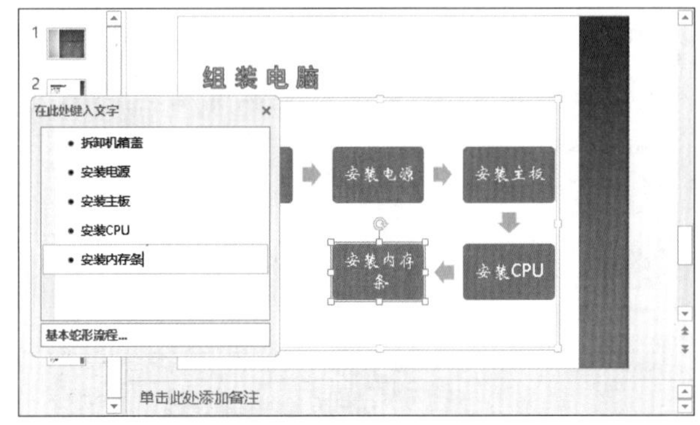

图10-38 输入文本内容

2. 编辑SmartArt图形

在幻灯片中添加SmartArt图形后，可在"设计"和"格式"选项卡下对SmartArt图形进行相应的编辑、美化，让其更符合用户的需求。

实例操作：编辑美化SmartArt图形

- 光盘\素材\第10章\旅游路线.pptx
- 光盘\效果\第10章\旅游路线.pptx
- 光盘\实例演示\第10章\编辑美化SmartArt图形

本例将在"旅游路线.pptx"演示文稿中对插入的SmartArt图形进行相应的编辑和美化。

Step 1 打开"旅游路线.pptx"演示文稿，选择第2张幻灯片。选择"插入"/"插图"组，单击SmartArt按钮，打开"选择SmartArt图形"对话框。选择"流程"选项卡，在列表框中选择"基本V形流程"选项。单击确定按钮，如图10-39所示，完成SmartArt图形的插入。

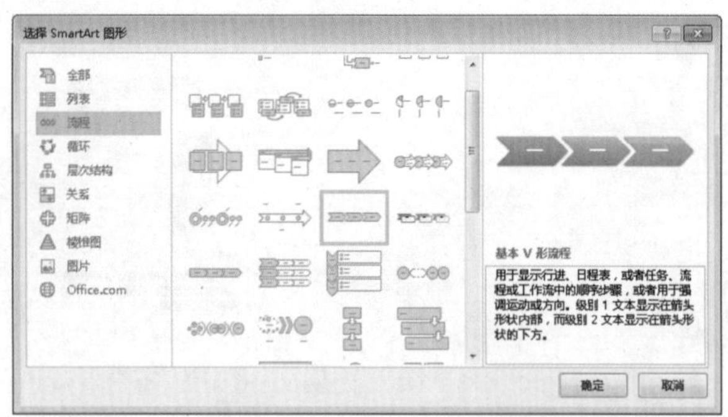

图10-39　选择SmartArt图形样式

技巧秒杀

也可通过在幻灯片的占位符中单击“插入SmartArt图形”按钮，打开“选择SmartArt图形”对话框插入所需的SmartArt图形。

Step 2 插入SmartArt图形，依次在形状中输入文字，如图10-40所示。

图10-40　输入文字

技巧秒杀

单击SmartArt图形边框的按钮，可打开输入文字对话框；单击文字对话框的按钮，将关闭该对话框。

Step 3 选择插入的SmartArt图形的最后一个形状，单击鼠标右键，在弹出的快捷菜单中选择“添加形状”/“在后面添加形状”命令，在最后一个形状后添加一个形状，然后利用相同方法，再添加一个形状，如图10-41所示。

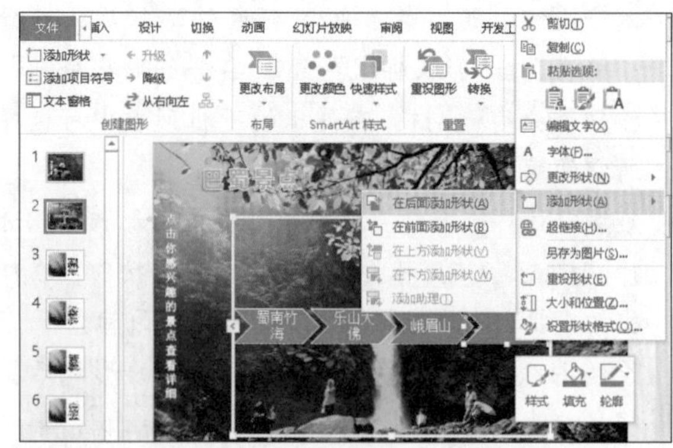

图10-41　添加形状

Step 4 选择添加的形状，右击，在弹出的快捷菜单中选择“编辑文字”命令，输入文字，如图10-42所示。

图10-42　在添加的形状中输入文字

Step 5 选择插入的SmartArt图形，选择“设计”/“SmartArt样式”组，单击“更改颜色”按钮，在弹出的下拉列表中选择“彩色范围—着色5至6”选项，如图10-43所示。

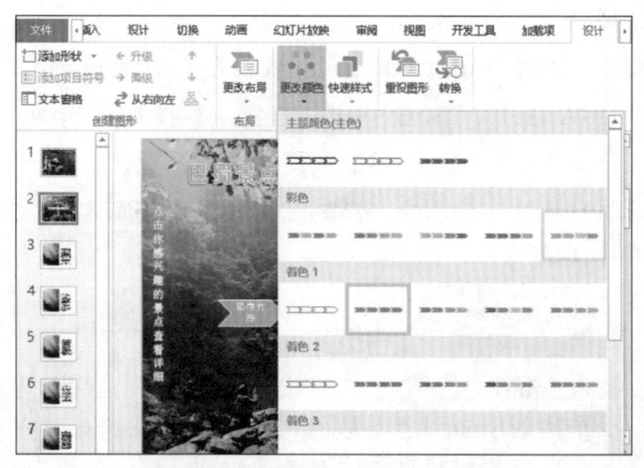

图10-43　更改SmartArt图形的颜色

Step 6 ▶ 选择“设计”/“SmartArt样式”组，单击“快速样式”按钮，在弹出的下拉列表中选择“砖块场景”选项，如图10-44所示。

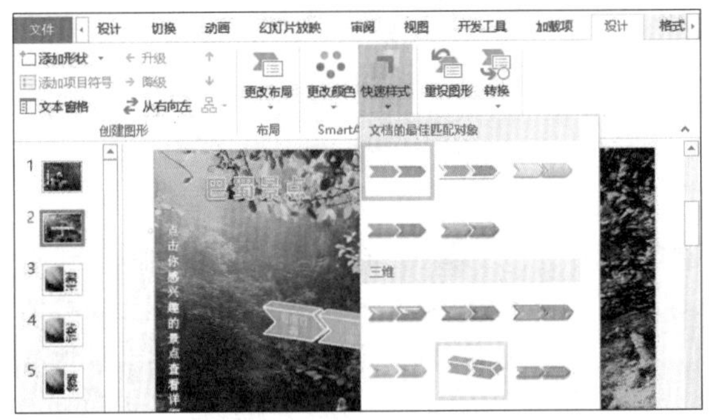

图10-44 设置SmartArt图形的样式

Step 7 ▶ 按住鼠标左键拖动SmartArt图形，将其拖至幻灯片的底部，释放鼠标。然后选择“格式”/“艺术字样式”组，单击“快速样式”按钮，在弹出的下拉列表中选择“填充-红色，着色2，轮廓-着色2”选项，完成后的效果如图10-45所示。

图10-45 最终效果

技巧秒杀

添加SmartArt图形后，如果对其形状不满意，可以选择“设计”/“布局”组，单击列表框右下角的按钮，在弹出的下拉列表中选择需要的形状，对SmartArt图形进行更改。

10.5 表格和图表的应用

在演示文稿中，有些数据通过表格的形式来表达会更清楚，特别是在数据多的情况下，可尽量采用表格的形式，而相对表格数据来说，使用图表来表示更为直观。图表是以数据对比的方式来显示数据，可轻松地体现数据之间的关系。

10.5.1 插入并编辑表格

PowerPoint 2013为用户提供了较为强大的表格处理功能，使用它既可以在幻灯片中插入合适的表格，还能对插入的表格进行编辑和美化，使表达的数据更为直观、形象。

1. 插入表格

在幻灯片中使用表格传递信息，需要掌握插入表格的方法。在幻灯片中插入表格的方法有多种，下面介绍比较常用的两种。

◆ **使用占位符插入表格：**当幻灯片版式为“内容版式”或“文字和内容”时，在占位符中单击“插入表格”按钮，打开“插入表格”对话框，在“列数”和“行数”数值框中输入插入表格的行数和列数，如图10-46所示，单击确定按钮，可插入表格，然后在其中输入数据内容即可，如图10-47所示。

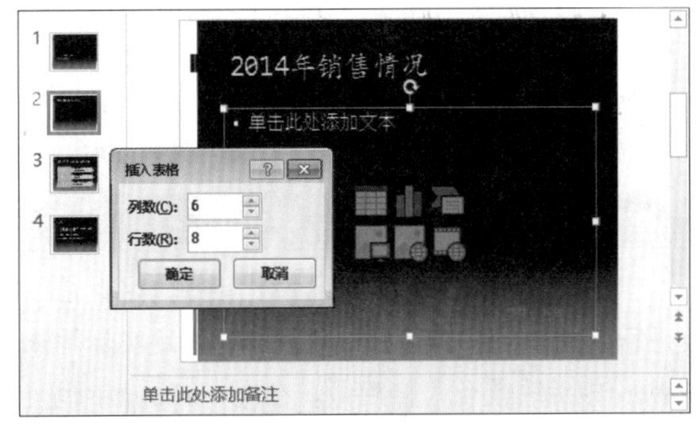

图10-46 插入表格

2014年销售情况

商品名称	第一季度	第二季度	第三季度	第四季度	总计（单位：万台）
液晶电视	23.25	35.35	40.06	45.2	143.86
冰箱	30.25	45.75	50.5	28.5	229.25
冰柜	12.5	18.5	16.2	11.4	58.6
空调	8.5	45.5	19.75	9.5	83.25
洗衣机	75.6	45.3	50.85	80.45	252.2
微波炉	28.5	35.5	14.52	24.55	103.07
家庭影院	45.6	50.2	55.6	60.58	211.98

图10-47　插入表格的效果

◆ **使用命令插入表格**：选择所需插入表格的幻灯片，选择“插入”/“表格”组，单击“表格”按钮▦，在弹出的下拉列表的“插入表格”栏中拖动鼠标选择插入的行数和列数即可，如图10-48所示。

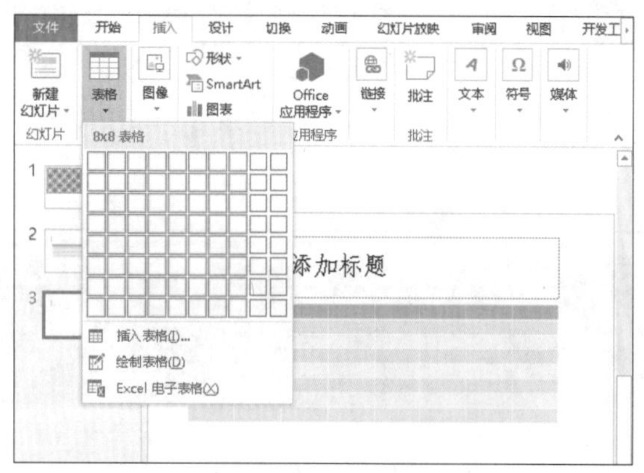

图10-48　拖动鼠标插入表格

技巧秒杀

选择“插入”/“表格”组，单击“表格”按钮▦后，在弹出的下拉列表中选择“插入表格”选项，也可打开“插入表格”对话框，在该对话框中设置表格的行数和列数后，即可插入表格。

2. 编辑表格

通过占位符插入的表格虽然比较规则，但往往需要进行编辑美化，以达到最佳效果，满足实际需求。与Word中编辑美化表格相似，在PowerPoint中也可通过“设计”和“布局”选项卡操作。

实例操作：编辑美化表格

- 光盘\素材\第10章\销售总结.pptx
- 光盘\效果\第10章\销售总结.pptx
- 光盘\实例演示\第10章\编辑美化表格

本例将在“销售总结.pptx”演示文稿中对插入的表格进行编辑美化设置。

Step 1 打开“销售总结.pptx”演示文稿，选择插入了表格的第2张幻灯片。将鼠标光标移至表格的外侧，当鼠标光标变为形状时，拖动鼠标选择所有表格数据行与列，选择“布局”/“表格尺寸”组，在“高度”数值框中输入“10.5厘米”，如图10-49所示，按Enter键，调整行高。

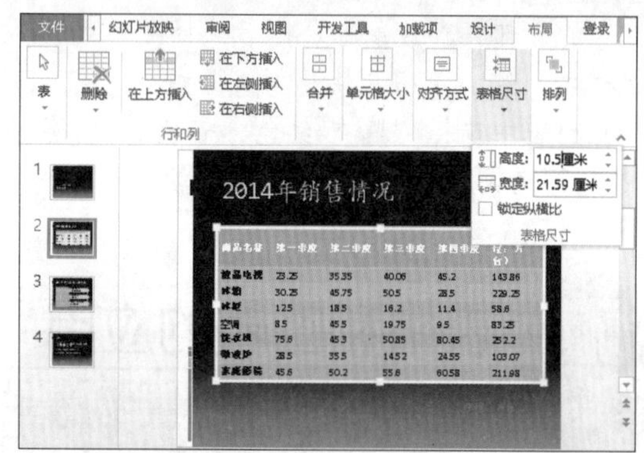

图10-49　调整单元格的行高

Step 2 将鼠标光标移到表格第1行单元格区域的边框处，当鼠标光标变为➡形状时，单击鼠标选择第1行单元格，在“开始”/“段落”组中单击“居中”按钮≡，设置数据居中显示。将鼠标光标移到单元格的边框处，当鼠标光标变为+‖+形状时，拖动鼠标调整列宽至合适位置，效果如图10-50所示。

2014年销售情况

商品名称	第一季度	第二季度	第三季度	第四季度	总计（单位：万台）
液晶电视	23.25	35.35	40.06	45.2	143.86
冰箱	30.25	45.75	50.5	28.5	229.25
冰柜	12.5	18.5	16.2	11.4	58.6
空调	8.5	45.5	19.75	9.5	83.25
洗衣机	75.6	45.3	50.85	80.45	252.2
微波炉	28.5	35.5	14.52	24.55	103.07
家庭影院	45.6	50.2	55.6	60.58	211.98

图10-50　设置对齐方式与列宽

Step 3 在“设计”/“绘图边框”组的“笔样式”下拉列表框中选择“┈┈”选项，在“笔画粗细”下拉列表框中将笔画粗细设置为“1.5磅”，单击笔颜色按钮，在弹出的列表中选择“红色”选项，如图10-51所示。

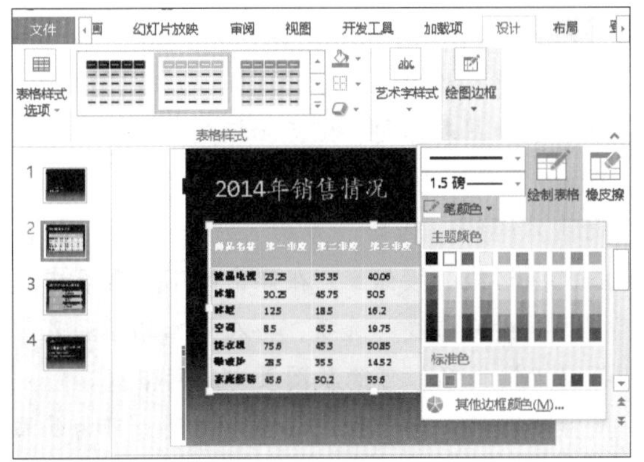

图10-51　设置边框样式

Step 4 在“设计”/“表格样式”组中单击“边框”按钮右侧的按钮，在弹出的下拉列表中选择“所有边框”选项，效果如图10-52所示。

2014年销售情况

商品名称	第一季度	第二季度	第三季度	第四季度	总计（单位：万台）
液晶电视	23.25	35.35	40.06	45.2	143.86
冰箱	30.25	45.75	50.5	28.5	229.25
冰柜	12.5	18.5	16.2	11.4	58.6
空调	8.5	45.5	19.75	9.5	83.25
洗衣机	75.6	45.3	50.85	80.45	252.2
微波炉	28.5	35.5	14.52	24.55	103.07
家庭影院	45.6	50.2	55.6	60.58	211.98

图10-52　最终效果

10.5.2 插入并编辑图表

在演示文稿中，除了可以添加表格外，还可以添加图表并进行编辑，从而辅助表格，让表格数据更为直观、易懂。

1. 插入图表

在幻灯片中插入图表的操作很简单，可通过“插入”/“插图”组或占位符插入。

实例操作：插入销售图表

- 光盘\素材\第10章\水果超市.pptx
- 光盘\效果\第10章\水果超市.pptx
- 光盘\实例演示\第10章\插入销售图表

本例将在“水果超市.pptx”演示文稿中插入销售图表，直观地查看各类水果的销售情况。

Step 1 打开“水果超市.pptx”演示文稿，选择第3张幻灯片。选择“插入”/“插图”组，单击“图表”按钮，或单击占位符中的“插入图表”按钮，打开“插入图表”对话框，选择“三维簇状柱形图”，单击确定按钮，如图10-53所示。

图10-53　选择图表类型

Step 2 系统自动启动Excel 2013，在相应单元格中输入需在图表中表现的数据，这里复制第3张幻灯片表格中的数据，如图10-54所示，单击按钮，退出Excel程序。

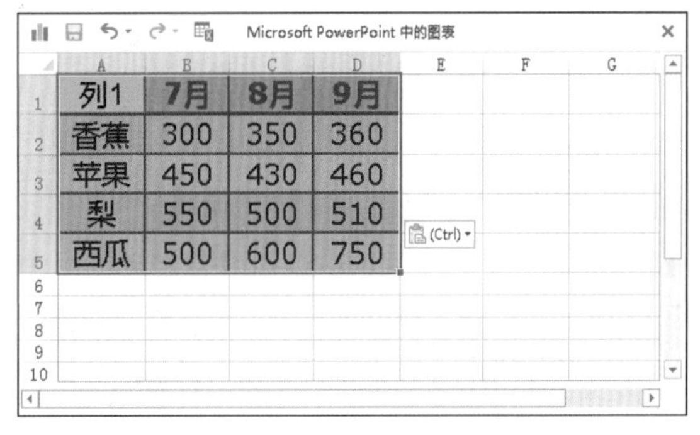
Microsoft PowerPoint 中的图表

列1	7月	8月	9月
香蕉	300	350	360
苹果	450	430	460
梨	550	500	510
西瓜	500	600	750

图10-54　输入图表数据

Step 3 ▶ 返回幻灯片编辑窗口，可以看到在相应占位符位置插入的图表，如图10-55所示。

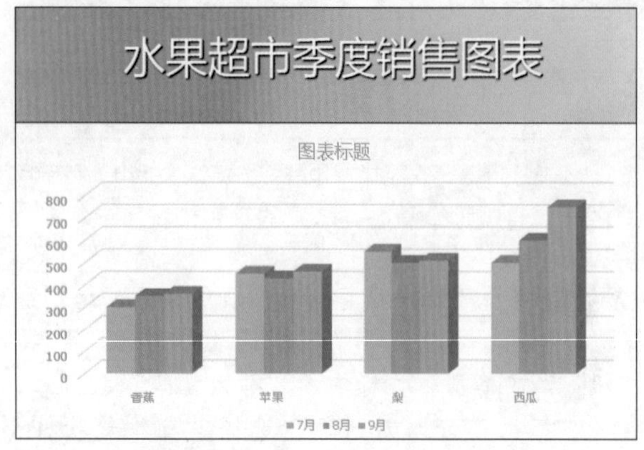

图10-55　图表效果

2. 编辑图表

与在Excel 2013中应用图表类似，在PowerPoint 2013中创建图表后，可根据幻灯片的版面以及表达内容对图表进行编辑和美化，其主要应用介绍如下。

◆ **调整图表大小和位置**：选择图表，将鼠标光标移至图表上方，当其变为✥形状时，按住鼠标不放拖动可移动图表位置，将鼠标光标移至图表的4个边角上拖动可调整图表大小。

◆ **图表更改与布局**：在“设计”/“类型”组中单击“更改图表类型”按钮，在打开的对话框中可更改图表类型；在“图表布局”与“快速样式”功能面板中可进行图表布局与应用快速样式。

◆ **添加标签**：选择图表，在“布局”/“标签”组中可添加图表标题、坐标轴标题以及显示数据标签等。

◆ **隐藏网格线**：选择“布局”/“坐标轴”组，单击“网格线”按钮，在弹出的下拉列表中选择“主要横网格线”选项，再在弹出的子列表中选择“无”选项，可隐藏图表中的网格线。

◆ **应用趋势线**：对于折线图图表类型，可为其添加趋势线，辅助分析数据信息，然后可美化编辑添加的趋势线。

◆ **设置形状样式**：在“格式”/“形状样式”组的“形状样式”列表框中可选择图表的形状样式，右侧的 形状填充 按钮、形状轮廓 按钮和 形状效果 按钮分别用于设置形状填充颜色、形状轮廓线条和形状的效果。

10.6 幻灯片布局设计

所谓幻灯片布局是指将演示文稿中的幻灯片统一格式，从而让演示文稿整体美观和谐。对幻灯片进行布局，不是一张一张地进行，只需进行简单的操作即可。布局设置一般包括幻灯片大小的设置、背景的设置、主题的应用以及幻灯片母版的设置。

10.6.1 设置幻灯片大小

幻灯片默认大小以“标准（4:3）”显示，在“设计”/“自定义”组中单击“幻灯片大小”按钮，在弹出的下拉列表中选择“宽屏（16:9）”选项以宽屏显示。如果在下拉列表中选择“自定义幻灯片大小”选项，可打开“幻灯片大小”对话框，在其中可自定义幻灯片的大小、宽度和高度，以及幻灯片的显示方向，如图10-56所示。

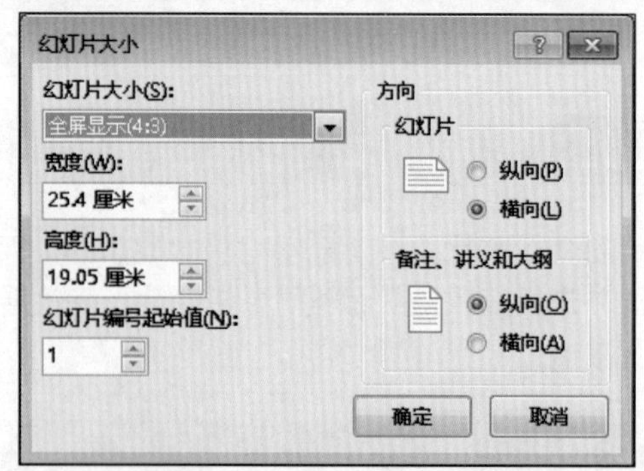

图10-56　“幻灯片大小”对话框

知识解析："幻灯片大小"对话框

- "幻灯片大小"下拉列表框：用于选择幻灯片的大小选项。
- "宽度"数值框：用于自定义幻灯片的宽度。
- "高度"数值框：用于自定义幻灯片的高度。
- "幻灯片编号起始值"数值框：用于自定义幻灯片的编号起始值。
- "方向"栏：在"幻灯片"栏中可设置幻灯片编辑窗口的方向，"备注、讲义和大纲"栏用于设置备注、讲义和大纲的方向。

如图10-57所示为将幻灯片大小设置为"自定义"，分别在"宽度"和"高度"数值框中输入"25厘米"和"26厘米"，将幻灯片编辑窗口设置为"纵向"的效果。

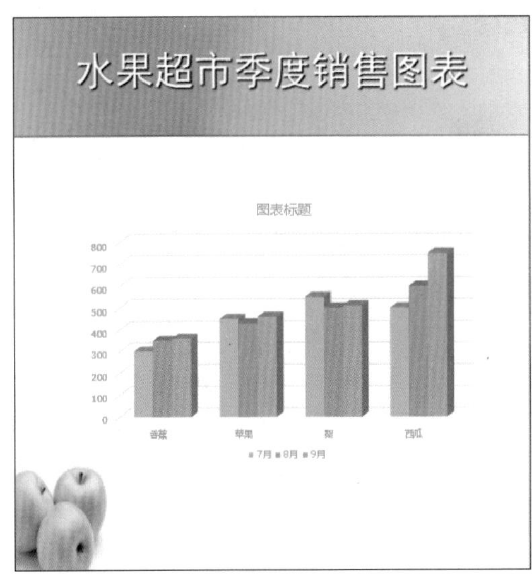

图10-57 自定义幻灯片大小的效果

技巧秒杀

自定义幻灯片大小，单击确定按钮后，在打开的对话框中单击确保适合(E)按钮可保持等比例更改大小，单击最大化(M)按钮将最大化显示幻灯片。

10.6.2 设置背景格式

如果想使演示文稿更具特色、更加富有个人色彩，可以使用背景对演示文稿的外观进行设置，与在Excel中设置背景相似，包括设置渐变色、纹理、图案和图片等背景效果，它们的设置方法也相似，都可通过"设置背景格式"任务窗格实现。

实例操作：填充图片背景

- 光盘\素材\第10章\生活小窍门.pptx
- 光盘\效果\第10章\生活小窍门.pptx
- 光盘\实例演示\第10章\填充图片背景

本例将在"生活小窍门.pptx"演示文稿中填充图片背景，并应用到所有的幻灯片中。

Step 1 打开"生活小窍门.pptx"演示文稿，选择第1张幻灯片，选择"设计"/"自定义"组，单击"设置背景格式"按钮，打开"设置背景格式"任务窗格，选中图片或纹理填充(P)单选按钮，单击文件(F)...按钮，如图10-58所示。

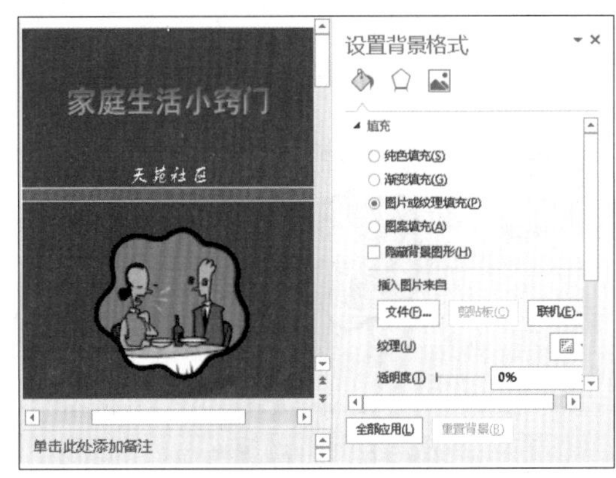

图10-58 选择图片填充方式

技巧秒杀

PowerPoint中的"设置背景格式"任务窗格中的设置选项及其作用与Excel的"设置背景格式"任务窗格基本相同。单击"填充"按钮，将打开"填充"界面，用于设置填充样式；单击"效果"按钮，在打开的界面设置背景图片的效果；单击"图片"按钮，在打开的界面设置背景图片的对比度、饱和度、亮度和颜色等。

Step 2 打开"插入图片"对话框，在地址栏中选择图片保存的位置，在下方的列表框中选择"繁花似锦.jpg"图片，单击插入(S)按钮插入背景图片，如图10-59所示。

图10-59　插入背景图片

Step 3 ▶ 返回“设置背景格式”任务窗格，在“透明度”文本框中输入“60%”，单击“全部应用”按钮，如图10-60所示，为所有幻灯片应用“繁花似锦.jpg”图片背景。

图10-60　设置背景格式

Step 4 ▶ 返回幻灯片编辑窗口，所有幻灯片应用相同背景格式的效果如图10-61所示。

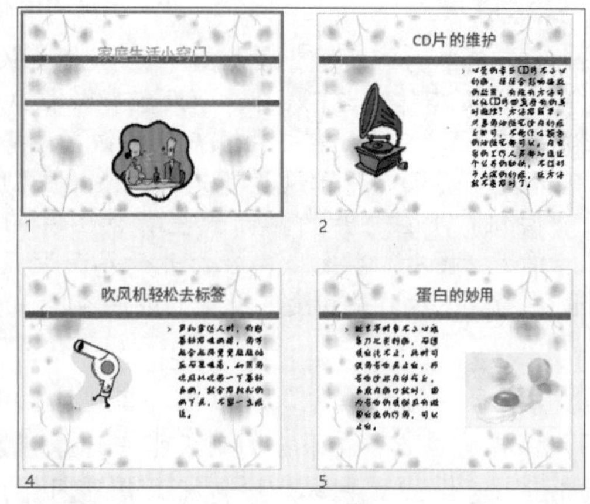

图10-61　最终效果

技巧秒杀

在“设置背景格式”任务窗格中选中“纯色填充”、“渐变填充”或“图案填充”单选按钮，即可设置纯色填充背景、渐变填充背景或图案填充背景；选中“隐藏背景图形”复选框可隐藏背景图形，取消选中则可重新显示；设置背景格式后，单击“重置背景”按钮可取消背景设置。

10.6.3 应用主题方案

运用主题可以制作出具有同样外观的幻灯片，该外观包括一个或多个与颜色、字体和效果协调的幻灯片版式。为演示文稿应用主题后，用户还可根据需要自定义主题颜色和字体等。

实例操作：自定义主题方案

- 光盘\素材\第10章\人事政策总览.pptx
- 光盘\效果\第10章\人事政策总览.pptx
- 光盘\实例演示\第10章\自定义主题方案

本例将在“人事政策总览.pptx”演示文稿中应用“离子”主题样式，然后设置主题字体、颜色和效果，自定义主题方案。

Step 1 ▶ 打开“人事政策总览.pptx”演示文稿，选择“设计”/“主题”组，单击“主题”栏右侧的按钮，在弹出的下拉列表的Office栏中选择“离子”选项，将该主题样式快速应用于整个演示文稿，如图10-62所示。

图10-62　应用主题

Step 2 在“设计”/“变体”组中单击▼按钮，在弹出的下拉列表中选择“颜色”选项，在弹出的子列表中选择“黄橙色”选项，如图10-63所示。

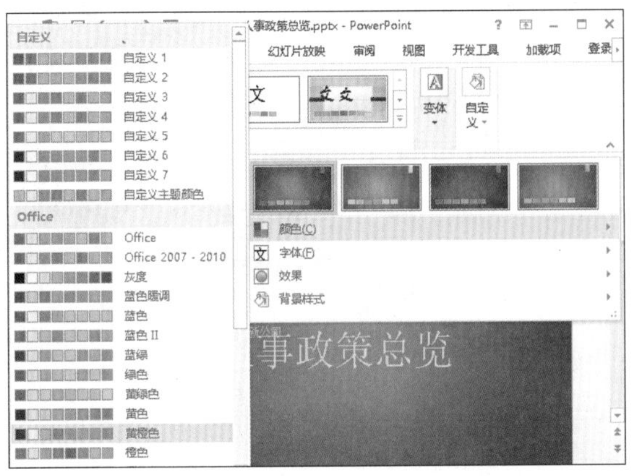

图10-63　设置主题颜色

Step 3 在“设计”/“变体”组中单击▼按钮，在弹出的下拉列表中选择“字体”选项，在弹出的子列表中选择“方正舒体”选项，如图10-64所示。

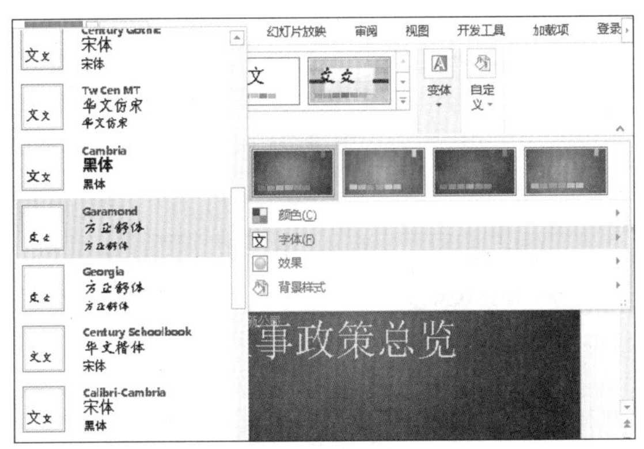

图10-64　设置主题字体

技巧秒杀

在主题颜色下拉列表中选择“自定义颜色”选项，可为主题自定义更多颜色组合；在主题字体下拉列表中选择“自定义字体”选项，可自定义幻灯片的标题和正文使用不同的字体。

Step 4 在“设计”/“变体”组中单击▼按钮，在弹出的下拉列表中选择“效果”选项，在弹出的子列表中选择“磨砂玻璃”选项，如图10-65所示。

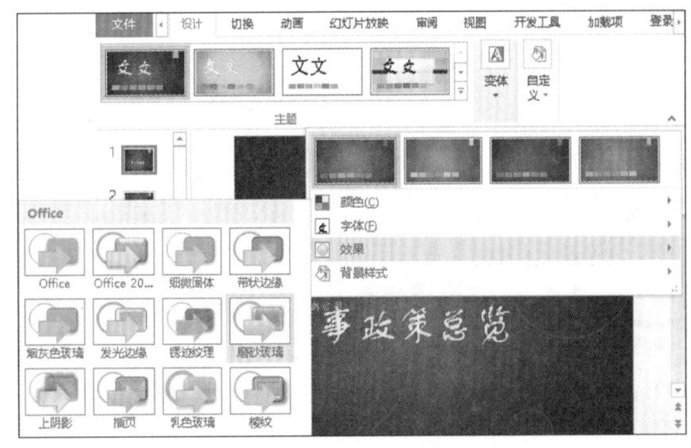

图10-65　设置主题效果

Step 5 应用主题，并自定义主题颜色、字体和效果后的效果如图10-66所示。

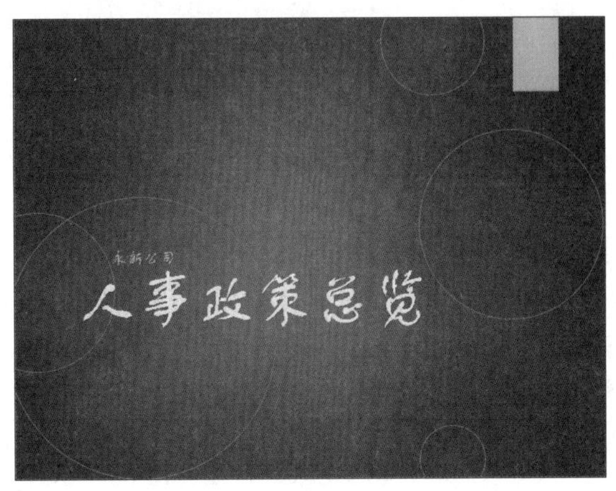

图10-66　更改主题最终效果

10.6.4 设计幻灯片母版

幻灯片母版用于统一和存储幻灯片的模板信息，在对模板信息进行加工之后，可快速生成相同样式的幻灯片，从而提高工作效率，减少重复输入。

实例操作：自定义幻灯片母版

- 光盘\素材\第10章\平面设计大赛.pptx
- 光盘\效果\第10章\平面设计大赛.pptx
- 光盘\实例演示\第10章\自定义幻灯片母版

本例将在“平面设计大赛.pptx”演示文稿中设置幻灯片母版的标题、占位符、项目符号和页眉/页脚等。

Step 1 ▶ 打开“平面设计大赛.pptx”演示文稿，选择“视图”/“母版视图”组，单击“幻灯片母版”按钮，进入幻灯片母版编辑状态，默认选择标题幻灯片母版。选择标题占位符，将其字体和段落格式设置为“方正粗倩简体、48号、浅绿、居中对齐”，如图10-67所示。

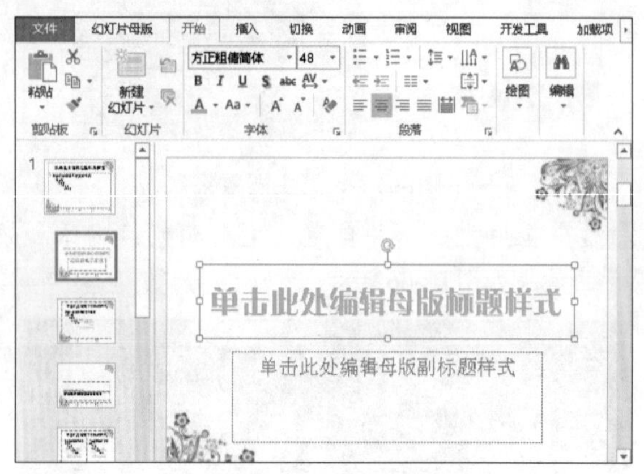

图10-67　设置标题文本格式

Step 2 ▶ 选择副标题占位符，将其字体和段落设置为“方正卡通简体、32号、浅绿、左对齐”。选择标题占位符，在“格式”/“大小”组中将占位符的高度和宽度分别设置为“4厘米”和“22厘米”，按照同样的方法将副标题占位符的高度和宽度分别设置为“4厘米”和“18.5厘米”，如图10-68所示。

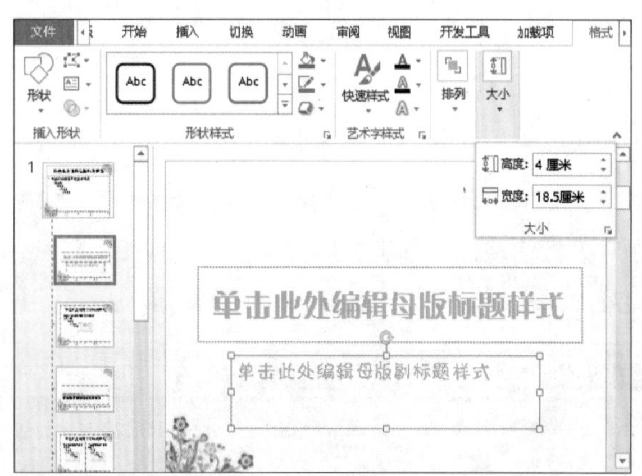

图10-68　设置占位符的大小

技巧秒杀

用户可以根据需要为制作的演示文稿母版设置符合制作需求的字体及格式。

Step 3 ▶ 选择内容幻灯片母版，选择标题占位符，按照同样的方法将其字体格式设置为“方正静蕾简体、44号、橙色、加粗”，选择正文文本占位符，将鼠标光标定位在第1行文字中，用鼠标拖动选择所有文本，将其字体格式设置为“方正黄草简体、32”，如图10-69所示。

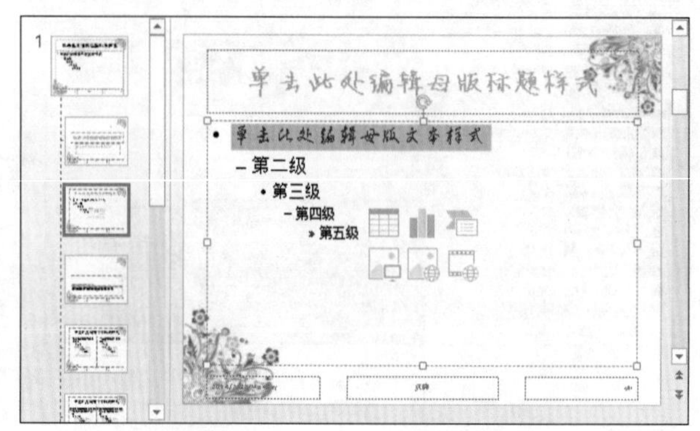

图10-69　设置内容幻灯片的文本格式

Step 4 ▶ 将鼠标光标定位到需设置项目符号的第1级文本处，选择“开始”/“段落”组，单击“项目符号”按钮，在弹出的下拉列表中选择“项目符号和编号”选项，打开“项目符号和编号”对话框的“项目符号”选项卡，单击图片(P)...按钮，如图10-70所示。

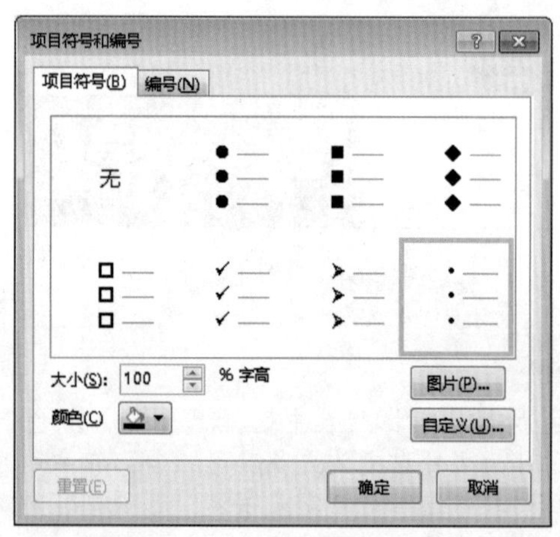

图10-70　设置图片项目符号

技巧秒杀

“项目符号和编号”对话框的“编号”选项卡与Word选项及其设置相似，这里不再赘述。

Step 5 ▶ 在打开的“插入图片”的“Office.com剪贴画”栏中输入关键字，按Enter键，搜索图片，然后在搜索结果中选择所需图片，单击插入按钮，如图10-71所示。

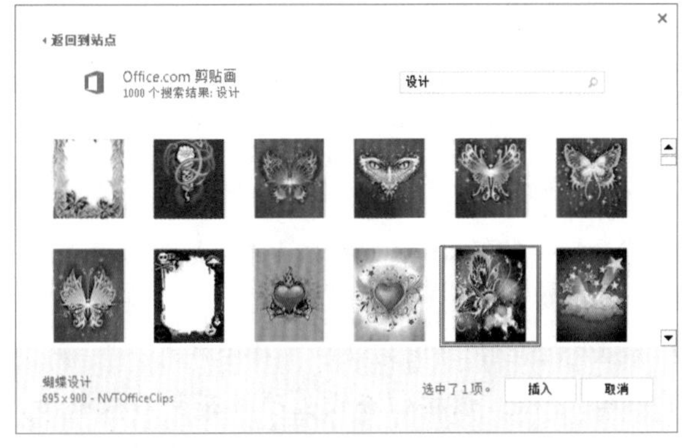

图10-71　插入图片项目符号

Step 6 ▶ 将鼠标光标定位到需设置项目符号的第2级文本处，按照同样的方法打开“项目符号和编号”对话框，单击自定义(U)...按钮，在打开的“符号”对话框的“字体”下拉列表框中选择Wingdings选项，在下面的列表框中选择“☺”选项，单击确定按钮，如图10-72所示。

图10-72　自定义项目符号

Step 7 ▶ 返回“项目符号和编号”对话框，选择的符号自动添加到“项目符号”列表框中，单击“颜色”按钮，在弹出的下拉列表中选择“橙色，着色6，深色25%”选项，单击确定按钮。返回幻灯片母版视图状态中，即可看到第1级文本和第2级文本中添加的项目符号，当在幻灯片中添加文本后，不同的文本级别会应用不同的项目符号，如图10-73所示。

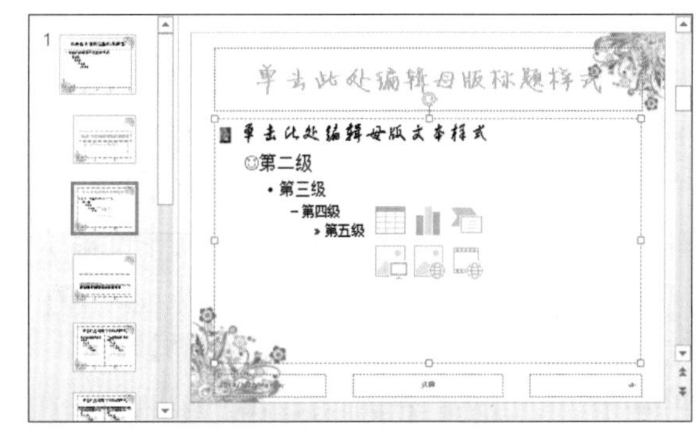

图10-73　添加项目符号的效果

Step 8 ▶ 选择“插入”/“文本”组，单击“页眉和页脚”按钮，打开“页眉和页脚”对话框的“幻灯片”选项卡，选中☑日期和时间(D)复选框，系统默认选中◉自动更新(U)单选按钮。选中☑页脚(F)复选框，在文本框中输入文本“‘青云杯’设计大赛”。然后选中☑标题幻灯片中不显示(S)复选框，单击全部应用(Y)按钮，如图10-74所示。

图10-74　设置页眉和页脚

Step 9 ▶ 返回幻灯片母版视图状态中，选择页脚文本框，将其字体格式设置为“18、绿色、加粗”，如图10-75所示。

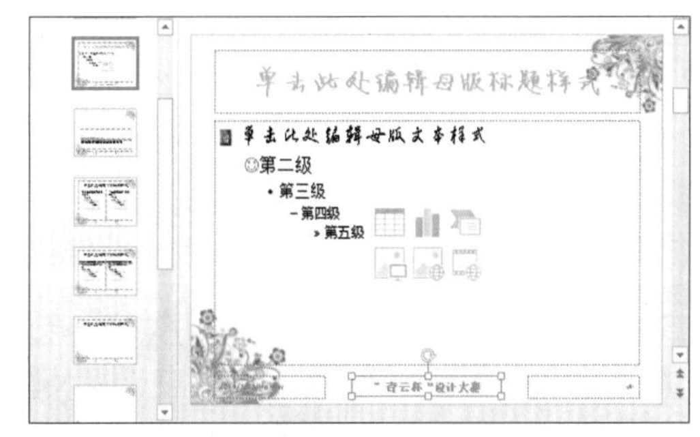

图10-75　设置页脚字体格式

Step 10 ▶ 选择“幻灯片母版”/“关闭”组，单击“关闭母版视图”按钮，返回普通视图状态，母版创建完成。以后再新建幻灯片时，将自动应用母版中的设置，如图10-76所示。

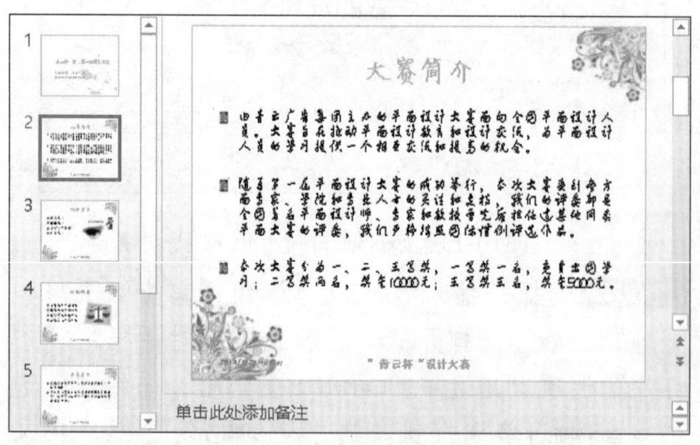

图10-76 最终效果

知识解析：“幻灯片”选项卡

- 日期和时间(D) 复选框：选中该复选框，表示显示日期和时间。选中 自动更新(U) 单选按钮，将在幻灯片中更新日期和时间；选中 固定(X) 单选按钮，则固定显示日期和时间。
- 幻灯片编号(N) 复选框：选中该复选框，将显示幻灯片的编号。
- 页脚(F) 复选框：选中该复选框后，在下方的文本框中输入页脚内容。
- 标题幻灯片中不显示(S) 复选框：选中该复选框，表示在标题幻灯片中不显示页脚内容。
- 应用(A) 按钮：单击该按钮，可将页脚设置应用到当前幻灯片中。
- 全部应用(Y) 按钮：单击该按钮，可将页脚设置应用到所有幻灯片中。

知识解析：“项目符号”选项卡

- 项目符号列表框：用于选择内置的项目符号类型。
- “大小”数值框：用于设置项目符号的大小。
- “颜色”按钮：用于设置项目符号的颜色。
- 图片(P)... 按钮：用于设置图片类型的项目符号。
- 自定义(U)... 按钮：用于自定义项目符号样式。
- 重置(E) 按钮：该按钮在设置项目符号后被激活，用于取消当前项目符号设置，重新进行定义。

读书笔记

知识大爆炸——PowerPoint 2013对象与母版知识

1. 对象编辑技巧

在PowerPoint 2013中能够插入各式各样的对象，掌握对象编辑技巧，可以使对象的展示更加精彩。下面介绍常用的对象编辑技巧。

（1）编辑形状顶点

如果通过形状上出现的黄色控制点不能调整出满足用户需求的样式，可通过编辑顶点的方法来进行修改。选择需编辑的形状，选择“格式”/“插入形状”组，单击“编辑形状”按钮，在弹出的下拉列表中选择“编辑顶点”选项，此时形状的相应位置将出现黑色的控制点，拖动控制点可任意调整形状。

（2）添加或删除SmartArt形状

在插入的SmartArt图形中，系统默认设置了形状个数，但往往默认设置的形状个数不能满足用户的需求，此时可通过添加或删除的操作方法对其进行增删。添加形状可通过执行“添加形状”右键命令；要删除形状，按Delete键即可。

（3）手动绘制表格

如果通过插入表格的方法不能满足用户的实际需求，可通过使用PowerPoint提供的手动绘制表格的方法进行制作。其方法为：选择“插入”/“表格”组，单击“表格”按钮，在弹出的下拉列表中选择“绘制表格”选项，当鼠标光标变成形状时，则可在幻灯片的编辑区按住鼠标左键不放并拖动绘制表格，绘制完成后，释放鼠标即可。

2. 讲义母版和备注母版

PowerPoint提供了3种母版，除了幻灯片母版，还包括讲义母版和备注母版。要灵活地运用各种母版，就要先进入到相应的母版视图模式中。下面将认识讲义母版和备注母版。

（1）进入讲义母版

讲义是演讲者在演讲时使用的纸稿，纸稿中显示了每张幻灯片的大致内容、要点等。讲义母版就是设置该内容在纸稿中的显示方式。进入讲义母版的方法与进入幻灯片母版的方法基本相同，在“视图”/“母版视图”组中单击“讲义母版”按钮即可。

（2）设计讲义母版

常用的设计讲义母版的方法是：首先进入到讲义母版视图模式中，在“页面设置”组中单击“讲义方向”按钮、“幻灯片大小”按钮和“每页幻灯片数量”按钮，对讲义的页面进行设置；然后在“占位符”功能面板中选中或取消选中相应的复选框，对是否在讲义中显示页面/页脚、日期和页码进行设置；最后再对讲义中的各个占位符中的文本及文本框进行设置。

（3）进入备注母版

备注是指演讲者在幻灯片下方输入的内容，根据需要可将这些内容打印出来。而这些备注信息要通过设置备注母版才能显示在打印的纸张上。进入备注母版的方法与进入幻灯片母版的方法基本相同，在“视图”/“母版视图”组中单击“备注母版”按钮即可。

（4）设计备注母版

常用的设计备注母版的操作与设计讲义母版的方法基本相同，都是在“页面设置”功能面板和“占位符”功能面板中对母版进行设置，这里不再赘述。

读书笔记

01 02 03 04 05 06 07 08 09 10 11 12……

PowerPoint 2013有声有色

本章导读

为了使制作的演示文稿更吸引人，在幻灯片中添加图片等对象后，用户还可为幻灯片导入声音和视频，对幻灯片的内容进行声音和视频的表述，同时可为演示文稿添加交互功能和一些形象生动的动画效果，让演示文稿有声有色。

11.1 幻灯片交互应用

幻灯片的交互应用，能够使演示文稿更加多样化地进行展示，让幻灯片中的内容更具有连贯性。幻灯片的交互应用，通常通过超链接、动作按钮以及动作来进行，从而实现从一张幻灯片到另一张幻灯片的跳转。

11.1.1 超链接的应用

用户除了可通过单纯地在演示文稿中插入不同的对象来丰富演示文稿的内容外，还可通过应用超链接，制作出具有交互式效果的演示文稿。插入超链接，即为幻灯片中对象应用超链接，常用的有文本超链接和图片超链接，下面分别对这两种超链接的应用方法进行讲解。

1. 文本超链接

当一张幻灯片中要表达的文本信息量很大时，就可以为幻灯片中的文本添加超链接。

实例操作：添加文本超链接

- 光盘\素材\第11章\爱心活动.pptx
- 光盘\效果\第11章\爱心活动.pptx
- 光盘\实例演示\第11章\添加文本超链接

本例将为“爱心活动.pptx”演示文稿的第2张幻灯片中的文本添加超链接，然后对添加的超链接进行编辑。

Step 1 ▶ 打开“爱心活动.pptx”演示文稿，在幻灯片窗格中选择第2张幻灯片，在幻灯片编辑区中选择“献血前的注意事项”文本。选择“插入”/“链接”组，单击“超链接”按钮，如图11-1所示，打开“插入超链接”对话框。

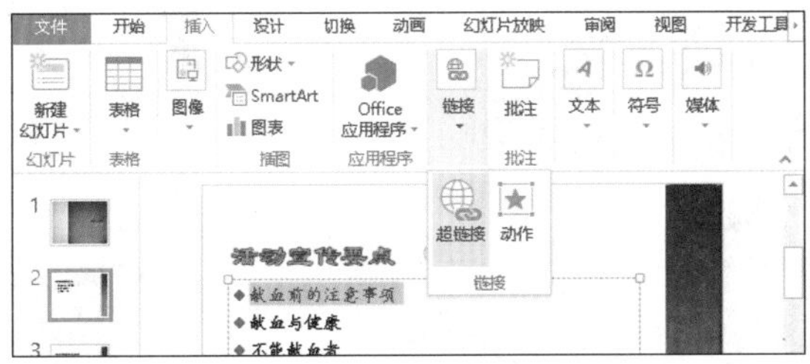

图11-1　选择链接文本

Step 2 ▶ 在“链接到”列表框中单击“本文档中的位置”按钮。在“请选择文档中的位置”列表框中选择需链接到的第3张幻灯片，然后单击确定按钮，如图11-2所示。

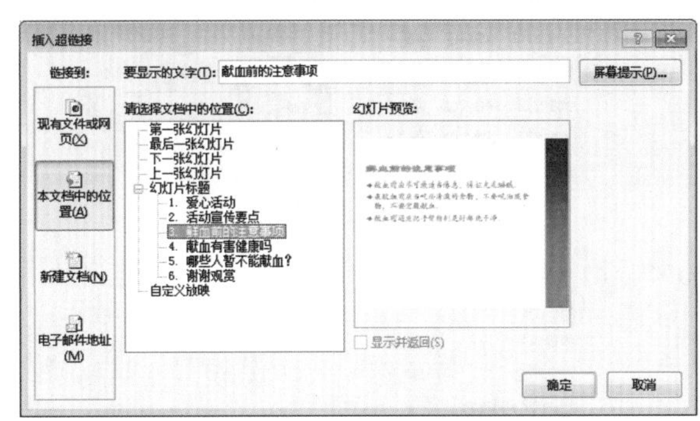

图11-2　设置链接位置

技巧秒杀

用户除了通过“链接”功能面板添加超链接外，也可以在选择文本后单击鼠标右键，在弹出的快捷菜单中选择“超链接”命令，打开“插入超链接”对话框，插入超链接。

Step 3 ▶ 返回幻灯片编辑区，此时在第2张幻灯片中可以看到“献血前的注意事项”文本的颜色变成了蓝色，并且下方增加了一条下划线，这就表示该文本添加了超链接，如图11-3所示。然后使用相同方法，将“献血与健康”文本链接到第4张幻灯片，将“不能献血者”文本链接到第5张幻灯片，如图11-4所示。

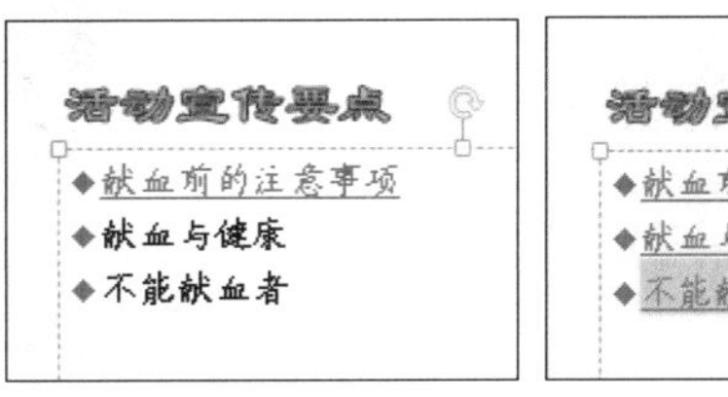

图11-3　设置链接的效果　　图11-4　设置其他链接

Step 4 ▶ 选择“设计”/“变体”组，单击按钮，在弹出的下拉列表中选择“颜色”/“自定义颜色”选项，打开“新建主题颜色”对话框，在“主题颜色”栏中单击“超链接”右侧的按钮，在弹出的下拉列表中选择“主题颜色”栏中的“红色，着色2，深色25%”选项，单击“已访问的超链接”右侧的按钮，在弹出的下拉列表中将已访问的超链接颜色设置为“蓝色”。单击保存(S)按钮，完成所有设置，如图11-5所示。

图11-5　自定义链接文本的颜色

> **技巧秒杀**
>
> 在“新建主题颜色”对话框的“名称”文本框中可输入自定义主题颜色的名称，完成后将显示在“主题颜色”栏中。

Step 5 ▶ 返回幻灯片编辑窗口，添加链接的文字颜色由原来的蓝色变成了红色，如图11-6所示。当放映幻灯片时，单击添加链接的文字后，文字的颜色会变成蓝色。

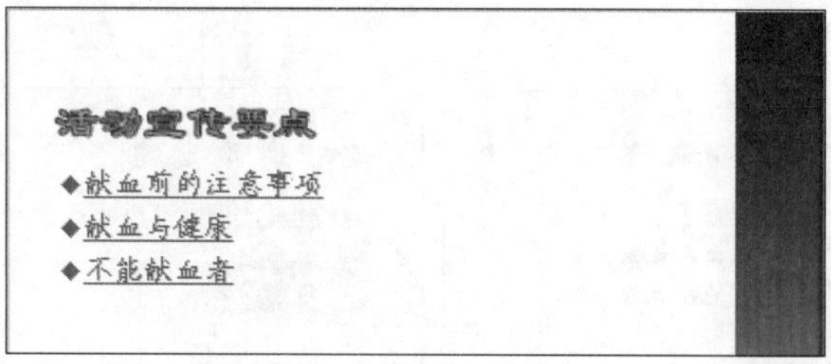

活动宣传要点

◆献血前的注意事项

◆献血与健康

◆不能献血者

图11-6　超链接效果

> **技巧秒杀**
>
> 在放映幻灯片并查看设置的超链接后，返回到幻灯片普通视图模式中，超链接的颜色会一直保持已访问的颜色。

知识解析：“插入超链接”对话框

- “要显示的文字”文本框：该文本框用于显示设置超链接的文本内容。
- 屏幕提示(P)...按钮：单击该按钮，在打开的对话框中可设置当鼠标光标指向链接文本时弹出的提示内容。
- “本文档中的位置”按钮：单击该按钮，用于设置链接到当前文档中，右侧界面的“请选择文档中的位置”列表框用于设置链接到本文档的具体位置，“幻灯片预览”列表框可预览链接到的幻灯片。
- “现有文件或网页”按钮：单击该按钮，用于设置链接到现有的某个文件或网页。
- “新建文档”按钮：单击该按钮，将新建文档，并将链接到该文档。
- “电子邮件地址”按钮：单击该按钮，用于链接到邮箱地址。

> **技巧秒杀**
>
> 若需要取消添加的文本超链接，可以在选择设置了超链接的文本后，单击鼠标右键，在弹出的快捷菜单中选择“取消超链接”命令，或选择“插入”/“链接”组，单击“超链接”按钮，然后在打开的“编辑超链接”对话框中单击删除链接(R)按钮，如图11-7所示。
>
> 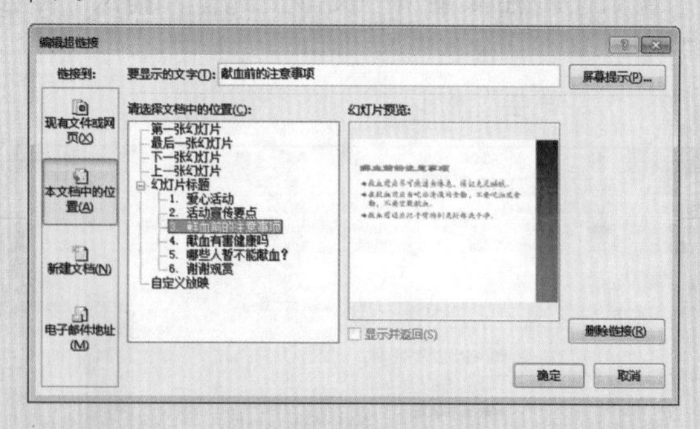
>
>
> 图11-7　取消超链接

2. 图片超链接

为图片应用超链接的方法与设置文本对象的超链接方法相同，其方法为：在需添加超链接的图片上单击鼠标右键，在弹出的快捷菜单中选择“超链接”命令，或在“插入”/“链接”组中单击“超链接”按钮，在打开的“插入超链接”对话框中进行相应的设置，如图11-8所示。

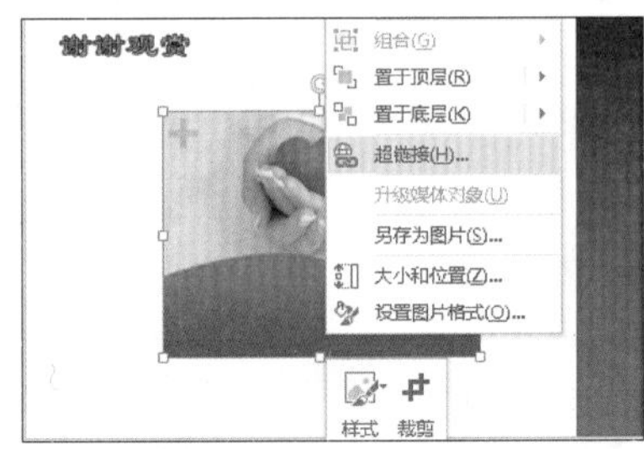

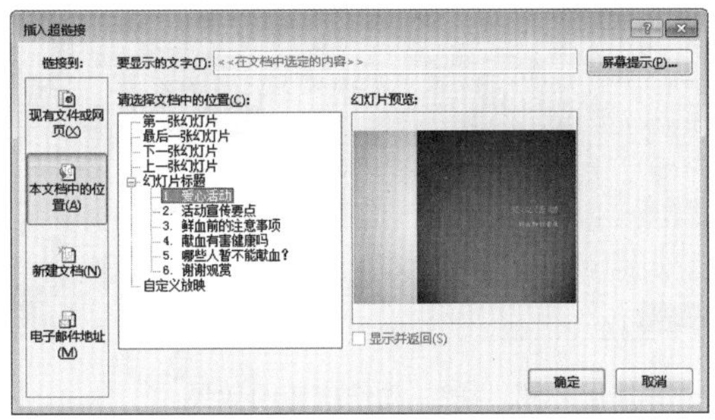

图11-8　设置图片超链接

读书笔记

11.1.2 动作按钮的应用

插入动作按钮超链接即指通过绘制动作按钮来添加超链接，其方法很简单，可以在幻灯片编辑区中进行绘制，也可以在幻灯片母版视图模式中进行绘制，若想要提高绘制和编辑动作按钮的效率，可以在幻灯片母版视图模式中添加动作按钮超链接。需要注意的是，无论在何种视图模式中，插入动作按钮超链接的方法都是相同的。

实例操作：添加“前进或下一项”动作按钮

- 光盘\素材\第11章\销售总结.pptx
- 光盘\效果\第11章\销售总结.pptx
- 光盘\实例演示\第11章\添加“前进或下一项”动作按钮

本例将在“销售总结.pptx”演示文稿的幻灯片母版模式中为每张幻灯片添加“前进或下一项”动作按钮。

Step 1 打开“销售总结.pptx”演示文稿，进入幻灯片母版模式，选择标题母版幻灯片，然后在“插入”/“插图”组中单击形状·按钮，在弹出的下拉列表的“动作按钮”栏中选择动作按钮，这里选择“动作按钮：前进或下一项”选项，如图11-9所示。

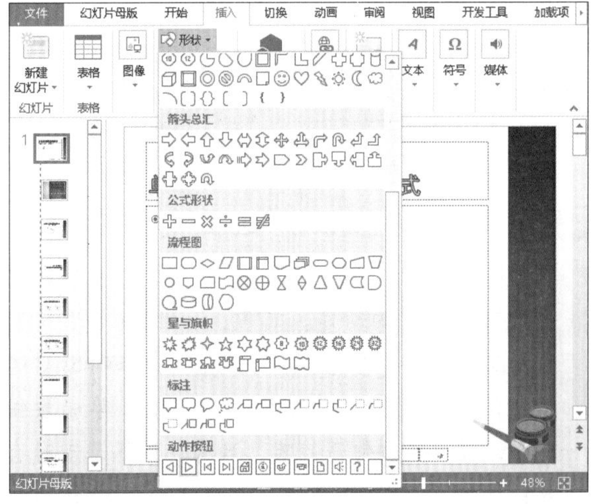

图11-9　选择动作按钮

Step 2 待鼠标光标呈十形状时，在合适的位置处绘制出需要的动作按钮，这里在幻灯片编辑区的底部绘制按钮，如图11-10所示。

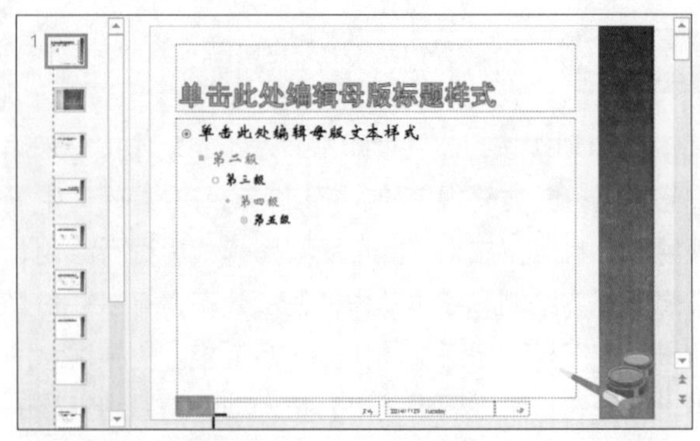

图11-10　绘制动作按钮

Step 3 ▶ 绘制所需按钮后释放鼠标，将打开“操作设置”对话框，选择“单击鼠标”选项卡，选中 超链接到(H): 单选按钮，在下方的下拉列表框中选择“下一张幻灯片”选项，设置为单击按钮后跳转到下一张幻灯片，单击 确定 按钮，如图11-11所示。

图11-11　设置动作按钮

知识解析：“单击鼠标”选项卡

- “单击鼠标时的动作”栏：该栏用于设置鼠标单击按钮时执行的动作。其中，无动作(N) 单选按钮表示只绘制按钮，不执行动作；超链接到(H): 单选按钮用于设置按钮的链接；运行宏(M): 单选按钮用于设置单击按钮运行宏，只有在设置了宏时有效；对象动作(A): 单选按钮用于设置执行对象动作的操作，只有当为其他对象应用动作后有效。
- 播放声音(P): 复选框：选中该复选框，将激活下方的下拉列表框，用于添加单击鼠标时发出的声音。
- 单击时突出显示(C) 复选框：默认状态下呈选中状态，只有在为对象设置动作应用时有效。

技巧秒杀

“鼠标悬停”选项卡用于设置鼠标悬停在动作按钮上执行的动作，该选项卡中的选项及其作用与“单击鼠标”选项卡相同。

Step 4 ▶ 返回幻灯片，即可查看到绘制的动作按钮，如图11-12所示，在放映幻灯片时，单击该按钮将跳转到下一张幻灯片。

销售记录表

产品名称	单位	单价（元）	销售量（万）	销售额（万）
唇膏	支	39	3641	91025
睫毛膏	瓶	69	8845	159210
粉底液	瓶	56	6700	21440
眼影	盒	120	8600	15480
爽肤水	瓶	34.5	9047	31664.5
精华液	瓶	100	6700	227800
保湿霜	瓶	54.5	3812	144856

图11-12　动作按钮的效果

技巧秒杀

在幻灯片普通视图或幻灯片母版中选择动作按钮，按Delete键可删除动作按钮，并取消动作设置，如果在“操作设置”对话框的“单击鼠标”选项卡中选中 无动作(N) 单选按钮，将取消动作设置，但会保留绘制的按钮。

11.1.3 动作的应用

动作的应用与动作按钮的应用相似，区别在于动作应用将不在幻灯片中绘制按钮，而是为幻灯片中的对象设置动作。其方法是：在幻灯片中选择文本或图片等对象，在“插入”/“链接”组中单击“动作”按钮，打开“操作设置”对话框，然后选择“单击鼠标”或“鼠标悬停”选项卡，在其中进行动作的设置，其方法与设置动作按钮相同，这里不再赘述。

11.2 多媒体对象的应用

在演示文稿中插入多媒体可以使制作的演示文稿有声有色，能够更加吸引观众的注意，达到很好地传达演示信息的目的。插入的多媒体包括声音、视频和Flash动画，插入多媒体对象后，还需要进行编辑和控制播放，使其更符合要求。

11.2.1 插入声音

如果要插入联机搜索的声音文件，可以像插入联机图片一样将其插入到演示文稿中。如果是插入电脑中的声音文件，可以像插入电脑中的图片一样插入。

实例操作：插入声音

- 光盘\素材\第11章\音乐之声.pptx、yesterday once more.mid
- 光盘\效果\第11章\音乐之声.pptx
- 光盘\实例演示\第11章\插入声音

本例将在“音乐之声.pptx”演示文稿中插入联机音频文件“牙买加旋律”和电脑中的声音文件yesterday once more.mid。

Step 1 打开“音乐之声.pptx”演示文稿，选择第1张幻灯片，在“插入”/“媒体”组中单击“音频”按钮，在弹出的下拉列表中选择“联机音频”选项。在打开的“插入音频”对话框的搜索文本框中输入关键字，这里输入“声音”，按Enter键，在搜索结果中选择所需选项，然后单击 插入 按钮，如图11-13所示。

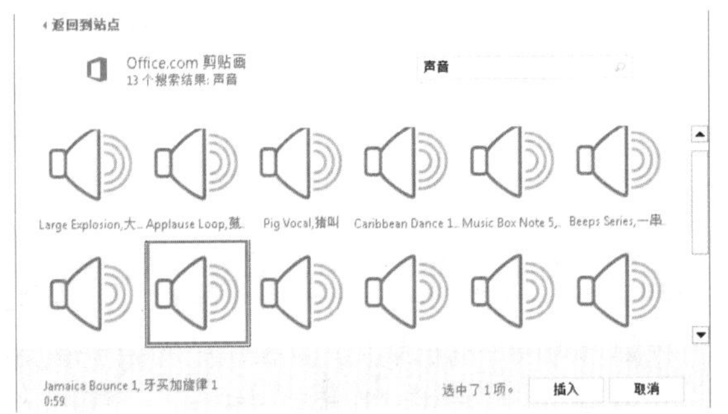

图11-13　选择联机音频文件

Step 2 在第1张幻灯片中即可看到插入的图标，表示在幻灯片中添加了该声音，如图11-14所示，将鼠标光标移至声音图标上，将显示播放控制条，单击按钮可播放音频。

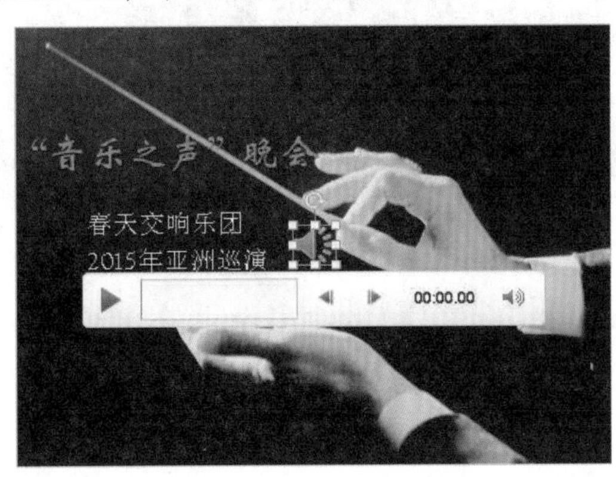

图11-14　插入声音文件

Step 3 选择第3张幻灯片，在“插入”/“媒体”组中单击“音频”按钮，在弹出的下拉列表中选择“PC上的音频”选项，打开“插入音频”对话框，选择保存在电脑中的声音文件，这里选择yesterday once more.mid文件，如图11-15所示，单击 插入(S) 按钮插入声音。

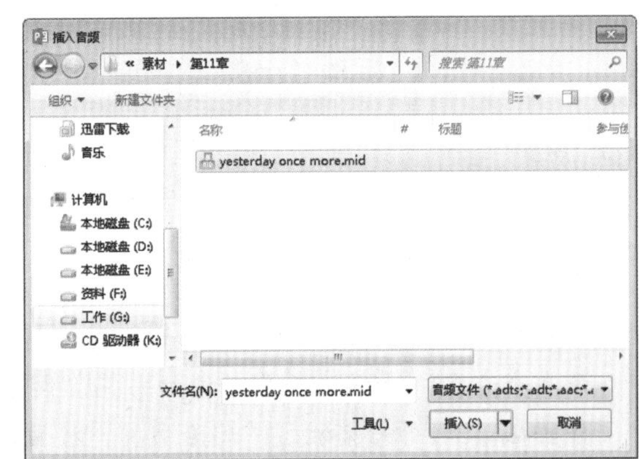

图11-15　插入电脑中的声音文件

Step 4 在第3张幻灯片中插入图标，表示在幻灯片中添加了该声音，然后用鼠标拖动将图标移至项目占位符第1行文本右侧，单击幻灯片的其他位置，隐藏播放控制条，如图11-16所示。

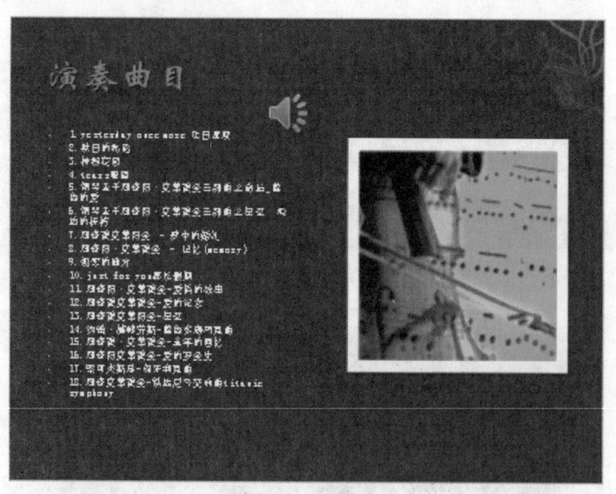

图11-16 插入电脑中的声音文件效果

11.2.2 编辑和控制声音文件

在幻灯片中插入所需的声音文件后，PowerPoint自动创建一个音频图标，选择该图标后，将显示如图11-17所示的音频工具“播放”选项卡，在其中可对声音进行编辑与控制，如试听声音、设置音量、裁剪声音和设置播放声音的方式等。各主要选项的作用分别如下。

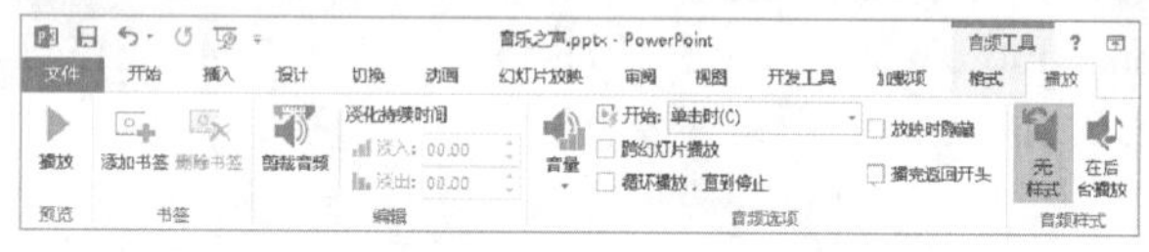

图11-17 音频工具“播放”选项卡

◆ **试听声音播放效果**：选择所需的声音图标后，选择“播放”/“预览”组，单击“播放”按钮，可试听声音效果，再次单击该按钮可停止试听。

◆ **设置书签**：在“书签”组中单击“添加书签”按钮，可为声音文件添加圆形标记的书签○，即如果在声音文件的03:00时间处添加书签，声音文件将从第3秒开始播放。“删除书签”按钮则用于删除选择的书签。

◆ **裁剪音频**：在“编辑”组中单击“剪辑音频”按钮，可打开“剪辑音频”对话框，在其中拖动声音控制标签与，或在“开始时间”和“结束时间”数值框中输入具体的时间来改变声音的开始和结束时间，对插入的声音进行剪辑，以选取需要的声音部分。

◆ **选择音量大小**：在“音频选项”组中单击“音量”按钮，在弹出的下拉列表中可选择声音的音量大小，选择“静音”选项，可不播放声音效果。

◆ **设置声音图标和循环播放**：选中☑放映时隐藏复选框，在放映过程中将自动隐藏声音图标；选中☑循环播放，直到停止复选框，在放映幻灯片过程中声音将自动循环播放。

◆ **设置声音的播放方式**：在该下拉列表中可设置声音的播放方式，其中“自动”选项表示自动播放声音；“单击时”选项表示单击图标时播放声音。如果选中☑跨幻灯片播放复选框，即使切换幻灯片也能播放声音。

◆ **设置音频样式**：在“音频样式”组中单击“无样式”按钮将取消音频样式设置。“后台播放”按钮表示在进行其他程序操作时，仍然进行声音的播放。

技巧秒杀

选择音频工具“格式”选项卡后，用户可以按照编辑图片的方法对图标进行编辑。

11.2.3 插入视频文件

在演示文稿中插入各种能体现所表达内容的影片，通过对影片进行适当的编辑，可使内容更突出、更容易让观众理解。与插入声音相似，可插入联机视频和电脑中的视频。除此之外，还可在演示文稿中插入Flash动画。

1. 插入电脑中的视频

要插入电脑中的视频文件，在幻灯片中选择“插入”/“媒体”组，单击“视频”按钮，在弹出的下拉列表中选择“PC中的视频”选项。打开“插入视频文件”对话框，在地址栏中选择视频保存位置，在中间列表框中选择要插入的视频文件，单击插入(S)按钮插入视频，如图11-18所示。插入的视频在幻灯片中以图片显示，如图11-19所示，同时显示控制条，单击按钮可播放视频文件。

图11-18　插入视频文件

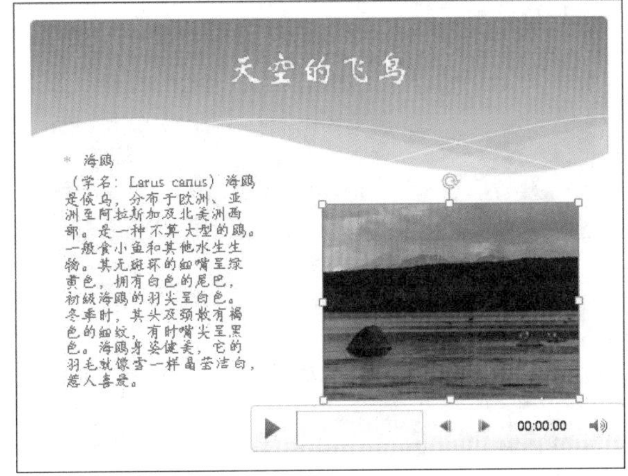

图11-19　视频文件显示效果

2. 插入联机视频

插入联机视频，可通过两种方式实现：一种是通过YouTube进行搜索插入；另一种是在知道图片的网址时，输入网址插入，插入的视频显示与电脑中的视频文件相同。具体方法分别介绍如下。

- **通过YouTube进行搜索插入：** 在幻灯片中选择“插入”/“媒体”组，单击“视频”按钮，在弹出的下拉列表中选择“联机视频”选项。打开“插入视频”对话框，在YouTube搜索框中输入关键字，按Enter键，然后在搜索结果中选择要插入的视频选项，单击按钮插入视频，如图11-20所示。

图11-20　通过YouTube进行搜索插入

- **通过网址链接插入：** 选择“插入”/“媒体”组，单击“视频”按钮，在弹出的下拉列表中选择“联机视频”选项。打开“插入视频”对话框，在“来自视频嵌入代码”搜索框中输入链接网址，按Enter键插入视频，如图11-21所示。

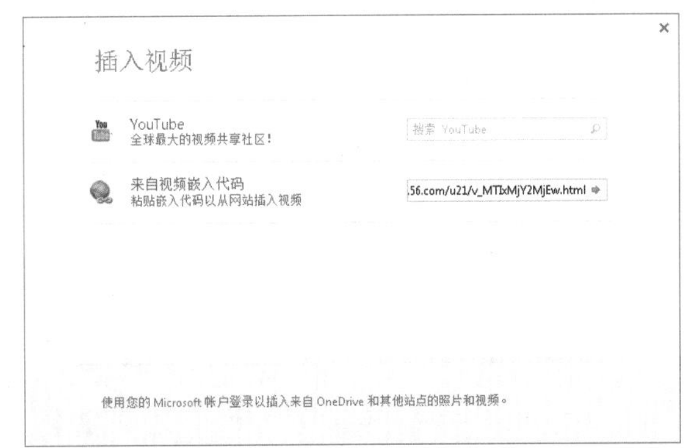

图11-21　通过网址链接插入

技巧秒杀

选择插入的视频后，在“播放”选项卡中可对该影片进行编辑，各选项的含义与设置声音效果相同，如图11-22所示。

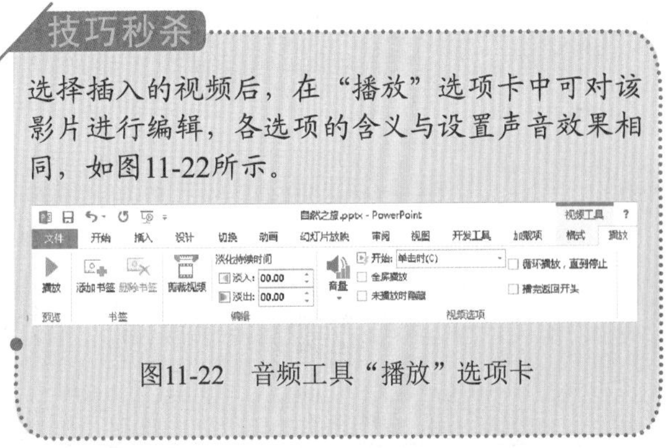

图11-22　音频工具“播放”选项卡

3. 插入Flash动画

用户可以在演示文稿中插入 Flash 动画，以制作出具有独特视觉效果的演示文稿。在 PowerPoint 中插入 Flash 动画需要在“开发工具”选项卡中进行。

实例操作：插入Flash动画

- 光盘\素材\第11章\花的海洋.swf
- 光盘\效果\第11章\游戏宣传片头.pptx
- 光盘\实例演示\第11章\插入Flash动画

本例将以在空白演示文稿中插入一个Flash动画为例，讲解插入Flash动画的方法。

Step 1 新建一个“游戏宣传片头.pptx”空白演示文稿，将默认新建的幻灯片中的占位符全部删除。选择“开发工具”/“控件”组，单击“其他控件”按钮，在打开的“其他控件”对话框的列表中选择Shockwave Flash Object选项。单击 确定 按钮，如图11-23所示。

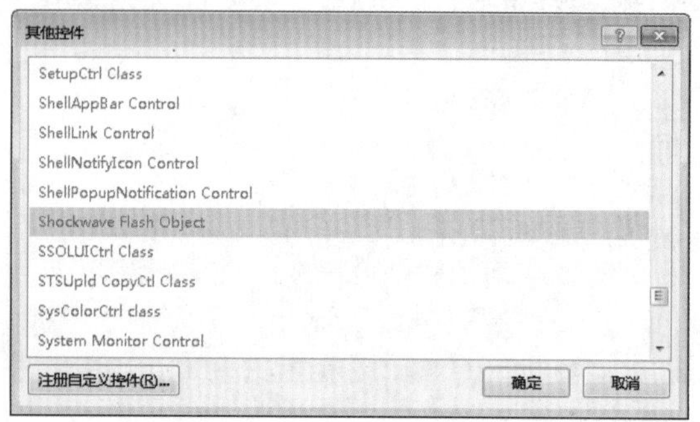

图11-23 选择兼容选项

Step 2 将鼠标光标移到幻灯片编辑区中，当其变为+形状时，拖动鼠标绘制一个与幻灯片编辑区相同大小的播放Flash动画的区域。然后在绘制的区域上单击鼠标右键，在弹出的快捷菜单中选择“属性表”命令，如图11-24所示。

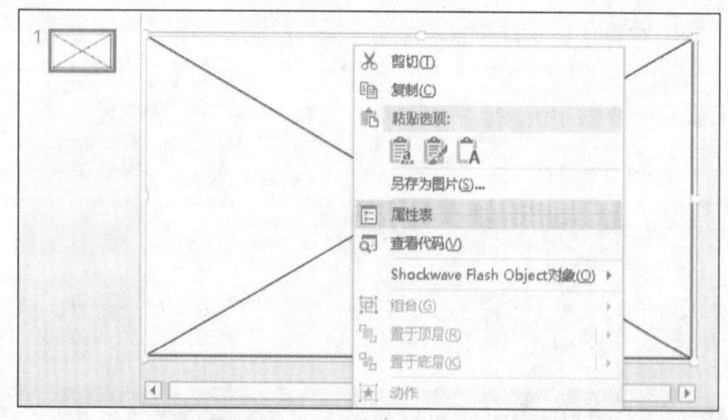

图11-24 绘制放置动画区域

Step 3 在打开的“属性”对话框的Movie文本框中输入“花的海洋.swf”Flash动画的路径，单击按钮关闭对话框，如图11-25所示。

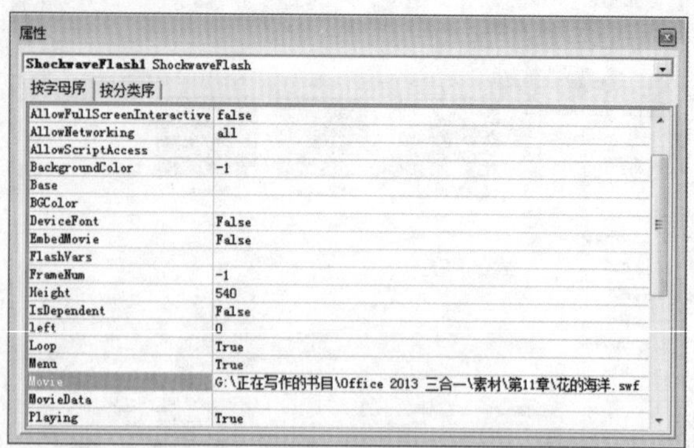

图11-25 设置动画路径

Step 4 放映幻灯片对插入的Flash动画进行预览，如图11-26所示。最后对演示文稿进行保存。

图11-26 预览动画

技巧秒杀

如果Flash动画与当前PPT文件在同一个文件夹里，直接输入Flash动画名称即可插入Flash动画，不用再输入路径。

操作解谜

默认情况下，功能区中没有显示“开发工具”选项卡，因此，用户需选择“文件”/“选项”组，打开“PowerPoint 选项”对话框，然后选择“自定义功能区”选项卡，在右侧的列表框中选中 开发工具 复选框，添加“开发工具”选项卡。

11.3 动画的应用

动画的添加会使演示文稿中的对象“活”起来，使演示文稿的放映更具有灵活性，也更能够吸引观众的眼球。演示文稿中的动画主要分为两类：一类是对象动画，另一类是切换动画。用户在直接添加系统提供的动画后，还可以对各种动画进行编辑和预览。

11.3.1 幻灯片的切换效果

为幻灯片添加切换动画，在放映幻灯片时，各幻灯片进入屏幕或离开屏幕时以动画效果显示，使幻灯片与幻灯片之间产生动态效果。

1. 应用切换效果

PowerPoint中提供了多种幻灯片切换动画效果，但默认情况下，幻灯片之间的切换是没有动画效果的。通过“切换”/“切换到此幻灯片”组中的“切换方案”列表框便可将切换动画快速应用到所选幻灯片中。其方法为：首先选择需应用切换方案的幻灯片，然后在“切换”/“切换到此幻灯片”组的“切换方案”列表框中选择所需方案即可，如图11-27所示。当选择相应方案后，系统将自动放映切换效果。

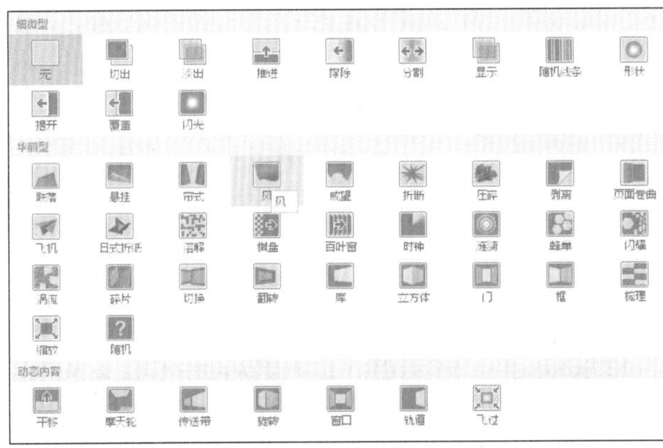

图11-27 应用切换效果

2. 设置切换效果

在为幻灯片添加切换动画后，一般还可对该切换动画的切换声音和速度进行编辑、对换片方式进行设置，以及更改切换动画效果等，下面分别对这些知识进行详细讲解。

（1）编辑切换声音

PowerPoint中默认的切换动画效果是没有声音效果的，通过设置切换声音可以使换片时伴随动听的声音，以提醒观众已经开始播放下一页幻灯片。其方法为：选择需编辑切换声音的幻灯片，然后选择“切换”/“计时”组，在“声音”下拉列表框中选择相应的选项即可改变幻灯片的切换声音，如图11-28所示。

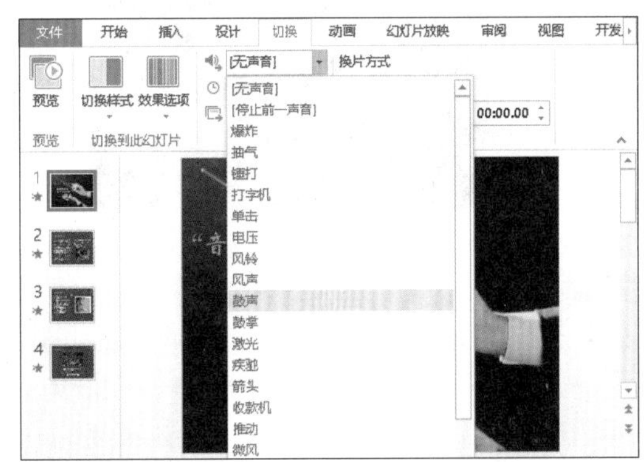

图11-28 选择切换动画的声音

（2）编辑切换速度

通过设置切换速度，可以对播放过快的切换动画进行控制，以制作出衔接更加融洽的动画效果。其方法为：选择需编辑切换速度的幻灯片，然后选择“切换”/“计时”组，在“持续时间”数值框中输入具体的切换时间，或直接单击数值框中的微调按钮，即可改变幻灯片的切换速度，如图11-29所示。

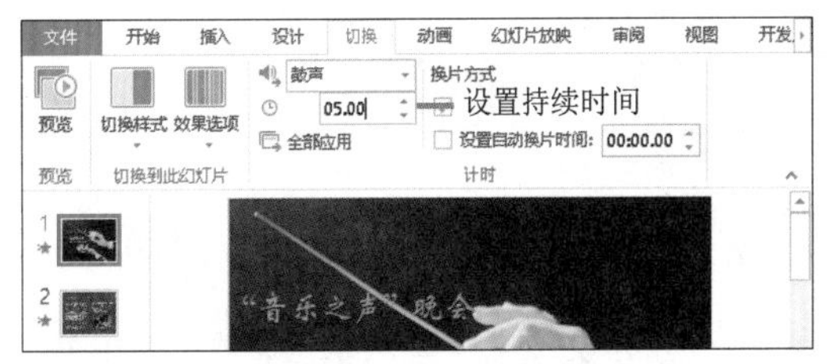

图11-29 设置持续时间

（3）设置幻灯片切换方式

设置幻灯片切换方式也是在“切换”选项卡中进行的，其方法为：首先选择需进行设置的幻灯片，然后选择“切换”/“计时”组，在“换片方式”栏中显示了☑单击鼠标时 和 ☑设置自动换片时间:两个复选框。选中其中的一个或同时选中均可完成幻灯片换片方式的设置。在☑设置自动换片时间:复选框的右侧有一个数值框，在其中可以输入具体的数值，表示在经过指定秒数后自动播放至下一张幻灯片，如图11-30所示。

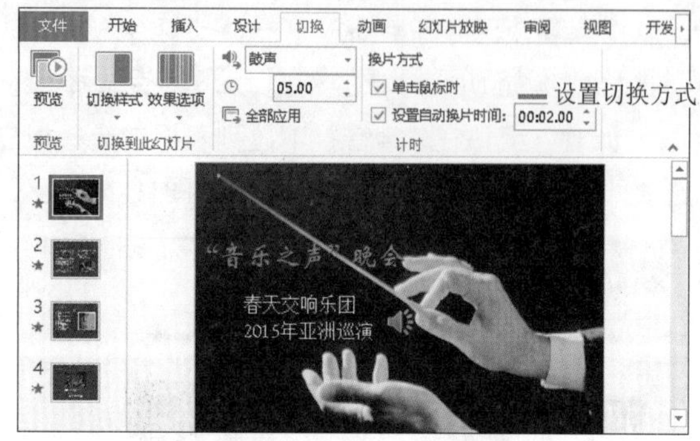

图11-30　设置幻灯片切换方式

（4）设置切换效果选项

在为幻灯片应用某些切换动画后，将激活“切换”/“切换到此幻灯片”组中的“效果选项”按钮，单击该按钮，在弹出的下拉列表中可选择切换的效果选项，通常为切换开始的方向，如自左侧、自右侧等。“效果选项”下拉列表中的选项不是固定不变的，将根据切换效果不同而不同。

技巧秒杀

若是对演示文稿的放映动画要求不太高，可以在为某张幻灯片设置了切换动画后，选择“切换”/“计时”组，然后单击全部应用按钮，即可将当前幻灯片的切换动画快速应用于所有幻灯片。通过此方法，可以快速制作出具有统一切换动画效果的演示文稿。

11.3.2 幻灯片对象的动画效果

为了使演示文稿中某些需要强调或关键的对象在放映过程中能生动地展示在观众面前，可以为这些对象添加合适的动画效果。一般可以添加动画效果的对象，包括文本、图片、图形、图表和表格等，添加动画后，还需进行编辑，使其满足用户的需求。

1. 应用动画效果

添加单个动画效果的操作很简单，首先选择需要添加动画效果的对象，然后选择“动画”/“动画”组，单击“动画样式”栏右侧的按钮，在弹出的下拉列表中选择需要的动画选项即可。如图11-31所示即为打开的“动画样式”下拉列表，其中提供了“无”、“进入”、“强调”、“退出”和“动作路径”5种动画选项，若是其中的动画效果不能满足用户的需求，还可以选择列表框下面的更多选项，添加更为丰富的动画效果。

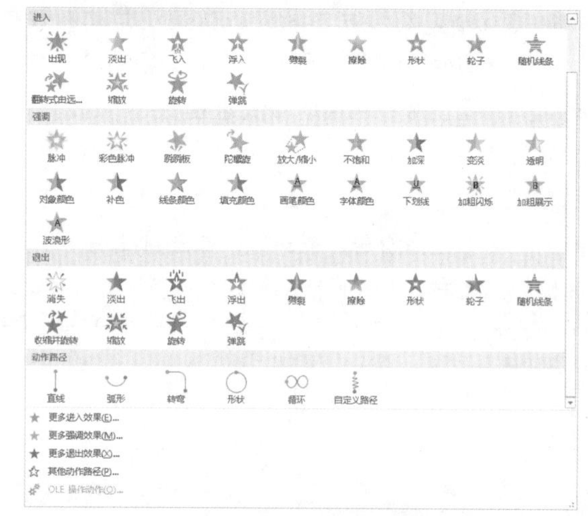

图11-31　动画选项列表

技巧秒杀

选择对象后，在“动画”/“高级动画”组中单击“添加动画”按钮，在弹出的下拉列表中也可进行动画样式的选择，其选项与“动画样式”下拉列表中的选项相同。

2. 自定义路径动画效果

路径动画即幻灯片中的对象根据用户绘制的路径进行规律的运动，从而产生动画效果。“动画样式”下拉列表的“动作路径”栏中默认的路径动画选项只能添加简单的路径效果，当需要制作更多个性化的动画效果时，如制作自由自在飘飞的花瓣、自然飘落的树叶和轻盈滑落的雨滴等，可通过自定义动画的动作路径来实现。其方法为：选择需要自定义动画路径的对象，选择“动画”/“动画”组，在“动画样式”下拉列表的“动作路径”栏中选择“自定义路径”选项，当鼠标光标呈+形状时，在相应位置拖动鼠标绘制合适的路径线，然后双击鼠标完成绘制。

如图11-32所示即为通过自定义动画路径制作的花瓣纷飞的动画效果。在其中可以看到添加了自定义路径的花瓣沿着绘制的路径线自由自在地纷飞。

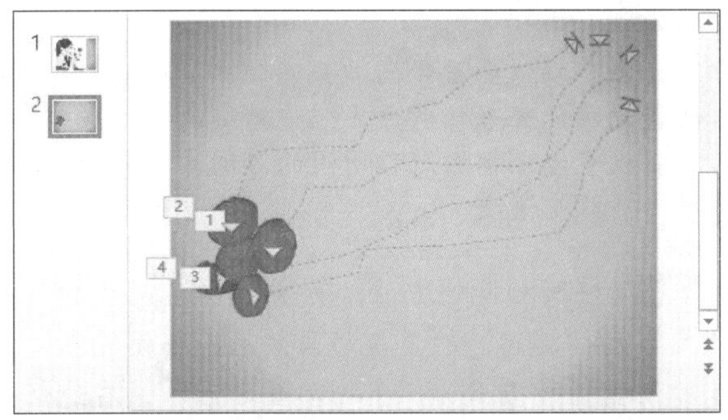

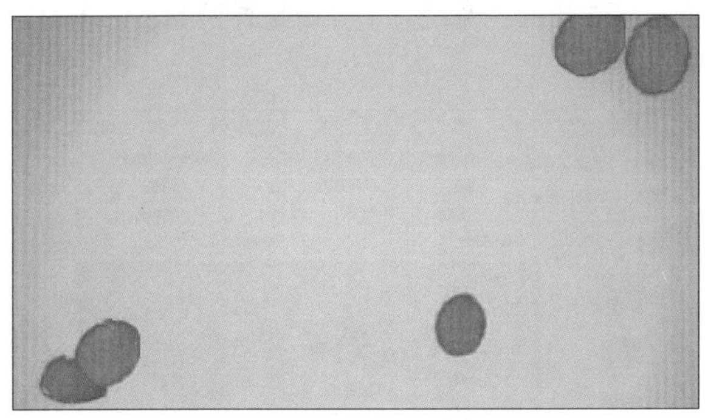

图11-32　绘制花瓣飞舞路径

技巧秒杀

在“动画样式”下拉列表的“动作路径”栏中选择内置的路径选项，为某个对象设置路径动画，用户可通过调整两端的控制点更改动作路径的变化幅度等。

3. 编辑动画

编辑动画包括常用的复制动画效果、更改动画效果，以及删除动画效果等操作。下面分别进行介绍。

- **复制动画效果**：在PowerPoint中复制动画效果主要通过动画刷实现。使用动画刷能够快速制作出大量相同或相似的动画效果，从而提高制作演示文稿的效率。方法很简单，只需选择需要复制动画效果的对象，选择“动画”/“高级动画”组，单击动画刷按钮，当鼠标光标呈形状时，在需要添加动画效果的对象上单击，即可将前一对象的所有动画效果复制于该对象。用户若是需要复制多次所选对象的动画效果，可以双击动画刷按钮，然后在需要复制到的对象上依次单击。
- **更改动画效果**：用户若是对设置的动画效果不满意，可以对其进行更改，从而制作出更为合适的动画。更改动画效果的方法为：选择要更改动画效果的对象，选择“动画”/“动画”组，在“动画样式”下拉列表中选择合适的动画选项。值得注意的是，动画效果的更改只能通过“动画样式”下拉列表进行，并不能直接使用“添加动画”按钮，若是直接单击该按钮，将在保留该对象前一动画的基础上再添加一个新的动画。
- **删除动画效果**：在选择设置了动画效果的对象后，在“动画样式”下拉列表中选择“无”选项，即可删除不需要的动画。

4. 设置动画效果

一般直接添加的动画的放映效果并不是很理想，用户往往还需对其放映方式、计时和效果等进行设置。要设置对象的动画效果，可通过“动画”/“计时”组或动画窗格实现。

实例操作：添加并编辑动画效果

- 光盘\素材\第11章\新年快乐.pptx
- 光盘\效果\第11章\新年快乐.pptx
- 光盘\实例演示\第11章\添加并编辑动画效果

本例将为“新年快乐.pptx”演示文稿中的各个对象添加各种动画效果，然后对添加的动画进行设置。

Step 1 ▶ 打开“新年快乐.pptx”演示文稿，选择第1张幻灯片。选择文本“新年快乐！！”，选择“动画”/“动画”组，在“动画样式”下拉列表中选择“进入”栏的“形状”选项，如图11-33所示。

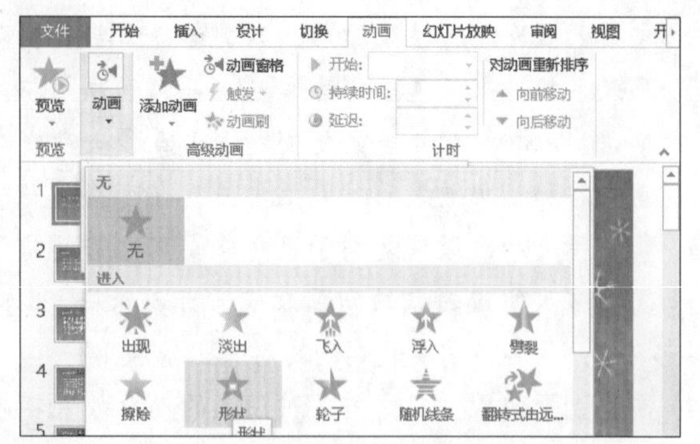

图11-33 选择“形状”进入动画

Step 2 ▶ 保持选择“新年快乐！！”文本，选择“动画”/“动画”组，单击“效果选项”按钮，在弹出的下拉列表中选择“形状”/“方框”选项，如图11-34所示。

图11-34 设置动画效果进行的方式

技巧秒杀

因为此动画具有方向性，所以用户还可以在“效果选项”下拉列表中选择“方向”栏中的选项对动画效果的方向进行设置。

Step 3 ▶ 在第1张幻灯片中选择文本“Happy New Year”，为其添加“波浪形”的强调动画效果。保持文本动画的选择状态，选择“动画”/“计时”组，在“开始”下拉列表框中选择“上一动画之后”选项，设置持续时间为1.5秒，延迟时间为0.2秒，如图11-35所示。

图11-35 设置动画计时

技巧秒杀

“计时”功能面板中的“开始”下拉列表框可以设置动画的开始播放方式；“持续时间”数值框可以设置动画播放过程所用的时间，时间越长，动画播放越缓慢。

Step 4 ▶ 按照相同的方法，为文本左右两边的灯笼图片添加“旋转”的退出动画效果，并设置左边灯笼的动画播放方式为“上一动画之后”，右边灯笼的动画播放方式为“与上一动画同时”，如图11-36所示。

图11-36 设置图片退出动画

Step 5 ▶ 按照相同的方法为第2张幻灯片中的“祝福语”文本设置自左侧飞入的进入动画效果，并设置其持续时间为1.5秒；选择正文内容占位符，为正文文本设置“彩色脉冲”的强调动画效果，并设置其持续时间为6秒，然后设置其开始方式为“上一动画之后”；为右侧的水果图片设置自底部飞入的进入动画效果，并设置其开始方式为“上一动画之后”，如图11-37所示。

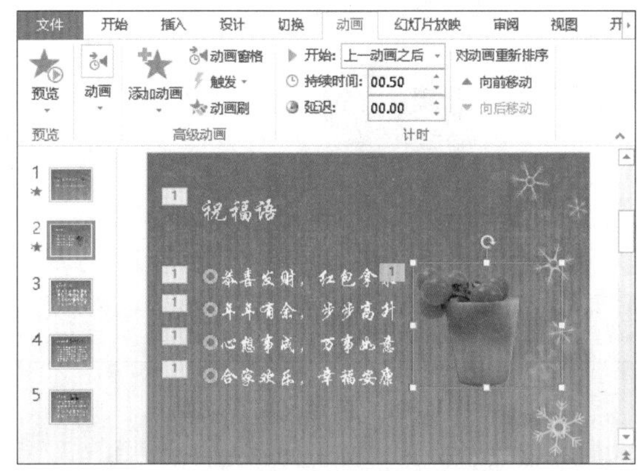

图11-37 设置第2张幻灯片对象的动画

Step 6 ▶ 选择第2张幻灯片，选择“动画”/“高级动画”组，单击动画窗格按钮打开“动画窗格”任务窗格。选择整个正文文本，系统自动定位到“动画窗格”中的“内容占位符”动画选项处，如图11-38所示，双击该动画选项，打开相应的动画效果对话框，这里为“彩色脉冲”对话框。

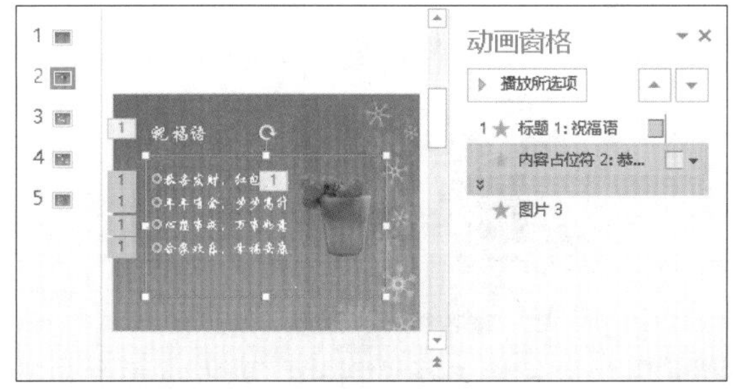

图11-38 动画的更多设置

> **操作解谜**
>
> 本例中，设置完第2张幻灯片的动画后，因为每个段落在播放期间并没有间隔，因此正文文本的动画效果并不理想，所以需打开相应的动画效果对话框，进行更为详细的设置。

Step 7 ▶ 在打开的对话框中选择“效果”选项卡，在“增强”栏的“声音”下拉列表框中选择“风铃”选项，为该动画添加播放声音；选择“正文文本动画”选项卡，选中每隔(U)复选框，设置其间隔时间为0.5秒，然后单击确定按钮，完成设置，如图11-39所示。

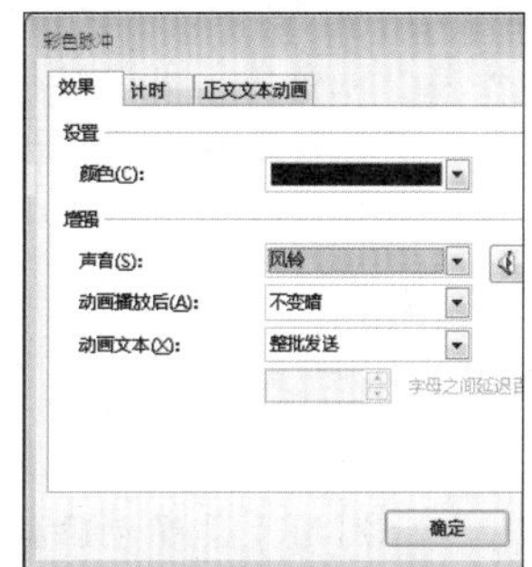

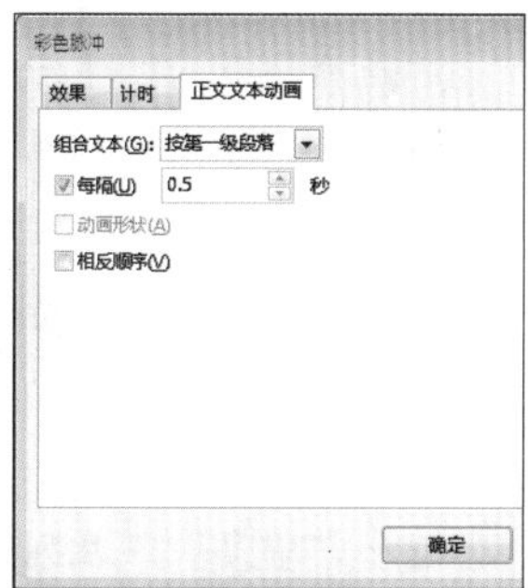

图11-39 添加动画声音和设置段落间隔

> **技巧秒杀**
>
> 在“动画窗格”窗格中双击动画选项，都会打开相应的动画效果对话框，当动画选项为图片对象时，对话框中只有“效果”和“计时”选项卡，其选项与文本动画大同小异。

Step 8 ▶ 按照相同的方法为其他幻灯片添加相应的动画并设置动画效果，如图11-40所示。

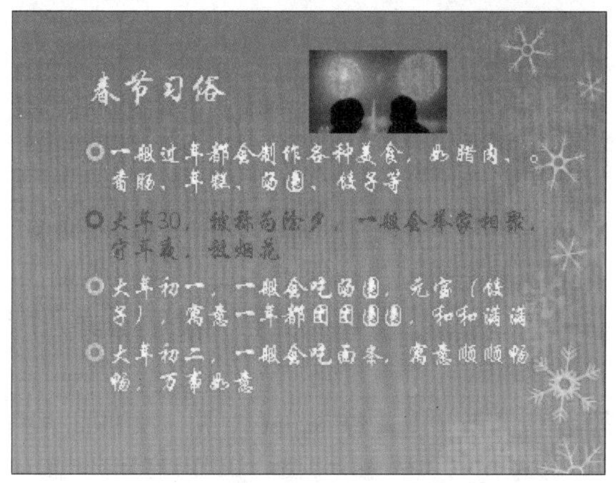

图11-40 为其他幻灯片设置动画

知识解析：“彩色脉冲”对话框

◆ “效果”选项卡：用于设置动画对象的效果。其中，“颜色”下拉列表框用于设置文本动画的颜色；“声音”下拉列表框用于设置动画声音；“动画播放后”下拉列表框用于设置对象播放后的显示状态；“动画文本”下拉列表框用于设置动画文本的进行过程。

- **“计时”选项卡**：此选项卡对应功能区中的“计时”组，用于设置动画的计时，包括“开始”下拉列表框、“延迟”数值框、“期间”下拉列表框和“重复”下拉列表框，分别用于设置动画持续时间、动画延迟时间、动画重复状态以及动画开始时间。
- **“正文文本动画”选项卡**：用于设置文本内容动画过程。当有多个文本段落时，“组合文本”下拉列表框用于设置段落级别；“每隔”数值框用于设置段落与段落之间的间隔时间；选中☑相反顺序(V)复选框，文本动画将从最后一段文本开始，到第一段文本结束。

5. 为同一个对象添加多个动画

在制作网页或游戏宣传类的演示文稿时，为了将对象的动画效果制作得更为逼真，通常需要为某个对象添加丰富的动画效果，如花瓣在飘落时还伴随有旋转和由近及远的运动效果，星星在闪烁时还会不断变淡然后又再次变亮等。

实例操作：制作花瓣纷飞的效果

- 光盘\素材\第11章\花瓣纷飞.pptx
- 光盘\效果\第11章\花瓣纷飞.pptx
- 光盘\实例演示\第11章\制作花瓣纷飞的效果

本例将在“花瓣纷飞.pptx”演示文稿中为花瓣添加自定义路径动画，然后为其添加“陀螺旋”和“放大/缩小”的动画，制作出花瓣纷飞的动画效果。

Step 1 打开“花瓣纷飞.pptx”演示文稿，选择美女身上的一张花瓣图片，选择“动画”/“高级动画”组，单击“添加动画”按钮，在弹出的下拉列表中选择“动作路径”栏中的“自定义路径”选项，在幻灯片中绘制图片的动画路径，在“计时”组中设置动画的开始方式为“与上一动画同时”，持续时间为5秒，如图11-41所示。

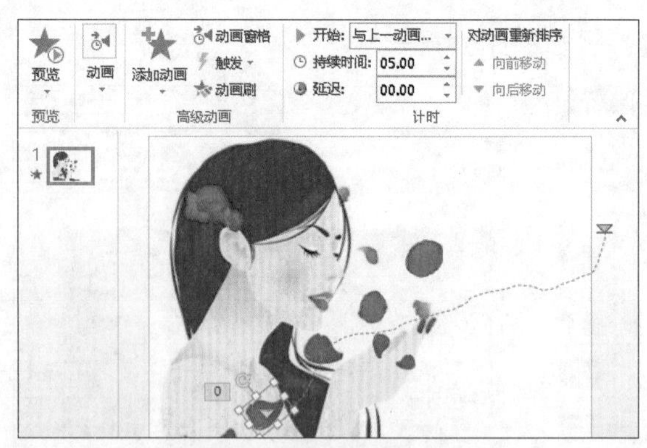

图11-41 自定义路径动画

Step 2 选择该图片，单击“添加动画”按钮，在弹出的下拉列表中选择“强调”栏中的“陀螺旋”选项，使用与步骤1相同的方法设置相同的开始方式和持续时间，如图11-42所示。

图11-42 设置“陀螺旋”强调动画

Step 3 仍然保持选择该图片，单击“添加动画”按钮，在弹出的下拉列表中选择“强调”栏中的“放大/缩小”选项，然后使用与步骤2相同的方法设置相同的开始方式和持续时间，如图11-43所示。

图11-43 设置“放大/缩小”强调动画

Step 4 选择"动画"/"高级动画"组，单击 动画窗格 按钮，打开"动画窗格"任务窗格，双击第一个动画选项，打开"自定义路径"对话框，选择"效果"选项卡，在"动画播放后"下拉列表框中选择"播放动画后隐藏"选项。然后选择"计时"选项卡，在"重复"下拉列表框中选择"直到幻灯片末尾"选项。单击 确定 按钮完成第一个动画选项的设置，如图11-44所示。

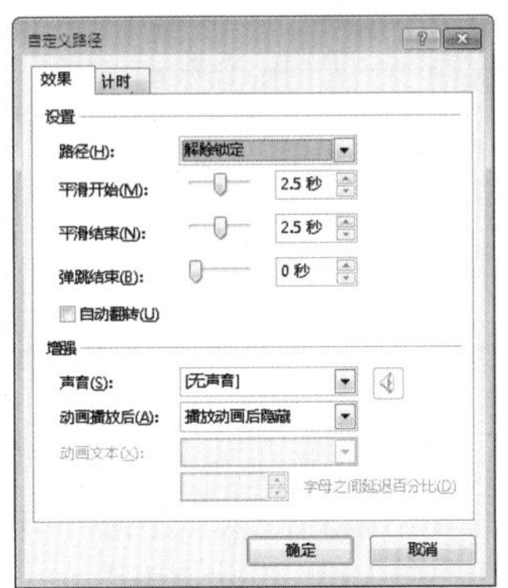

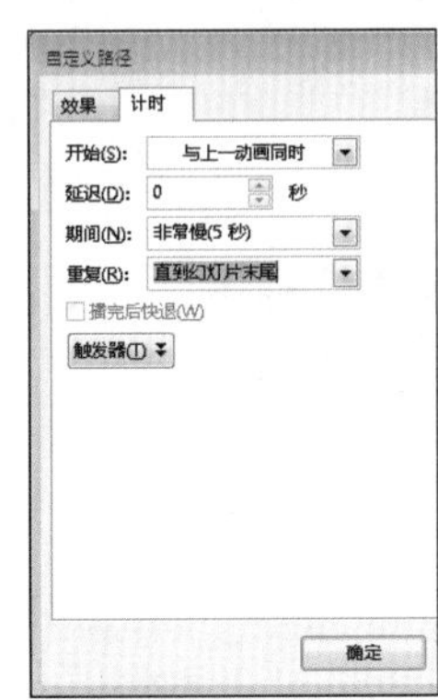

图11-44　设置第一个动画选项

技巧秒杀

设置动画播放后隐藏可以使播放后的对象不再显示，避免因动画过多而让观者眼花缭乱；而设置动画的重复方式可以使动画一直播放，从而制作出连续播放的动画效果。

Step 5 使用相同的方法为动画窗格中的另外两个动画设置动画播放后隐藏，以及"直到幻灯片末尾"的重复方式，如图11-45所示。

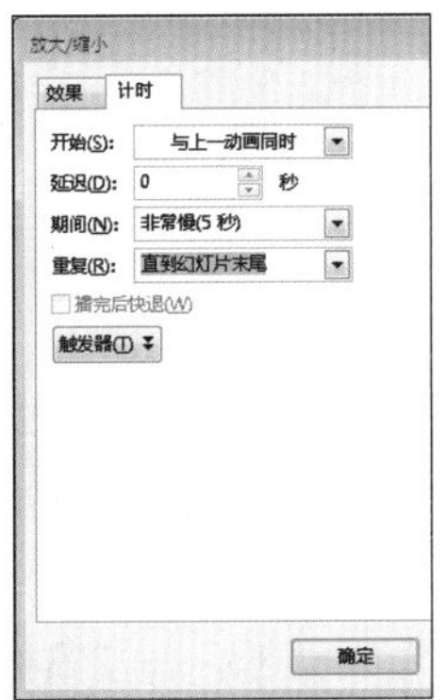

图11-45　设置其他动画选项

Step 6 使用相同的方法为其他的花瓣图片设置飘飞的动画效果，其效果如图11-46所示。

图11-46　设置其他花瓣动画

11.3.3 动画日程表的应用

动画窗格中的日程表即动画窗格中的时间控制条，通过该控制条可对动画播放顺序和播放效果进行设置。

1. 在日程表中调整动画顺序

在一张幻灯片中为多个对象设置了动画效果，可通过日程表改变动画的先后播放顺序。其方法是：选择要调整顺序的动画选项，将鼠标光标移到选项上，按住鼠标左键拖动到要移动到的位置。如图11-47所示为移动动画位置的示意图。

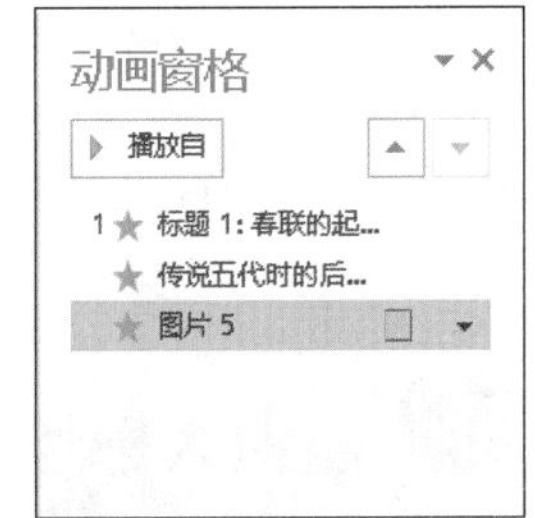

图11-47　调整动画播放顺序

技巧秒杀

选择动画选项后，单击上方的 ▲ 或 ▼ 按钮，可以将该动画选项上移或下移一个位置；单击上方的 播放自 按钮，可以播放该动画，如果在任务窗格中通过Ctrl或Shift键选择多个动画选项，该按钮将变为 播放所选项 按钮，单击 播放所选项 按钮，按排列顺序播放所有动画。

2. 在日程表中调整动画播放效果

通过日程表可以对某动画的持续时间和延迟时间等进行设置。其方法为：打开“动画窗格”任务窗格，在该窗格中选择需要设置日程表的动画选项，将鼠标光标定位到该选项右侧的日程表的某个分节线上，当鼠标光标呈形状时，按住并拖动鼠标以调整动画的持续时间；将鼠标光标定位到分节中，当鼠标光标呈⟷形状时，拖动鼠标可以对延迟时间进行调整，如图11-48所示。在拖动鼠标时会一直伴随有文字提示，用户可以参照提示进行设置。

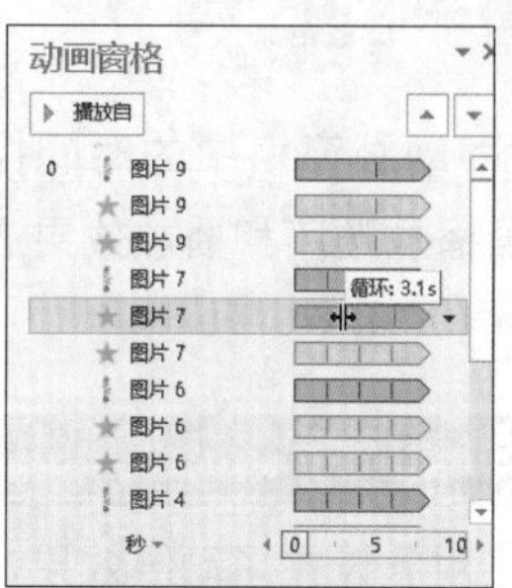

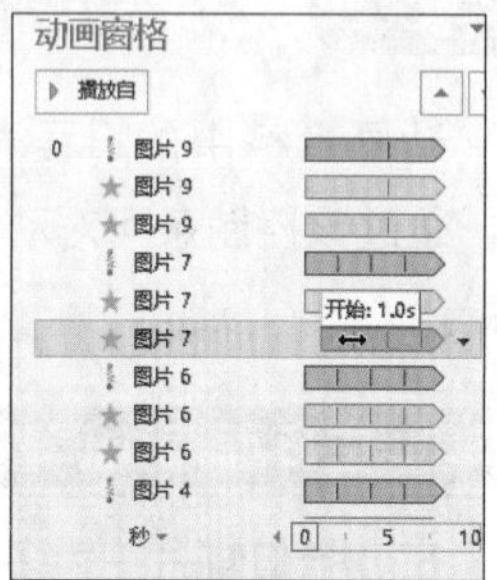

图11-48 调整延迟时间

3. 缩放日程表

在动画窗格中，有时日程表的分节太过细密，不易使用鼠标进行拖动，这时可单击“动画窗格”底部的按钮，在弹出的下拉列表中选择“放大”选项，如图11-49所示；若是分节太过稀疏，也可使用相同的方法，在下拉列表中选择“缩小”选项进行调整，如图11-50所示。需要注意的是，节点的疏密对动画本身没有影响，只是为了方便日程表的调整。

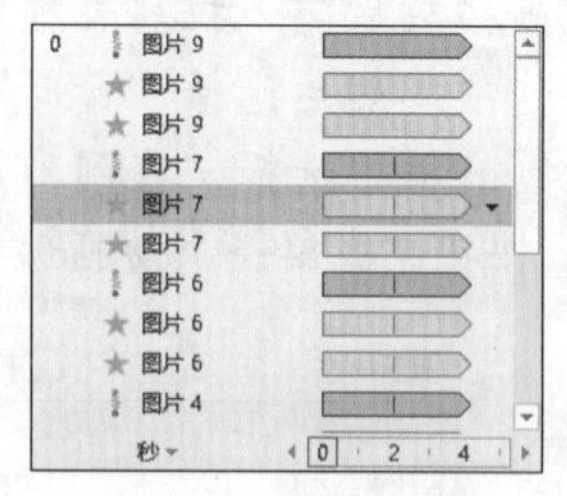

图11-49 放大日程

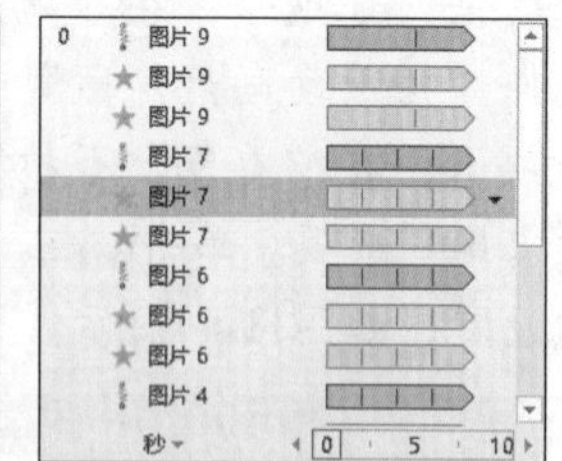

图11-50 缩小日程

读书笔记

知识大爆炸

——PowerPoint 2013声音与动态制作技巧

1. 插入录制声音

在演示文稿中不仅可以插入已有的各种音频文件，还可以插入现场录制的声音，如幻灯片的解说词等。这样在放映演示文稿时，制作者不必亲临现场也可很好地将自己的观点表达出来。在幻灯片中插入录制的声音的方法比较简单，首先选择需要插入声音的幻灯片，在“插入”/“媒体”组中单击“音频”按钮，然后在弹出的下拉列表中选择“录制音频”选项，打开“录音”对话框，在“名称”文本框中输入声音的名称，单击按钮开始录音，单击按钮完成录制。单击确定按钮完成录制声音的插入。

2. 预览动画效果

对于设置的动画效果，一定要进行预览。在初次为某对象添加动画效果或更改动画效果后，系统将快速对该对象设置的动画效果进行预览，但是一般其速度比较快，而且只对一个对象进行预览，不宜用户仔细查看，此时，用户就可以在设置动画后，选择“动画”/“预览”组，单击“预览”按钮，对当前幻灯片中的所有动画效果进行预览。若是不需要在每次设置动画后就自动进行预览，可以选择“动画”/“预览”组，单击按钮，然后在其下拉列表中取消选择“自动预览”选项即可。

3. 如何选择动画

在为对象添加动画效果时，尽量多尝试几种不同的动画效果，然后应用合适的动画效果。为幻灯片对象添加动画效果后，需对添加的动画效果进行快速预览。

4. 触发器的使用

触发器一般在演示内容比较多的场景中使用，如课件类的演示文稿。能作为触发器的对象可以是幻灯片中的图片、图形或动作按钮，以及某个段落或文本框等。在含有相应动画效果、电影或声音的幻灯片中，单击作为触发器的对象，就会触发如动画效果、电影或声音的操作。其设置方法为：首先为单击对象和需触发对象添加相应的动画效果，然后选择触发对象。选择“动画”/“高级动画”组，单击按钮，在弹出的下拉列表中选择“单击”选项，在其子列表中显示了可用于添加触发器的对象。在应用了触发器后，作为触发器的对象上会出现触发器图标。

读书笔记

01 02 03 04 05 06 07 08 09 10 11 12……

PowerPoint 2013放映演示

本章导读

将演示文稿制作完成后，可对演示文稿中的幻灯片和内容进行放映或讲解，如将动画和链接等进行放映演示，对幻灯片内容进行讲解，这也是制作演示文稿的最终目的。为了使用方便，用户可对演示文稿进行打包、输出和发布等操作，以达到共享演示文稿的目的。

12.1 设置并放映幻灯片

放映是制作演示文稿的最终目的，但是在放映演示文稿前，还需做一些放映准备，以保证顺利完成放映，如设置放映类型、设置排练计时和录制旁白等。为了使演示表达清楚，呈现重点内容，还可在放映过程中添加标注。

12.1.1 设置放映类型

幻灯片的放映类型包括演讲者放映（全屏幕）、观众自行浏览（窗口）和在展台浏览（全屏幕）3种，可在“设置放映方式”对话框中进行选择。单击“幻灯片放映”/“设置”组中的“设置幻灯片放映”按钮，即可打开该对话框，然后在“放映类型”栏中根据需要进行选择即可。在“设置放映方式”对话框中除了可以设置放映类型外，还可设置放映幻灯片的范围、幻灯片的切换方式以及其他放映选项等，如图12-1所示。

图12-1 “设置放映方式”对话框

知识解析：“设置放映方式”对话框

- “放映类型”栏：该栏用于设置演示文稿的放映类型，包括“演讲者放映（全屏幕）”、“观众自行浏览（窗口）”和“在展台浏览（全屏幕）”3种放映类型。
- “放映选项”栏：用于放映过程的选项设置。选中☑循环放映，按ESC键终止(L)复选框，表示循环放映幻灯片，按Esc键停止放映；选中☑放映时不加旁白(N)复选框，表示放映时不添加旁白；选中☑放映时不加动画(S)复选框，表示放映时不播放动画效果；选中☑禁用硬件图形加速(G)复选框，可禁用硬件图形加速；“绘图笔颜色”按钮，用于设置放映时绘图笔的颜色；“激光笔颜色”按钮，用于设置放映时激光笔的颜色。
- “放映幻灯片”栏：用于设置放映幻灯片的范围。选中◉全部(A)单选按钮，表示放映所有的幻灯片；选中◉从(F):单选按钮，然后在后面的数值框中设置放映第几张到第几张幻灯片；当新建自定义放映方式后，◉自定义放映(C):单选按钮才可进行有效设置，用于自定义放映。
- “换片方式”栏：用于设置幻灯片放映时的换片方式。选中◉手动(M)单选按钮，表示放映时通过手动操作换片；选中◉如果存在排练时间，则使用它(U)单选按钮，表示如果设置了排练时间，则通过排练时间的方式进行自动放映。
- “多监视器”栏：该栏只有连接有多台显示器时，才能发挥作用。“幻灯片放映监视器”下拉列表框用于设置幻灯片的监视器，当选择“主要监视器”选项时，下方的“分辨率”下拉列表框才可进行有效设置，用于选择显示器的分辨率；选中☑使用演示者视图(V)复选框，表示在多台显示器情况下，监视器即演讲者可查看带有备注窗格的放映画面，而观众通过另外的显示器观看没有备注的演示画面。

1. 演讲者放映（全屏幕）

此方式将以全屏幕的状态放映演示文稿，并且演讲者在放映过程中对演示文稿有着完全的控制权。即演讲者可以采用人工或自动方式放映，也可以将演示文稿暂停或在放映过程中录制旁白。演讲者放映（全屏幕）效果如图12-2所示。

图12-2 演讲者放映

2. 观众自行浏览（窗口）

此方式在放映幻灯片时将在标准窗口中显示演示文稿的放映情况。在其播放过程中，不能通过单击鼠标进行放映，但可通过单击状态栏的“上一张”按钮或“下一张”按钮选择放映的幻灯片。观众自行浏览（窗口）效果如图12-3所示。

图12-3 观众自行浏览

3. 在展台浏览（全屏幕）

此方式可以在不需要专人控制的情况下，自动放映演示文稿，它是3种放映类型中最简单的一种。在这种方式下，不能单击鼠标手动放映幻灯片，但可以通过单击幻灯片中的超链接和动作按钮来切换，其画面显示效果与演讲者放映（全屏幕）相同。

12.1.2 使用排练计时放映幻灯片

排练计时常用于设置需要进行自动播放的演示文稿中，如商场外展览屏上自动播放的展示类演示文稿。为演示文稿中的每张幻灯片计算好播放时间之后，在正式放映时让其自行放映，演讲者则可专心进行演讲而不用再去控制幻灯片的切换等操作。设置排练计时的方法为：选择“幻灯片放映”/“设置”组，单击“排练计时”按钮，进入放映排练状态，同时打开“录制”工具栏并自动为该幻灯片计时。然后单击鼠标或按Enter键控制幻灯片中下一个动画或下一张幻灯片出现的时间。当切换到下一张幻灯片时，“录制”工具栏中的时间将从头开始为该张幻灯片的放映进行计时。放映结束后，打开提示对话框，提示并询问是否保留幻灯片的排练时间，单击 是(Y) 按钮进行保存，如图12-4所示。

图12-4 设置排练计时

12.1.3 录制旁白

使用旁白可以制作出更加生动的演示效果，以使制作的演示文稿能够伴着制作者的解说和介绍语进行演示。需要注意的是，在录制旁白前，需要保证电脑中已安装了声卡和麦克风，且两者均处于工作状态，否则将不能进行录制或录制的旁白无声音。

录制旁白的方法为：选择需录制旁白的幻灯片，选择“幻灯片放映”/“设置”组，单击“录制幻灯片演示”按钮旁的下拉按钮，在弹出的下拉列表中选择“从当前幻灯片开始录制”选项，在打开的“录制幻灯片演示”对话框中单击 开始录制(R) 按钮，进入幻灯片放映状态，开始录制旁白，如图12-5所示。录制完成后按Esc键退出幻灯片放映状态，同时进入幻灯片浏览状态，该张幻灯片中将会出现声音文件图标，如图12-6所示。

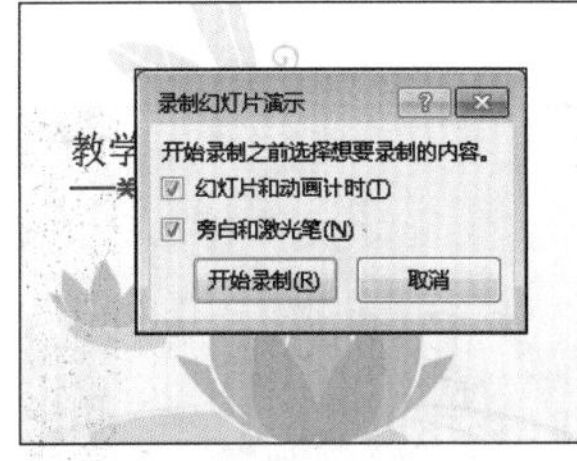

图12-5　录制旁白

图12-6　录制效果

技巧秒杀

在"录制幻灯片演示"下拉列表中选择"从头开始录制"选项，将从第1张幻灯片开始录制旁白。在"录制幻灯片演示"对话框中选中☑幻灯片和动画计时(T)和☑旁白和激光笔(N)复选框，表示录制包括幻灯片和动画计时，以及旁白和激光笔等内容。

读书笔记

12.1.4 放映演示文稿

放映演示文稿即是指对制作好的演示文稿进行演示，按照演讲者预设的放映方式来放映幻灯片。在放映过程中，可根据在实际放映时演讲者对放映方式和过程不同的需求进行人工控制，对幻灯片的放映情况进行具体的设置。

1. 一般放映

PowerPoint中提供了两种最常见的放映方式，即从头开始放映和从当前幻灯片开始放映，两种放映方式的区别和特点分别介绍如下。

- 从头开始放映：打开需放映的演示文稿后，选择"幻灯片放映"/"开始放映幻灯片"组，单击"从头开始"按钮，或直接按F5键，不管当前处于哪张幻灯片，都将从演示文稿的第1张幻灯片开始放映。
- 从当前幻灯片开始放映：打开需放映的演示文稿后，选择"幻灯片放映"/"开始放映幻灯片"组，单击"从当前幻灯片开始"按钮，或直接按Shift+F5快捷键，将从当前选择的幻灯片开始依次往后放映。

2. 设置自定义放映幻灯片

在放映演示文稿时，有时会遇到有的幻灯片并不需要放映出来的情况，这时可以将其隐藏。若在演示文稿中含有很多幻灯片，又只需将其中需要的幻灯片放映出来时，就可以使用自定义放映指定需要放映的幻灯片。

（1）隐藏幻灯片

隐藏幻灯片的方法很简单，只需选择需要隐藏的幻灯片后，单击鼠标右键，在弹出的快捷菜单中选择"隐藏幻灯片"命令，或选择"幻灯片放映"/"设置"组，单击隐藏幻灯片按钮，即可将该张幻灯片隐藏，隐藏后的幻灯片编号将呈图标显示。需要注意的是，隐藏后的幻灯片只是在放映视图或阅读视图中不显示，在其他视图模式中还是可以进行显示的。若需要取消隐藏幻灯片，可以选择需要取消隐藏的幻灯片，然后使用与隐藏幻灯片相同的方法将该张幻灯片显示出来。

（2）自定义放映

自定义放映幻灯片相当于在当前演示文稿中新建一个只含有需要放映幻灯片的演示文稿，放映时将会按照设置的自定义放映进行预览。

实例操作：放映自定义幻灯片

- 光盘\素材\第12章\粥品展示画册.pptx
- 光盘\效果\第12章\粥品展示画册.pptx
- 光盘\实例演示\第12章\放映自定义幻灯片

本例将在“粥品展示画册.pptx”演示文稿中进行自定义放映所需幻灯片。

Step 1 ▶ 打开“粥品展示画册.pptx”演示文稿，选择“幻灯片放映”/“开始放映幻灯片”组，单击“自定义幻灯片放映”按钮，在弹出的下拉列表中选择“自定义放映”选项，打开“自定义放映”对话框。然后单击新建(N)...按钮，打开“定义自定义放映”对话框，在“幻灯片放映名称”文本框中输入自定义方案的名称，在“在演示文稿中的幻灯片”列表框中按住Ctrl键选择需要放映的幻灯片，单击添加(A)按钮，将幻灯片添加到“在自定义放映中的幻灯片”列表框中。单击确定按钮，如图12-7所示。

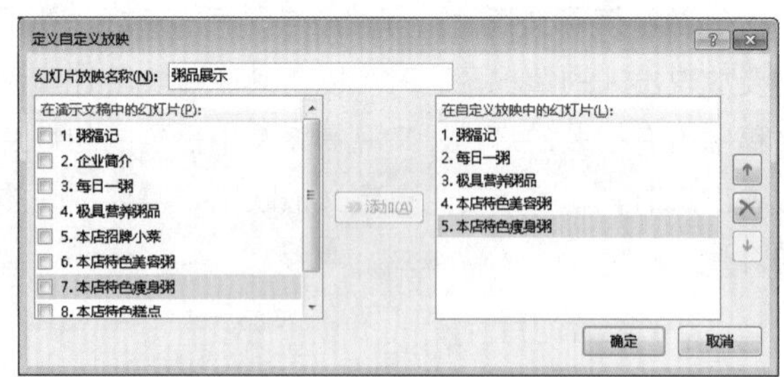

图12-7 添加需放映的幻灯片

Step 2 ▶ 返回到“自定义放映”对话框中，在“自定义放映”列表框中显示出新创建的自定义放映名称，单击关闭(C)按钮关闭“自定义放映”对话框并返回演示文稿的普通视图中，如图12-8所示。

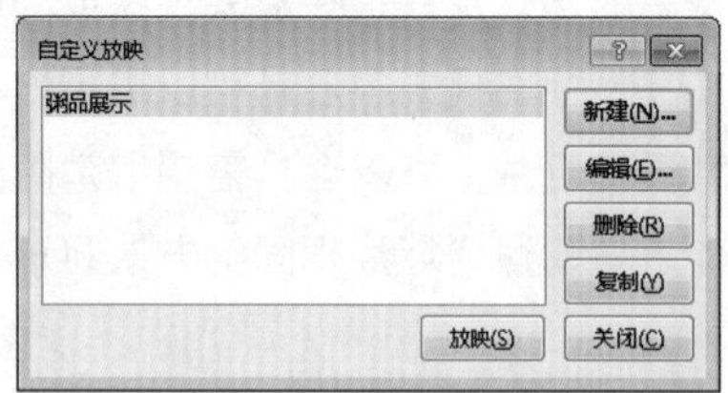

图12-8 确认设置

Step 3 ▶ 单击“自定义幻灯片放映”按钮，在弹出的下拉列表中选择自定义放映的名称，这里选择“粥品展示”选项，开始自定义放映幻灯片，如图12-9所示。

图12-9 自定义放映幻灯片

知识解析：“定义自定义放映”对话框

- ◆ “幻灯片放映名称”文本框：用于输入自定义放映方式的名称。
- ◆ “在演示文稿中的幻灯片”列表框：该列表框中显示了演示文稿中的所有幻灯片。用于选择要放映的幻灯片。
- ◆ 添加(A)按钮：该按钮用于添加自定义放映的幻灯片。
- ◆ “在自定义放映中的幻灯片”列表框：该列表框用于显示添加的自定义放映的幻灯片。右侧的↑按钮和↓按钮用于上移或下移自定义添加的幻灯片的放映顺序，单击×按钮则可删除选择的自定义放映幻灯片。

知识解析：“自定义放映”对话框

- ◆ 新建(N)...按钮：该按钮用于新建自定义放映。
- ◆ 编辑(E)...按钮：单击该按钮将打开“定义自定义放映”对话框，可编辑已有的自定义放映。
- ◆ 删除(R)按钮：该按钮用于删除已有的自定义放映。
- ◆ 复制(Y)按钮：该按钮用于复制已有的自定义放映。
- ◆ 放映(S)按钮：单击该按钮将直接放映自定义的幻灯片选项。

技巧秒杀

在放映幻灯片时，单击鼠标右键，在弹出的快捷菜单中选择“自定义放映”命令，在其子菜单中选择自定义的名称可立即进入自定义放映状态。

3. 添加放映标记

在放映时可对幻灯片添加放映标记，而且一般是对需要重点突出的内容添加放映标记。PowerPoint提供了两种注释笔来进行标记，分别是笔和荧光笔，下面进行讲解。

（1）笔

PowerPoint中的笔与生活中常用的笔类似，也可以用不同的颜色将需要标记的内容或对象圈出来或打上着重符号，甚至还可以直接进行书写。使用笔的方法是：进入幻灯片放映状态，当放映到需要添加标记的幻灯片时单击鼠标右键，在弹出的快捷菜单中选择“指针选项”/“笔”命令，然后在需要标记的地方按住并拖动鼠标进行涂抹即可，在退出放映状态时会弹出提示对话框，单击[保留(K)]按钮将对所做的标记进行保存，若单击[放弃(D)]按钮将不会保存所做的标记，如图12-10所示。

图12-10 使用笔标记重点内容

技巧秒杀

在标记重点内容时，可在右键菜单中执行“暂停”命令，暂停放映，然后进行标记。完成标记后，执行“继续放映”命令。

（2）荧光笔

荧光笔比笔的墨迹要宽一些，而且其颜色是透明的，使用它在需要标记的地方进行涂抹并不会遮住标记内容，相当于给该内容上了一层底色。使用荧光笔的方法与使用笔的方法基本相同，进入到幻灯片放映状态，在需要标记的幻灯片上单击鼠标右键，在弹出的快捷菜单中选择“指针选项”/“荧光笔”命令，然后在需要标记的地方按住并拖动鼠标进行涂抹即可，如图12-11所示，在退出放映状态时会弹出提示对话框，单击[保留(K)]按钮对所做的荧光笔标记进行保存，若单击[放弃(D)]按钮将不会保存所做的荧光笔标记。

图12-11 使用荧光笔标记重点内容

技巧秒杀

放映时，在右键菜单中选择“上一张”或“下一张”命令，可跳转到上一张或下一张幻灯片，也可通过创建的超链接或动作按钮进行跳转。另外，除了按Esc键结束放映外，在右键菜单中选择“结束放映”命令同样可结束放映。

（3）擦除放映标记

为了保持幻灯片界面干净，在演讲后，可进入放映状态，将放映标记擦除，其方法分别如下。

- 擦除单个标记：在放映状态中，单击鼠标右键，在弹出的快捷菜单中选择“指针选项”/“橡皮擦”命令，然后将鼠标光标移到标记处，当鼠标光标变为形状时，单击鼠标即可使用橡皮擦擦除该标记。
- 擦除所有标记：在放映状态中，单击鼠标右键，在弹出的快捷菜单中选择“指针选项”/“擦除幻灯片上的所有墨迹”命令，可将所有标记取消。

技巧秒杀

添加标记时，默认笔的颜色为红色，荧光笔的颜色为黄色。单击鼠标右键，在弹出的快捷菜单中选择“指针选项”/“墨迹颜色”命令，在弹出的列表中可更改默认颜色。

12.2 打包演示文稿及其他应用

为了避免因为其他电脑没有安装PowerPoint软件而不能播放演示文稿的情况，可将演示文稿打包以进行播放。演示文稿的打包分为打包成CD和文件夹两种类型。同时，可对制作的演示文稿进行导出为视频和图片等操作应用。下面将分别对其进行介绍。

12.2.1 打包演示文稿

打包演示文稿，无论是将其打包为文件夹还是CD，在PowerPoint中都通过在“打包成CD”对话框中操作实现。

1. 将演示文稿打包成文件夹

简单地讲，将演示文稿打包成文件夹就是将演示文稿的所有内容集合到一个文件夹中。

实例操作：打包“项目报告”演示文稿

- 光盘\素材\第12章\项目报告.pptx
- 光盘\效果\第12章\项目报告
- 光盘\实例演示\第12章\打包“项目报告”演示文稿

本例将“项目报告.pptx”演示文稿打包成“项目报告”文件夹，并放置到E盘中。

Step 1 ▶ 打开“项目报告.pptx”演示文稿，选择“文件”/“导出”命令，在“导出”栏中双击“将演示文稿打包成CD”选项，或在其右侧界面中单击“打包成CD”按钮，打开“打包成CD”对话框，单击“复制到文件夹(F)...”按钮，如图12-12所示。

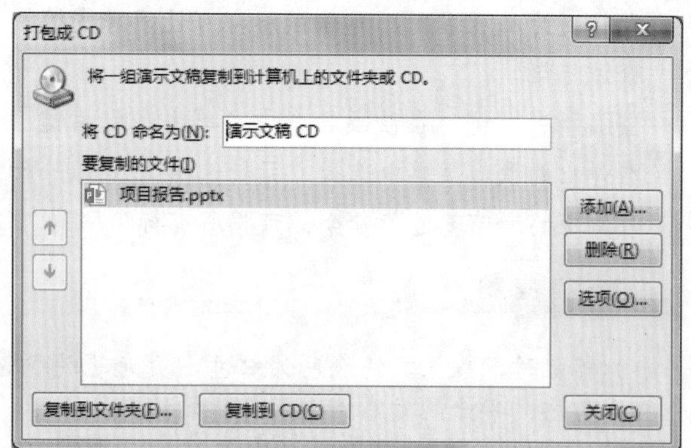

图12-12　选择打包到文件夹

Step 2 ▶ 打开“复制到文件夹”对话框，在“文件夹名称”文本框中输入打包文件夹的名称，在“位置”文本框的右侧单击“浏览(B)...”按钮，设置打包文件夹的位置，默认选中“完成后打开文件夹(O)”复选框，在打包后将自动打开打包文件夹，最后单击“确定”按钮确认设置，如图12-13所示。

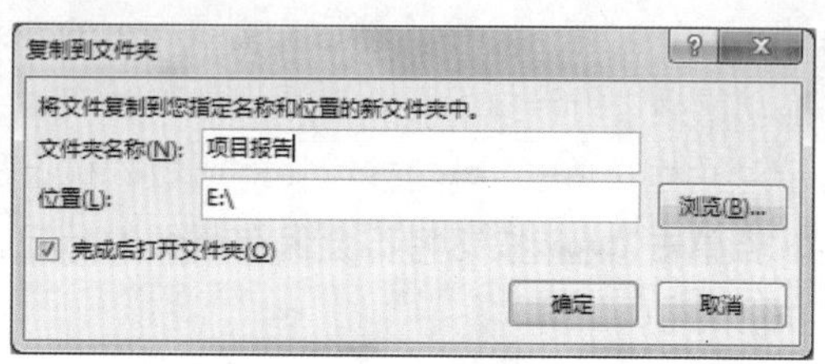

图12-13　打包设置

Step 3 ▶ 在打开的对话框中提示打包是否包含文件中的链接，单击“是(Y)”按钮确认包含，开始进行打包，完成后，将自动打开打包文件夹，如图12-14所示。

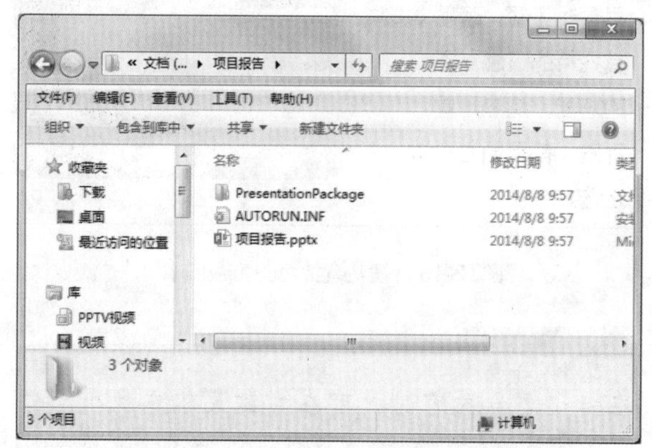

图12-14　打包成文件夹的效果

知识解析：“打包成CD”对话框

- ◆ “将CD命名为”文本框：用于设置打包成CD文件的名称。
- ◆ “要复制的文件”列表框：用于显示要进行打包的目标演示文稿。当添加有多个打包演示文稿的文件时，左侧的[↑]按钮和[↓]按钮用于移动演示文稿的打包顺序。

◆ [添加(A)...]按钮：单击该按钮，可继续添加要进行打包的演示文稿。

◆ [删除(R)]按钮：单击该按钮，可删除多余的目标演示文稿。

◆ [选项(O)...]按钮：单击该按钮，在打开的对话框中设置打包文件是否包含链接的文件和嵌入的字体，以及设置打开和修改打包后的演示文稿的权限密码。

◆ [复制到 CD(C)]按钮：该按钮用于将演示文稿打包成CD文件。

2. 将演示文稿打包成CD

将演示文稿打包成CD，电脑中必须要有刻录光驱，然后将演示文稿刻录到光盘中。将演示文稿打包成CD的方法非常简单，在打开的演示文稿中选择“文件”/“导出”命令，在“导出”栏中双击“将演示文稿打包成CD”选项，打开“打包成CD”对话框后，在“将CD命名为”文本框中输入打包成CD的文件名，然后单击[复制到 CD(C)]按钮即可。

12.2.2 导出PDF文件和视频

在PowerPoint 2013中可以将演示文稿导出为PDF格式文件和视频。下面分别进行讲解。

1. 导出PDF文件

PDF是一种电子文件格式，类似于网络中的电子杂志，便于阅读。在跨操作系统，或Office软件版本不同时，PowerPoint演示文稿格式会发生变化，将其导出为PDF文件使用便可避免该情况。

将演示文稿导出为PDF文件的操作方法为：在演示文稿中选择“文件”/“导出”命令，在“导出”栏中双击“创建PDF/XPS”选项，或在其右侧界面中单击“创建PDF/XPS”按钮，打开“发布为PDF或XPS”对话框，在地址栏中设置保存位置，在“文件名”文本框中输入文件名称后，单击[发布(S)]按钮，如图12-15所示，即可将演示文稿导出为PDF文件。

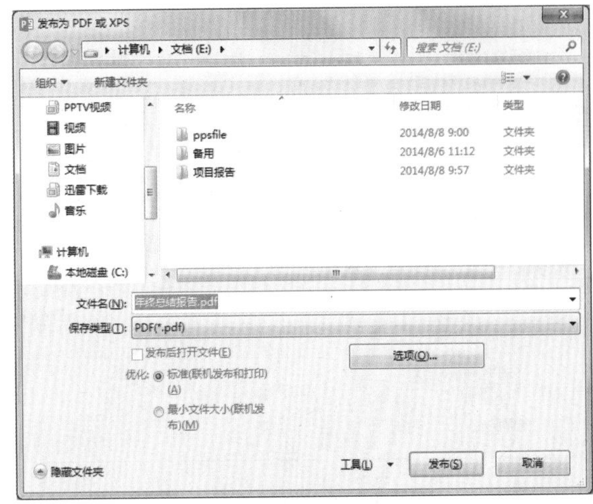

图12-15　导出PDF文件

操作解谜：在“发布为PDF或XPS”对话框中单击[选项(O)...]按钮，在打开的对话框中可设置导出范围、内容以及文档属性等。

技巧秒杀：除了使用Word 2013打开PDF文件，也可在电脑中安装相应的阅读器来查看PDF文件。

2. 导出视频文件

将演示文稿导出为PDF文件后，需要专门的阅读器进行查看，将其导出为视频文件，则使用任意一款播放器即可进行查看。

实例操作：导出“年终总结报告”视频

- 光盘\素材\第12章\年终总结报告.pptx
- 光盘\效果\第12章\年终总结报告.mp4
- 光盘\实例演示\第12章\导出“年终总结报告”视频

本例将“年终总结报告.pptx”演示文稿导出为.MP4格式的视频文件。

Step 1 开“年终总结报告.pptx”演示文稿，选择“文件”/“导出”命令，在“导出”栏中双击“创建PDF/XPS”选项，或在其右侧“创建视频”界面中单击“创建视频”按钮，如图12-16所示。

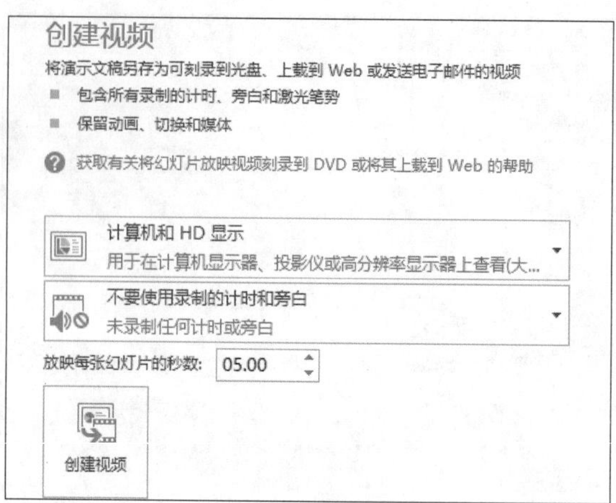

图12-16　导出视频

操作解谜

在“创建视频”界面中，“计算机和HD显示”下拉列表框中可设置视频图像的分辨率；“不要使用录制的计时和旁白”下拉列表框中可设置是否在视频中添加演示文稿的旁白；“放映每张幻灯片的秒数”数值框中可设置视频播放每张幻灯片的保持时间，这里保持默认设置。

Step 2 打开“另存为”对话框，在地址栏中设置保存位置，在“文件名”文本框中输入文件名，在“保存类型”下拉列表框中选择视频格式，包括.mp4和.wmv，这里选择.mp4视频格式，如图12-17所示，单击 保存(S) 按钮。

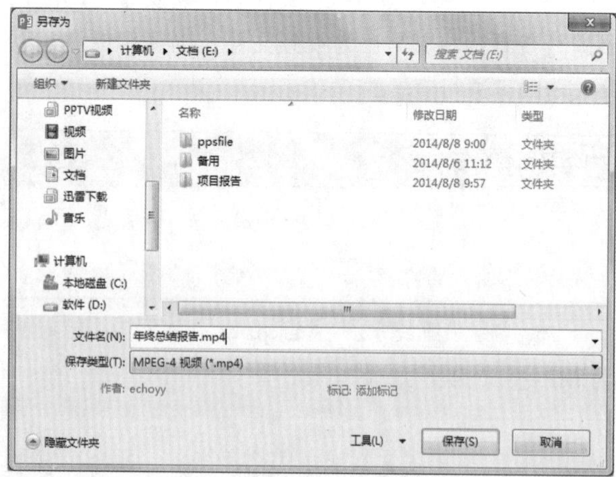

图12-17　设置导出位置和文件名称

Step 3 导出视频完成后，在保存位置中打开导出的视频文件，如图12-18所示。

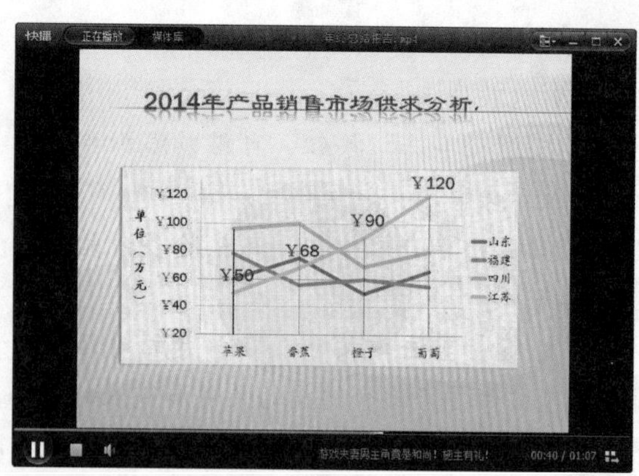

图12-18　导出的视频效果

12.2.3 输出与发布幻灯片

演示文稿制作完成后，可将它们转换为其他格式的图片文件，如JPEG等图片文件，同时为了更好地共享和调用各个幻灯片，可将幻灯片发布到幻灯片库。

1. 将演示文稿输出为图片文件

PowerPoint可以将演示文稿中的幻灯片输出为JPEG和PNG等格式的图片文件，用于更大限度地共享演示文稿内容。

实例操作：导出当前幻灯片为图片

- 光盘\素材\第12章\品牌形象宣传.pptx
- 光盘\效果\第12章\品牌形象宣传.jpg
- 光盘\实例演示\第12章\导出当前幻灯片为图片

本例将“品牌形象宣传.pptx”演示文稿的首页幻灯片导出为.jpg格式的图片文件。

Step 1 打开“品牌形象宣传.pptx”演示文稿，选择“文件”/“导出”命令，在“导出”栏中选择“更改文件类型”选项，在右侧“更改文件类型”界面的“图片文件类型”栏中选择输出图片的格式，这里双击“JPEG文件交换格式”选项，如图12-19所示。

技巧秒杀

可以选择“文件”/“另存为”命令，通过将文件另存为图片的格式进行输出。

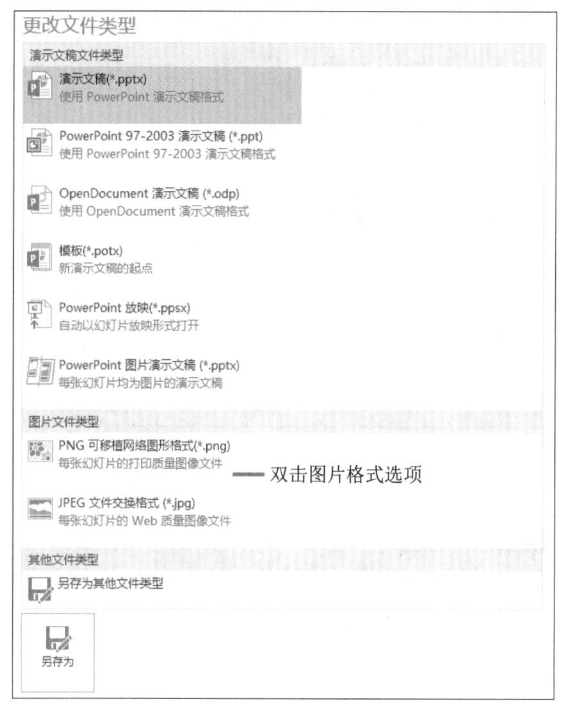

图12-19　选择输出图片的格式

Step 2 ▶ 打开"另存为"对话框，在地址栏中设置保存位置，在"文件名"文本框中输入文件名，单击 保存(S) 按钮，如图12-20所示。

图12-20　保存为图片

Step 3 ▶ 此时会弹出一个提示对话框，单击 所有幻灯片(A) 按钮可将演示文稿中所有幻灯片保存为图片，这里单击 仅当前幻灯片(J) 按钮，只将当前的幻灯片转换为图片文件。如图12-21所示为将当前幻灯片转换为图片后用"Windows 照片查看器"进行查看的效果。

图12-21　查看图片效果

知识解析："更改文件类型"界面

- "演示文稿文件类型"栏：用于将演示文稿另存为其他常见的演示文稿文件，如早期版本的演示文稿或演示文稿模板等。
- "图片文件类型"栏：用于将幻灯片输出为不同格式的图片文件。
- "其他文件类型"栏：在该栏中双击"另存为其他文件类型"或单击"另存为"按钮，都将打开"另存为"对话框，在"保存类型"下拉列表框中可选择更多其他类型的文件选项进行保存。

2. 可发布幻灯片

发布幻灯片是指将幻灯片存储到幻灯片库中，以达到共享和调用各个幻灯片的目的。

实例操作：将幻灯片发布到库中保存

- 光盘\素材\第12章\费用支出.pptx
- 光盘\效果\第12章\家庭费用详单
- 光盘\实例演示\第12章\将幻灯片发布到库中保存

本例将"费用支出.pptx"演示文稿中的幻灯片发布到"我的幻灯片库"文件夹中。

Step 1 ▶ 打开"费用支出.pptx"演示文稿，选择"文件"/"共享"命令，在"共享"栏中双击"发布幻灯片"选项，或在其右侧界面中单击"发布幻灯片"按钮，打开"发布幻灯片"对话框，单击 全选(S) 按钮，如图12-22所示。

图12-22　选择所有幻灯片进行发布

Step 2 ▶ 在“发布幻灯片”对话框中单击[浏览(B)...]按钮，打开“选择幻灯片库”对话框，默认打开“我的幻灯片库”文件夹窗口，然后在该文件夹中新建一个名为“家庭费用详单”的文件夹，并选择该文件夹作为保存位置，单击[选择(E)]按钮，如图12-23所示。

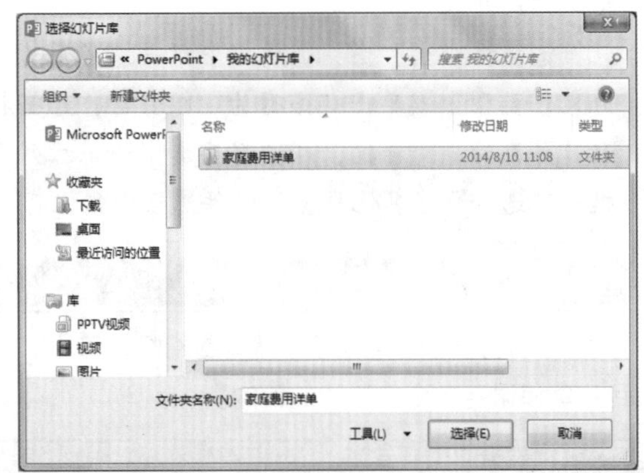

图12-23　设置发布后的保存位置

技巧秒杀

默认情况，“我的幻灯片库”文件夹的文件路径为“C:\Users\Administrator\AppData\Roaming\Microsoft\PowerPoint\我的幻灯片库”。

Step 3 ▶ 返回“发布幻灯片”对话框，单击[发布(P)]按钮，开始发布幻灯片，发布完成后，在相关路径文件夹中可查看发布效果，此时演示文稿中发布的幻灯片将作为单个的演示文稿，如图12-24所示。

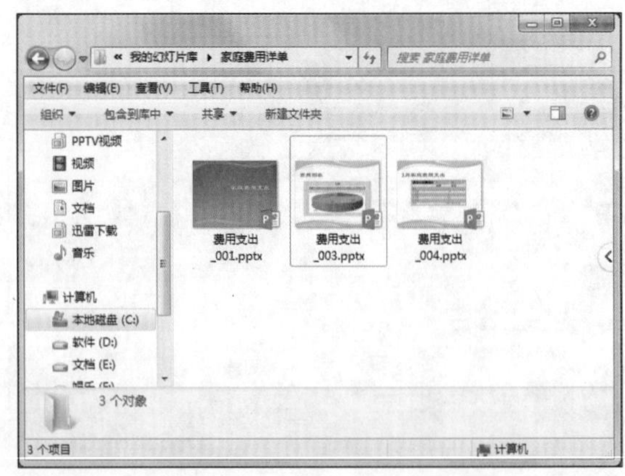

图12-24　发布幻灯片的效果

技巧秒杀

局域网中的其他电脑用户可共享使用发布到“我的幻灯片库”文件夹中的幻灯片。

12.2.4 创建邮件共享演示文稿

在PowerPoint 2013中，可直接通过软件配置电子邮件，发送演示文稿，达到共享演示文稿的目的。下面具体介绍创建和配置邮件共享演示文稿的操作。

实例操作：邮件共享个人简历演示文稿

- 光盘\素材\第12章\个人简历.pptx
- 光盘\实例演示\第12章\邮件共享个人简历演示文稿

本例将通过PowerPoint 2013创建和配置电子邮件，共享“个人简历.pptx”演示文稿。

Step 1 ▶ 打开“个人简历.pptx”演示文稿，选择“文件”/“共享”命令，在“共享”栏中选择“电子邮件”选项，然后在右侧选择电子邮件的方式，这里单击“作为附件发送”按钮，如图12-25所示。

技巧秒杀

与通过用户在网络中申请注册的电子邮件发送演示文稿的附件相比，使用PowerPoint 2013可以直接完成相应操作。

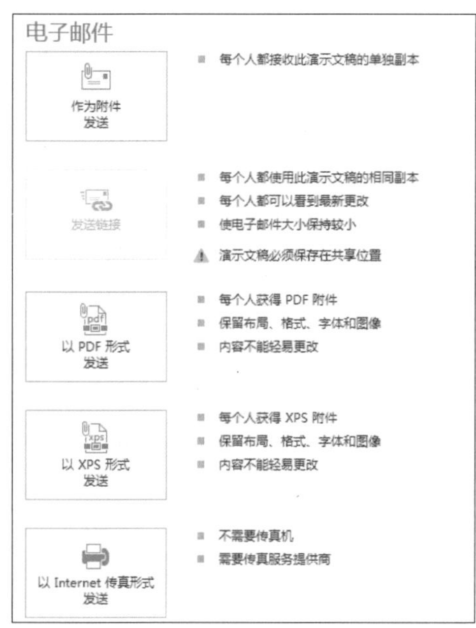

图12-25　以附件方式创建邮件

技巧秒杀

在创建电子邮件时，可以选择以PDF形式、XPS形式、传真形式以及链接的方式进行邮件共享。

Step 2 打开“欢迎使用Outlook 2013向导”对话框，直接单击下一步(N)按钮，然后在打开的“添加电子邮件账户”界面中选中是(Y)单选按钮，设置链接到某个邮箱账户，再单击下一步(N)按钮，如图12-26所示。

图12-26　选择链接账户

Step 3 打开“添加账户”对话框，选中电子邮件帐户(A)单选按钮，在“您的姓名”文本框中输入英文姓名，在“电子邮件地址”文本框中输入邮件地址，在“密码”和“重新键入密码”文本框中输入登录邮件的原密码，单击下一步(N)按钮，如图12-27所示。

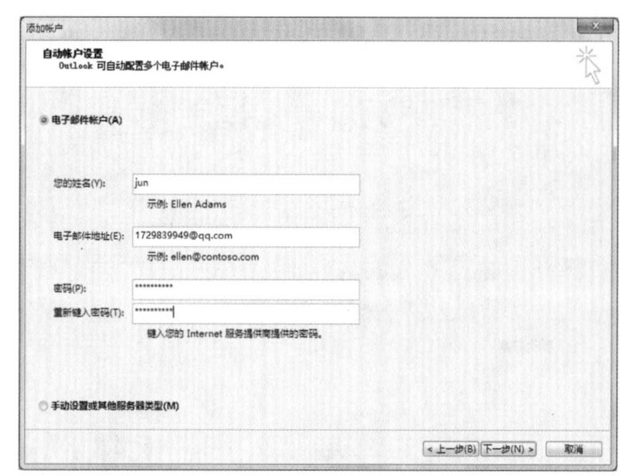

图12-27　设置电子邮件账户

操作解谜

这里使用的电子邮件是用户已经申请注册的邮件，密码就是其登录密码。选中手动设置或其他服务器类型(M)单选按钮，可进行手动设置或选择其他服务商类型。

Step 4 在打开的对话框中对邮件进行配置，并显示进度，完成后单击下一步(N)按钮，稍后，在打开的对话框中单击完成按钮，完成账户配置，如图12-28所示。

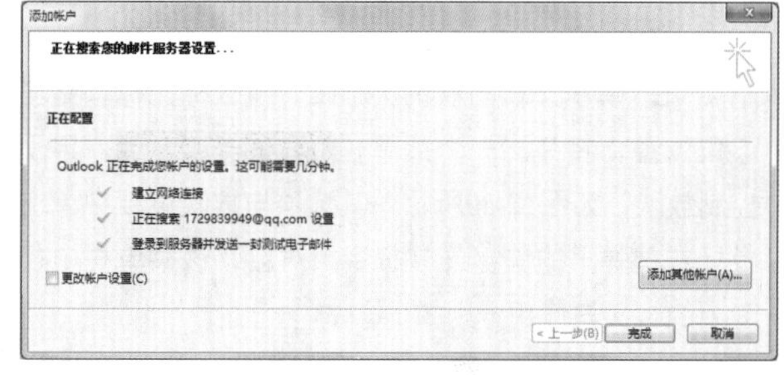

图12-28　完成账户配置

技巧秒杀

在对话框中选中更改帐户设置(C)复选框，再单击下一步(N)按钮可更改账户设置，单击添加其他帐户(A)...按钮可添加多个邮箱账户。

Step 5 在打开窗口的“收件人”文本框中输入收件人邮箱地址，在下方文本框中可添加备注内容，然后单击“发送”按钮发送邮件，如图12-29所示。

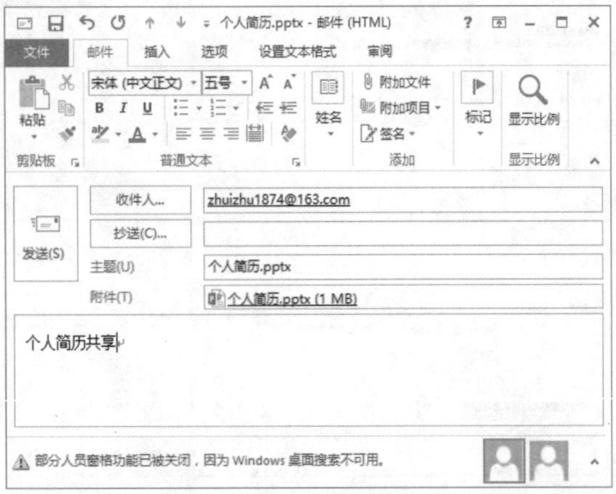

图12-29　发送演示文稿

读书笔记

技巧秒杀

邮件发送界面与Word操作界面及其设置方法相似，在其中可设置邮件备注的字体，添加邮件发送附件、收件人以及邮件标记等。

知识大爆炸
——PowerPoint 2013放映控制

1. 放映控制菜单栏

进入演示文稿的放映状态后，将鼠标光标移到左下角位置，将弹出一个菜单栏，用于控制放映，如图12-30所示。其选项与放映过程中单击鼠标右键弹出的快捷菜单命令相对应，该菜单栏中各选项的含义与作用分别如下。

图12-30　放映控制菜单栏

- “上一张”按钮：用于跳转到上一张幻灯片。
- “下一张”按钮：用于跳转到下一张幻灯片。
- “指针选项”按钮：与右键菜单中的“指针选项”命令对应，用于设置笔和荧光笔及其颜色等。
- “显示所有幻灯片”按钮：单击该按钮，可在放映过程中显示所有幻灯片。

◆ “放大”按钮：单击该按钮，然后将鼠标光标移到放映的幻灯片上，可放大显示幻灯片的局域部分。

◆ “更多”按钮：单击该按钮，在弹出的下拉菜单中可设置更多选项，与右键菜单一一对应。

2. 演示者视图

PowerPoint 2013中演示者视图最突出的作用便是，如果用户制作演示文稿时，在“备注”窗格中添加了备注内容，在进入演示者视图后，方便演讲者查看备注内容进行演讲，而不用背台词。另外，在演示者视图中观众只看得到幻灯片内容，而无法看到备注内容。在PowerPoint 2013中按Alt+F5快捷键，或在放映状态中单击鼠标右键，在弹出的快捷菜单中选择“显示演示者视图”命令都可进入演示者视图，如图12-31所示。

图12-31 演示者视图

在演示者视图中，左侧显示幻灯片放映内容，右侧显示幻灯片备注内容，并且可设置备注内容的字体格式。放映窗格上方的显示任务栏按钮用于显示电脑的菜单栏；显示设置按钮用于在演示者视图和幻灯片放映视图间切换；结束幻灯片放映按钮用于结束放映，窗格的下方显示放映幻灯片的张数以及放映控制菜单栏。

读书笔记

实战篇 Instance

本篇将综合运用前面所学的知识来制作实战应用案例，通过这些综合实例的练习，使用户更加熟练地掌握三大组件的基本操作及其他应用。其中主要涉及行政、销售、人力资源、财务、培训和职场等领域。通过制作这些具有代表性的文档，将Word、Excel、PowerPoint融会贯通，掌握并能灵活运用常见的编辑方法，使得用户能够轻松地处理日常工作和学习制作各种不同方面的办公文档。

>>>

13 14 15 ……

Word 2013 文档设计

本章导读

工作中常用到的很多办公文档都可以使用Word 2013来制作。本章将使用已学的Word知识制作招聘启事、物品领用表、员工手册、宣传文档、个人简历、商务邀请函以及贺卡，使读者进一步掌握Word的文本编辑方法和排版技巧。

13.1 文本框的插入 文档文本格式设置 符号的插入及设置 制作招聘启事

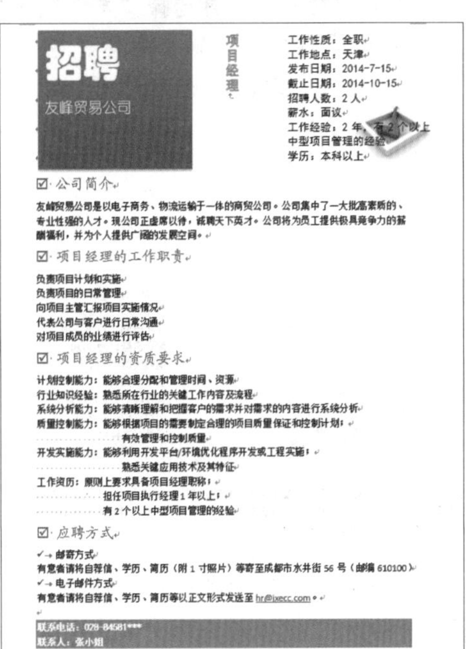

招聘
友峰贸易公司

项目经理

工作性质：全职
工作地点：天津
发布日期：2014-7-15
截止日期：2014-10-15
招聘人数：2人
薪水：面议
工作经验：2年，有2个以上中型项目管理的经验
学历：本科以上

☑ 公司简介

友峰贸易公司是以电子商务、物流运输于一体的商贸公司。公司集中了一大批高素质的、专业性强的人才。现公司正虚席以待，诚聘天下英才。公司将为员工提供极具竞争力的薪酬福利，并为个人提供广阔的发展空间。

☑ 项目经理的工作职责

负责项目计划和实施
负责项目的日常管理
向项目主管汇报项目实施情况
代表公司与客户进行日常沟通
对项目成员的业绩进行评估

☑ 项目经理的资质要求

计划控制能力：能够合理分配和管理时间、资源
行业知识经验：熟悉所在行业的关键工作内容及流程
系统分析能力：能够清晰理解和把握客户的需求并对需求的内容进行系统分析
质量控制能力：能够根据项目的需要制定合理的项目质量保证和控制计划；有效管理和控制质量
开发实施能力：能够利用开发平台/环境优化程序开发或工程实施；熟悉关键应用技术及其特征
工作资历：原则上要求具备项目经理职称；担任项目执行经理1年以上；有2个以上中型项目管理的经验

☑ 应聘方式

✓ 邮寄方式
有意者请将自荐信、学历、简历（附1寸照片）等寄至成都市水井街56号（邮编610100）
✓ 电子邮件方式
有意者请将自荐信、学历、简历等以正文形式发送至hr@jxecc.com。

联系电话：028-84581***
联系人：张小姐

招聘启事是企事业单位公开向社会招聘人才时使用的一种启事，它根据招聘职位以及招聘行业不同而内容有所不同。招聘启事的内容一般包括用人单位信息、招聘对象、招聘条件、提供的职位信息、待遇、应聘方式、联系办法、联系时间等，制作时可根据情况进行增加、删减。

在本例中，将会在新建文档中输入完整的招聘启事内容，然后对文档进行简单美化，使整个文档看起来更具条理性，简洁而不失美感。

- 光盘\素材\第13章\招聘.jpg
- 光盘\效果\第13章\招聘启事.docx
- 光盘\实例演示\第13章\制作招聘启事

Step 1 启动Word 2013，新建一个空白文档并命名为“招聘启事.docx”，然后在文档中输入如图13-1所示的文本。

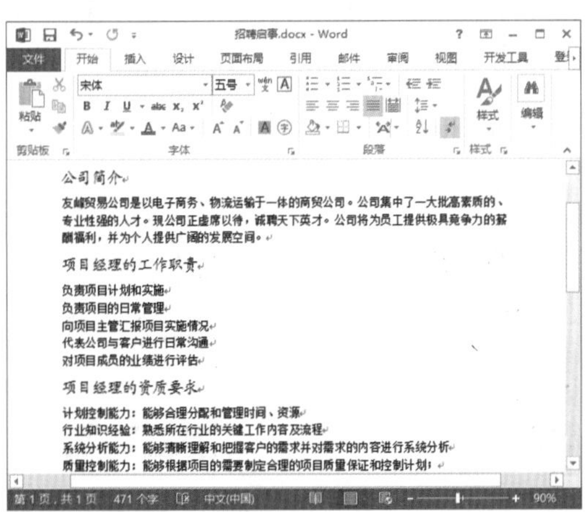

图13-1　新建文档并输入文本

Step 2 将鼠标光标定位到“公司简介”文本前，连续按5次Enter键，选择“插入”/“文本”组，单击“文本框”按钮，在弹出的下拉列表中选择“绘制文本框”选项，拖动鼠标在文档开始处绘制一个文本框，并在其中输入“招聘 友峰贸易公司”文本，效果如图13-2所示。

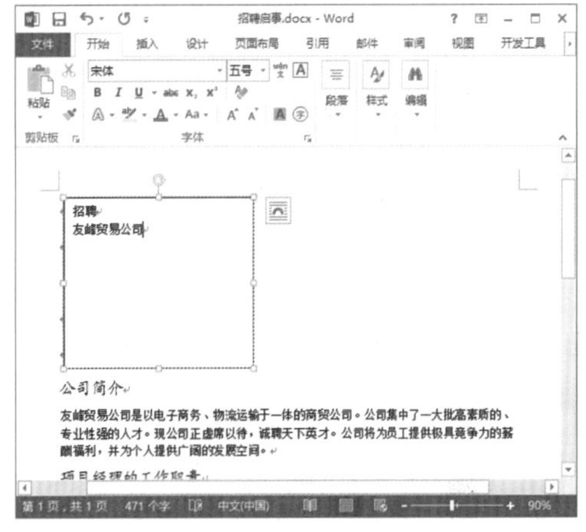

图13-2　插入文本框并输入文本

Step 3 选择“插入”/“文本”组，单击“文本框”按钮，在弹出的下拉列表中选择“绘制竖排文本框”选项，在之前绘制的文本框右侧拖动鼠标绘制一个竖排文本框，并在其中输入“项目经理”，然后使用相同的方法，在竖排文本框旁边再插入一个文本框，并在其中输入如图13-3所示的文本。

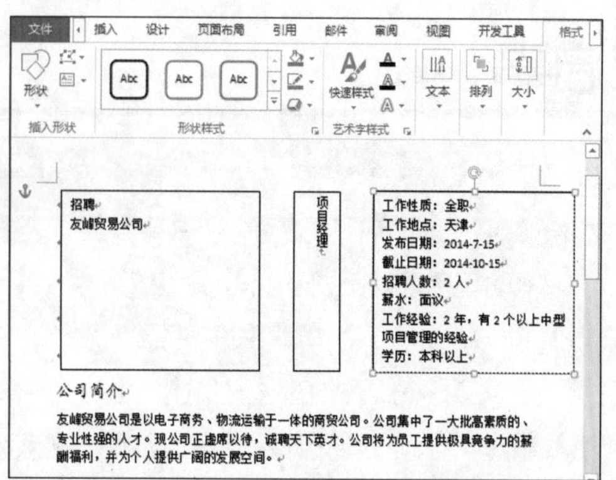

图13-3　插入其他文本框并输入文本

Step 4 ▶ 按住Shift键的同时，分别单击3个文本框将其选中，然后选择“格式”/“形状样式”组，单击“形状轮廓”按钮右侧的按钮，在弹出的下拉列表中选择“无轮廓”选项，如图13-4所示。

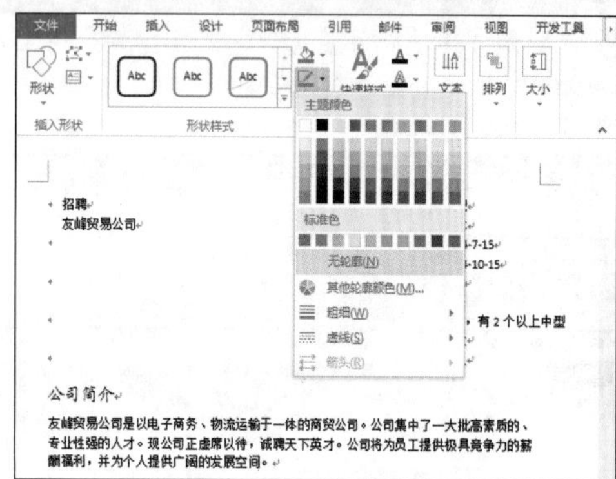

图13-4　设置文本框无轮廓显示

Step 5 ▶ 选择第1个文本框，选择“格式”/“形状样式”组，在“形状样式”下拉列表中选择“中等效果-蓝色，强调颜色1”选项，如图13-5所示。

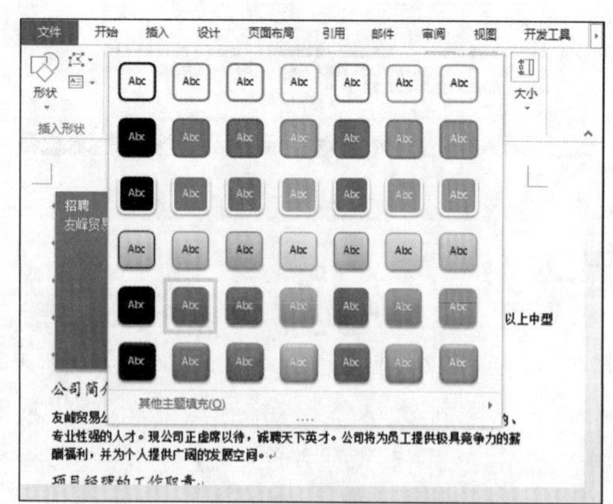

图13-5　应用形状样式

Step 6 ▶ 选择第1个文本框中的“招聘”文本，选择“开始”/“字体”组，将字体设置为“华文琥珀”，字号为“初号”。再选择“友峰贸易公司”文本，使用相同的方法设置其字体、字号分别为“幼圆”“三号”，效果如图13-6所示。

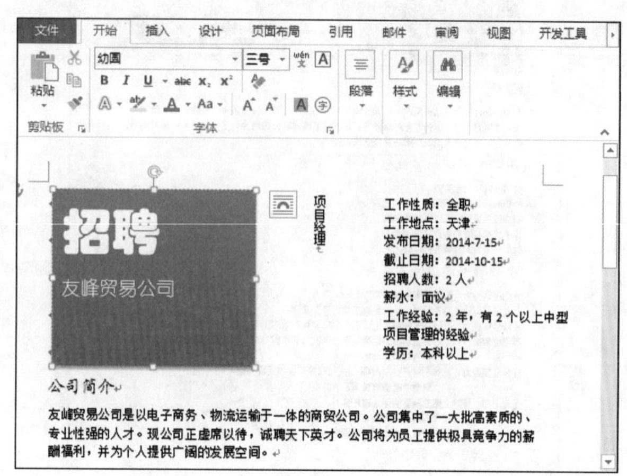

图13-6　设置文本框中的字体格式

Step 7 ▶ 选择第2个文本框中的文本，然后选择“开始”/“字体”组，并将其字号设置为“小三”，单击“文本效果”按钮，在弹出的下拉列表中选择“填充-白色，轮廓-着色1，发光-着色1”选项，如图13-7所示。

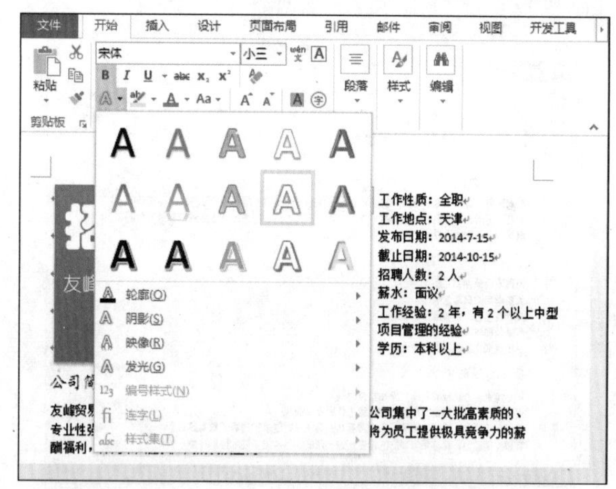

图13-7　设置文本效果

Step 8 ▶ 选择第3个文本框中的文本，分别设置其字体、字号为“黑体”“小四”。选择第3个文本框，选择“格式”/“形状样式”组，单击“形状填充”按钮右侧的按钮，在弹出的下拉列表中选择“图片”选项，如图13-8所示。

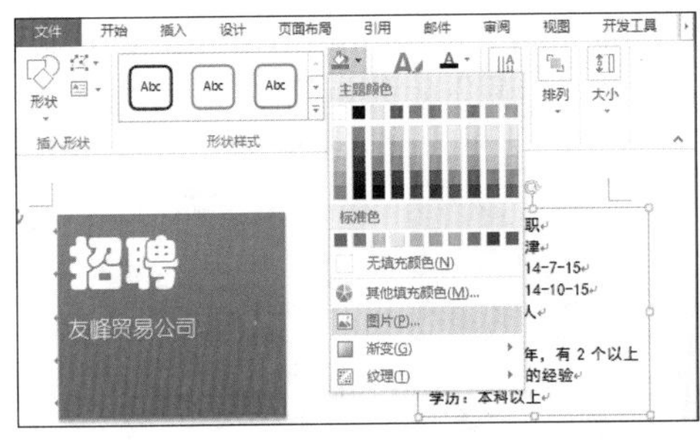

图13-8　选择“图片”选项

Step 9 ▶ 打开“插入图片”对话框，选择“来自文件”选项，打开新的“插入图片”对话框，在其中选择需要的图片，这里选择“招聘.jpg”图片，单击 插入(S) ▼ 按钮为文本框插入图片，如图13-9所示。

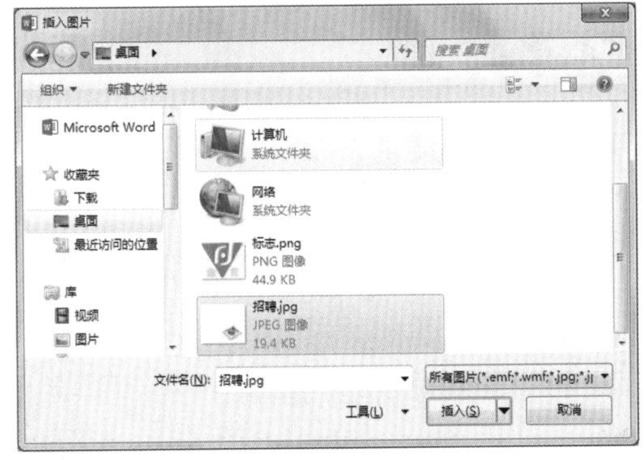

图13-9　插入图片

Step 10 ▶ 将鼠标光标定位到“公司简介”文本前，选择“插入”/“符号”组，单击“符号”按钮Ω，在弹出的下拉列表中选择“其他符号”选项，打开“符号”对话框，在“字体”下拉列表框中选择Wingdings选项，在其列表框中选择“☑”选项，如图13-10所示，依次单击 插入(I) 和 关闭 按钮。

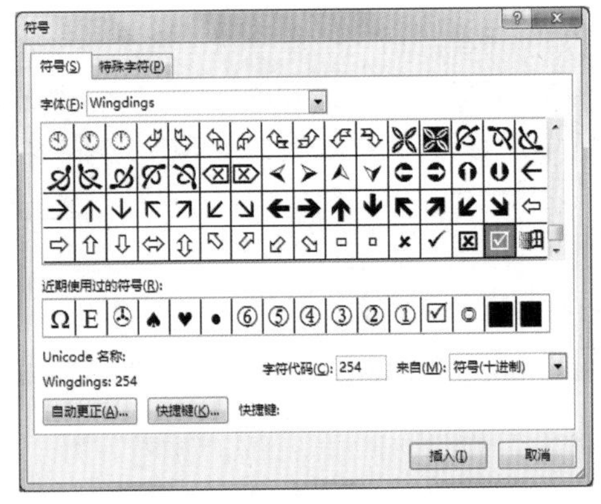

图13-10　插入符号

Step 11 ▶ 返回操作界面，在插入的特殊符号后按空格键，然后选择插入的符号以及“公司简介”文本，选择“开始”/“字体”组，在其中设置文本格式为“楷体_GB2312、三号”，单击“字体颜色”按钮A右侧的下拉按钮▾，在弹出的下拉列表中选择“深红”选项，效果如图13-11所示，然后将插入的特殊符号复制到“项目经理的工作职责”“项目经理的资质要求”“应聘方式”文本前，并使用“格式刷”将这些文本设置为与“公司简介”文本相同的格式。

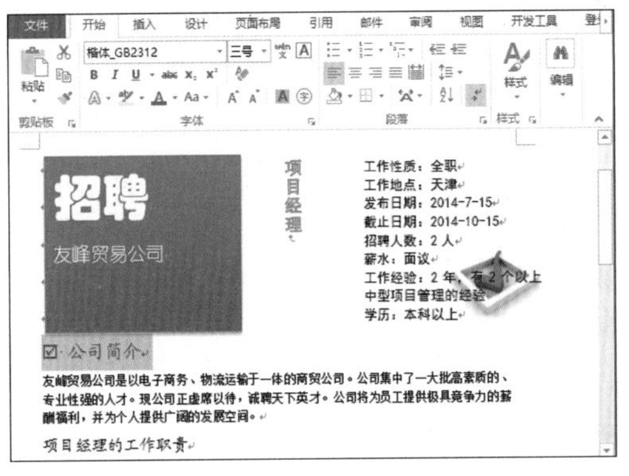

图13-11　设置文本格式

Step 12 ▶ 将鼠标光标定位到“邮寄方式”文本前，选择“插入”/“段落”组，单击“项目符号”按钮☰右侧的下拉按钮▾，在弹出的下拉列表中选择“✓”选项，同时将鼠标光标定位到“电子邮件方式”文本前，使用相同的方法在文本前插入相同的项目符号，效果如图13-12所示。

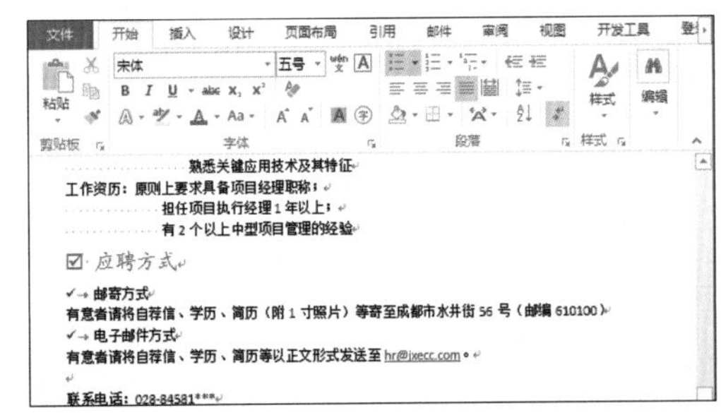

图13-12　设置项目符号

Step 13 ▶ 选择文档中最下方的两排文本，选择“设计”/“页面背景”组，单击“页面边框”按钮□，打开“边框和底纹”对话框，选择“底纹”选项卡，在“填充”下拉列表框中选择“深蓝，文字2，淡色40%”选项，单击 确定 按钮，如图13-13所示。

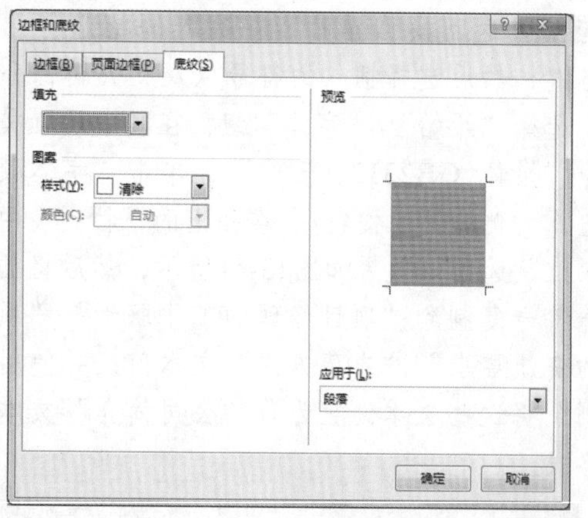

图13-13 设置填充效果

Step 14 选择“开始”/“字体”组，设置字体、字体颜色分别为“黑体”“白色”，单击“加粗”按钮，如图13-14所示。

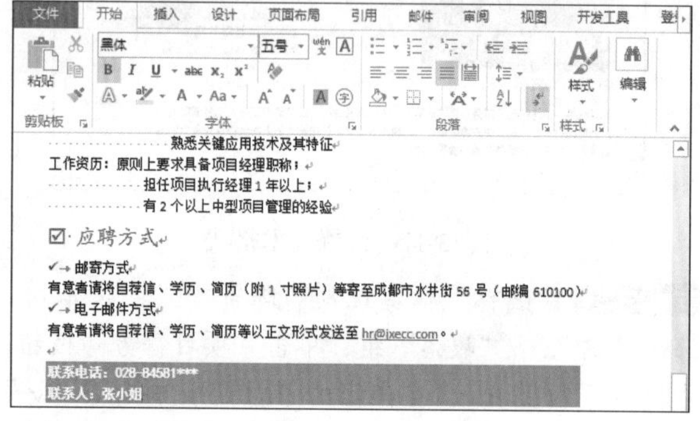

图13-14 设置文本格式

Step 15 最后根据页边距调整文档顶端的3个文本框的位置和间距，最终效果如图13-15所示。

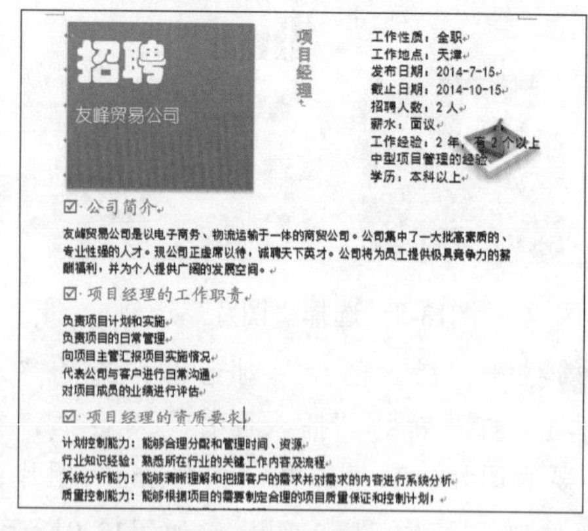

图13-15 最终效果

读书笔记

13.2 制作物品领用表

文档表格的插入　单元格的设置　图表样式的设置

办公物品领用表

领用日期：2014 年 8 月 6 日

领用物品	单位	数量	单价（元）	总计（元）	备注
三层文件盘	个	5	25.00	125.00	以旧换新
订书机	个	3	20.00	60.00	以旧换新
会议记录本	册	6	5.00	30.00	
签字笔	支	20	2.00	40.00	
会议牌	个	40	8.00	32.00	
复印纸	箱	2	140.00	280.00	
负责人审核	赵志	领用人	杨琳	管理员	张诚

在日常工作中，经常需要用到各种登记表、领用单。而这些表格通常情况下包括表格名称和表格主体，其中表格主体具体列出了相关的项目，用户可以根据实际情况对表格进行设计和制作。下面将对制作办公物品领用表的方法进行详细讲解。

- 光盘\效果\第13章\办公物品领用表.docx
- 光盘\实例演示\第13章\制作物品领用表

Step 1 ▶ 启动Word 2013，新建一个空白文档，并以“办公物品领用表.docx”为名保存文档。在文档中输入表格标题及领用日期，将表格标题的字体格式设置为“隶书、二号”，并居中对齐文本，再将领用日期的字体格式设置为“华文楷体、四号”，并设置文本为右对齐，如图13-16所示。

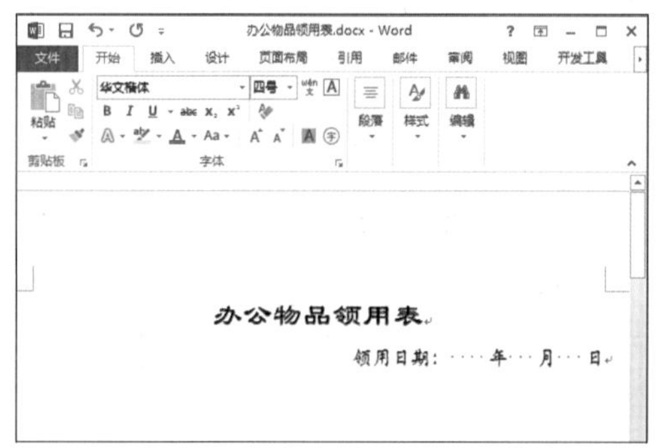

图13-16　设置表格标题及领用日期格式

Step 2 ▶ 选择“插入”/“表格”组，单击“表格”按钮，在弹出的下拉列表中直接选择插入表格的行和列，这里选择8行6列，如图13-17所示。

图13-17　插入表格

Step 3 ▶ 调整表格的行高和列宽，然后再按图13-18所示输入文本，将表格中的文本设置为居中对齐。

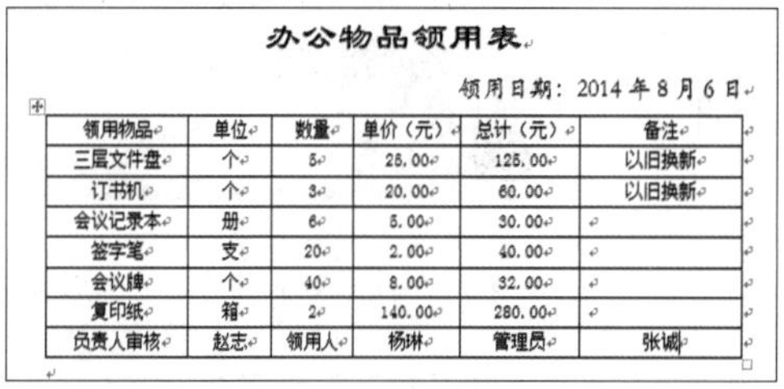

办公物品领用表

领用日期：2014 年 8 月 6 日

领用物品	单位	数量	单价（元）	总计（元）	备注
三层文件盘	个	5	25.00	125.00	以旧换新
订书机	个	3	20.00	60.00	以旧换新
会议记录本	册	6	5.00	30.00	
签字笔	支	20	2.00	40.00	
会议牌	个	40	8.00	32.00	
复印纸	箱	2	140.00	280.00	
负责人审核	赵志	领用人	杨琳	管理员	张诚

图13-18　设置单元格并输入文本

Step 4 ▶ 选择表格，选择“设计”/“表格样式”组，单击“表格样式”下拉列表框右侧的下拉按钮，在弹出的下拉列表中选择“清单表6 彩色-着色3”选项，如图13-19所示。

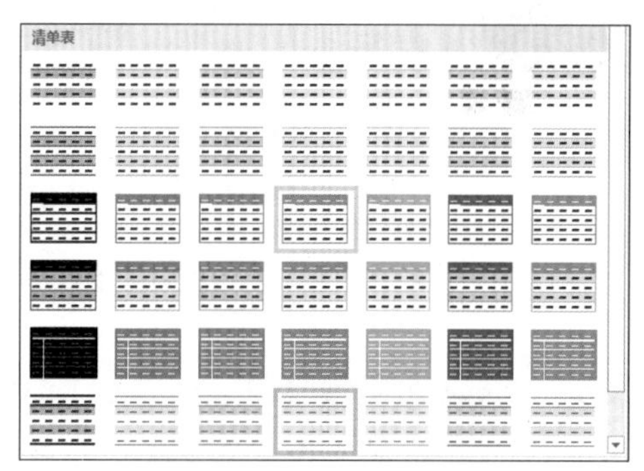

图13-19　选择表格样式

Step 5 ▶ 选择“负责人审核”、“领用人”和“管理员”单元格，然后在“表格样式”组中单击“底纹”按钮，在弹出的下拉列表中选择“金色，着色4，淡色60%”选项，并按相同方法将“备注”单元格底纹设置为“灰色-50%，着色3”，将“赵志”“杨琳”“张诚”单元格底纹设置为“绿色，着色6，淡色60%”，如图13-20所示。

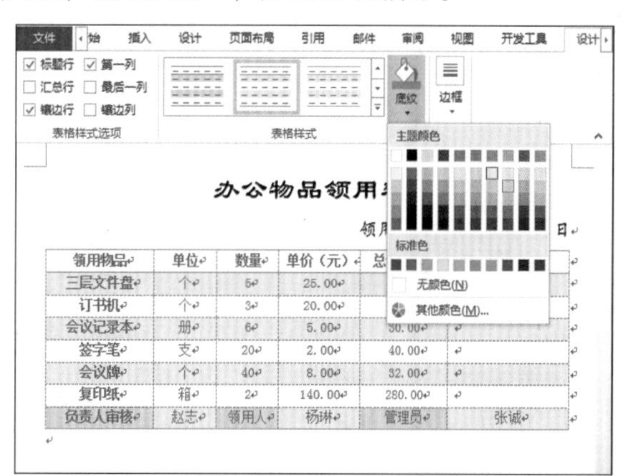

图13-20　设置表格中单元格的颜色

Step 6 ▶ 按Ctrl键连续选择“以旧换新”单元格，单击“底纹”按钮下方的按钮，在弹出的下拉列表中选择“其他颜色”选项，打开“颜色”对话框，然后在下方的“颜色”栏中选择如图13-21所示的颜色，在对话框右下侧可查看到当前和新增颜色的对比，单击确定按钮，完成“以旧换新”两个单元格底纹的设置。

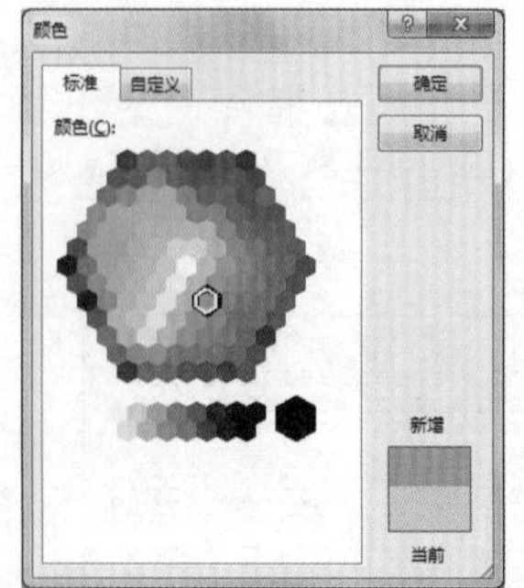

图13-21 通过“颜色”对话框设置底纹

还可以这样做?

除此之外，还可选择“自定义”选项卡，在其中的“颜色”栏中直接选择需要的颜色，并在其右侧调节颜色的深浅，或者在下方的“颜色模式”中选择RGB模式，在“红色”、“绿色”和“蓝色”数值框中直接输入数值；选择HSL模式，在“色调”、“饱和度”和“亮度”数值框中直接输入数值来定义颜色。

Step 7 选择整个表格，在“边框”组中单击“边框样式”列表框下方的下拉按钮，在弹出的下拉列表中选择“单实线,1/2 pt,着色3”选项，然后单击“边框”按钮下方的下拉按钮，在弹出的下拉列表中选择“所有框线”选项，如图13-22所示，完成后按Ctrl+S快捷键保存文档。

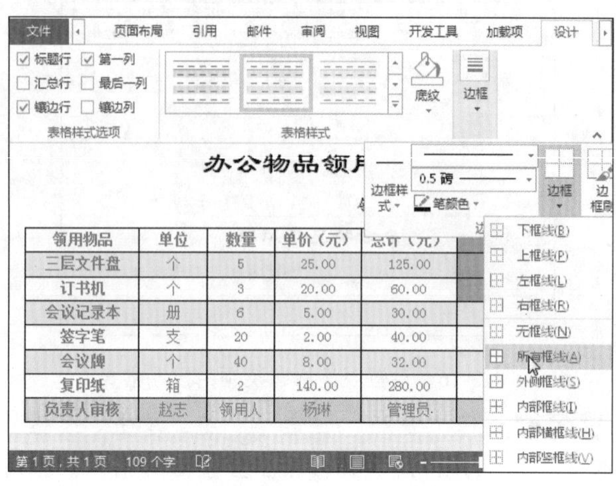

图13-22 设置表格边框

13.3 制作员工手册

文档文本的输入 字体段落格式设置 页眉/页脚的插入

“员工手册”不是一个单一的文件，而是由文件构成的一个系统。所以在制作员工手册主体部分时要考虑文档的完整性，需要为文档制作封面、页眉和页脚。员工手册主要由两部分构成，一是手册的主体，用于介绍本企业概况，以及各项制度的大体情况；二是手册的附件，是员工按照手册的流程办事以及工作时需要用到的各种文件。

- 光盘\素材\第13章\标志.jpg
- 光盘\效果\第13章\员工手册.docx
- 光盘\实例演示\第13章\制作员工手册

Step 1 ▶ 启动Word 2013，新建一个空白文档，选择“文件”/“另存为”命令，在“另存为”窗口中选择“计算机”选项，并在右侧“计算机”窗口中单击“浏览”按钮，打开“另存为”对话框，在其中选择文档的保存位置，并以“员工手册.docx”为名，单击保存(S)按钮将其保存，如图13-23所示。

图13-23 保存文档

Step 2 ▶ 切换到熟悉的输入法，在文档中输入员工手册文本，完成后如图13-24所示。

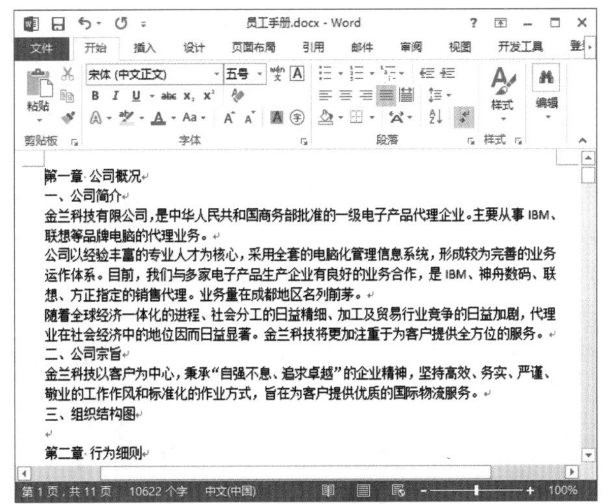

图13-24 输入文档的主体

Step 3 ▶ 选择文档中的标题文本“第一章 公司概况”，然后选择“开始”/“样式”组，单击“样式”按钮，在弹出的下拉列表中选择“创建样式”选项，如图13-25所示。

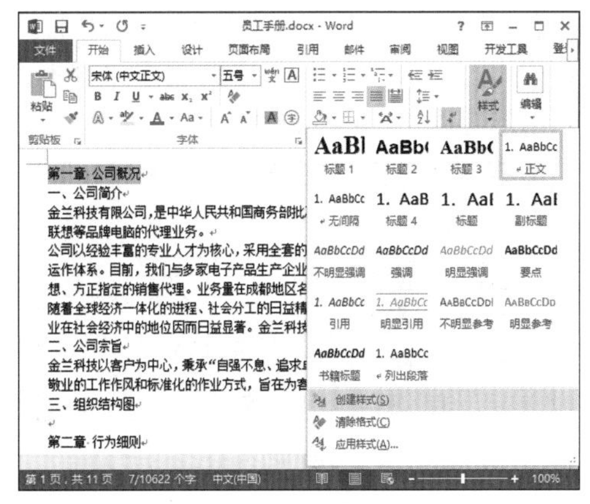

图13-25 创建样式

Step 4 ▶ 打开“根据格式设置创建新样式”对话框，在“名称”文本框中将新样式命名为“标题样式1”，然后单击修改(M)...按钮，如图13-26所示。

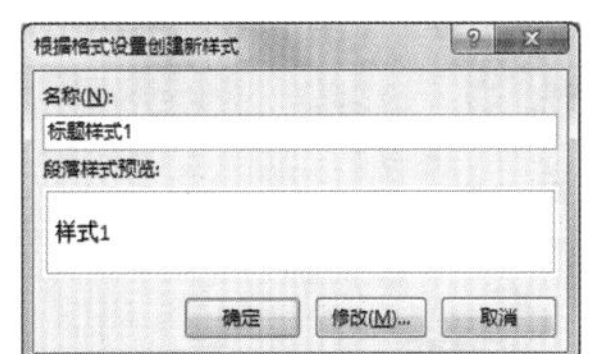

图13-26 命名新建样式

Step 5 ▶ 打开“根据格式设置创建新样式”对话框，在“格式”栏中将样式字体设置为“方正黑体简体”，字号设置为“二号”，并进行居中对齐，在下方可查看到设置的样式效果和具体的样式设置，单击确定按钮，如图13-27所示。

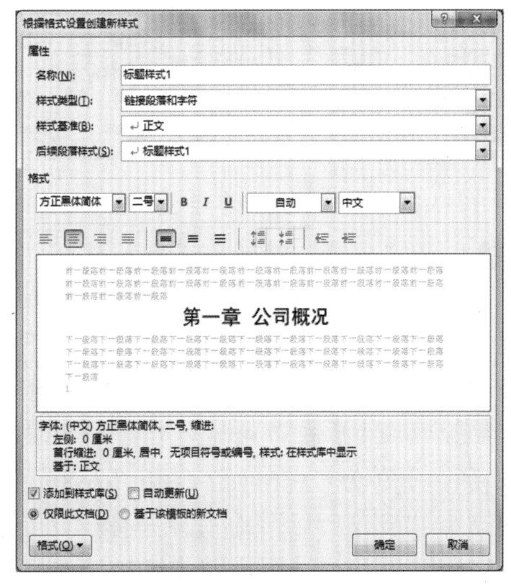

图13-27 设置新建样式

Step 6 选择“一、公司简介”文本，用相同方法创建新样式“标题样式2”，并将其字体格式设置为“方正黑体简体、三号”，如图13-28所示。

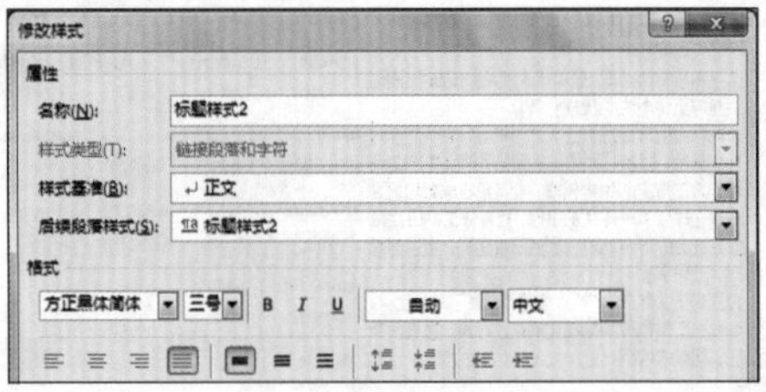

图13-28 设置“标题样式2”

Step 7 选择文档中的任意正文文本，用相同方法创建新样式“正文文本样式”，并将其字体格式设置为“方正细圆简体、五号”，然后单击 格式(O)▾ 按钮，在弹出的下拉列表中选择“段落”选项，如图13-29所示。

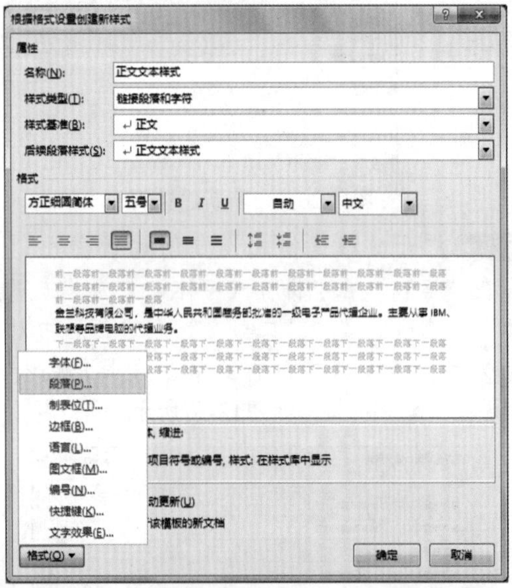

图13-29 新建正文文本样式并进行设置

Step 8 打开“段落”对话框，默认选择“缩进和间距”选项卡，在“缩进”栏中单击“特殊格式”下拉列表框右侧的下拉按钮▾，在弹出的下拉列表中选择“首行缩进”选项，并默认设置“缩进值”为“2字符”。然后在“间距”栏中设置“段前”和“段后”分别为“0.5行”，在“行距”下拉列表框中选择“多倍行距”选项，并将“设置值”设为“1.25”，连续单击 确定 按钮新建该样式，如图13-30所示。

图13-30 设置新建样式的段落格式

Step 9 选择文档中的不同文本，并应用相应的样式设置，设置完成后的效果如图13-31所示。

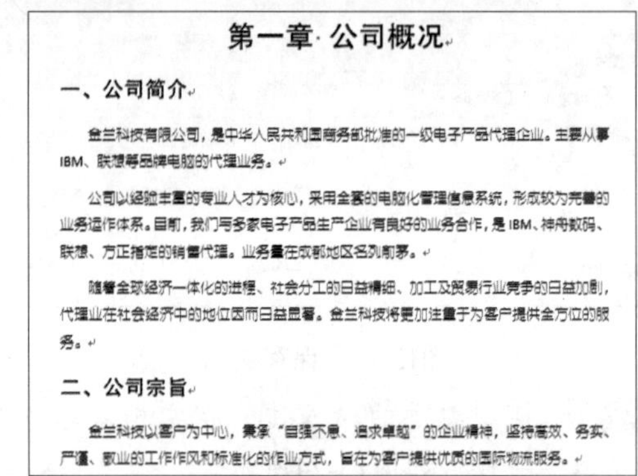

第一章 公司概况

一、公司简介

金兰科技有限公司，是中华人民共和国商务部批准的一级电子产品代理企业，主要从事IBM、联想等品牌电脑的代理业务。

公司以经验丰富的专业人才为核心，采用全套的电脑化管理信息系统，形成较为完善的业务运作体系。目前，我们与多家电子产品生产企业有良好的业务合作，是IBM、神舟数码、联想、方正指定的销售代理。业务量在成都地区名列前茅。

随着全球经济一体化的进程、社会分工的日益精细、加工及贸易行业竞争的日益加剧，代理业在社会经济中的地位因而日益显著。金兰科技将更加注重于为客户提供全方位的服务。

二、公司宗旨

金兰科技以客户为中心，秉承“自强不息、追求卓越”的企业精神，坚持高效、务实、严谨、敬业的工作作风和标准化的作业方式，旨在为客户提供优质的国际物流服务。

图13-31 为文档文本应用相应样式

Step 10 将鼠标光标定位到文本“组织结构图”后，选择“插入”/“插图”组，单击SmartArt按钮，打开“选择SmartArt图形”对话框，在其中选择“层次结构”选项卡，然后在中间的列表中选择“层次结构”选项，在左侧可预览选择的SmartArt图形效果，单击 确定 按钮插入SmartArt图形，如图13-32所示。

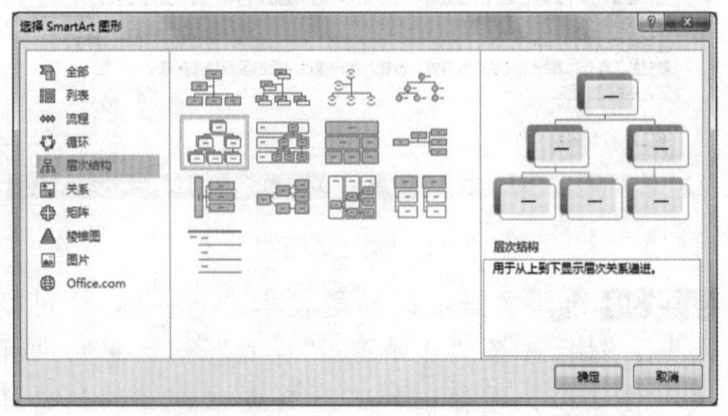

图13-32 选择插入的SmartArt图形

Step 11 ▶ 选择插入的SmartArt图形第2行右侧的形状，单击鼠标右键，在弹出的快捷菜单中选择“添加形状”/“在后面添加形状”命令，在其后面添加形状，按相同方法添加其他形状。选择第3行右侧的形状，单击鼠标右键，在弹出的快捷菜单中选择“剪切”命令，删除该形状，如图13-33所示。

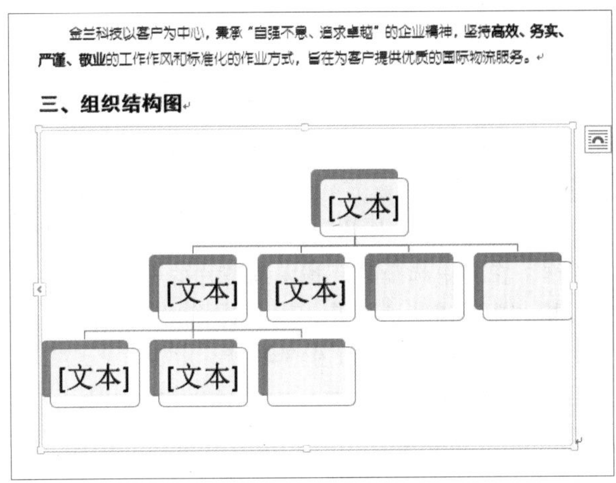

图13-33　添加和删除形状

Step 12 ▶ 选择SmartArt图形最上方的形状，单击左侧的按钮，打开“在此处键入文字”对话框，将鼠标光标定位到第1行，再在其中输入“总经理”，然后按照相同的方法在其他的形状内输入相应的文本内容，如图13-34所示，单击按钮关闭对话框。

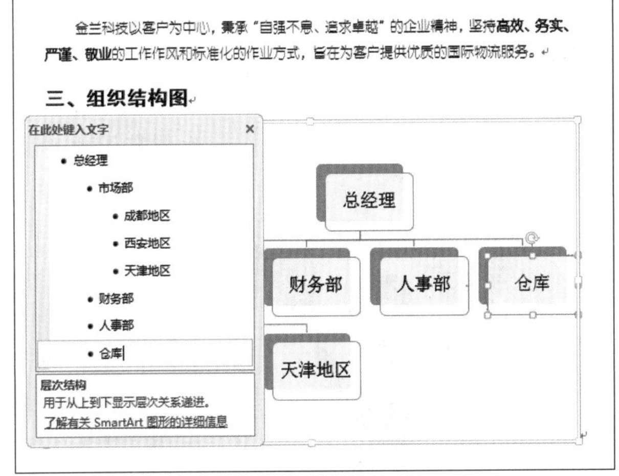

图13-34　在SmartArt图形中输入文本

Step 13 ▶ 选择“设计”/“SmartArt样式”组，单击“快速样式”按钮，在弹出的下拉列表中选择“三维”栏中的“卡通”选项，如图13-35所示。

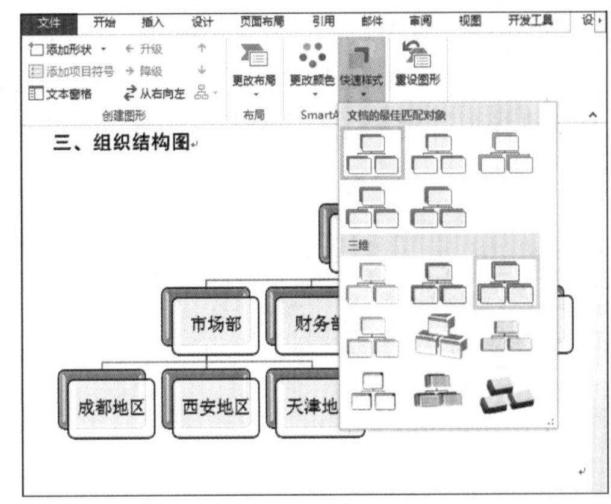

图13-35　从“快速样式”中选择“卡通”选项

Step 14 ▶ 选择“插入”/“页眉和页脚”组，单击“页眉”按钮，在弹出的下拉列表中选择“内置”栏中的“边线型”选项，如图13-36所示。

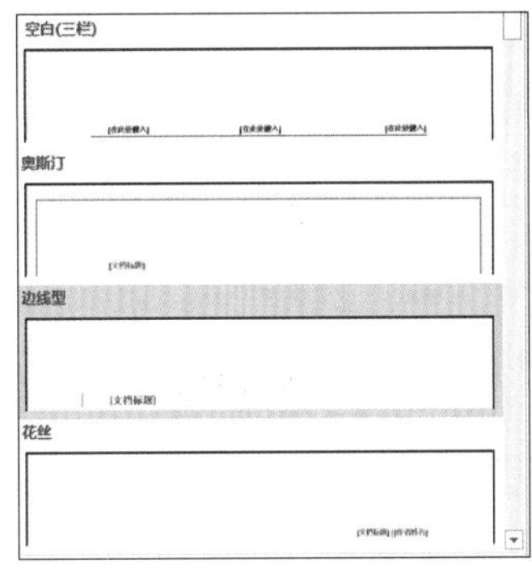

图13-36　选择“边线型”页眉

Step 15 ▶ 这时所选的页眉被插入到文档中，将鼠标光标定位到“文档标题”提示文本框中，在其中输入文档标题“金兰科技”，并设置字体为“微软雅黑”，字号为“四号”，颜色为“绿色，着色6，深色25%”，如图13-37所示。

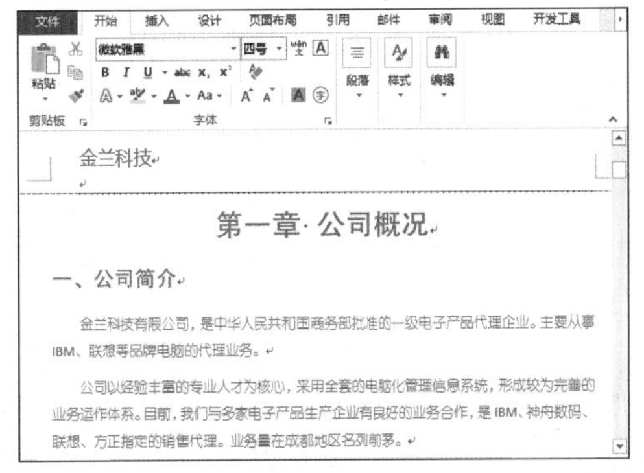

图13-37　设置页眉

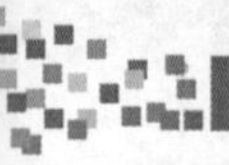

Step 16 ▶ 选择“设计”/“页眉和页脚”组，单击“页脚”按钮，在弹出的下拉列表中选择“内置”栏中的“边线型”选项，为文档插入页脚，如图13-38所示。

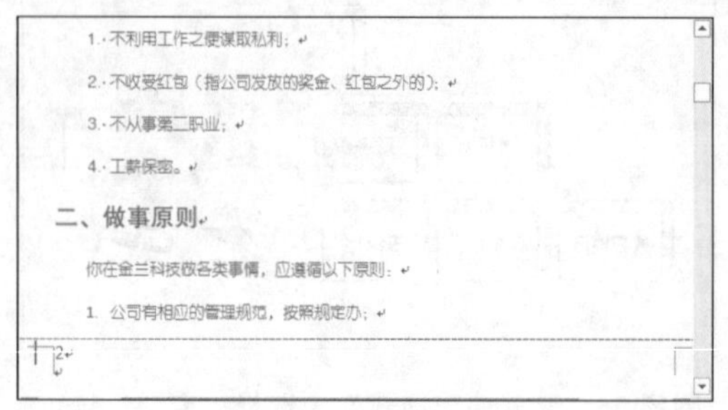

图13-38 设置页脚

Step 17 ▶ 选择“插入”/“页面”组，单击“封面”按钮右侧的下拉按钮，在弹出的下拉列表中选择“内置”栏中的“边线型”选项，为文档插入一个封面，如图13-39所示。

图13-39 选择“边线型”封面

Step 18 ▶ 在插入的封面中，将鼠标光标定位到“公司”文本框中，输入文本“金兰科技有限责任公司”，并设置其格式为“方正粗倩简体、小三”。将鼠标光标定位到“标题”文本框中，输入文本“员工手册”，设置其格式为“方正琥珀简体、48、居中对齐”。然后删除“副标题”和“作者”文本框，在“日期”下拉列表框中选择文档创建的日期，并设置其格式为“方正大标宋简体、20号”，完成封面的文本输入和设置，如图13-40所示。

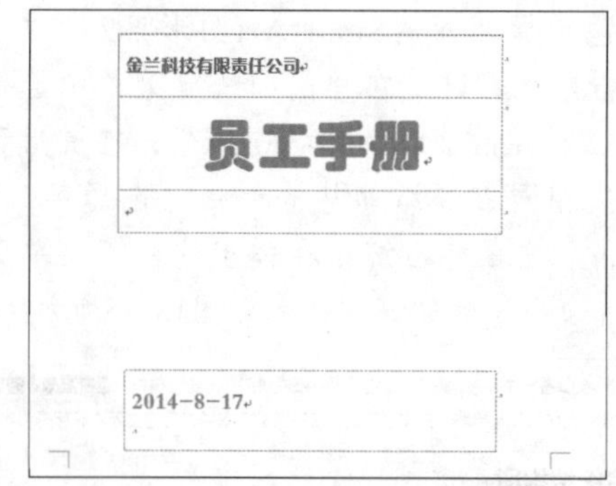

图13-40 输入并设置封面的文本

Step 19 ▶ 将鼠标光标定位到封面中，选择“插入”/“插图”组，单击“图片”按钮，打开“插入图片”对话框，在其中选择需要插入的图片的保存位置，然后在其中选择需要的图片，这里选择“标志.png”图片，单击 插入(S) 按钮，如图13-41所示。

图13-41 插入图片

Step 20 ▶ 选择插入的图片，单击其右侧的“布局选项”按钮，在弹出的下拉列表中选择“文字环绕”栏中的“浮于文字上方”选项，然后调整图片的位置，如图13-42所示。

图13-42 设置图片布局并调整位置

Step 21 ▶ 完成文档的操作，按Ctrl+S快捷键保存文档，返回文档可查看到文档的最终效果，如图13-43

所示。

图13-43　最终效果

读书笔记

13.4 制作宣传文档

文档图片的插入　图片效果的设置　文本框的插入及编辑

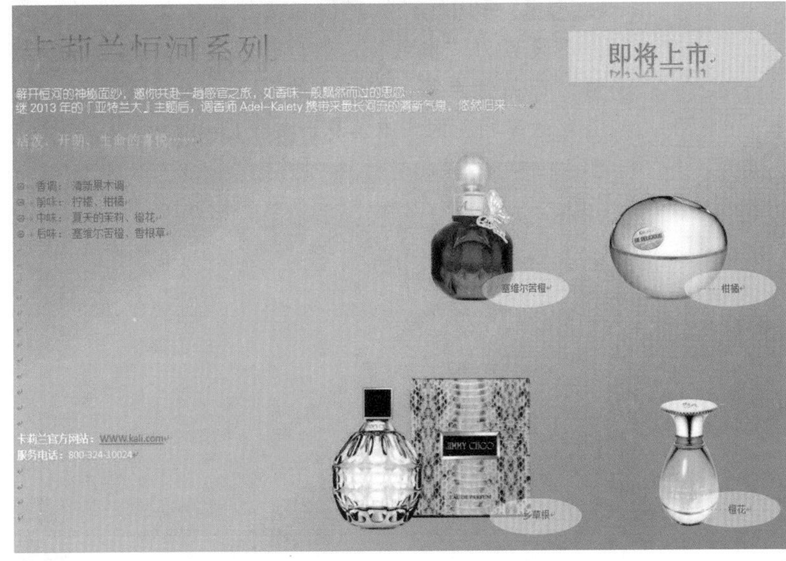

宣传文档主要用于公司开业、周年庆、某些节日活动、新产品即将上市、优惠活动等情况下。宣传文档中，文字和图片缺一不可。Word 2013在文字处理上除了基本的字体、字号和加粗等格式之外，还可以插入艺术字、形状、图片、SmartArt图形等对象，为文档的版式设计提供了很大的自由，让用户可以随心所欲地制作出漂亮的文档。下面将对制作宣传文档的方法进行详细讲解。

- 光盘\素材\第13章\香水1.png、香水2.png、香水3.png、香水4.png
- 光盘\效果\第13章\香水宣传海报.docx
- 光盘\实例演示\第13章\制作宣传文档

Step 1 启动Word 2013，新建文档并将其命名为“香水宣传海报”。选择“页面布局”/“页面设置”组，单击“纸张方向”按钮，在弹出的下拉列表中选择“横向”选项，如图13-44所示。

图13-44　设置横向页面

Step 2 在“页面设置”功能面板中单击“页边距”按钮，在弹出的下拉列表中选择“自定义边距”选项，打开“页面设置”对话框，默认选择“页边距”选项卡，然后在“上”“下”“左”“右”数值框中都输入“1厘米”，单击确定按钮，如图13-45所示。

图13-45　设置页边距

Step 3 选择“设计”/“页面背景”组，单击“页面颜色”按钮，在弹出的下拉列表中选择“填充效果”选项，如图13-46所示。

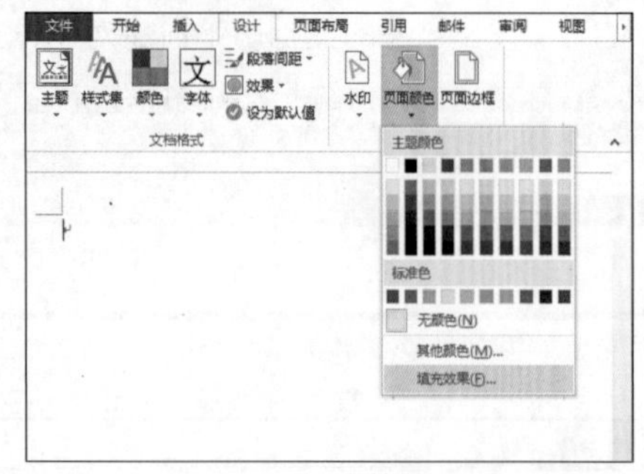

图13-46　选择“填充效果”选项

Step 4 打开“填充效果”对话框，默认选择“渐变”选项卡，然后在“颜色”栏中选中◉双色(T)单选按钮，在“颜色1”下拉列表框中选择“橙色，着色2，淡色40%”选项，在“颜色2”下拉列表框中选择“黑色，文字1，淡色50%”选项。在下方的“底纹样式”栏中选中◉斜上(U)单选按钮，在“变形”栏中选择第2个选项，如图13-47所示，单击确定按钮。

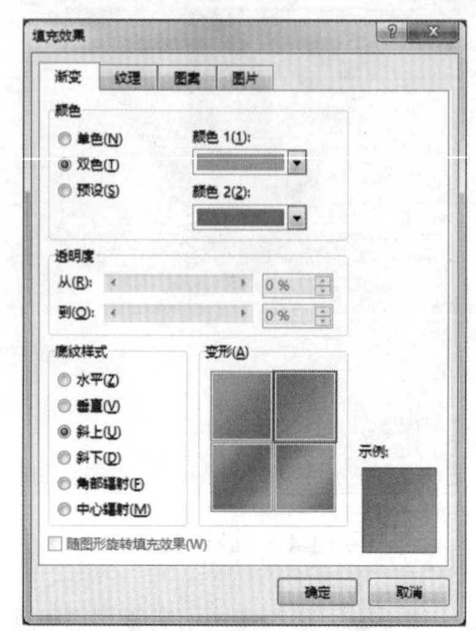

图13-47　设置填充效果

Step 5 将鼠标光标定位在文档开始处，并将文本颜色设置为“白色”，然后输入海报的标题、广告语、产品特点等，在文本的下方输入官方网站、服务电话等相关的文本信息，如图13-48所示。

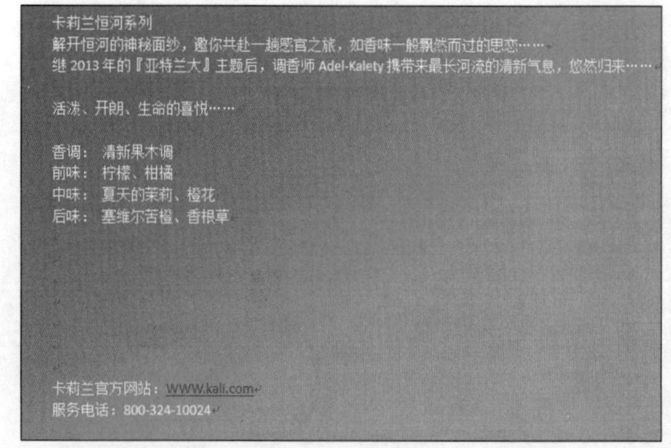

图13-48　输入文本

Step 6 选择“插入”/“插图”组，单击“图片”按钮，打开“插入图片”对话框，在其中选择需要插入的图片的保存位置，然后在其中选择需要的图片，单击插入(S)按钮，如图13-49所示。

图13-49 选择插入的图片

Step 7 ▶ 选择“格式”/“排列”组，单击“自动换行”按钮，在弹出的下拉列表中选择“衬于文字下方”选项，再将插入的图片缩小放置在文档中间靠右边的位置，如图13-50所示。

图13-50 调整图片的大小位置

Step 8 ▶ 选择“格式”/“大小”组，单击“裁剪”按钮，拖动鼠标对图形空白处进行裁剪，如图13-51所示，然后单击文档中的任意位置，完成裁剪操作。

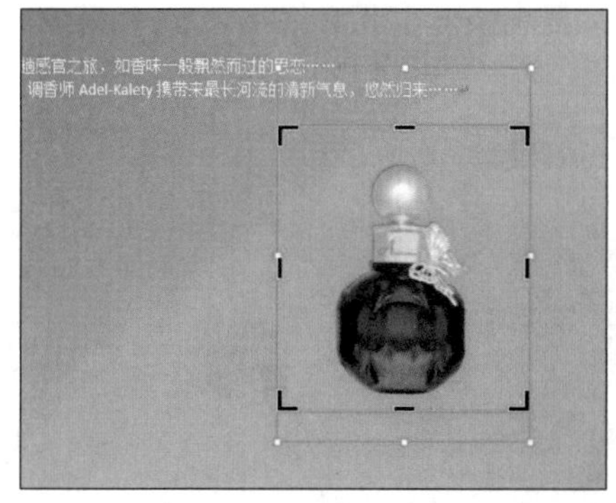

图13-51 裁剪图片

Step 9 ▶ 使用相同的方法将“香水2.png”“香水3.png”“香水4.png”图片插入到文档中，并对其进行排列，如图13-52所示。

图13-52 插入排列其他图片

Step 10 ▶ 在文档中选择“卡莉兰恒河系列”文本，选择“插入”/“文本”组，单击“艺术字”按钮，在弹出的下拉列表中选择“渐变填充-蓝色，着色1，反射”选项，将文本设置成艺术字，单击右侧的“布局选项”按钮，在弹出的下拉列表中选择“上下环绕型”选项，完成后的效果如图13-53所示。

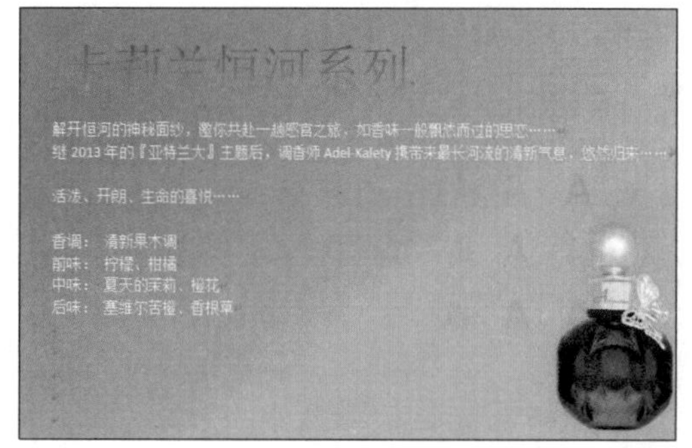

图13-53 设置艺术字

Step 11 ▶ 选择艺术字下方的前两行文字，选择“开始”/“字体”组，设置字体、字号分别为“方正细圆简体”“小四”，如图13-54所示。

图13-54 设置文本字体

Step 12 ▶ 选择“开始”/“段落”组，单击下方的功能扩展按钮，打开“段落”对话框，默认选择

“缩进与间距”选项卡，在“行距”下拉列表框中选择“固定值”选项，在后方的“设置值”数值框中输入“14磅”，如图13-55所示，然后单击 确定 按钮。

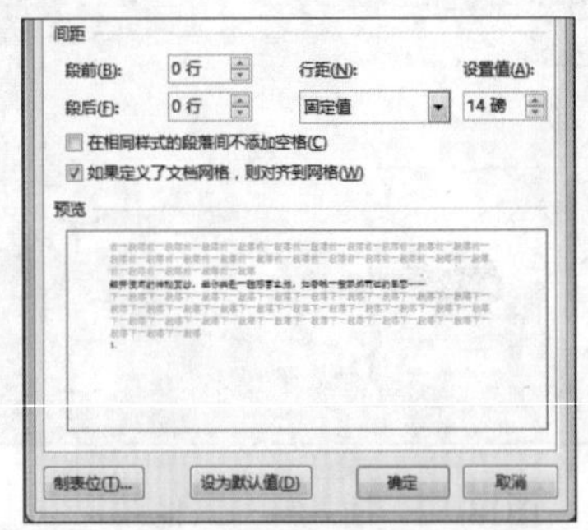

图13-55 设置段落行距

Step 13 ▶ 选择“活泼、开朗、生命的喜悦……”文本，然后选择“开始”/“字体”组，将其字号设置为“四号”，并加粗，单击“文本效果”按钮，在弹出的下拉列表中选择“填充-金色，着色4，软棱台”选项，同时选择“映像”/“半映像，4pt偏移量”选项，如图13-56所示。

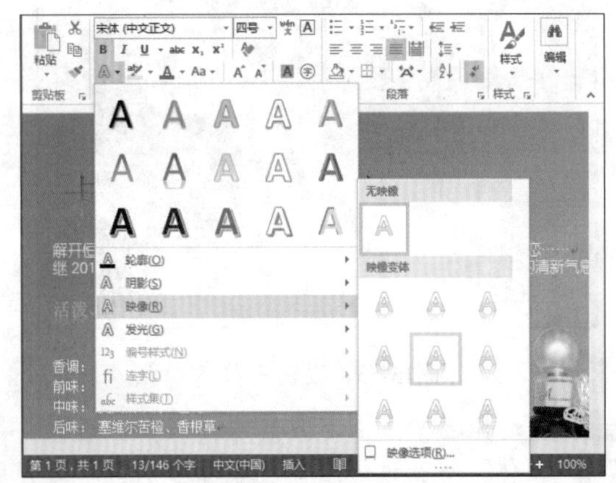

图13-56 设置文本效果

Step 14 ▶ 选择“香调、前味、中味、后味”段落文本，然后选择“开始”/“段落”组，单击“项目符号”按钮右侧的下拉按钮，在弹出的下拉列表中选择“定义新项目符号”选项，打开“定义新项目符号”对话框，单击 符号(S)... 按钮，打开“符号”对话框，在“字体”下拉列表框中选择Wingdings选项，然后再选择“❁”选项，确认选择的符号后单击 确定 按钮，如图13-57所示。返回“定义新项目符号”对话框，单击 确定 按钮。

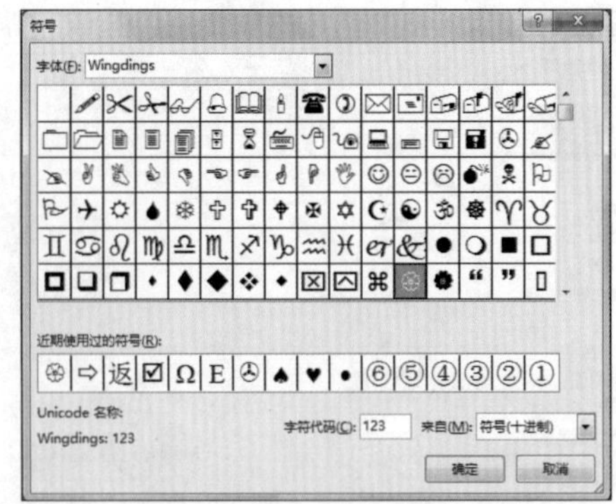

图13-57 插入项目符号

Step 15 ▶ 选择插入的符号和其后的文本，选择“开始”/“字体”组，单击“字体颜色”按钮右侧的下拉按钮，在弹出的下拉列表中选择“标准色”栏中的“紫色”选项，如图13-58所示。

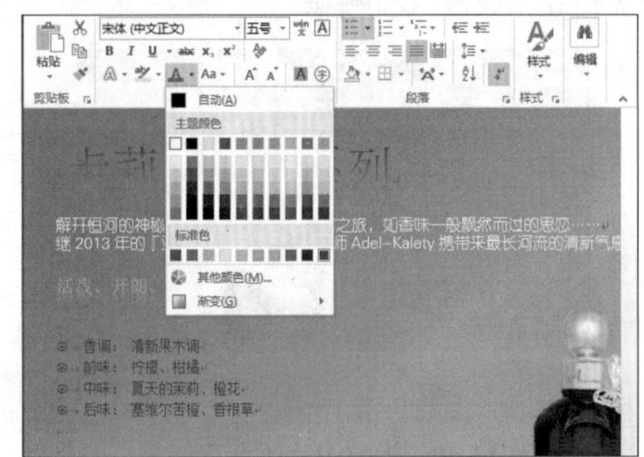

图13-58 设置文本的字体颜色

Step 16 ▶ 选择“卡莉兰官方网站、服务电话”文本段，单击“加粗”按钮对文本进行加粗设置。然后调整文档中文本和图片的位置，效果如图13-59所示。

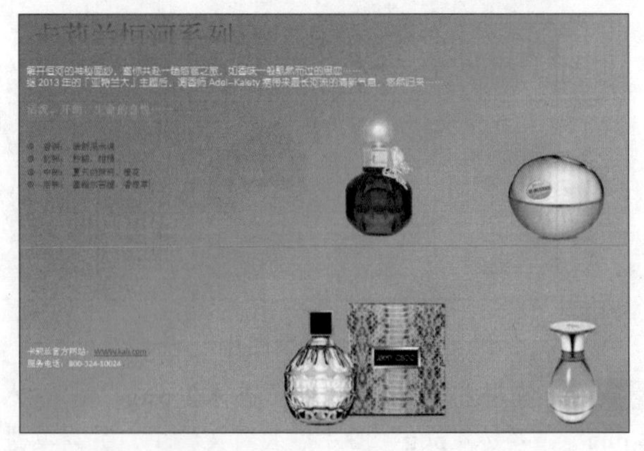

图13-59 调整文本和图片内容

Step 17 ▶ 选择“插入”/“插图”组，单击“形状”按钮，在弹出的下拉列表中选择“○”选项，拖动鼠标在文档中绘制一个椭圆，并将其放置在第一个香水瓶右下角，然后选择“格式”/“形状样式”组，单击“形状轮廓”按钮右侧的按钮，在弹出的下拉列表中选择“无轮廓”选项。再单击“形状填充”按钮右侧的按钮，在弹出的下拉列表中选择“白色”选项，如图13-60所示。

图13-60　绘制并设置形状

Step 18 ▶ 右击绘制的椭圆，在弹出的快捷菜单中选择“设置形状格式”命令，打开“设置形状格式”任务窗格，然后在窗格中展开“填充”面板，在“透明度”数值框中输入“50%”，如图13-61所示，单击“关闭”按钮。

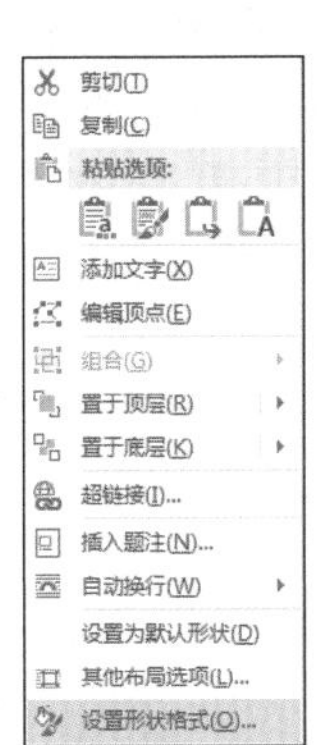

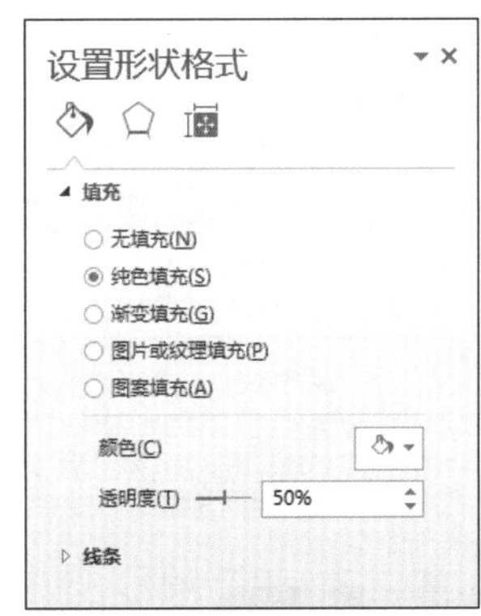

图13-61　设置形状的透明度

Step 19 ▶ 右击绘制的椭圆，在弹出的快捷菜单中选择“添加文字”命令，然后在其中输入“塞维尔苦橙”文本，选择输入的文本，将其字体格式设置为“小五、紫色”。选择第1张图片下的形状进行复制，然后在其他3张图片下进行粘贴，并在粘贴的形状中输入其他相应的文本，并设置相同的文本格式，其效果如图13-62所示。

图13-62　在形状中添加并设置文本

Step 20 ▶ 选择“插入”/“插图”组，单击“形状”按钮，在弹出的下拉列表中选择“▷”选项，拖动鼠标在文档右上角绘制一个形状，按照之前的方法将其设置为白色半透明状，并在其中输入“即将上市”文本。选择输入的文本，将其字体格式设置为“一号、红色、加粗”，并设置其文字效果为“半映像，4pt 偏移量”，效果如图13-63所示。完成设置后，按Ctrl+S 快捷键保存文档。

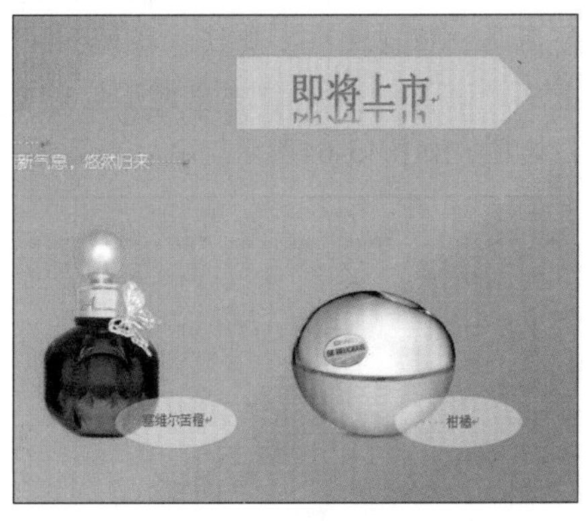

图13-63　绘制并设置另外的形状

读书笔记

13.5 文档封面的插入 表格的插入及编辑 文档页面的设置 制作个人简历

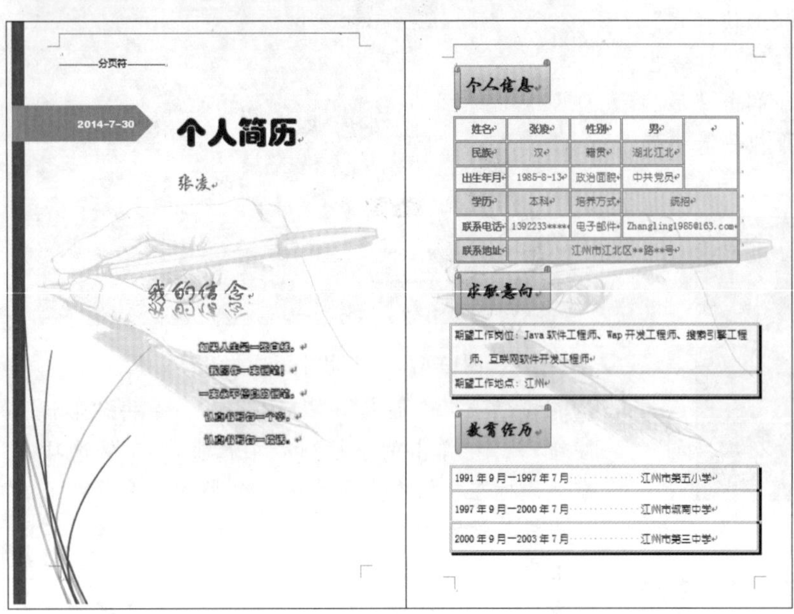

个人简历是用于应聘的书面交流材料，它向未来的雇主表明自己拥有能满足特定工作要求的技能、态度、资质和自信。成功的简历就是一件营销武器，能够确保得到会使自己成功的面试机会。

而一份成功的个人简历一般包括个人基本信息、学历、工作资历和求职意向等方面的信息。用户可以根据实际情况对这些信息进行排序和组合。下面将对制作个人简历的方法进行详细讲解。

- 光盘\效果\第13章\个人简历.docx
- 光盘\实例演示\第13章\制作个人简历

Step 1 ▶ 启动Word 2013，新建文档并将其命名为“个人简历”。返回文档，选择“插入”/“封面”组，单击“封面”按钮，在弹出的下拉列表中选择“丝状”选项，如图13-64所示。

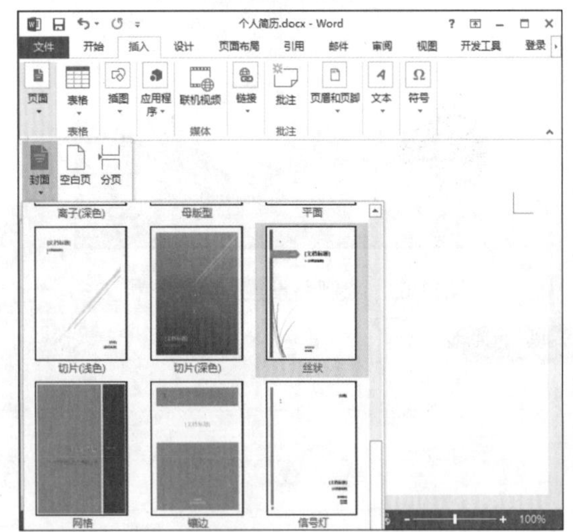

图13-64　选择需要插入的封面

Step 2 ▶ 在插入的封面中选择“标题”文本框，输入“个人简历”，将其字体格式设置成“方正琥珀简体、初号”。选择“副标题”文本框，输入“张凌”，将其字体格式设置成“方正硬笔行书、小一”。然后选择“日期”文本框，单击其后的下拉按钮，在弹出的日历中选择日期，并将其格式设置为“方正琥珀简体、四号”，再删除封面下方的“作者”文本框和“公司”文本框，如图13-65所示。

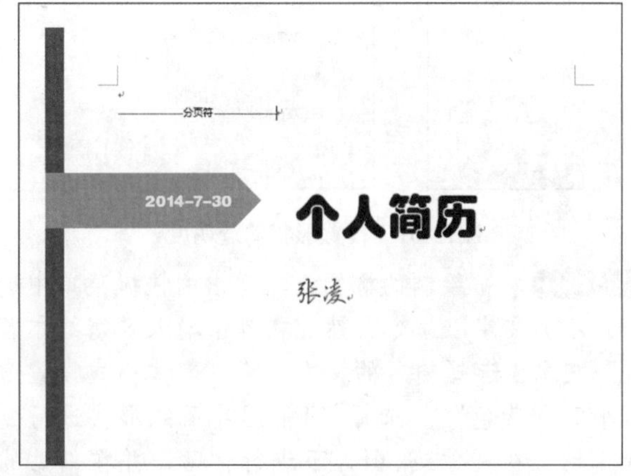

图13-65　输入并设置封面文本

Step 3 ▶ 选择“插入”/“文本”组，单击“文本框”按钮，在弹出的下拉列表中选择“绘制文本框”选项，如图13-66所示。

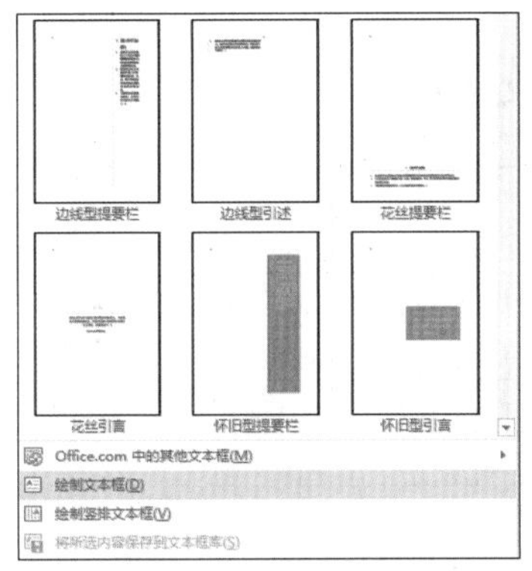

图13-66 选择“绘制文本框”选项

Step 4 ▶ 在封面中绘制一个文本框，调整其大小和位置，并在其中输入如图13-67所示的文本。

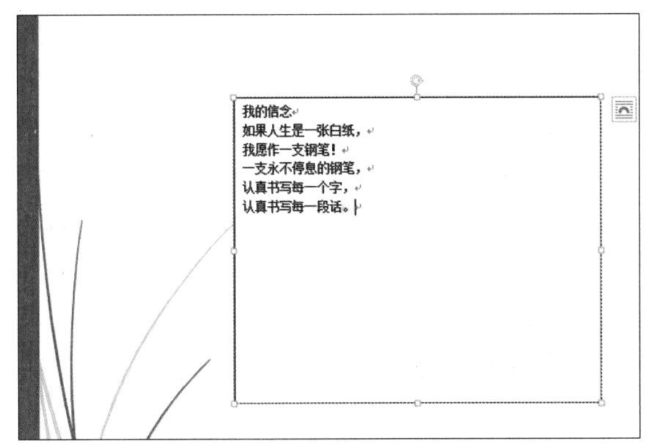

图13-67 绘制文本框并输入文本

Step 5 ▶ 选择文本框，在“格式”/“形状样式”组中单击“形状填充”按钮，在弹出的下拉列表中选择“无填充颜色”选项，单击“形状轮廓”按钮，在弹出的下拉列表中选择“无轮廓”选项，如图13-68所示。

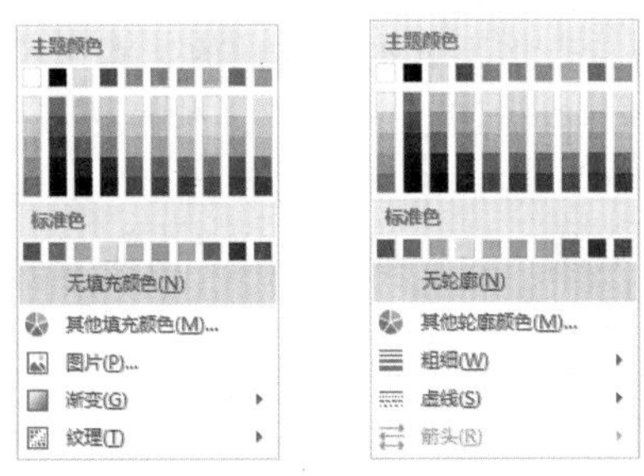

图13-68 设置文本框无填充和无轮廓

Step 6 ▶ 选择“我的信念”文本，将其字体格式设置为“方正舒体、小初、红色”，并将其文本效果设置为“半映像，4pt 偏移量”。选择其他文本，设置其字体与段落格式为“华文彩云、四号、居中”，并将其文本格式设置为“绿色，8pt 发光，着色 6”，效果如图13-69所示。

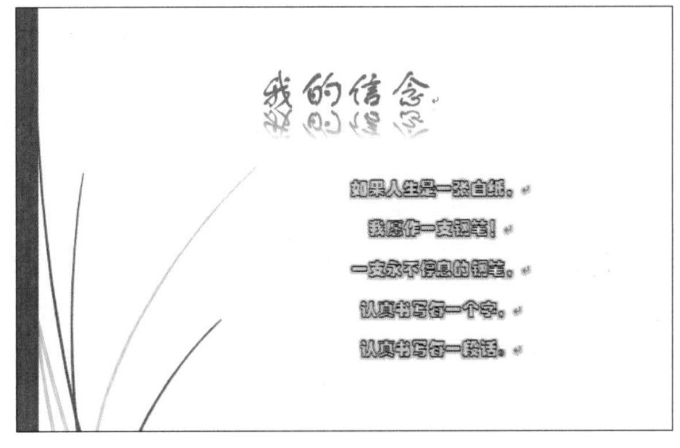

图13-69 设置文本格式和文本效果

Step 7 ▶ 选择“设计”/“页面设置”组，单击“水印”按钮，在弹出的下拉列表中选择“自定义水印”选项，打开“水印”对话框，选中 图片水印(I) 单选按钮，然后单击 选择图片(P)... 按钮，打开“插入图片”对话框，将鼠标光标定位到剪贴画搜索框中并输入“钢笔”，单击“搜索”按钮，再在搜索结果中选择如图13-70所示的图片，单击 插入 按钮。

图13-70 选择并插入剪贴画

Step 8 ▶ 返回“水印”对话框，在“缩放”文本框右侧单击下拉按钮，在弹出的下拉列表中选择“100%”选项，并保持选中 冲蚀(W) 复选框，单击 应用(A) 按钮可在文档中查看到插入水印的效果，确认

设置后单击[确定]按钮，如图13-71所示。

图13-71 设置“水印”对话框

Step 9 ▶ 将鼠标光标定位到首行，选择“插入”/“插图”组，单击“形状”按钮，在弹出的下拉列表中选择“星与旗帜”栏中的“▭”选项，然后在文档中绘制形状，单击“形状填充”按钮右侧的下拉按钮，在弹出的下拉列表中选择“渐变”/“浅色向上”选项，并将该形状的轮廓设置为“蓝色，着色5”。在形状上单击鼠标右键，在弹出的快捷菜单中选择“添加文字”命令，输入“个人信息”，并将其字体格式设置为“方正硬笔行书简体、小一、加粗”，文本效果设置为“填充-黑色,文本 1,阴影”，然后调整形状大小和位置，效果如图13-72所示。

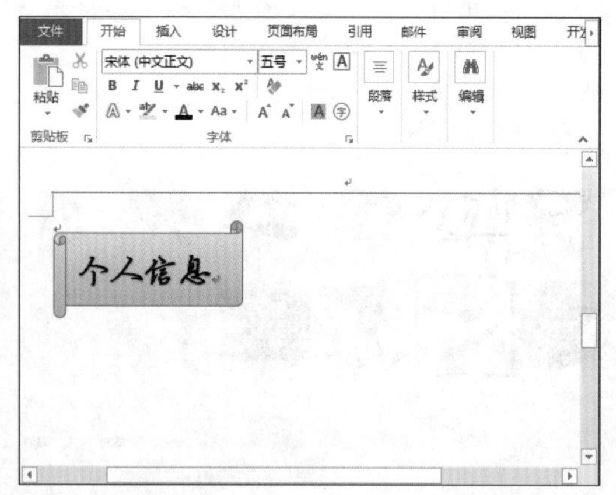

图13-72 绘制形状并输入文本

Step 10 ▶ 按Space键将鼠标光标定位到形状下方，选择“插入”/“表格”组，单击“表格”按钮，在弹出的下拉列表的绘制区中选择5列6行的表格。选择插入的表格，对其进行合并和调整，然后在表格中输入文本，并将字体设置为“幼圆、四号”，字体颜色设置为“蓝色，着色5，深色25%”，效果如图13-73所示。

个人信息

姓名	张凌	性别	男	
民族	汉	籍贯	湖北江北	
出生年月	1985-8-13	政治面貌	中共党员	
学历	本科	培养方式	统招	
联系电话	1392233****	电子邮件	Zhangling1985@163.com	
联系地址	江州市江北区**路**号			

图13-73 插入表格并输入文本

Step 11 ▶ 选择整个表格，然后选择“设计”/“表格样式”组，单击“表格样式”列表框右侧的下拉按钮，在弹出的下拉列表中选择“网格表 6 彩色 - 着色 5”选项。在“边框”组中单击“边框样式”下方的下拉按钮，在弹出的下拉列表中选择“双实线，1/2 pt，着色 5”选项，并将其颜色设置为“蓝色，着色5，淡色40%”，然后在“边框”中选择“所有框线”选项将其应用于整个表格，如图13-74所示。

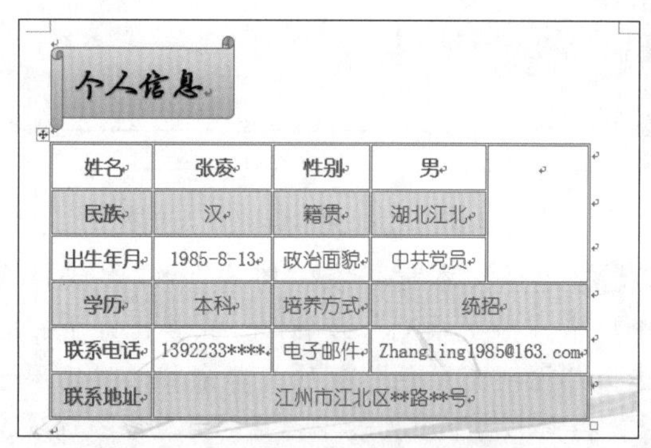

图13-74 设置表格样式和框线

Step 12 ▶ 在表格下方输入其他的文本内容，将字体格式设置为“幼圆、四号”，然后选择“设计”/“页面设置”组，单击“页面边框”按钮，打开“边框和底纹”对话框，在其中选择“边框”选项卡，在“设置”栏中选择“阴影”类型，在样式列表框中选择双实线，并将颜色设置为“蓝色，着色5，淡色40%”，在预览栏中单击所有按钮将边框设置应用于文本，单击[确定]按钮确认所有设置，如图13-75所示。

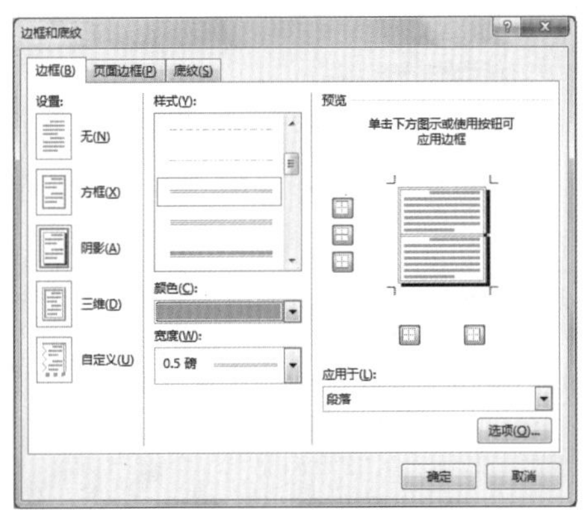

图13-75　设置边框

Step 13 ▶ 按照相同方法输入文本，选择“个人技能”表格中的文本，然后选择“开始”/“字体”组，将字体颜色设置为“红色”。再在“段落”功能面板中单击“项目符号”按钮☰右侧的下拉按钮▼，在弹出的下拉列表中选择“定义新项目符号”选项，打开“定义新项目符号”对话框，在其中单击 符号(S)... 按钮，打开“符号”对话框，在“字体”下拉列表框中选择“Wingdings”选项，然后在下方的列表框中选择“✱”选项，依次单击 确定 按钮将此符号插入文本中，效果如图13-76所示。完成设置后按Ctrl+S快捷键保存文档。

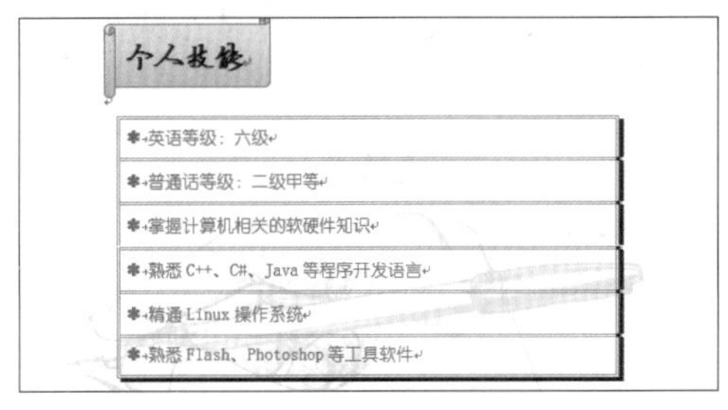

图13-76　设置文本项目符号

读书笔记

13.6 页边距的设置 页面边框的设置 图片水印的插入及设置 制作商务邀请函

邀请函

尊敬的张三先生：

经与贵公司就项目合作事宜进行初步洽谈后，我公司对合作事宜进行了研究，认为：

1、该项目符合国家的产业政策，具有较好的市场前景和发展空间；

2、该项目不仅将极大的促进双方发展，而且还将极大的促进两地合作，具有较大的经济效益和社会效益；

3、该项目所在我地区有很好的资源优势，具备合作的基本条件。

我公司认为，本项目符合合作的基本条件，具备进行商务合作洽谈的基础。具体的合作事宜必须经双方更进一步详细洽谈，请贵公司法人代表收到本邀请函后，派代表赴我公司作商务考察并就实质性框架合作进行洽谈，我公司将承担本次商务考察的全部费用。

敬请告知准确时间，以利安排，我公司法人将亲自与贵公司面议合作事宜。

金兰有限公司

2014 年 8 月 15 日

邀请函是邀请亲朋好友、知名人士或专家等参加某项活动时所发的请约性书信，规范的商务邀请函一般包括邀请对象（被邀请人的姓名、背景资料等）、邀请目的（包括探亲访友、商务贸易和观光旅游等）、日程安排及访问地点、在受邀期间的费用和保险由谁负责、邀请函的签发时间及地点、邀请人的亲笔签名等。本例将对邀请函的页边距进行调整，并为其中的“邀请函”文本设置边框和底纹，然后设置相应文本的段落格式。

- 光盘\素材\第13章\菊花.jpg
- 光盘\效果\第13章\邀请函.docx
- 光盘\实例演示\第13章\制作商务邀请函

Step 1 ▶ 启动Word 2013，新建一个空白文档，并以"邀请函.docx"为名保存文档，然后按照如图13-77所示的内容输入文本，并设置字体格式为"华文楷体、小四"。

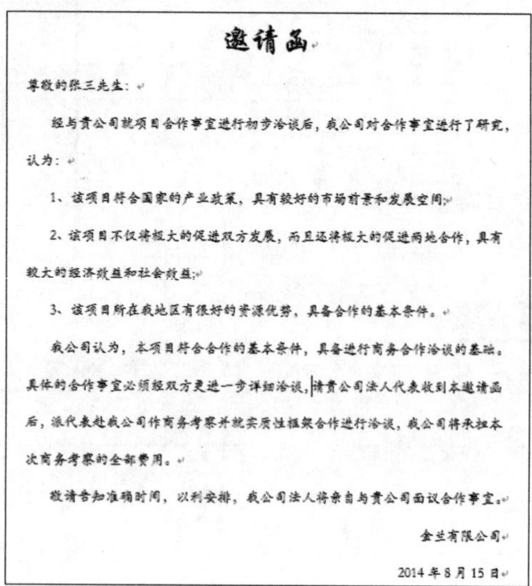

邀请函

尊敬的张三先生：

经与贵公司就项目合作事宜进行初步洽谈后，我公司对合作事宜进行了研究，认为：

1、该项目符合国家的产业政策，具有较好的市场前景和发展空间；

2、该项目不仅将极大的促进双方发展，而且还将极大的促进两地合作，具有较大的经济效益和社会效益；

3、该项目所在我地区有很好的资源优势，具备合作的基本条件。

我公司认为，本项目符合合作的基本条件，具备进行商务合作洽谈的基础。具体的合作事宜必须经双方更进一步详细洽谈，请贵公司法人代表收到本邀请函后，派代表赴我公司作商务考察并就实质性框架合作进行洽谈，我公司将承担本次商务考察的全部费用。

敬请告知准确时间，以利安排，我公司法人将亲自与贵公司面议合作事宜。

金兰有限公司

2014年8月15日

图13-77　输入文本并设置文本格式

Step 2 ▶ 选择"页面布局"/"页面设置"组，单击"功能扩展"按钮，打开"页面设置"对话框，默认选择"页边距"选项卡，在其中的"页边距"栏中设置"上"和"下"分别为"3 厘米"，"左"和"右"分别为"1.9 厘米"，单击 确定 按钮，如图13-78所示。

图13-78　设置页边距

Step 3 ▶ 选择"设计"/"页面背景"组，单击"页面边框"按钮，打开"边框和底纹"对话框。默认选择"页面边框"选项卡，在"设置"栏中选择"方框"选项，在"艺术型"下拉列表框中选择需要的样式，并设置颜色为"绿色，着色6，深色25%"，然后单击 确定 按钮，如图13-79所示。

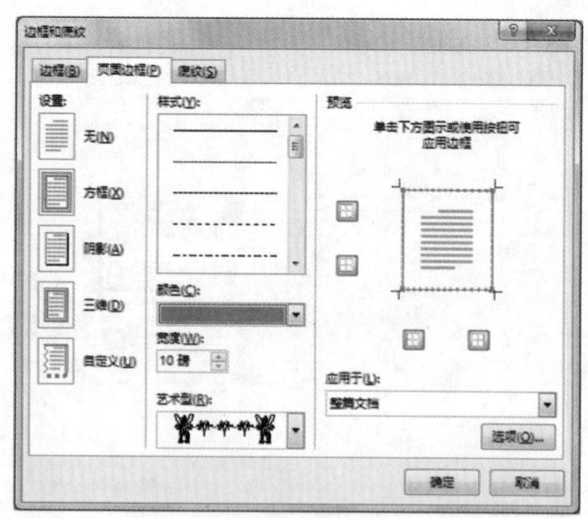

图13-79　设置页面边框

Step 4 ▶ 单击"水印"按钮，在弹出的下拉列表中选择"自定义水印"选项，打开"水印"对话框。选中 图片水印(I) 单选按钮，单击激活的 选择图片(P)... 按钮，如图13-80所示，将打开"插入图片"对话框。

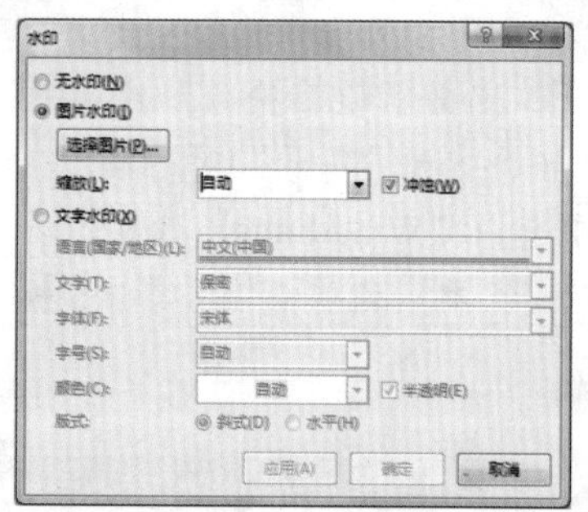

图13-80　插入图片水印

Step 5 ▶ 在"插入图片"对话框中选择"来自文件"选项，在打开的对话框中选择需要的图片，这里选择"菊花.jpg"图片，单击 插入(S) 按钮，如图13-81所示。

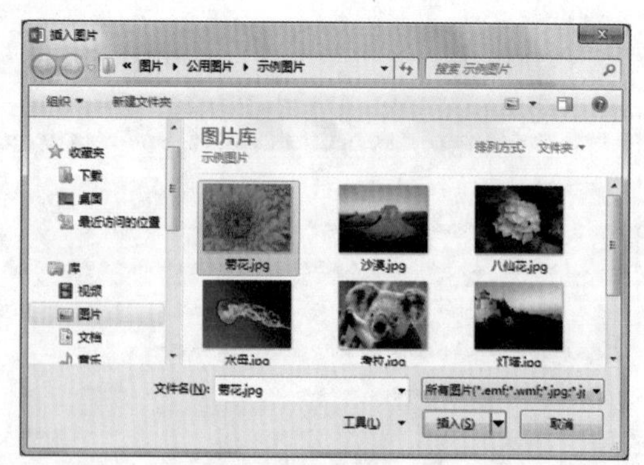

图13-81　选择插入的图片

Step 6 ▶ 返回"水印"对话框，在"缩放"栏中设置水印的缩放比例为150%，并默认选中☑冲蚀(W)复选框，单击 确定 按钮即可完成为文档插入水印的操作，如图13-82所示。

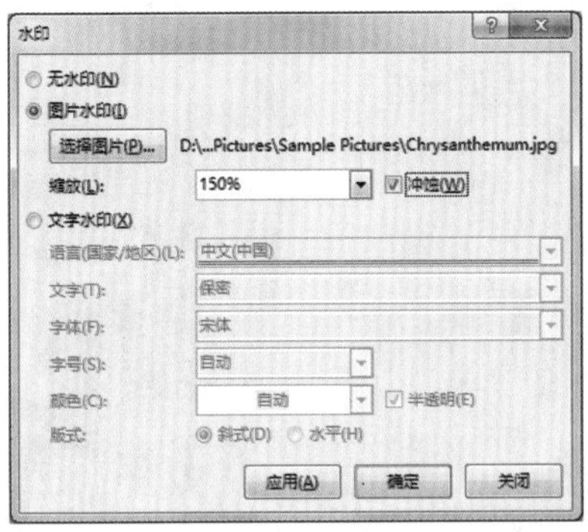

图13-82　设置图片水印

Step 7 ▶ 返回文档，即可查看设置完成后的文档效果，如图13-83所示。

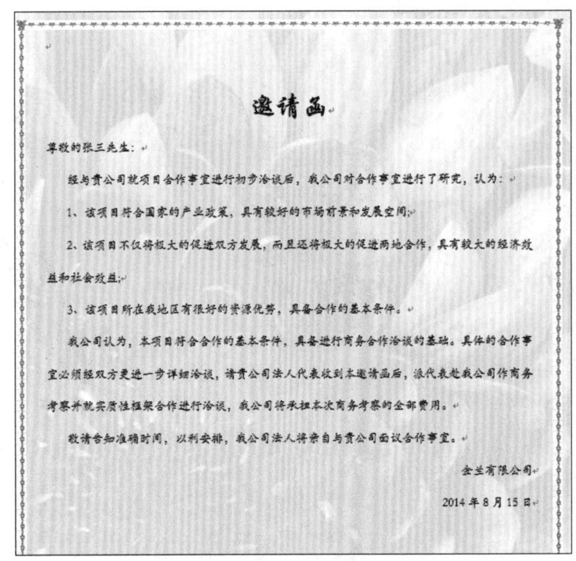

邀请函

尊敬的张三先生：

经与贵公司就项目合作事宜进行初步洽谈后，我公司对合作事宜进行了研究，认为：

1、该项目符合国家的产业政策，具有较好的市场前景和发展空间；

2、该项目不仅将极大的促进双方发展，而且还将极大的促进两地合作，具有较大的经济效益和社会效益；

3、该项目所在我地区有很好的资源优势，具备合作的基本条件。

我公司认为，本项目符合合作的基本条件，具备进行商务合作洽谈的基础。具体的合作事宜必须经双方更进一步详细洽谈，请贵公司法人代表收到本邀请函后，派代表赴我公司作商务考察并就实质性框架合作进行洽谈，我公司将承担本次商务考察的全部费用。

敬请告知准确时间，以利安排，我公司法人将亲自与贵公司面议合作事宜。

金兰有限公司

2014年8月15日

图13-83　最终效果

13.7 扩展练习 制作贺卡

本章主要介绍了Word文档的制作方法，下面将通过练习进一步巩固Word文档在实际工作中的应用，使操作更加熟练，并能掌握制作Word文档时出现错误后的处理方法。

本例将制作中秋贺卡，主要练习Word文档的制作，包括图片的插入与编辑、文本框的插入与编辑等操作，其最终效果如图13-84所示。

图13-84　中秋贺卡最终效果

- 光盘\效果\第13章\中秋贺卡.docx
- 光盘\实例演示\第13章\制作贺卡

读书笔记

13 14 15

Excel 2013 表格设计

本章导读

Excel表格设计在实际工作中应用很广泛，主要包括两个方面，即表格框架的设计和数据表格的制作。本章将介绍一些常用表格的设计和制作方法，帮助用户在实际应用中举一反三，能够快速制作出实用且美观的表格。

14.1 单元格样式的应用 求和公式的应用 数据验证设置 制作员工考勤表

财务部刘俊2014年度考勤记录表

部门：财务部　姓名：刘俊　年份：2014

年度累计：　迟到：0　病假：5　事假：3　旷工：0

本例将制作员工考勤记录表，考勤记录表要包括一年中的每一天，所以需要制作一个容量较大的表格，在其中可查看每个员工一年的所有迟到、请假和旷工状况。

- 光盘\效果\第14章\员工考勤表.xlsx
- 光盘\实例演示\第14章\制作员工考勤表

Step 1 启动Excel 2013，新建“员工考勤表.xlsx”工作簿，选择A5:A8单元格区域。在“开始”/“对齐方式”组中单击“合并后居中”按钮，在单元格中输入“一月”，在B5:B8单元格区域输入相应内容，如图14-1所示。

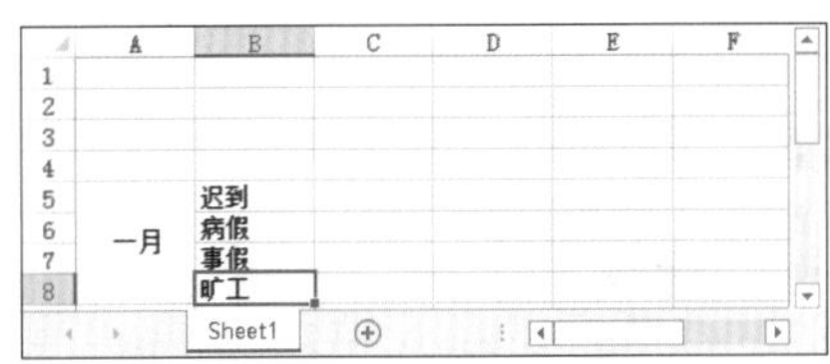

图14-1　输入“一月”内容

Step 2 选择A5:B8单元格区域，拖动填充柄向下填充单元格内容至十二月，如图14-2所示。

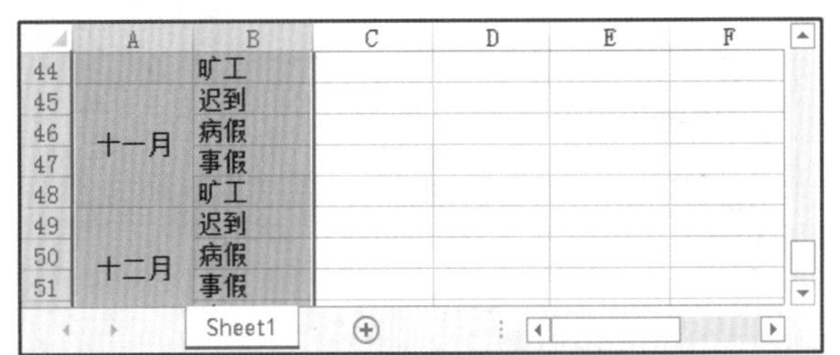

图14-2　填充月份

Step 3 在C4单元格中输入“1”，然后选择C4单元格，使用拖动填充柄的方法向右填充至“31”，在“31”后面的单元格中输入“合计”文本，如图14-3所示。

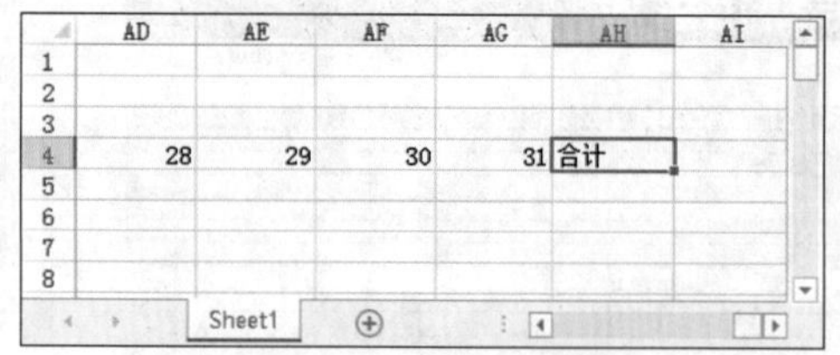

图14-3 填充天数

Step 4 ▶ 将第4~52行的行高设置为“10”，将第C~AH列的列宽设置为“3”。然后选择A4:AH52单元格区域，将数据字号设置为“9”，如图14-2所示。

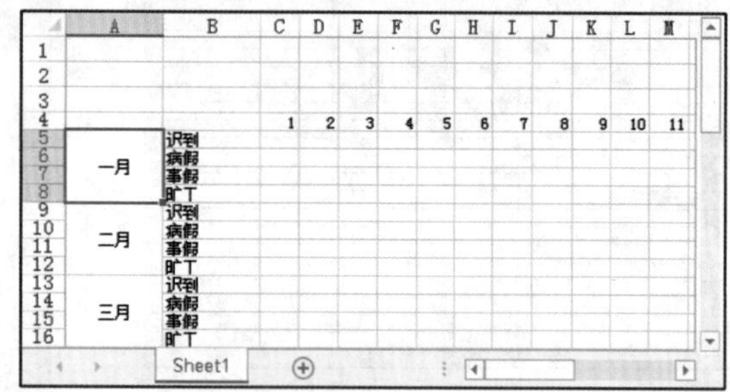

图14-4 调整行高、列宽和字号

Step 5 ▶ 选择A5:A52单元格区域，打开“设置单元格格式”对话框，选择“对齐”选项卡。在“文本控制”栏中选中 自动换行(W) 复选框。单击 确定 按钮，如图14-5所示。

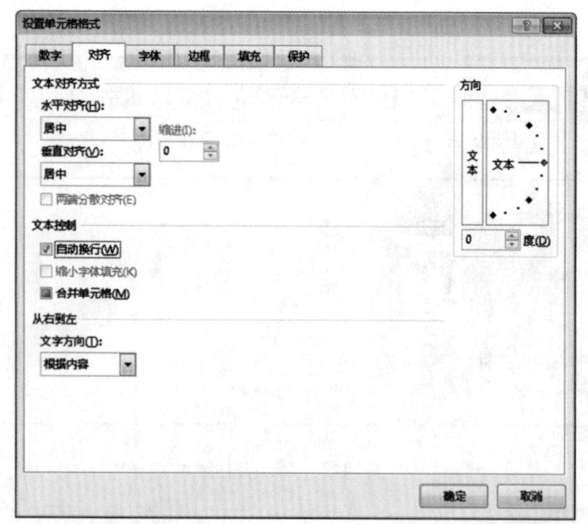

图14-5 设置月份字段自动换行

技巧秒杀

在一个单元格中输入长文本，同时需要缩小列宽，让数据内容在一个单元格中显示，就可使用自动换行，在单元格内换行输入数据内容。

Step 6 ▶ 保持A5:A52单元格区域选择状态，拖动鼠标，调整至合适列宽，如图14-6所示。

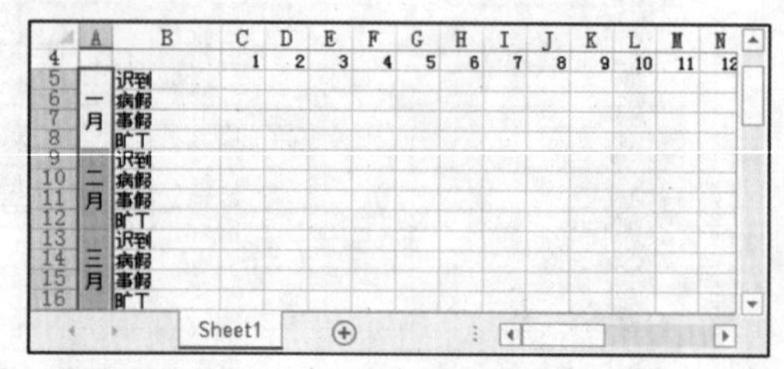

图14-6 调整月份字段列宽

Step 7 ▶ 合并A1:AH1单元格区域，将第2行的E2:F2、G2:I2、P2:Q2、R2:T2、AC2:AD2和AE2:AG2单元格区域合并，并分别在合并的E2:F2、P2:Q2、AC2:AD2单元格区域中输入“部门：”、“姓名：”和“年份：”文本内容，如图14-7所示。

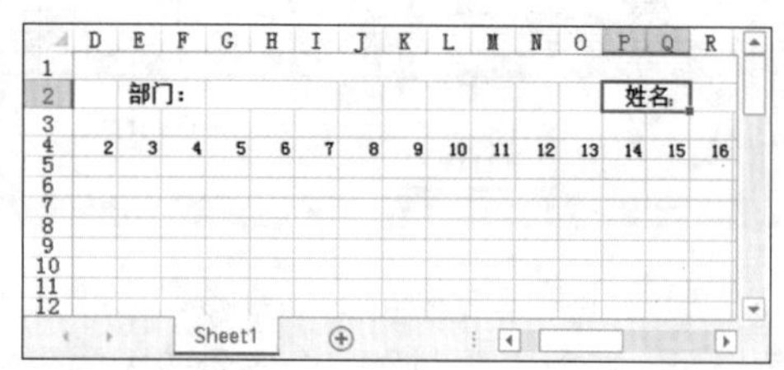

图14-7 输入表头内容

Step 8 ▶ 选择C4:AH4单元格区域，打开“设置单元格格式”对话框，选择“填充”选项卡，在“背景色”列表框中选择“蓝色，着色1，淡色60%”，单击 确定 按钮，如图14-8所示。

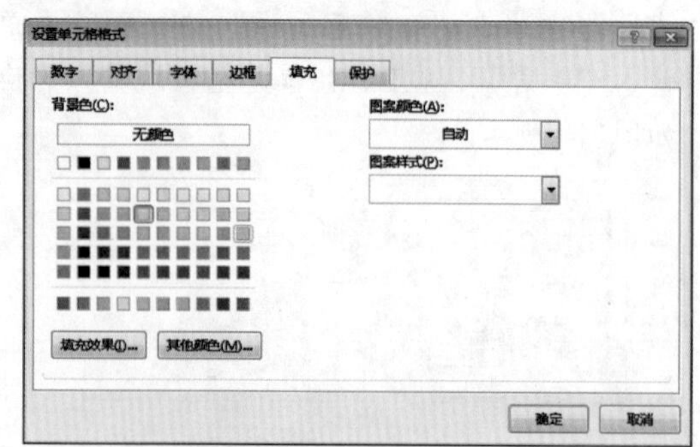

图14-8 填充背景色

Step 9 ▶ 使用相同的方法设置其他单元格的填充颜色，然后将第1行单元格的字体颜色设置为“白色、背景1”、字体格式设置为“方正大黑简体、24号”，如图14-9所示。

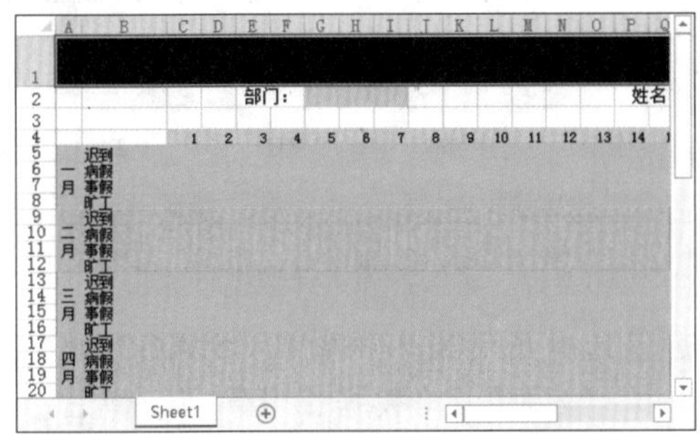

图14-9 设置标题单元格字体

Step 10 ▶ 选择A4:AH52单元格区域，打开“设置单元格格式”对话框，在“边框”选项卡的“样式”列表框中选择“-------”选项，单击“外边框”按钮和“内部”按钮，添加边框，单击确定按钮，如图14-10所示。

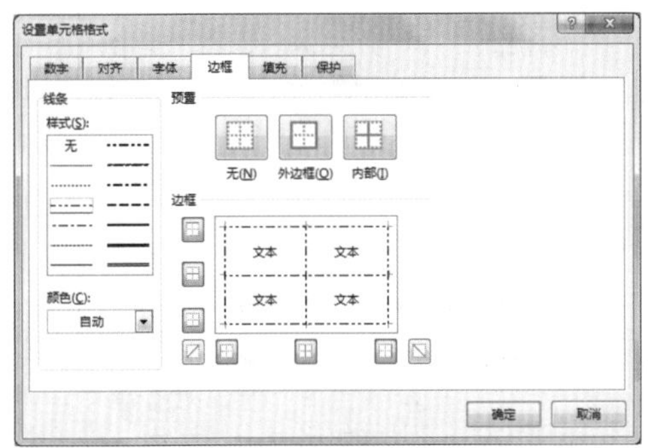

图14-10 设置边框样式

Step 11 ▶ 在“部门：”后的单元格中输入“财务部”，在“姓名：”后的单元格中输入“刘俊”，在“年份：”后的单元格中输入“2014”，如图14-11所示。

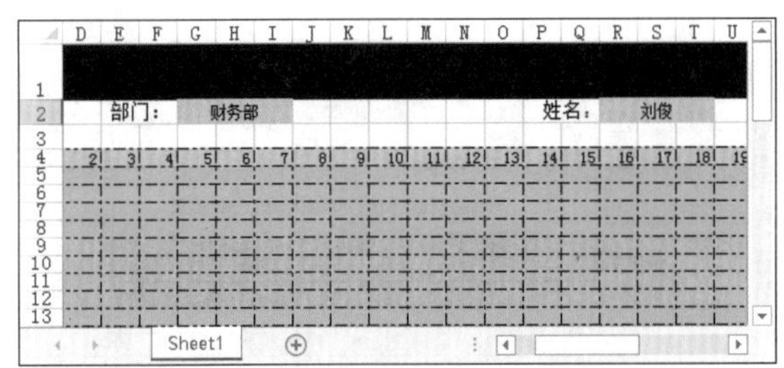

图14-11 输入部门、姓名和年份

Step 12 ▶ 选择第1行的单元格，在编辑栏中输入“=G2&R2&AE2&"年度考勤记录表"”，按Enter键，该单元格中将自动组合显示表格的标题，如图14-12所示。

图14-12 组合标题

操作解谜

在实例中，计算输入表格标题内容时，没有使用直接输入文本内容的方法，而是使用“&”符号引用其他单元格中的内容，如“G2&R2&AE2&”表示将G2、R2和AE2单元格中的文本内容串联起来，若G2、R2和AE2单元格中的文本内容是“财务部”、“张菲”和“2014”，串联起来的文本内容是“财务部张菲2014”，在制作其他员工的考勤表时，只需要复制标题中的公式即可快速完成输入。

Step 13 ▶ 选择AH5单元格，在其中输入“=SUM(C5:AG5)”，按Enter键应用求和公式，然后向下拖动填充柄填充至AH52，单击出现的按钮，在弹出的下拉列表中选中 不带格式填充(O) 单选按钮，只填充公式，不复制单元格的格式，如图14-13所示。

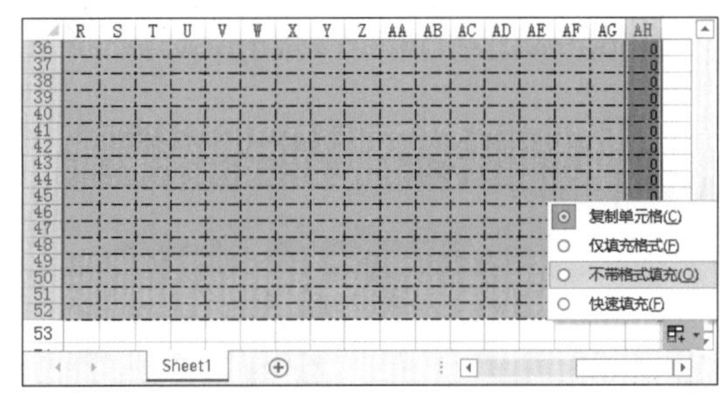

图14-13 输入“合计”公式

Step 14 ▶ 在表格下面的单元格中输入如图14-14所示

的文本，并设置后面需要显示累计数量的单元格字体颜色为红色。

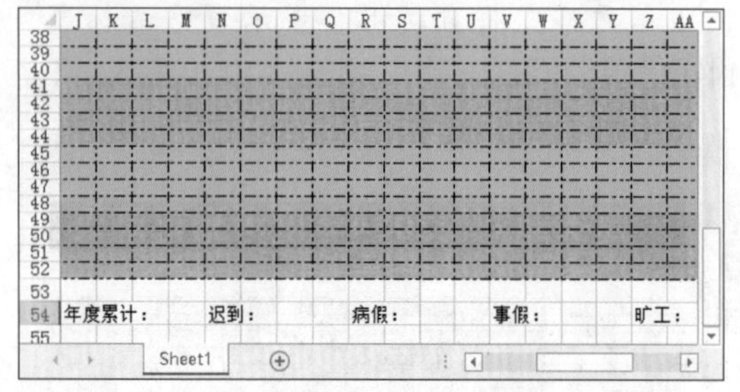

图14-14　输入文本内容

Step 15▶选择P54单元格，单击编辑栏中的“插入函数”按钮，打开“插入函数”对话框，在“或选择类别”下拉列表框中选择“常用函数”选项，在“选择函数”列表框中选择SUM选项，单击确定按钮，如图14-15所示。

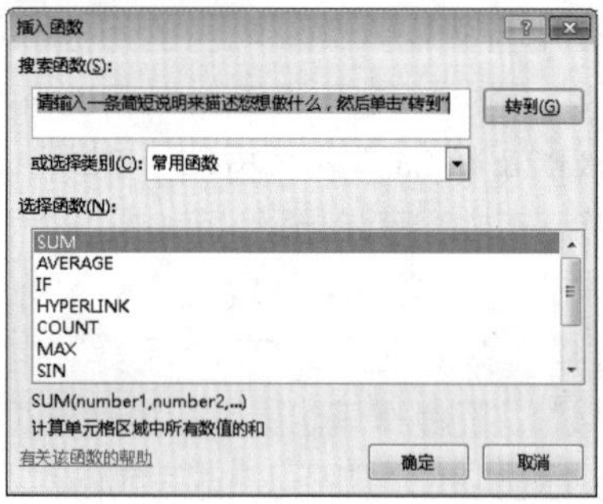

图14-15　插入求和函数

Step 16▶打开“函数参数”对话框，将光标插入点定位到Number1文本框中，单击工作表中“合计”栏下的AH5单元格，然后按＋键，再依次单击下一个月的迟到合计单元格，将所有迟到项相加，单击确定按钮，如图14-16所示。

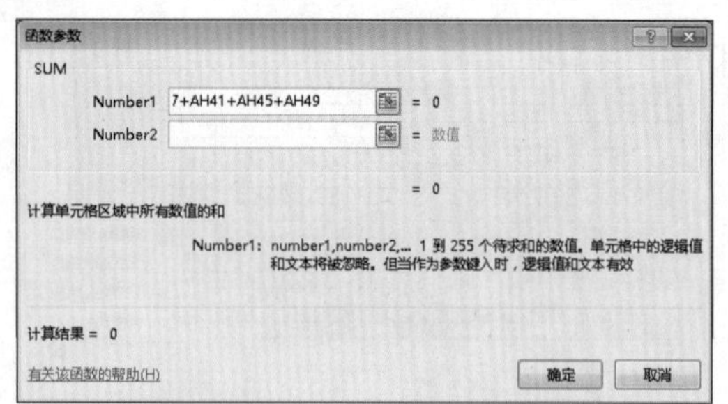

图14-16　输入“迟到”合计公式

Step 17▶使用相同的方法设置“病假”、“事假”和“旷工”的累计计算函数，设置后表格下面将显示红色的“0”，如图14-17所示。

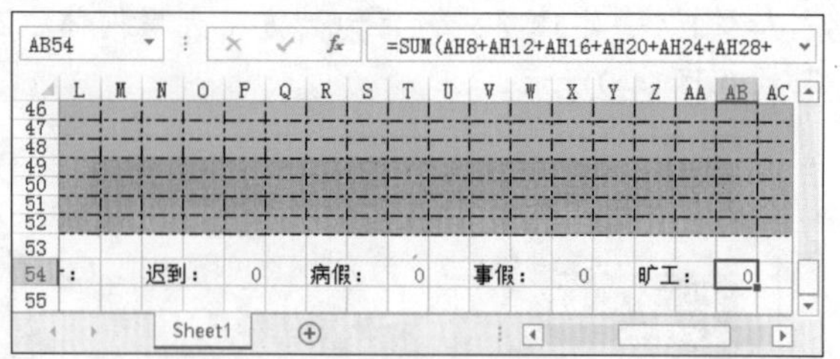

图14-17　输入各项累计数据计算公式

Step 18▶选择用于输入次数的C5:AG52单元格区域。选择“数据”/“数据工具”组，单击“数据验证”按钮。打开“数据验证”对话框，在“设置”选项卡的“允许”下拉列表框中选择“整数”选项，在“数据”下拉列表框中选择“等于”选项，在“数值”数值框中输入“1”，单击确定按钮，如图14-18所示。

图14-18　设置数据有效验证

Step 19▶返回编辑窗口，在单元格中只能输入等于“1”的数据，否则将弹出错误对话框，完成表格设计。在表格中输入考勤信息，将自动在“合计”栏和“年度累计”栏计算并显示具体结果，如图14-19所示。

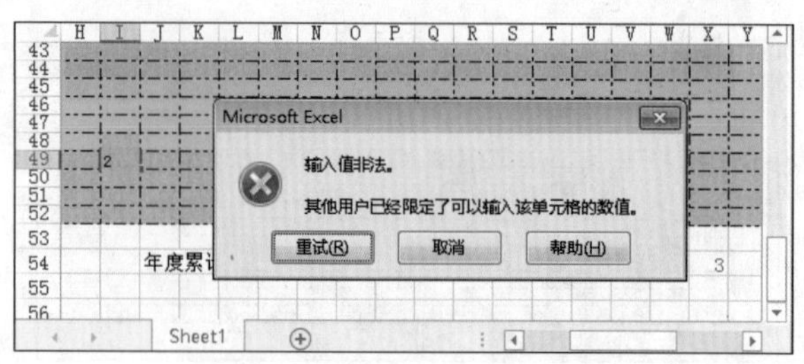

图14-19　输入考勤数据

14.2 制作员工档案表

逻辑函数 IF的使用　提取员工 出生日期　计算员工 工龄和年龄

筋王屯责任有限公司员工档案										
员工编号	员工姓名	性别	身份证号码	所属部门	出生日期	入职时间	工龄	年龄	学历	职务
JW0001	陈欣然	女	51077519820319XX21	技术部	1982年03月19日	2007/8/1	7	32	本科	技术员
JW0002	李雪	男	53177119830208XX51	销售部	1983年02月08日	2008/8/1	6	31	本科	销售经理
JW0003	王盈	女	51068119800418XX23	行政部	1980年04月18日	2010/11/1	4	34	本科	后勤
JW0004	晶艳	男	51073619790508XX30	技术部	1979年05月08日	2003/8/1	11	35	本科	技术员
JW0005	曹冰	女	51068219850811XX27	广告部	1985年08月11日	2008/12/1	6	29	硕士	部门经理
JW0006	古丽	女	51068219800628XX23	行政部	1980年06月28日	2005/5/1	9	34	本科	行政主管
JW0007	付姗姗	女	51073119830218XX21	财务部	1983年02月18日	2008/3/1	6	31	本科	财务主管
JW0008	肖在天	女	51072819830223XX67	销售部	1983年02月23日	2010/1/2	4	31	硕士	业务员
JW0009	徐君	女	51013119820909XX21	研发部	1982年09月09日	2006/12/1	8	32	硕士	技术员
JW0010	周小璐	男	51072319860825XX34	行政部	1986年08月25日	2007/4/1	7	28	硕士	前台接待
JW0011	周娟	男	51074319810727XX32	技术部	1981年07月27日	2009/8/1	5	33	硕士	研究人员
JW0012	吕明杰	女	51078619820316XX21	设计部	1982年03月16日	2007/10/1	7	32	大专	设计师
JW0013	陈骆	男	51076519800519XX32	广告部	1980年05月19日	2011/10/1	3	34	大专	美工
JW0014	姚明	男	51072319850306XX14	研发部	1985年03月06日	2012/3/1	2	29	本科	部门主管
JW0015	刘晓瑞	男	51074319810727XX32	测试部	1981年07月27日	2007/3/2	7	33	本科	测试人员
JW0016	肖凌云	男	51078619820318XX51	广告部	1982年03月18日	2006/4/1	8	32	大专	摄像师
JW0017	唐棠	男	51076519800519XX32	销售部	1980年05月19日	2008/7/1	6	34	本科	业务员
JW0018	向芸	男	51072319830107XX34	研发部	1983年01月07日	2009/8/2	5	31	硕士	研究人员

本例将制作员工档案表，记录公司员工的一些基本信息，包括员工编号、员工姓名、身份证号码、出生日期、入职时间、所属部门、工龄、年龄和职务等内容。

- 光盘\效果\第14章\员工档案表.xlsx
- 光盘\实例演示\第14章\制作员工档案表

Step 1 新建"员工档案表.xlsx"工作簿，在A1:K2单元格区域中输入表格标题和表头内容，并设置其字体格式，居中合并A1:K1单元格区域，然后填充A2:K2单元格区域颜色效果为"绿色"，选择A2:K20单元格区域，为数据表格添加边框，如图14-20所示。

图14-20　设计表格框架

Step 2 在A3:B20单元格区域中输入"员工编号"和"员工姓名"内容，在D3:E20单元格区域中输入"身份证号码"和"所属部门"内容，并设置为居中对齐，如图14-21所示。

员工编号	员工姓名	性别	身份证号码	所属部门	出生日期
JW0001	陈欣然		51077519820319XX21	技术部	
JW0002	李雪		53177119830208XX51	销售部	
JW0003	王盈		51068119800418XX23	行政部	
JW0004	晶艳		51073619790508XX30	技术部	
JW0005	曹冰		51068219850811XX27	广告部	
JW0006	古丽		51068219800628XX23	行政部	
JW0007	付姗姗		51073119830218XX21	财务部	
JW0008	肖在天		51072819830223XX67	销售部	
JW0009	徐君		51013119820909XX21	研发部	
JW0010	周小璐		51072319860825XX34	行政部	
JW0011	周娟		51074319810727XX32	技术部	

图14-21　输入基本档案信息

Step 3 利用相同方法，输入"入职时间"、"学历"和"职务"内容，如图14-22所示。

所属部门	出生日期	入职时间	工龄	年龄	学历	职务
技术部		2007/8/1			本科	技术员
销售部		2008/8/1			本科	销售经理
行政部		2010/11/1			本科	后勤
技术部		2003/8/1			本科	技术员
广告部		2008/12/1			硕士	部门经理
行政部		2005/5/1			本科	行政主管
财务部		2008/3/1			本科	财务主管
销售部		2010/1/2			硕士	业务员
研发部		2006/12/1			硕士	技术员
行政部		2007/4/1			硕士	前台接待
技术部		2009/8/1			硕士	研究人员
设计部		2007/10/1			大专	设计师
广告部		2011/10/1			大专	美工
研发部		2012/3/1			本科	部门主管
测试部		2007/3/2			本科	测试人员

图14-22　输入入职时间、学历和职务

Step 4 选择C3单元格，在编辑栏中输入函数“=IF(MOD(MID(D3,17,1),2)=1,"男","女")”，按Enter键，判断第一名员工的性别。将鼠标光标移动到C3单元格右下角，待鼠标光标变为十形状时，拖动鼠标复制函数至C20单元格，如图14-23所示。

C3 =IF(MOD(MID(D3,17,1),2)=1,"男","女")

	A	B	C	D	E	F	G
2	员工编号	员工姓名	性别	身份证号码	所属部门	出生日期	入职时间
3	JW0001	陈欣然	女	51077519820319XX21	技术部		2007/8/1
4	JW0002	李雪	男	53177119830208XX51	销售部		2008/8/1
5	JW0003	王盈	女	51068119800418XX23	行政部		2010/11/1
6	JW0004	晶艳	男	51073619790508XX30	技术部		2003/8/1
7	JW0005	曹冰	女	51068219850811XX27	广告部		2008/12/1
8	JW0006	古丽	女	51068219800628XX23	行政部		2005/5/1
9	JW0007	付姗姗	女	51073119830218XX21	财务部		2008/3/1
10	JW0008	肖在天	女	51072819830223XX67	销售部		2010/1/2
11	JW0009	徐君	女	51013119820909XX21	研发部		2006/12/1
12	JW0010	周小璐	男	51072319860825XX34	行政部		2007/4/1
13	JW0011	周娟	男	51074319810727XX32	技术部		2009/8/1
14	JW0012	吕明杰	女	51078619820316XX21	设计部		2007/10/1
15	JW0013	陈骆	男	51076519800519XX32	广告部		2011/10/1
16	JW0014	姚明	男	51072319850306XX14	研发部		2012/3/1
17	JW0015	刘晓瑞	男	51074319810727XX32	测试部		2007/3/2
18	JW0016	肖凌云	男	51078619820318XX51	广告部		2006/4/1
19	JW0017	唐棠	男	51076519800519XX32	销售部		2008/7/1
20	JW0018	向芸	男	1072319830107XX34	研发部		2009/8/2

图14-23 判断员工性别

技巧秒杀

在身份证号码中含有指定编码用以判断该人的性别，18位身份证号码判断性别的顺序码在倒数第2位，奇数为男性，偶数为女性。

操作解谜

“=IF(MOD(MID(D3,17,1),2)=1,"男","女")”函数中的MID函数将返回D3单元格中身份证号码中第17位，即身份证倒数第2位数。MOD函数用于返回两个数相除的余数，这里用身份证号码倒数第2位除以2，嵌套使用IF函数，当余数等于1时，表示身份证号码倒数第2位为奇数，即判断性别为“男”。反之，则判断性别为“女”。

Step 5 在F3单元格中输入“=CONCATENATE(MID(D3,7,4),"年",MID(D3,11,2),"月",MID(D3,13,2),"日")”，按Enter键，提取第一名员工的出生日期，将鼠标光标移动到F3单元格右下角，待鼠标光标变为十形状时，拖动鼠标复制函数至F20单元格，并适当调整单元格列宽，如图14-24所示。

F3 =CONCATENATE(MID(D3,7,4),"年",MID(D3,

	A	B	C	D	E	F	G
2	员工编号	员工姓名	性别	身份证号码	所属部门	出生日期	入职时间
3	JW0001	陈欣然	女	51077519820319XX21	技术部	1982年03月19日	2007/8/1
4	JW0002	李雪	男	53177119830208XX51	销售部	1983年02月08日	2008/8/1
5	JW0003	王盈	女	51068119800418XX23	行政部	1980年04月18日	2010/11/1
6	JW0004	晶艳	男	51073619790508XX30	技术部	1979年05月08日	2003/8/1
7	JW0005	曹冰	女	51068219850811XX27	广告部	1985年08月11日	2008/12/1
8	JW0006	古丽	女	51068219800628XX23	行政部	1980年06月28日	2005/5/1
9	JW0007	付姗姗	女	51073119830218XX21	财务部	1983年02月18日	2008/3/1
10	JW0008	肖在天	女	51072819830223XX67	销售部	1983年02月23日	2010/1/2
11	JW0009	徐君	女	51013119820909XX21	研发部	1982年09月09日	2006/12/1
12	JW0010	周小璐	男	51072319860825XX34	行政部	1986年08月25日	2007/4/1
13	JW0011	周娟	男	51074319810727XX32	技术部	1981年07月27日	2009/8/1
14	JW0012	吕明杰	女	51078619820316XX21	设计部	1982年03月16日	2007/10/1
15	JW0013	陈骆	男	51076519800519XX32	广告部	1980年05月19日	2011/10/1
16	JW0014	姚明	男	51072319850306XX14	研发部	1985年03月06日	2012/3/1
17	JW0015	刘晓瑞	男	51074319810727XX32	测试部	1981年07月27日	2007/3/2
18	JW0016	肖凌云	男	51078619820318XX51	广告部	1982年03月18日	2006/4/1
19	JW0017	唐棠	男	51076519800519XX32	销售部	1980年05月19日	2008/7/1
20	JW0018	向芸	男	51072319830107XX34	研发部	1983年01月07日	09/8/2

图14-24 提取员工出生日期

操作解谜

18位的身份证号码从第7位到第11位的数字是出生日期，本例使用CONCATENATE函数可以将多个文本字符串合并成一个文本字符，“=CONCATENATE(MID(D3,7,4),"年",MID(D3,11,2),"月",MID(D3,13,2),"日")”嵌套函数中，MID(D3,7,4)返回身份证号码中第7位开始的4位数字，即出生年份；MID(D3,11,2)返回身份证号码中第11位开始的2位数字，即出生月份；MID(D3,13,2)返回身份证号码中第13位开始的2位数字，即出生号数。然后通过CONCATENATE函数将年、月、日进行合并，得到员工的出生日期。

Step 6 选择H3单元格，输入函数“=YEAR(TODAY())-YEAR(G3)”，按Enter键，然后复制函数至H20单元格，计算员工工龄，如图14-25所示。

H3 =YEAR(TODAY())-YEAR(G3)

	C	D	E	F	G	H	I	J	K
2	性别	身份证号码	所属部门	出生日期	入职时间	工龄	年龄	学历	职务
3	女	51077519820319XX21	技术部	1982年03月19日	2007/8/1	7		本科	技术员
4	男	53177119830208XX51	销售部	1983年02月08日	2008/8/1	6		本科	销售经理
5	女	51068119800418XX23	行政部	1980年04月18日	2010/11/1	4		本科	后勤
6	男	51073619790508XX30	技术部	1979年05月08日	2003/8/1	11		本科	技术员
7	女	51068219850811XX27	广告部	1985年08月11日	2008/12/1	6		硕士	部门经理
8	女	51068219800628XX23	行政部	1980年06月28日	2005/5/1	9		本科	行政主管
9	女	51073119830218XX21	财务部	1983年02月18日	2008/3/1	6		本科	财务主管
10	女	51072819830223XX67	销售部	1983年02月23日	2010/1/2	4		硕士	业务员
11	女	51013119820909XX21	研发部	1982年09月09日	2006/12/1	8		硕士	技术员
12	男	51072319860825XX34	行政部	1986年08月25日	2007/4/1	7		硕士	前台接待
13	男	51074319810727XX32	技术部	1981年07月27日	2009/8/1	5		硕士	研究人员
14	女	51078619820316XX21	设计部	1982年03月16日	2007/10/1	7		大专	设计师
15	男	51076519800519XX32	广告部	1980年05月19日	2011/10/1	3		大专	员工
16	男	51072319850306XX14	研发部	1985年03月06日	2012/3/1	2		本科	部门主管
17	男	51074319810727XX32	测试部	1981年07月27日	2007/3/2	7		本科	测试人员
18	男	51078619820318XX51	广告部	1982年03月18日	2006/4/1	8		大专	摄像师
19	男	51076519800519XX32	销售部	1980年05月19日	2008/7/1	6		本科	业务员
20	男	51072319830107XX34	研发部	1983年01月07日	2009/8/2	5		硕士	研究人员

图14-25 计算员工工龄

Step 7 选择I3单元格，输入函数“=YEAR(TODAY())-YEAR(F3)”，按Enter键，计算第一名员工的年龄，然后复制函数至I20单元格，如图14-26所示。

I3 =YEAR(TODAY())-YEAR(F3)

	D	E	F	G	H	I	J	K
2	身份证号码	所属部门	出生日期	入职时间	工龄	年龄	学历	职务
3	51077519820319XX21	技术部	1982年03月19日	2007/8/1	7	32	本科	技术员
4	53177119830208XX51	销售部	1983年02月08日	2008/8/1	6	31	本科	销售经理
5	51068119800418XX23	行政部	1980年04月18日	2010/11/1	4	34	本科	后勤
6	51073619790508XX30	技术部	1979年05月08日	2003/8/1	11	35	本科	技术员
7	51068219850811XX27	广告部	1985年08月11日	2008/12/1	6	29	硕士	部门经理
8	51068219800628XX23	行政部	1980年06月28日	2005/5/1	9	34	本科	行政主管
9	51073119830218XX21	财务部	1983年02月18日	2008/3/1	6	31	本科	财务主管
10	51072819830223XX67	销售部	1983年02月23日	2010/1/2	4	31	硕士	业务员
11	51013119820909XX21	研发部	1982年09月09日	2006/12/1	8	32	硕士	技术员
12	51072319860825XX34	行政部	1986年08月25日	2007/4/1	7	28	硕士	前台接待
13	51074319810727XX32	技术部	1981年07月27日	2009/8/1	5	33	硕士	研究人员
14	51078619820316XX21	设计部	1982年03月16日	2007/10/1	7	32	大专	设计师
15	51076519800519XX32	广告部	1980年05月19日	2011/10/1	3	34	大专	美工
16	51072319850306XX14	研发部	1985年03月06日	2012/3/1	2	29	本科	部门主管
17	51074319810727XX32	测试部	1981年07月27日	2007/3/2	7	33	本科	测试人员
18	51078619820318XX51	广告部	1982年03月18日	2006/4/1	8	32	大专	摄像师
19	51076519800519XX32	销售部	1980年05月19日	2008/7/1	6	34	本科	业务员
20	51072319830107XX34	研发部	1983年01月07日	2009/8/2	5	31	硕士	研究人员

Sheet1 Sheet2 Sh ...

图14-26　计算员工年龄

读书笔记

操作解谜

本例使用了YEAR和TODAY函数计算员工工龄和员工的实际年龄，YEAR函数用于返回日期中的年份数，TODAY函数将返回当前日期。函数“=YEAR(TODAY())-YEAR(G3)”中YEAR(G3)函数返回G3单元格中日期的入职年份数，所得值相减即可得到员工的工龄；同理函数“=YEAR(TODAY())-YEAR(F3)”中YEAR(F3)函数返回F3单元格中日期的出生年份数，所得值相减即可得到员工的实际年龄。

14.3 制作员工销售业绩表

判断业绩提成率　计算业绩提成　计算奖金归属者

	A	B	C	D	E
1	员工销售业绩奖金				
2	销售员姓名	总销售额	提成率	业绩奖金	本月最佳销售奖金归属
3	刘　惠	25500	10.0%	2550	
4	甘倩琦	20700	10.0%	2070	
5	许　丹	25800	10.0%	2580	
6	李成蹊	12900	5.0%	645	
7	吴　仕	33000	15.0%	4950	800
8	孙国成	13500	5.0%	675	
9	赵　荣	24900	10.0%	2490	
10	陈　果	8100	2.5%	202.5	
11	黄百胜	13200	5.0%	660	
12	李天浩	12900	5.0%	645	
13	张启荣	4800	2.5%	120	
14	刘志强	8400	2.5%	210	
15	王　勇	7800	2.5%	195	
16	吴小平	13500	5.0%	675	
17					
18	销售额	0	10001	20001	30001
19		10000	20000	30000	
20	提成率	2.5%	5.0%	10.0%	15.0%

销售统计表　员工当月销售业绩奖金

本例将根据销售数据，统计每位销售员当月的总销售额，然后根据销售额判断业绩奖金提成率、计算每位销售员当月的业绩奖金，以及评选本月最佳销售奖的归属者等。

- 光盘\素材\第14章\员工销售业绩表.xlsx
- 光盘\效果\第14章\员工销售业绩表.xlsx
- 光盘\实例演示\第14章\制作员工销售业绩表

Step 1 打开“员工销售业绩表.xlsx”工作簿，在“员工当月销售业绩奖金”工作表的B3单元格中输入“=SUMIF(销售统计表!$D$3:$D$56,A3,销售统计表!$F$3:$F$56)”，按Enter键，然后向下填充公式至B16单元格，计算员工当月总销售额，如图14-27所示。

B3 =SUMIF(销售统计表!$D$3:$D$56,A3,销售统计表!

	A	B	C	D	E
2	销售员姓名	总销售额	提成率	业绩奖金	本月最佳销售奖金归属
3	刘　惠	25500			
4	甘倩琦	20700			
5	许　丹	25800			
6	李成蹊	12900			
7	吴　仕	33000			
8	孙国成	13500			
9	赵　荣	24900			
10	陈　果	8100			
11	黄百胜	13200			
12	李天浩	12900			
13	张启荣	4800			
14	刘志强	8400			
15	王　勇	7800			
16	吴小平	13500			

销售统计表　员工当月销售业绩奖金

图14-27　计算当月总销售额

操作解谜

这里的“=SUMIF(销售统计表!$D$3:$D$56,A3,销售统计表!$F$3:$F$56)”函数，是在工作表的B3:B56单元格区域中对属于A3单元格销售员工的销售数量进行求和，其求和结果是“销售统计表”工作表的D3:D56单元格区域员工分别对应F3:F56单元格区域中奖金的总和。

Step 2 在A18:E20单元格区域中输入销售业绩奖金标准数据内容，如图14-28所示。

	A	B	C	D	E
7	吴 仕	33000			
8	孙国成	13500			
9	赵 宋	24900			
10	陈 果	8100			
11	黄百胜	13200			
12	李天浩	12900			
13	张启宋	4800			
14	刘志强	8400			
15	王 勇	7800			
16	莫小平	13500			
17					
18	销售额	0	10001	20001	30001
19		10000	20000	30000	
20	提成率	2.5%	5.0%	10.0%	15.0%

销售统计表　员工当月销售业绩奖金

图14-28 输入销售业绩奖金标准

Step 3 在C3单元格中输入“=HLOOKUP(B3,$B$18:$E$20,3)”，按Enter键，然后向下填充公式至C16单元格，计算员工业绩奖金提成率，如图14-29所示。

C3　=HLOOKUP(B3,$B$18:$E$20,3)

员工销售业绩奖金

销售员姓名	总销售额	提成率	业绩奖金	本月最佳销售奖金归属
刘 惠	25500	10.0%		
甘倩琦	20700	10.0%		
许 丹	25800	10.0%		
李成蹊	12900	5.0%		
吴 仕	33000	15.0%		
孙国成	13500	5.0%		
赵 宋	24900	10.0%		
陈 果	8100	2.5%		
黄百胜	13200	5.0%		
李天浩	12900	5.0%		
张启宋	4800	2.5%		
刘志强	8400	2.5%		
王 勇	7800	2.5%		
莫小平	13500	5.0%		

销售统计表　员工当月销售业绩奖金

图14-29 输入业绩奖金提成率

操作解谜

“=HLOOKUP(B3,$B$18:$E$20,3)”函数将判断B3单元格中的员工销售额，返回B18:E20单元格区域中第3行对应的销售额奖金提成率。

Step 4 在D3单元格中输入公式“=B3*C3”，按Enter键，计算出员工“刘惠”当月产品销售业绩奖金额，然后向下填充公式，计算所有员工的当月销售业绩奖金额，如图14-30所示。

D3　=B3*C3

员工销售业绩奖金

销售员姓名	总销售额	提成率	业绩奖金	本月最佳销售奖金归属
刘 惠	25500	10.0%	2550	
甘倩琦	20700	10.0%	2070	
许 丹	25800	10.0%	2580	
李成蹊	12900	5.0%	645	
吴 仕	33000	15.0%	4950	
孙国成	13500	5.0%	675	
赵 宋	24900	10.0%	2490	
陈 果	8100	2.5%	202.5	
黄百胜	13200	5.0%	660	
李天浩	12900	5.0%	645	
张启宋	4800	2.5%	120	
刘志强	8400	2.5%	210	
王 勇	7800	2.5%	195	
莫小平	13500	5.0%	675	

销售统计表　员工当月销售业绩奖金

图14-30 计算业绩奖金

Step 5 选择E3:E16单元格区域，在地址栏中输入公式“=IF(B3>25000,IF(MAX(B3:B16)=$B$3:$B$16,"800",""),"")”，按Enter键，评选本月最佳销售奖的归属者，如图14-31所示。

E7　=IF(B7>25000,IF(MAX(B7:B20)=$B$3:$B$16,

员工销售业绩奖金

销售员姓名	总销售额	提成率	业绩奖金	本月最佳销售奖金归属
刘 惠	25500	10.0%	2550	
甘倩琦	20700	10.0%	2070	
许 丹	25800	10.0%	2580	
李成蹊	12900	5.0%	645	
吴 仕	33000	15.0%	4950	800
孙国成	13500	5.0%	675	
赵 宋	24900	10.0%	2490	
陈 果	8100	2.5%	202.5	
黄百胜	13200	5.0%	660	
李天浩	12900	5.0%	645	
张启宋	4800	2.5%	120	
刘志强	8400	2.5%	210	
王 勇	7800	2.5%	195	
莫小平	13500	5.0%	675	

销售统计表　员工当月销售业绩奖金

图14-31 评选奖金归属者

操作解谜

本例使用了IF嵌套函数“=IF(B3>25000,IF(MAX(B3:B16)=$B$3:$B$16,"800",""),"")”，即当B3单元格中的数据大于25000时，返回IF(MAX(B3:B16)=$B$3:$B$16,"800","")，否则返回空值，IF(MAX(B3:B16)=$B$3:$B$16,"800","")函数，表示B3:B16单元格区域中最大值返回数值800，其他返回空值。整个嵌套函数表示B3单元格中大于25000的最大值，返回数值800，其他返回空值。

14.4 计算业绩奖金提成 考评员工态度和能力 计算年终考评成绩 制作绩效考核表

员工年终考评

员工编号	员工姓名	员工全年业绩奖金	业绩考评成绩	工作态度考评成绩	能力考评成绩	考评总成绩	考评平均成绩	考评名次
HSR1001	刘 勇	15181.6	70	89	83.5	242.5	80.83	5
HSR1002	李 南	5837	50	92	86.5	228.5	76.17	7
HSR1003	陈双双	12326	70	82	76.5	228.5	76.17	7
HSR1004	叶小来	8672.5	60	75	69.5	204.5	68.17	17
HSR1005	林 佳	5163.5	50	83.5	74.5	208	69.33	16
HSR1006	彭 力	2953.5	50	88	82.5	220.5	73.50	12
HSR1007	范琳琳	10850	70	91.5	86	247.5	82.50	4
HSR1008	易呈亮	13848.5	70	81	75.5	226.5	75.50	10
HSR1009	黄海燕	11588.5	70	74.5	69	213.5	71.17	13
HSR1010	张 浩	5336	50	82.5	77	209.5	69.83	15
HSR1011	曾春林	7751	60	79	73.5	212.5	70.83	14
HSR1012	李 锋	27489.6	90	72	66	228	76.00	9
HSR1013	彭 洁	7961	60	91.5	86	237.5	79.17	6
HSR1014	徐瑜诚	23814.6	90	85	76.5	251.5	83.83	3
HSR1015	丁 昊	35273.5	90	88.5	83	261.5	87.17	2
HSR1016	李济东	15327.5	70	78.5	73	221.5	73.83	11
HSR1017	刘 惠	5066	50	71.5	67.5	189	63.00	18
HSR1018	甘倩琦	22690	90	92.5	87	269.5	89.83	1

员工全年业绩成绩评估标准　员工年终考评

本例将制作员工绩效考核表，记录公司员工的年度考评成绩，并对员工的考评成绩进行排名。

- 光盘\素材\第14章\绩效考核表.xlsx
- 光盘\效果\第14章\绩效考核表.xlsx
- 光盘\实例演示\第14章\制作绩效考核表

Step 1 打开“员工绩效考核表.xlsx”工作簿，单击“员工业绩奖励标准”工作表标签，切换到该工作表，在其中输入相应销售业绩奖金内容，如图14-32所示。

员工业绩奖励标准

销售额	0	50000	80000	120000	170000
	49999	79999	119999	169999	
业绩奖励比例	0	5%	8%	12%	15%

员工业绩统计　员工业绩奖励标准　员工 ...

图14-32　输入销售业绩奖金标准

操作解谜

每个企业都有自己的业绩奖励制度，本例中销售业绩奖励标准分别如下。

- 每季度的销售额在49999以下，没有基本业绩奖金。
- 每季度的销售额在50000~79999之间，业绩奖金为销售额的5%。
- 每季度的销售额在80000~119999之间，业绩奖金为销售额的8%。
- 每季度的销售额在120000~169999之间，业绩奖金为销售额的12%。
- 每季度的销售额在170000以上，业绩奖金为销售额的15%。

Step 2 在“员工业绩统计”工作表的D3单元格中输入“=HLOOKUP(C3,员工业绩奖励标准!$B$2:$F$4,3)*C3”，按Enter键，然后复制函数到D20单元格，如图14-33所示。

D3　=HLOOKUP(C3,员工业绩奖励标准!$B$2:F$4,

员工编号	员工姓名	第一季度销售额	业绩奖金	第二季度销售额	业绩奖金	第三季度销售额	业绩奖金
HSR1001	刘 勇	56500	2825	50350		54750	
HSR1002	李 南	47800	0	56670		46050	
HSR1003	陈双双	62100	3105	59700		60350	
HSR1004	叶小来	51600	2580	67980		49850	
HSR1005	林 佳	50500	2525	48750		48750	
HSR1006	彭 力	46800	0	48050		45050	
HSR1007	范琳琳	72500	3625	73750		70750	
HSR1008	易呈亮	68800	3440	70050		67050	
HSR1009	黄海燕	57500	2875	58750		55750	
HSR1010	张 浩	48600	0	52850		49850	
HSR1011	曾春林	50500	2525	51750		48750	
HSR1012	李 锋	61200	3060	102450		99450	
HSR1013	彭 洁	52900	2645	47650		51150	
HSR1014	徐瑜诚	81450	6516	82700		79700	
HSR1015	丁 昊	132500	15900	109430		60750	
HSR1016	李济东	56050	2802.5	57300		84300	
HSR1017	刘 惠	48900	0	50150		47150	
HSR1018	甘倩琦	96400	7712	97650		74650	

图14-33　计算第一季度业绩奖金

操作解谜

本例中计算业绩奖金都使用了相同格式的“=HLOOKUP(C3,员工业绩奖励标准!$B$2:$F$4,3)*C3”函数。HLOOKUP函数用来查找到某一个特定的行值，然后再返回同一列中某一个指定的单元格或数值，这里根据C3单元格中的数值在“员工业绩奖励标准”表格中判定业绩奖励比例，然后使用这个比例乘以C3单元格中的数值，即业绩奖金金额，然后返回到D3单元格中。

Step 3 ▶ 利用相同方法，使用“=HLOOKUP(E3,员工业绩奖励标准!$B$2:$F$4,3)*E3”、“=HLOOKUP(G3,员工业绩奖励标准!$B$2:$F$4,3)*G3”和“=HLOOKUP(I3,员工业绩奖励标准!$B$2:$F$4,3)*I3”函数计算第二、第三和第四季度的业绩奖金，如图14-34所示。

	D	E	F	G	H	I	J	K
2	业绩奖金	第二季度销售额	业绩奖金	第三季度销售额	业绩奖金	第四季度销售额	业绩奖金	全年业绩奖金
3	2825	50350	2517.5	54750	2737.5	88770	7101.6	
4	0	56670	2833.5	46050	0	60070	3003.5	
5	3105	59700	2985	60350	3017.5	64370	3218.5	
6	2580	67980	3399	49850	0	53870	2693.5	
7	2525	48750	0	48750	0	52770	2638.5	
8	0	48050	0	45050	0	59070	2953.5	
9	3625	73750	3687.5	70750	3537.5	44770	0	
10	3440	70050	3502.5	67050	3352.5	71070	3553.5	
11	2875	58750	2937.5	55750	2787.5	59770	2988.5	
12	0	52850	2642.5	49850	0	53870	2693.5	
13	2525	51750	2587.5	48750	0	52770	2638.5	
14	3060	102450	8196	99450	7956	103470	8277.6	
15	2645	47650	0	51150	2557.5	55170	2758.5	
16	6516	82700	6616	79700	3985	83720	6697.6	
17	15900	109430	8754.4	60750	3037.5	94770	7581.6	
18	2802.5	57300	2865	84300	6744	58320	2916	
19	0	50150	2507.5	47150	0	51170	2558.5	
20	7712	97650	7812	74650	3732.5	68670	3433.5	

员工业绩统计 | 员工业绩奖励标准

图14-34　计算其他季度的业绩奖金

Step 4 ▶ 选择K3单元格，在其中输入“=D3+F3+H3+J3”，按Enter键，然后复制函数到K20单元格，计算员工全年业绩奖金，如图14-35所示。

K3　=D3+F3+H3+J3

	D	E	F	G	H	I	J	K
2	业绩奖金	第二季度销售额	业绩奖金	第三季度销售额	业绩奖金	第四季度销售额	业绩奖金	全年业绩奖金
3	2825	50350	2517.5	54750	2737.5	88770	7101.6	15181.6
4	0	56670	2833.5	46050	0	60070	3003.5	5837
5	3105	59700	2985	60350	3017.5	64370	3218.5	12326
6	2580	67980	3399	49850	0	53870	2693.5	8672.5
7	2525	48750	0	48750	0	52770	2638.5	5163.5
8	0	48050	0	45050	0	59070	2953.5	2953.5
9	3625	73750	3687.5	70750	3537.5	44770	0	10850
10	3440	70050	3502.5	67050	3352.5	71070	3553.5	13848.5
11	2875	58750	2937.5	55750	2787.5	59770	2988.5	11588.5
12	0	52850	2642.5	49850	0	53870	2693.5	5336
13	2525	51750	2587.5	48750	0	52770	2638.5	7751
14	3060	102450	8196	99450	7956	103470	8277.6	27489.6
15	2645	47650	0	51150	2557.5	55170	2758.5	7961
16	6516	82700	6616	79700	3985	83720	6697.6	23814.6
17	15900	109430	8754.4	60750	3037.5	94770	7581.6	35273.5
18	2802.5	57300	2865	84300	6744	58320	2916	15327.5
19	0	50150	2507.5	47150	0	51170	2558.5	5066
20	7712	97650	7812	74650	3732.5	68670	3433.5	22690
21								

员工业绩统计 | 员工业绩奖励标准

图14-35　计算全年业绩奖金

Step 5 ▶ 切换到“员工工作态度考评”工作表，在G3单元格中输入“=SUM(C3:F3)”，按Enter键，然后复制公式至G20单元格，计算工作态度考评总成绩；在H3单元格中输入“=AVERAGE(C3:F3)”，按Enter键，然后复制公式至H20单元格，计算工作态度考评平均成绩，如图14-36所示。

H3　=AVERAGE(C3:F3)

	A	B	C	D	E	F	G	H
2	员工编号	员工姓名	第一季度工作态度	第二季度工作态度	第三季度工作态度	第四季度工作态度	工作态度总成绩	工作态度平均成绩
3	HSR1001	刘　勇	86	90	85	95	356	89
4	HSR1002	李　南	88	95	95	90	368	92
5	HSR1003	陈双双	83	80	90	75	328	82
6	HSR1004	叶小来	75	70	75	80	300	75
7	HSR1005	林　佳	82	79	85	88	334	83.5
8	HSR1006	彭　力	87	89	84	92	352	88
9	HSR1007	范琳琳	91	94	94	87	366	91.5
10	HSR1008	易呈亮	84	79	89	72	324	81
11	HSR1009	黄海燕	77	70	74	77	298	74.5
12	HSR1010	张　浩	84	77	84	85	330	82.5
13	HSR1011	曾春林	80	77	87	72	316	79
14	HSR1012	李　锋	72	67	72	77	288	72
15	HSR1013	彭　洁	88	93	95	90	366	91.5
16	HSR1014	徐瑜诚	84	86	81	89	340	85
17	HSR1015	丁　昊	87	91	92	84	354	88.5
18	HSR1016	李济东	82	76	86	70	314	78.5
19	HSR1017	刘　惠	74	67	71	74	286	71.5
20	HSR1018	甘倩琦	85	95	95	95	370	92.5

员工工作态度考评 | 员工能力考评 | 员工全年业 ...

图14-36　计算工作态度考评总成绩和平均成绩

Step 6 ▶ 切换到“员工能力考评”工作表，在G3单元格中输入“=SUM(C3:F3)”，按Enter键，然后复制公式至G20单元格，计算能力考评总成绩；在H3单元格中输入“=AVERAGE(C3:F3)”，按Enter键，然后复制公式至H20单元格，计算工作态度考评平均成绩，如图14-37所示。

H3　=AVERAGE(C3:F3)

	A	B	C	D	E	F	G	H
2	员工编号	员工姓名	理论考核成绩	上机操作成绩	现场答辩成绩	事故处理成绩	总成绩	平均成绩
3	HSR1001	刘　勇	88	92	72	82	334	83.5
4	HSR1002	李　南	90	97	82	77	346	86.5
5	HSR1003	陈双双	85	82	77	62	306	76.5
6	HSR1004	叶小来	77	72	62	67	278	69.5
7	HSR1005	林　佳	70	81	72	75	298	74.5
8	HSR1006	彭　力	89	91	71	79	330	82.5
9	HSR1007	范琳琳	93	96	81	74	344	86
10	HSR1008	易呈亮	86	81	76	59	302	75.5
11	HSR1009	黄海燕	79	72	61	64	276	69
12	HSR1010	张　浩	86	79	71	72	308	77
13	HSR1011	曾春林	82	79	74	59	294	73.5
14	HSR1012	李　锋	62	79	59	64	264	66
15	HSR1013	彭　洁	90	95	82	77	344	86
16	HSR1014	徐瑜诚	75	87	68	76	306	76.5
17	HSR1015	丁　昊	89	93	79	71	332	83
18	HSR1016	李济东	84	78	73	57	292	73
19	HSR1017	刘　惠	67	85	58	60	270	67.5
20	HSR1018	甘倩琦	87	97	82	82	348	87

员工工作态度考评 | 员工能力考评 | 员工全年业 ...

图14-37　计算能力考评总成绩和平均成绩

Step 7 ▶ 切换到“员工全年业绩成绩评估标准”工作表，在其中输入业绩成绩评估标准相关数据内容，如图14-38所示。

	A	B	C	D	E	F
1	员工全年业绩考评成绩评估标准					
2	业绩奖金	0	6000	10000	16000	22000
3		5999	9999	15999	21999	
4	业绩考评成绩	50	60	70	80	90
5						
6						
7						

员工能力考评 | 员工全年业绩成绩评估标准 ...

图14-38　输入业绩成绩评估标准数据

> **操作解谜**
>
> 计算出业绩奖金后，便可根据奖金金额计算出员工业绩考评成绩。本例中全年业绩评估成绩标准如下。
>
> - 全年业绩奖金在5999以下，业绩考评成绩为50分。
> - 全年业绩奖金在6000~9999之间，业绩考评成绩为60分。
> - 全年业绩奖金在10000~15999之间，业绩考评成绩为70分。
> - 全年业绩奖金在16000~21999之间，业绩考评成绩为80分。
> - 全年业绩奖金在22000以上，业绩考评成绩为90分。

Step8 切换到“员工年终考评”工作表，在C3单元格中输入“=VLOOKUP(A3,员工业绩统计!$A$3:$K$20,11)”，按Enter键，然后复制公式至C20单元格，获得员工全年奖金数据内容，如图14-39所示。

C3 =VLOOKUP(A3,员工业绩统计!$A$3:$K$20,

员工编号	员工姓名	员工全年业绩奖金	业绩考评成绩	工作态度考评成绩	能力考评成绩	考评总成绩
HSR1001	刘 勇	15181.6				
HSR1002	李 南	5837				
HSR1003	陈双双	12326				
HSR1004	叶小来	8672.5				
HSR1005	林 佳	5163.5				
HSR1006	彭 力	2953.5				
HSR1007	范琳琳	10850				
HSR1008	易呈亮	13848.5				
HSR1009	黄海燕	11588.5				
HSR1010	张 浩	5336				
HSR1011	曾春林	7751				
HSR1012	李 锋	27489.6				
HSR1013	彭 洁	7961				
HSR1014	徐瑜诚	23814.6				
HSR1015	丁 昊	35273.5				
HSR1016	李济东	15327.5				
HSR1017	刘 惠	5066				
HSR1018	甘倩琦	22690				

员工年终考评

图14-39 引用员工全年奖金数据

> **操作解谜**
>
> 本例中调用数据使用“=VLOOKUP(A3,员工业绩统计!$A$3:$K$20,11)”函数，用来查找“员工业绩统计”工作表A3单元格中“员工编号”数据与“员工年终考评”工作表中“员工编号”相同时，返回“员工业绩统计”工作表中第11列对应的员工全年业绩奖金。

Step 9 使用相同的方法，在D3单元格中输入“=HLOOKUP(C3,员工全年业绩成绩评估标准!$B$2:$F$4,3)”，在E3单元格中输入“=VLOOKUP(A3,员工工作态度考评!$A$3:$H$20,8)”，在F3单元格中输入“=VLOOKUP(A3,员工能力考评!$A$3:$H$20,8)”，分别调用数据，如图14-40所示。

F3 =VLOOKUP(A3,员工能力考评!$A$3:$H$20,8)

员工编号	员工姓名	员工全年业绩奖金	业绩考评成绩	工作态度考评成绩	能力考评成绩	考评总成绩
HSR1001	刘 勇	15181.6	70	89	83.5	
HSR1002	李 南	5837	50	92	86.5	
HSR1003	陈双双	12326	70	82	76.5	
HSR1004	叶小来	8672.5	60	75	69.5	
HSR1005	林 佳	5163.5	50	83.5	74.5	
HSR1006	彭 力	2953.5	50	88	82.5	
HSR1007	范琳琳	10850	70	91.5	86	
HSR1008	易呈亮	13848.5	70	81	75.5	
HSR1009	黄海燕	11588.5	70	74.5	69	
HSR1010	张 浩	5336	50	82.5	77	
HSR1011	曾春林	7751	60	79	73.5	
HSR1012	李 锋	27489.6	90	72	66	
HSR1013	彭 洁	7961	60	91.5	86	
HSR1014	徐瑜诚	23814.6	90	85	76.5	
HSR1015	丁 昊	35273.5	90	88.5	83	
HSR1016	李济东	15327.5	70	78.5	73	
HSR1017	刘 惠	5066	50	71.5	67.5	
HSR1018	甘倩琦	22690	90	92.5	87	

员工年终考评

图14-40 引用其他考评数据

Step 10 在G3单元格中输入“=SUM(D3:F3)”，按Enter键，然后复制公式至G30单元格，计算员工考评总成绩。在H3单元格中输入“=AVERAGE(D3:F3)”，按Enter键，然后复制公式至H20单元格，计算考评平均成绩，如图14-41所示。

H3 =AVERAGE(D3:F3)

员工全年业绩奖金	业绩考评成绩	工作态度考评成绩	能力考评成绩	考评总成绩	考评平均成绩	考评名次
15181.6	70	89	83.5	242.5	80.83	
5837	50	92	86.5	228.5	76.17	
12326	70	82	76.5	228.5	76.17	
8672.5	60	75	69.5	204.5	68.17	
5163.5	50	83.5	74.5	208	69.33	
2953.5	50	88	82.5	220.5	73.50	
10850	70	91.5	86	247.5	82.50	
13848.5	70	81	75.5	226.5	75.50	
11588.5	70	74.5	69	213.5	71.17	
5336	50	82.5	77	209.5	69.83	
7751	60	79	73.5	212.5	70.83	
27489.6	90	72	66	228	76.00	
7961	60	91.5	86	237.5	79.17	
23814.6	90	85	76.5	251.5	83.83	
35273.5	90	88.5	83	261.5	87.17	
15327.5	70	78.5	73	221.5	73.83	
5066	50	71.5	67.5	189	63.00	
22690	90	92.5	87	269.5	89.83	

员工年终考评

图14-41 计算考评总成绩和平均成绩

Step 11 在I3单元格中输入函数“=RANK.AVG(H3,$H$3:$H$20)”，按Enter键，然后复制公式至I20单元格，对员工年度考评成绩进行名次排序，如图14-42所示。

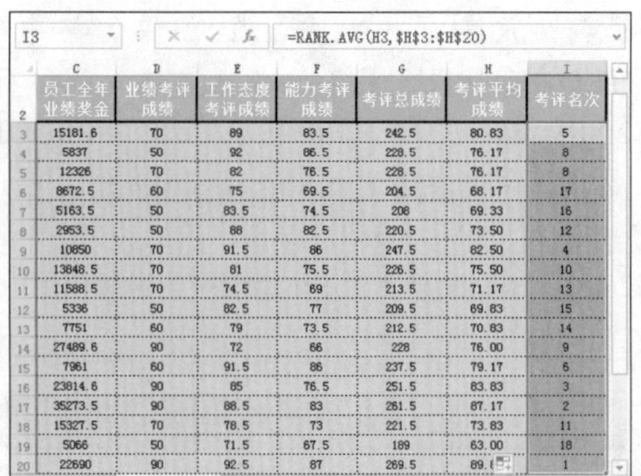

I3 =RANK.AVG(H3,$H$3:$H$20)

员工全年业绩奖金	业绩考评成绩	工作态度考评成绩	能力考评成绩	考评总成绩	考评平均成绩	考评名次
15181.6	70	89	83.5	242.5	80.83	5
5837	50	92	86.5	228.5	76.17	8
12326	70	82	76.5	228.5	76.17	8
8672.5	60	75	69.5	204.5	68.17	17
5163.5	50	83.5	74.5	208	69.33	16
2953.5	50	88	82.5	220.5	73.50	12
10850	70	91.5	86	247.5	82.50	4
13848.5	70	81	75.5	226.5	75.50	10
11588.5	70	74.5	69	213.5	71.17	13
5336	50	82.5	77	209.5	69.83	15
7751	60	79	73.5	212.5	70.83	14
27489.6	90	72	66	228	76.00	9
7961	60	91.5	86	237.5	79.17	6
23814.6	90	85	76.5	251.5	83.83	3
35273.5	90	88.5	83	261.5	87.17	2
15327.5	70	78.5	73	221.5	73.83	11
5066	50	71.5	67.5	189	63.00	18
22690	90	92.5	87	269.5	89.[illegible]	1

图14-42 考评成绩排名

读书笔记

14.5 制作产品成本费用管理表

计算产品成本费用 创建折线图 编辑图表数据源

产品编号	产品名称	产量	燃料及动能成本			员工工资			制造费用			完工成本合计	单位成本
			单件机器功率时数	机器功率总时数	实际燃料及动能成本	单件人工工时定额	人工工时总定额	实际人工成本	单件人工工时定额	人工工时总定额	实际制造费用		
CL-0001	产品A	600	4	2,400.00	2,447.20	0.30	180.00	2,865.67	1	600.00	649.35	14,101.89	23.50
CL-0002	产品B	800	3	2,400.00	2,447.20	0.10	80.00	1,273.63	0.5	400.00	432.90	14,159.73	17.70
CL-0003	产品C	500	2.6	1,300.00	1,325.56	0.50	250.00	3,980.10	0.6	300.00	324.68	9,830.24	19.66
CL-0004	产品D	100	5	500.00	509.83	0.10	10.00	159.20	0.5	50.00	54.11	2,212.92	22.13
CL-0005	产品E	600	3.2	1,920.00	1,957.76	0.20	120.00	1,910.45	1	600.00	649.35	10,218.84	17.03
CL-0006	产品F	200	2.8	560.00	571.01	0.30	60.00	955.22	0.5	100.00	108.23	3,640.81	18.20
CL-0007	产品G	100	3.2	320.00	326.29	0.30	30.00	477.61	2	200.00	216.45	1,814.75	18.15
CL-0008	产品H	500	6	3,000.00	3,058.99	0.20	100.00	1,592.04	0.6	300.00	324.68	11,955.99	23.91
CL-0009	产品I	300	5.6	1,680.00	1,713.04	0.20	60.00	955.22	1.5	450.00	487.01	6,961.02	23.20
CL-0010	产品G	200	3.9	780.00	795.34	0.50	100.00	1,592.04	1.2	240.00	259.74	4,189.15	20.95
CL-0011	产品K	100	8	800.00	815.73	0.20	20.00	318.41	0.8	80.00	86.58	1,668.46	16.68
CL-0012	产品L	600	9	5,400.00	5,506.19	0.50	300.00	4,776.12	0.6	360.00	389.61	18,871.13	31.45
CL-0013	产品M	400	8	3,200.00	3,262.93	0.50	200.00	3,184.08	1.6	640.00	692.64	12,832.30	32.08
CL-0014	产品N	500	6.4	3,200.00	3,262.93	1.00	500.00	7,960.20	0.6	300.00	324.68	17,342.76	34.69
	合	计		27,460.00			2,010.00	32,000.00		4,620.00	5,000.00		

原材料成本表 产品成本费用分析图表 产品成本核算

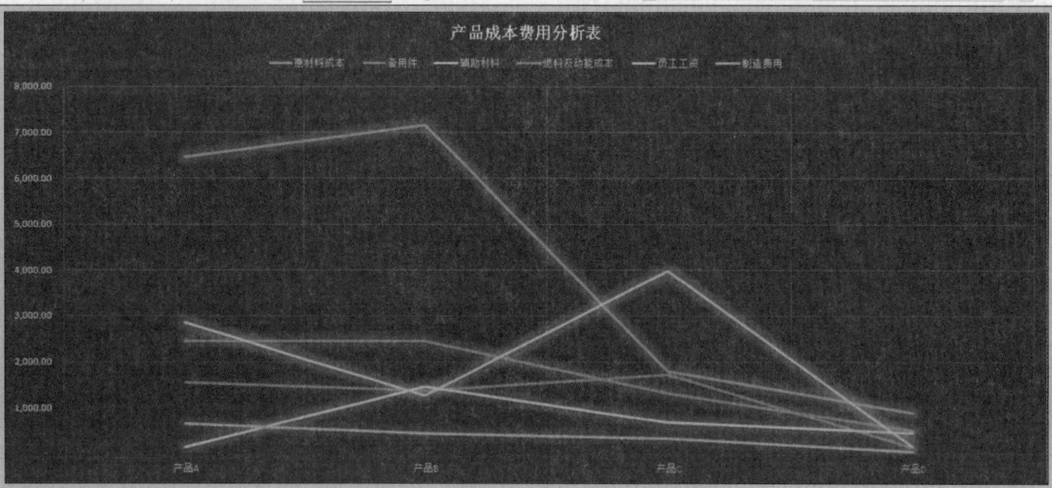

产品成本费用分析表

本例将对企业的生产成本进行分析和计算，从而使企业管理人员发现并了解企业成本的使用状况。

- 光盘\素材\第14章\产品成本费用管理表.xlsx
- 光盘\效果\第14章\产品成本费用管理表.xlsx
- 光盘\实例演示\第14章\制作产品成本费用管理表

Step 1 ▶ 打开“产品成本费用管理表.xlsx”工作簿，在“产品成本核算”工作表中选择E4单元格，在编辑栏中输入公式“=C4*D4”，按Enter键，然后复制公式到E17单元格，计算出原材料的消耗总定额，如图14-43所示。

E4 =C4*D4

产品编号	产品名称	产量	原材料			备用件	
			单件原材料消耗定额	原材料消耗总定额	实际原材料成本	单件完工定额外购成本	备用件成本定额总成本
CL-0001	产品A	600	6	3,600		1.50	
CL-0002	产品B	800	5	4,000		1.00	
CL-0003	产品C	500	2	1,000		2.00	
CL-0004	产品D	100	5	500		0.80	
CL-0005	产品E	600	3	1,800		1.60	
CL-0006	产品F	200	4	800		1.00	
CL-0007	产品G	100	2	200		2.00	
CL-0008	产品H	500	6	3,000		1.20	
CL-0009	产品I	300	5	1,500		1.50	
CL-0010	产品G	200	2	400		1.60	
CL-0011	产品K	100	1	100		0.50	
CL-0012	产品L	600	6	3,600		0.50	
CL-0013	产品M	400	5	2,000		2.00	
CL-0014	产品N	500	5	2,500		0.60	
	合	计					

原材料成本表 产品成本核算

图14-43 计算原材料的消耗总定额

技巧秒杀

在计算一个单元格区域的数据时，可选择区域输入公式，通过按Ctrl+Enter快捷键计算。

Step 2 ▶ 选择E18单元格，在编辑栏中输入公式“=SUM(E4:E17)”，按Enter键计算出所有产品消耗的原材料的总额，如图14-44所示。

E18 =SUM(E4:E17)

产品编号	产品名称	产量	原材料			备用件	
			单件原材料消耗定额	原材料消耗总定额	实际原材料成本	单件完工定额外购成本	备用件成本定额总成本
CL-0001	产品A	600	6	3,600		1.50	
CL-0002	产品B	800	5	4,000		1.00	
CL-0003	产品C	500	2	1,000		2.00	
CL-0004	产品D	100	5	500		0.80	
CL-0005	产品E	600	3	1,800		1.60	
CL-0006	产品F	200	4	800		1.00	
CL-0007	产品G	100	2	200		2.00	
CL-0008	产品H	500	6	3,000		1.20	
CL-0009	产品I	300	5	1,500		1.50	
CL-0010	产品G	200	2	400		1.60	
CL-0011	产品K	100	1	100		0.50	
CL-0012	产品L	600	6	3,600		0.50	
CL-0013	产品M	400	5	2,000		2.00	
CL-0014	产品N	500	5	2,500		0.60	
	合	计		25,000			

原材料成本表 产品成本核算

图14-44 计算所有产品消耗的原材料的总额

Step 3 ▶ 选择F4单元格，输入公式“=E4*原材料成本表!$F$3/$E$18”，按Enter键，然后复制公式到F17单元格，计算出产品实际消耗的原材料成本，如图14-45所示。

操作解谜

本例中函数“=E4*原材料成本表!$F$3/$E$18”表示：单件产品的实际原材料成本＝该产品的原材料消耗总定额 ×（实际原材料成本 ÷ 原材料消耗总定额的合计值），其他各项目的计算方法和含义如下。

- 单件产品的备用件成本定额总成本＝产量×该产品单件完工定额外购成本
- 单件产品的实际外购件成本＝该产品的备用件成本定额总成本×（实际备用件成本÷外购件成本的合计值）
- 单件产品的辅助材料消耗总定额＝产量×单件辅助材料消耗定额
- 单件产品的实际辅料成本＝单件产品的辅助材料消耗总定额×（实际辅助材料成本÷辅助材料消耗总定额的合计值）
- 单件产品的机器功率总时数＝产量×单件机器功率时数
- 单件产品的实际燃料及动能成本＝单件产品的机器功率总时数×（燃料及动能成本÷机器功率总时数的合计值）
- 单件产品的人工工时总定额＝产量×单件人工工时定额
- 单件产品的实际人工成本＝单件产品的人工工时总定额×（人工成本÷人工工时总定额的合计值）
- 单件产品的实际制造费用＝单件产品的人工工时总定额×（制作费用÷人工工时总定额的合计值）
- 单件产品的完工成本合计值＝单件产品的实际原材料成本＋单件产品的实际外购件成本＋单件产品的实际辅料成本＋单件产品的实际燃料及动能成本＋单件产品的实际人工成本
- 单位成本＝单件产品的完工成本合计值

F4 =E4*原材料成本表!$F$3/$E$18

产品编号	产品名称	产量	原材料			备用件	
			单件原材料消耗定额	原材料消耗总定额	实际原材料成本	单件完工定额外购成本	备用件成本定额总成本
CL-0001	产品A	600	6	3,600	6,451.20	1.50	
CL-0002	产品B	800	5	4,000	7,168.00	1.00	
CL-0003	产品C	500	2	1,000	1,792.00	2.00	
CL-0004	产品D	100	5	500	896.00	0.80	
CL-0005	产品E	600	3	1,800	3,225.60	1.60	
CL-0006	产品F	200	4	800	1,433.60	1.00	
CL-0007	产品G	100	2	200	358.40	2.00	
CL-0008	产品H	500	6	3,000	5,376.00	1.20	
CL-0009	产品I	300	5	1,500	2,688.00	1.50	
CL-0010	产品G	200	2	400	716.80	1.60	
CL-0011	产品K	100	1	100	179.20	0.50	
CL-0012	产品L	600	6	3,600	6,451.20	0.50	
CL-0013	产品M	400	5	2,000	3,584.00	2.00	
CL-0014	产品N	500	5	2,500	4,480.00	0.60	
	合	计		25,000			

原材料成本表 产品成本核算

图14-45　计算实际消耗的原材料成本

还可以这样做?

除此之外，可先选择F4:F17目标单元格区域，然后输入公式“=E4*原材料成本表!$F$3/$E$18”，按Ctrl+Enter快捷键计算出产品实际消耗的原材料成本。

Step 4 选择F18单元格，在编辑栏中输入公式“=SUM(F4:F17)”，按Enter键计算出所有产品消耗的原材料总额，如图14-46所示。

F18 =SUM(F4:F17)

产品编号	产品名称	产量	原材料			备用件	
			单件原材料消耗定额	原材料消耗总定额	实际原材料成本	单件完工定额外购成本	备用件成本定额总成本
CL-0001	产品A	600	6	3,600	6,451.20	1.50	
CL-0002	产品B	800	5	4,000	7,168.00	1.00	
CL-0003	产品C	500	2	1,000	1,792.00	2.00	
CL-0004	产品D	100	5	500	896.00	0.80	
CL-0005	产品E	600	3	1,800	3,225.60	1.60	
CL-0006	产品F	200	4	800	1,433.60	1.00	
CL-0007	产品G	100	2	200	358.40	2.00	
CL-0008	产品H	500	6	3,000	5,376.00	1.20	
CL-0009	产品I	300	5	1,500	2,688.00	1.50	
CL-0010	产品G	200	2	400	716.80	1.60	
CL-0011	产品K	100	1	100	179.20	0.50	
CL-0012	产品L	600	6	3,600	6,451.20	0.50	
CL-0013	产品M	400	5	2,000	3,584.00	2.00	
CL-0014	产品N	500	5	2,500	4,480.00	0.60	
	合	计		25,000	44,800.00		

原材料成本表 产品成本核算

图14-46　计算所有产品消耗的原材料总额

Step 5 使用相似方法，选择H4单元格，输入“=C4*G4”，按Enter键，然后复制公式到H17单元格，计算出产品的备用件成本定额，选择H18单元格，在编辑栏中输入公式“=SUM(H4:H17)”，按Enter键计算出所有产品消耗的备用件成本总额，如图14-47所示。

H18 =SUM(H4:H17)

产品编号	产品名称	产量	备用件			辅助材料	
			单件完工定额外购成本	备用件成本定额总成本	实际外购件成本	单件辅料消耗定额	辅料消耗总定额
CL-0001	产品A	600	1.50	900.00		0.1	
CL-0002	产品B	800	1.00	800.00		0.8	
CL-0003	产品C	500	2.00	1,000.00		0.6	
CL-0004	产品D	100	0.80	80.00		2	
CL-0005	产品E	600	1.60	960.00		0.6	
CL-0006	产品F	200	1.00	200.00		0.5	
CL-0007	产品G	100	2.00	200.00		0.4	
CL-0008	产品H	500	1.20	600.00		0.5	
CL-0009	产品I	300	1.50	450.00		0.5	
CL-0010	产品G	200	1.60	320.00		0.6	
CL-0011	产品K	100	0.50	50.00		0.8	
CL-0012	产品L	600	0.50	300.00		0.9	
CL-0013	产品M	400	2.00	800.00		0.8	
CL-0014	产品N	500	0.60	300.00		0.7	
	合	计		6,960.00			

原材料成本表 产品成本核算

图14-47　计算所有产品消耗的备用件成本总额

Step 6 利用相同方法，使用公式“=H4*原材料成本表!$G$3/$H$18”和“=SUM(I4:I17)”，计算产品实际消耗的备用件成本和消耗的备用件成本总额，如图14-48所示。

I18 =SUM(I4:I17)

产品编号	产品名称	产量	备用件			辅助材料	
			单件完工定额外购成本	备用件成本定额总成本	实际外购件成本	单件辅料消耗定额	辅料消耗总定额
CL-0001	产品A	600	1.50	900.00	1,551.72	0.1	
CL-0002	产品B	800	1.00	800.00	1,379.31	0.8	
CL-0003	产品C	500	2.00	1,000.00	1,724.14	0.6	
CL-0004	产品D	100	0.80	80.00	137.93	2	
CL-0005	产品E	600	1.60	960.00	1,655.17	0.6	
CL-0006	产品F	200	1.00	200.00	344.83	0.5	
CL-0007	产品G	100	2.00	200.00	344.83	0.4	
CL-0008	产品H	500	1.20	600.00	1,034.48	0.5	
CL-0009	产品I	300	1.50	450.00	775.86	0.5	
CL-0010	产品G	200	1.60	320.00	551.72	0.6	
CL-0011	产品K	100	0.50	50.00	86.21	0.8	
CL-0012	产品L	600	0.50	300.00	517.24	0.9	
CL-0013	产品M	400	2.00	800.00	1,379.31	0.8	
CL-0014	产品N	500	0.60	300.00	517.24	0.7	
	合	计		6,960.00	12,000.00		

原材料成本表 产品成本核算

图14-48　计算备用件成本和消耗的备用件成本总额

Step 7 使用相同的方法计算每个产品的辅料消耗总定额、机器功率总时数、人工工时总定额和制造费用的定额成本，如产品A中每个项目的计算公式分别为“=C4*J4”、“=C4*M4”、“=C4*P4”和“=C4*S4”，如图14-49所示。

I18 =SUM(I4:I17)

产品编号	产品名称	产量	备用件			辅助材料	
			单件完工定额外购成本	备用件成本定额总成本	实际外购件成本	单件辅料消耗定额	辅料消耗总定额
CL-0001	产品A	600	1.50	900.00	1,551.72	0.1	
CL-0002	产品B	800	1.00	800.00	1,379.31	0.8	
CL-0003	产品C	500	2.00	1,000.00	1,724.14	0.6	
CL-0004	产品D	100	0.80	80.00	137.93	2	
CL-0005	产品E	600	1.60	960.00	1,655.17	0.6	
CL-0006	产品F	200	1.00	200.00	344.83	0.5	
CL-0007	产品G	100	2.00	200.00	344.83	0.4	
CL-0008	产品H	500	1.20	600.00	1,034.48	0.5	
CL-0009	产品I	300	1.50	450.00	775.86	0.5	

图14-49　计算其他数据

Step 8 在K18、N18、Q18和T18单元格中分别输入公式“=SUM(K4:K17)”、“=SUM(N4:N17)”、“=SUM(Q4:Q17)”和“=SUM(T4:T17)”，计算产品对应项目的总定额，如图14-50所示。

产品编号	产品名称	产量	员工工资			制造费用	
			单件人工工时定额	人工工时总定额	实际人工成本	单件人工工时定额	人工工时总定额
CL-0001	产品A	600	0.30	180.00		1	600.00
CL-0002	产品B	800	0.10	80.00		0.5	400.00
CL-0003	产品C	500	0.50	250.00		0.6	300.00
CL-0004	产品D	100	0.10	10.00		0.5	50.00
CL-0005	产品E	600	0.20	120.00		1	600.00
CL-0006	产品F	200	0.30	60.00		0.5	100.00
CL-0007	产品G	100	0.30	30.00		2	200.00
CL-0008	产品H	500	0.20	100.00		0.6	300.00
CL-0009	产品I	300	0.20	60.00		1.5	450.00
CL-0010	产品G	200	0.50	100.00		1.2	240.00
CL-0011	产品K	100	0.20	20.00		0.8	80.00
CL-0012	产品L	600	0.50	300.00		0.6	360.00
CL-0013	产品M	400	0.50	200.00		1.6	640.00
CL-0014	产品N	500	1.00	500.00		0.6	300.00
	合	计		2,010.00			4,620.00

图14-50 计算产品对应项目的总定额

Step 9 使用相同的方法计算每个产品的辅助材料、燃料及动能成本、员工工资和制造费用的实际消耗成本，如产品A中每个项目的计算公式分别为“=K4*原材料成本表!$H$3/$K$18”、“=N4*原材料成本表!$I$3/$N$18”、“=Q4*原材料成本表!$J$3/$Q$18”和“=T4*原材料成本表!$K$3/$T$18”，如图14-51所示。

产品编号	产品名称	产量	员工工资		制造费用		
			人工工时总定额	实际人工成本	单件人工工时定额	人工工时总定额	实际制造费用
CL-0001	产品A	600	180.00	2,865.67	1	600.00	649.35
CL-0002	产品B	800	80.00	1,273.63	0.5	400.00	432.90
CL-0003	产品C	500	250.00	3,980.10	0.6	300.00	324.68
CL-0004	产品D	100	10.00	159.20	0.5	50.00	54.11
CL-0005	产品E	600	120.00	1,910.45	1	600.00	649.35
CL-0006	产品F	200	60.00	955.22	0.5	100.00	108.23
CL-0007	产品G	100	30.00	477.61	2	200.00	216.45
CL-0008	产品H	500	100.00	1,592.04	0.6	300.00	324.68
CL-0009	产品I	300	60.00	955.22	1.5	450.00	487.01
CL-0010	产品G	200	100.00	1,592.04	1.2	240.00	259.74
CL-0011	产品K	100	20.00	318.41	0.8	80.00	86.58
CL-0012	产品L	600	300.00	4,776.12	0.6	360.00	389.61
CL-0013	产品M	400	200.00	3,184.08	1.6	640.00	692.64
CL-0014	产品N	500	500.00	7,960.20	0.6	300.00	324.68
	合	计	2,010.00			4,620.00	

图14-51 计算实际消耗成本

Step 10 在L18、O18、R18和U18单元格中分别输入公式“=SUM(L4:L17)”、“=SUM(O4:O17)”、“=SUM(R4:R17)”和“=SUM(U4:U17)”，计算出产品对应项目的总消耗成本，如图14-52所示。

产品编号	产品名称	产量	员工工资		制造费用		
			人工工时总定额	实际人工成本	单件人工工时定额	人工工时总定额	实际制造费用
CL-0001	产品A	600	180.00	2,865.67	1	600.00	649.35
CL-0002	产品B	800	80.00	1,273.63	0.5	400.00	432.90
CL-0003	产品C	500	250.00	3,980.10	0.6	300.00	324.68
CL-0004	产品D	100	10.00	159.20	0.5	50.00	54.11
CL-0005	产品E	600	120.00	1,910.45	1	600.00	649.35
CL-0006	产品F	200	60.00	955.22	0.5	100.00	108.23
CL-0007	产品G	100	30.00	477.61	2	200.00	216.45
CL-0008	产品H	500	100.00	1,592.04	0.6	300.00	324.68
CL-0009	产品I	300	60.00	955.22	1.5	450.00	487.01
CL-0010	产品G	200	100.00	1,592.04	1.2	240.00	259.74
CL-0011	产品K	100	20.00	318.41	0.8	80.00	86.58
CL-0012	产品L	600	300.00	4,776.12	0.6	360.00	389.61
CL-0013	产品M	400	200.00	3,184.08	1.6	640.00	692.64
CL-0014	产品N	500	500.00	7,960.20	0.6	300.00	324.68
	合	计	2,010.00	32,000.00		4,620.00	5,000.00

图14-52 计算产品对应项目的总消耗成本

Step 11 选择V4:V17单元格区域，在编辑栏中输入公式“=F4+I4+L4+O4+R4+U4”，按Ctrl+Enter快捷键计算出完工后每个产品的总成本，如图14-53所示。

产品编号	产品名称	产量	制造费用			完工成本合计	单位成本
			单件人工工时定额	人工工时总定额	实际制造费用		
CL-0001	产品A	600	1	600.00	649.35	14,101.89	
CL-0002	产品B	800	0.5	400.00	432.90	14,159.73	
CL-0003	产品C	500	0.6	300.00	324.68	9,830.24	
CL-0004	产品D	100	0.5	50.00	54.11	2,212.92	
CL-0005	产品E	600	1	600.00	649.35	10,218.84	
CL-0006	产品F	200	0.5	100.00	108.23	3,640.81	
CL-0007	产品G	100	2	200.00	216.45	1,814.75	
CL-0008	产品H	500	0.6	300.00	324.68	11,955.99	
CL-0009	产品I	300	1.5	450.00	487.01	6,961.02	
CL-0010	产品G	200	1.2	240.00	259.74	4,189.15	
CL-0011	产品K	100	0.8	80.00	86.58	1,668.46	
CL-0012	产品L	600	0.6	360.00	389.61	18,871.13	
CL-0013	产品M	400	1.6	640.00	692.64	12,832.30	
CL-0014	产品N	500	0.6	300.00	324.68	17,342.76	
	合	计		4,620.00	5,000.00		

图14-53 计算完工后产品的总成本

Step 12 选择W4:W17单元格区域，在编辑栏中输入公式“=$V4/$C4”，按Ctrl+Enter快捷键计算出每个产品占总成本的单位份额，如图14-54所示。

产品编号	产品名称	产量	制造费用			完工成本合计	单位成本
			单件人工工时定额	人工工时总定额	实际制造费用		
CL-0001	产品A	600	1	600.00	649.35	14,101.89	23.50
CL-0002	产品B	800	0.5	400.00	432.90	14,159.73	17.70
CL-0003	产品C	500	0.6	300.00	324.68	9,830.24	19.66
CL-0004	产品D	100	0.5	50.00	54.11	2,212.92	22.13
CL-0005	产品E	600	1	600.00	649.35	10,218.84	17.03
CL-0006	产品F	200	0.5	100.00	108.23	3,640.81	18.20
CL-0007	产品G	100	2	200.00	216.45	1,814.75	18.15
CL-0008	产品H	500	0.6	300.00	324.68	11,955.99	23.91
CL-0009	产品I	300	1.5	450.00	487.01	6,961.02	23.20
CL-0010	产品G	200	1.2	240.00	259.74	4,189.15	20.95
CL-0011	产品K	100	0.8	80.00	86.58	1,668.46	16.68
CL-0012	产品L	600	0.6	360.00	389.61	18,871.13	31.45
CL-0013	产品M	400	1.6	640.00	692.64	12,832.30	32.08
CL-0014	产品N	500	0.6	300.00	324.68	17,342.76	34.69
	合	计		4,620.00	5,000.00		

图14-54 计算产品占总成本的单位份额

Step 13 ▶ 在“产品成本核算”工作表中选择空白单元格，选择“插入”/“图表”组，单击“折线图”按钮，在弹出的下拉列表中选择“折线图”选项，然后选择创建的空白图表，单击鼠标右键，在弹出的快捷菜单中选择“选择数据”命令，在打开的“选择数据源”对话框的“图例项（系列）”栏中单击添加(A)按钮，如图14-55所示。

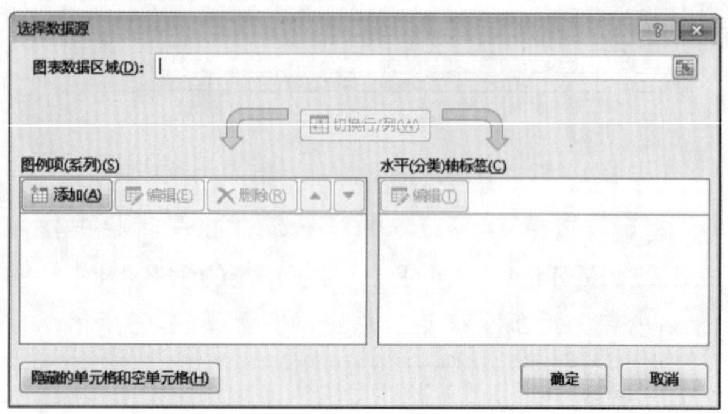

图14-55 “选择数据源”对话框

技巧秒杀

因为本例中的数据量较大，因此需先创建空白的图表，然后再编辑数据源区域。

Step 14 ▶ 打开“编辑数据系列”对话框，在“系列名称”文本框中输入“原材料成本”，在“系列值”文本框中输入“=产品成本核算!$F$4:$F$17”，单击确定按钮，如图14-56所示。

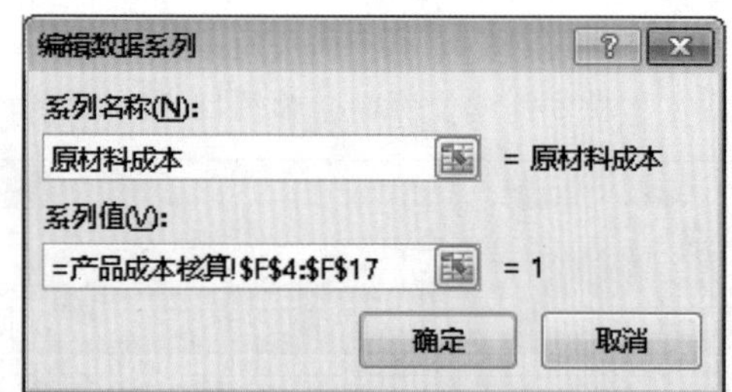

图14-56 编辑“原材料成本”数据系列

操作解谜

这里的“原材料成本”是定义的图例项名称，“=产品成本核算!$F$4:$F$17”则是“原材料成本”在表格中对应的F4:F17单元格数据区域。

Step 15 ▶ 返回“选择数据源”对话框，使用相同的方法将“备用件”、“辅助材料”、“燃料及动能成本”、“员工工资”和“制造费用”添加到“图例项（系列）”栏中（单元格区域分别对应为I4:I17、L4:L17、O4:O17、R4:R17和U4:U17），如图14-57所示。

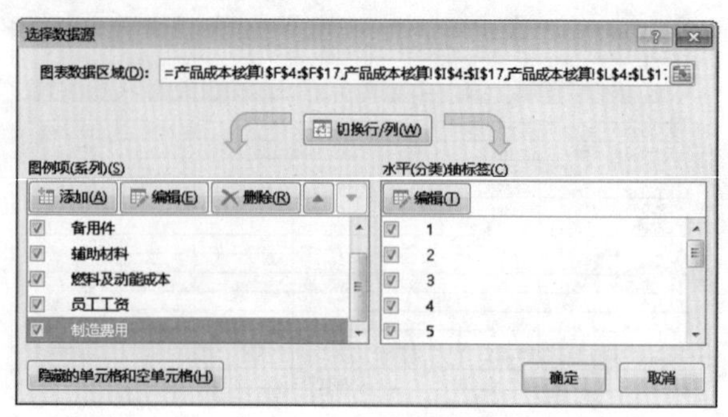

图14-57 编辑其他数据系列

Step 16 ▶ 在“水平（分类）轴标签”栏中选择“1”选项，单击编辑按钮，打开“轴标签”对话框，在“轴标签区域”文本框中输入“=产品成本核算!$B$4:$B$17”，单击确定按钮，如图14-58所示。

图14-58 修改坐标轴系列名称

Step 17 ▶ 返回“选择数据源”对话框，在“水平（分类）轴标签”栏中可看到修改后的轴标签名称为B4:B17单元格区域中的产品名称，取消选中“产品D”后面产品选项前的复选框，进行隐藏，单击确定按钮完成数据源的编辑，如图14-59所示。

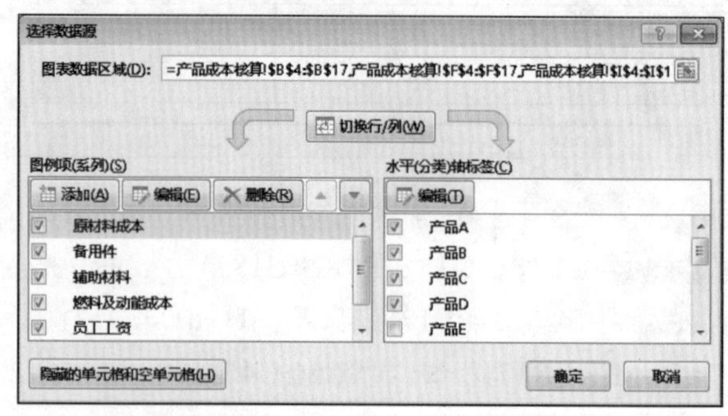

图14-59 编辑水平坐标轴

Step 18 ▶ 返回工作表，可查看到图表水平坐标轴只显示产品A~产品D选项，此时为图表添加标题，将图例移至图表上方，并调整图表大小，在“设计”/“图表样式”组中应用图表“样式9”，效果如图14-60所示。

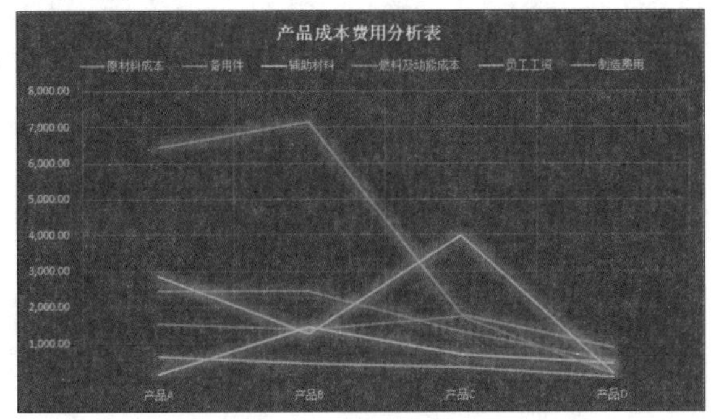

图14-60 应用图表样式

Step 19 ▶ 选择“设计”/“位置”组，单击“移动图表”按钮，在打开的对话框中选中 ◉新工作表(S): 单选按钮，在右侧的文本框中输入“产品成本费用分析图表”，单击 确定 按钮，移动图表到新工作表，如图14-61所示，完成本例操作。

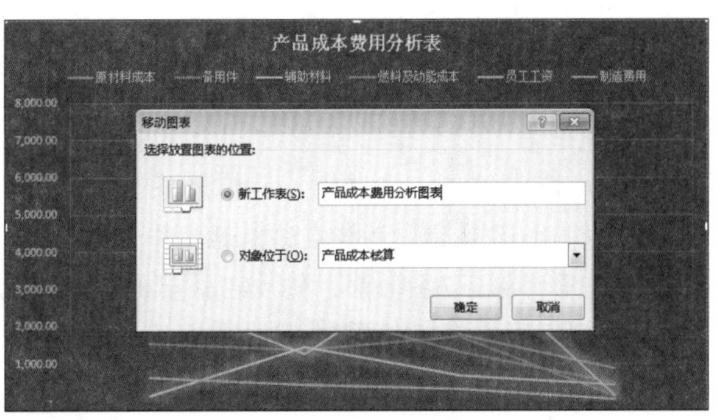

图14-61 移动图表位置

技巧秒杀

本例提供的素材使用了“窗口冻结”操作，保持A列~C列单元格区域固定不动，拖动下方的滑动块，查看和编辑D列~W列。冻结拆分窗格功能用于锁定一个区域中的行或列，方便查看两个区域。具体方法是：选择要拆分的行或列下方右侧的任一单元格，这里选择D列中的单元格，然后选择“视图”/“窗口”组，单击“冻结窗格”按钮，在弹出的下拉列表中选择“冻结拆分窗格”选项。

14.6 统计产品入库明细表

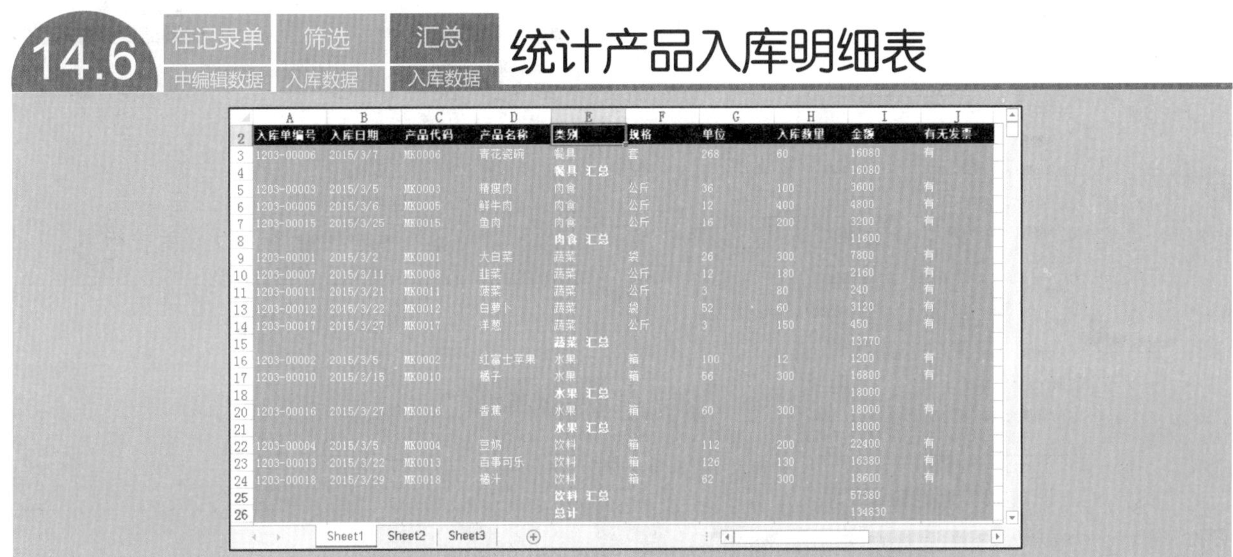

在记录单中编辑数据 | 筛选入库数据 | 汇总入库数据

	A	B	C	D	E	F	G	H	I	J
2	入库单编号	入库日期	产品代码	产品名称	类别	规格	单位	入库数量	金额	有无发票
3	1203-00006	2015/3/7	MK0006	青花瓷碗	餐具	套	268	60	16080	有
4					餐具 汇总				16080	
5	1203-00003	2015/3/5	MK0003	精瘦肉	肉食	公斤	36	100	3600	有
6	1203-00005	2015/3/6	MK0005	鲜牛肉	肉食	公斤	12	400	4800	有
7	1203-00015	2015/3/25	MK0015	鱼肉	肉食	公斤	16	200	3200	有
8					肉食 汇总				11600	
9	1203-00001	2015/3/2	MK0001	大白菜	蔬菜	袋	26	300	7800	有
10	1203-00007	2015/3/11	MK0008	韭菜	蔬菜	公斤	12	180	2160	有
11	1203-00011	2015/3/21	MK0011	菠菜	蔬菜	公斤	3	80	240	有
13	1203-00012	2015/3/22	MK0012	白萝卜	蔬菜	袋	52	60	3120	有
14	1203-00017	2015/3/27	MK0017	洋葱	蔬菜	公斤	3	150	450	有
15					蔬菜 汇总				13770	
16	1203-00002	2015/3/5	MK0002	红富士苹果	水果	箱	100	12	1200	有
17	1203-00010	2015/3/15	MK0010	橘子	水果	箱	56	300	16800	有
18					水果 汇总				18000	
20	1203-00016	2015/3/27	MK0016	香蕉	水果	箱	60	300	18000	有
21					水果 汇总				18000	
22	1203-00004	2015/3/5	MK0004	豆奶	饮料	箱	112	200	22400	有
23	1203-00013	2015/3/22	MK0013	百事可乐	饮料	箱	126	130	16380	有
24	1203-00018	2015/3/29	MK0018	橘汁	饮料	箱	62	300	18600	有
25					饮料 汇总				57380	
26					总计				134830	

Sheet1 Sheet2 Sheet3

本例将根据提供的产品入库明细表中的数据，对每月进入库房的产品进行分类汇总，使数据信息更加直观、明了，方便对产品的日常管理。

- 光盘\素材\第14章\产品入库明细表.xlsx
- 光盘\效果\第14章\产品入库明细表.xlsx
- 光盘\实例演示\第14章\统计产品入库明细表

Step 1 ▶ 打开“产品入库明细表.xlsx”工作簿，选择第3行中任意数据单元格，在“自定义”/“常用工具”组中单击“记录单”按钮，打开Sheet1对话框，单击下一条(N)按钮，查看输入的数据是否正确，发现输入的多余记录后，直接在该对话框中单击删除(D)按钮，这里删除第7条记录，然后在弹出的提示对话框中单击确定按钮，如图14-62所示。

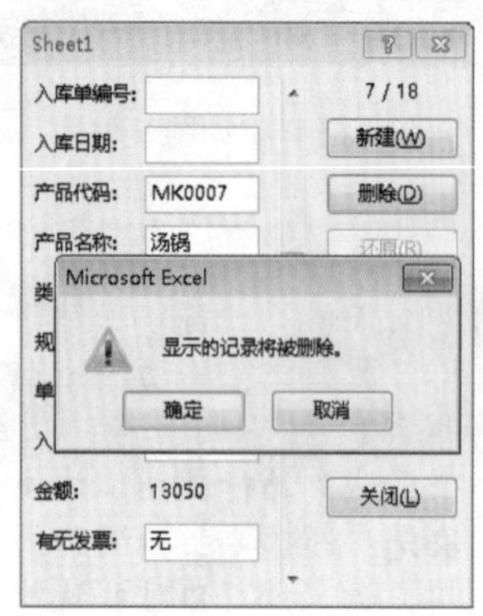

图14-62　删除多余记录

Step 2 ▶ 返回Sheet1对话框，单击下一条(N)按钮继续查看数据，然后在需要修改数据的文本框中输入正确值，这里将第12条记录中的“入库数量”修改为“130”，然后单击确定按钮确认修改，如图14-63所示。

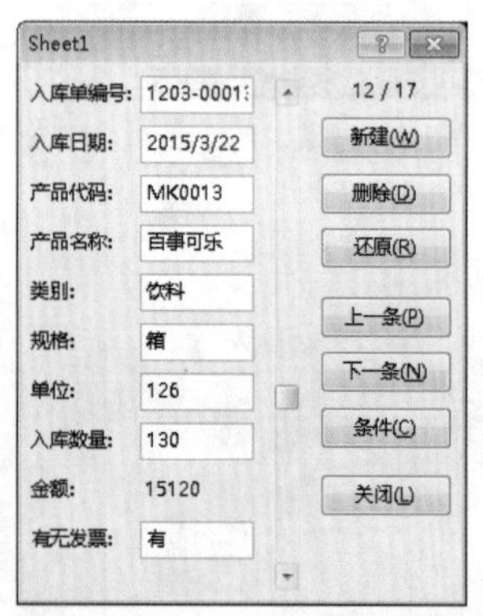

图14-63　修改错误记录

Step 3 ▶ 在A22和A23单元格中分别输入“有无发票”和“有”，然后选择表格中的数据单元格，选择“数据”/“排序和筛选”组，单击高级按钮，打开“高级筛选”对话框，在“列表区域”文本框中自动添加A2:J19单元格区域，在“条件区域”文本框中输入“Sheet1!$A$22:$A$23”，引用条件，单击确定按钮筛选数据，如图14-64所示。

图14-64　设置筛选条件

Step 4 ▶ 选择E2单元格，选择“数据”/“排序和筛选”组，单击“升序”按钮，Excel自动对类别进行升序排序。选择“数据”/“分级显示”组，单击分类汇总按钮，打开“分类汇总”对话框，在“分类字段”下拉列表框中选择分类字段，在“汇总方式”下拉列表框中选择汇总方式，然后在“选定汇总项”列表框中选中☑金额复选框，单击确定按钮，如图14-65所示。对数据进行分类汇总。

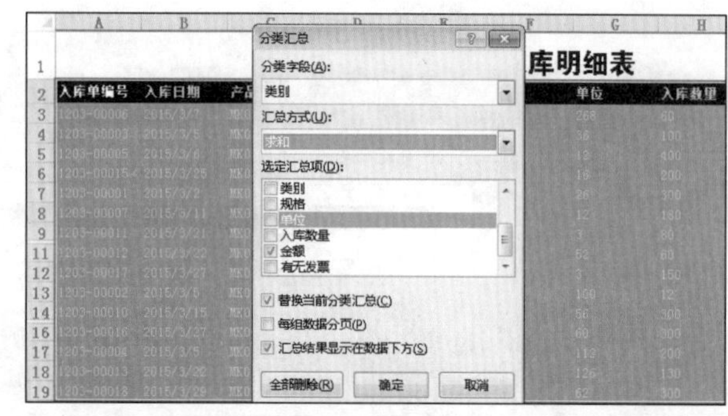

图14-65　汇总数据

读书笔记

14.7 扩展练习

本章主要介绍了Excel 2013表格设计的相关知识与操作，下面将通过两个练习进一步巩固Excel表格在实际生活中的应用，使读者操作更加熟练，并能熟练地完成各类表格的设计和制作。

14.7.1 制作员工出差登记表

本例将制作员工出差登记表，记录公司员工的出差信息，并根据出差天数判断员工是否按时完成工作返回，其最终效果如图14-66所示。

	A	B	C	D	E	F	G	H	I	J
1	员工出差登记表									
2						制表日期：		2012/6/1		
3	姓名	部门	出差地	出差日期	返回日期	预计天数	实际天数	出差原因	是否按时返回	备注
4	邓兴全	技术部	北京通县	12/5/4	12/5/19	15	15	维修设备	是	
5	王宏	营销部	北京大兴	12/5/4	12/5/20	15	16	新产品宣传	否	
6	毛戈	技术部	上海松江	12/5/4	12/5/16	12	12	提供技术支持	是	
7	王南	技术部	上海青浦	12/5/5	12/5/15	12	10	新产品开发研讨会	是	
8	刘惠	营销部	山西太原	12/5/5	12/5/13	8	8	新产品宣传	是	
9	孙祥礼	技术部	山西大同	12/5/5	12/5/13	7	8	维修设备	否	
10	刘栋	技术部	山西临汾	12/5/5	12/5/13	8	8	维修设备	是	
11	李锋	技术部	四川青川	12/5/6	12/5/9	3	3	提供技术支持	是	
12	周畅	技术部	四川自贡	12/5/6	12/5/10	4	4	维修设备	是	
13	刘煌	营销部	河北石家庄	12/5/6	12/5/17	10	11	新产品宣传	否	
14	钱嘉	技术部	河北承德	12/5/6	12/5/17	10	11	提供技术支持	否	
15										
16										

出差登记表　Sheet2　Sheet3

图14-66　员工出差登记表

- 光盘\效果\第14章\员工出差登记表.xlsx
- 光盘\实例演示\第14章\制作员工出差登记表

14.7.2 制作空调销售图表

本例首先根据空调的销量数据创建折线图图表，以便更直观地显示销售情况，然后在图表中编辑图表各项元素，以利于对数据进行分析，最后对图表中的各元素进行美化操作。完成后的效果如图14-67所示。

- 光盘\素材\第14章\空调销售表.xlsx
- 光盘\效果\第14章\空调销售图表.xlsx
- 光盘\实例演示\第14章\制作空调销售图表

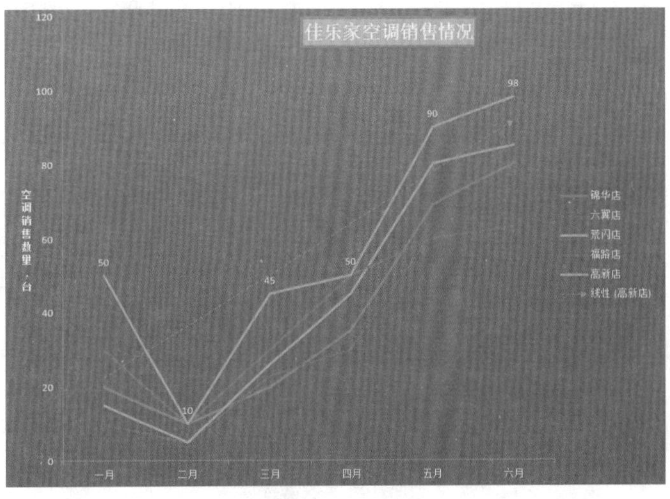

图14-67　空调销售图表

13 14 15

PowerPoint 2013 演示文稿设计

本章导读

PowerPoint是专业的演示文稿制作软件，使用它制作的幻灯片生动、直观、易于观看，具有形象、生动等独特优点，可将抽象的概念形象化，让观众更有效地吸收知识或产品等内容介绍，因此被广泛地运用到各个领域。本章将结合本书所学内容，制作课件、简历模板、企业宣传展示以及数据分析，让用户能将所学知识用到实际操作中。

15.1 制作课件

应用形状与图片　添加音频　添加动画

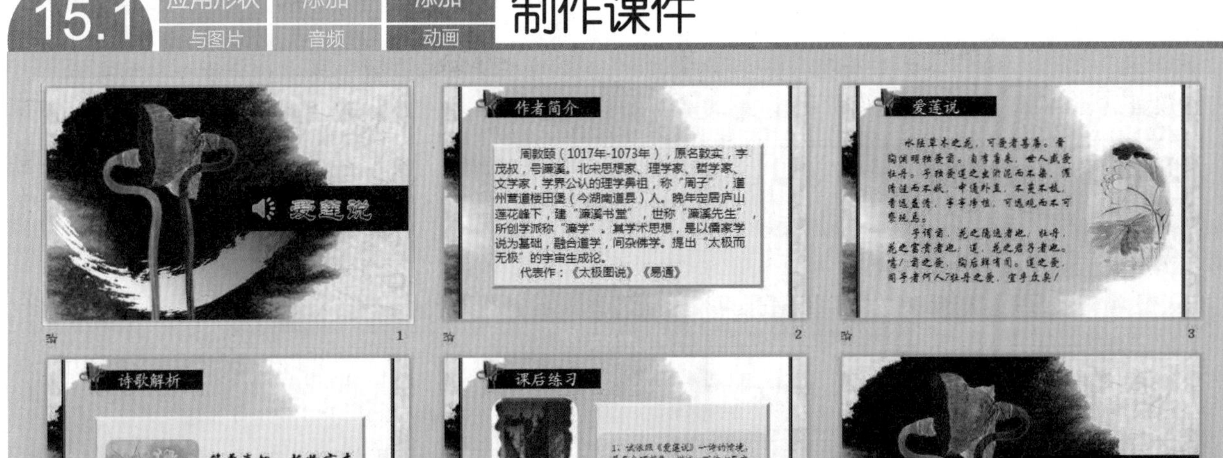

与传统的教学方式相比，制作课件类演示文稿，将文字内容结合形状、图片等对象，并为对象添加动画效果和声音，使枯燥的教学增添了趣味性，不仅可让学生快速理清思路，达到快速记忆、理解的目的，还能调节课堂氛围，带动学生积极思考。下面将以制作散文诗赏析课件为例讲解课件类演示文稿的制作方法。

- 光盘\素材\第15章\散文诗赏析课件.pptx、插图
- 光盘\效果\第15章\散文诗赏析课件.pptx
- 光盘\实例演示\第15章\制作课件

Step 1 ▶ 打开"散文诗赏析课件.pptx"演示文稿，选择第2张幻灯片，选择"插入"/"插图"组，单击"形状"按钮，在弹出的下拉列表的"矩形"栏中选择"矩形"形状，待鼠标光标变为+形状时，按住鼠标左键不放进行拖动，在幻灯片的中央位置绘制一个矩形，如图15-1所示。

图15-1　绘制矩形

Step 2 ▶ 选择矩形，在"格式"/"形状样式"组中单击形状效果按钮，在弹出的下拉列表中选择"棱台"/"角度"选项，单击形状轮廓按钮，在弹出的下拉列表中选择"白色，背景1，深色5%"选项，单击形状填充按钮，在弹出的下拉列表中选择"白色，背景1，深色15%"选项，单击形状效果按钮，在弹出的下拉列表中选择"棱台"选项，在弹出的子列表的"棱台"栏中选择"角度"选项，效果如图15-2所示。

图15-2　设置形状轮廓与填色

Step 3 ▶ 在矩形上单击鼠标右键，在弹出的快捷菜单中选择“编辑文字”命令，在矩形形状中输入“爱莲说”的作者简介，然后将文字字体设置为“微软雅黑、24”，效果如图15-3所示。

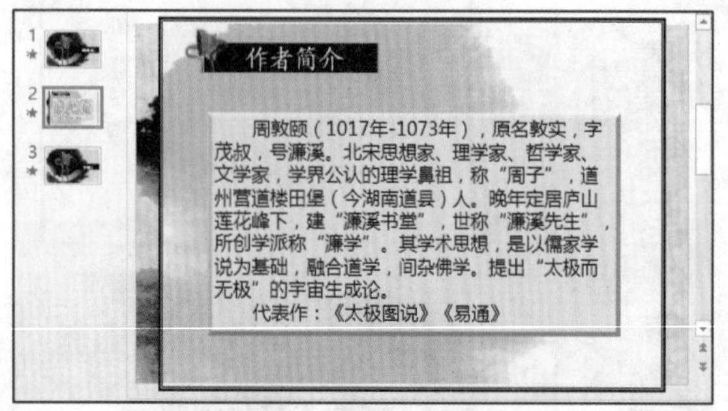

图15-3　输入作者简介

Step 4 ▶ 选择第2张幻灯片，按Enter键新建相同版式的幻灯片，复制第2张幻灯片的标题占位符并将其粘贴到新建的幻灯片中，然后输入“爱莲说”。选择“插入”/“文本”组，单击“文本框”按钮，在弹出的下拉列表中选择“绘制横排文本框”选项，然后在工作区中绘制一个文本框，如图15-4所示。

图15-4　制作第3张幻灯片的框架

Step 5 ▶ 在文本框鼠标光标闪烁处输入《爱莲说》散文诗的正文并设置字体格式，效果如图15-5所示。

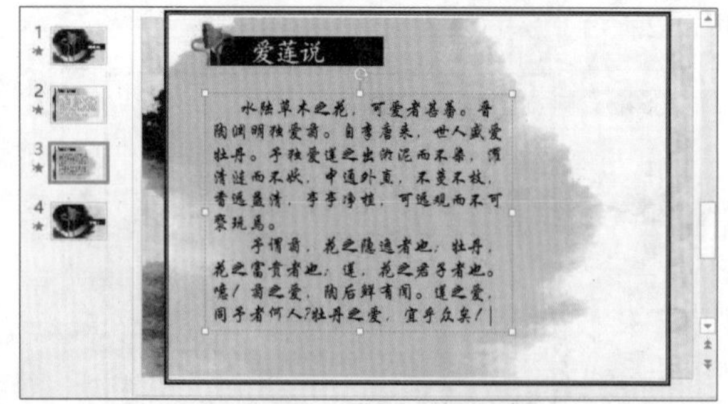

图15-5　输入中文

Step 6 ▶ 选择“插入”/“图片”组，单击“图片”按钮，打开“插入图片”对话框，打开保存要插入图片的文件夹，双击所需图片文件，插入图片，如图15-6所示。

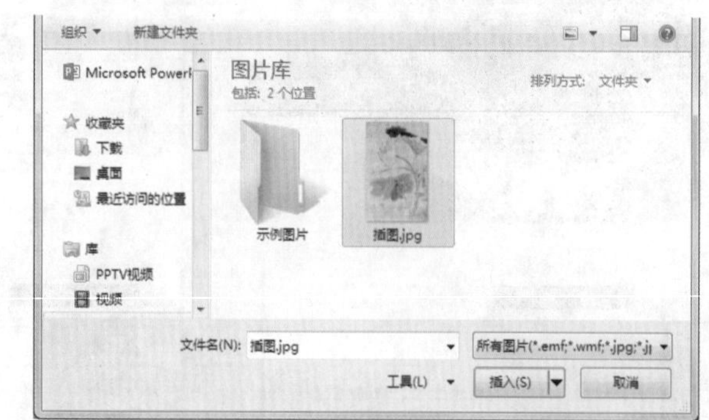

图15-6　插入图片

Step 7 ▶ 将插入的图片移动到幻灯片右侧，调整大小后，在“格式”/“图片样式”组的样式列表框中选择“柔化边缘椭圆”选项，效果如图15-7所示。

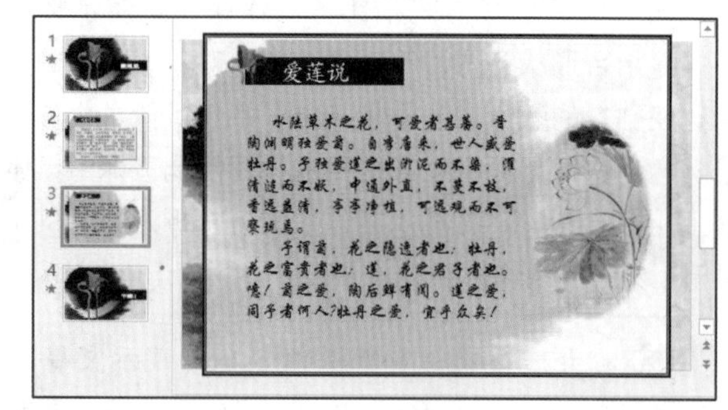

图15-7　设置图片样式

Step 8 ▶ 选择第3张幻灯片，按Enter键新建幻灯片，利用相同方法输入标题文字，将第2张幻灯片中的形状复制到该张幻灯片中，插入“插图1.jpg”图片，然后绘制文本框并输入文字内容，如图15-8所示。

图15-8　制作第4张幻灯片

Step 9 ▶ 选择第4张幻灯片，按Enter键新建幻灯片，利用相同方法输入标题文字，插入“插图2.jpg”图片，将第2张幻灯片中的形状复制到该张幻灯片中，调整其大小后，绘制两个圆角矩形，填充为“蓝色，着色1，淡色40%”，在其中绘制文本框，在文本框中输入练习内容，如图15-9所示。

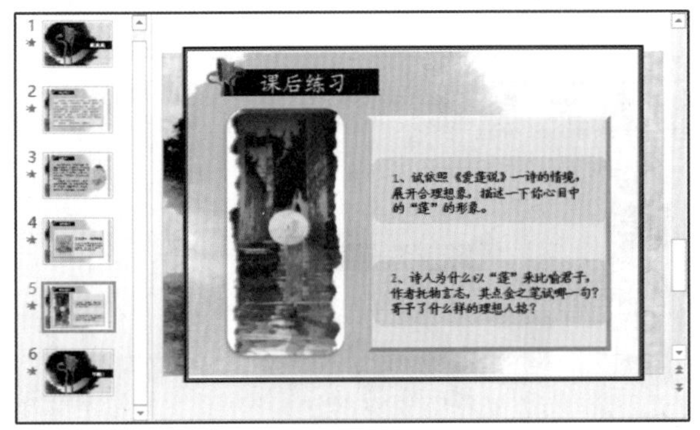

图15-9　制作第5张幻灯片

Step 10 ▶ 选择第1张幻灯片，在“切换”/“切换到此幻灯片”组中单击“切换样式”按钮，在弹出的下拉列表中选择“华丽型”栏中的“涟漪”选项，然后在“计时”组中将持续时间设置为3秒，单击全部应用按钮，应用到所有幻灯片中，效果如图15-10所示。

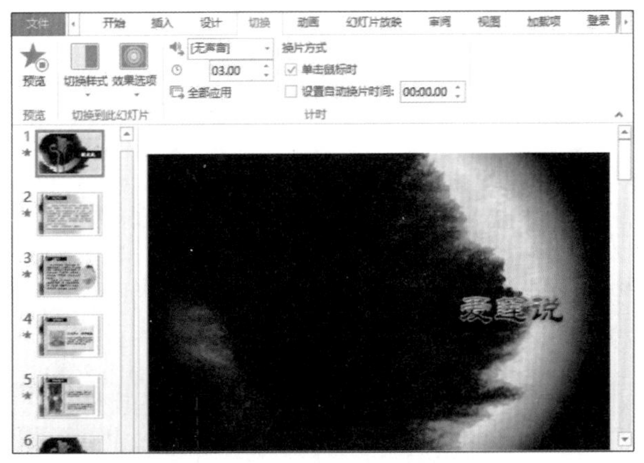

图15-10　设置切换效果

Step 11 ▶ 选择第1张幻灯片，选择“插入”/“媒体”组，单击“音频”按钮，在弹出的下拉列表中选择“PC上的音频”选项，打开“插入音频”对话框，在其中选择“轻音乐.mp3”选项，单击插入(S)按钮，如图15-11所示。

图15-11　添加音频

Step 12 ▶ 选择“动画”/“高级动画”组，单击动画窗格按钮，打开“动画窗格”窗格，在声音文件的动画效果上单击鼠标右键，在弹出的快捷菜单中选择“计时”命令，打开“播放音频”对话框，选择“效果”选项卡，在“停止播放”栏中选中在(F):单选按钮，在其后的数值框中输入“6”，然后单击确定按钮，如图15-12所示。

图15-12　设置音频效果

Step 13 ▶ 选择第3张幻灯片中的图片，选择“动画”/“动画”组，单击按钮，在弹出的下拉列表中选择“飞入”进入动画效果，然后在“计时”组中将动画开始时间设置为“上一动画之后”，持续时间设置为3秒，再在“动画”组中单击“效果选项”按钮，在弹出的下拉列表中选择“自右上部”选项，如图15-13所示。

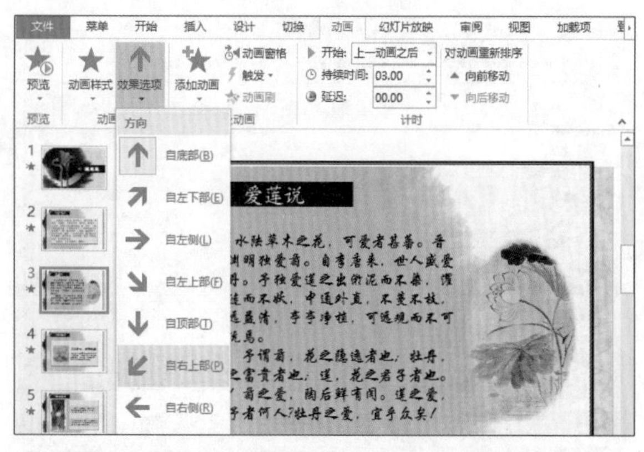

图15-13　设置第3张幻灯片的动画

Step 14 ▶ 选择第4张幻灯片中的图片，选择“动画”/“动画”组，单击按钮，在弹出的下拉列表中选择“旋转”进入动画效果，然后在“计时”组中将动画开始时间设置为“上一动画之后”，持续时间设置为3秒，如图15-14所示。

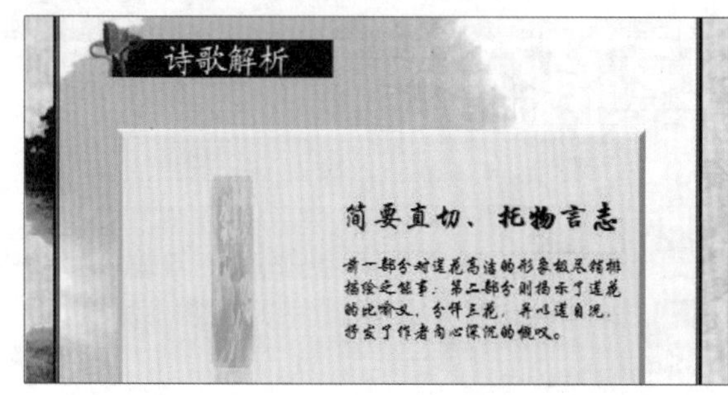

图15-14　设置第4张幻灯片的动画

Step 15 ▶ 选择第5张幻灯片中的文本框和蓝色形状，在“格式”/“排列”组中单击“组合对象”按钮，在弹出的下拉列表中选择“组合”选项，如图15-15所示。

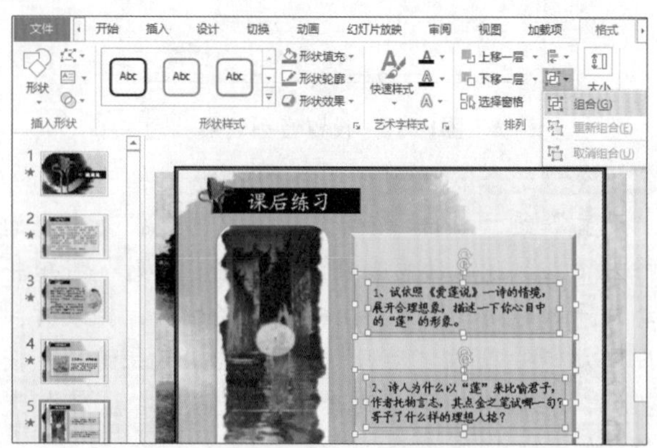

图15-15　组合对象

Step 16 ▶ 选择组合后的图形，在“动画”/“动画”组中为其添加“轮子”强调动画效果，然后在“计时”组中将动画开始时间设置为“上一动画之后”，持续时间设置为3秒，然后选择右侧的图片，为其添加“陀螺旋”强调动画效果，在“计时”组中将动画开始时间设置为“与上一动画同时”，持续时间设置为3秒，预览效果如图15-16所示。

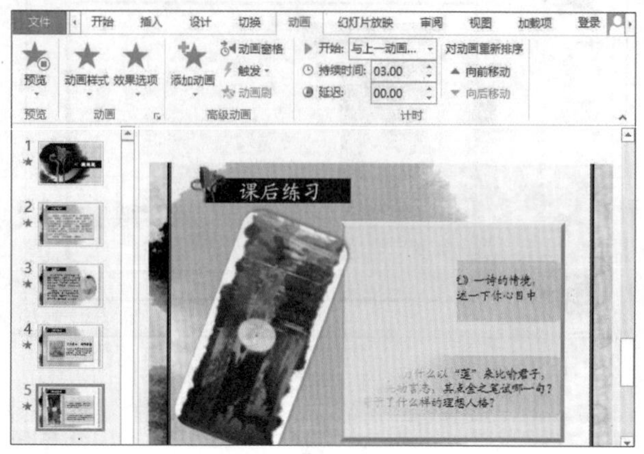

图15-16　放映效果

读书笔记

15.2 图片应用 形状设置 文本的输入 设计简历模板

本例将利用PowerPoint 2013设计一个常用的个人简历演示文稿模板，主要展示简历作者的“培训经历”、“职业历程”、“自我评鉴”和“联系方式”等信息。

- 光盘\素材\第15章\个人简历.pptx、简历\
- 光盘\效果\第15章\个人简历.pptx
- 光盘\实例演示\第15章\设计简历模板

Step 1 打开“个人简历.pptx”演示文稿，选择“插入”/“图像”组，单击“图片”按钮，打开“插入图片”对话框，双击插入“简历1.jpg”素材图片。选择插入的图片，选择“格式”/“图片样式”组，在样式列表框中选择“柔化边缘椭圆”选项，然后将图片移至右侧，并适当调整其大小，如图15-17所示。

图15-17 设置图片格式

Step 2 在图片右侧绘制文本框，输入“姓名”，用于输入简历作者的姓名，并将字体格式设置为“楷体_CB2312、60、居中”。选择文本框，在“格式”/“形状样式”组中单击形状填充·按钮右侧的·按钮，在弹出的下拉列表中选择“水绿色，着色5”选项，然后在“格式”/“插入形状”组中单击编辑形状·按钮，在弹出的下拉列表的“更改形状”子列表中选择“矩形”栏中的“圆角矩形”选项更改形状，效果如图15-18所示。

图15-18 输入姓名并设置形状

Step 3 ▶ 选择第2张幻灯片，按Enter键新建幻灯片，分别插入“简历2.png”和“简历3.jpg”图片文件，然后在“简历3.jpg”图片上单击鼠标右键，在弹出的快捷菜单中选择“置于底层”命令，将该图片移到底层，如图15-19所示。

图15-19 将图片置于底层

Step 4 ▶ 在图片的右侧绘制横排文本框，输入就读大学内容，再在其下方绘制横排文本框，选择文本框，在“格式”/“形状样式”组中单击形状填充按钮右侧的按钮，在弹出的下拉列表中选择“水绿色，着色5”选项，单击形状轮廓按钮右侧的按钮，在弹出的下拉列表中选择“粗细”/“4.5磅”选项，如图15-20所示。

图15-20 设置轮廓线粗细

Step 5 ▶ 再次在“格式”/“形状样式”组中单击形状轮廓按钮右侧的按钮，将形状轮廓的主题颜色设置为“白色，背景1”，单击形状效果按钮右侧的按钮，在弹出的下拉列表的“棱台”选项的子列表中选择“棱台”栏中的“松散嵌入”选项，如图15-21所示。

图15-21 设置棱台效果

Step 6 ▶ 选择绘制的两个文本框，按Shift键，然后拖动进行复制，并分别在其中输入学习的专业，以及培训内容和时间，效果如图15-22所示。

图15-22 复制形状并输入内容

Step 7 ▶ 选择第2张幻灯片，按Enter键新建幻灯片，分别插入“简历4.png”～“简历9.png”图片文件，排列的效果如图15-23所示。

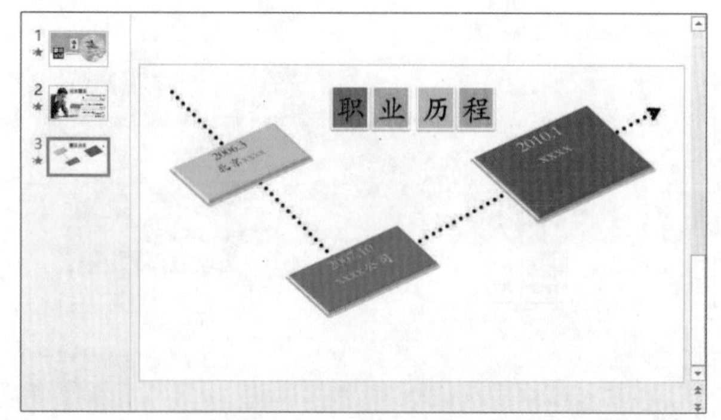

图15-23 插入背景图片

Step 8 选择“插入”/“插图”组，单击形状按钮，在弹出的下拉列表中选择“圆角矩形”选项，在第一张图片下方绘制圆角矩形，并将其置于底层，在“格式”/“形状样式”组中单击形状填充按钮右侧的按钮，将填充色设置为“白色”，单击形状轮廓按钮右侧的按钮，将形状轮廓设置为“绿色”，如图15-24所示。

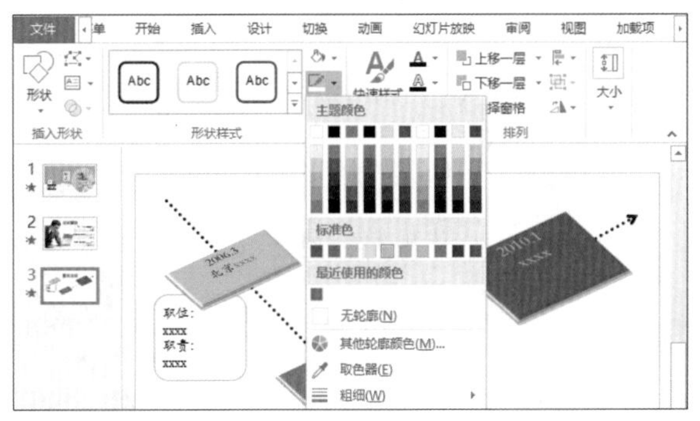

图15-24 绘制并设置圆角矩形形状格式

Step 9 复制两个形状，分别放置到职业经历的图片下方，然后分别将形状轮廓的颜色设置为“红色”和“紫色”，并调整形状的大小，然后输入就职内容，再将“简历10.jpg”素材图片插入幻灯片的左下角，完成后的效果如图15-25所示。

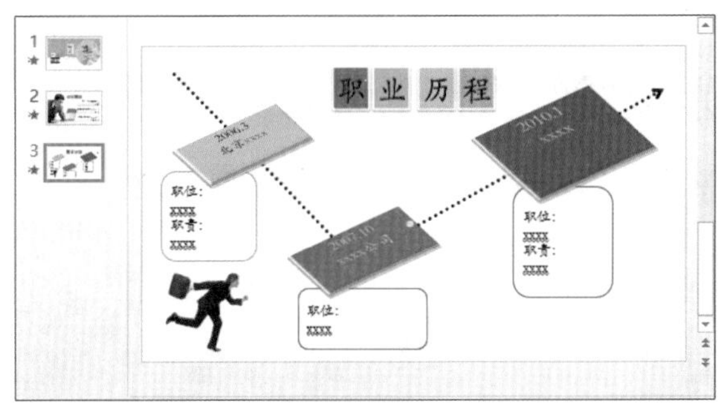

图15-25 复制形状并进行调整

还可以这样做?

就职时间和单位的图片可以通过绘制形状来完成，下方用于输入就职内容的形状也可用文本框替换。

Step 10 选择第3张幻灯片，按Enter键新建幻灯片，插入“简历11.png”和“简历12.png”图片，然后在右侧绘制圆角矩形形状，效果如图15-26所示。

图15-26 设置第4张幻灯片的框架

Step 11 选择上方的圆角矩形形状，在“格式”/“形状样式”组中单击形状填充按钮右侧的按钮，将填充色设置为“绿色”，然后将其他形状分别填充为“红色”、“紫色”和“黄色”，并在其中输入评鉴内容，如图15-27所示。

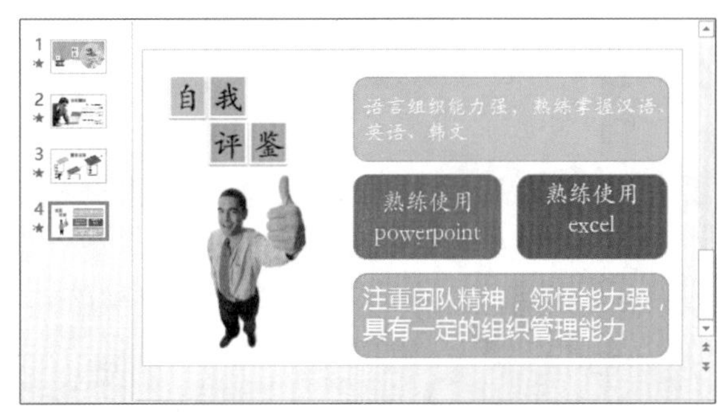

图15-27 设置形状格式并输入文本

Step 12 选择第4张幻灯片，按Enter键新建幻灯片，插入“简历11.png”～“简历18.png”素材图片，并分别为插入的图片设置图片样式，最终排列效果如图15-28所示。

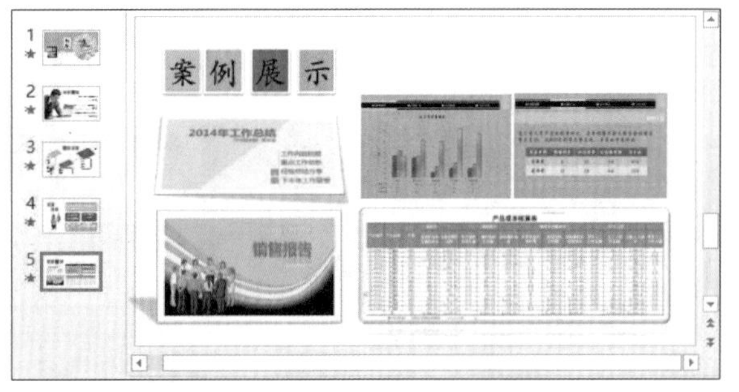

图15-28 制作“案例展示”幻灯片

Step 13 复制第1张幻灯片作为第6张幻灯片，然后删除幻灯片中的内容，只保留中间的文本框内容，将其平行移至右侧并修改文字内容，如图15-29所示。

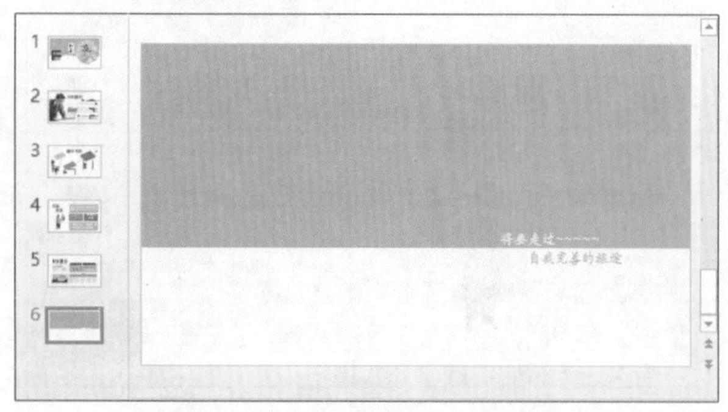

图15-29　设置第6张幻灯片的框架

图15-30　制作最后一张幻灯片

Step 14 ▶ 在第6张幻灯片中插入“简历19.png”～“简历21.png”素材图片，将图片移到如图15-30所示的位置，然后在幻灯片的右下角绘制文本框，输入联系电话和邮箱地址，如图15-30所示。

还可以这样做?

本例中的图片排列、图片和文字的格式可根据用户需要自定义设置。

15.3 企业宣传展示

图片与文本 | 动画 | 设置

链接应用 | 添加与设置 | 页眉/页脚

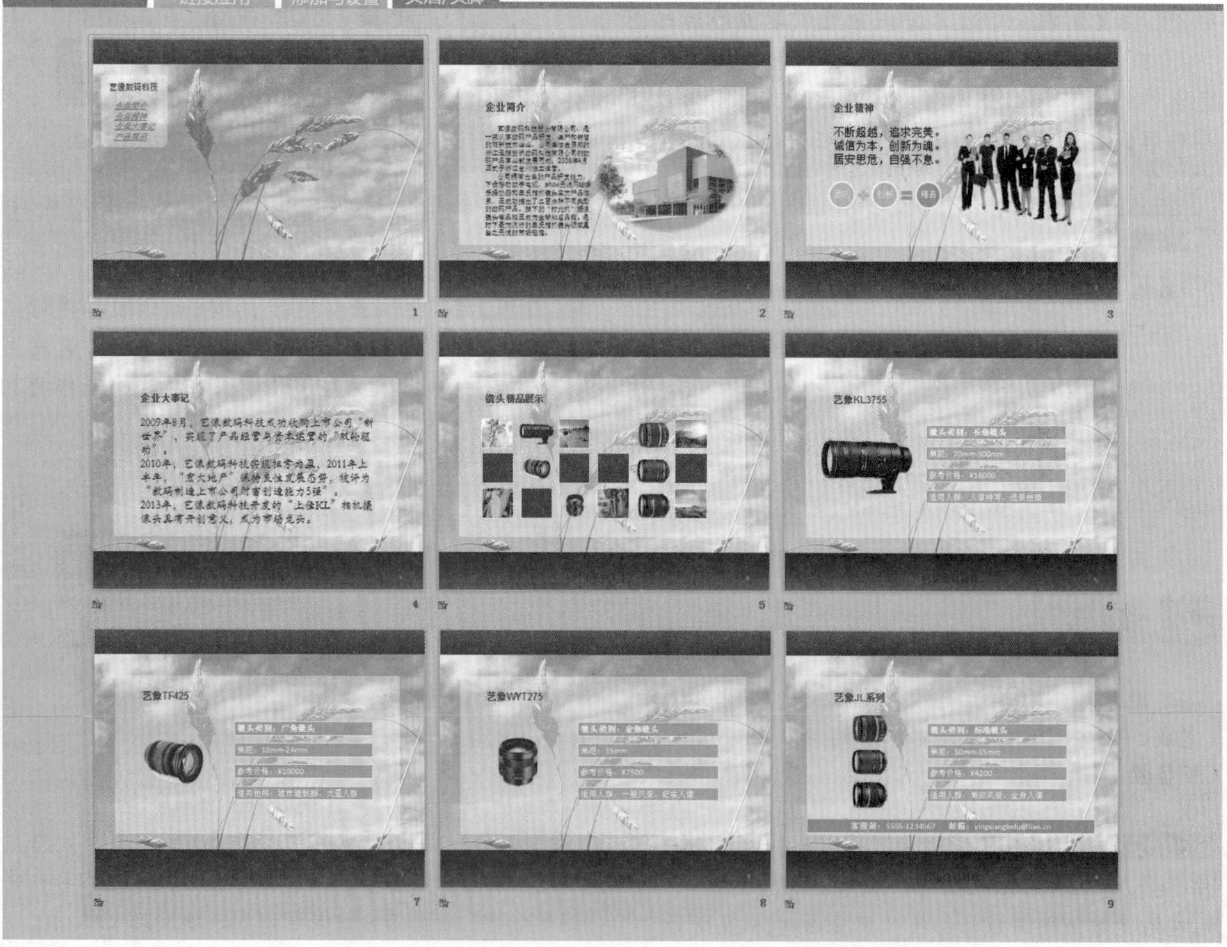

本例将制作一个企业宣传演示文稿，用于展示企业形象和企业产品。制作完成后，再对幻灯片进行放映，预览其放映效果。

- 光盘\素材\第15章\企业宣传展示.pptx、产品展示
- 光盘\效果\第15章\企业宣传展示.pptx
- 光盘\实例演示\第15章\企业宣传展示

Step 1 打开“企业宣传展示.pptx”演示文稿，选择第1张幻灯片，在左侧上方的白色形状上绘制文本框，输入公司名称等内容，并设置其字体格式，如图15-31所示。

图15-31　制作首张幻灯片

Step 2 选择第2张幻灯片，在幻灯片左侧绘制文本框，输入“企业简介”标题和正文内容，在右侧插入“公司外景.jpg”素材图片，并设置图片样式为“柔化边缘椭圆”，如图15-32所示。

图15-32　制作第2张幻灯片

Step 3 复制第2张幻灯片，将“企业简介”内容修改为“企业精神”，在右侧插入“团队.jpg”素材图片，在“格式”/“调整”组中单击颜色按钮，在弹出的下拉列表中选择“设置透明色”选项，将鼠标光标移到图片的白色背景处，单击鼠标取消白色背景，效果如图15-33所示。

图15-33　制作第3张幻灯片

Step 4 选择“插入”/“插图”组，单击SmartArt按钮，打开“插入SmartArt图形”对话框。插入“公式”SmartArt图形。选择SmartArt图形，单击“更改颜色”按钮，在弹出的下拉列表中选择“彩色范围-着色3-4”选项，如图15-34所示。单击“快速样式”按钮，在弹出的下拉列表中选择“白色轮廓”选项，如图15-35所示。

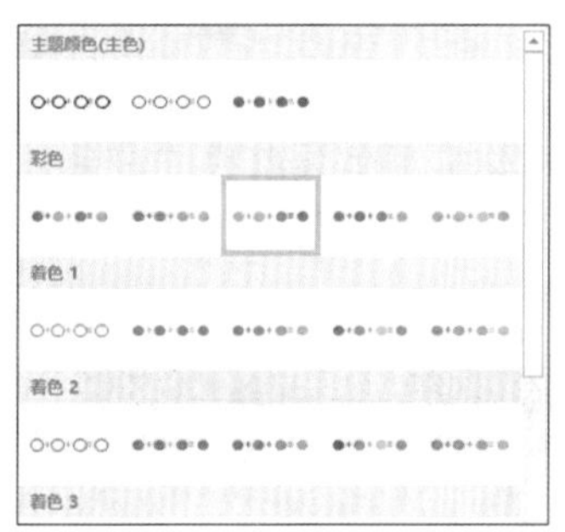

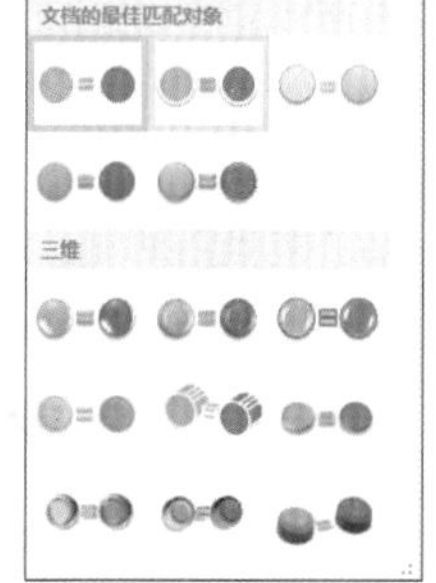

图15-34　设置图形颜色　　图15-35　设置图形样式

还可以这样做?

在该张幻灯片的制作中，用户可结合展示内容，插入不同类型的SmartArt图形。

Step 5 选择SmartArt图形，将其拖动至幻灯片的左下角，并调整大小，然后在形状中输入对应的文字内容，效果如图15-36所示。

图15-36　SmartArt图形效果

Step 6 选择第3张幻灯片，按Ctrl+D快捷键复制幻灯片，然后利用前面步骤中相似的方法输入“企业大事记”文字内容，效果如图15-37所示。

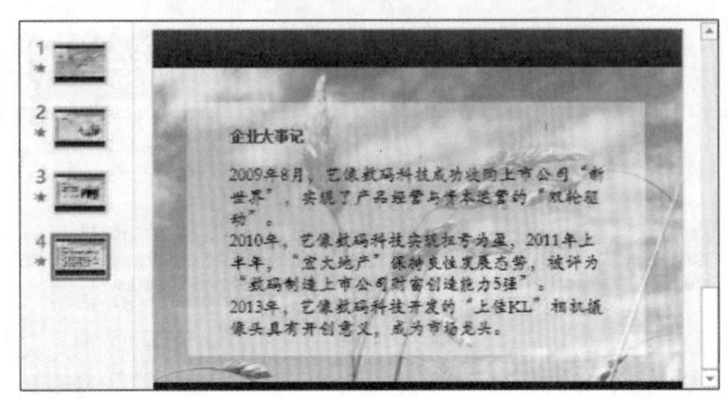

图15-37　制作第4张幻灯片

Step 7 选择第4张幻灯片，按Ctrl+D快捷键复制幻灯片，将正文文本框删除，绘制矩形形状，并在“格式”/“形状样式”组中单击形状填充按钮右侧的按钮，将填充色设置为“深红”，单击形状轮廓按钮右侧的按钮，将轮廓颜色设置为“白色，背景1，深色5%”，然后复制3个形状，排列效果如图15-38所示。

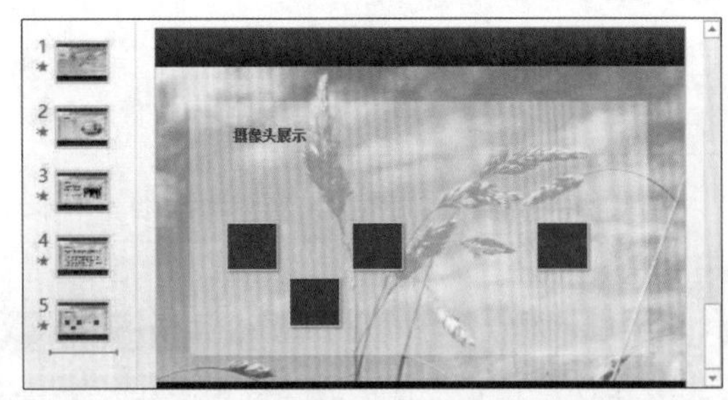

图15-38　设置第5张幻灯片的框架

Step 8 选择第5张幻灯片，按Ctrl+D快捷键复制幻灯片，将正文文本框删除，插入“产品1.jpg”～“产品6.jpg”产品图片，并调整大小和设置透明色，然后配以通过相机拍摄的图片，效果如图15-39所示。

图15-39　插入第5张幻灯片的对象

Step 9 复制第4张幻灯片作为第6张幻灯片，将正文文本框删除，修改标题内容，将第5张幻灯片左侧的第1个镜头图片复制到该幻灯片左侧，并调整大小。然后在幻灯片右侧绘制矩形形状，将形状填充颜色设置为“黑色，文字1，深色50%”，形状轮廓颜色设置为“白色”，并输入相应文字内容，效果如图15-40所示。

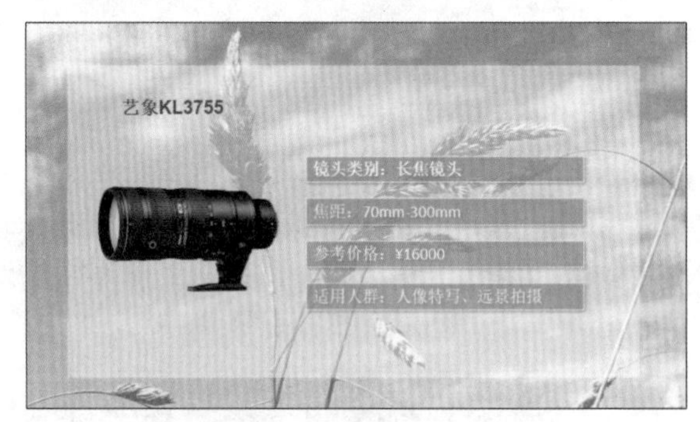

图15-40　制作第6张幻灯片

Step 10 利用相似方法，输入第7~9张关于镜头展示的幻灯片内容，并在第9张幻灯片底部绘制矩形形状，将填充颜色设置为“红色”，输入客服部电话和邮箱地址，如图15-41所示。

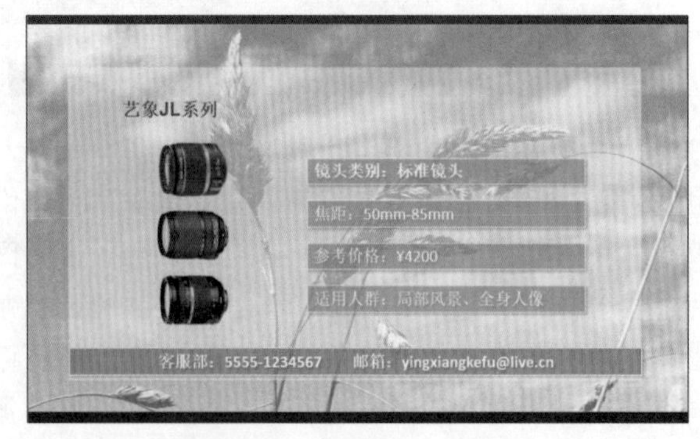

图15-41　制作其他幻灯片

Step 11 选择第1张幻灯片，选择“企业简介”文本，在“插入”/“链接”组中单击“超链接”按钮，打开“插入超链接”对话框，单击“本文档中的位置”按钮，在“请选择文档中的位置”列表框中选择“幻灯片2”选项，单击确定按钮，如图15-42所示。

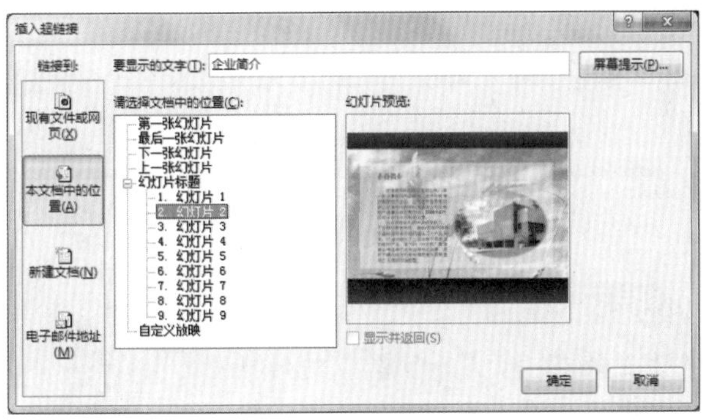

图15-42　设置文本链接

Step 12 利用相同方法，分别将“企业精神”、“企业大事记”和“产品展示”链接到“幻灯片3”、“幻灯片4”和“幻灯片5”，效果如图15-43所示。

图15-43　文本链接效果

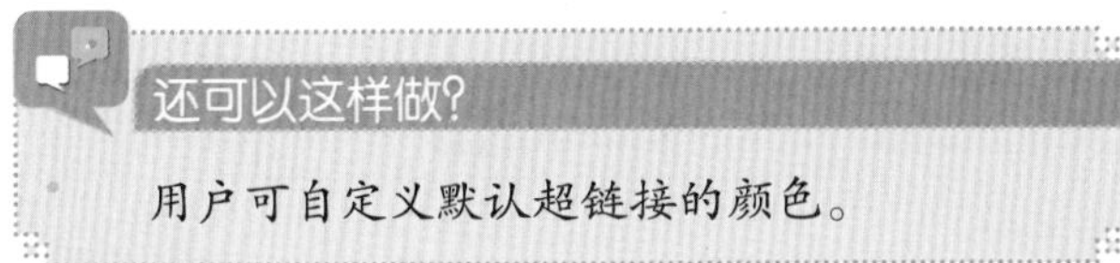

还可以这样做?

用户可自定义默认超链接的颜色。

Step 13 选择第5张幻灯片，选择左侧的第一张镜头图片，打开“编辑超链接”对话框，单击“本文档中的位置”按钮，在“请选择文档中的位置”列表框中选择“幻灯片6”选项，单击确定按钮，如图15-44所示。

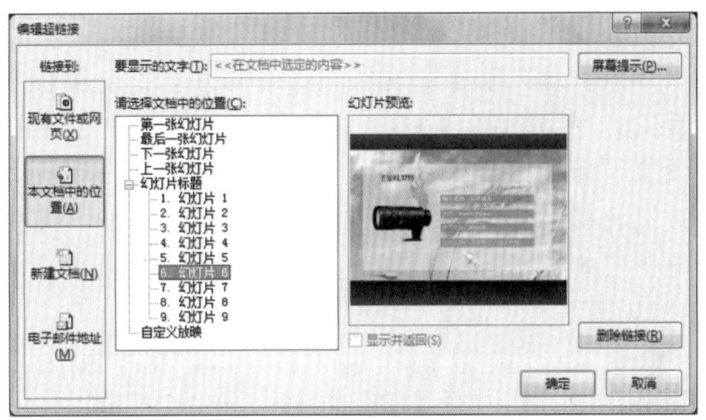

图15-44　设置图片链接

Step 14 利用相同方法将左侧的其他镜头图片链接到“幻灯片7”和“幻灯片8”，将右侧的镜头图片链接到“幻灯片9”。然后选择第1张幻灯片中的形状，在“动画”/“动画”组的列表框中选择“进入”栏中的“翻转式由远及近”选项，如图15-45所示，将形状上的文本框设置为“浮入”进入动画，如图15-46所示。

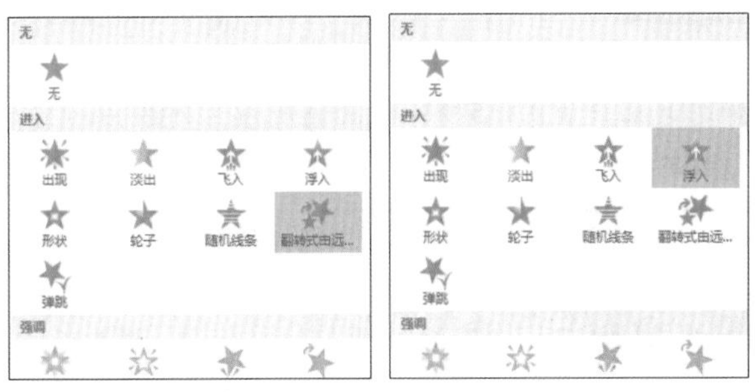

图15-45　设置形状动画　　图15-46　设置文本框动画

Step 15 保持形状上文本框的选择状态，在“动画”/“计时”组中将开始时间设置为“上一动画之后”，将持续时间设置为0.5秒，如图15-47所示。

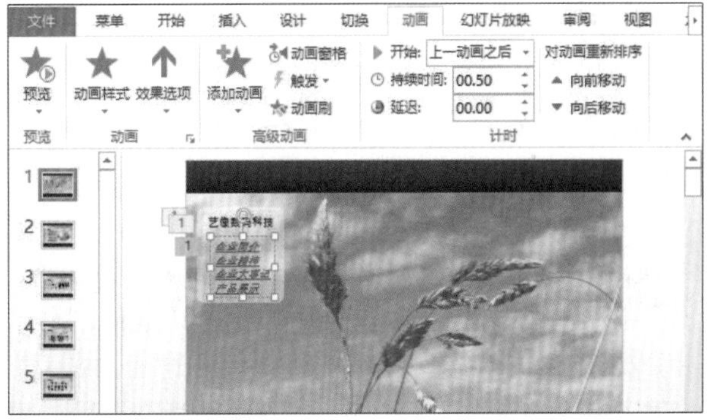

图15-47　设置动画计时

Step 16 ▶ 选择第2张幻灯片中的文本框，为其设置“浮入”进入动画，设置开始时间为“上一动画之后”，持续时间为0.5秒。选择右侧的图片，为其设置“轮子”进入动画，开始时间为“上一动画之后”，持续时间为2秒，在“动画”/“动画”组中单击“效果选项”按钮，在弹出的下拉列表中选择“3轮辐图案”选项，如图15-48所示。

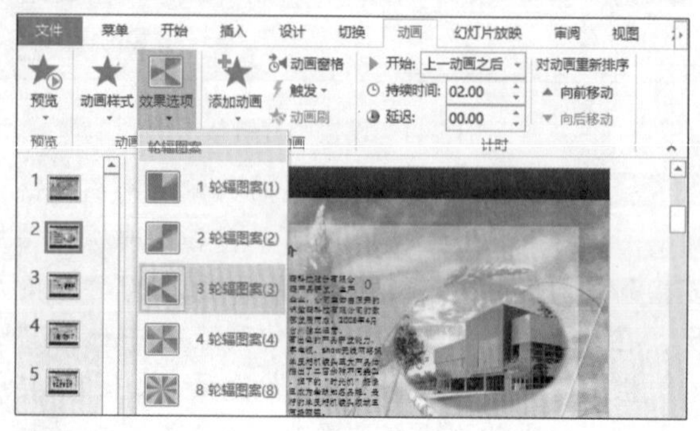

图15-48 设置动画效果选项

Step 17 ▶ 使用相似方法，为其他幻灯片中的文本框、图片和形状等对象设置动画效果，文本框的开始时间都设置为0.5秒，设置完成后，对最后一张幻灯片的动画效果进行预览，如图15-49所示。

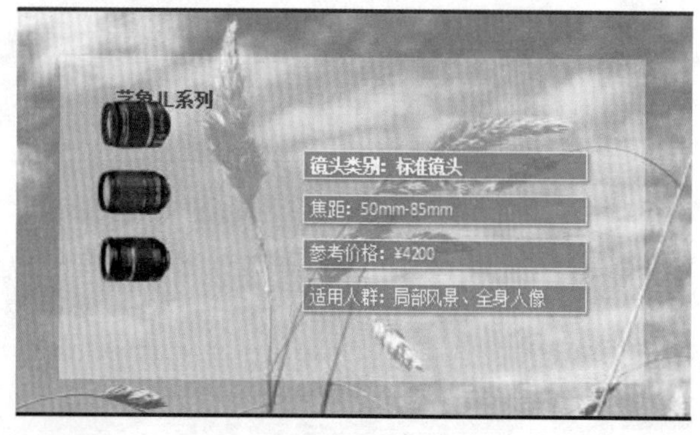

图15-49 预览动画效果

Step 18 ▶ 在幻灯片窗格的第1张幻灯片上单击鼠标右键，在弹出的快捷菜单的“版式”子菜单中选择“标题幻灯片”命令，然后删除幻灯片中的标题文本框，再在“插入”/“文本”组中单击“页眉和页脚”按钮，打开“页眉和页脚”对话框的“幻灯片”选项卡，选中☑幻灯片编号(N)和☑页脚(F)复选框，在下方文本框中输入页脚内容，选中☑标题幻灯片中不显示(S)复选框，单击全部应用(Y)按钮，如图15-50所示。

图15-50 设置页脚

技巧秒杀

为了使在“页眉和页脚”对话框中选中☑标题幻灯片中不显示(S)复选框后首页幻灯片中不显示编号和页脚内容，首先需要将首页幻灯片设置为“标题幻灯片”。

Step 19 ▶ 在“视图”/“母版视图”组中单击“幻灯片母版”按钮，进入母版视图，选择内容幻灯片，选择幻灯片中的页脚文字内容，将其格式设置为“方正大标宋简体、深红、20”，如图15-51所示，然后退出幻灯片母版视图。

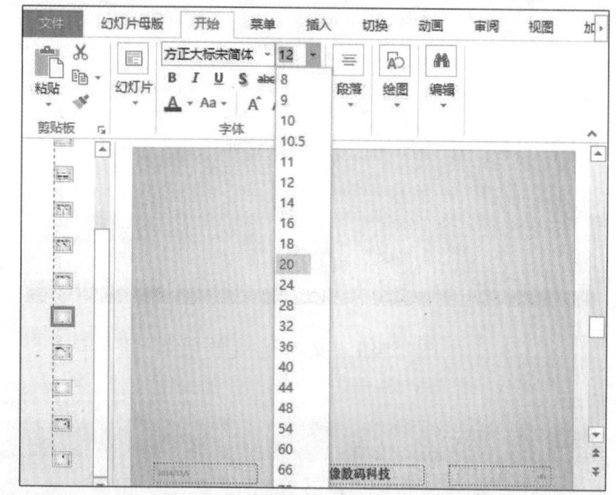

图15-51 设置页脚文本格式

还可以这样做？

用户可在母版视图中选择页脚和编码文字，然后在“格式”组中进行更多的格式设置。

15.4 幻灯片设置 SmartArt图形应用 图表制作 销售数据分析

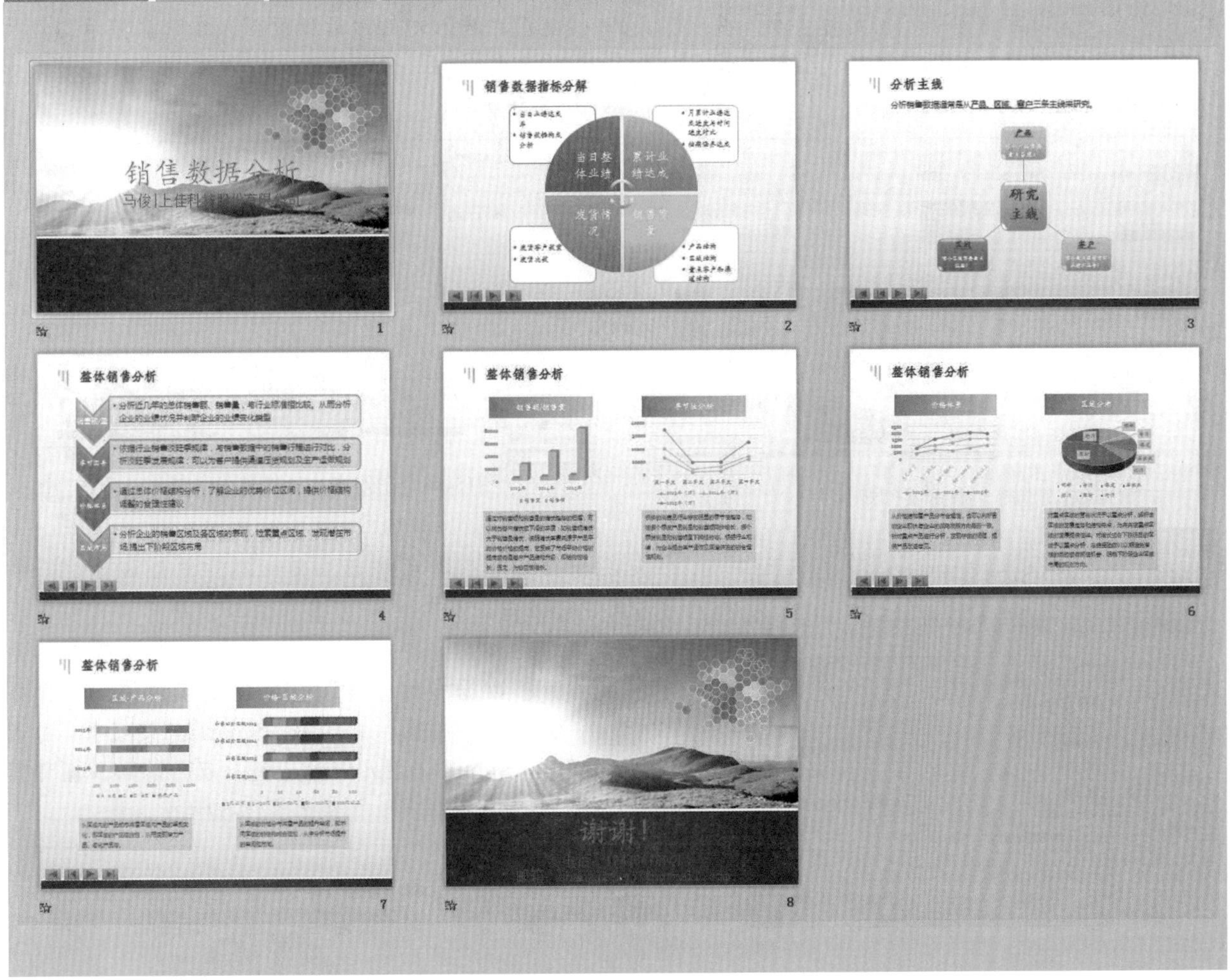

本例将制作一个销售数据分析演示文稿，并在其中插入幻灯片的背景图片、添加和编辑动作按钮、添加和编辑动画效果等。制作完成后，再对幻灯片进行放映，预览其放映效果。

- 光盘\素材\第15章\分析插图
- 光盘\效果\第15章\数据分析.pptx
- 光盘\实例演示\第15章\销售数据分析

Step 1 启动PowerPoint 2013，选择“文件”/“新建”命令，在右侧的“新建”界面的搜索框中输入“分析”，按Enter键，在下方的搜索结果中双击所需模板，这里双击“业务项目计划演示文稿（宽屏）”选项，开始下载模板并完成新建演示文稿，如图15-52所示。

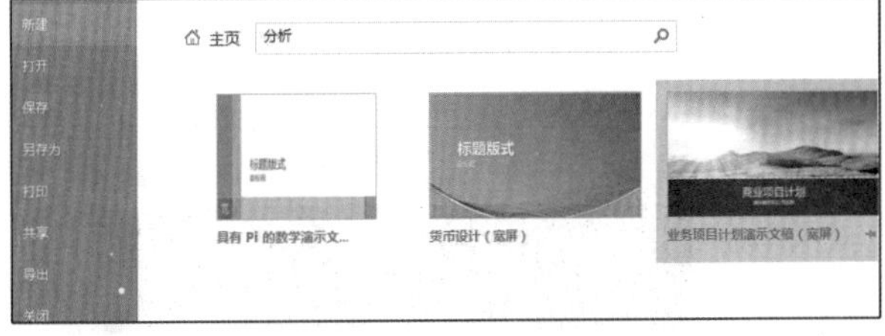

图15-52　新建演示文稿

Step 2 ▶ 将演示文稿保存为“数据分析.pptx”，将第1张幻灯片以外的其他幻灯片删除，在“设计”/“自定义”组中单击“幻灯片大小”按钮，在弹出的下拉列表中选择“自定义幻灯片大小”选项，如图15-53所示。

图15-53 选择“自定义幻灯片大小”选项

Step 3 ▶ 打开“幻灯片大小”对话框，在“宽度”数值框中输入“28厘米”，其他保持默认设置，单击确定按钮，如图15-54所示。

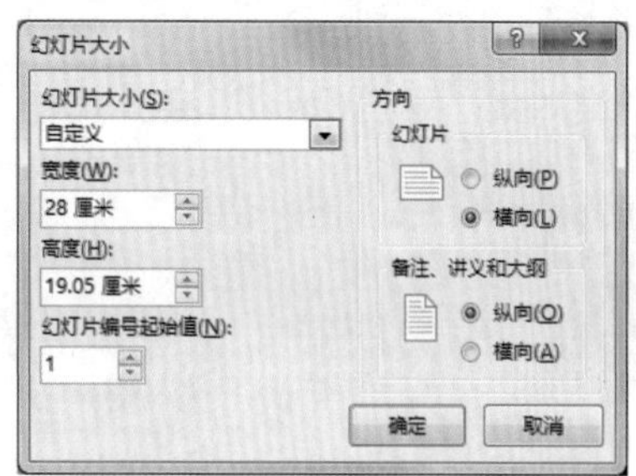

图15-54 设置幻灯片大小

Step 4 ▶ 在打开的对话框中单击确保适合按钮，将标题文本框移到幻灯片的中央位置，输入标题内容，并设置字体格式，然后在右上角插入“分析插图.png”素材图片，如图15-55所示。

图15-55 插入图片

Step 5 ▶ 选择第1张幻灯片，按Enter键新建幻灯片，在“视图”/“母版视图”组中单击“幻灯片母版”按钮，进入幻灯片母版视图，在默认显示幻灯片的右上角插入“分析插图1.png”素材图片，效果如图15-56所示。

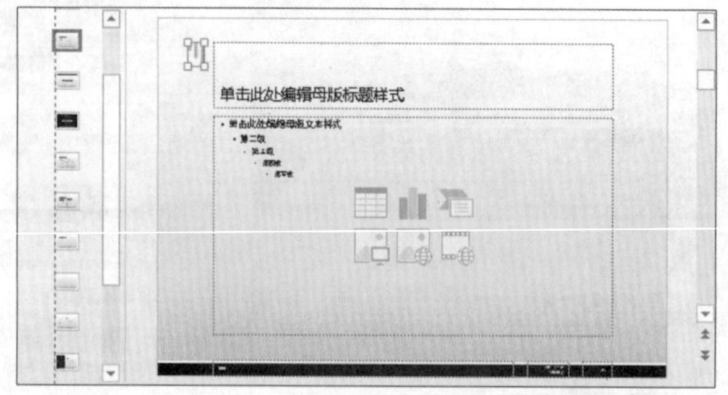

图15-56 在幻灯片母版模式中插入图片

Step 6 ▶ 在“视图”/“母版视图”组中单击“关闭母版视图”按钮，退出幻灯片母版视图。删除第2张幻灯片中的内容占位符，将标题占位符移动到插入图片的右侧对齐，然后在其中输入标题“销售数据指标分解”，并设置字体格式。选择“插入”/“插图”组，单击SmartArt按钮，打开“插入SmartArt图形”对话框，双击插入“循环矩阵”SmartArt图形，效果如图15-57所示。

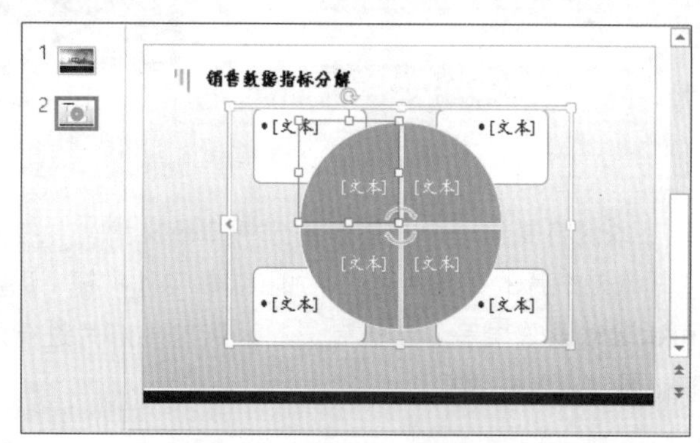

图15-57 插入SmartArt图形

Step 7 ▶ 依次在SmartArt图形的形状中输入相应文本内容，将中间位置的形状字号增加到28，将四周形状的字号增加到16，然后选择SmartArt图形，在“设计”/“SmartArt样式”组中单击“更改颜色”按钮，在弹出的下拉列表中选择“彩色范围-着色4至5”选项，在“SmartArt样式”组的列表框中选择“强烈效果”选项，效果如图15-58所示。

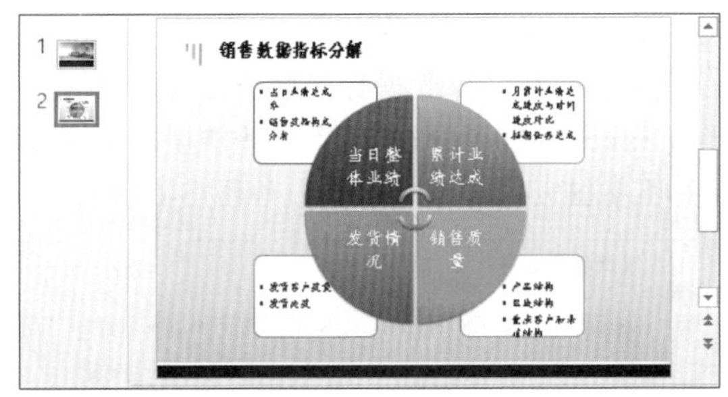

图15-58 设置“循环矩阵”SmartArt图形样式

Step 8 ▶ 选择第2张幻灯片，按Ctrl+D快捷键复制，修改标题文本，删除“循环矩阵”SmartArt图形。在标题下方绘制文本框输入导语内容，选择“插入”/“插图”组，插入“放射群集”SmartArt图形，在各个形状中输入文字内容，并设置突出显示的文字的字号大小并为其添加下划线，如图15-59所示。

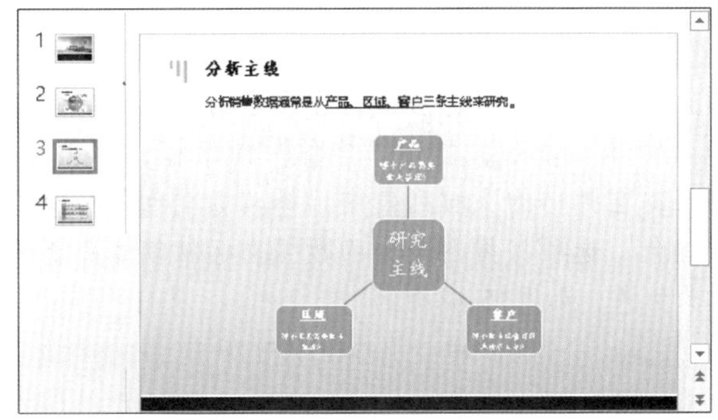

图15-59 新建第3张幻灯片并插入SmartArt图形

Step 9 ▶ 选择“放射群集”SmartArt图形，在“设计”/“SmartArt样式”组中将颜色设置为“彩色范围-着色2至3”，将样式设置为三维“优雅”，然后将突出显示的文字的颜色设置为“黑色”，效果如图15-60所示。

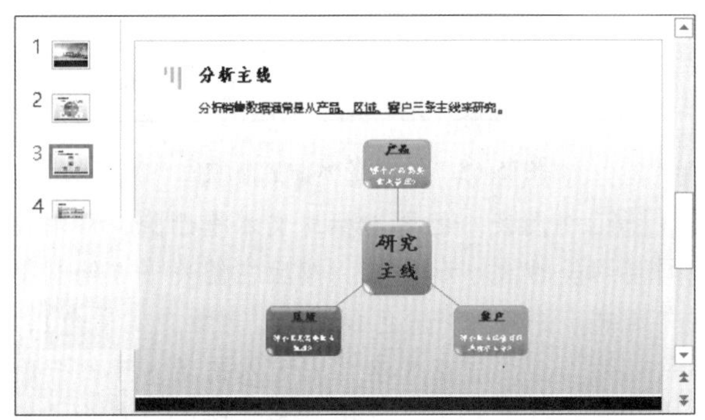

图15-60 设置“放射群集”SmartArt图形样式

Step 10 ▶ 选择第3张幻灯片，按Ctrl+D快捷键复制，修改标题文本，删除文本框和“放射群集”SmartArt图形。选择“插入”/“插图”组，单击SmartArt按钮，打开“插入SmartArt图形”对话框，插入“垂直V形列表”SmartArt图形，然后在最后一个形状上单击鼠标右键，在弹出的快捷菜单中选择“添加形状”/“在后面添加形状”命令，如图15-61所示。

图15-61 添加形状

Step 11 ▶ 在SmartArt图形中输入相应文本内容，然后选择SmartArt图形，在“设计”/“SmartArt样式”组中将颜色设置为“彩色-着色”，将样式设置为三维“嵌入”，选择SmartArt图形右侧的矩形形状，在“格式”/“形状样式”组中单击形状填充·按钮，分别为其填充相应颜色，效果如图15-62所示。

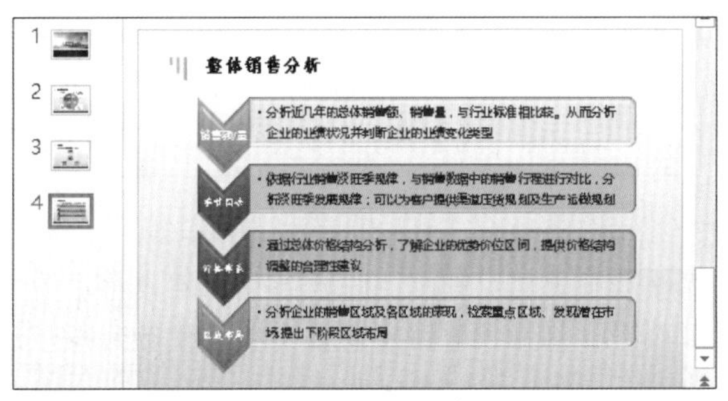

图15-62 完成第4张幻灯片的制作

Step 12 ▶ 复制幻灯片，修改标题，删除SmartArt图形，在标题下方绘制矩形形状，将形状颜色填充为“金色，着色2”，取消轮廓颜色，单击形状填充·按钮右侧的·按钮，在弹出的下拉列表的“渐变”子列表中选择“深色变体”栏中的“线性向右”选项，如图15-63所示。单击形状效果·按钮，在弹出的下拉列表的“阴影”子列表中选择“外部”栏中的“向下偏移”选项，如图15-64所示。

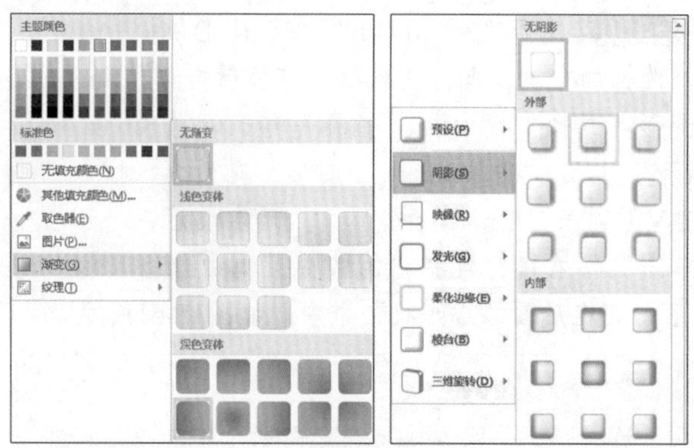

图15-63　设置渐变填充效果　图15-64　设置阴影效果

Step 13 ▶ 在矩形形状中输入“销售额/销售量”，在“插入”/“插图”组中单击“图表”按钮，打开“插入图表”对话框，选择“柱形图”选项卡，在右侧选择“三维簇状柱形图”选项，单击确定按钮，如图15-65所示。

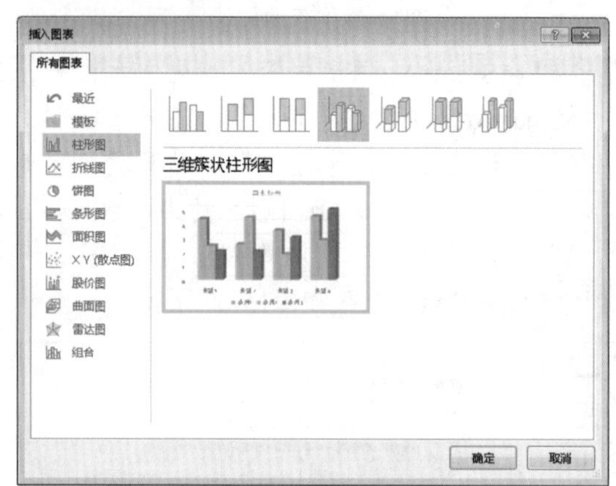

图15-65　插入三维簇状柱形图

Step 14 ▶ 此时将打开Excel工作界面，在表格中输入销售数据，将插入的图表调整大小后移动到矩形形状的下方位置，如图15-66所示。

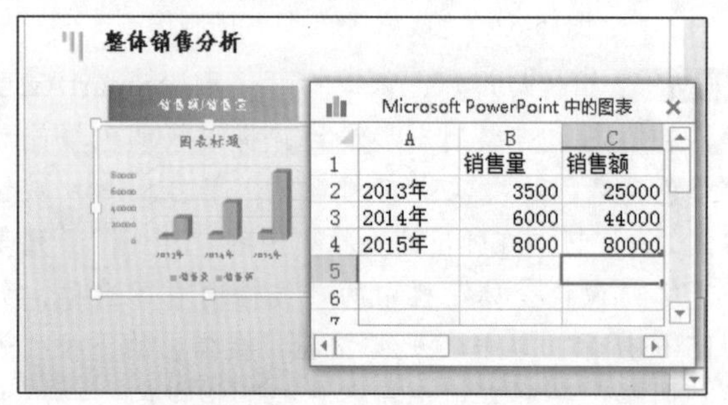

图15-66　输入柱形图图表数据

Step 15 ▶ 平行复制矩形形状，输入“季节性分析”，然后插入“带数据标记的折线图”图表，在打开的Excel工作表中输入对应每季度的销售数据额，并调整图表的大小和位置，如图15-67所示。

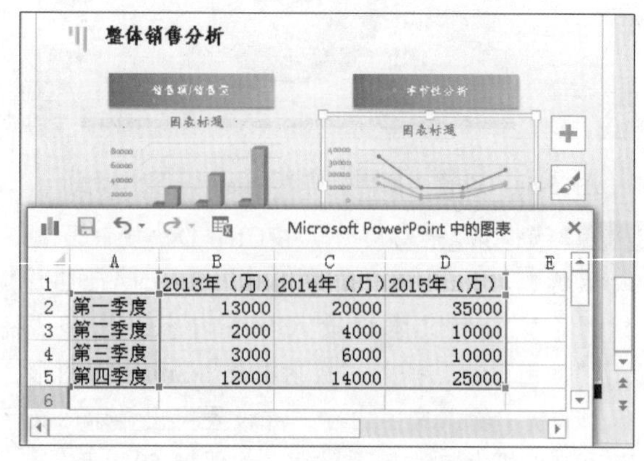

图15-67　制作折线图图表

Step 16 ▶ 关闭Excel工作表，在图表中选择垂直坐标轴区域，单击鼠标右键，在弹出的快捷菜单中选择“字体”命令，打开“字体”对话框，单击按钮，在弹出的下拉列表中选择“标准色”栏中的“红色”选项，将图表中的数据坐标轴字体颜色设置为红色，如图15-68所示。

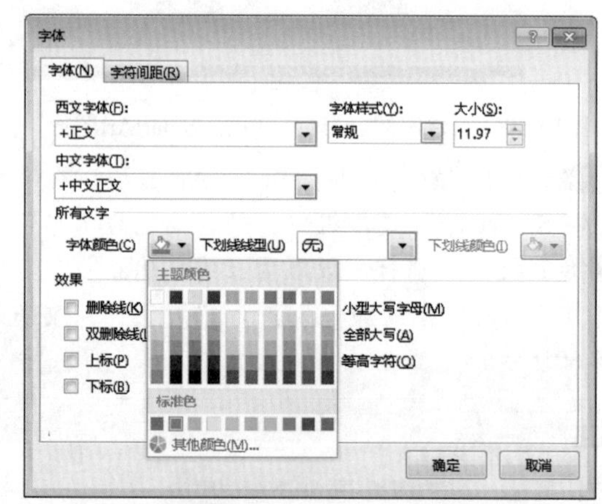

图15-68　设置坐标轴字体颜色

Step 17 ▶ 将图表中的图表标题文本框删除，再细致地调整图表的大小和位置。然后在图表下方绘制横排文本框，并将填充颜色设置为“酸橙色，着色1，淡色40%”，然后在文本框中输入图表对应的分析内容，并选择重点文字，将其字体格式设置为“微软雅黑、加粗、红色”，效果如图15-69所示。

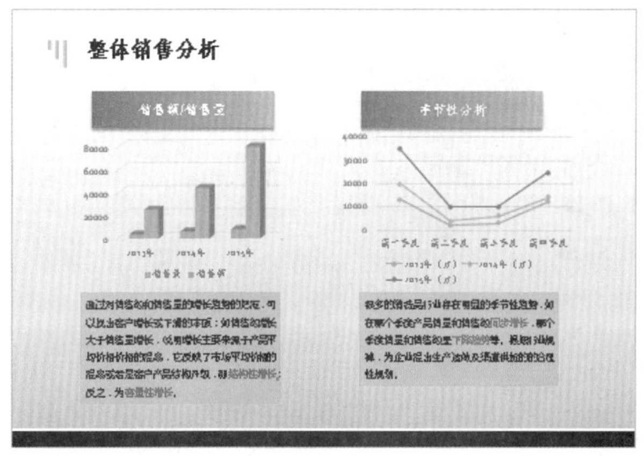

图15-69　插入文本框并输入图表提示内容

Step 18 ▶ 选择第5张幻灯片，按Ctrl+D快捷键复制，修改矩形形状中的文字，分别插入折线图（进行价格体系分析）和饼图（进行营销状况的区域分布分析），然后在下方的文本框中输入对应的提示信息，完成后的效果如图15-70所示。

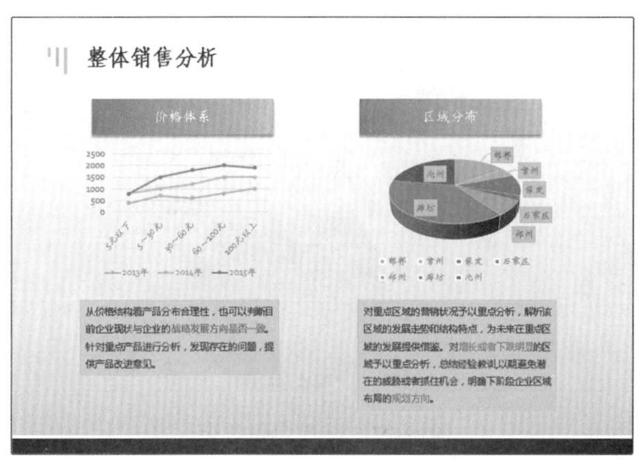

图15-70　插入折线图和饼图图表

技巧秒杀

在幻灯片中插入图表后，选择图表，在“设计”和“格式”功能区中可对图表的组成元素的样式和格式进行布局与设置。

Step 19 ▶ 选择第6张幻灯片，按Ctrl+D快捷键复制，修改矩形形状中的文字，分别插入百分比堆积条形图（进行区域-产品分析）和三维堆积条形图（进行价格-区域分析），然后在下方的文本框中输入对应的提示信息，完成后的效果如图15-71所示。

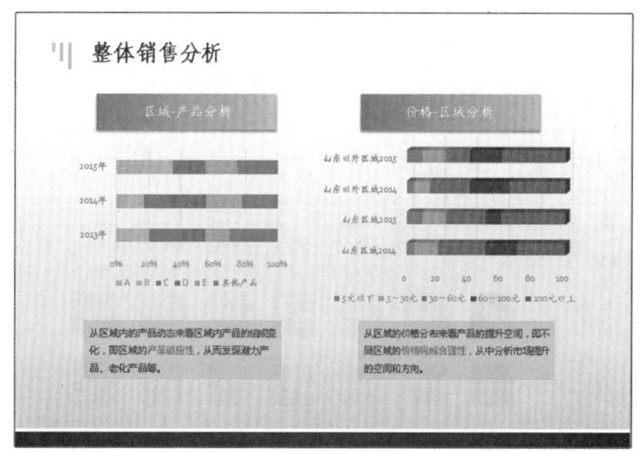

图15-71　插入条形图

Step 20 ▶ 复制第1张幻灯片到最后，修改标题文字内容，输入联系电话和邮箱，将文本框位置移到幻灯片下方。然后选择第2张幻灯片，进入幻灯片母版视图，在“插入”/“插图”组中单击“形状”按钮，在弹出的下拉列表的“动作按钮”栏中选择“动作按钮：后退或前一选项”，如图15-72所示。

图15-72　添加“后退或前一选项”动作按钮

Step 21 ▶ 在幻灯片左下角绘制按钮，打开“操作设置”对话框，选中◉超链接到(H):单选按钮，在其下方的下拉列表框中选择“上一张幻灯片”选项，单击确定按钮，如图15-73所示。

图15-73　设置动作按钮链接内容

Step 22 ▶ 设置完成后，选择绘制好的按钮形状，在“格式”/“形状样式”组的下拉列表框中选择“强调效果，橙色-强调颜色5”选项，然后水平向右复制3个按钮，如图15-74所示。

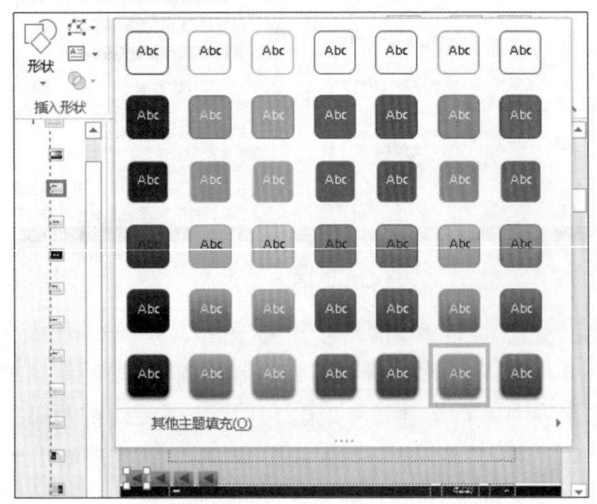

图15-74　设置动作按钮的格式并复制

Step 23 ▶ 选择第2个动作按钮，在“格式”/“形状样式”组中单击“编辑形状”按钮，在弹出的下拉列表中选择“更改形状”选项，在其子列表的“动作按钮”栏中选择“动作按钮：开始”选项，更改按钮形状，在打开的对话框中保持默认设置，链接到相应幻灯片，然后依次将其他两个动作按钮更改为“动作按钮：前进或下一项”和“动作按钮：结束”，完成后的效果如图15-75所示。

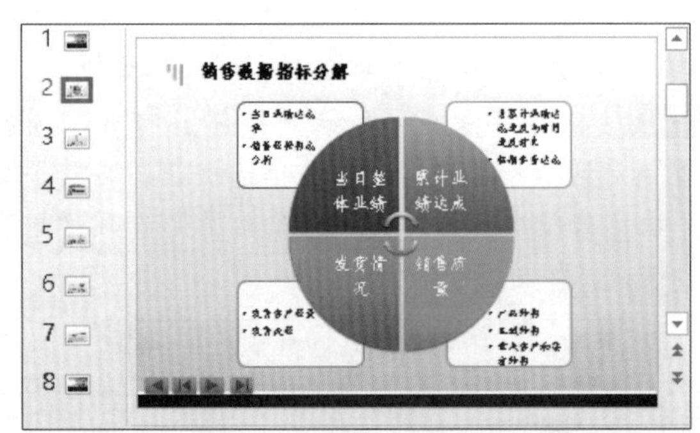

图15-75　更改动作按钮的形状

Step 24 ▶ 选择第2张幻灯片，选择“切换”/“切换到此幻灯片”组，在其下拉列表框中选择“华丽型”栏中的“页面卷曲”选项。单击“效果选项”按钮★，在弹出的下拉列表中选择“双右”选项，如图15-76所示。

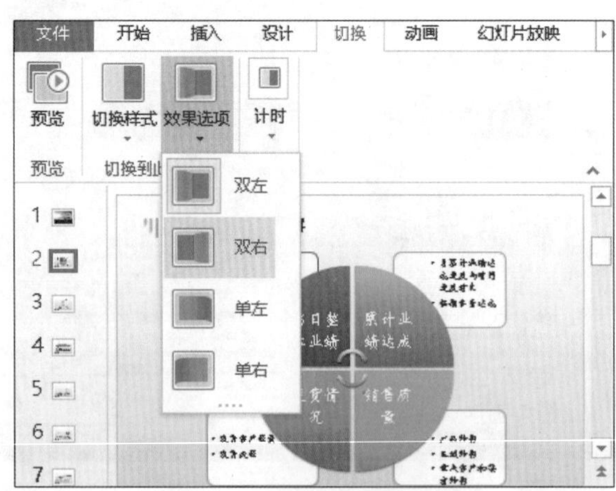

图15-76　设置切换动画效果

Step 25 ▶ 为第2张幻灯片的标题设置“浮入”进入动画，为SmartArt图形设置“弹跳”动画，开始时间设置为“上一动画之后”，持续时间设置为1.5秒，如图15-77所示。

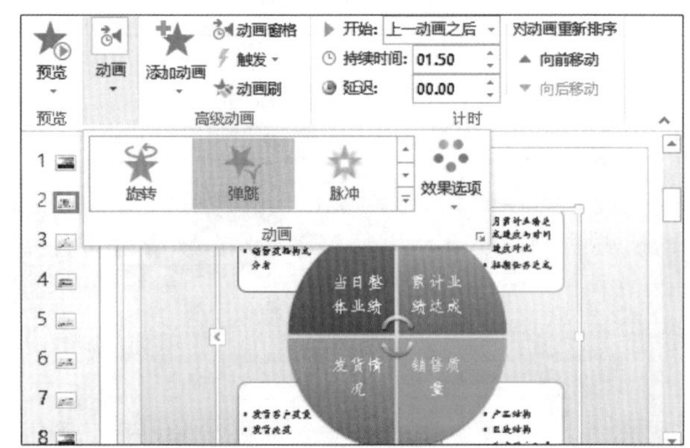

图15-77　设置动画效果

Step 26 ▶ 为其他对象设置动画，并将每张幻灯片的切换效果设置为“页面卷曲”，设置完成后按F5键开始放映，效果如图15-78所示。

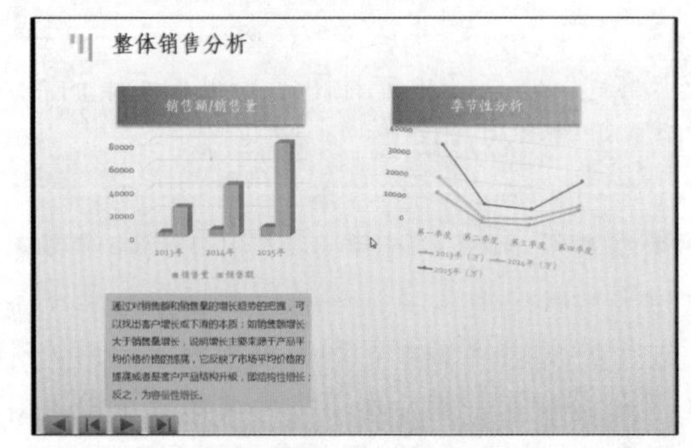

图15-78　预览放映效果

15.5 扩展练习

本章主要介绍了工作中各类常见的演示文稿的制作方法，下面将通过几个练习进一步巩固不同类型的演示文稿在实际生活中的应用，使读者操作更加熟练，并能举一反三地制作出各类常用的演示文稿。

15.5.1 制作少儿英语课件

本次练习将制作一个少儿英语课件，在幻灯片中绘制并插入形状，对形状进行一些基本设置和排列，设置完成后，再为幻灯片中的对象添加动画效果并进行放映，制作完成后的效果如图15-79所示。

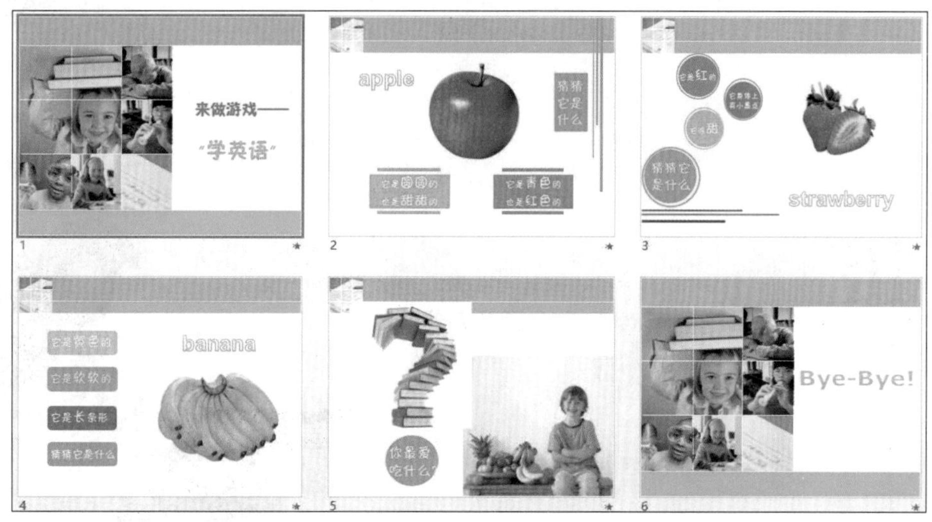

图15-79　少儿英语课件

- 光盘\素材\第15章\少儿英语课件.pptx
- 光盘\效果\第15章\少儿英语课件.pptx
- 光盘\实例演示\第15章\制作少儿英语课件

15.5.2 制作“员工能力要求培训会”演示文稿

图15-80　员工能力要求培训会

本次练习将对“员工能力要求培训会.pptx”演示文稿母版中的占位符格式、项目符号格式以及背景图片等进行编辑，编辑完成后，为幻灯片添加动画效果并放映，效果如图15-80所示。

- 光盘\素材\第15章\员工能力要求培训会.pptx、主题页.jpg
- 光盘\效果\第15章\员工能力要求培训会.pptx
- 光盘\实例演示\第15章\制作“员工能力要求培训会”演示文稿

精通篇 Proficient

前面学习了Word、Excel、PowerPoint三大组件的基础知识和操作应用，读者已经能够熟练地使用这三大组件编辑和处理各种文档。但要想制作和编辑高质量的文档、表格和演示文稿，还需要学习三大组件的一些操作技巧。

本篇介绍了Word 2013高级编排、Excel 2013高级办公和PowerPoint 2013炫彩设计等知识。通过本篇的学习，希望读者能更加灵活地运用Office 2013的三大组件制作和管理文档。

>>>

16 17 18

Word 2013高级编排

本章导读

前面学习了Word 2013的基础操作和部分高级操作知识，接下来将要学习Word中更为专业的操作和编辑技巧，包括高级查找和替换功能、页面设置技巧、自定义设置文档样式以及其他高级功能应用。通过本章的学习，读者对Word的认识将会有一个飞跃性的提高，在操作上也会有更深层次的了解。

16.1 高级查找和替换功能

Word中的查找和替换功能非常强大，不仅能查找和替换文本符号，还能查找和替换文档中的文本格式、多余的空格和空行，同时还可以将软回车替换为硬回车，将数字中的句号替换为小数点以及实现全角和半角引号的互换，下面将对此进行讲解。

16.1.1 查找和替换格式

在Word中使用替换功能不仅能替换文本符号，还可以替换文本的格式，如字体格式、段落格式和样式格式等。使用该功能能够快速、准确地帮助用户解决繁琐的格式设置问题。

实例操作：用替换功能替换字体段落格式

- 光盘\素材\第16章\暂借款管理办法.docx
- 光盘\效果\第16章\暂借款管理办法.docx
- 光盘\实例演示\第16章\用替换功能替换字体段落格式

与替换文本不同，替换格式需要在“查找字体”对话框中设置查找的字体和段落格式，然后再进行替换。

Step 1 打开“暂借款管理办法.docx”文档，选择“开始”/“编辑”组，单击“替换”按钮，打开“查找和替换”对话框。将鼠标光标定位到“查找内容”文本框中，然后单击下方的更多(M) >>按钮展开对话框，在“替换”栏中单击格式(O)按钮，在弹出的下拉列表中选择“字体”选项，如图16-1所示。

图16-1 查找字体

Step 2 打开“查找字体”对话框，设置字体为“黑体”，字号为“三号”，单击确定按钮，如图16-2所示。

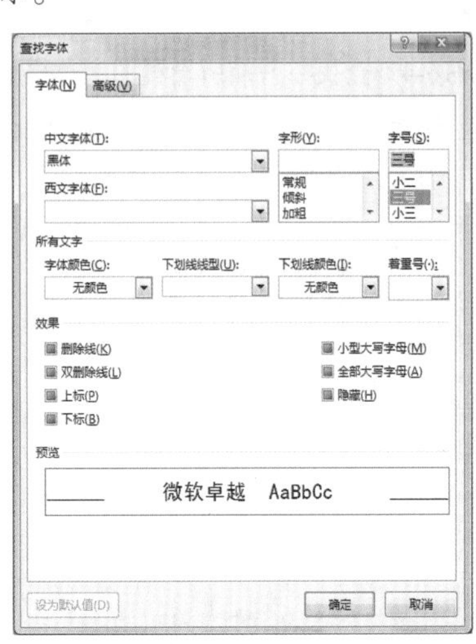

图16-2 设置查找字体的格式

Step 3 完成后返回“查找和替换”对话框中，将鼠标光标定位到“替换为”文本框中，打开“替换字体”对话框，将字体设置为“华文隶书”，字号设置为“二号”，并设置字形为“加粗”，然后单击确定按钮，如图16-3所示。

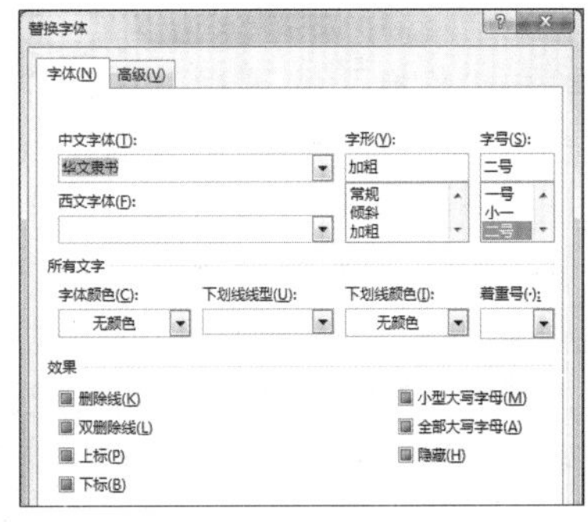

图16-3 设置替换字体格式

Step 4 返回“查找和替换”对话框，单击查找下一处(F)按钮，查看是否能在本文档中查找到该字体以便及时修改。然后单击全部替换(A)按钮，如图16-4所示，即可将文档中所有相同字体格式的文本替换为设置

后的文本格式。

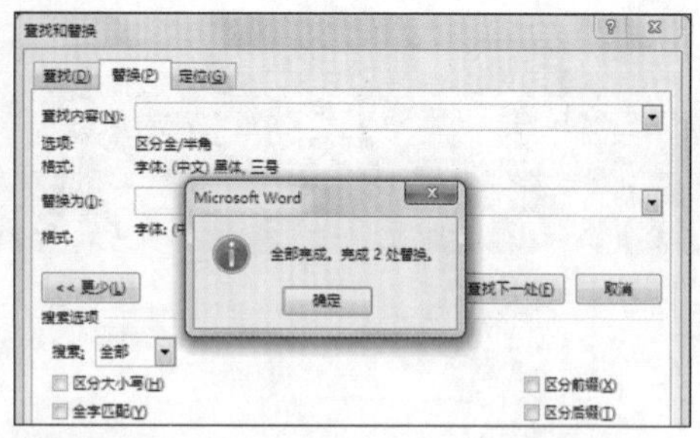

图16-4　查找并替换所设置的字体格式

Step 5 ▶ 按相同方法完成其他文本的字体格式的查找和替换，完成后的效果如图16-5所示。

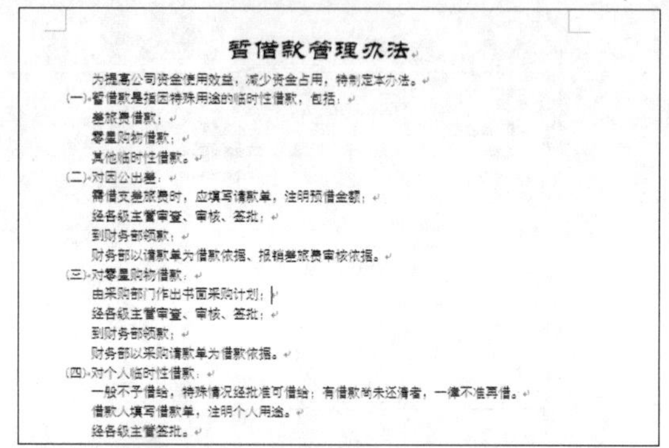

图16-5　设置其他文本的字体格式

技巧秒杀

单击 更多(M) >> 按钮展开“查找和替换”对话框，在“搜索选项”栏中选中相应的复选框，可以设置查找对象的格式限制。

Step 6 ▶ 单击“替换”按钮，打开“查找和替换”对话框，单击 不限定格式(T) 按钮清除查找记录，将鼠标光标定位到“查找内容”文本框中，然后单击下方的 更多(M) >> 按钮展开对话框，在“替换”栏中单击 格式(O) 按钮，在弹出的下拉列表中选择“段落”选项，打开“查找段落”对话框，设置对齐方式为“两端对齐”，单击 确定 按钮，返回“查找和替换”对话框，将鼠标光标定位到“替换为”文本框中，打开“替换段落”对话框，设置“对齐方式”为“左对齐”，“段前”和“段后”间距为“0.75”，“行距”为“多倍行距”，“设置值”为“1”，单击 确定 按钮，如图16-6所示。

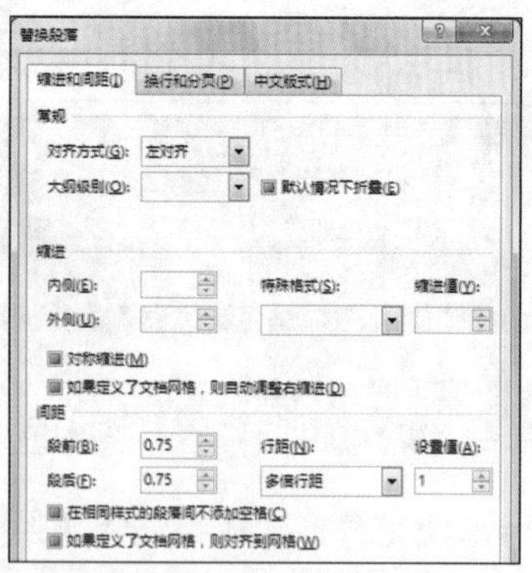

图16-6　设置替换段落格式

Step 7 ▶ 返回“查找和替换”对话框，单击 查找下一处(F) 按钮，查看是否能在本文档中查找到该段落格式以便及时做出修改。然后单击 全部替换(A) 按钮，如图16-7所示，即可将文档中所有相同段落格式的文本替换为设置后的段落格式。

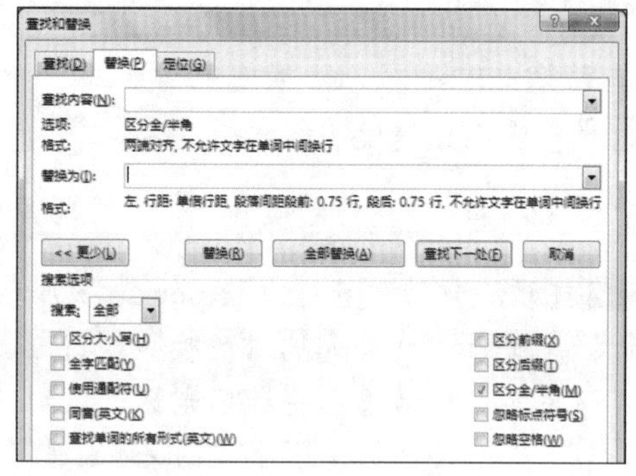

图16-7　查找并替换所设置的段落格式

Step 8 ▶ 返回文档，即可查看到替换字体格式和段落格式后的效果，如图16-8所示。

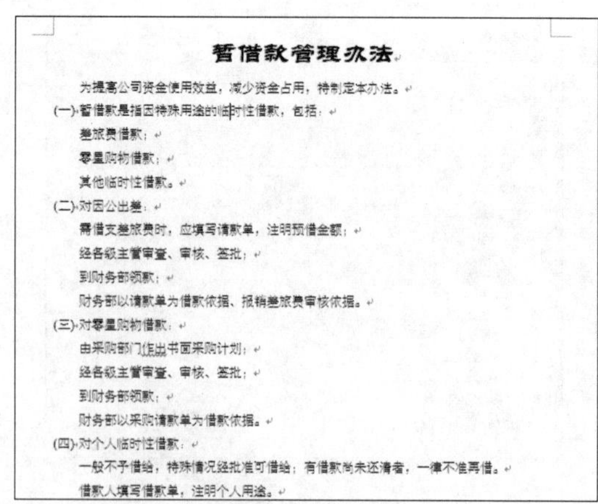

图16-8　最终效果

技巧秒杀

在打开的“查找和替换”对话框中单击更多(M) >>按钮，在展开的对话框下方单击格式(O)▾按钮，在弹出的下拉列表中可以选择文档中的所有格式。

16.1.2 删除多余的空格和空行

在编辑文档时，如果发现文档中有多余的空格或空行，可以运用查找和替换功能来将其删除，让文档中杂乱的内容变得规整。

实例操作：删除文档中多余的空格和空行

- 光盘\素材\第16章\责任制度.docx
- 光盘\效果\第16章\责任制度.docx
- 光盘\实例演示\第16章\删除文档中多余的空格和空行

删除文档中的空格和空行时，在“查找和替换”文本框中输入相应的符号，然后再进行替换操作。下面将在“责任制度.docx”文档中删除多余的空格和空行。

Step 1 ▶ 打开“责任制度.docx”文档，选择“开始”/“编辑”组，单击“替换”按钮，打开“查找和替换”对话框，将鼠标光标定位到“查找内容”文本框中，然后单击下方的更多(M) >>按钮展开对话框，在“替换”栏中单击特殊格式(E)▾按钮，在弹出的下拉列表中选择“段落标记”选项，如图16-9所示。

图16-9 选择“段落标记”选项

Step 2 ▶ 在“查找内容”文本框中插入段落标记符号“^p^p”，然后运用相同方法继续在该文本框中插入段落标记，在“替换为”文本框中插入“^p”段落标记，单击全部替换(A)按钮，如图16-10所示。

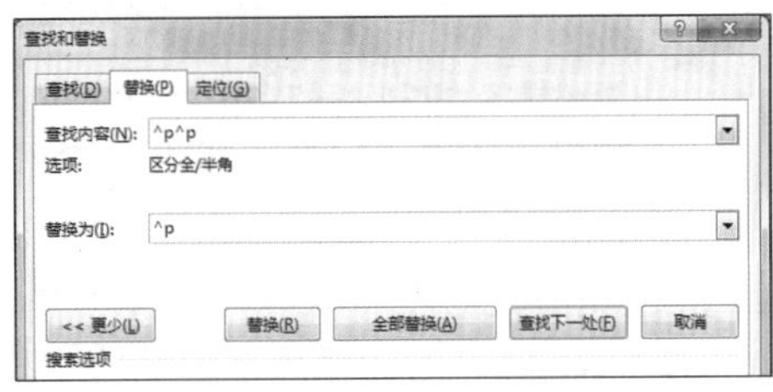

图16-10 输入所需查找和替换的段落标记

Step 3 ▶ 单击关闭按钮关闭“查找和替换”对话框，返回文档中即可查看删除空行后的效果，如图16-11所示。

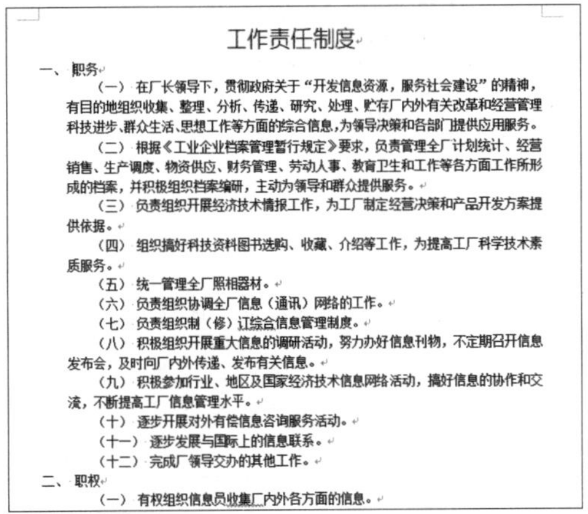

图16-11 替换空行后的效果

Step 4 ▶ 单击“替换”按钮，打开“查找和替换”对话框，将鼠标光标定位到“查找内容”文本框中，按Space键输入一个空格，而在“替换为”文本框中不输入任何字符，单击全部替换(A)按钮，如图16-12所示。

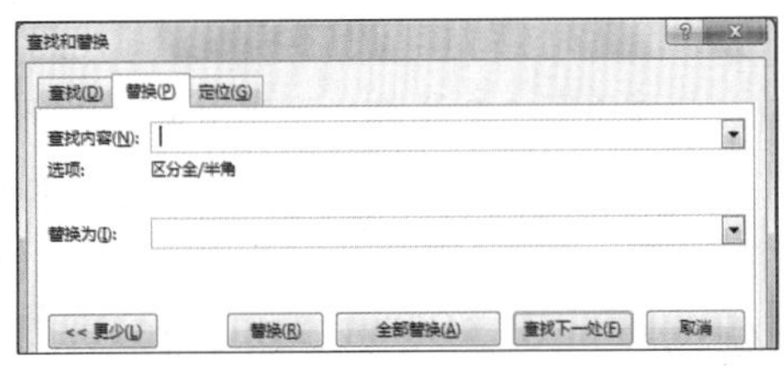

图16-12 输入所需查找的空格符

Step 5 ▶ 单击关闭按钮关闭“查找和替换”对话框，返回文档中即可查看删除空格后的效果，如图16-13所示。

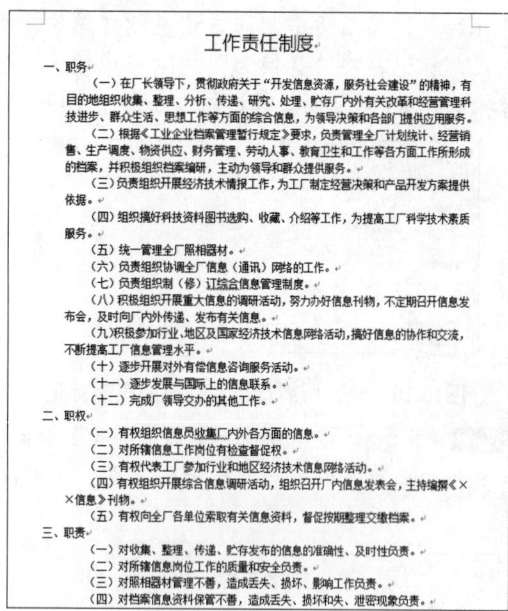

工作责任制度

一、职务

（一）在厂长领导下，贯彻政府关于“开发信息资源，服务社会建设”的精神，有目的地组织收集、整理、分析、传递、研究、处理、贮存厂内外有关改革和经营管理科技进步、群众生活、思想工作等方面的综合信息，为领导决策和各部门提供应用服务。

（二）根据《工业企业档案管理暂行规定》要求，负责管理全厂计划统计、经营销售、生产调度、物资供应、财务管理、劳动人事、教育卫生和工作等各方面工作所形成的档案，并积极组织档案编研，主动为领导和群众提供服务。

（三）负责组织开展经济技术情报工作，为工厂制定经营决策和产品开发方案提供依据。

（四）组织搞好科技资料图书选购、收藏、介绍等工作，为提高工厂科学技术素质服务。

（五）统一管理全厂照相器材。

（六）负责组织协调全厂信息（通讯）网络的工作。

（七）负责组织制（修）订综合信息管理制度。

（八）积极组织开展重大信息的调研活动，努力办好信息刊物，不定期召开信息发布会，及时向厂内外传递、发布有关信息。

（九）积极参加行业、地区及国家经济技术信息网络活动，搞好信息的协作和交流，不断提高工厂信息管理水平。

（十）逐步开展对外有偿信息咨询服务活动。

（十一）逐步发展与国际上的信息联系。

（十二）完成厂领导交办的其他工作。

二、职权

（一）有权组织信息员收集厂内外各方面的信息。

（二）对所辖信息工作岗位有检查督促权。

（三）有权代表工厂参加行业和地区经济技术信息网络活动。

（四）有权组织开展综合信息调研活动，组织召开厂内信息发表会，主持编辑《××信息》刊物。

（五）有权向全厂各单位索取有关信息资料，督促按期整理交缴档案。

三、职责

（一）对收集、整理、传递、贮存发布的信息的准确性、及时性负责。

（二）对所辖信息岗位工作的质量和安全负责。

（三）对照相器材管理不善，造成丢失、损坏、影响工作负责。

（四）对档案信息资料保管不善，造成丢失、损坏和失、泄密现象负责。

图16-13　最终效果

读书笔记

16.1.3 将软回车替换为硬回车

软回车是指在文档中输入文本后按Shift+Enter快捷键产生的，此时文本换行但不换段，即前后两端文本在Word中属于同一个段落；而硬回车指的是在文档中输入文本后直接按Enter键产生的，此时文本换行并且前后文字属于不同段落。

实例操作：用硬回车替换软回车

- 光盘\素材\第16章\低碳环保宣传单.docx
- 光盘\效果\第16章\低碳环保宣传单.docx
- 光盘\实例演示\第16章\用硬回车替换软回车

使用硬回车替换软回车，需要先在“特殊格式”下拉列表中选择“手动换行符”选项，再在“替换为”文本框中输入硬回车的替换符号，然后进行替换操作。

Step 1 ▶ 打开“低碳环保宣传单.docx”文档，选择“开始”/“编辑”组，单击“替换”按钮，如图16-14所示。

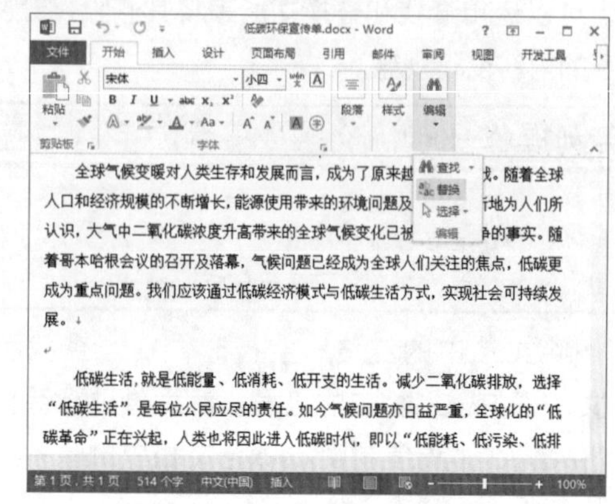

图16-14　选择“替换”选项

Step 2 ▶ 打开“查找和替换”对话框，将鼠标光标定位到“查找内容”文本框中，然后单击下方的更多(M) >>按钮展开对话框，在“替换”栏中单击特殊格式(E)▾按钮，在弹出的下拉列表中选择“手动换行符”选项，如图16-15所示。

图16-15　选择“手动换行符”选项

Step 3 ▶ 在“查找内容”文本框中插入手动换行符号“^l”后，在“替换为”文本框中应用相同方法插入段落标记“^p”，单击 全部替换(A) 按钮，如图16-16所示。

图16-16　输入替换为的段落标记

Step 4 单击 关闭 按钮，关闭“查找和替换”对话框，返回文档中即可查看到软回车替换为硬回车的效果，如图16-17所示。

全球气候变暖对人类生存和发展而言，成为了原来越严峻的挑战。随着全球人口和经济规模的不断增长，能源使用带来的环境问题及其诱因不断地为人们所认识，大气中二氧化碳浓度升高带来的全球气候变化已被确认为不争的事实。随着哥本哈根会议的召开及落幕，气候问题已经成为全球人们关注的焦点，低碳更成为重点问题。我们应该通过低碳经济模式与低碳生活方式，实现社会可持续发展。

低碳生活，就是低能量、低消耗、低开支的生活。减少二氧化碳排放，选择“低碳生活”，是每位公民应尽的责任。如今气候问题亦日益严重，全球化的“低碳革命”正在兴起，人类也将因此进入低碳时代，即以“低能耗、低污染、低排放”为基础的全新时代。为保卫我们的生存环境，身为地球村上的一员，身为当代的大学生，21世纪的接班人，未来世界的主人公，你做到“低碳”了吗？

“每节约1度电，就相当于节省了0.4千克煤的能耗和4升净水，同时还减少了1千克CO²和0.03千克的SO²的排放。”

为什么要了解这些略显枯燥的数字？因为我们面临的是日益恶化的环境、行将枯竭的化石能源、居高不下的生活成本…

图16-17　最终效果

技巧秒杀

软回车在文档中是以竖直向下的箭头↓表示的，而硬回车在文档中的标志是↵，从网上复制文字到Word中一般都会转换为软回车。

16.1.4 全角和半角引号的互换

在编辑文档时，可能会遇到使用英文标点符号的文章，为了方便和统一文档编排，常常需要将文档中所有的英文标点符号转换为中文标点符号，或者是将文档中的中文标点符号转换为英文标点符号，如全角和半角引号的互换，利用Word的查找和替换功能，即可轻松实现。

实例操作：将半角引号转换为全角引号

- 光盘\素材\第16章\祝酒词.docx
- 光盘\效果\第16章\祝酒词.docx
- 光盘\实例演示\第16章\将半角引号转换为全角引号

将全角和半角引号进行互换与其他替换操作不同，需要先在“Word选项”对话框中进行设置，再在“查找和替换”对话框中进行替换操作。

Step 1 打开“祝酒词.docx”文档，单击 文件 按钮，在弹出的下拉菜单中选择“选项”命令，如图16-18所示。

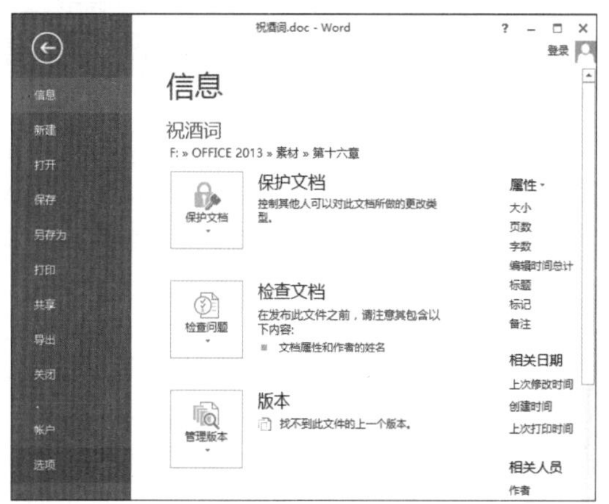

图16-18　选择“选项”命令

Step 2 打开“Word选项”对话框，选择“校对”选项卡，单击右侧的 自动更正选项(A)... 按钮，如图16-19所示。

图16-19　设置自动更正选项

Step 3 打开“自动更正”对话框，选择“键入时自动套用格式”选项卡，取消选中“键入时自动替换”栏中的□直引号替换为弯引号复选框，依次单击 确定 按钮，如图16-20所示。

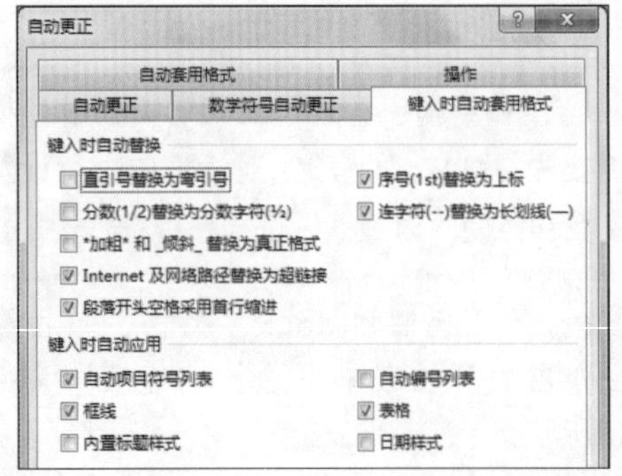

图16-20 取消选中“直引号替换为弯引号”复选框

Step 4 返回文档，选择“开始”/“编辑”组，单击“替换”按钮，打开“查找和替换”对话框，将鼠标光标定位到“查找内容”文本框中，输入“"(*)"”，然后将鼠标光标定位到“替换为”文本框，并输入“"\1"”，单击对话框下方的 更多(M) >> 按钮展开对话框，在“搜索选项”栏中选中☑使用通配符(U)复选框，然后单击 全部替换(A) 按钮，如图16-21所示。

图16-21 设置“查找和替换”对话框

技巧秒杀

在进行全角和半角引号互换时，“查找内容”文本框中输入的文本是在半角时的英文状态下进行输入的；而在“替换为”文本框中的引号则是在半角时的中文状态下输入的。

Step 5 单击 关闭 按钮，关闭“查找和替换”对话框，返回文档中即可查看将半角引号转换为全角引号的效果，如图16-22所示。

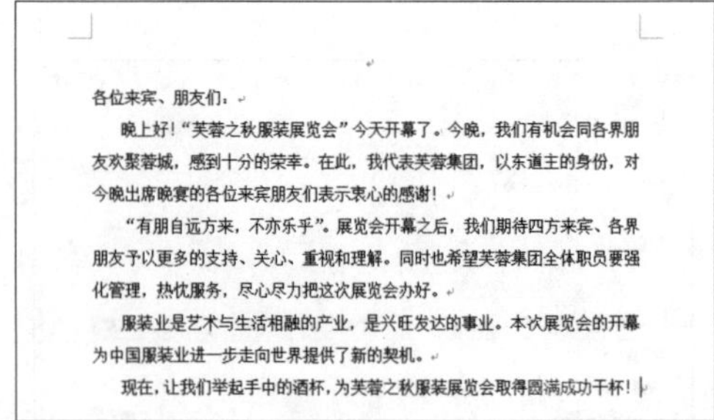

各位来宾、朋友们，

晚上好！“芙蓉之秋服装展览会”今天开幕了。今晚，我们有机会同各界朋友欢聚蓉城，感到十分的荣幸。在此，我代表芙蓉集团，以东道主的身份，对今晚出席晚宴的各位来宾朋友们表示衷心的感谢！

“有朋自远方来，不亦乐乎”。展览会开幕之后，我们期待四方来宾、各界朋友予以更多的支持、关心、重视和理解。同时也希望芙蓉集团全体职员要强化管理，热忱服务，尽心尽力把这次展览会办好。

服装业是艺术与生活相融的产业，是兴旺发达的事业。本次展览会的开幕为中国服装业进一步走向世界提供了新的契机。

现在，让我们举起手中的酒杯，为芙蓉之秋服装展览会取得圆满成功干杯！

图16-22 最终效果

16.1.5 将句号替换为小数点

在使用Word进行文档操作时，会经常输入中文句号，但也要输入小数点。在中文句号和小数点之间频繁转换，既麻烦又大大降低了输入速度，甚至很容易出现错误，这时用Word的查找和替换功能可以方便快速地将句号替换为小数点。

实例操作：在文档中将句号替换为小数点

- 光盘\素材\第16章\项目开发表.docx
- 光盘\效果\第16章\项目开发表.docx
- 光盘\实例演示\第16章\在文档中将句号替换为小数点

将句号替换为小数点，和其他特殊的替换操作一样，都是对特殊格式进行替换。下面在“项目开发表.docx”文档中进行将句号替换为小数点的操作。

Step 1 打开“项目开发表.docx”文档，选择“开始”/“编辑”组，单击“替换”按钮，如图16-23所示。

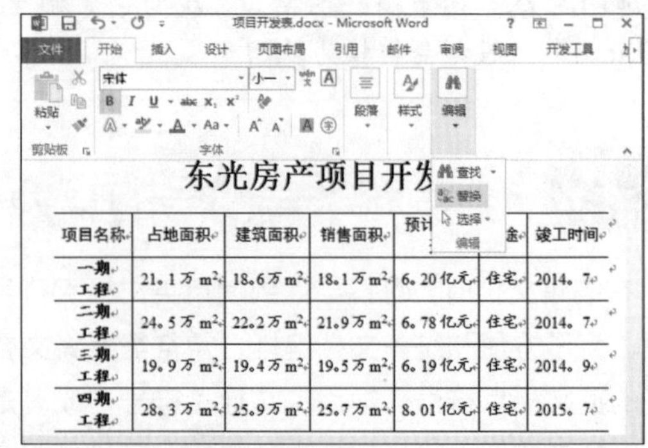

图16-23 单击“替换”按钮

Step 2 ▶ 打开“查找和替换”对话框，将鼠标光标定位到“查找内容”文本框中，输入“([0-9]{1,})。([0-9]{1,})”，然后在“替换为”文本框中输入“\1.\2”，单击下方的 更多(M) >> 按钮展开对话框，在“搜索选项”栏中选中 ☑使用通配符(U) 复选框，单击 全部替换(A) 按钮进行替换操作，如图16-24所示。

图16-24　设置查找和替换内容

Step 3 ▶ 返回文档可查看到数字后面的句号全部替换为小数点，效果如图16-25所示。

东光房产项目开发表

项目名称	占地面积	建筑面积	销售面积	预计总投资	用途	竣工时间
一期工程	21.1 万 m^2	18.6 万 m^2	18.1 万 m^2	6.20 亿元	住宅	2014.7
二期工程	24.5 万 m^2	22.2 万 m^2	21.9 万 m^2	6.78 亿元	住宅	2014.7
三期工程	19.9 万 m^2	19.4 万 m^2	19.5 万 m^2	6.19 亿元	住宅	2014.12
四期工程	28.3 万 m^2	25.9 万 m^2	25.7 万 m^2	8.01 亿元	住宅	2015.7

图16-25　查看替换后的效果

读书笔记

16.2 页面设置技巧

在Word文档中，灵活设置文档版面不仅可充实文档内容，还可以美化版面，吸引读者的眼球。如设置不均等的分栏间距、设置样式不同的页眉和页脚等，下面分别进行介绍。

16.2.1 设置不均等的分栏间距

在默认情况下，分栏都是等宽度的，如果要得到不均等的分栏，则需要对分栏间距进行设置。

实例操作：为文档设置不均等的分栏间距

- 光盘\素材\第16章\楼盘简介.docx
- 光盘\效果\第16章\楼盘简介.docx
- 光盘\实例演示\第16章\为文档设置不均等的分栏间距

设置不均等的分栏间距，需要先对文档进行分栏，然后再在“分栏”对话框中对分栏间距进行精确设置。

Step 1 ▶ 打开“楼盘简介.docx”文档，选择“页面布局”/“页面设置”组，单击“分栏”按钮右侧的下拉按钮，在弹出的下拉列表中选择“三栏”选项，如图16-26所示。

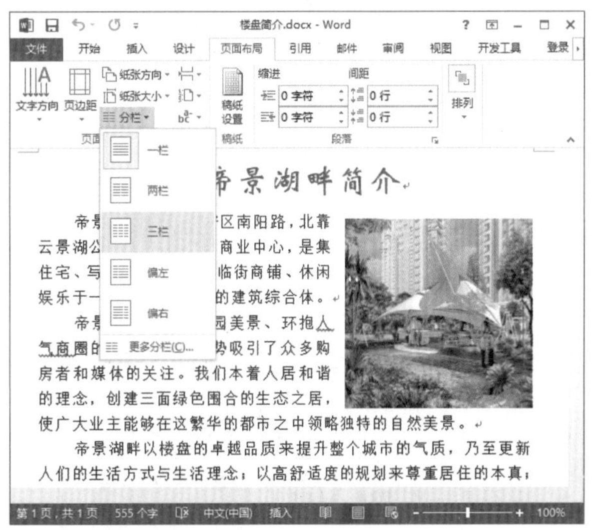

图16-26　选择分栏栏数

Step 2 ▶ Word自动将文档设置为3栏，单击“分栏”按钮右侧的下拉按钮，在弹出的下拉列表中选择

"更多分栏"选项，如图16-27所示。

图16-27 选择"更多分栏"选项

Step 3 ▶ 打开"分栏"对话框，在"宽度和间距"栏中取消选中"栏宽相等"复选框，此时可在第1、2、3栏进行宽度和间距的设置，这里分别设置第1栏的宽度为"9字符"，间距为"1.5字符"；第2栏的宽度为"13.52字符"，间距为"2字符"；第3栏的宽度为"13.53字符"，单击"确定"按钮，如图16-28所示。

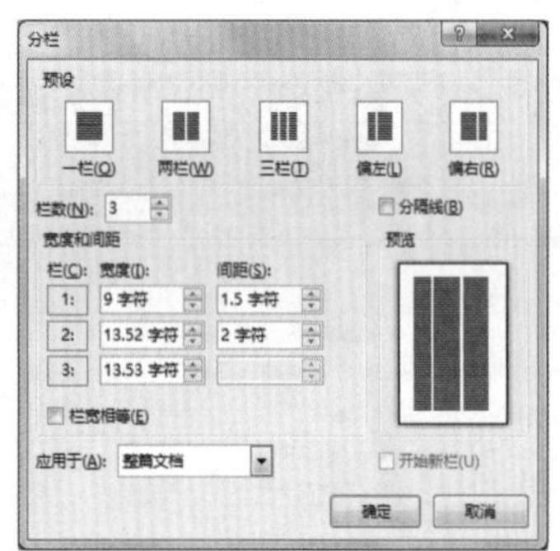

图16-28 设置分栏的宽度和间距

Step 4 ▶ 返回文档，可查看设置不均等分栏后的效果，如图16-29所示。

图16-29 不均等分栏效果

16.2.2 设置样式不同的页眉和页脚

在Word中创建页眉和页脚后，在默认情况下，整篇文档的页眉和页脚格式都一样。但有时需要根据不同的章节内容来设置不同的页眉和页脚，如设置首页不同的页眉和页脚、奇偶页不同的页眉和页脚以及每页都不同的页眉和页脚等，下面将分别进行介绍。

1. 设置首页不同的页眉和页脚

首页不同一般是指在文档首页使用不同的页眉或页脚，以区别文档首页与其他页面。默认情况下，页眉和页脚在一篇文档中应该都是一个样式，如果需要使文档中章节的首页与其他页不同，则需要对首页的页眉和页脚进行设置。

打开文档，选择"插入"/"页眉和页脚"组，单击"页眉"按钮，在弹出的下拉列表中选择"内置"栏中需要的样式选项或者选择"编辑页眉"选项，激活"页眉和页脚工具"的"设计"选项卡，在其中的"选项"功能面板中选中"首页不同"复选框，然后根据需要设置首页的样式，设置完成后单击"转至页脚"按钮进行页脚的设置，此时在首页设置的页眉和页脚样式将不会应用于其他页面，对其他页面的页眉和页脚设置完成后，单击"关闭"功能面板中的"关闭页眉和页脚"按钮，退出页眉和页脚编辑状态，返回文档可查看到设置后的效果。

2. 设置奇偶页不同的页眉和页脚

奇偶页不同一般是指在奇数页和偶数页使用不同的页眉或页脚，以体现不同页面的页眉或页脚特色。

实例操作：设置奇偶页不同的页眉和页脚

- 光盘\素材\第16章\人力资源管理手册.docx
- 光盘\效果\第16章\人力资源管理手册.docx
- 光盘\实例演示\第16章\设置奇偶页不同的页眉和页脚

下面将在"人力资源管理手册.docx"文档中的奇数页和偶数页插入不同的页眉和页脚，使得文档样式多元化。

Step 1 ▶ 打开“人力资源管理手册.docx”文档，选择“插入”/“页眉和页脚”组，单击“页眉”按钮，在弹出的下拉列表中选择“编辑页眉”选项，如图16-30所示。

图16-30　选择“编辑页眉”选项

Step 2 ▶ 激活“设计”选项卡，在“选项”组中选中☑奇偶页不同复选框，此时会出现“奇数页页眉”“偶数页页眉”“奇数页页脚”“偶数页页脚”。其中，奇数页页眉的编辑状态如图16-31所示。

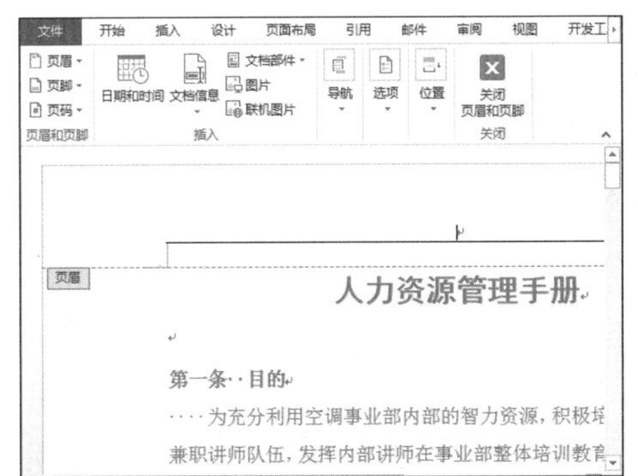

图16-31　设置奇偶页不同

Step 3 ▶ 在奇数页页眉处输入需要的内容，这里输入“人力资源”，然后转至偶数页页眉处输入内容，这里输入“管理手册”，如图16-32所示。

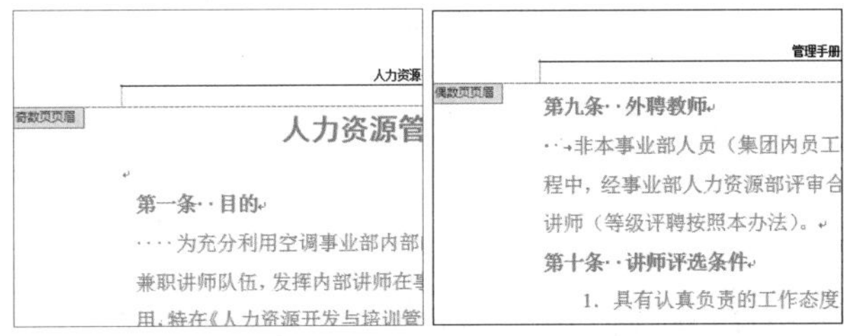

图16-32　输入奇数页和偶数页的页眉内容

Step 4 ▶ 在“导航”组中单击“转至页脚”按钮，进入页脚编辑状态，然后在“页眉和页脚”组中单击“页码”按钮，在弹出的下拉列表中选择“页面底端”选项，并在子列表中选择“普通数字2”选项，此时插入页码作为输入的页脚内容，如图16-33所示。

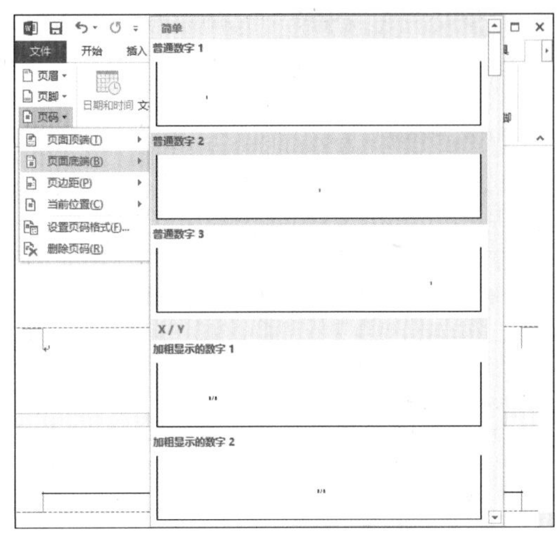

图16-33　在页脚处插入页码

Step 5 ▶ 插入页码后，会在奇数页页脚处默认显示1、3、5……页码，而在偶数页页脚处将不会显示页码。将鼠标光标定位到偶数页页脚，使用相同的方法输入偶数页页脚的页码。单击“关闭页眉和页脚”按钮退出页眉和页脚的编辑状态，如图16-34所示。

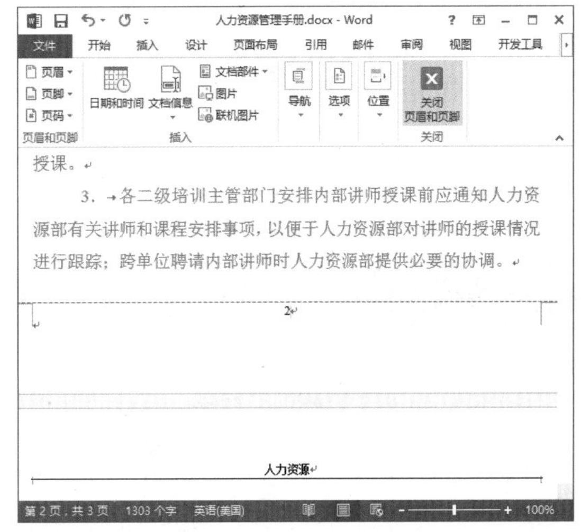

图16-34　设置偶数页页脚后退出编辑状态

Step 6 ▶ 返回文档可查看到设置页眉和页脚后的效果，如图16-35和图16-36所示。

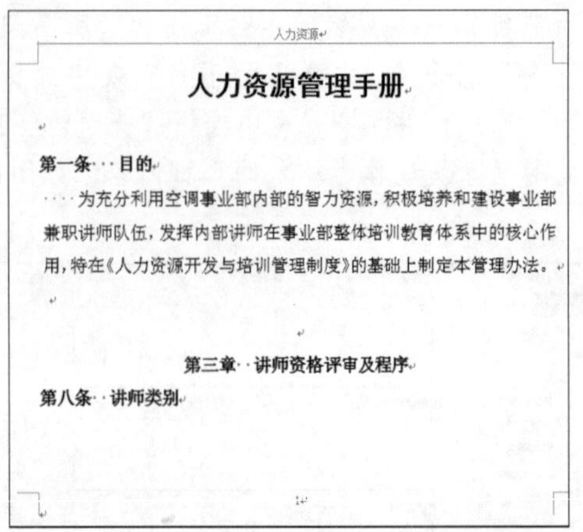
人力资源

人力资源管理手册

第一条 目的

为充分利用空调事业部内部的智力资源，积极培养和建设事业部兼职讲师队伍，发挥内部讲师在事业部整体培训教育体系中的核心作用，特在《人力资源开发与培训管理制度》的基础上制定本管理办法。

第三章 讲师资格评审及程序

第八条 讲师类别

1

图16-35 奇数页页眉和页脚的最终效果

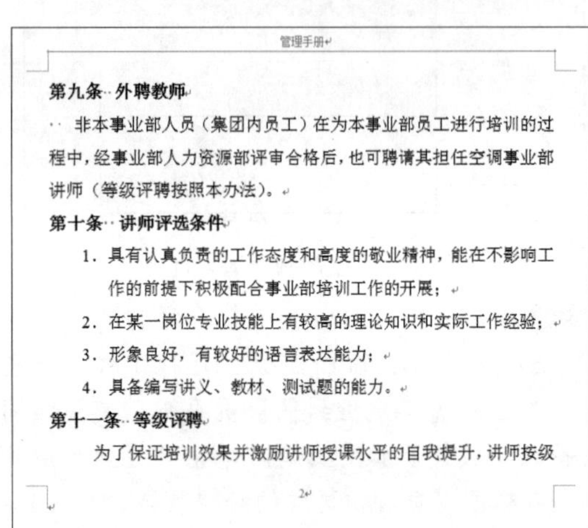
管理手册

第九条 外聘教师

非本事业部人员（集团内员工）在为本事业部员工进行培训的过程中，经事业部人力资源部评审合格后，也可聘请其担任空调事业部讲师（等级评聘按照本办法）。

第十条 讲师评选条件

1. 具有认真负责的工作态度和高度的敬业精神，能在不影响工作的前提下积极配合事业部培训工作的开展；
2. 在某一岗位专业技能上有较高的理论知识和实际工作经验；
3. 形象良好，有较好的语言表达能力；
4. 具备编写讲义、教材、测试题的能力。

第十一条 等级评聘

为了保证培训效果并激励讲师授课水平的自我提升，讲师按级

2

图16-36 偶数页页眉和页脚的最终效果

3. 设置每页都不同的页眉和页脚

设置每一页都不同的页眉和页脚，即文档的每页之间的页眉和页脚都不一样，是彼此独立的。这与设置首页不同和奇偶页不同的页眉和页脚是不一样的。

实例操作：设置每页都不同的页眉和页脚

- 光盘\素材\第16章\员工行为手册.docx
- 光盘\效果\第16章\员工行为手册.docx
- 光盘\实例演示\第16章\设置每页都不同的页眉和页脚

要设置每页都不同的页眉和页脚，需要借助分节符，让每页彼此独立，然后再进行页眉和页脚设置。

Step 1 打开“员工行为手册.docx”文档，将鼠标光标定位到文档第1页需插入页眉的位置，选择“页面布局”/“页面设置”组，单击“分隔符”按钮，在弹出的下拉列表中选择“分节符”栏中的“下一页”选项，如图16-37所示。

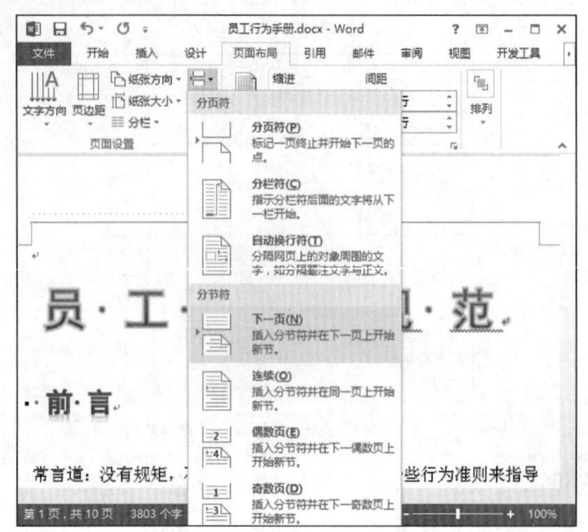

图16-37 选择“下一页”分节符

Step 2 按相同方法为整篇文档分节，将鼠标光标定位到第1页需插入页眉的位置，然后选择“插入”/“页眉和页脚”组，单击“页眉”按钮，在弹出的下拉列表中选择“编辑页眉”选项，如图16-38所示。

图16-38 选择“编辑页眉”选项

Step 3 在第1页的页眉中输入内容，然后对第2页的页眉和页脚进行编辑。在“导航”栏中取消选中“链接到前一条页眉”选项，如图16-39所示。

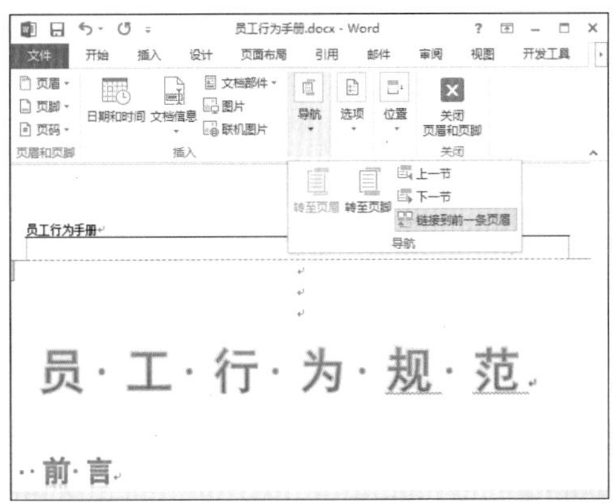

图16-39　取消链接到前一条页眉

Step 4 ▶ 在第2页的页眉处输入内容，此处输入“前言”，第1页的页眉将不会改变。按相同方法在其他页的页眉处输入相应的内容，如图16-40所示。

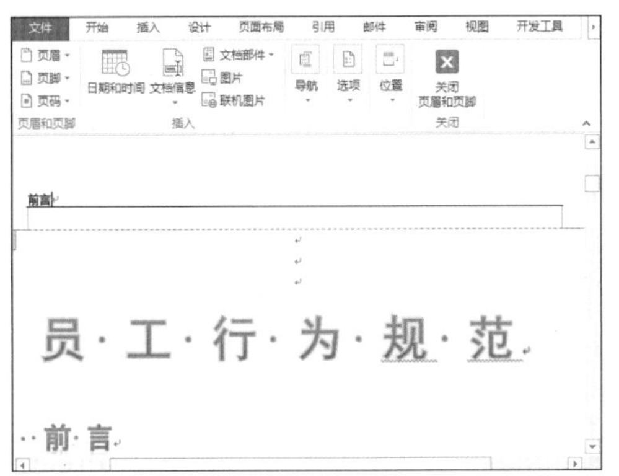

图16-40　输入页眉内容

Step 5 ▶ 返回第1页页眉，在“导航”栏中单击“转至页脚”按钮，进入页脚编辑状态，如图16-41所示。

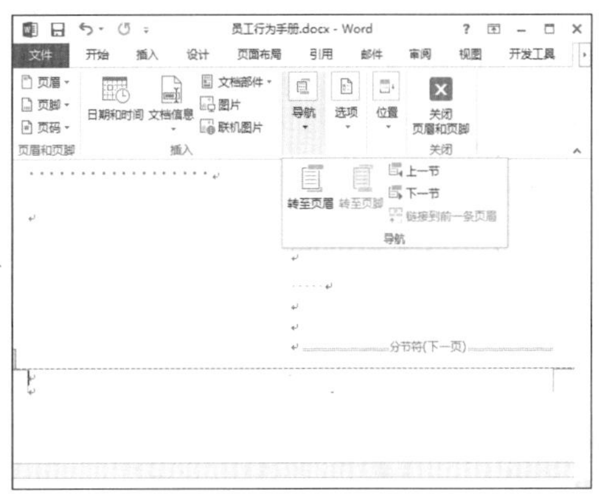

图16-41　进入页脚编辑状态

Step 6 ▶ 按照输入页眉的方法输入页脚的内容，同时按照相同方法输入其他的页脚内容，然后单击“关闭”功能面板中的“关闭页眉和页脚”按钮退出页眉和页脚编辑状态，返回文档可查看到设置后的效果，如图16-42所示。

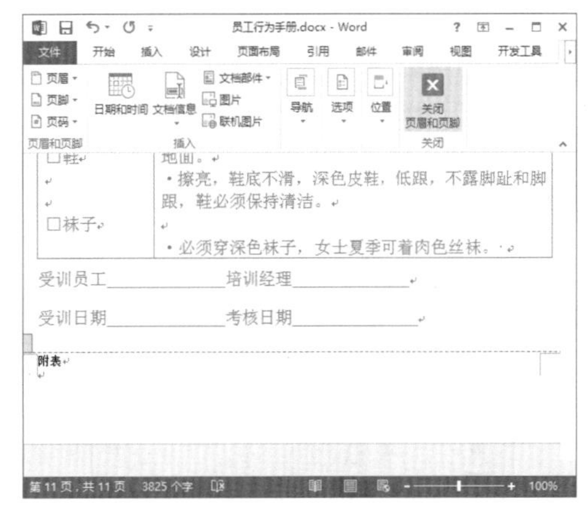

图16-42　退出页眉和页脚的编辑状态

16.3 其他快速编辑功能

在进行Word文档编辑时，有时会根据实际情况加快制作文档的速度，这时就可以使用Word 2013的快速编辑功能对文档进行快速编辑，如图、表、公式的自动编号和快速插入参考文献等，下面将分别进行介绍。

16.3.1 图、表、公式的自动编号

许多文档中都插入了图、表和公式，如果数量不多，可以进行手动编号。但如果是大量的图、表和公式，继续手动为其编号既会耗费大量的时间，也容易出现编号错误的情况。这时通过为图、表、公式自动编号可以解决这些难题，下面将对为图、表和公式自动编号的方法进行介绍。

◆ 图的自动编号：选择需要编号的图片，并单击鼠标右键，在弹出的快捷菜单中选择“插入题注”命令，打开“题注”对话框。在对话框中单击 新建标签(N)... 按钮，打开“新建标签”对话框，在“标签”文本框中输入“图1.”或者“图1-”等，如图16-43所示，单击 确定 按钮返回“题注”对话框，在其中可查看到新建标签的样式，如图16-44所示，将题注的插入位置设置为“所选项目下方”，单击 确定 按钮即可实现图的自动编号。进行自动编号的图片前面会有一个黑点，这是在制作了索引后图表的索引位置。

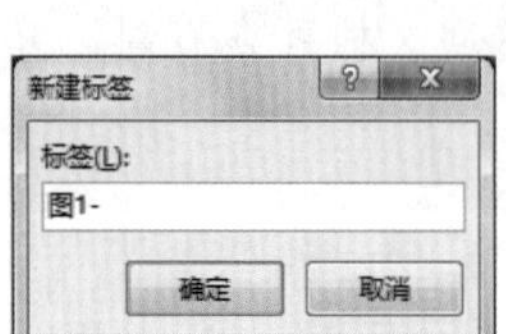

图16-43 新建标签

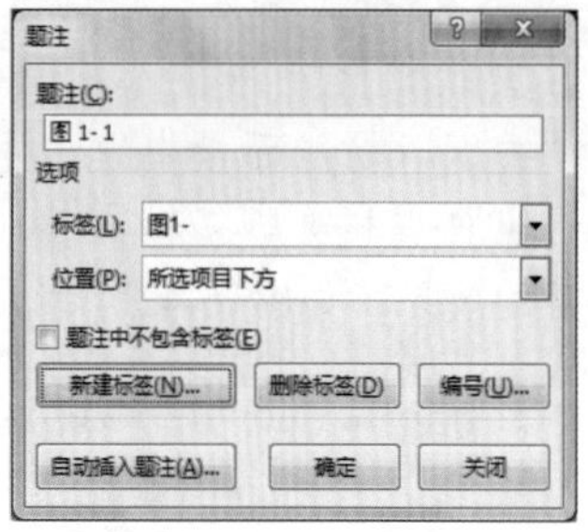

图16-44 “题注”对话框

◆ 表的自动编号：表的自动编号同图的自动编号基本相同，但一般情况下会将题注的插入位置设置为“所选项目上方”，如图16-45所示。

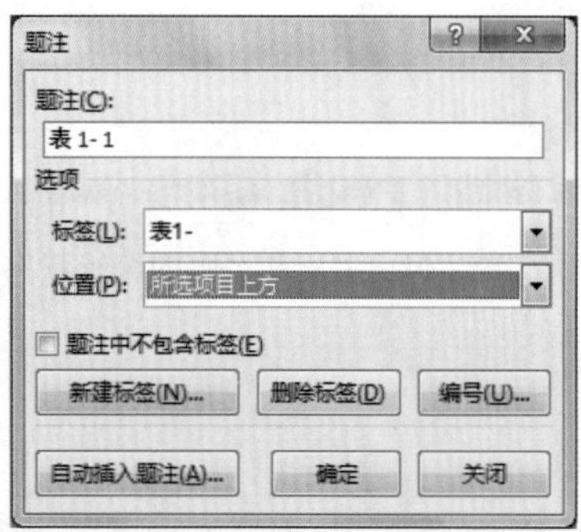

图16-45 设置表的“题注”对话框

◆ 公式的自动编号：公式的自动编号同图、表的自动编号基本相同，但应注意标签名和编号的设置，编号的格式应设置为“1,2,3,…”，并选中 包含章节号(C) 复选框，如图16-46所示。将鼠标光标定位到公式后，使用插入题注功能将会在公式后面插入公式的编号。

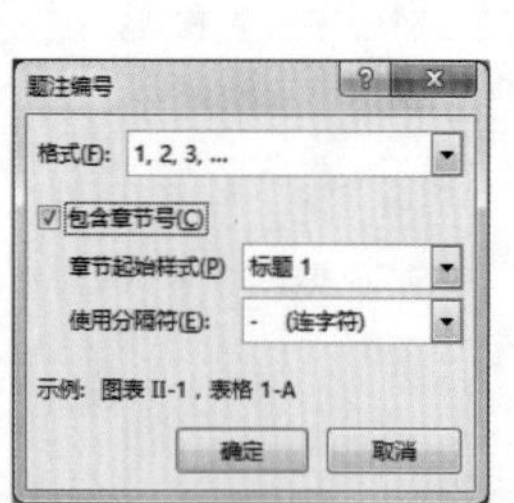

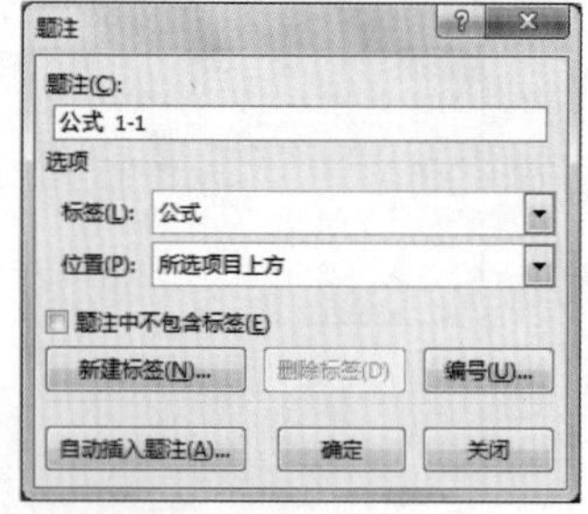

图16-46 设置公式的自动编号

16.3.2 快速插入参考文献

在制作文档或论文时，有时需要在文档中插入参考文献。而如果在一篇文档中需要插入大量的参考文献，则会耗费大量的时间进行相同的操作。因此掌握快速插入参考文献的方法对于提高工作效率有着很大的帮助。下面将对快速插入参考文献的方法进行介绍。

◆ 插入参考文献：快速插入参考文献的方法其实很简单，将鼠标光标定位到需要插入参考文献的地方，选择“引用”/“脚注”组，单击其右下侧的“功能扩展”按钮，打开“脚注和尾注”对话框，在其中选中 尾注(E) 单选按钮，并设置尾注的插入位置和编号格式，也可根据用户的需要进行其他设置，然后单击 插入(I) 按钮即可在鼠标光标处插入一个尾注标记，鼠标光标会自动跳转到文档末尾，输入需要插入的参考文献即可。

◆ 通过交叉引用插入参考文献：如果在文档中引用同一个参考文献两次或多次，此时只能在前一个引用的地方插入尾注，不能同时都插入。将鼠标光标定位到其他需要插入参考文献的位置，选择“插入”/“链接”组，单击“交叉引用”按钮，打开“交叉引用”对话框，在“引用类型”下拉列表框中选择“尾注”选项，在“引用哪一个尾注”列表框中选择需要引用的参考文献，并在“引用内容”下拉列表框中选择“尾注编号”选项，然后单击 插入(I) 按钮即可对同一个参考文献进行多次引用，如图16-47所示。

图16-47　设置“交叉引用”对话框

技巧秒杀

交叉引用插入参考文献后，如果添加、删除或移动了参考文献，需在打印文档或交叉引用编号后按F9键更新交叉引用编号。

读书笔记

16.4 自定义设计文档样式

在日常工作中会经常制作各种文档，而不同类型的文档需要不同的样式，因此懂得如何设计符合当前文档的样式，对于制作一篇精彩且内容丰富的文档是非常重要的。下面将对文档模板的应用、样式检查器、样式管理器进行介绍。

16.4.1 Dotm 模板的应用

Dotm 文件是Word 2013程序的模板文件，其中包含一些页面布局、设置，以及文档的一些宏定义，可用于创建相同的多个启用了宏的文档基本格式和宏。例如在每次启动Word 2013时都会打开 Normal.dotm 模板，在该模板中就包含了决定文档基本外观的默认样式和自定义设置。

1. 添加模板

当在Word中新建一个文档时，该文档便应用了Word中默认的文档模板。如果在制作文档时需要的样式与模板不一样，则可以应用其他的文档模板来快速制作文档。

打开文档，选择“开发工具”/“模板”组，单击“文档模板”按钮，打开“模板和加载项”对话框，单击添加(D)...按钮打开“添加模板”对话框，在其中选择需要添加的模板，然后单击打开(O)按钮，此时选择的模板将添加到“共用模板及加载项”栏的列表框中，单击确定按钮即可在新打开的文档中自动应用该文档模板，从而大大提高了文档的制作效率，如图16-48所示。

图16-48　添加模板

技巧秒杀

在应用文档模板时，如果Word中没有“开发工具”选项卡，则可打开“Word选项”对话框，在其中的“自定义功能区”选项卡中选中☑开发工具复选框，将其在Word窗口中显示出来。

2. 在模板中添加样式

对于一些经常使用的样式，用户可以将其复制到模板中，且用户再次新建文档时，该文档也将应用复制的样式。

选择“开发工具”/“模板”组，单击“文档模板”按钮，打开“模板和加载项”对话框，单击管理器(O)...按钮，将会打开“管理器”对话框，如图16-49所示，在左侧的样式列表框中选择需要复制的样式，单击复制(C) ->按钮即可将该样式添加到模板中，关闭对话框后新建文档时会发现默认的样式中包含复制的样式，可直接应用该样式，从而加快了文档的制作速度。

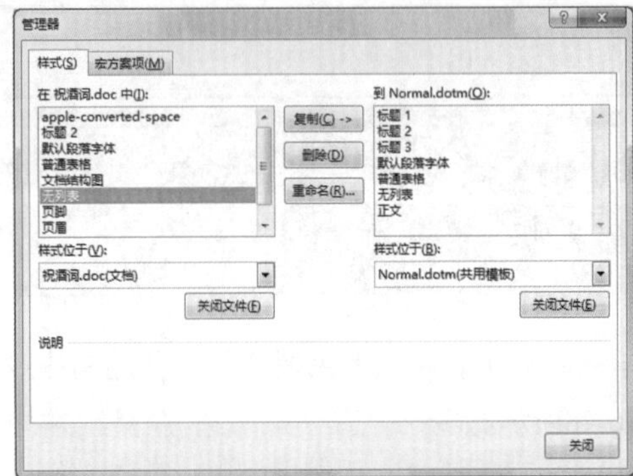

图16-49 “管理器”对话框

技巧秒杀

单击“管理样式”对话框下方的导入/导出(X)...按钮，也可打开“管理器”对话框。应用该对话框，可将当前文档中的样式导入到另一模板中保存起来，也可将模板中的样式导入到当前文档。

知识解析：“管理器”对话框

- **当前文档样式列表框**：在该列表框中包含了当前文档应用的所有样式。
- **当前模板样式列表框**：在该列表框中包含了当前文档模板默认应用的所有样式。
- **复制(C) ->按钮**：单击该按钮，可将文档样式列表框或模板样式列表框中选择的样式复制到另一样式列表框中。
- **删除(D)按钮**：单击该按钮，可将文档样式列表框或模板样式列表框中选择的样式删除。但要注意的是，Word内置的样式是不能被删除的。
- **重命名(R)...按钮**：单击该按钮，可对文档样式列表框或模板样式列表框中选择的样式进行重命名操作。
- **“样式位于”下拉列表框**：单击其右侧的下拉按钮，在弹出的下拉列表中可选择需要的样式所在的文档或文档模板。
- **“说明”栏**：当在样式列表中选择某种样式后，在该栏中将显示这种样式的字符和段落的具体格式和样式。

读书笔记

16.4.2 批量选择样式

在制作长文档时，如果对一些样式格式不满意而需要修改，可以通过样式检查器查看以及批量管理样式，从而大大提高工作效率。下面将对样式检查器的批量选择功能进行介绍。

通过样式检查器可以查看当前选择的格式在文档中的全部应用，同时也实现了批量选择样式的功能。将鼠标光标定位到需要查看的样式中，选择“开始”/“样式”组，单击其右下侧的“功能扩展”按钮，打开“样式”任务窗格，如图16-50所示。单击下方的“样式检查器”按钮，打开“样式检查器”任务窗格，在其中的“段落格式”栏和“文字级别格式”栏中可查看到当前所选样式的具体效果以及具体的格式说明。单击“段落格式”文本框右侧的下拉按钮，在弹出的下拉列表中选择“选择所有实例”选项，即可将文档中的所有该样式的文本选中，如图16-51所示，然后再对所选文本实现其他的批量操作。

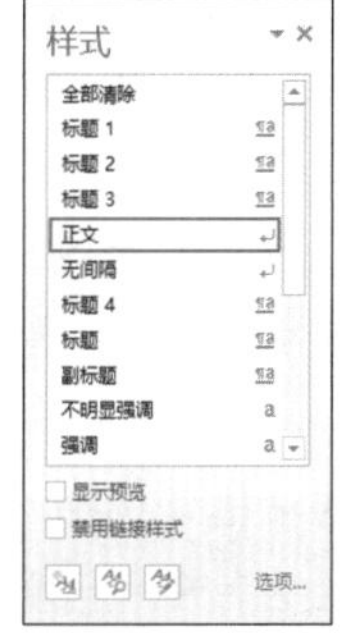

图16-50 “样式”任务窗格　图16-51 批量选择样式

知识解析：“样式检查器”任务窗格

◆ **“段落格式”下拉列表框**：单击该列表框右侧的下拉按钮，在弹出的下拉列表中可选择需要的选项对所选文本进行相关段落格式和样式的操作，如清除段落格式、新建样式、批量选择及清除格式等。

◆ **“重设为普通段落格式”按钮**：单击该按钮，可重新设置所选样式的段落样式并以默认段落样式显示。

◆ **“清除段落格式”按钮**：单击该按钮，可清除所选样式的段落格式而保留其段落样式。

◆ **“文字级别格式”下拉列表框**：单击该列表框右侧的下拉按钮，在弹出的下拉列表中可选择需要的选项对所选文本进行相关字符样式和格式的操作，如清除字符格式、新建样式、批量选择及清除格式等。

◆ **“清除字符样式”按钮**：单击该按钮，可将所选文本的字符样式清除而以默认的字符格式显示。

◆ **“清除字符格式”按钮**：单击该按钮，可将所选文本的字符格式清除而保留其字符样式。

技巧秒杀

单击“段落格式”和“文字级别格式”下拉列表框右侧的下拉按钮，在弹出的下拉列表中选择“显示格式”选项或单击任务窗格下方的“显示格式”按钮，可打开“显示格式”任务窗格，在其中可查看到所选文本的具体样式说明。

◆ **“显示格式”按钮**：单击该按钮，可打开“显示格式”任务窗格，在其中可查看到所选文本的具体样式。

◆ **“新建样式”按钮**：单击该按钮，将打开“根据格式设置创建新样式”对话框，在其中可新建所选文本的样式。

◆ **全部清除按钮**：单击该按钮，可批量将所选样式的所有文本的段落样式、段落格式、字符样式和字符格式全部清除，而保留样式的默认设置。

16.4.3 样式管理器

在“样式”任务窗格中，可以单击“样式检查器”按钮，对文档中的样式进行批量管理，还可以单击“样式管理器”按钮，在打开的“管理样式”对话框中对所选文本的样式进行管理，如对样式进行排序、设置样式的默认值等。下面将对其中的一些应用进行介绍。

1. 对样式进行排序

在Word 2013中，系统预设了很多样式，而用户在日常的文档制作过程中，也会创建很多样式，因此想要在其中选择一种适合当前文档的样式会浪费大量时间和精力。利用“管理样式”对话框，可以将大量的文本样式进行有序排列。通常情况下，Word中的样式会按照样式名称首字母的顺序进行排列，用户也可以根据实际需要排列样式，将经常使用的样式排列在样式列表的前面。

选择“开始”/“样式”组，单击其右下侧的“功能扩展”按钮，打开“样式”任务窗格，然后单击下方的“样式管理器”按钮，打开“管理样式”对话框，如图16-52所示，在其中的“编辑”、“推荐”和“限制”选项卡中，都可以单击“排列顺序”下拉列表框右侧的下拉按钮，在弹出的下拉列表中可选择需要的样式排列类型，其中有“按字母排列”、“按推荐”、“按字体”、“基于”和“按类型”5种类型。当选择了其中一种类型后，下方列表框中的样式会根据所选类型自动进行排列，用户便可

以轻松地在列表框中选择需要的样式了。

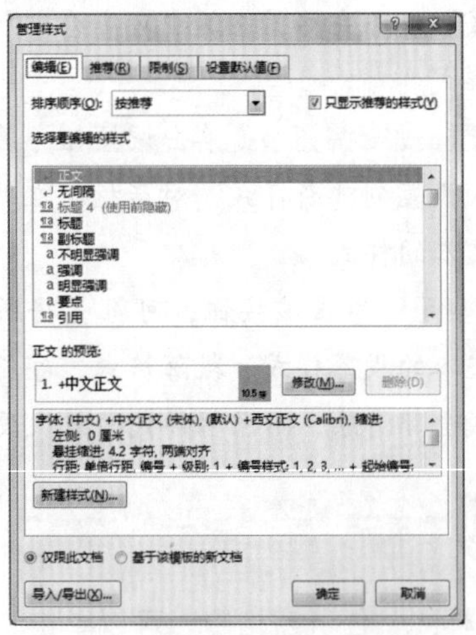

图16-52 “管理样式”对话框

知识解析：“编辑”选项卡

- “排序顺序”下拉列表框：单击其右侧的下拉按钮▼，在弹出的下拉列表中可选择需要的样式排列类型。
- “选择要编辑的样式”列表框：在该列表框中列出了所有的样式选项，在其中可选择任意的样式来编辑新的样式。
- 样式预览栏：在该栏中可查看到所选样式的效果以及具体的样式字体和段落格式的设置。
- 新建样式(N)...按钮：单击该按钮，将打开“根据格式设置创建新样式”对话框，在其中可对新建的样式进行设置。
- 修改(M)...按钮：单击该按钮，将打开“修改样式”对话框，在其中可修改选择样式的字体和段落格式或样式。
- 删除(D)按钮：单击该按钮，可对当前选择的样式进行删除操作。
- 只显示推荐的样式(Y)复选框：选中该复选框，会隐藏当前样式列表中没有激活的样式，只保留可用的样式，并以推荐的顺序排列。
- 仅限此文档单选按钮：选中该单选按钮，在该对话框中编辑的样式只会应用于当前文档。
- 基于该模板的新文档单选按钮：选中该单选按钮，在该对话框中编辑的样式将会应用于以该模板创建的所有文档。

2. 更改样式的默认文本格式

在通常情况下，对于文档中没有应用样式的文本都会默认应用Word中的预设样式设置。如果用户想要改变样式在Word中的默认值，则可以通过“管理样式”对话框来设置。

在文档中打开“管理样式”对话框，选择“设置默认值”选项卡，如图16-53所示，在其中可设置默认样式的字体、字号、字体颜色等字符格式，也可设置默认样式的段落对齐方式、缩进方式和段落间距等段落格式。若在选项卡下方选中仅限此文档单选按钮，则会将更改的设置应用于当前的文档默认值中。而选中基于该模板的新文档单选按钮，则会将更改的设置应用于模板中创建的所有文档。

图16-53 “设置默认值”选项卡

读书笔记

知识大爆炸——Word文本和表格互换

1. 将文本转换为表格

在制作Word文档时，有时输入的内容较多，并且数据有规律可循，这时可以对这些数据进行分类，然后将文本转换成表格。通过表格可以将数据逻辑化、结构化，使得所表达的内容更直观地表现出来。

在将文本转换为表格时，需要先在文本中插入分隔符以指示将文本分成列的位置，而分隔符可以使用空格、逗号和制表符等，在转换的文本中最好统一用一种分隔符以避免出错，然后使用段落标记指示要开始新行的位置。将文本转换为表格的方法是：选择需要转换的文本，如16-54所示，然后选择“插入”/“表格”组，单击“表格”按钮，在弹出的下拉列表中选择“文本转换成表格”选项，将打开“将文字转换成表格”对话框，如图16-55所示，在其中可设置表格的尺寸，如列数，选中文本中使用的分隔符对应的单选按钮，然后单击确定按钮即可将文本转换成表格，如图16-56所示。

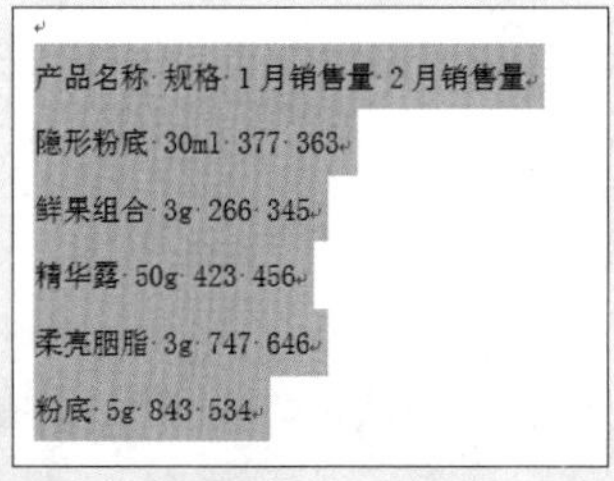

产品名称 规格 1月销售量 2月销售量
隐形粉底 30ml 377 363
鲜果组合 3g 266 345
精华露 50g 423 456
柔亮胭脂 3g 747 646
粉底 5g 843 534

图16-54 选择需转换为表格的文本

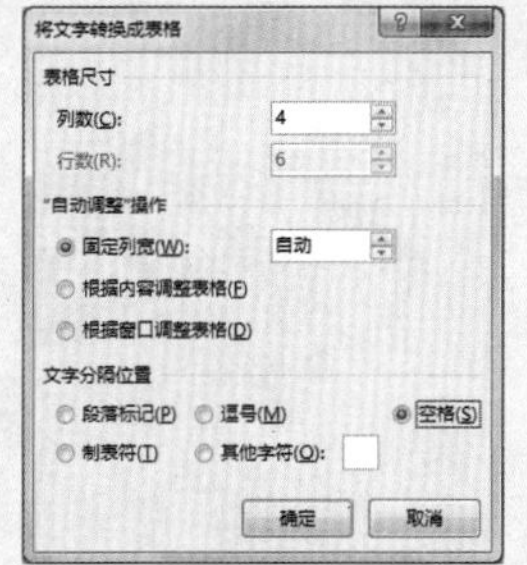

图16-55 设置表格尺寸

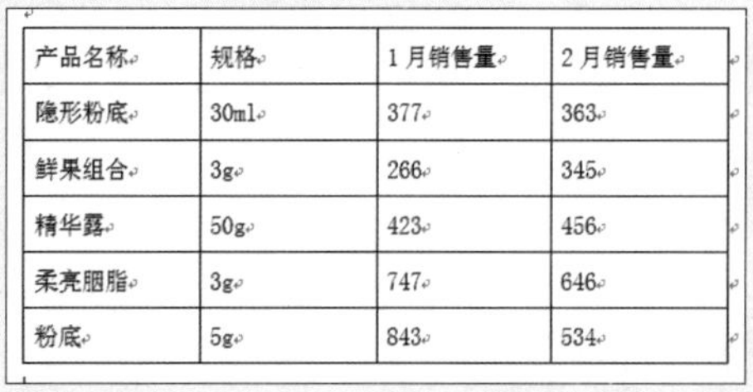

产品名称	规格	1月销售量	2月销售量
隐形粉底	30ml	377	363
鲜果组合	3g	266	345
精华露	50g	423	456
柔亮胭脂	3g	747	646
粉底	5g	843	534

图16-56 转换成的表格

2. 将表格转换成文本

Word中可以将文本转换成表格，也可以将表格转换成文本，以文本方式显示表格中的数据。

选择需要转换为文本的表格，然后选择“布局”/“数据”组，单击“转换为文本”按钮，将打开“表格转换成文本”对话框，在其中可设置文字分隔符，一般情况下选中制表符(T)单选按钮来作为文字分隔符，然后单击确定按钮即可将表格转换成文本。

读书笔记

16 17 18

Excel 2013 高级办公

本章导读

Excel 2013的高级应用能够帮助用户在工作中将一些复杂的问题变得简单。本章主要讲解函数的高级应用和动态图表的制作，其中函数的高级应用可计算除去最大值，以及实现最小值后的平均值和金额的大小写转换等，而动态图表可帮助用户对数据进行对比分析。

17.1 函数在办公中的高级应用

第7章中详细介绍了使用函数计算数据，以及一些常用函数在工作与生活中的应用。这里再介绍一些函数在办公中的高级应用，以轻松解决一些复杂的操作与设置。

17.1.1 获取单元格的个数

获取单元格的个数，主要是通过获取满足某个条件的单元格数量，达到统计数据的目的，用于对单元格或单元格区域进行分析或统计。

1. 使用COUNT函数统计

COUNT函数用于只返回包含数字单元格的个数，同时还可以计算单元格区域或数字数组中数字字段的输入项个数，空白单元格或文本单元格将不计算在内。其语法结构为：COUNT(value1,value2,...)，其中参数value1,value2,...是可以包含或引用各种类型数据的1~255个参数，但只有数字类型的数据才计算在内。

如图17-1所示，输入函数“=COUNT(B4:G13)”，统计B4:G13数据单元格区域田径运动实际参赛人数。

H4　=COUNT(B4:G13)

某校田径运动决赛成绩							
分组	3年级		4年级		5年级		实际参加
序号	男子	女子	男子	女子	男子	女子	人数
1	13.2	6	12	9	13.5	8	53
2	9.5	6.5	12.5	8	11.5	7.5	
3	12.5	10	14	缺席	14	7	
4	缺席	8	15	7	13	5	
5	11	7	10	6.5	10	6.5	
6	9.5	缺席	12	8	9.5	缺席	
7	9.5	8	12	7	10	8	
8	9.5	6.5	无	6	7.5	无	
9	10.5	9	11	6	10	9	
10	8.5	缺席	8	6	10	7	

图17-1　统计实际参赛人数

2. 使用COUNTBLANK函数统计

COUNTBLANK函数用于统计指定单元格区域中空白单元格的个数。其语法结构为：COUNTBLANK (range)，其中参数range为需要计算其中空白单元格个数的区域。

如图17-2所示，使用该函数求在某班级节庆聚会中无消息的人数，其方法是：在目标单元格B17中输入函数“=COUNTBLANK(B2:B16)”，按Enter键计算“春节”聚会无消息的人数，然后复制函数至E22单元格，计算其他节庆聚会无消息的人数。

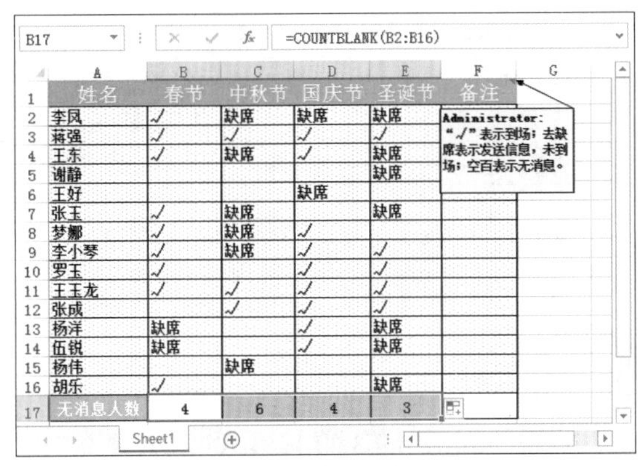
B17　=COUNTBLANK(B2:B16)

姓名	春节	中秋节	国庆节	圣诞节	备注
李凤	√	缺席	缺席	缺席	
蒋强	√	√	√	√	
王东	√	缺席	√	缺席	
谢静				缺席	
王好			缺席		
张玉	√	缺席		缺席	
梦鄉	√	缺席	√		
李小琴	√	缺席	√	√	
罗玉	√		√	√	
王玉龙	√	√	√	√	
张成		√	√	√	
杨洋	缺席		√	缺席	
伍锐	缺席		√	缺席	
杨伟		缺席			
胡乐	√			缺席	
无消息人数	4	6	4	3	

图17-2　统计无消息人数

3. 使用DCOUNT函数按指定条件统计

DCOUNT函数可计算列表或数据库中满足指定条件的记录字段（列）并包含数字的单元格个数。其语法结构为：DCOUNT(database,field,criteria)，各参数含义如下。

- database：构成列表或数据库的单元格区域。数据库是包含一组相关数据的列表，其中包含相关信息的行为记录，而包含数据的列为字段。列表的第1行包含每一列的标志项。
- field：指定函数所使用的数据列。列表中的数据列必须在第1行具有标志项。field可以是文本，即两端带引号的标志项，如“树龄”或“产量”；field也可以是代表列表中数据列位置的数字，如1表示第1列，2表示第2列等。
- criteria：为一组包含给定条件的单元格区域。可以为参数criteria指定任意区域，只要它至少包含一个列标志和列标志下方用于设定条件的单元格即可。其语法结构为：SUMIF(range,criteria,sum_range)。

如图17-3所示，使用DCOUNT函数，在B25单元格中输入函数“=DCOUNT(A2:G22,5,A24:A25)”，统计某公司第3部门工作人员的人数。

B25　=DCOUNT(A2:G22,5,A24:A25)

员工档案表						
工号	姓名	性别	职位	部门	家庭住址	联系电话
40301	李凤	女	总经理	1	乔家洞6号	13782***564
40302	蒋强	男	副总经理	1	砖里巷13号	13753***565
41203	王东	男	总经理助理	1	一环路三段7号	15822***566
71011	谢静	女	前台	2	十里坡56号	13324***567
71010	王好	女	行政人员	2	张家沟78号	13145***568
60501	张玉	女	行政人员	2	下河乡6组8号	13955***569
60503	梦娜	男	行政主管	2	五里河12号	13422***570
71002	李小琴	男	销售人员	3	乔家洞41号	13425***571
71003	罗玉	女	销售人员	3	砖里巷23号	15955***572
51011	王玉龙	女	销售人员	3	一环路三段9号	13532***573
40307	张成	女	销售人员	3	十里坡5号	13145***574
60514	杨洋	女	销售主管	3	张家沟9号	13525***575
60517	伍锐	女	采购人员	4	下河乡3组9号	15921***576
60501	杨伟	男	采购主管	4	五里河6号	13684***577
60504	胡乐	女	工人	5	乔家洞45号	13545***578
71005	余新科	男	工人	5	砖里巷56号	15894***579
71006	刘琴	女	工人	5	三环路三段71号	13585***580
71007	李小小	女	工人	5	十里坡89号	13617***581
60509	胡佳芬	女	会计	6	张家沟7号	13214***458
51003	蔡琴	女	出纳	6	下河乡1组2号	13254***583

部门	人数
3	5

图17-3　统计第3部门工作人员的人数

技巧秒杀

如果在A25单元格中输入“1”“2”等，将自动计算出其他部门的人数。

17.1.2 TRIMMEAN函数计算平均值

TRIMMEAN函数用于返回去除极值的平均值。在计算时，TRIMMEAN先从数据集的头部和尾部除去一定百分比的数据点，然后再求平均值。其语法结构为：TRIMMEAN(array,percent)，各参数的含义如下。

- array：为需要进行整理并求平均值的数组或数值区域。
- percent：为计算时所要除去的数据点的比例，若percent为0.2，在20个数据点的集合中，就要除去4个数据点（20×0.2），即头部除去两个，尾部除去两个。

如图17-4所示，使用TRIMMEAN函数在“歌唱比赛评分明细表.xlsx”工作簿中，根据6位评委给出的分数除去最高分与最低分后取平均值得到选手的最终分数，其方法为：在H3单元格中输入函数“=TRIMMEAN(B3:G3,2/6)”，按Enter键，计算出第1位选手的最后实际得分，然后复制函数到H13单元格，如图17-4所示。其中6位评委中去除2个极值（最高分与最低分），因此表示为2/6。

H3　=TRIMMEAN(B3:G3,2/6)

校内舞蹈比赛							
选手	裁判1	裁判2	裁判3	裁判4	裁判5	裁判6	最后得分
李治远	8.5	8.7	8.6	8.8	8.4	8.8	8.65
刘明丽	8.6	9	9.1	8.9	8.8	8.7	8.85
曹竞	8.9	9.2	9	9.1	9	9	9.03
李相如	9.2	9.6	9.4	9	9.1	9.3	9.25
钟小曲	9.3	9.4	9.4	9.6	9.5	9.4	9.43
杨柳	8.6	8.9	8.7	8.7	8.8	8.5	8.70
高芳	8.5	8.5	8.6	8.3	8.2	8.5	8.45
陈建君	9.6	9.1	9.5	9.6	9.8	9.4	9.53
林芳芳	9.4	8.7	8.9	8.8	8.5	9	8.85
蒋晓丽	9.2	9.4	9	9.1	9.5	8.7	9.18
萧萧	8.9	8.9	9	9.1	8.7	8.8	8.90

图17-4　计算去除极值后的平均得分

?答疑解惑：

使用TRIMMEAN函数可以返回去除最高分和最低分的平均值，既然是与平均值相关，那么可以使用求平均值函数AVERAGE去除最高分和最低分取平均值吗？

当然可以，在已知道所有分数的情况下，就可以利用AVERAGE函数计算除去最高分与最低分后的平均值，但还需要借助LARGE函数。如在本次计算中，用AVERAGE和LARGE函数计算每位参赛选手去掉最高分和最低分后的平均得分：选择H3单元格，输入函数“=AVERAGE(LARGE(B3:G3,{2,3,4,5}))”，按Enter键即可得到相同结果。这里使用LARGE(B3:G3,{2,3,4,5})，是因为有6位评委，用LARGE函数返回第2、3、4、5次序的分数，即可去掉最大值和最小值，然后求除去最高分与最低分之后的平均值。

17.1.3 转换人民币大写金额

在一些特殊文档中，输入金额需要使用大写，如发票等。在Excel中转换人民币大写金额，可通过格式设置或使用NUMBERSTRING函数实现。下面分别进行介绍。

1. 设置格式转换

通过设置格式转换人民币大写金额的方法是：选择目标单元格，打开“设置单元格格式”对话框，在“数字”选项卡的“分类”列表框中选择“特殊”选项，然后在“区域设置（国家/地区）”下拉列表框中选择“中文（中国）”选项，在“类型”列表框中选择“中文大写数字”选项，单击新建按钮，如图17-5所示，即可将数字金额转换为大写金额，如17845转换为“壹万柒仟捌佰肆拾伍”。

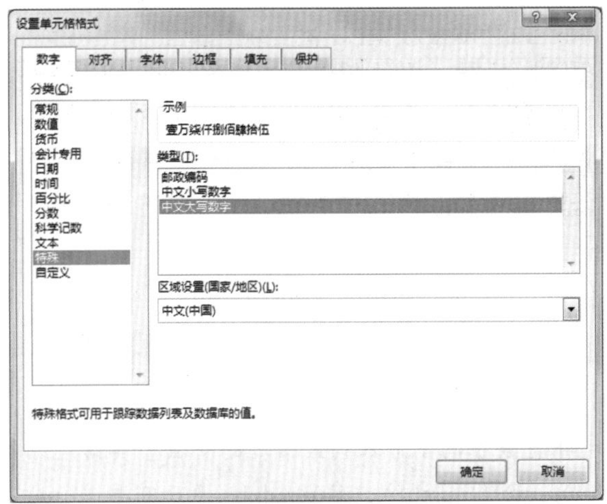

图17-5 设置格式转换大写金额

2. 使用NUMBERSTRING函数转换

NUMBERSTRING函数可以方便地实现小写数字到中文大写数字的转换，而且有3个参数可以选择，以展现3种不同的大写方式。需注意的是，此函数仅支持正整数，不支持有小数的数字。

其语法结构为：NUMBERSTRING(value, type)，value表示要转换的数字；type表示返回结果的类型，用1、2或3表示。如A1单元格中的数字为15670，输入“=NUMBERSTRING(A1,1)”，返回结果“一万五千六百七十”；输入“=NUMBERSTRING(A1,2)”，返回结果“壹万伍仟陆佰柒拾”；输入“=NUMBERSTRING(A1,3)”，返回结果“一五六七”。

17.1.4 批量生成工资条

工资条是员工所在单位定期给员工反映工资情况的纸条，如果直接将“员工工资明细表”打印后进行裁剪，则没有工资组成项目说明，不能很好地反映员工工资的构成部分。可通过Excel制作工资条表格，来作为工资发放的凭据，并能很好地反映工资的各构成部分。

实例操作：制作工资条

- 光盘\素材\第17章\员工工资明细表.xlsx
- 光盘\效果\第17章\员工工资条.xlsx
- 光盘\实例演示\第17章\制作工资条

本例将制作一张专门用来打印的工资条表格，作为工资发放的凭据，最终效果如图17-6所示。

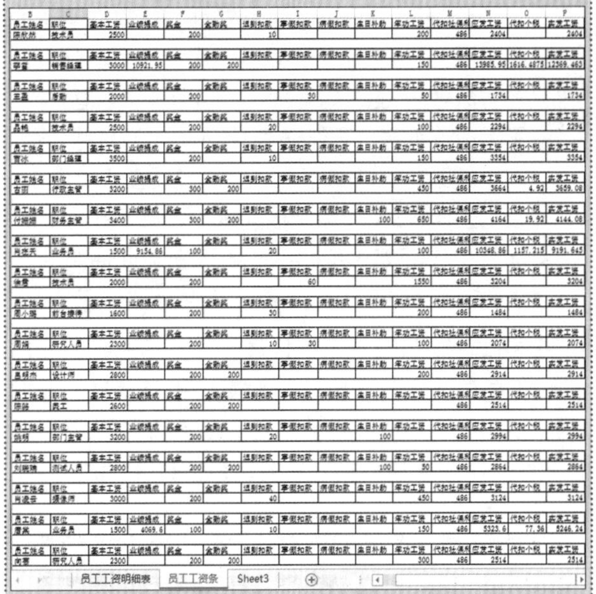

图17-6 工资条效果

Step 1 打开“员工工资明细表.xlsx”工作簿，选择Sheet2工作表，将其重命名为“员工工资条”，然后选择A1:A2单元格区域，在编辑栏中输入公式“=IF(MOD(ROW(),3)=0,"",IF(MOD(ROW(),3)=1,员工工资明细表!A$3,INDEX(员工工资明细表!$A:$P,INT((ROW()-1)/3)+4,COLUMN()))))”，按

Ctrl+Enter快捷键复制数据。将鼠标光标移到A1:A2单元格区域右下角，当鼠标光标变为＋形状时，按住鼠标左键不放并拖动鼠标至P列后释放鼠标，完成第一名员工工资条的复制，如图17-7所示。

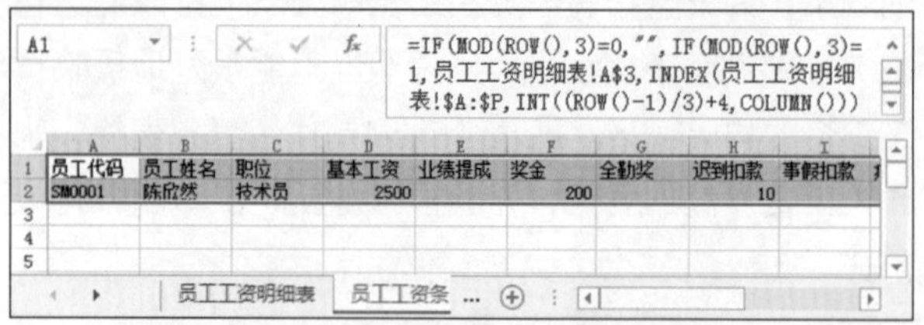

A1 =IF(MOD(ROW(),3)=0,"",IF(MOD(ROW(),3)=1,员工工资明细表!A$3,INDEX(员工工资明细表!$A:$P,INT((ROW()-1)/3)+4,COLUMN()))

	A	B	C	D	E	F	G	H	I
1	员工代码	员工姓名	职位	基本工资	业绩提成	奖金	全勤奖	迟到扣款	事假扣款
2	SM0001	陈欣然	技术员	2500		200		10	
3									
4									
5									

员工工资明细表 | 员工工资条

图17-7 制作第一名员工的工资条数据

操作解谜

本例中函数“=IF(MOD(ROW(),3)= 0,"",IF(MOD(ROW(),3)=1,员工工资明细表!A$3,INDEX(员工工资明细表!$A:$P,INT((ROW()-1)/3)+4,COLUMN())))”表示：当“员工工资条”工作表中的行数除以3的余数等于0时（即3的倍数行），返回空白；当行数除以3的余数等于1时（如第1行、第4行），返回“员工工资明细表”工作表第3行A列中的数据；否则（如第2行、第5行），返回“员工工资明细表”工作表$A:$P单元格区域中对用“行号-1”除以3取整的数字加4与列标相交的单元格。

Step 2 选择A2:P2单元格区域，将鼠标光标放在P1单元格的右下角，当鼠标光标变成＋形状时，按住鼠标左键不放，向下拖动鼠标，达到相应位置后松开左键，即可完成公式的复制，如图17-8所示。

	A	B	C	D	E	F	G	H	I	J
30										
31	员工代码	员工姓名	职位	基本工资	业绩提成	奖金	全勤奖	迟到扣款	事假扣款	病假扣款
32	SM0011	周娟	研究人员	2300		200		10	30	
33										
34	员工代码	员工姓名	职位	基本工资	业绩提成	奖金	全勤奖	迟到扣款	事假扣款	病假扣款
35	SM0012	吕明杰	设计师	2800		200	200			
36										
37	员工代码	员工姓名	职位	基本工资	业绩提成	奖金	全勤奖	迟到扣款	事假扣款	病假扣款
38	SM0013	陈骆	美工	2600		200	200			
39										
40	员工代码	员工姓名	职位	基本工资	业绩提成	奖金	全勤奖	迟到扣款	事假扣款	病假扣款
41	SM0014	姚明	部门主管	3200		200		20		
42										
43	员工代码	员工姓名	职位	基本工资	业绩提成	奖金	全勤奖	迟到扣款	事假扣款	病假扣款
44	SM0015	刘晓瑞	测试人员	2800		200	200			
45										
46	员工代码	员工姓名	职位	基本工资	业绩提成	奖金	全勤奖	迟到扣款	事假扣款	病假扣款
47	SM0016	肖凌云	摄像师	3000		200		40		
48										
49	员工代码	员工姓名	职位	基本工资	业绩提成	奖金	全勤奖	迟到扣款	事假扣款	病假扣款
50	SM0017	唐棠	业务员	1500	4069.6	100		10		
51										
52	员工代码	员工姓名	职位	基本工资	业绩提成	奖金	全勤奖	迟到扣款	事假扣款	病假扣款
53	SM0018	向芸	研究人员	2300		200	200			
54										

员工工资明细表 | Sheet3

图17-8 制作其他员工的工资条

技巧秒杀

默认情况下，Excel中将显示出“0”值，选择“文件”/“选项”命令，打开“Excel选项”对话框，选择“高级”选项卡，在“此工作表的显示选项”栏中取消选中 在具有零值的单元格中显示零(Z) 复选框，单击 确定 按钮，可取消显示零值。

Step 3 选择A1:P2单元格区域，添加所有框线，双击“开始”/“剪贴板”组中的“格式刷”按钮，依次在其他员工对应的单元格区域中单击，设置所有员工工资条的格式，如图17-9所示。

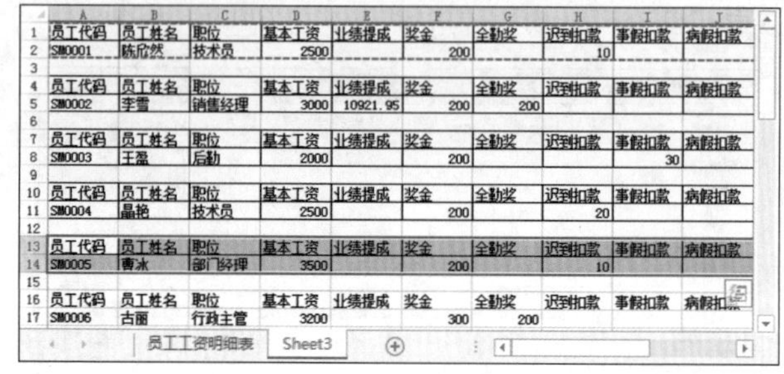

	A	B	C	D	E	F	G	H	I	J
1	员工代码	员工姓名	职位	基本工资	业绩提成	奖金	全勤奖	迟到扣款	事假扣款	病假扣款
2	SM0001	陈欣然	技术员	2500		200		10		
3										
4	员工代码	员工姓名	职位	基本工资	业绩提成	奖金	全勤奖	迟到扣款	事假扣款	病假扣款
5	SM0002	李雪	销售经理	3000	10921.95	200	200			
6										
7	员工代码	员工姓名	职位	基本工资	业绩提成	奖金	全勤奖	迟到扣款	事假扣款	病假扣款
8	SM0003	王盈	后勤	2000		200			30	
9										
10	员工代码	员工姓名	职位	基本工资	业绩提成	奖金	全勤奖	迟到扣款	事假扣款	病假扣款
11	SM0004	晶艳	技术员	2500		200		20		
12										
13	员工代码	员工姓名	职位	基本工资	业绩提成	奖金	全勤奖	迟到扣款	事假扣款	病假扣款
14	SM0005	曹冰	部门经理	3500		200		10		
15										
16	员工代码	员工姓名	职位	基本工资	业绩提成	奖金	全勤奖	迟到扣款	事假扣款	病假扣款
17	SM0006	古丽	行政主管	3200		300	200			

员工工资明细表 | Sheet3

图17-9 设置格式

知识解析：制作工资条的函数

- **INT函数**：用于提取不大于自变量的最大整数，即将数字向下舍入到最接近的整数。其语法结构为：INT(number)，参数number表示需要进行向下舍入取整的实数。如INT(5.7)=5，INT(−5.7)=−6。
- **MOD函数**：用于返回两个数相除后的余数。其语法结构为：MOD(number,divisor)，参数number表示被除数；divisor表示除数。无论被除数能不能被整除，其返回值的符号与除数的符号相同，且divisor必须为非0数值，否则将返回错误值“#DIV/0!”。
- **INDEX函数**：INDEX函数有数组和引用两种形式。其中数组形式用于返回由行和列编号索引选定的表或数组中的元素值，其语法结构为：INDEX(array,row_num,column_num)，参数array表示一个单元格区域或数组常量；row_num表示需要获得返回值的数组中的行；column_num表示需要获得返回值的数组中的列。当表示引用形式时，返回指定的行与列交叉处的单元格引用，其语法结构为：INDEX(reference,row_num,column_num,area_num)，参数reference表示单元格区域；area_num用于选择需要返回的row_num和column_num的交叉点的引用区域。

◆ ROW函数：用于返回给定引用的行号，其语法结构为：ROW(reference)，参数reference表示需要得到其行号的单元格或单元格区域。

◆ COLUMN函数：用于返回给定引用的列标。其语法结构为：COLUMN(reference)，参数reference表示需要得到其列标的单元格或单元格区域。ROW函数与COLUMN函数都可省略参数，表示对当前单元格进行引用。

读书笔记

17.2 制作动态图表

动态图表与一般图表相比，一般图表不会发生变化，只显示固定的数据。而动态图表中的数据和在图表中的表现形式可随时进行变动，方便用户比较查看。下面将介绍在图表中创建下拉列表框、滚动条，以及通过图形的宽度展示数据比例等方法。

17.2.1 创建下拉列表框

如果在柱形图或条形图中需要同时显示的数据系列较多，每个数据系列的数据点的显示就相应变小，这样不利于查看。此时结合INDEX函数在图表中创建下拉列表框，就可以只显示某一系列的数据，当要查看其他系列的数据时，只需通过下拉列表框切换到相应的数据系列。

实例操作：在下拉列表中查看数据变化

- 光盘\素材\第17章\2014年销售业绩表.xlsx
- 光盘\效果\第17章\2014年销售业绩表.xlsx
- 光盘\实例演示\第17章\在下拉列表中查看数据变化

本例将在“2014年销售业绩表.xlsx”工作簿中插入一个柱形图，然后在柱形图中创建下拉列表框，并通过下拉列表查看数据变化。

Step 1 ▶ 打开“2014年销售业绩表.xlsx”工作簿，选择C2:G2和C11:G11单元格区域，为其创建一个三维簇状柱形图表，并输入标题，如图17-10所示。

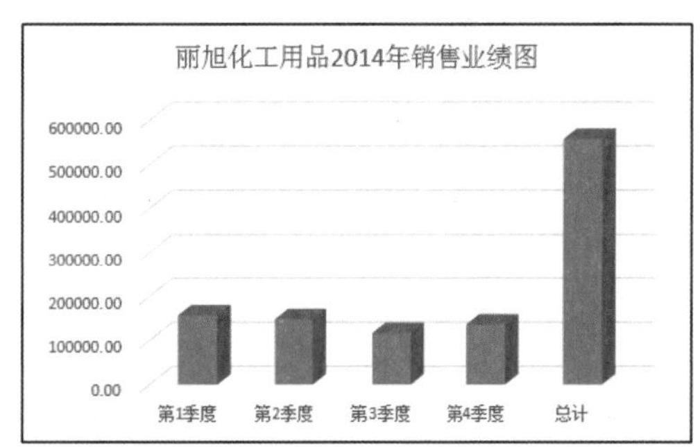

图17-10　创建三维柱形图

Step 2 ▶ 对图表位置和大小进行适当调整后，在A13单元格中输入“1”，在C13单元格中输入“=INDEX(C3:C11,$A$13)”，按Enter键，并复制到D13:G13单元格区域，如图17-11所示。

C13 =INDEX(C3:C11,$A$13)

	A	B	C	D	E	F	G
1	丽旭化工用品有限公司2014年销售业绩						
2	分公司	经理	第1季度	第2季度	第3季度	第4季度	总计
3	北京	张建华	125341.00	155861.00	118642.00	169753.00	569597.00
4	上海	李翔	216843.00	193546.00	256872.00	238621.00	905882.00
5	广州	王克	315687.00	298634.00	334671.00	356279.00	1305271.00
6	深圳	潘向文	359841.00	365214.00	298723.00	284612.00	1308390.00
7	厦门	颜成勇	183576.00	201675.00	264236.00	145678.00	795165.00
8	西安	高钏	124789.00	157896.00	149214.00	157895.00	589794.00
9	兰州	孔吉	145665.00	114567.00	104567.00	120345.00	485144.00
10	重庆	郑霜	237641.00	268468.00	247263.00	314676.00	1068048.00
11	昆明	杨振	156794.00	147956.00	116579.00	135794.00	557123.00
12							
13	1		125341	155861	118642	169753	569597

图17-11 输入引用函数

Step 3 选择“开发工具”/“控件”组，单击“插入”按钮，在弹出的下拉列表中选择“表单控件”栏中的“组合框（窗体控件）”选项，如图17-12所示。

图17-12 创建组合框

技巧秒杀

默认状态下，没有显示“开发工具”选项卡，可打开“Excel选项”对话框，在“自定义功能区”选项卡中进行添加。

Step 4 在图表标题下方按住鼠标左键不放并拖动，绘制一个矩形框，释放鼠标左键添加一个下拉列表框，如图17-13所示。

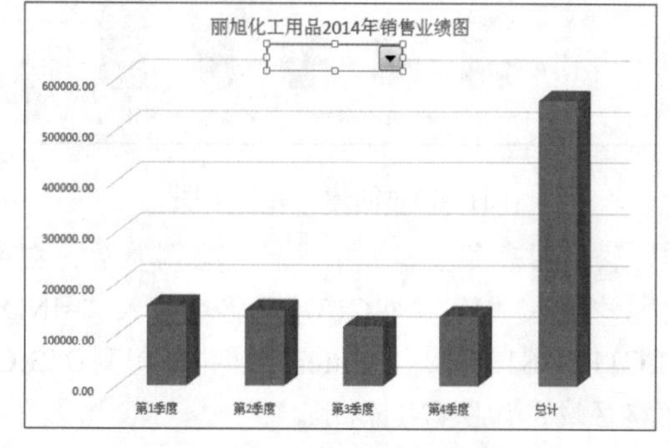

图17-13 绘制下拉列表框

Step 5 在下拉列表框上单击鼠标右键，在弹出的快捷菜单中选择“设置控件格式”命令，在打开的对话框中选择“控制”选项卡。在“数据源区域”文本框中输入“$A$3:$A$11”，在“单元格链接”文本框中输入“$A$13”，单击确定按钮，如图17-14所示。

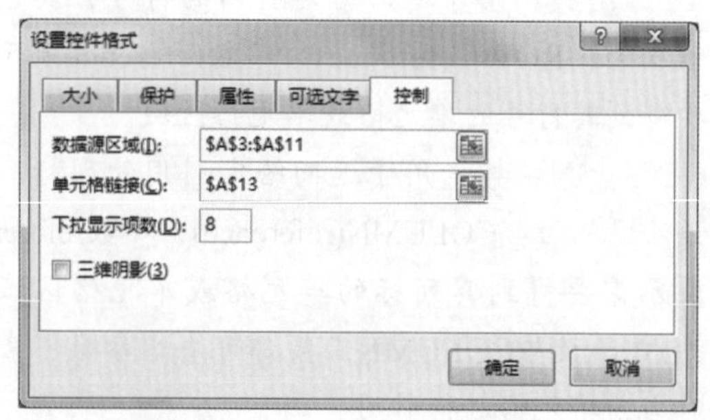

图17-14 设置控件控制参数

技巧秒杀

对话框中的“下拉显示项数”文本框用于设置下拉列表框中显示的项数，三维阴影(3)复选框用于设置图表三维阴影效果。

Step 6 选择图表，将数据源从C11:G11单元格区域修改为C13:G13单元格区域，如图17-15所示。

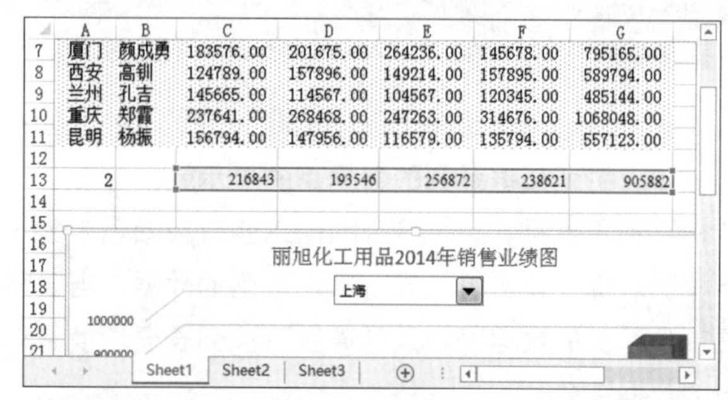

图17-15 修改数据源

技巧秒杀

在制作图表时，可首先将数据源区域选择为C2:G2和C13:G13单元格区域。只有将价格数据源选择为C13:G13，图表才可产生动态效果。

Step 7 单击下拉列表框右侧的下拉按钮，在弹出的下拉列表中选择“上海”选项，可查看上海地区的销售业绩，如图17-16所示。

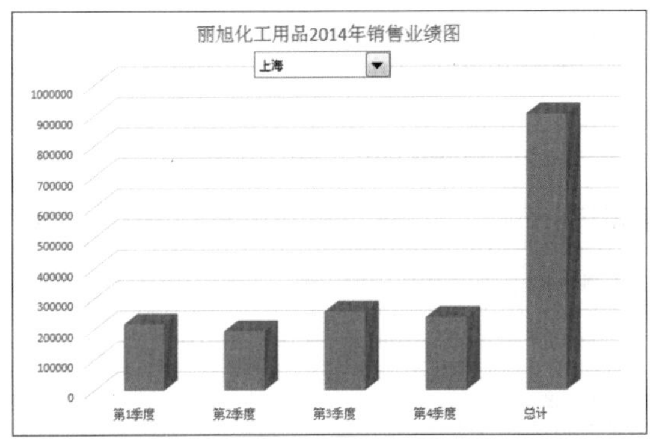

图17-16 查看“上海”销售数据

Step 8 再次单击下拉按钮，在弹出的下拉列表中选择“厦门”选项，可以看见图表由刚才显示“上海”的销售数据变为了显示“厦门”的销售数据，如图17-17所示。

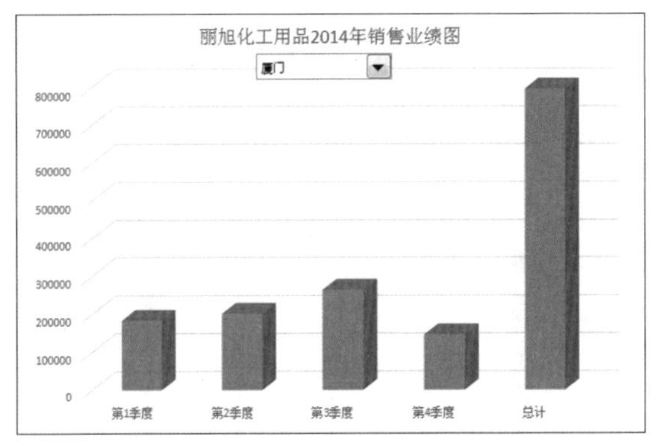

图17-17 图表动态效果

操作解谜

函数“=INDEX(C3:C11,$A$13)”用于引用C3:C11单元格区域的数据，在“设置控件格式”对话框的“单元格链接”文本框中输入“$A$13”，设置链接单元格为$A$13，与INDEX 函数的引用参数相对应。“数据源区域”文本框中的“$A$3:$A$11”区域表示地区，当在下拉列表框中选择不同的地区时，A13单元格中的数值发生变化，通过INDEX函数返回C3:C11单元格区域对应的数据。

技巧秒杀

选择下拉列表框，拖动鼠标可以移动下拉列表框到其他位置。

17.2.2 创建滚动条

在图表中添加水平滚动条，并结合OFFSET函数，可以实现通过拖动滚动条显示或隐藏图表中的数据系列显示的数据点数量，从而制作出具有步进效果的图表。

实例操作：使用滚动条查看数据

- 光盘\素材\第17章\电器销量年度统计表.xlsx
- 光盘\效果\第17章\电器销量年度统计表.xlsx
- 光盘\实例演示\第17章\使用滚动条查看数据

本例将在“电器销量年度统计表.xlsx”工作簿中创建滚动条，为图表添加滚动条步进效果。

Step 1 打开“电器销量年度统计表.xlsx”工作簿，在F2单元格中输入“12”。选择“公式”/“定义的名称”组，单击定义名称按钮，打开“新建名称”对话框。在“名称”文本框中输入“月份”，在“范围”下拉列表框中选择Sheet1选项，在“引用位置”文本框中输入“=OFFSET(Sheet1!$A$3,0,0,Sheet1!$F$2,1)”，单击确定按钮，如图17-18所示。打开“新建名称”对话框，在“名称”文本框中输入“平均气温”，在“引用位置”文本框中输入“=OFFSET(Sheet1!$B$3,0,0, Sheet1!$F$2,1)”，单击确定按钮，如图17-19所示。

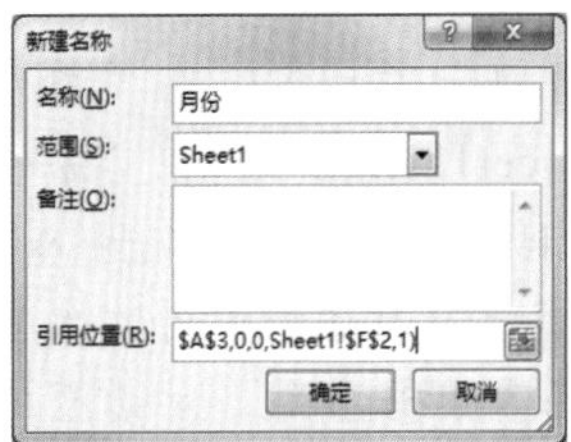

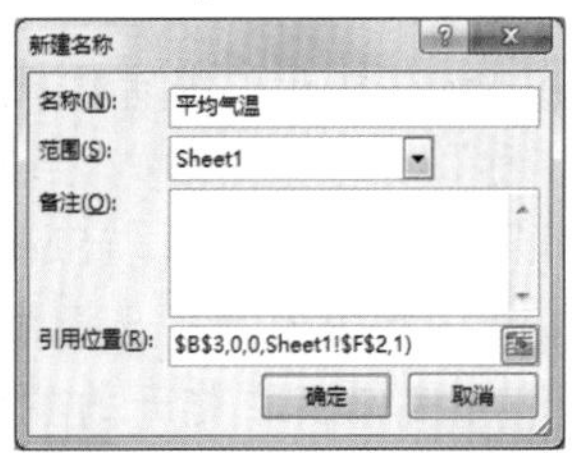

图17-18 定义“月份”　图17-19 定义“平均气温”

Step 2 打开“新建名称”对话框，在“名称”文本框中输入“电器销量”，在“引用位置”文本框中输入“=OFFSET(Sheet1!$C$3,0,0,Sheet1!$F$2,1)”，单击确定按钮，如图17-20所示。返回Excel工作界面，选择任意空白单元格后选择“插入”/“图表”组，创建一个二维簇状柱形图。由于没有任何数据，所以显示为空白，如图17-21所示。

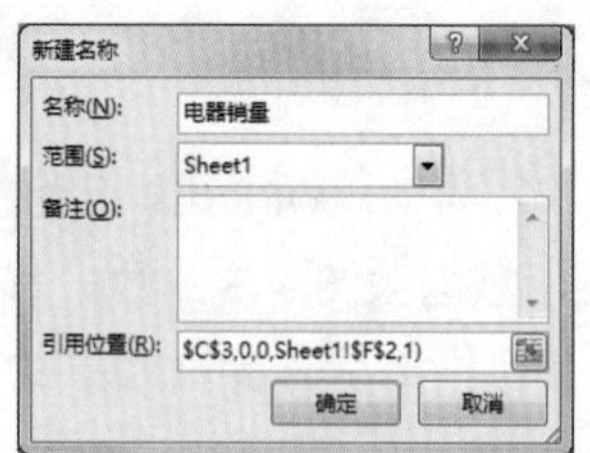

图17-20　定义“电器销量”

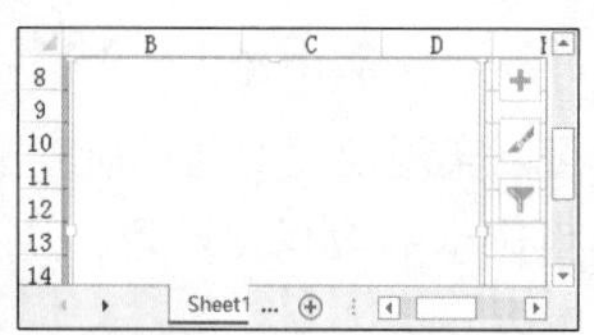

图17-21　创建空白图表

操作解谜

OFFSET函数用于返回引用数据，“$C$3,0,0”表示引用位置没有发生偏移，即是C3单元格；“$F$2”则表示F2单元格用于存放偏移的所在列。

Step 3 单击“设计”/“数据”组中的“选择数据”按钮，打开“选择数据源”对话框，单击添加(A)按钮，如图17-22所示。

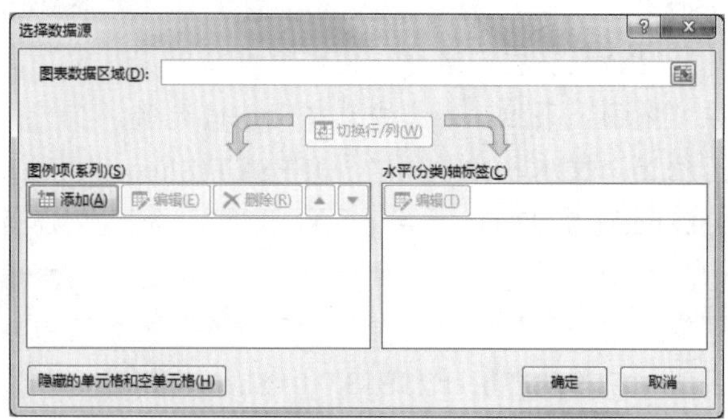

图17-22　“选择数据源”对话框

Step 4 打开“编辑数据系列”对话框，在“系列名称”文本框中输入“=Sheet1!$B$2”，在“系列值”文本框中输入“=Sheet1!平均气温”，单击确定按钮。在返回的“选择数据源”对话框中再次单击添加(A)按钮，在打开的“编辑数据系列”对话框的“系列名称”文本框中输入“=Sheet1!$C$2”，在“系列值”文本框中输入“=Sheet1!电器销量”，单击确定按钮，如图17-23所示，设置数据系列。

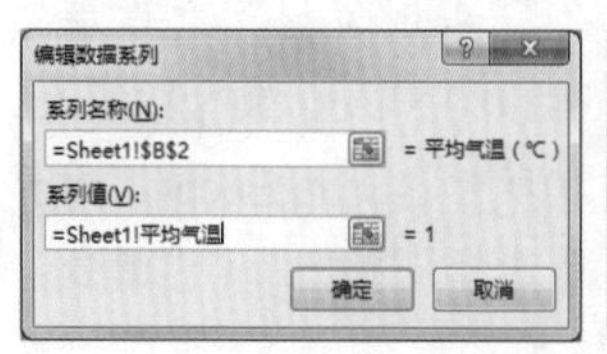

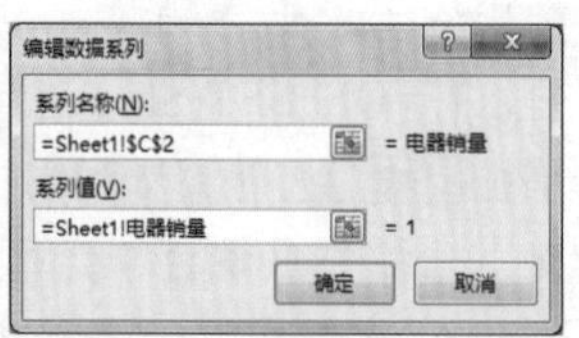

图17-23　添加数据系列

Step 5 在返回的“选择数据源”对话框中单击确定按钮。然后选择“开发工具”/“控件”组，单击“插入”按钮，在弹出的下拉列表中选择“滚动条”选项，如图17-24所示。

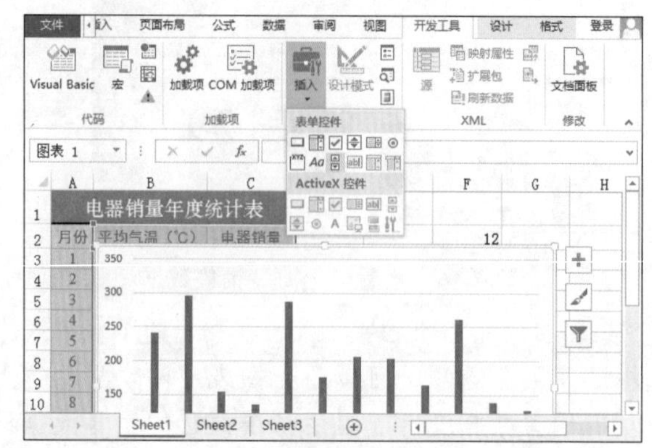

图17-24　选择滚动条控件

Step 6 在图表右上方按住鼠标左键不放并拖动，绘制一个矩形框，释放鼠标左键即可添加滚动条，如图17-25所示。

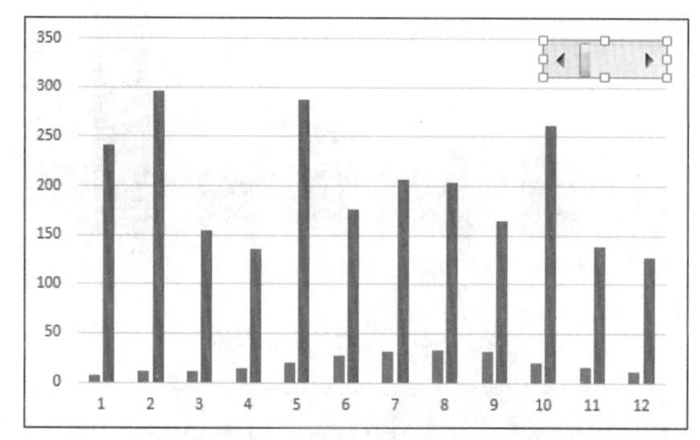

图17-25　绘制滚动条

Step 7 在滚动条上单击鼠标右键，在弹出的快捷菜单中选择“设置控件格式”命令。打开“设置控件格式”对话框，选择“控制”选项卡，设置“当前值”、“最小值”、“最大值”、“步长”、“页步长”和“单元格链接”分别为2、1、12、1、3、$F$2，选中三维阴影(3)复选框，单击确定按钮，如图17-26所示。

操作解谜

“步长”指每单击一次或按钮，在图表中增加或减少的数据点数量。“页步长”指每单击一次在图表中增加或减少的数据点数量。

图17-26　设置滚动条控制参数

Step 8 ▶ 滚动条控制格式设置完成后，显示创建的当前值设置为2的滚动条和相应图表样式，如图17-27所示，其中链接的F2单元格中的数据发生相应改变。

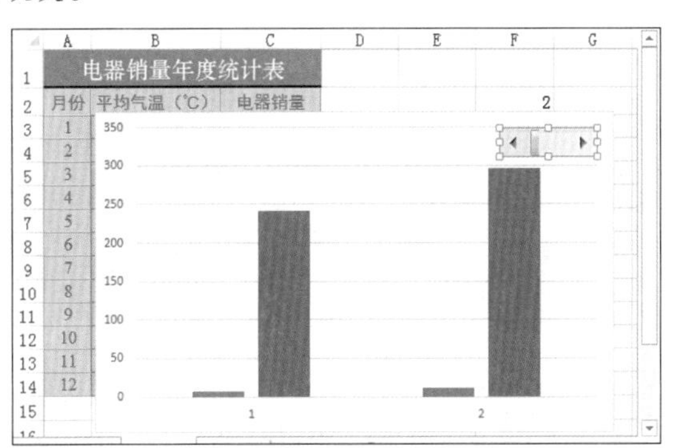

图17-27　图表效果

Step 9 ▶ 单击滚动条右侧的▶按钮，图表中的数据系列也即时向右步进，如图17-28所示。

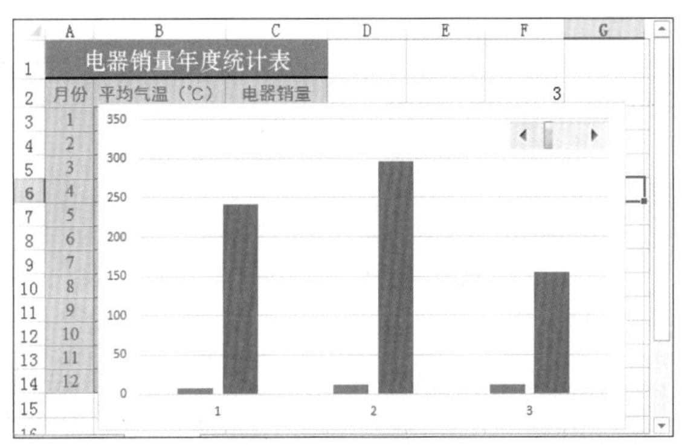

图17-28　查看步进效果

技巧秒杀

下拉列表框和滚动条的格式设置中，“控制”选项卡中的重点设置是链接的单元格，即通过函数设置的数据表格的单元格与图表的链接。

17.2.3 用柱形图宽度表示系列比例

一般情况下，柱形图都是用高度来表示系列数据的大小，但如果计算出各个数据点占总数的百分比，则可用柱形图的宽度来表示该项值点同系列总值的百分比。

实例操作：使用柱形图查看系列比例

- 光盘\素材\第17章\展会参观人数统计表.xlsx
- 光盘\效果\第17章\展会参观人数统计表.xlsx
- 光盘\实例演示\第17章\使用柱形图查看系列比例

本例将在“展会参观人数统计表.xlsx”工作簿中用柱形图宽度表示各大鞋服展会2013—2015年参观总人数之间的比例。

Step 1 ▶ 打开“展会参观人数统计表.xlsx”工作簿，选择F3:F6单元格区域，选择“开始”/“数字”组，在“数字格式”下拉列表框中选择“百分比”选项，然后在F3单元格中输入“=E3/SUM($E$3:$E$6)”，按Enter键，并填充至F6单元格，计算各展会2013—2015年参观人数在四大展会参观总人数中所占的百分比，如图17-29所示。

F3　=E3/SUM($E$3:$E$6)

各大鞋服展会参观人数统计表					
展会	2013	2014	2015	总人数	
东京鞋服展	214650	153250	367900	735800	19.74%
伦敦鞋服展	252730	215400	468130	936260	25.12%
纽约鞋服展	132500	166800	299300	598600	16.06%
上海鞋服展	338940	389390	728330	1456660	39.08%

图17-29　计算总参观人数百分比

Step 2 ▶ 将展会名称复制到A7:A10单元格区域，在状态栏上单击鼠标右键，在弹出的快捷菜单中选择“计数”命令，将其改为计数统计，如图17-30所示。

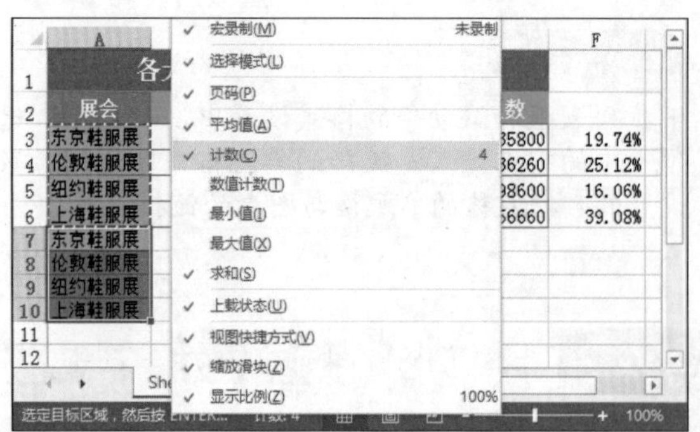

图17-30　设置统计方式

操作解谜　将状态栏中的统计更改为计数统计，是为了后面填充相同数据时，便于根据状态栏查看填充的数据个数是否达到所需的数量。

Step 3 在B7单元格中输入东京鞋服展的参观总人数"735800"，拖动B7单元格右下角的填充柄至U7单元格处释放，根据百分比填充20个相同数据。然后利用相同方法，在V8:AW8单元格区域中输入伦敦鞋服展的参观总人数"936260"，填充28个相同数据；将纽约鞋服展的参观总人数复制14个到AX9:BK9单元格区域，将上海鞋服展的参观总人数复制37个到BL10:CV10单元格区域，如图17-31所示。

	O	P	Q	R	S	T	U
7	735800	735800	735800	735800	735800	735800	735800
8							
9							

	AQ	AR	AS	AT	AU	AV	AW
7							
8	936260	936260	936260	936260	936260	936260	936260
9							

	BF	BG	BH	BI	BJ	BK	BL
7							
8							
9	598600	598600	598600	598600	598600	598600	

	CP	CQ	CR	CS	CT	CU	CV
10	1456660	1456660	1456660	1456660	1456660	1456660	1456660
11							
12							

图17-31　填充百分比个数值

Step 4 选择A7:CV10单元格区域，然后选择"插入"/"图表"组，单击"柱形图"按钮，创建一个二维簇状柱形图，如图17-32所示。

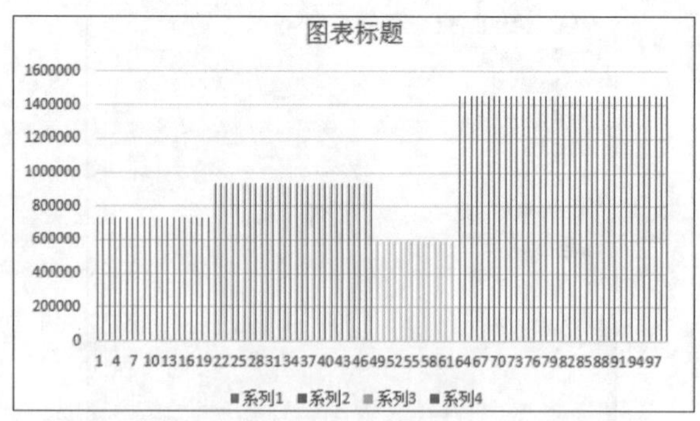

图17-32　创建图表

Step 5 选择图表，选择"布局"/"坐标轴"组，单击"添加图表元素"按钮，在弹出的下拉列表中选择"坐标轴"选项，在弹出的子列表中取消选择"主轴主要水平网格线"选项，隐藏横坐标轴，并输入图表标题，如图17-33所示。

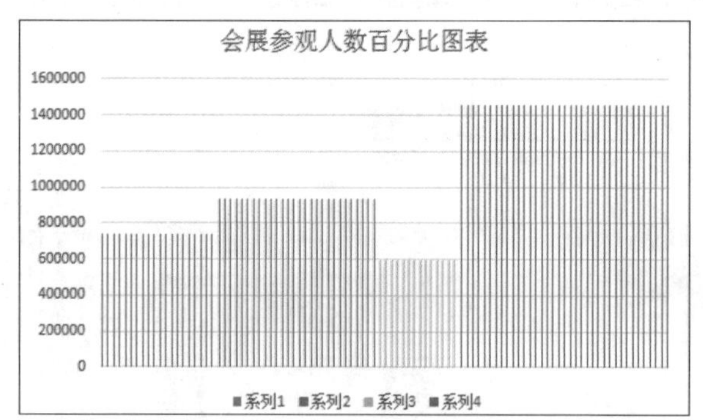

图17-33　隐藏坐标轴并输入标题

Step 6 打开"选择数据源"对话框，选择"系列1"选项，单击 编辑(E) 按钮，打开"编辑数据系列"对话框，在"系列名称"文本框中输入"东京"，单击 确定 按钮，如图17-34所示。

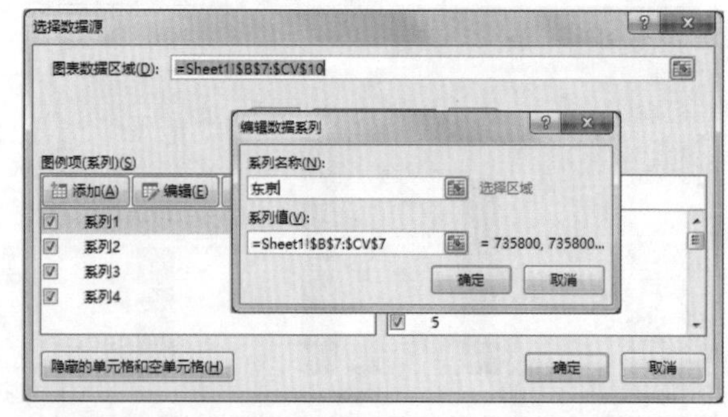

图17-34　更改图例项系列名称

Step 7 使用相同方法，分别将“系列2”、“系列3”和“系列4”图例名称修改为“伦敦”、“纽约”和“上海”，然后返回“选择数据源”对话框，单击[确定]按钮，如图17-35所示。

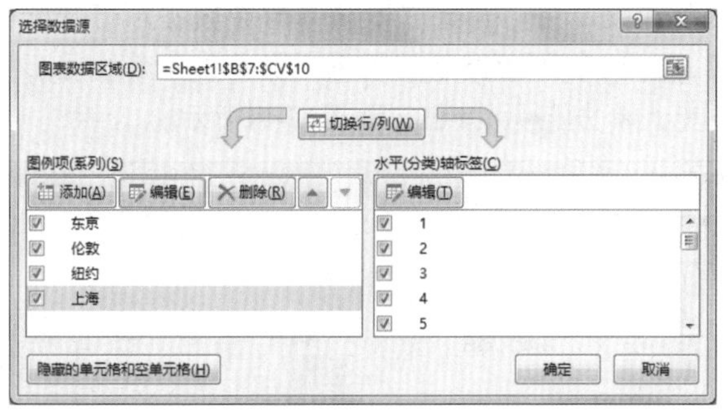

图17-35 完成图例名称更改

Step 8 在图表中的任意数据系列上单击鼠标右键，在弹出的快捷菜单中选择“设置数据系列格式”命令。打开“设置数据系列格式”窗格，单击“系列选项”按钮，在“系列重叠”数值框中输入“100%”，在“分类间距”数值框中输入“0%”，如图17-36所示。

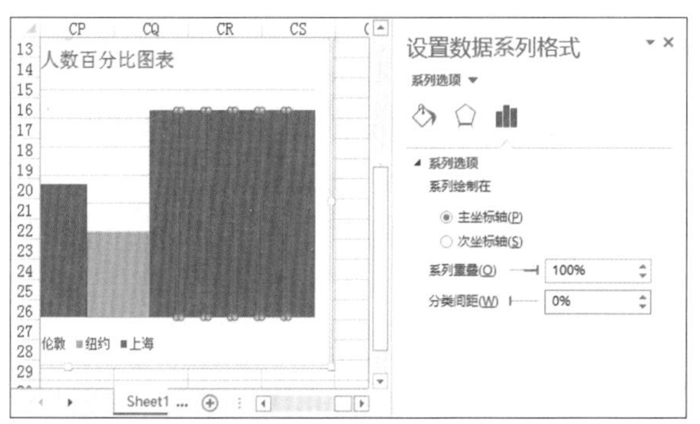

图17-36 设置数据系列重合度与间距

技巧秒杀

“系列选项”界面中，“系列绘制在”栏用于设置系列产生在主坐标轴或次坐标轴；“系列重叠”数值框用于设置系列重合度，值越大重合度越高；“分类间隔”数值框用于设置分类数据系列之间的间距。

Step 9 关闭窗格，图表不仅以高度表示了各展会的具体参观人数，还以宽度表示了各展会参观人数所占的比例，如图17-37所示。

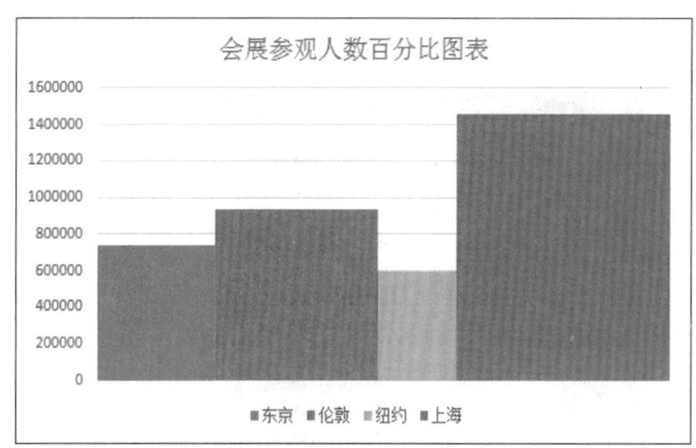

图17-37 最终效果

技巧秒杀

状态栏右键菜单用于设置数据的显示状态和显示类型，其含义通常比较简单，可通过文字意思进行理解。

17.2.4 创建动态对比图

如果数据的变化幅度不大，显示数据系列的柱形图中最大或最小值就不容易直接从柱形高度上看出。在此时若将MAX和MIN函数巧妙结合，就可以在图表中自动显示最大值和最小值，当最大/最小值数据变化时，形成动态对比图。

实例操作：在图表中查看极值

- 光盘\素材\第17章\笔记本销售年度对比图.xlsx
- 光盘\效果\第17章\笔记本销售年度对比图.xlsx
- 光盘\实例演示\第17章\在图表中查看极值

本例在“笔记本销售年度对比图.xlsx”工作簿中将2014年到2015年笔记本电脑销售对比表创建为一个柱形图，并显示2015年销售量的最大值和最小值。

Step 1 打开“笔记本销售年度对比图.xlsx”工作簿，在D3单元格中输入公式“=IF(C3=MAX($C$3:$C$14),C3,#N/A)”，按Enter键计算结果，并拖动鼠标复制公式至D14单元格，查找出2015年度月销售量中的最大值，如图17-38所示。

D3 =IF(C3=MAX($C$3:$C$14),C3,#N/A)

	A	B	C	D	E	F
2	月份	2014年	2015年	最大值	最小值	
3	1月	156550	124650	#N/A		
4	2月	145820	152730	#N/A		
5	3月	121050	132500	#N/A		
6	4月	124690	150450	#N/A		
7	5月	156250	186200	186200		
8	6月	163490	146200	#N/A		
9	7月	136480	157620	#N/A		
10	8月	135520	153890	#N/A		
11	9月	165250	154200	#N/A		
12	10月	176800	108940	#N/A		
13	11月	148450	159500	#N/A		
14	12月	152770	165220	#N/A		

图17-38　查找最大值

Step 2 ▶ 在E3单元格中输入“=IF(C3=MIN($C$3:$C$14),C3, #N/A)”，按Enter键计算结果，并复制公式至E14单元格，查找出2015年度月销售量中的最小值，如图17-39所示。

E3 =IF(C3=MIN($C$3:$C$14),C3, #N/A)

	A	B	C	D	E	F
2	月份	2014年	2015年	最大值	最小值	
3	1月	156550	124650	#N/A	#N/A	
4	2月	145820	152730	#N/A	#N/A	
5	3月	121050	132500	#N/A	#N/A	
6	4月	124690	150450	#N/A	#N/A	
7	5月	156250	186200	186200	#N/A	
8	6月	163490	146200	#N/A	#N/A	
9	7月	136480	157620	#N/A	#N/A	
10	8月	135520	153890	#N/A	#N/A	
11	9月	165250	154200	#N/A	#N/A	
12	10月	176800	108940	#N/A	108940	
13	11月	148450	159500	#N/A	#N/A	
14	12月	152770	165220	#N/A	#N/A	

图17-39　查找最小值

Step 3 ▶ 按住Ctrl键不放，选择A2:E14单元格区域，然后选择“插入”/“图表”组，单击“插入柱形图”按钮，在弹出的下拉列表中选择“二维簇状柱形图”选项，如图17-40所示。

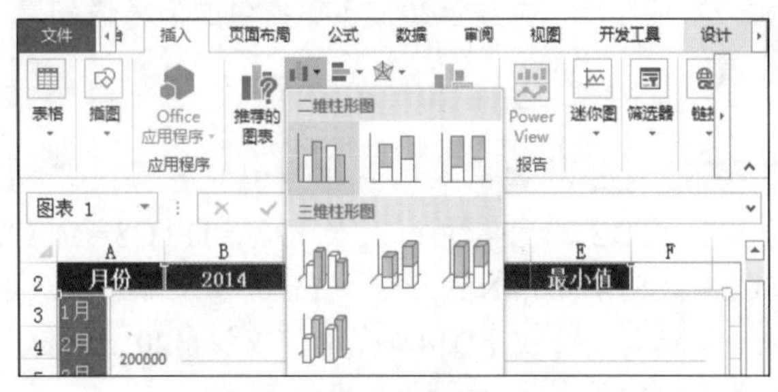

图17-40　插入二维簇状柱形图

Step 4 ▶ 选择“最大值”数据系列，选择“设计”/“类型”组，单击“更改图表类型”按钮，在打开的对话框中默认选择“组合”选项卡，在“最大值”栏的下拉列表框中选择“带数据标记的折线图”选项，将“最大值”显示为带数据标记的折线图，2014年和2015年数据系列保持二维簇状柱形图不变，单击 确定 按钮，如图17-41所示。

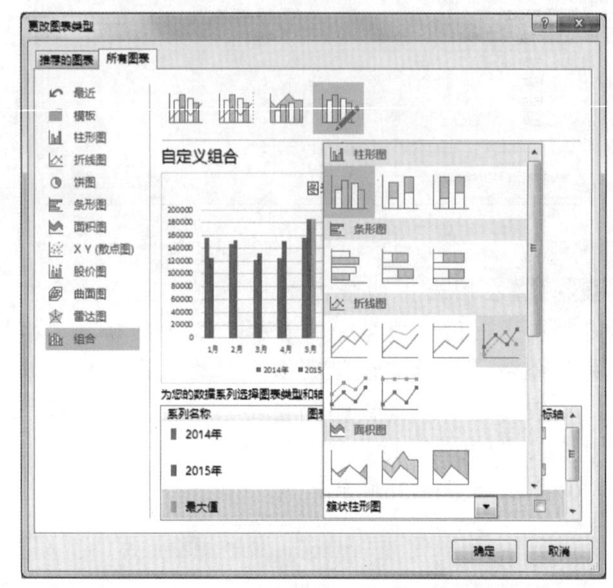

图17-41　更改“最大值”数据系列图表类型

Step 5 ▶ 右击“最大值”数据标记，在弹出的快捷菜单中选择“添加数据标签”/“添加数据标注”命令，显示数据标注，如图17-42所示。

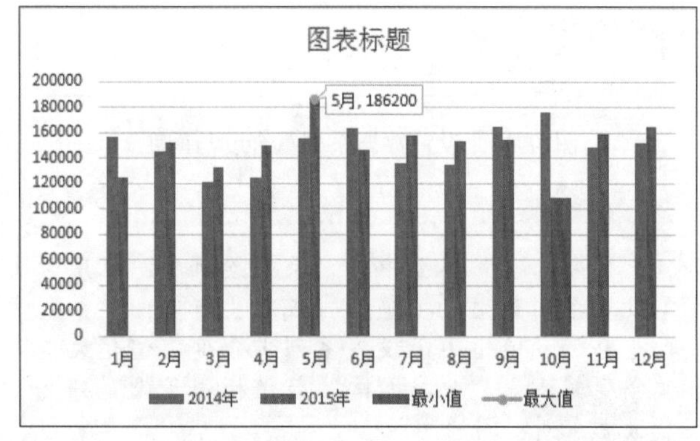

图17-42　显示数据标注

Step 6 ▶ 利用相同方法设置最小值的图表类型和数据标注，然后删除“最大值”和“最小值”图例项，并输入图表标题，效果如图17-43所示。

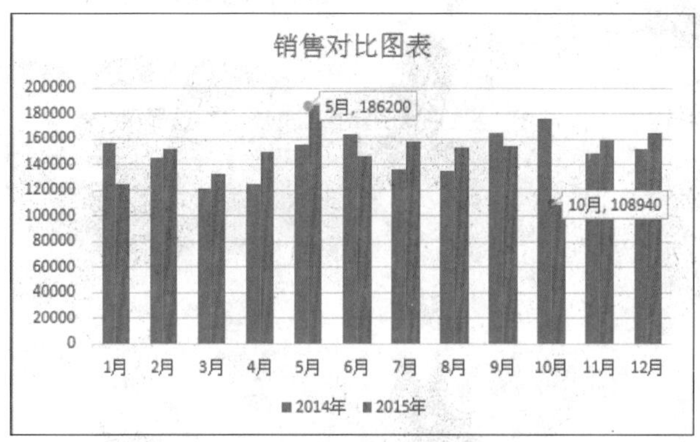

图17-43　最终效果

17.2.5 链接图表标题

在图表中除了手动输入图表标题外，可为图表标题与工作表单元格中的表格标题内容建立链接，从而提高图表的可读性。实现图表标题链接的方法是：在图表中选择需要链接的标题，然后在编辑栏中输入“=”，继续输入要引用的单元格或单击选择要引用的单元格，按Enter键完成图表标题的链接。当表格中链接单元格中的内容发生改变时，图表中的链接标题也将随之发生改变，如图17-44所示。

A1　=Sheet1!$A$1

佳乐家空调最新销售情况

一月	二月	三月	四月	五月	六月
20台	10台	20台	35台	69台	80台
10台	5台	23台	30台	62台	75台
15台	5台	26台	45台	80台	85台
30台	10台	30台	50台	60台	63台
50台	10台	45台	50台	90台	98台

空调销售分析一览表

图17-44　链接图表标题

读书笔记

知识大爆炸——函数高级应用拓展知识

1. COUNT函数实现多表统计

在多张表格的结构完全相同时，就可以使用COUNT函数快速统计每张表格中相同类型的数据，函数格式为“=COUNT('工作表1:工作表N'!单元格区域)”。

2. 中国式排列名次

RANK函数采用美式排名方式对数据排序，而我们的日常习惯是无论有多少位名次相同，如有两个第3名，下一位仍旧是第4名。如使用RANK函数进行排名，其中有两名选手的名次相同，均为第6名，而没有第7名，下一位直接是第8名。此时，可使用COUNTIF函数，在单元格中输入函数“=SUMPRODUCT((G$3:G$12>$G3)/ COUNTIF(G$3:G$12,G$3:G$12))+1”，这里主要利用了COUNTIF函数统计不重复值的原理，实现去除重复值后的排名。

16 17 18

PowerPoint 2013 炫彩设计

本章导读

要制作出优秀的幻灯片，除了需要熟练掌握PowerPoint的操作方法外，还要懂得幻灯片设计知识，这样才能制作出具有创意且让人印象深刻的演示文稿。本章将在幻灯片设计、动画设计、演示设计等基础上，学习立体图形和特效动画的设计，让用户能更熟练地制作出丰富多彩的演示文稿。

18.1 演示文稿整体设计

要制作出优秀的幻灯片，除了需要熟练掌握PowerPoint的操作方法之外，还要懂得演示文稿整体设计知识，包括幻灯片设计、动画设计和演示设计，这样才能制作出具有创意且让人印象深刻的演示文稿。下面分别进行详细介绍。

18.1.1 幻灯片设计

幻灯片的设计是指对幻灯片内容的设计，包括幻灯片版面、文本和图形对象的设计。

1. 版面设计

为幻灯片应用合适的版式，不仅可提高幻灯片画面的美观性，还能增加演示文稿的专业性。幻灯片版面的设计主要包括文字型幻灯片版面设计、图文混排型幻灯片版面设计、全图型幻灯片版面设计等。

（1）文字型幻灯片版面设计

文本型幻灯片的版面设计主要包括两种，一种是通栏型，指文字从上到下依次进行排列；另一种是双栏型，即文字分布在两个并列的占位符中。在文字型幻灯片中对文字进行排版时，要根据文字内容的多少对文字的间距和行距进行合理的设置，如果段落文本较多，可设置相应的项目符号，使各段落之间的结构更清晰。如图18-1所示是通栏型文本排版方式，如图18-2所示是双栏型文本排版方式。

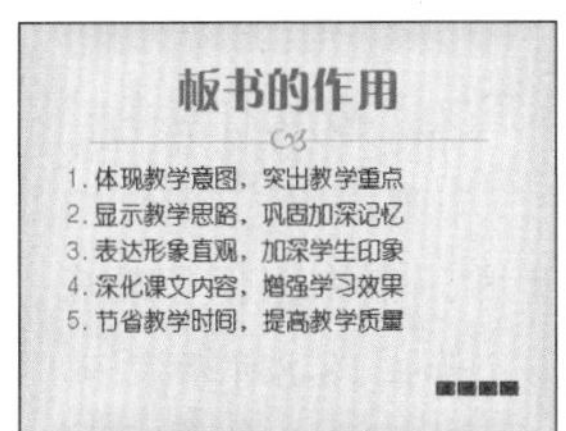

图18-1 通栏型文本排版

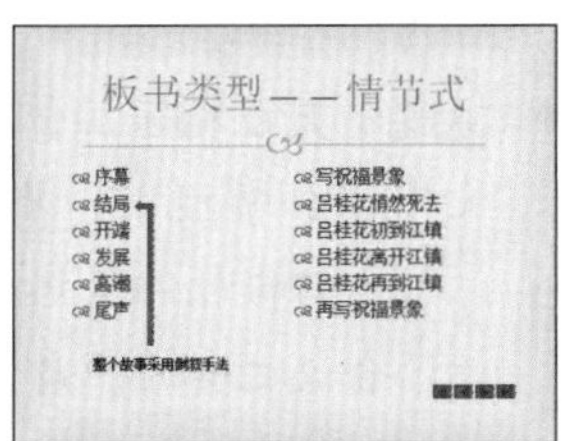

图18-2 双栏型文本排版

（2）图文混排型幻灯片版面设计

图文混排是幻灯片中最常见的一种版式，而图文混排型版式中最常用的版面设计是左右型、中间型和上下型3种，这几种类型的设计方法介绍如下。

◆ 左右型：左右型排版是图文混排中最常用的一种，这类排版既符合观众的视线移动顺序，又能使图片与横向排列的文字形成有力的对比。左右型一般分为两种情况，一种是左边图片，右边文字；另一种是左边文字，右边图片，如图18-3所示。

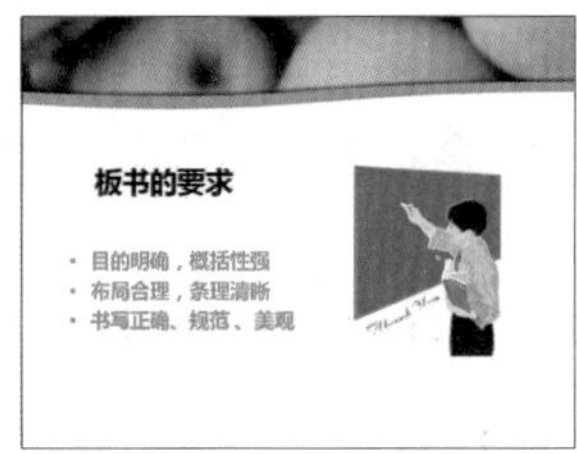

图18-3 左右型幻灯片版面

◆ 中间型：中间型的版面设计在幻灯片中应用比较少，但一般都是将图片排在幻灯片中间，文字排于图片两侧。中间型版面设计最重要的就是图片与文字的搭配，最好选择与文本内容相符的图片，这样才能达到真正的效果。在使用中间型版面设计时，左右文字或上下文字与图片之间的距离要保持一致，这样才能使图文的搭配更协调，如图18-4所示。

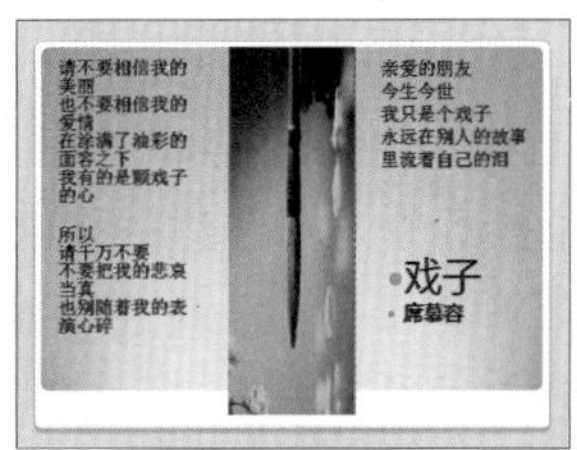

图18-4 中间型幻灯片版面

◆ 上下型：上下型版面设计在幻灯片中也比较常用。在对这类版面进行设计时，要注意文字的多少和文字与图片的排列位置，这样才能使整个版面更协调，如图18-5所示。

图18-5　上下型幻灯片版面

（3）全图型幻灯片版面设计

全图型版面多用于标题页幻灯片，使用全图型版面设计，既可给观众一种强烈的视觉冲击力，增加幻灯片画面的美观性，又可以让观众快速理解、记忆所传递的内容。在对全图型幻灯片版面进行设计时，文字内容必须要少，图片和文字的搭配要协调，需将重点突出显示。如图10-6所示即为全图型幻灯片版面。

图18-6　全图型幻灯片版面

2. 文本设计

文字是演示文稿中最常见亦最重要的一个元素，文本效果是决定演示文稿是否美观的重要因素之一。因此，用户在制作演示文稿时应注意对文本效果进行设计。

（1）选择字体的技巧

演示文稿不同于Word文档，它对于字体的要求不仅要协调美观，还应清晰简明，便于放映时进行阅读。在PowerPoint中，字体的搭配效果对演示文稿的影响非常大，字体搭配效果好，可提高演示文稿的阅读性和感染力，反之，则会对观众的阅读造成障碍，降低演示文稿的整体效果。因此，在制作演示文稿时要注意搭配合适的字体。下面以电脑中默认安装的字体为例，介绍字体的搭配原则。

- **统一性**：在设计幻灯片字体时，首先应注意整个演示文稿字体的统一性。在修改幻灯片中的字体时，最好不要对单张幻灯片上的字体进行修改，尽量通过母版进行修改，让整个演示文稿同级别文字的字体始终保持统一。
- **文字易读性**：幻灯片标题字体最好选用无衬线字体。当幻灯片中的文字内容较多时，正文则应使用更容易阅读的衬线字体。
- **减少文本表述**：用于放映的演示文稿应尽量选择无衬线字体，以便于观众进行阅读。另外，文字并不是幻灯片的主体，不必通过文字进行表述的地方，应尽量使用图形或图表等更容易观看且不容易引起观众疲累感的对象。
- **英文字体的选择**：在演示文稿中若需使用英文，可选择常用的两种英文字体：Arial与Times New Roman。

（2）经典字体搭配

在演示文稿中应该使用何种字体，往往是由幻灯片的内容以及幻灯片放映场合来决定的。当然，我们设计字体搭配的最终目的仍然是让幻灯片更美观。制作演示文稿常用的字体搭配分别介绍如下。

- **标题（黑体）+正文（宋体）**：这类字体搭配是制作演示文稿时使用频率非常高的一种，黑体较为庄重，可用于标题或需特别强调的文本，宋体在放映时会显示得非常清晰，适合于正文文本，如图18-7所示。
- **标题（方正粗宋简体）+正文（微软雅黑）**：粗宋字体非常规则、有力，是政府部门常用的字体，它与微软雅黑搭配使用，非常适合于政府、政治会议之类的严肃场合，如图18-8所示。

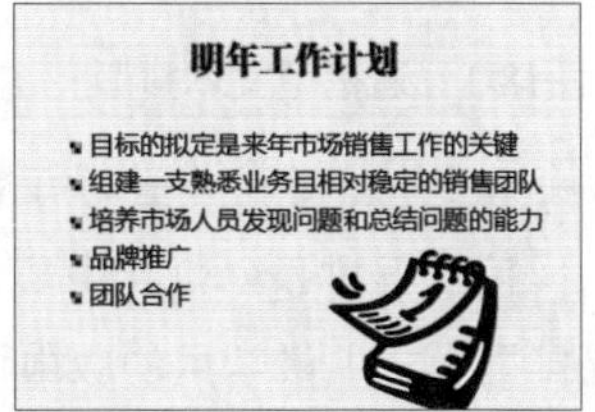

图18-7　黑体和宋体　图18-8　方正粗宋简体和微软雅黑

- ◆ **标题（方正综艺简体）+正文（微软雅黑）**：这两种字体的搭配可以让幻灯片画面显得庄重、严谨，适合课题汇报、咨询报告之类的正式场合，如图18-9所示。
- ◆ **标题（方正粗倩简体）+正文（微软雅黑）**：方正粗倩简体属于衬线字体，可以让画面显得鲜活，适合企业宣传、产品展示之类的场合，如图18-10所示。

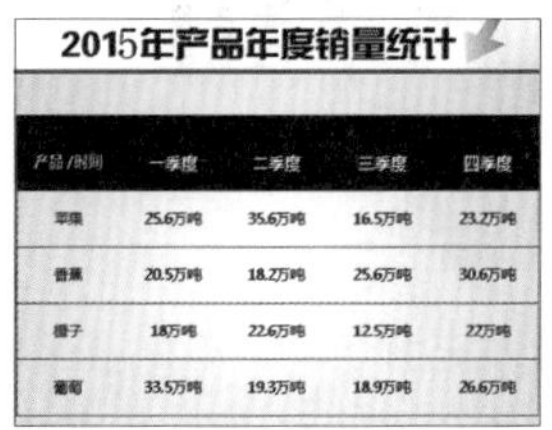

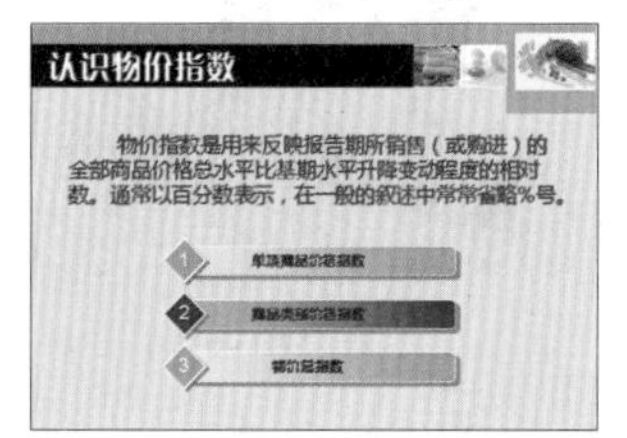

图18-9　综艺简体和微软雅黑　图18-10　粗倩简体和微软雅黑

- ◆ **标题（方正胖娃简体）+正文（方正卡通简体）**：这两种字体的搭配是漫画类演示文稿的经典搭配，适合卡通、动漫和休闲娱乐之类的轻松场合，如图18-11所示。
- ◆ **标题（方正卡通简体）+正文（微软雅黑）**：适合学生课件类的教育场合，因为卡通字体给人一种活泼的感觉，而微软雅黑字体笔画十分清晰，适合阅读，如图18-12所示。

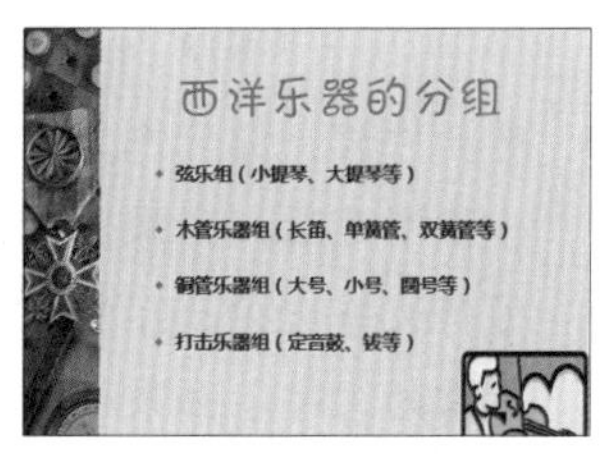

图18-11　胖娃和卡通简体　图18-12　卡通简体和微软雅黑

（3）字体大小的搭配

在演示文稿中，字体的大小直接影响着观众对演示文稿内容的接受程度，字体过大，会让演示文稿显得过于空洞；字体过小，则会对观众阅读造成严重障碍。此外，不同的字体，其大小要求还存在一定差异。因此，字体大小的设计也非常重要。在PowerPoint中，字体大小需根据演示文稿演示的场合和环境来决定，在选用字体大小时要注意以下几点。

- ◆ **大字号**：如果幻灯片演示的场合较大，观众较多，那么幻灯片中的字体就应该设置得大一些，以保证最远的位置都能看清幻灯片中的文字。
- ◆ **连贯性和统一性**：级别和类型相同的标题和文本内容，要设置同样大小的字号，这样可以保证内容的连贯性和统一性，让观众更容易地对信息进行归类，也更容易理解和接受信息。
- ◆ **减少标题的字数**：如果幻灯片标题过长，则应尽量减少标题的字数，而不是缩小字体大小。

（4）字体颜色的搭配

在为字体设置颜色时，原则上不宜超过3种，且文字颜色与幻灯片背景颜色要有明显的区分。在同一页幻灯片中，标题颜色与正文颜色可区分也可不区分，但在内容文字中，若没有需要特别强调的内容，颜色最好能够统一。除了统一幻灯片中所使用的颜色外，整个演示文稿所使用的颜色最好也能统一，过于多变的颜色不仅会影响幻灯片的美观，而且还容易对观众造成阅读障碍。另外，设置的字体颜色应以温和为原则。

（5）字体间距和行距的搭配

跟Word一样，PowerPoint中文字的间距和行距也会影响幻灯片的美观性和内容的可读性，合理的字体间距和行距可以极大地提高演示文稿的放映效果。在为幻灯片中的文本设置字体间距和行距时，可根据以下几个方面来进行设置。

- ◆ 调整字体间距和行距时，要考虑幻灯片中文本的多少，若实在不能对内容进行精简提炼，可将其分为两页显示。
- ◆ 如果有两个大写字母同时出现在相邻位置，如A和V，由于形状的原因，可能会影响它们之间的间距，看不出它们之间的关系，这时在调整字符间距时，要结合字母的形状来进行调整。
- ◆ 将行间距调整到“1.5倍行距”最为合适。如果幻灯片中的文字较少，为了填充幻灯片而将文本内容的行距设置为较大数值，这样做也不合适，要根据实际情况进行调整。

3. 图形对象设计

正确使用图形对象可使幻灯片更专业、画面更美观、内容更形象。图形的选择和使用应该依据幻灯片内容和演示文稿的整体风格而定。在制作不同演示文稿时，其选用的图形对象也不一样。

（1）优秀图片搭配原则

根据幻灯片内容的不同，其图片的搭配和排列方式也会不一样。只有针对不同场合的特点选择的图片，才能体现出图片应有的效果。在搭配图片时，应注意以下几个搭配原则。

◆ **图片与主题的搭配原则**：在为幻灯片配图时，首先应根据当前演示文稿的主题来选择图片，图片是为文本内容服务的，图片是文本内容的再现，可以使观众了解到文本中难以表达的内容。

◆ **图片与幻灯片的搭配原则**：配图时不仅要考虑图片颜色与幻灯片主色的搭配，还要考虑有背景样式的幻灯片与图片的搭配。在使用图片或颜色填充幻灯片背景时，最好选用没有背景色的图片，这样图片与幻灯片才更加协调融洽。

◆ **图片排列原则**：一般图片应放置在文本的空白位置，如文本在幻灯片的左侧，图片就放在幻灯片的右侧。在某些特殊情况下，为了迎合幻灯片的内容和风格，也可将图片与文本放在一起。如果一张幻灯片中有多幅图片，应该注意这几幅图片的摆放位置和顺序等，且图片的摆放不能太凌乱。

◆ **演示文稿统一原则**：演示文稿是由多张幻灯片组成的，一张幻灯片的成功不代表整个演示文稿的成功。一个演示文稿最好选择同一种类型的图片，不要多种风格图片混搭，让整个演示文稿显得不伦不类。

（2）图片与文本的配合

在演示文稿中，文字和图片是最常见的元素，在幻灯片中，若只是单纯的图片加文字，会让幻灯片的版式显得过于死板和无创意，且无法为观众带来眼前一亮的效果。因此，需对幻灯片中的图片与文字进行搭配和设计。图片与文字常用的几种处理方法如下。

◆ **为文字填充背景**：为文字填充背景是最常用且最简单的一种方法，为了实现与图片的配合，可以为文字内容添加一个色块，而色块颜色最好选用与图片相同或相近的颜色，把整个幻灯片画面统一起来。如图18-13所示即是为文本内容添加填充背景前后的效果。

图18-13 为文字填充背景

◆ **改变图片样式**：在排列图片时，可通过改变图片的样式来改变图片的显示方式，使版面整体显得生动。如图18-14所示即为改变图片样式前后的效果图。

图18-14 改变图片样式

◆ **把图片某一部分作为文字背景**：在幻灯片中插入一张图片后，如果图片上有文字且不符合主题，可将文字去掉，然后在该位置插入文本框并输入所需的文字。如果图片上没文字，可直接在图片上的空白位置插入文本框输入所需的文字，把图片和文字巧妙地融合起来。如图18-15所示即为图文重叠的效果。

图18-15 图文重叠效果

技巧秒杀

PowerPoint提供的图片版式非常多，用户需根据幻灯片的整体风格进行选择，也可根据需要在"图片格式"任务面板中进行设置。

（3）表格的使用原则

表格按内容的不同可分为以文本为主和以数据为主两种。文本表格的作用主要是用于列举和分类，而以数字为主的表格主要是用于表现各项数据的组成及对比。以文本为主的表格和以数字为主的表格因性质不一样，所以表现手法也略有不同，要使表格中的内容在幻灯片中更有意义，应注意如下几项原则。

- **突出重点**：表格是用于整理和列举数据的，若表格中数据过多，为了方便查看数据，在众多数据中可通过设置不同的颜色、字体、字号来突出重点。此外，以文本为主的表格应注意一个单元格中的文本内容不应太多。
- **适当修饰**：表格的作用是传递信息，若将表格制作得过于花哨，甚至影响了观众对表格信息的阅读，那就得不偿失了。所以在制作表格时，只需对表格进行适当修饰即可。
- **内容完整**：不能为了追求内容简洁就将表格中的一些元素省略。在PowerPoint中制作表格与在Excel中制作表格一样，要有表头，且表头的信息要明确，另外在表格中，不能把不同的信息混杂在一起。

（4）图表的使用原则

在一般情况下，表格表达数据的方式并不是非常直观，当表格无法较好地表达出数据的关系和发展趋势时，用户就可通过图表来表达数据。图表在PowerPoint中的应用非常广泛，使用图表时需注意如下几点原则。

- **内容表达**：一个图表只能表达一种主题，否则会显得杂乱无章，且制作的图表内容必须完整，数据必须正确，这样制作的图表才显得专业。
- **选择适当的图表类型**：PowerPoint中图表的种类非常丰富，其中不同的图表类型可以表达不同的内容。为了更好地表达图表中的数据，用户需要根据情况选择适当的图表类型，若图表类型未选择正确，可能造成数据重点表达错误的情况。
- **图表结构简洁**：在PowerPoint中不但要求文字简洁，图表也必须简洁。复杂的图表往往由于数据量过多，使观众失去全部看完的耐心，同时也会对演讲者的讲解造成一定的障碍，所以在制作图表时一定要对数据进行优化和归纳。

18.1.2 动画设计

动画是演示文稿中的重要元素之一，一个优秀的演示文稿离不开动画效果的装点，设计得当的动画不仅能快速抓住受众的眼球，还能使演示文稿更加生动，提高演示文稿的效果。

1. 动画效果设计原则

动画是PowerPoint的灵魂，只有美观的排版而没有合适的动画，会让观众在观赏幻灯片时缺乏积极性。为了活跃演讲气氛，需要增加幻灯片的动感性。PowerPoint能制作出各种动画效果，只要掌握了动画的特点，就能制作出专业的演示文稿。下面将常用的动画制作原则介绍如下。

- **生动性**：演示文稿与传统讲解方式相比，其最大的特色和优势是动感，PowerPoint可以通过动画让幻灯片内容更加生动，这也是吸引观众注意力的重要武器。此外，生动的动画还有助于将信息传递给观众，增强演讲效果。
- **自然性**：制作动画时，只有遵循了相应的规律，动画看起来才会显得更真实，如树叶飘落的速度和轨迹应该依照真实情况来设计。动画制作完成后，应反复查看，确认其效果是否符合规律。
- **适当性**：为幻灯片添加的动画效果必须与内容相符合，不能只追求效果花哨。此外，动画过多会影响PowerPoint的运行速度，所以要合理安排。当然，不同类型的演示文稿，对动画效果的要求也不一样。如制作需在党政会议等严肃场合播放的演示文稿时应该少用动画，而在制作商品介绍时，就可以适当多地运用动画特效。

2. 文本动画设计

PowerPoint提供的动画效果非常丰富，用户可根据演示文稿的类型和需要来为幻灯片中的文本设计动画效果。为不同类型的演示文稿中的文本添加动画的要求是不一样的，其注意事项如下。

- **课件类**：在为课件类演示文稿中的文本添加动画时，应根据课件的性质来定，有些课件演示文稿不适宜添加动画，如音乐课件。有些课件演示文稿只需为幻灯片中的重点文本添加动画，动画效果过于繁复，反而会分散学生的注意力，如数学课件。
- **推广类**：在为该类演示文稿的文本添加动画时，普通文本可添加进入动画，重要文本可添加强调动画。在添加动画时，要注意预览动画效果。
- **培训类**：一般培训类演示文稿的文字都较多，如果为幻灯片中所有的文本都添加复杂的动画效果，会使整个幻灯片页面很乱，不利于受众接受信息。若是幻灯片中有图片等比较灵活的对象，而演讲者又需要表现出该对象的变化过程，可对特定对象设计特效动画。
- **决策提案类**：这类演示文稿对创意要求比较高，在标题页幻灯片中可为文本添加一些比较有创意的动画，而对于正文文本来说，添加一些简单的进入动画即可。
- **会议类**：会议类演示文稿一般都是有关工作的报告，如年终报告、销售报告等，其内容一般都简洁明了。如果演示文稿中的文本内容较多，可只为幻灯片中的重点内容添加一些强调动画，但动画最好简单，不要太过花哨。

3. 图形动画设计

在幻灯片中，图形不仅包括图片，还包括形状、表格、SmartArt图形以及图表等对象。在演示文稿中，为这些图形对象添加合理的动画非常重要，合理的动画可提高演示文稿的效果，反之则会降低演示文稿的效果和专业度。设计图形动画的要求分别如下。

- **图片**：在为图片设置动画时，要根据演示文稿的类型对演示的对象进行设置，若是幻灯片中只有一张图片，则其动画设计就比较简单。而如果存在多张图片，就需为每一张图片设计动画效果。在为多张图片设计动画效果时，必须注意图片之间动画的配合，如可以使用让图片依次出现并消失的方法一张一张地对图片进行展示。如图18-16所示即为多张图片的动画效果。

图18-16　多张图片的动画效果

- **形状**：在为形状添加动画时，要结合多个形状各自的特点，还要考虑动画的整体性和连贯性，调整动画的播放顺序，为动画设置合理的计时和效果选项。如图18-17所示即为形状的动画效果。

图18-17　形状的动画效果

- **表格**：表格中包含的内容一般都比较复杂，所以最好为表格设置简洁明快的动画效果，过于绚丽的动画，反而不利于观众观看和理解。如图18-18所示即为表格的动画效果。

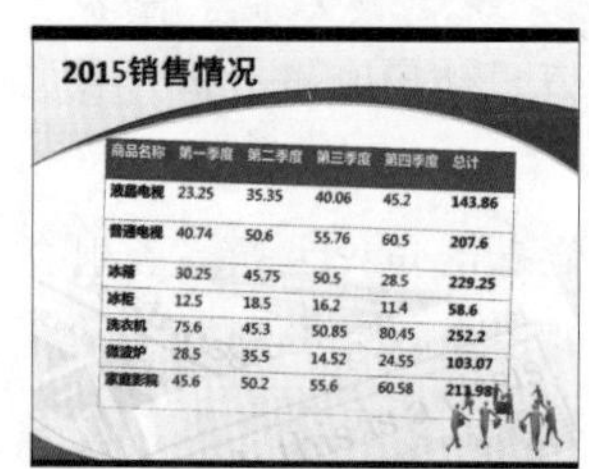
2015销售情况

商品名称	第一季度	第二季度	第三季度	第四季度	总计
液晶电视	23.25	35.35	40.06	45.2	143.86
普通电视	40.74	50.6	55.76	60.5	207.6
冰箱	30.25	45.75	50.5	28.5	229.25
冰柜	12.5	18.5	16.2	11.4	58.6
洗衣机	75.6	45.3	50.85	80.45	252.2
微波炉	28.5	35.5	14.52	24.55	103.07
家庭影院	45.6	50.2	55.6	60.58	211.98

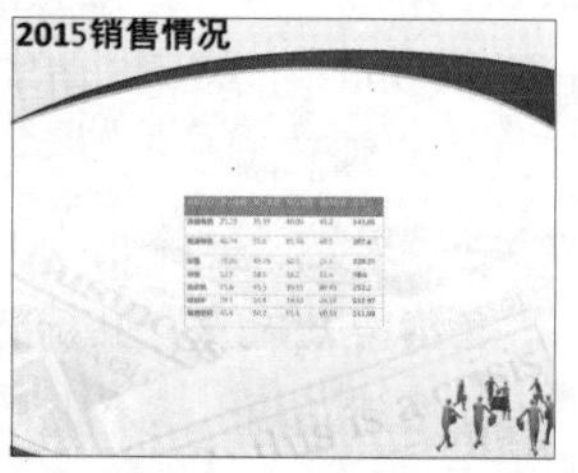

图18-18　表格的动画效果

◆ 图表：图表是PowerPoint中非常有表现力的一个对象，只要为图表设置了合适的动画，可以让演讲者在讲解图表数据时更加得心应手。但是图表和表格一样，其动画设计也是以简单、简洁为主。如图18-19所示即为图表的动画效果。

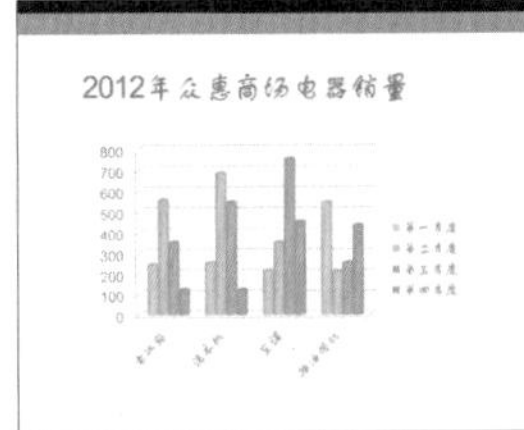

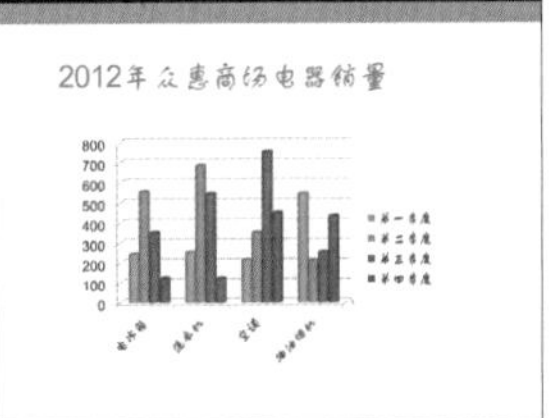

图18-19　图表的动画效果

技巧秒杀

为SmartArt图形设计动画效果与形状的动画设置类似，可依照形状的级别来进行设置，让SmartArt图形的结构更清晰。在为对象设置动画时，都要注意设置动画的计时、效果选项，注意调整动画的播放顺序，检查动画效果的连贯性。

4. 幻灯片切换动画设计

为幻灯片设置切换动画，可以使动画间的衔接更自然，让整个演示文稿的演示更流畅。PowerPoint提供的切换效果非常丰富，用户可根据演示文稿的内容为其选择合适的切换效果。若演示文稿比较正式，内容较严肃，可以为所有的幻灯片设置相同的切换动画；如果演示文稿内容较活跃，且演示场合对动画效果要求较高，就可以对演示文稿中所有幻灯片设置不同的切换动画。在为每张幻灯片设置不同的切换效果时，最好设置同一类型的切换动画。

18.1.3 演示设计

为了让演示文稿达到完美的效果，在放映幻灯片时，演讲者需对演示文稿进行讲解。在演讲过程中，演讲者需要注意一些问题，如明确演讲的目的、设计开场和结尾、激发听众的兴趣等。

1. 明确听众和目标

在演示幻灯片之前，演讲者首先需要明确这次演讲的目的。很多经验不丰富的演讲者以为演讲即是将幻灯片中的内容复述一遍，其实不然。演讲并不是照本宣科，演讲的成功与否是根据听众所接受的信息量来决定的，所以在进行演讲前，一定要先明确演讲的目的，如为什么要举办这次演讲、演讲的对象是哪一类人等，然后再根据需要来准备演讲内容的方式，这样才算是跨出成功的第一步。如图18-20所示即为演讲前需思考和准备的问题。

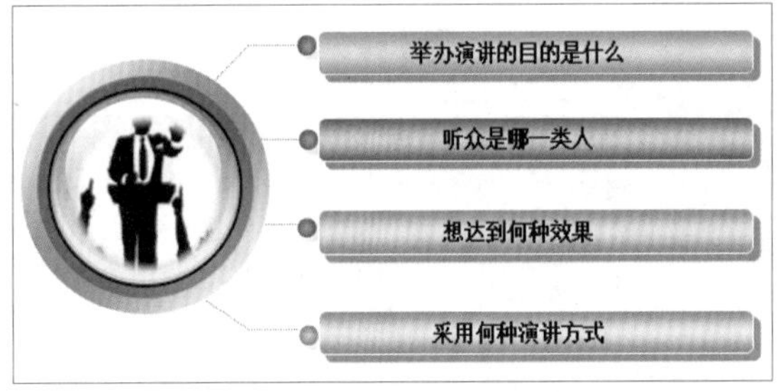

图18-20　演讲前需思考和准备的问题

2. 设计开场和结尾

在演讲时，开场和结尾的设计非常重要。良好的开场白是成功演讲的一半，一个精彩的开场白不仅能吸引住听众的心，还能拉近听众与演讲者之间的距离，活跃演讲气氛。而一个好的结尾，不仅会让幻灯片更有新意，还可以让听众记忆深刻。

在设计演讲开场白时，可以通过以下几种方法来进行设计：

◆ 通过提问的方法来引发听众思考，引出演讲的主题内容，吸引听众的注意力。

◆ 通过小故事或小游戏来吸引观众注意力，并引出主题。

◆ 通过套近乎的方法来拉近与观众之间的距离，建立一个良好的演讲氛围。

在设计演讲结束语时，可以通过以下几种方法来进行设计：

◆ 通过有创意的感谢语来结束演讲。

◆ 通过幽默笑话结束演讲。

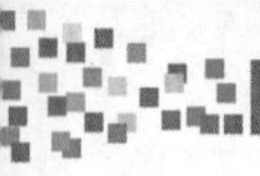

3. 激发听众的兴趣

在演讲过程中，如果听众对演讲的内容毫无兴趣，且注意力被分散，此时就需要使用一些技巧来重新激发听众对演讲内容的兴趣。激发听众兴趣主要可以通过以下几点实现：

- 演讲者在演讲过程中不要只是滔滔不绝地演讲内容，而要有意识地给听众留下发言时间和机会。
- 当听众的注意力分散时，可通过变换话题的方式来拉回观众的注意力。如在演讲中穿插趣闻轶事，或做个小游戏，让演讲现场活跃起来，听众的注意力也会迅速集中，此后再自然地回到演讲的内容上来即可。
- 演讲者在需要时可向听众提出富有针对性和启发性的问题，让听众参与其中，这样不仅可调动听众的热情，还可拉近听众与演讲者之间的距离。
- 可以通过制造悬念来激发听众的兴趣。这样不仅能使演讲者再度成为听众注目的中心，而且还能够活跃现场气氛，激发听众参与演讲的兴趣。

18.2 立体图形设计

在幻灯片中制作立体图形，可以让幻灯片显得更专业、美观，提升演示文稿的整体效果。下面将详细介绍制作立体图示和立体图表的方法，帮助用户了解体现立体风格的方法，以及如何在幻灯片中实现图形的立体风格。

18.2.1 设计三维立体图示

制作立体风格的图示，能够更加具体地展示幻灯片中的内容，同时达到美化图示效果的目的。实现图示立体效果，通常在“设置形状格式”窗格中设置完成，下面将详细介绍高光按钮和立体分类图示的制作方法，以此掌握立体图示的设计方法。

1. 制作高光按钮

高光是一种常见的立体效果，在PowerPoint中制作高光，主要是指在一个平面图形上叠加一个半透明的白色图层，再通过透明颜色的渐变来达到发射光源的效果。高光效果不仅可以使平面图形具有立体感，还可以让图形的表面显得光滑明亮，呈现剔透感。

实例操作：制作高光按钮

- 光盘\素材\第18章\高光按钮.pptx
- 光盘\效果\第18章\高光按钮.pptx
- 光盘\实例演示\第18章\制作高光按钮

本例将在“高光按钮.pptx”演示文稿中制作一个黑色的高光暂停按钮。

Step 1 打开“高光按钮.pptx”演示文稿，选择“插入”/“插图”组，单击“形状”按钮，在弹出的下拉列表中选择“基本形状”栏中的“椭圆”选项。返回幻灯片编辑区，在按住Shift键的同时拖动鼠标，在左下角绘制一个正圆，如图18-21所示。

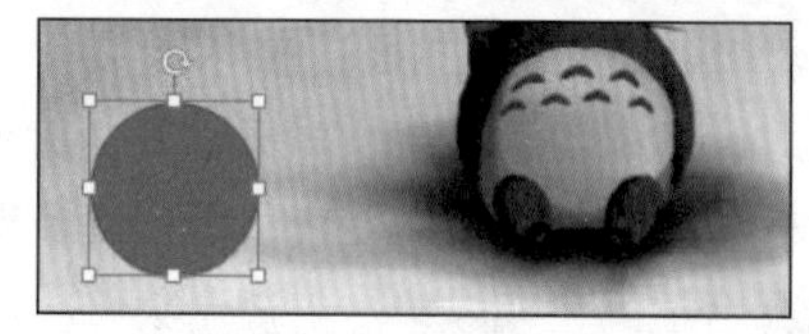

图18-21　绘制圆

Step 2 选择圆形形状，将其填充色设置为“黑色，文字1，淡色25%”，将其形状轮廓设置为“无轮廓”。再次单击“形状”按钮，在弹出的下拉列表中选择“基本形状”栏中的“椭圆”选项，绘制一个椭圆，将其填充色设置为“白色，背景1”，将其形状轮廓设置为“无轮廓”，效果如图18-22所示。

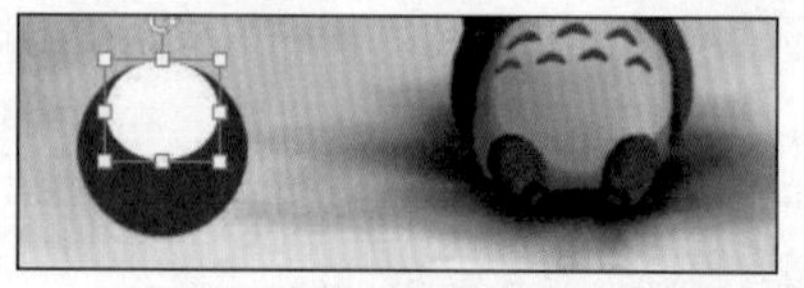

图18-22　编辑形状

Step 3 ▶ 绘制一个三角形形状，将其形状轮廓设置为“白色”。选择三角形形状，选择“格式”/“排列”组，单击“旋转”按钮，在弹出的下拉列表中选择“向右旋转90°”选项，将三角形形状移动到圆形中间，选择三角形形状，在“格式”/“排列”组中单击下移一层按钮，如图18-23所示。

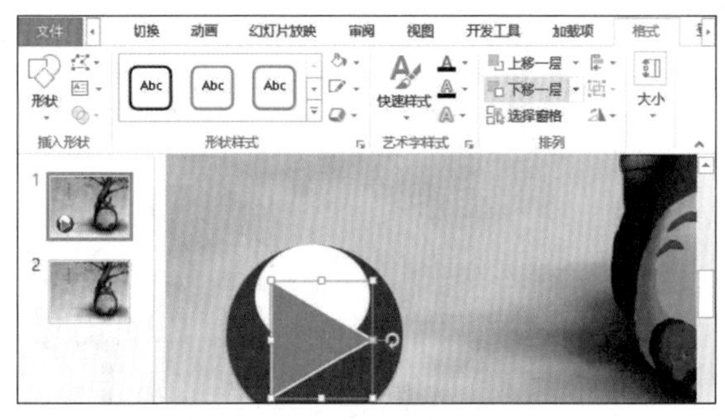

图18-23 绘制并编辑三角形形状

Step 4 ▶ 选择白色椭圆形状，选择“格式”/“形状样式”组，单击按钮，打开“设置形状格式”窗格，在“形状选项”选项卡中单击“填充线条”按钮，在“填充”栏中选中渐变填充(G)单选按钮，单击“方向”按钮，在弹出的下拉列表中选择“线性向下”选项，如图18-24所示。

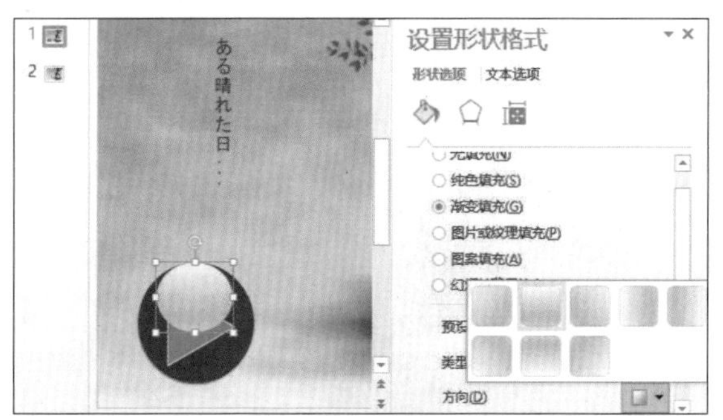

图18-24 设置渐变填充方向

Step 5 ▶ 在“渐变光圈”栏中单击3次“添加渐变光圈”按钮，在“渐变光圈”刻度条上添加3个新的渐变光圈，选择第1个渐变光圈，单击“颜色”按钮，在弹出的下拉列表中选择“白色，背景1”选项，在“透明度”数值框中输入“40%”。按照相同方法，将剩余渐变光圈的颜色设置为“白色，背景1”，将其透明度依次设置为60%、80%、90%、100%，并调整各个渐变光圈的位置，如图18-25所示。

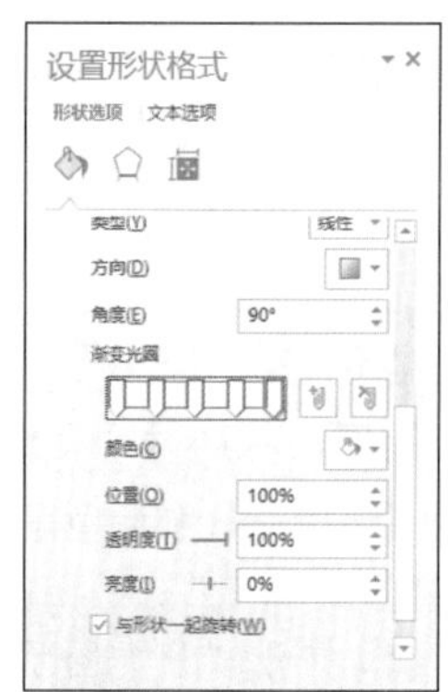

图18-25 调整渐变颜色

Step 6 ▶ 关闭“设置形状格式”窗格，选择三角形形状，将其填充颜色设置为“黑色，文字1，淡色15%”，按住Shift键选择圆形、椭圆和三角形形状，选择“格式”/“排列”组，单击“组合”按钮，在弹出的下拉列表中选择“组合”选项，将其组合在一起，完成本例的制作，效果如图18-26所示。

图18-26 组合形状

技巧秒杀

若是渐变光圈设置过多，可以选择需删除的渐变光圈，然后单击“删除渐变光圈”按钮将其删除。

2. 制作立体分类图示

在PowerPoint 2013中，不仅提供了种类非常丰富的SmartArt图形供用户使用，用户还可随意制作一些图示，并为其设置立体效果，以达到美化幻灯片的目的。

实例操作：制作箭头状立体分类图示

- 光盘\素材\第18章\分类图示.pptx
- 光盘\效果\第18章\分类图示.pptx
- 光盘\实例演示\第18章\制作箭头状立体分类图示

本例将在“分类图示.pptx”演示文稿中绘制箭头和矩形，并通过“设置形状格式”窗格对其三维格式、三围旋转和颜色等进行设置。

Step 1 ▶ 打开“分类图示.pptx”演示文稿，在第2张幻灯片中选择“插入”/“插图”组，单击“形状”按钮，在弹出的下拉列表中选择“箭头总汇”栏中的“下箭头”选项，返回幻灯片编辑区，在右上方拖动鼠标绘制一个下箭头，如图18-27所示。

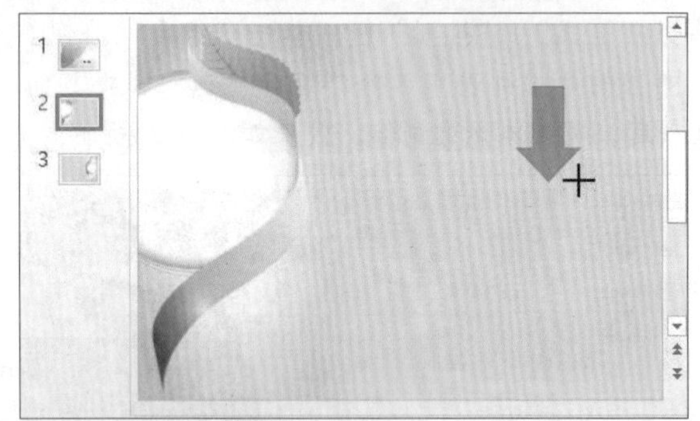

图18-27　绘制下箭头

Step 2 ▶ 按住Shift+Ctrl快捷键，拖动鼠标复制同样大小的两个下箭头，依次将形状的填充色设置为“蓝色，着色1，深色25%”、“橄榄色，着色3，深色25%”和“紫色，着色4，深色25%”，并将其形状轮廓设置为“无轮廓”，完成设置后，排列成如图18-28所示的样式。

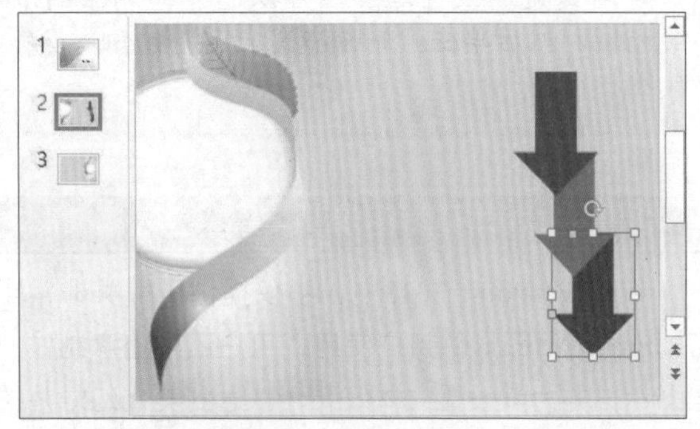

图18-28　编辑箭头形状

Step 3 ▶ 选择所有下箭头形状，选择“格式”/“形状样式”组，单击按钮，打开“设置形状格式”窗格，在“形状选项”选项卡中单击“效果”按钮，展开“三维格式”选项，在“棱台”栏中单击“顶部棱台”按钮，在弹出的下拉列表中选择“角度”选项，在其后的“宽度”和“高度”数值框中均输入“4磅”，在幻灯片编辑区中可查看形状的变化，如图18-29所示。

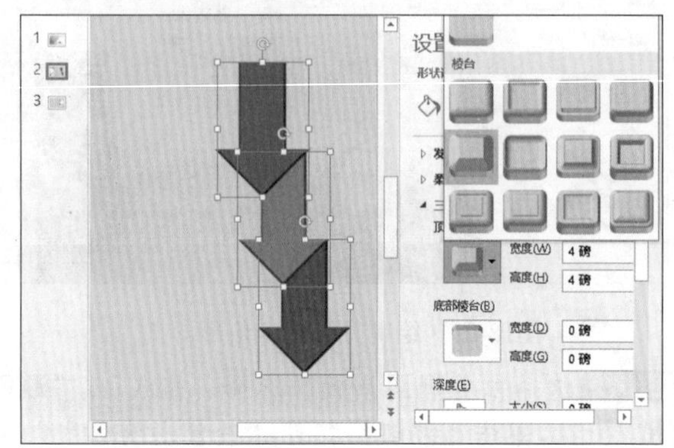

图18-29　设置三维格式

Step 4 ▶ 保持所有下箭头形状的选择，在展开的“三维格式”选项中单击“材料”按钮，在弹出的下拉列表中选择“柔边缘”选项。单击“照明”按钮，在弹出的下拉列表中选择“柔和”选项，如图18-30所示。

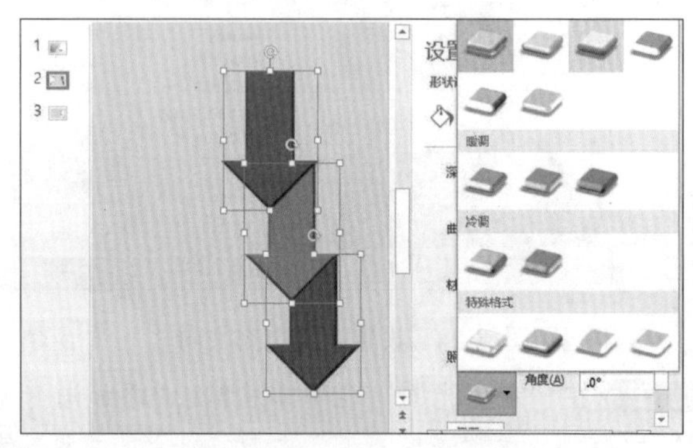

图18-30　设置材料和照明

Step 5 ▶ 展开“阴影”选项，单击“预设”按钮，在弹出的下拉列表中选择“外部”栏中的“左下斜偏移”选项。在“透明度”、“大小”、“模糊”、“角度”、“距离”数值框中分别输入“50%”、“105%”、“10磅”、“100°”、“5磅”，如图18-31所示。展开“三维旋转”选项，单击“预设”按钮，在弹出的下拉列表中选择“透视”栏中的“左透视”选项，在“X旋转（X）”数值框中输入“325°”，如图18-32所示。

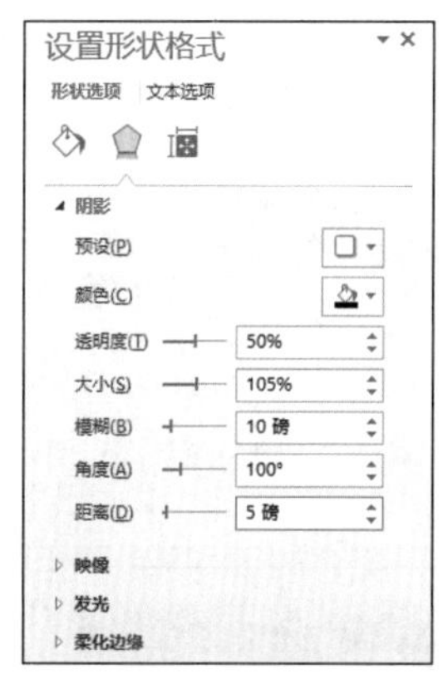

图18-31　设置阴影

图18-32　设置三维旋转

Step 6 ▶ 关闭窗格，选择“插入”/“插图”组，单击“形状”按钮，在弹出的下拉列表中选择“矩形”栏中的“圆角矩形”选项，在幻灯片中拖动鼠标绘制一个圆角矩形，按住Ctrl键再复制同样大小的两个圆角矩形形状，然后将其置于右侧箭头形状的下层，并移动其位置，效果如图18-33所示。

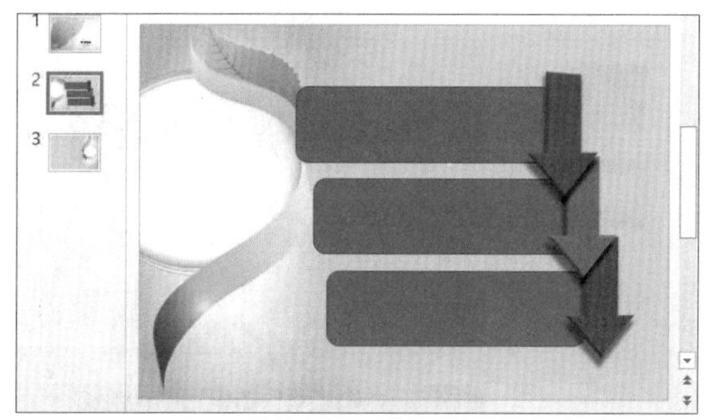

图18-33　复制并排列形状

Step 7 ▶ 选择第一个矩形形状，打开“设置形状格式”窗格，在“形状选项”选项卡中单击“填充线条”按钮，选中 渐变填充(G) 单选按钮，单击“添加渐变光圈”按钮，在“渐变光圈”刻度条上添加3个新的渐变光圈。依次选择渐变光圈，将颜色统一设置为“水绿色，着色5，深色50%”，将透明度依次设置为30%、50%、70%、90%、100%，如图18-34所示，并将圆角矩形形状轮廓设置为“无轮廓”。

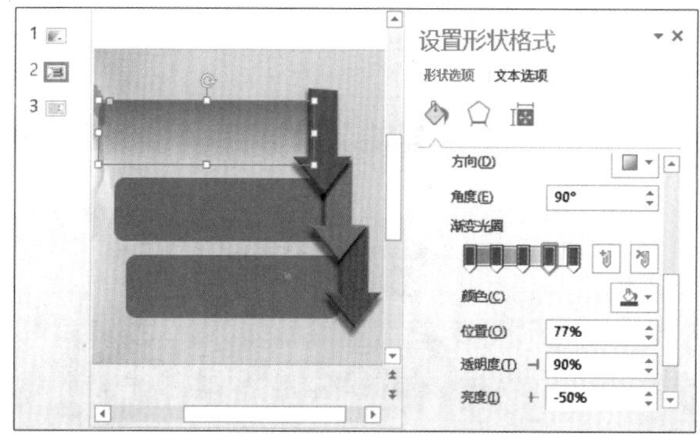

图18-34　设置圆角矩形的渐变颜色

Step 8 ▶ 按照相同方法，依次将其余圆角矩形的渐变效果设置为“橄榄色，着色3，深色50%”和“紫色，着色4，深色50%”，如图18-35所示，并将其形状轮廓设置为“无轮廓”。

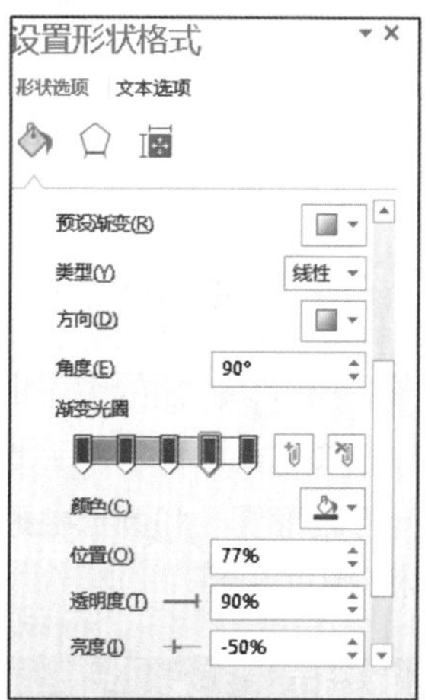

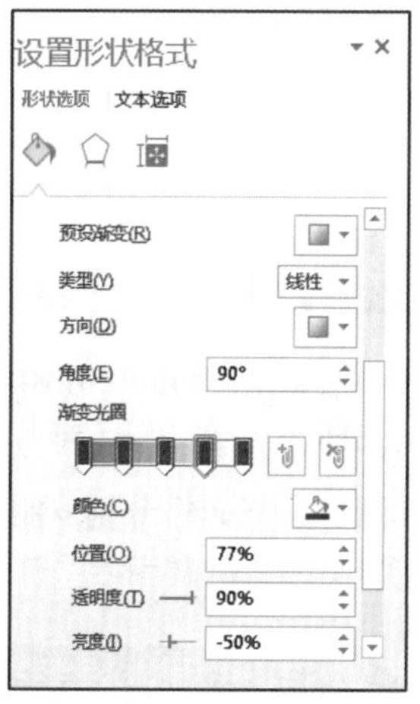

图18-35　设置其他圆角矩形的渐变颜色

技巧秒杀

在设置渐变效果时，拖动渐变光圈滑块可调整渐变位置，若是选择不同的颜色，则可设置多颜色的渐变效果。

Step 9 ▶ 完成圆角矩形的渐变设置后，即可在箭头和圆角矩形形状上绘制文本框，在其中添加文本信息，并设置字体格式，之后可对幻灯片中的对象进行细微调整，使其排列更加合理和美观，最终效果如图18-36所示。

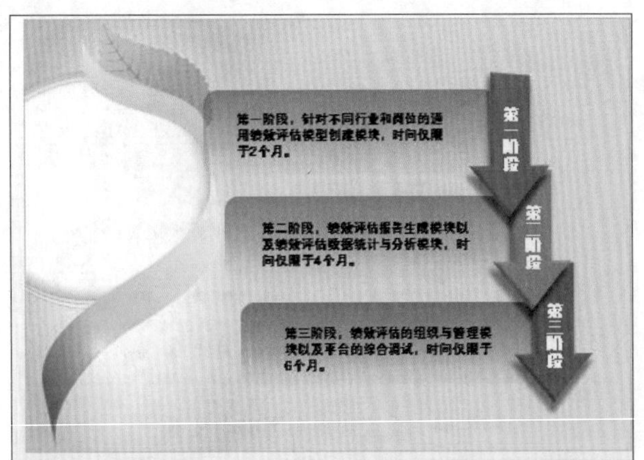

图18-36　最终效果

技巧秒杀

在设计好关系示意图后，若是幻灯片中文本内容很多，也可在所设计的形状后添加文本框或其他形状，以供输入文本。

18.2.2 设计三维立体图表

在PowerPoint 2013中，提供了很多类别的图表供用户使用，同时，也可以像制作图示一样自己动手制作图表。下面将分别以制作矩形柱形图表和圆形柱形图表为例，讲解制作三维立体图表的方法。

1. 制作立体的矩形柱形图表

矩形柱形图表是柱形图的一种，是PowerPoint中使用频率非常高的一种图表类型，在动手制作柱形图时，为了体现柱形图的立体效果，可恰当运用阴影、填色等效果。

实例操作：制作两色的立体矩形柱形图表

- 光盘\素材\第18章\矩形柱形图表.pptx
- 光盘\效果\第18章\矩形柱形图表.pptx
- 光盘\实例演示\第18章\制作两色的立体矩形柱形图表

本例将在“矩形柱形图表.pptx”演示文稿中制作一个两色的矩形柱形图，并对其颜色效果、阴影效果等进行设置。

Step 1 打开“矩形柱形图表.pptx”演示文稿，绘制一个“线条”箭头，将其形状轮廓设置为“黑色，文字1”。复制一个箭头，将其向右旋转90°。按住Shift键拖动箭头形状，保持垂直角度不变，改变其长度，并将其排列成如图18-37所示的效果。

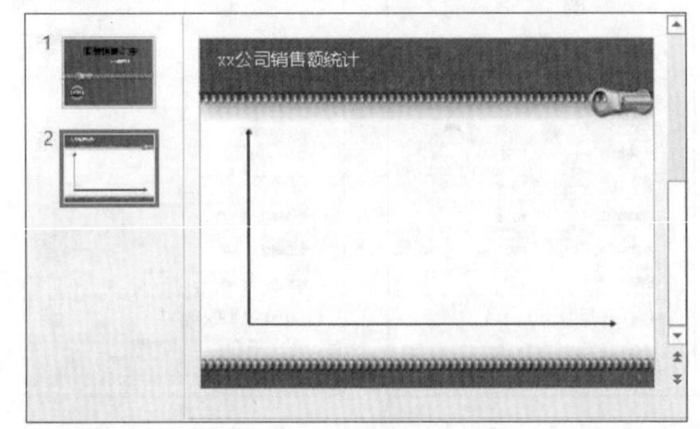

图18-37　绘制坐标轴

Step 2 选择“视图”/“显示”组，选中☑标尺和☑网格线复选框，将标尺和网格线显示出来。在幻灯片中插入文本框，并在文本框中输入数值，制作Y轴坐标值。制作完成后，将所有数值设置为“右对齐”。按照该方法，制作X轴坐标，效果如图18-38所示。

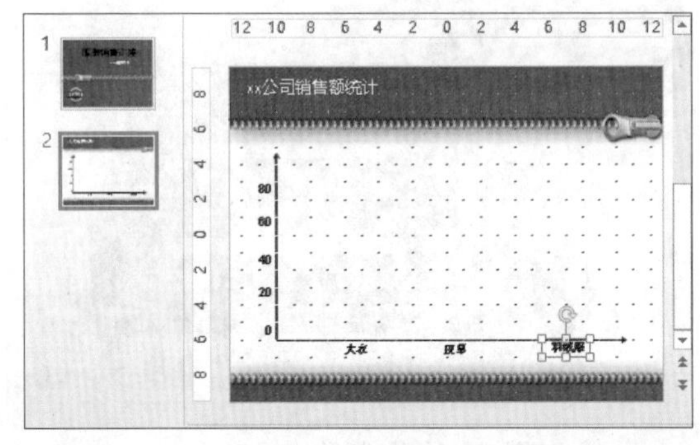

图18-38　输入坐标数据

Step 3 在X轴的坐标上绘制一个立方体，将其拉伸到合适高度，并将其填充色设置为“橙色”，将形状轮廓设置为“无轮廓”。打开“设置形状格式”窗格，在“形状选项”选项卡中单击“效果”按钮，展开“阴影”选项，单击“预设”按钮，在弹出的下拉列表中选择“透视”栏中的“右上对角透视”选项，将“透明度”设置为“80%”，如图18-39所示。选择立方体形状，按住Shift+Ctrl快捷键平行复制立方体，并调整其高度，效果如图18-40所示。

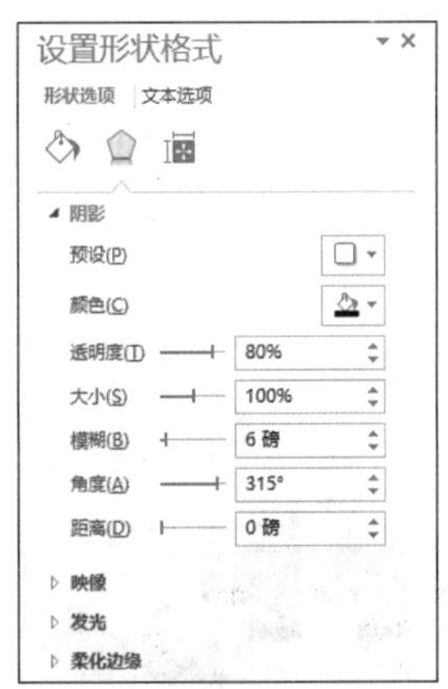

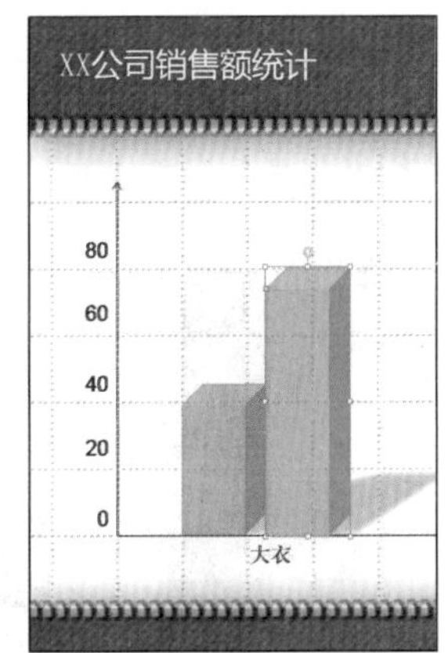

图18-39 设置形状样式　　图18-40 复制形状后的效果

Step 4 ▶ 选择两个立方体形状，按住Shift+Ctrl快捷键，将其平行复制到X轴上的数据点上，如图18-41所示。将每一组中的最后一个立方体的渐变颜色设置为“紫色”，并调整每个立方体的高度，绘制两个矩形形状和两个文本框，对其颜色和内容进行设置，制作成图表的图例，然后隐藏标尺和网格线，制作完成后的效果如图18-42所示。

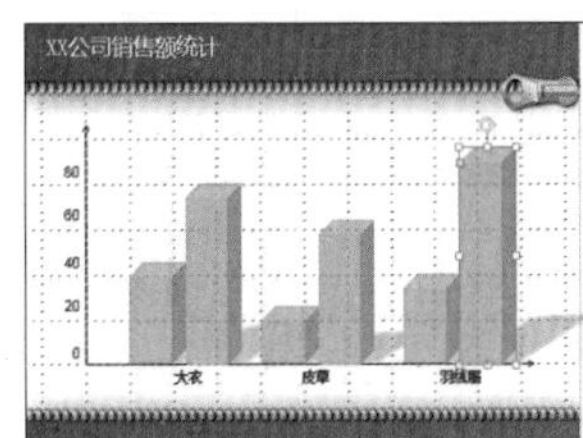

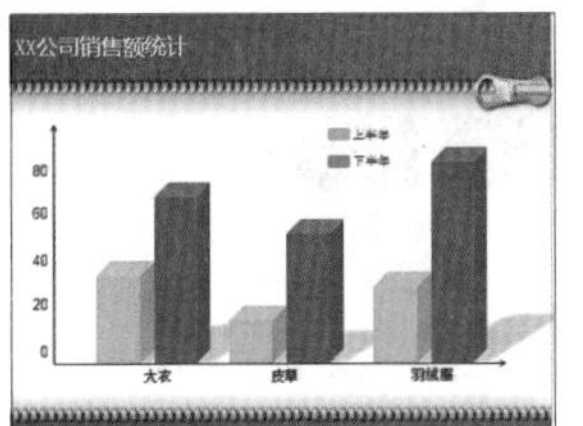

图18-41 平行复制　　图18-42 最终效果

2. 制作立体的圆形柱形图表

制作圆形柱形图表的方法与制作矩形柱形图表的方法相似，为了让制作的图表更加美观，可以根据需要添加一些设计元素。

实例操作：制作三维圆形柱形图表

- 光盘\素材\第18章\图表分析.pptx
- 光盘\效果\第18章\图表分析.pptx
- 光盘\实例演示\第18章\制作三维圆形柱形图表

本例将在“图表分析.pptx”演示文稿中制作一个前后排列的三维圆形柱形图表，并对其颜色和效果等进行设置。

Step 1 ▶ 打开“图表分析.pptx”演示文稿，将网格线显示出来，在第2张幻灯片中绘制两条相交的直线，然后选择绘制的两条直线进行组合，并向下进行拖动复制。在每组相交直线的左侧绘制文本框，并输入竖坐标轴数据，完成后的效果如图18-43所示。

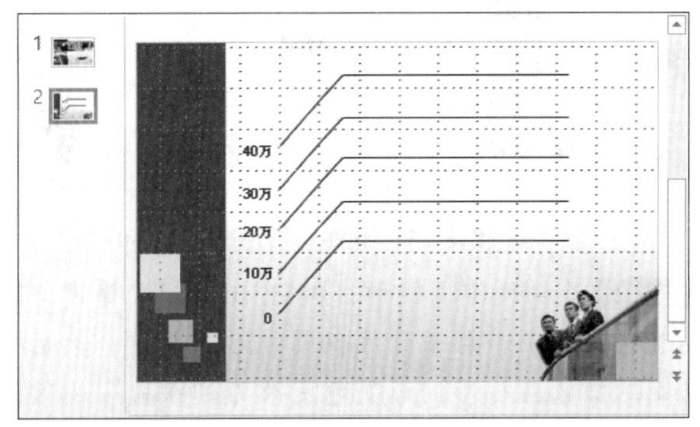

图18-43 绘制坐标轴

Step 2 ▶ 直线相交处绘制一个圆柱形，将其形状轮廓设置为“无轮廓”，打开“设置形状格式”窗格，在“形状选项”选项卡中单击“填充线条”按钮，展开“填充”选项，选中“渐变填充(G)”单选按钮，单击“方向”按钮，在弹出的下拉列表中选择“线性向右”选项，在“渐变光圈”栏中调整渐变光圈的颜色，如图18-44所示。

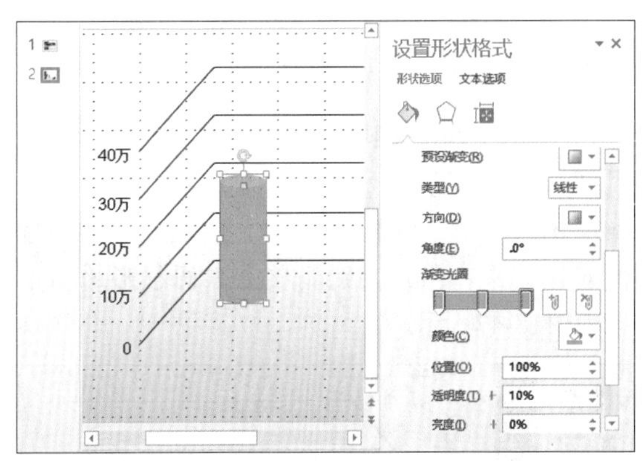

图18-44 设置圆柱形渐变颜色

Step 3 ▶ 选择已设置好的圆柱形，复制一个同样大小的形状，将其填充色设置为“黑色”。调整其高度，并将其放置于绿色圆柱形下方。选择黑色圆柱形，在其上单击鼠标右键，在弹出的快捷菜单中选择“置于底层”/“下移一层”命令，效果如图18-45所示。

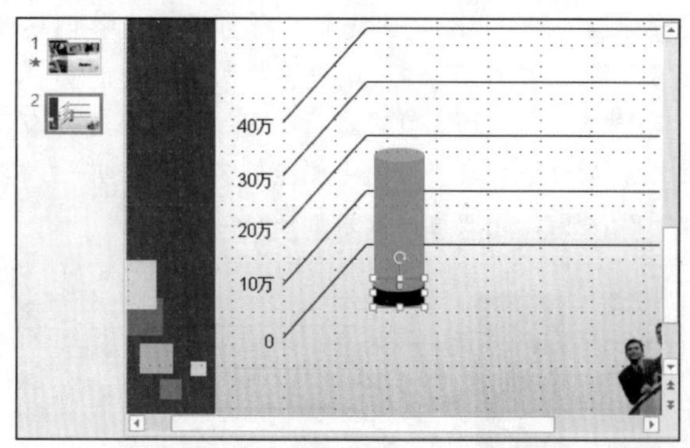

图18-45　下移一层形状

Step 4 选择两个圆柱形，按Shift+Ctrl快捷键，对其进行复制，并移动到绿色圆柱形的前方，然后将复制的绿色圆柱形的渐变色更改为“深蓝”，效果如图18-46所示。

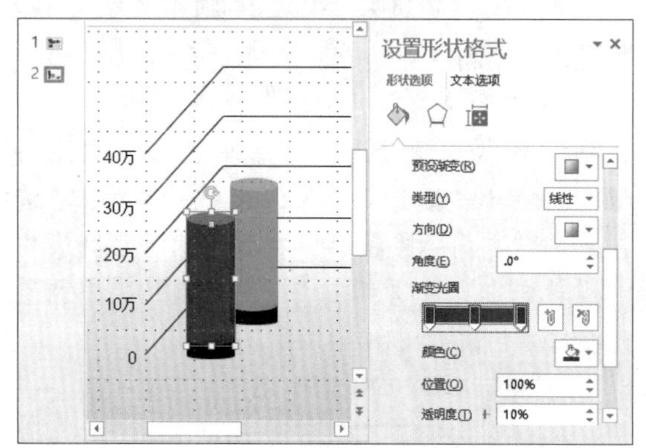

图18-46　复制形状并更改渐变颜色

Step 5 关闭窗格，选择所有的圆柱形形状，按住Shift+Ctrl快捷键，将其向右平行复制，形成3组圆柱形的对比效果，然后分别调整上方圆柱形的高度，效果如图18-47所示。

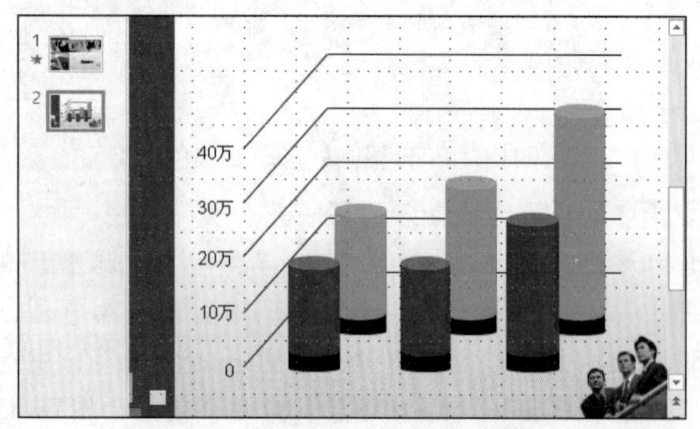

图18-47　平行复制形状并调整高度

Step 6 绘制形状和文本框，对其颜色和内容进行设置，制作成图表的图例和横坐标数据标签，然后隐藏网格线，制作完成后的效果如图18-48所示。

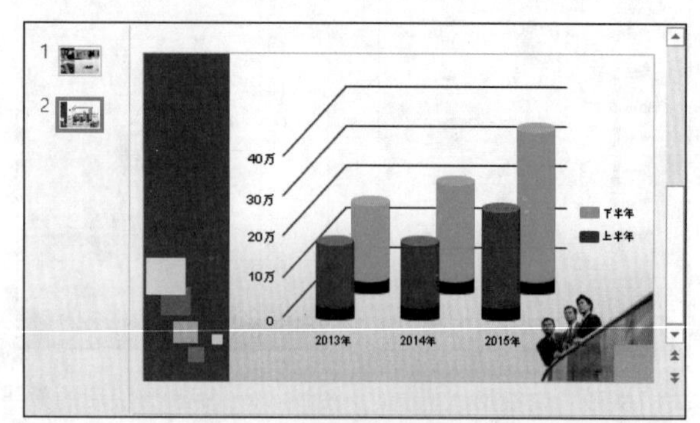

图18-48　最终效果

操作解谜

在PowerPoint 2013中，制作立体效果的操作几乎都是在“设置形状格式”窗格中完成的，只要了解并熟悉了该窗格的功能和作用，就可以举一反三，制作出更多具有创意的效果。

读书笔记

18.3 特效动画设计

在PowerPoint 2013中可以制作的特效动画非常多，下面分别以制作组合动画、弹出菜单和图表起伏动画等为例进行讲解。

18.3.1 制作组合动画

组合动画是指将多个动画组合在一起，形成的完整且饱满的复杂动画效果。在PowerPoint中制作组合动画时，需为同一个对象添加多个动画，同时在设置动画开始时间时，也应根据实际播放效果进行选择。

实例操作：制作多对象组合运动的动画

- 光盘\素材\第18章\组合动画.pptx
- 光盘\效果\第18章\组合动画.pptx
- 光盘\实例演示\第18章\制作多对象组合运动的动画

本例将在“组合动画.pptx”演示文稿中制作一个多对象组合运动的动画效果。

Step 1 ▶ 打开“组合动画.pptx”演示文稿，选择第1张幻灯片，选择圆角矩形形状，选择“动画”/“动画”组，单击“动画样式”列表框右下方的按钮，在弹出的下拉列表中选择“更多进入效果”选项，打开“更改进入效果”对话框，在其中选择“细微型”栏中的“缩放”选项。选择圆角矩形形状中的文本框，同样为其应用细微型缩放进入动画。选择“动画”/“计时”组，在“开始”下拉列表框中选择“上一动画之后”选项，如图18-49所示。

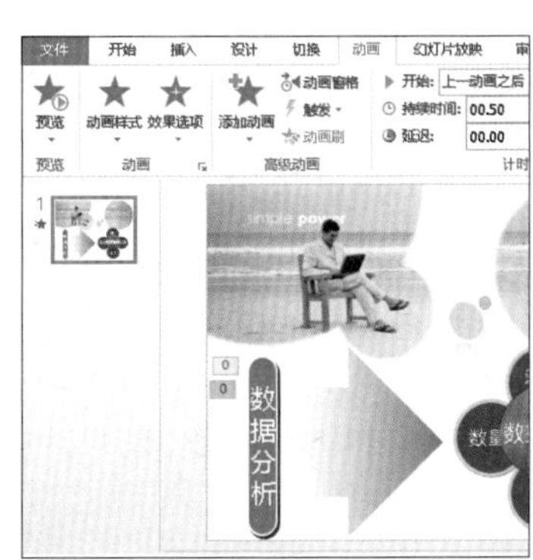

图18-49 选择缩放动画并设置计时

Step 2 ▶ 按住Shift键的同时选择4个圆形形状，为其应用“缩放”进入效果，选择“箭头”形状，打开“更改进入效果”对话框，在其中选择“切入”选项，并在“动画”/“动画”组中单击“效果选项”按钮↑，将其切入效果设置为“自左侧”切入。选择“动画”/“计时”组，在“开始”下拉列表框中选择“上一动画之后”选项，如图18-50所示。

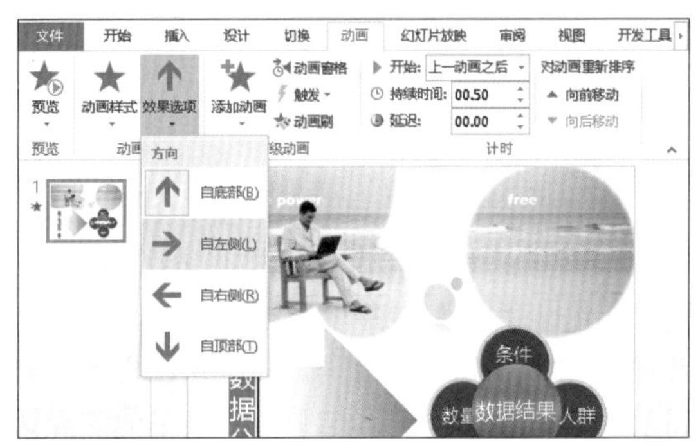

图18-50 添加切入进入动画并设置方向

Step 3 ▶ 选择4个圆形形状，选择“动画”/“高级动画”组，单击“添加动画”按钮，在弹出的下拉列表中选择“更多进入效果”选项，打开“更改进入效果”对话框，在其中选择“温和型”栏中的“回旋”选项。打开“动画窗格”窗格，依次将这4个圆形形状的回旋进入效果的开始时间设置为“与上一动画同时”，如图18-51所示。

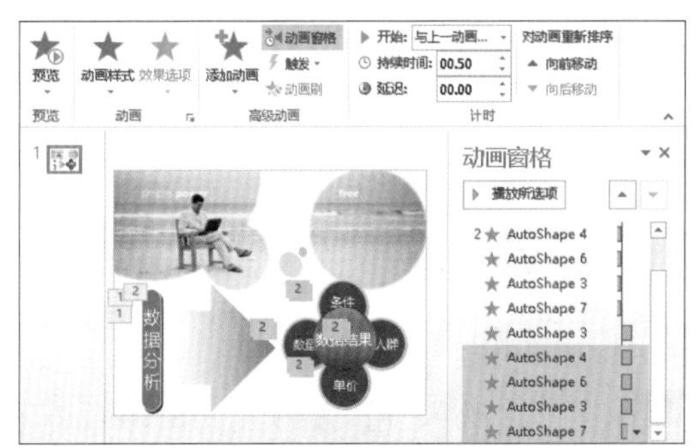

图18-51 为圆形形状添加回旋动画

Step 4 ▶ 选择4个圆形形状，单击“添加动画”按钮，在弹出的下拉列表中选择“更多强调效果”选项，打开“添加强调效果”对话框，选择“华丽型”栏中的“闪烁”选项。在“动画窗格”窗格中选择第一个“闪烁”强调效果，将它的动画开始时间设置为“上一动画之后”，然后将剩余3个强调效果的开始时间设置为“与上一动画同时”，如图18-52所示。

图18-52　为圆形形状添加“闪烁”强调效果

Step 5 ▶ 同时选择圆形形状中的4个文本框，选择“动画”/“动画”组，为其添加“随机线条”进入动画效果，并在“动画”/“计时”组中的“开始”下拉列表框中将其动画开始时间设置为“上一动画之后”，如图18-53所示。选择中间的圆形图片，打开“更改进入效果”对话框，在其中选择“华丽型”栏中的“玩具风车”选项，如图18-54所示。

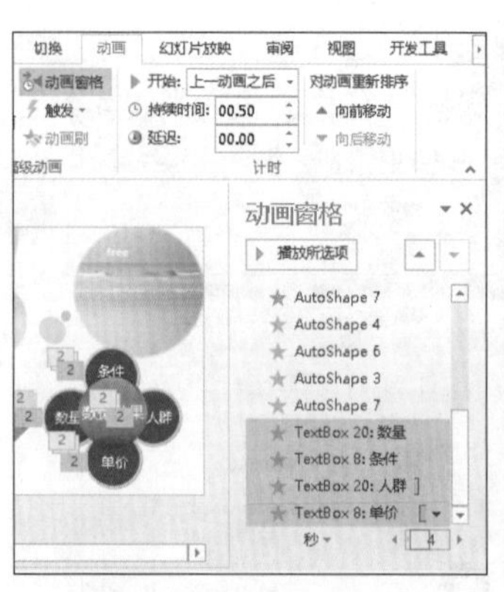

图18-53　设置随机线条动画 图18-54　设置玩具风车动画

Step 6 ▶ 选择“动画”/“计时”组，在“开始”下拉列表框中将动画开始时间设置为“上一动画之后”，在“持续时间”数值框中输入“1”，选择“数据结果”文本框，为其应用“基本缩放”进入动画效果，并将动画开始时间设置为“上一动画之后”，如图18-55所示。

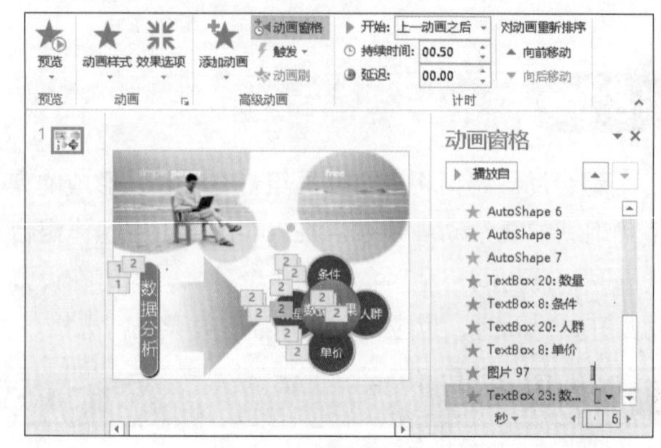

图18-55　设置其他对象的动画

Step 7 ▶ 选择“幻灯片放映”/“开始放映幻灯片”组，单击“从当前幻灯片开始”按钮，即可进入幻灯片放映状态，效果如图18-56所示。

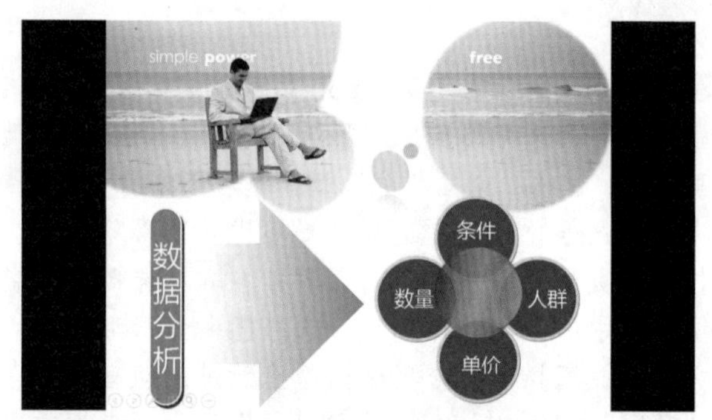

图18-56　放映幻灯片

18.3.2　制作弹出菜单

在PowerPoint 2013中，若想制作弹出菜单的效果，最常使用的方法是通过触发器对菜单内容进行触发。触发器是指通过单击某个对象，来触发某特定对象的动画效果。PowerPoint 2013的触发器功能是一种用处很广的动画功能，幻灯片中大部分对象都可以设置为触发器。

实例操作：制作水平移动的弹出菜单

- 光盘\素材\第18章\绿色地球.pptx
- 光盘\效果\第18章\绿色地球.pptx
- 光盘\实例演示\第18章\制作水平移动的弹出菜单

本例将在“绿色地球.pptx”演示文稿中通过触发器制作一个弹出菜单。

Step 1 打开“绿色地球.pptx”演示文稿，选择第2张幻灯片，选择“白色”圆角矩形形状，选择“动画”/“动画”组，在“动画样式”列表框中选择“动作路径”栏中的“直线”选项，返回幻灯片编辑状态，即可看到该直线动画效果，选择该直线路径，将其拉成水平直线，如图18-57所示。

图18-57 绘制直线路径动画

Step 2 保持选择状态不变，选择“动画”/“高级动画”组，单击“添加动画”按钮，在弹出的下拉列表中选择“动作路径”栏中的“直线”选项，再次绘制一条直线，拖动该直线路经，并进行调整。选择第二条直线路经，选择“动画”/“计时”组，在“开始”下拉列表框中选择“单击时”选项，如图18-58所示。

图18-58 绘制另一条直线路径动画并设置计时

Step 3 选择左侧的文本框，选择“动画”/“动画”组，添加“切入”进入动画，选择“动画”/“动画”组，单击“效果选项”按钮，在弹出的下拉列表中选择“自顶部”选项，如图18-59所示。打开“动画窗格”窗格，在“切入”进入效果上单击鼠标右键，在弹出的快捷菜单中选择“计时”命令，打开“切入”对话框，单击触发器(T)按钮，在展开的内容中选中单击下列对象时启动效果(C):单选按钮，在右侧的下拉列表框中选择“TextBox7：天然景观”选项，单击确定按钮，如图18-60所示。

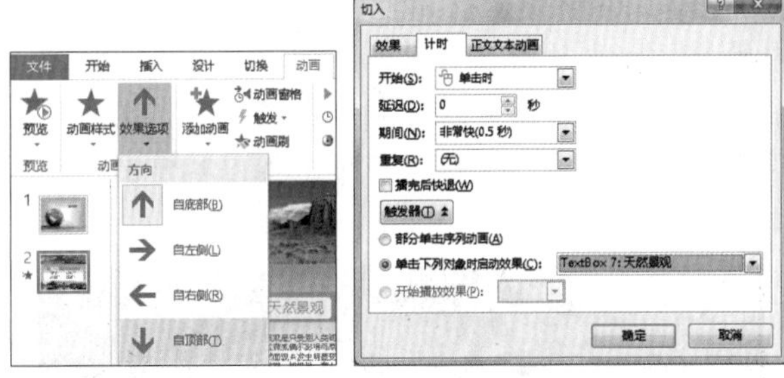

图18-59 设置文本框动画　　图18-60 设置切入计时

Step 4 按照该方法，为右侧文本框应用自顶部切入的进入动画，并在“切入”对话框中将其触发对象设置为“TextBox8：人文景观”，返回幻灯片编辑区，即可发现该文本框上出现一个标志，表示已添加触发效果，如图18-61所示。

图18-61 切入动画触发效果

Step 5 选择“幻灯片放映”/“开始放映幻灯片”组，单击“从当前幻灯片开始”按钮，进入幻灯片放映状态。单击鼠标，即可发现白色圆角矩形形状自左侧进入画面，并显示出“天然景观”文本，将鼠标光标移动到“天然景观”文本上，鼠标光标将变为形状，单击鼠标，如图18-62所示。

图18-62　触发“天然景观”

Step 6 此时，“天然景观”文本框的动画效果将被触发，并自顶部切入出现。再次单击鼠标左键，白色圆角矩形形状将滑动到“人文景观”文本下，单击“人文景观”文本，即可将其内容弹出，效果如图18-63所示。

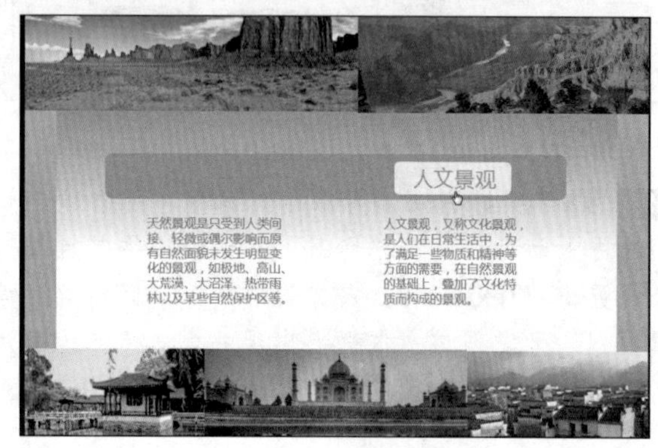

图18-63　触发“人文景观”

18.3.3 制作图表起伏动画

在为PowerPoint 2013自带的图表设置动画效果时，由于图表是一个整体，所以只能为其应用一个完整的动画效果。而当要为自己绘制设计的图表应用动画效果时，则可单独为其设置动画。

实例操作：为自定义图表添加动画

- 光盘\素材\第18章\市场调研报告.pptx
- 光盘\效果\第18章\市场调研报告.pptx
- 光盘\实例演示\第18章\为自定义图表添加动画

本例将在“市场调研报告.pptx”演示文稿中制作图表中的形状依次出现的动画效果。

Step 1 打开“市场调研报告.pptx”演示文稿，选择第3张幻灯片，选择标题文本框，选择“动画”/“动画”组，打开“更改进入效果”对话框，在其中选择“华丽型”栏中的“浮动”选项，如图18-64所示。选择内容文本框，为其应用“切入”的进入效果，将动画开始时间设置为“上一动画之后”，并将切入方向设置为“自左侧”，如图18-65所示。

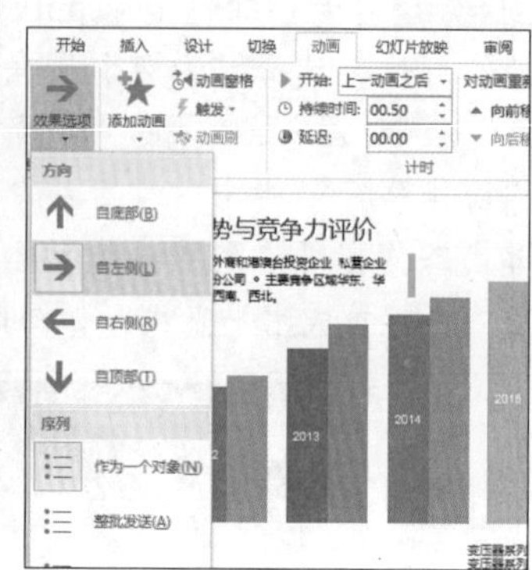

图18-64　设置标题动画　图18-65　设置内容文本框动画

Step 2 选择图例文本框，为其应用“切入”的进入效果，将动画开始时间设置为“与上一动画同时”，并将切入方向设置为“自右侧”。同时选择图例文本框和内容文本框，选择“动画”/“计时”组，在“持续时间”数值框中输入“00.30”，如图18-66所示。

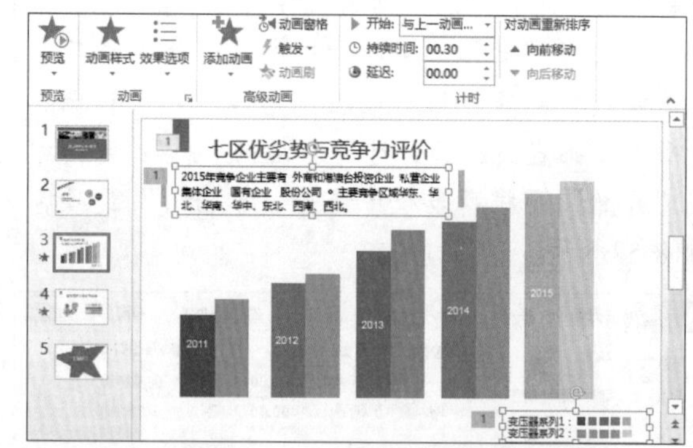

图18-66　为内容文本框和图例设置动画

技巧秒杀

同时选择多个对象，然后对其效果或计时进行设置，则所进行的设置会应用到每一个被选择的对象。

Step 3 选择“变压器系列1”的所有矩形形状，为其统一应用自底部“飞入”的进入动画。打开“动画窗格”窗格，选择第1个矩形形状的“飞入”动画，将其开始方式设置为“上一动画后”。选择第2个矩形形状的“飞入”动画，在其上单击鼠标右键，在弹出的快捷菜单中选择“计时”命令，打开“飞入”对话框，在“开始”下拉列表框中选择“与上一动画同时”选项，在“延迟”数值框中输入“0.5”，单击确定按钮，如图18-67所示。

图18-67　设置第一个动画

Step 4 依次将“变压器系列1”中第3、4、5个矩形形状“飞入”动画的开始时间设置为“与上一动画同时”，延迟时间分别设置为1、1.5、2，如图18-68所示。

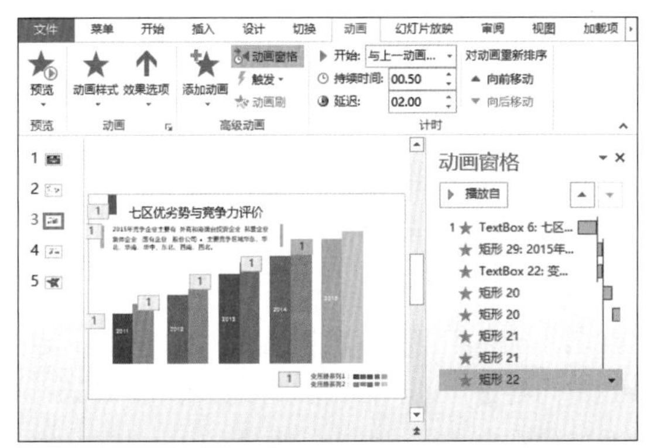

图18-68　设置动画计时

Step 5 再次选择“变压器系列1”的所有矩形形状，选择“动画”/“高级动画”组，单击“添加动画”按钮，为其添加“飞出”退出动画，将飞出效果设置为“到底部”。选择第一个矩形形状的飞出退出效果，将其开始时间设置为“单击时”，将其余矩形形状的退出效果开始时间设置为“与上一动画同时”，如图18-69所示。

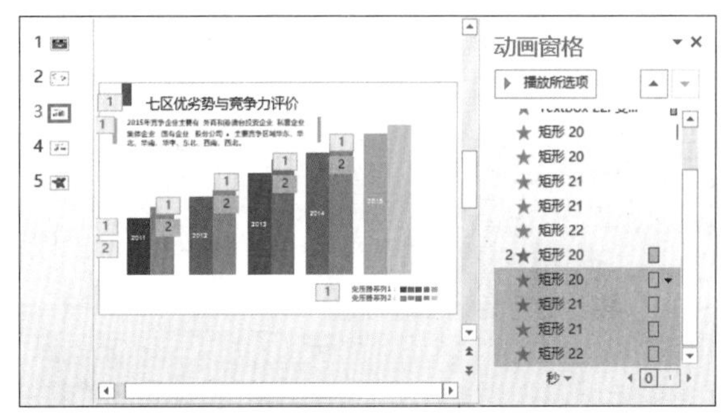

图18-69　设置退出动画

Step 6 选择“变压器系列2”的所有矩形形状，选择“动画”/“动画”组，为其添加“向内溶解”进入动画。将第2、3、4、5个矩形形状的“向内溶解”效果的延迟时间分别设置为0.5、1、1.5、2，如图18-70所示。再次选择“变压器系列2”的所有矩形形状，选择“动画”/“动画”组，单击“添加动画”按钮，为其添加“随机线条”退出动画。将第2、3、4、5个矩形形状的“随机线条”效果的开始时间分别设置为“与上一动画同时”，如图18-71所示。

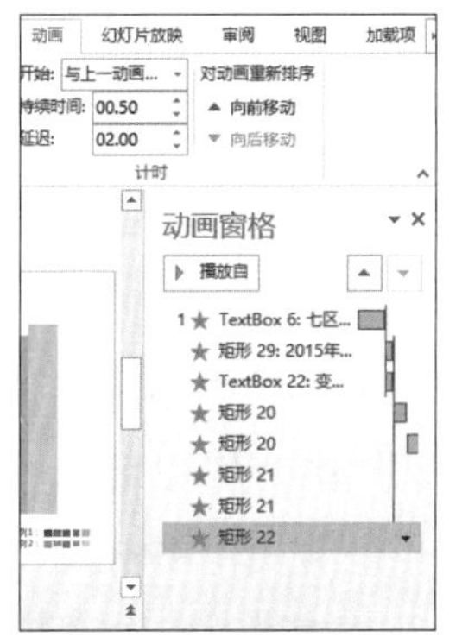

图18-70　向内溶解进入动画　图18-71　随机线条退出动画

Step 7 选择全部矩形形状，选择“动画”/“高级动画”组，单击“添加动画”按钮，为其添加自底部切入的进入动画，然后依次将每个形状的切入效果延时时间设置为0、0.2、0.4、0.6、0.8、1、1.2、1.4、1.6、1.8，将持续时间设置为0.3，并将除第一个矩形形状以外的动画开始时间设置为“与上一动画同时”，如图18-72所示。

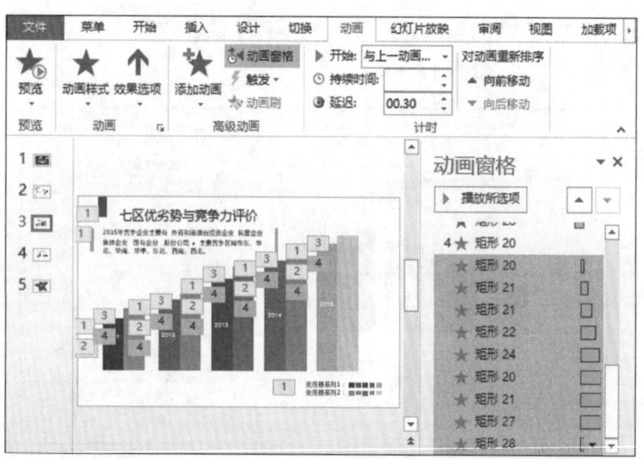

图18-72　设置所有矩形的切换动画效果

Step 8 进入幻灯片放映状态，效果如图18-73所示。

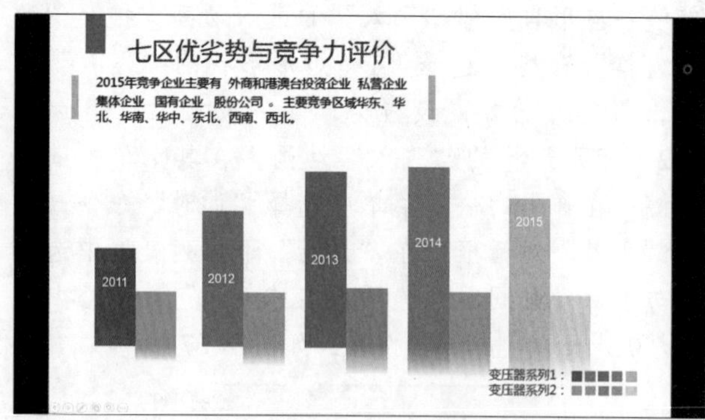

图18-73　放映效果

知识大爆炸
——幻灯片设计与动画设置要领

1. 搭建合理的幻灯片结构

一个合理的结构不仅可以让幻灯片的逻辑性更强，还能让观众更容易理解幻灯片的内容和重点信息。在搭建幻灯片结构时，需要注意幻灯片主次内容的分配、内容安排的先后顺序以及主题的鲜明性，可从以下几个方面进行。

（1）创意标题

不管是在人际交往还是日常交友中，人们总会下意识地给对方评出第一印象，演示文稿也不例外，从某些方面来讲，完美的第一印象就让演示文稿成功了一半。在PowerPoint中，标题相当于演示文稿的“脸”，一个有创意又方便记忆的标题更容易将观众的注意力集中在演示文稿中。用户可根据需要为演示文稿设计一个主标题和一个副标题，其中主标题主要用于体现创意和主题，副标题主要用于对主标题进行辅助说明。在为幻灯片设计标题时，最好让标题简单易记且琅琅上口，这样观众才能快速理解和记忆。同时，也可在标题中加入热点词、拟人比喻、逆向性和场景性等新鲜元素。

（2）主次分明

一般来说，一个演示文稿只有一个主题，该主题中可能会包括很多不同的内容和类别，因此用户一定要清楚自己所制作的演示文稿的主要内容是什么，想向观众传达的内容是什么。在一个演示文稿中，切记不能让重点内容太多，否则不仅会让演示文稿显得冗长繁琐，而且妨碍观众进行记忆。幻灯片每一页的内容都非常有限，所以要学会灵活提炼主要内容，剥离次要信息。例如产品推销类演示文稿，重点内容就是产品的特点、优势等；竞标类演示文稿，重点内容就是公司的实力、自己方案的亮点等。

（3）逻辑清晰

演示文稿不同于其他文档，可供观众反复查看，在放映演示文稿时，已经浏览过的幻灯片内容完全需要观众凭记忆去回忆。在这样的前提下，若是演示文稿毫无逻辑，结构混乱，将会把观众带入迷宫里，大大降低演示文稿的影响力。在演示文稿中，优秀的逻辑排列并不是指必须值得推敲和迂回，大部分演示文稿都只需要遵循一条直线原则，笔直地将观众带往最终目的地即可，这种顺理成章的逻辑结构更利于观众理解和记忆。

2. 图表的使用场合

在PowerPoint 2013中提供了多种图表类型，每一种图表类型都有各自适合的场合，因此图表类型的选用需根据具体的数据内容和场合来决定。现将常用图表类型的应用场合介绍如下。

- **柱/条形图**：通过柱形或条形来表示数据变化的图示模式，主要用于对各种数据进行分类和对比，是一种非常常见的图表类型。
- **折线图**：用于显示随着时间而发生变化的连续数据。在折线图中，类别数据沿水平轴均匀分布，所有值数据沿垂直轴均匀分布。
- **饼图**：用于显示一个数据系列中各分类数据的大小与它们总和的比例。在幻灯片中使用饼图时，饼图的数据总和一般都为1，各类别分别代表整个饼图的一部分。
- **面积图**：用于强调数量随时间而变化的程度，也可用于引起人们对总值趋势的注意。
- **雷达图**：又可称为戴布拉图、蜘蛛网图，是对同一对象的多个指标进行描述和评价的图表，是财务分析报表的一种，雷达图主要应用于企业经营状况，如收益性、生产性、流动性、安全性和成长性的评价。
- **组合图**：顾名思义，组合图是由几种图形组合而成的，一般为柱形图和折线图组合，具有这两种图形的特点，既可对各种数据进行分类和对比，同时能够体现数据增长或降低的趋势。

3. 演讲小技巧

在演讲过程中，若是对一些细节问题进行了恰当的处理，可以为演讲加分。下面介绍一些演讲的小技巧。

- **着装**：根据演讲场合和内容选择着装，若是严肃正式的场合，则穿着要正式、职业，这样会显得更专业。
- **谈吐**：声音响亮、吐字清晰、语言流畅、语速适中，可利用短时间暂停引起听众的注意。
- **姿态**：姿态要端正，手势要自然，幅度不要太大，眼神不要闪避观众，尽可能地与每一位听众进行眼神交流。

4. 改善放映性能

当幻灯片中图片、影音文件以及动画效果较多时，在放映时就会出现反应速度慢的情况，其实这种情况可以通过设置幻灯片的放映性能来改善。改善幻灯片的放映性能主要可以从以下几个方面来进行。

- 缩小图片和文本的尺寸。
- 如非必要，尽量少用渐变、旋转或缩放等动画效果，可使用其他动画效果代替这些效果。
- 减少同步动画数目，可以尝试将同步动画更改为序列动画。
- 减少按字母和按字动画效果的数目。例如，只在幻灯片标题中使用这些动画效果，而不将其应用到每个项目符号上。
- 选择“幻灯片放映”/“监视器”组，在“分辨率”下拉列表框中选择所需设置的分辨率，通过设置分辨

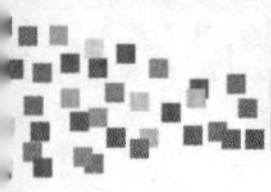

率对放映速度进行调整。

5. 动画开始时间设置要领

在PowerPoint 2013中，用户可以为幻灯片设置动画的开始方式，主要有3种，分别是单击时、与上一动画同时以及上一动画之后。从某种程度上来说，制作特效动画很大程度上都依赖于对动画开始方式的设置。在为多个对象设置动画效果，或为同一对象设置多个动画效果时，要想让动画效果连贯完整，就必须为相应对象设置正确的动画开始方式。

- 单击时：如将幻灯片对象的动画开始时间设置为“单击时”，则在放映幻灯片时，必须单击鼠标才可放映该动画效果。
- 与上一动画同时：若将幻灯片对象的动画开始时间设置为“与上一动画同时”，则表示在放映幻灯片时，两个或多个动画效果将同时开始播放。
- 上一动画之后：若将幻灯片对象的动画开始时间设置为“上一动画之后”，则表示在放映幻灯片时，该动画效果将在上一动画效果播放完毕后开始播放。

读书笔记